Statistik

der

städtischen Wasserversorgungen.

Band I.

————

Die
städtische Wasserversorgung

von

E. Grahn.

I. Band.

Statistik.

Beschreibung der Anlagen in Bau und Betrieb.

München.

Druck und Verlag von R. Oldenbourg

1878.

Statistik

der

städtischen Wasserversorgungen

mit einer

geschichtlichen Einleitung.

Beschreibung der Anlagen in Bau und Betrieb.

Auf Veranlassung des

Vereines von Gas- und Wasserfachmännern Deutschlands

zusammengestellt und bearbeitet

von

E. Grahn.

München.

Druck und Verlag von R. Oldenbourg.

1878.

Inhaltsverzeichniss.

Seite

Vorrede IX
Geschichtliche Einleitung . . . . . XVII—CVII
    Brunnen und Cisternen (Gizeh, Assur, Aenneum, Heliopolis,
        Ephesus, Elim, Davidsbr., Danaus, Chartres, Herculaneum, Pom-
        peji, Hindustan, Jakobsbr., Josephsbr., Zemzem) . . . XVIII
    Teiche und Reservoire (Jerusalem, Teiche des Salomo, Moris-
        see, Nitocrissee, Aegypten, Assyrien, Indien, Madrasseen) . XXI
    Aelteste Aquäducte (Karthago, Samos, Pataza) . . XXIV
    Römische Bauten (Handwerksleistungen, Appia Claudia, Anio
        vetus, Marcia, Augusta, Tepula, Julia, Virgo, Alsietina, Claudia,
        Anio novus, Wasserquantum, Wasserschlosser, Vertheilung, Ver-
        waltung, Privatabgabe, quinarius, Wasserzoll, Leckwasser, Unter-
        haltung, Wasserpreis, Anlagekosten, Bauausführung, Baumateria-
        lien, Bogenstellungen, Siphons) XXV
    Andere ältere Aquäducte (Segovia, Sevillia, Nimes, Lyon,
        Metz, Arceuil, Antibes, Constantinopel) . . . XXXVI
    Spatere Versorgung Roms (Aqua Vergiene, Felice, Paola) . XXXIX
    Neuere Aquäducte (Spoleto, Caserte, Montpellier, Genua) . XXXIX
    Paris bis zum Anfange dieses Jahrhunderts . . XLIII
    London bis zum Anfange dieses Jahrhunderts . . XLVII
    Romische Messwerkzeuge LII
    Entwicklung der Hydraulik LV
    Wasserqualität und Filtration LIV
    Wasserleitungen (Rohre von Blei, Walzen, Rohrfabrikation,
        Ziehen, Zinnrohre mit Bleimantel, holzerne Rohre, Gusseisen,
        Rohrfabrikation, Wandstarke, Hähne, Ventile, Bronzegefässe,
        Bader, Schieber, Hydranten, fliessende Brunnen, Wasserspiele,
        Thaurohre, Waterclosets, Wassermesser) LIX

Seite

Wasserförderung (Eimer mit Winde, Schwingkorb, Jantu,
    holländische Schaufel, Shaduf, Tympanon, Noria, Eimerwerk,
    Schnecke, Scheibenkunst, Klystirspritze, Hebe- und Druckpumpe,
    Kapselräder, Plungerkolben, de la Hire'sche Pumpe, Centrifugal-
    pumpe, Spiralpumpe, Luftsäulmaschine, Widder, Bramahpumpe,
    Perspectivpumpe, Mónchskolbenhubpumpe, Kirchweger's Pumpe,
    Kastenpumpe, Japy-Pumpe, Californienpumpe, Girard, Nagel,
    Giffard, Röhrenbrunnen, Pulsometer)   LXXVII
Wassermotoren (Wassersäulmaschinen, Reichenbach, Jordan,
    Armstrong, Schmid)   XCII
Wind- und Wasserkraft (Augsburg, Braunschweig, Bremen,
    Hannover, Hamburg, Lüneburg, Magdeburg, Nürnberg, Paris
    „Notre Dame", London Bridge, Bethlehem (V. S. v. A.), Marly
    bei Paris, Herrenhausen bei Hannover)   XCIII
Dampfkraft (London, Paris, Wien, Newyork, Philadelphia)   C
Chronologisch geordnete Bauten seit 1849   CVI
Beschreibung der Anlagen in Bau und Betrieb   .   .   .   1 — 320
    Alphabetisches Verzeichniss siehe Seite 321.

Vorrede.

Der zuerst im Jahre 1865 in Braunschweig auf der Jahresversammlung des seit 1859 bestehenden Vereines von Gasfachmännern Deutschlands von mir gestellte Antrag, die Frage der städtischen Wasserversorgungen mit in den Kreis seiner Verhandlungen aufzunehmen, wurde nach mehreren vergeblichen Bemühungen im Jahre 1869 auf der Jahresversammlung in Coburg zum Beschluss erhoben und es nahm der Verein im folgenden Jahre auf seiner Jahresversammlung in Hamburg den Namen Verein von Gas- und Wasserfachmännern Deutschlands an.

Das Organ des Gasfachmännervereines, das Journal für Gasbeleuchtung (Redacteur Dr. Schilling, München), welches in der ersten Hälfte des Jahres 1870 unter besonderer Rubrik von dem Vereinsvorstande ausgegangene Mittheilungen über die Wasserversorgungsfrage gebracht hatte, erschien seit dem 1. Juli dieses Jahres als Journal für Gasbeleuchtung und Wasserversorgung.

Seit dieser Zeit haben die Mitglieder des Vereines sowohl in den Jahresversammlungen als auch in dem Vereinsorgane sich in regster Weise den Interessen dieses neuen Faches zugewendet und es sind die dem Wasserversorgungsfache speciell angehörenden Techniker in grosser Zahl in den Verein hineingezogen. Die Redaction des Journals hat es verstanden, sich durch die Vielseitigkeit und Gediegenheit der gebrachten Arbeiten ein über den Kreis des Vereines hinausgehendes Ansehen ebenso in dem Wasserversorgungsfache zu erwerben, wie sie solches in dem Gasversorgungsfache schon seit Jahren besass.

War somit die Schaffung eines Organes zur literarischen Behandlung der Fachinteressen, sowie die Begründung einer Stätte zum mündlichen Meinungsaustausche in persönlichem Verkehre für das neue

Fach erreicht, so wurde von Anfang an im Vereine selbst ein hoher Werth darauf gelegt, durch seine Autorität die Verwaltung der Wasserwerke zu weitergehenden Mittheilungen über Betriebs-, Consum- und sonstige Verhältnisse anzuregen und zu veranlassen, dass derartiges schätzbares Material, welches, weil bis dahin nicht gerufen, auch nicht zum Sprechen gelangte, dem Fache und der Allgemeinheit nutzbar würde.

Der Vorstand des Vereines wandte sich daher schon im März 1870 an die Vorstände der Wasserwerke mit der Bitte um Einsendung der Tarife, Reglements, Anmeldebogen, Rechnungsabschlüsse etc. und ersuchte um die Ausfüllung von Tabellen, die für die verschiedenen Betriebsjahre folgende Columnen enthielten:

Zahl der Einwohner, der Wohnhäuser überhaupt und mit Wasser versehen, der Wassermesser, der Badeeinrichtungen, der Watercloset s, der Pissoirs, der öffentlichen und Privatfontainen, der Freibrunnen und Hydranten; Wasserverbrauch im Ganzen, durch Messer bezogen, grösster und kleinster Consum in 24 Stunden, Tages- und Nachtsconsum im Winter und im Sommer, grösster und geringster stündlicher Consum bei einem anzugebenden Gesammtconsum für 24 Stunden; gezahlter Betrag für Wasser durch Messer und ohne Messer bezogen.

Man war sich hierbei darüber klar, dass, wie es auch der Erfolg zeigte, weder auf zahlreiche noch auf vollständige Mittheilungen zu rechnen war, glaubte jedoch in der Art der Fragestellung, wie es auch von verschiedenen Seiten dankend anerkannt ist, manchem die Fingerzeige für die zu machenden Beobachtungen geben zu sollen. Das auf Grund dieser Anfragen eingegangene Material ist seiner Zeit von mir im Auftrage des Vereinsvorstandes bearbeitet und im Journal veröffentlicht.

In der Vereinsversammlung in Wien 1871 erhielt der Vorstand den Auftrag, das Material über die Wassertarife, über die Bedingungen für die Herstellung der Privatleitungen und über die Wasserabgabe und Wasservertheilung zusammenzustellen und übertrug mir diese Bearbeitung, der ich mich im folgenden Jahre auf der Jahresversammlung in Würzburg entledigte.

In der Jahresversammlung 1874 in Cassel legte ich, gleichfalls durch den Vereinsvorstand dazu veranlasst, eine Arbeit vor, die eine tabellarische Zusammenstellung der Wasserversorgungen englischer Städte umfasste. Hierdurch wurde im folgenden Jahre gelegentlich der Jahresversammlung in Mainz der Beschluss hervorgerufen, eine gleich umfassende Arbeit auch für die deutschen Städte zu versuchen und der Vereinsvorstand, der mich für die specielle Bearbeitung hinzuzog, mit der Ausführung beauftragt.

Die früher gemachten Erfahrungen in Betreff des Fragebogens ermuthigten dazu, wenngleich unter der Annahme, dass nur eine unvollkommene Ausfüllung zu erwarten sein würde, eine völlig systematische Aufstellung aller in Frage kommender Punkte zu machen.

Die 143 Fragen sind in sechs Hauptabtheilungen getheilt, denen später ein Schluss hinzugefügt ist, und über folgende Punkte gestellt:

I. Allgemeines.

Name des Ortes, Einwohnerzahl nach der jüngsten Zahlung, Zahl der vorhandenen Wohngebaude resp. Grundstucke und der Haushaltungen, Jahr der Inbetriebsetzung, Erbauer, Eigenthümer, Anlagekosten, disponibeles Wasserquantum pro 24 Stunden, resp. bis zu welcher Maximalleistung pro 24 Stunden reichen die Anlagen aus; wenn von Quellen, Maximum und Minimum pro 24 Stunden und in welchem Monat.

II. Wasserabgabe.

Betriebsjahr, Abgabe im ganzen Jahre, Maximal- und Minimalabgabe pro 24 Stunden und an welchem Tage; mit Wasser versorgte Personen, Haushaltungen, Wohngebaude; Abgabe für technische Gewerbe, öffentliche Zwecke, nach Messern; Zahl der aufgestellten Messer, Hydranten, Wasserschieber, Freibrunnen, öffentlichen und Privatfontainen, Hauptwasserhahne, Waterclosets, öffentlichen und Privatpissoirs mit Spulung, Badeeinrichtungen, Wassermotoren; System und Kraft der letzteren; System und Lieferant der Messer; Tarif für die Wasserabgabe und die Bestimmungen für Ausführung der Privatleitungen, wie haben sie sich bewährt?; Trink- und Brauchwasser getrennt; Abgabe constant oder intermittirend; einheitlicher Druck in der Leitung oder verschiedene Druckzonen; städtisches Rohrnetz, Länge bis incl. Rohre von 80 cm. Durchmesser, Durchmesser des weitesten Rohres desselben, Leitung nach Verastelung oder Circulation; Länge der Leitung vom Gewinnungsorte zur Stadt und zum Hochbassin, vom Hochbassin zur Stadt; effectiver Druck über dem hochsten Terrainpunkte des Versorgungsgebietes resp. in der Druckzone; Höhendifferenz des Terrains für die verschiedenen Abgabepunkte resp. Druckzonen.

III Hochreservoire.

Hohe des Wasserdruckes in diesen, resp. in dem Standrohre über der Gewinnungsstelle des Wassers; Zahl, Fassungsraum, Dimensionen; Lage ob vor, hinter oder im städtischen Rohrnetze; gemauert, Schmiedeeisen, Gusseisen; im Terrain versenkt oder auf künstlichem Unterbau; uberdacht, zugewolbt oder offen.

IV. Wasserforderung

Künstlich gehoben oder durch naturliches Gefalle; Dampf, Wasser oder welcher Motor zum Heben verwendet.

a) Pumpen. Zahl der Druckpumpen, Filterpumpen, Hebepumpen; stehend oder liegend, einfach- oder doppelwirkend; Plunger, Liederkolben, Ventilkolben; Klappen-, Kegel-, Doppelsitz-, Ring- etc. Ventile; Material der Liederungen und Ventile; Hub, Durchmesser und Doppelhube pro Minute; freier Querschnitt der Saug- und Druckventile und Durchmesser der Saug- und Druckrohre; Pumpen getrieben direct vom Motor, durch Rader, Balanciers, Gestange, Kunstkreuze; Zahl, Hohe, Durchmesser und Material der Saug- und Druckwindkessel.

b) **Betrieb durch Wasserkraft.** Zahl, Pferdekräfte im Ganzen und einzeln; horizontale, verticale Räder, Durchmesser, Breite, System, Umdrehzahl; Aufschlagsquantum und Gefälle

c) **Betrieb durch Dampfkraft.** Zahl der Dampfmaschinen, Pferdekrafte einzeln und im Ganzen, System (eincylindrisch, gekuppelt, Woolf), stehend oder liegend, einfach- oder doppeltwirkend, mit oder ohne Schwungrad, mit oder ohne Condensation, mit wie viel Fullung resp. Volumenverhaltniss bei Woolf'schen Maschinen; Hub, Cylinderdurchmesser, Doppelhube pró Minute; Art der Steuerung. Zahl, System, Dimensionen (Lange, Durchmesser, Feuerrohre, Siederohre etc) der Dampfkessel, Dampfdruck, Rost- und Heizflache, Brennmaterial-Art, Menge pro Jahr und Pferdekraft, Preis.

V. Wasserentnahme.

Naturliche Quellen, Gebirgsformation; directes Oberflachenwasser; Drainagewasser aus cultivirtem oder uncultivirtem Lande; Grosse des Sammelgebietes; kunstlich erschlossenes Grundwasser, Entfernung vom nachsten Flusslaufe; direct einem Wasserlaufe entnommen; durch natürliche Filtration im Flussbette oder daneben und in welchem Abstande; Name des Flusses

a) **Künstliche Filtration.** Inhalt, Oberflache, Zahl, Art der Fullung der Klarbassins, wie oft gereinigt; Zahl, Inhalt, Oberflache der Filter, offen oder uberdacht; Material, Korngrosse, Zusammensetzung der Filterschichten; Wasserdruck auf der oberen Filterschicht, Leistung pro $\square$m Filterschicht pro 24 Stunden und im Ganzen bis zur Reinigung im Sommer und Winter; Dicke der abgenommenen Sandschicht bei jeder Reinigung und im Ganzen bis zur Erneuerung; Inhalt der Reinwasserbassins, offen, uberdacht, uberwolbt

b) **Natürliche Filtration und Grundwasserentnahme.** Brunnen, Filterkanale oder Filterrohre; Zahl, Durchmesser, Durchlassigkeit der Brunnen Lage der Sohle unter Terrain und unter dem niedrigsten Grund- resp Flusswasserstande; dsgl. für die Filterkanale resp. Filterrohre; letzterer Material, Querschnitt, Lange, Lage etc.

VI Wasserqualitat.

Analysen, wann und von wem ausgefuhrt; werden solche regelmassig vorgenommen und auf welche Bestandtheile ausgedehnt, resp. eine wie weite Ausdehnung, erscheint erwünscht; Temperaturbeobachtungen und wie oft an der Entnahmestelle im Hochbassin und im Rohrnetze; Bitte um Einsendung von Analysen und Temperatur tabellen.

VII. Schluss (in späterer Nachschrift).

Bitte um einen Situationsplan; Specification der Anlagekosten fur Rohrnetz, Hochbassinanlage, Wassergewinnung, kunstliche Filtration, künstliche Hebung, Zufuhrung zur Stadt; Betriebskosten getrennt als Verwaltung, Amortisation, Pumpenbetrieb, Filtration, Unterhaltung des Rohrnetzes; Einnahmen fur Wasser auf Discretion, nach Messern, für öffentliche Zwecke, aus Privateinrichtungen; Consumtabellen für Jahre, Monate, Tage und Tagesstunden; Angabe der Firmen, welche Maschinen, Rohre etc. geliefert.

Die Fragebogen wurden am 15. März 1876 versandt und es gingen die Antworten zum Theil so schnell ein, dass ich unter Zuhülfenahme anderen Materials schon am 30. Juni 1876 gelegentlich der Versammlung des deutschen Vereines für offentliche Gesundheitspflege in

Düsseldorf auf Kosten unseres Vereines zwei tabellarische Zusammenstellungen, deren eine für 80 Städte in 42 Columnen verschiedene statistische Daten mittheilte und deren andere für 46 Städte die Analysen des zugeleiteten Wassers enthielt, zur Vertheilung bringen konnte, welche Tabellen auch den Fragebeantwortern s. Z. übersandt und in unserem Journal und in dem Correspondenzblatte des Niederrheinischen Vereines für öffentliche Gesundheitspflege veröffentlicht sind.

Im Ganzen sind 104 der ausgesandten Fragebogen, natürlich mehr oder weniger vollständig beantwortet, im Laufe der Zeit zurückgekommen.

Das für den vorliegenden Zweck disponibele Material wurde ferner dadurch nicht unwesentlich vermehrt, dass Herr Dr. Schilling gelegentlich der jüngsten Aufstellung der Gasstatistik eine Frage an die verschiedenen Gasanstalten richtete, ob dort eine Anlage für künstliche Wasserversorgung und ob deren Verwaltung mit der Gasanstalt vereinigt sei, und mir diese Antworten, die theils weitergehendes Material enthielten, theils mir den Weg zur Einziehung weiterer Erkundigungen zeigten, freundlichst zur Verfügung stellte.

Rechne ich dazu das früher schon von mir für den Verein gesammelte Material, sowie den reichen Schatz von Notizen, die sich in den verschiedenen technischen Zeitschriften zerstreut finden, ferner die über einzelne Wasserwerke in reicher Zahl erschienenen Monographien, endlich die im Laufe der Jahre von mir sowohl durch Reisen als auf Grund sehr ausgedehnter Privatcorrespondenzen gesammelten Notizen, so verfügte ich über eine solche Menge von Material, dass ich den Gedanken einer nur tabellarischen Zusammenstellung aufgeben musste, und, ermuthigt durch das Entgegenkommen meiner Fachgenossen, den Plan fasste, eine vollständige Statistik der städtischen Wasserversorgungen zusammenzustellen, womit die Vereinsversammlung in Leipzig 1877 sich auch einverstanden erklärte.

Eine solche Statistik muss aber umfassen:

1. Eine Zusammenstellung des gesammten historischen, technischen finanziellen, chemischen und sonstigen Materiales für jeden einzelnen Ort, also eine Beschreibung der Anlagen in Bau und Betrieb.

2. Eine Gruppirung und rechnerische Bearbeitung des so gesammelten Materiales nicht nach den Orten, sondern nach den verschiedenen Materien getrennt, also Wasserconsum nach Quantum, Zweck und Betriebsalter, die Arten der Wassergewinnung, der Reinigung und der Hebung des Wassers, die Einrichtung der Bassinanlagen und der Rohrnetze mit ihren Theilen, als Schieber, Hydranten etc., die Kosten des

Baues und des Betriebes, die Art der Wasserabgabe, der Herstellung
der Privatleitungen, der Wasserverrechnung etc., also eine Zusammenstellung der Betriebsanlagen und Betriebsresultate.

3. Die wissenschaftliche Ausnutzung des so geordneten Materials
zur Ergründung der Gesetzmässigkeit und zur Aufstellung fester Normen, also Regeln für Bau und Betrieb.

Ich unterschätze die Grösse der Aufgabe, die ich mir gestellt,
durchaus nicht; ich weiss nicht, ob meine Kräfte der Arbeit gewachsen
sind und ob mir die Zeit zu ihrer völligen Lösung gestattet ist — aber
ich habe die Ueberzeugung, dass durch eine solche Arbeit nicht nur
der Technik, sondern der Allgemeinheit ein Dienst geleistet werden
würde, dessen Grösse bei der immer mehr erkannten Wichtigkeit der
Wasserversorgungen wohl keiner weiteren Auseinandersetzung bedarf.

Wenn ich für den ersten Theil: die Beschreibung der Anlagen,
auf die Mitgabe von Zeichnungen verzichten musste, so ist das für
die folgenden Theile nicht möglich und hat mir mein jetzt schon versuchtes Anfragen bei meinen Fachgenossen bewiesen, dass man mir
auch darin gern entgegenzukommen bereit ist und das nöthige Material mir schon zur Verfügung gestellt hat oder wohl zur Verfügung
stellen wird.

Ich glaubte, meine Arbeit nicht besser einleiten zu können, als
dass ich an ihren Kopf eine geschichtliche Einleitung der Wasserversorgungen stellte. Denn es ist für den inmitten seines Faches stehenden Fachmann, sowie für den Culturhistoriker und jeden anderen
denkenden Menschen von grossem Interesse, eine solche Specialität in
ihren Anfängen und in ihrer allmählichen Entwicklung zu verfolgen.
Ewbank stellt seinem vorzüglichen Werke: „Descriptive and historical
account of hydraulic and other maschines for raising water, ancient
and modern" den Satz von Robertson aus dessen Werke über Indien
als Motto vor:

> „It is a cruel mortification, in searching for what is instructive in
> the history of past times, to find the exploits of conquerors who have
> desolated the earth and the freaks of tyrants who have rendered nations
> unhappy, are recorded with minute and often disgusting accuracy —
> while the discovery of useful arts and the progress of the most benefical
> branches of commerce are passed over in silence, and suffer to sink into
> oblivion."

Und ich kann dem als dankbarer Schüler des Herrn Prof. Dr. Rühlmann, meines hochverehrten Lehrers, der ja in der Technik das historische Moment so eifrig verfolgt und ihm das regste Interesse zu erwecken verstanden hat, nur beistimmen.

Die nähere Bezeichnung der von mir für diesen historischen Theil benützten Quellen, — ich habe ja fast nur die Arbeiten Anderer benützt — hier oder im Texte einzeln anzuführen, habe ich unterlassen, weil dadurch dieser Theil meiner Arbeit einen wissenschaftlichen Charakter zu beanspruchen den Anschein gewinnen könnte, den ich von ihm fern halten möchte. Ich werde jedoch als Schluss der ganzen Arbeit eine Literatur des Wasserversorgungsfaches überhaupt bringen und dabei natürlich auch dieser Quellen erwähnen.

Der Beschreibung der Anlagen in Bau und Betrieb wird eine Fortsetzung desselben Gegenstandes folgen, die mir Veranlassung zu weiteren Ergänzungen, sowie zur Aufnahme noch nicht beschriebener Wasserwerke, namentlich auch ausländischer, geben wird. Darin werde ich auch Gelegenheit finden, etwaige Fehler in dem ersten Theile zu berichtigen. Ich muss in Beziehung hierauf dringend um Nachsicht und freundliche Mittheilung bitten; denn trotz ernstester Arbeit ist es unmöglich, ein so zerstreut gebotenes Material fehlerfrei in den Quellen und ohne Mängel in Folge der Bearbeitung bieten zu können.

Es wird sich an die Fortsetzung der Anlagen in Bau und Betrieb eine katechetische Aufstellung der Bedingungen für Wasserabgabe und für die Herstellung von Privatleitungen schliessen und so in den zweiten Theil eingetreten werden.

Im Auftrage des Vorstandes des Vereines von Gas- und Wasserfachmännern Deutschlands erfülle ich hier die angenehme Pflicht, Allen denen öffentlich zu danken, die seine Bestrebungen zur Erreichung des gesteckten Zieles so rege unterstützt haben und sie zu bitten, dass sie auch meinen ferneren Anfragen bereitwillig Rede und Antwort stehen.

Ich persönlich habe noch ferner Allen denen, welche die Geduld nicht verloren, mich ewig wieder Anklopfenden nicht nur anzuhören, sondern auch mich in entgegenkommenster Weise stets zu bedienen bereit waren, meine aufrichtigste Dankbarkeit zum Ausdruck zu bringen.

Vor Allem gebührt aber mein Dank dem Vereine von Gas- und Wasserfachmännern Deutschlands und zwar dafür, dass er mir die Gelegenheit geboten, in seinem Sinne und Geiste durch meine Arbeit hoffentlich fördernd zu wirken.

Essen a. d. Ruhr, den 6. October 1877.

E. Grahn.

Geschichtliche Einleitung.

Der Durstende, der an einem aus einer Bergesspalte hervortretenden Quell niederkniet und mit dem Munde das Wasser aufsaugt oder der mit gehöhlter Hand dasselbe aus einem Wasserlaufe schöpft, begeht wohl kaum eine Thätigkeit, die man künstliche Wasserversorgung nennen wird. Diese beginnt vielmehr erst da, wo eine über den momentanen Gebrauchszweck hinausgehende vorbereitende Handlung zu der demnächstigen Wasserversorgung vorliegt, wie solches eines der ältesten chinesischen Sprichwörter „G r a b e   e i n e n   B r u n n e n, e h e   d u   d u r s t i g   b i s t" bezeichnend ausdrückt.

Die älteste Art solcher Wasserversorgungen werden anfänglich Cisternen, in Form von Höhlungen im Boden hergestellt, in denen Regen- oder Tageswasser gesammelt wurde, gewesen sein. Später vertiefte man diese Cisternen und kam so zu den Brunnen, die das in den Boden eingedrungene Wasser sammelten und der Benützung zugänglich machten. Die Entstehung der ersten Brunnen reicht gewiss in die vorgeschichtliche Zeit zurück.

Die B r u n n e n oder C i s t e r n e n zum Sammeln von Oberflächenwasser sind bei fast allen wilden Völkerstämmen vorgefunden. Ueber tiefere Brunnen für Grundwasser finden wir die erste schriftliche Nachricht im 1. Buche Mose, wonach Abraham dem Abimelech Land mit einem Brunnen darauf verkaufte. Da die Entdeckung der Metalle der siebenten Generation der Erdbewohner zugeschrieben wird, so besass man sehr früh die Mittel, die Brunnen in die Tiefe durch die Felsen treiben zu können. Der Mangel an Regen und an Flussläufen zwang die östlichen Völkerschaften, den Brunnen grossen Werth beizulegen, und mancher derselben hat Veranlassung zur Ansiedlung und späteren Entstehung von Städten gegeben, die oft ihren Namen von dem Brunnen entnommen haben. An den Brunnen spielte sich als Vereinigungspunkt der Eingesessenen manche Scene der biblischen und weltlichen Geschichte ab. Sie wurden auch mitunter als Raum zum Verstecken sowohl als zum Umbringen von Feinden und Verbergen von Leichen benützt.

In der Nähe der Pyramiden finden sich theilweise noch Brunnen vor, welche mit diesen Bauwerken gleichzeitig entstanden sein werden und von denen der bei den Pyramiden von Gizeh heute noch in Benützung ist. Unter den Ruinen von Ninive ist ein heute noch brauchbarer Brunnen aufgefunden, der von Assur, dem Sohne eines vorgeschichtlichen Herrschers, hergestellt ist. Der Sohn des Pharao baute einen Brunnen bei Wadee Jasous, der noch heute für den Hafen von Aennum am rothen Meere benützt wird. Heliopolis, die Stadt der Sonne, in der die griechischen Philosophen die Weisheit der Aegypter erforschten, ist verschwunden; aber der jetzt noch wassergebende Brunnen und ein einzelner Obelisk zeigt heute noch die Spuren derselben Ephesus ist nicht mehr und der Tempel der Artemis, an dem 220 Jahre gebaut wurde, ist verschwunden; aber die Brunnen, die die Bürger mit Wasser versorgten, fliessen heute noch so frisch und voll wie früher. Als die Juden aus Egypten heimkehrten, fanden sie in Elim zwölf Brunnen, die heute noch Wasser geben. Der Davids-Brunnen zwischen Bethlehem und Jerusalem, der den Durst Davids gestillt, dient heute noch den Reisenden in Palästina zu gleichem Zwecke. Die Einwohner von Kos trinken das Wasser desselben Quelles, welches 2300 Jahre früher dem Hippokrates gedient hat.

Die Orte im alten Griechenland hatten sehr zahlreiche Brunnen und es soll dort nach Plinius der erste Brunnen von Danaus gebaut sein. Attika wurde hauptsächlich durch Brunnen versorgt. Solon bestimmte in seinen Gesetzen einen gewissen Kreis der zur Benützung der öffentlichen Brunnen berechtigten Einwohner. Wer darüber hinaus wohnte, musste selbst einen Brunnen, aber in 2 m. Entfernung vom Nachbar, abteufen. Fand er in 20 m. Tiefe kein Wasser, so war er berechtigt, täglich 54 Liter Wasser von seinem Nachbar zu holen.

Die Römer stellten in allen Ländern, die sie erobert, wenn Wassermangel vorhanden war, Brunnen her und bei ihren Belagerungen spielte die Wasserversorgung eine grosse Rolle. Bei Chartres in Frankreich besteht noch ein als heilig bezeichneter Brunnen, in welchen die Römer einen Märtyrer geworfen haben sollen.

Durch das Graben eines Brunnens wurde Herculaneum entdeckt, nachdem es 1630 Jahre begraben gewesen. Hier deckte man nach

dieser Zeit einen zugewölbten Brunnen wieder auf, der völlig unver-
sehrt das schönste Wasser enthielt. In dem 40 Jahre später aufgefundenen Pompeji sind Brunnen, Regenwassercisternen und Fontainen
in grosser Zahl vorgefunden. Sie finden sich fast in jeder Strasse, und
in jedem Hause oft mehrere derselben. 1832 ist dort nahe dem
Pantheon ein 35 m. tiefer Brunnen mit 4,5 m. Wasserstand entdeckt.

Von den Brunnen der Phönicier und von denen in Karthago sind
heute noch Reste erhalten. Die Chinesen waren besonders erfahren
in der Erbohrung von Brunnen. Sie haben solche bis zu 500 m.
Tiefe hergestellt. Persien war ebenso wie Aegypten bei der Wasser-
armuth fast ganz auf Brunnen angewiesen. Die Engländer fanden bei
der Besitzergreifung von Hindustan hier allein 50000 Brunnen vor.

Trotzdem bei den Phöniciern, den Aegyptern und später auch bei
den Israeliten ein Gesetz bestand, dass ein Brunneneigenthümer ein
in seinen offen gelassenen Brunnen gefallenes Thier bezahlen musste,
wofür er jedoch dessen Leiche erhielt, findet man bei den asiatischen
Völkern sehr viele Brunnen ohne eine über das Terrain sich erhebende
Schutzmauer. Dieselben wurden vielmehr mit hölzernen Deckeln zugedeckt und darüber Erde geschüttet, um sie besser vor der feind-
lichen Absicht des Vergiftens oder des Zuschüttens zu sichern, sowie
auch, um sie vor Wasserentwendung zu schützen; denn schon im alten
Testamente ist verschiedentlich vom Bezahlen und Stehlen von Wasser
die Rede. Man deckte die Brunnen auch wohl mit grossen, schwer
zu beseitigenden Steinen ab. Es ist daraus zu schliessen, dass man hier
keine bleibende maschinenartige Einrichtungen zum Heben des Wassers
angewendet. Welchen Werth man auf die Erhaltung der Brunnen
legte, geht aus verschiedenen Angaben hervor, wonach man, namentlich bei den Aegyptern, an den Brunnen zu ihrem Schutze constante
Wachen errichtet hatte. Bei den Griechen und Römern sind die
Brunnen fast stets in den Umfassungswänden hoch über das Terrain
hinaufgeführt und häufig sind diese Schutzmauern reich decorirt.

In der Nähe von Sichem, auf dem Wege von Galiläa nach Jerusalem, liegt ein berühmter Brunnen, der Jakobs-Brunnen, welcher
vor über 3500 Jahren dem Erzvater Jakob diente und heute noch seine
Nachkommen speist. Er ist 30 m. tief, hat 3 m. Durchmesser, hält
6 m. Wasser und ist völlig durch festen Felsen gebohrt. Hier fand
die Begegnung von Christus mit der Samariterin statt. Heute noch
wird dieser Brunnen von allen nach Palästina wallfahrtenden Pilgern
besucht.

Der Brunnen Zemzem in Mekka bildete, ebenso wie die Moschee Kaaba, in welcher er sich befand, und der schwarze Stein schon lange vor Muhamed eines der drei grössten Heiligthümer der Araber, weshalb Muhamed diese drei Gegenstände auch in seine Religionslehre aufnahm. Er war der einzige Brunnen in Mekka, dessen Wasser getrunken werden konnte. Derselbe hatte 65 m. Tiefe, 2,5 m. Durchmesser und es stand das Wasser in ihm bis auf 17 m. hoch unter der Terrainfläche. Eine 1,5 m. hohe Einfriedigungsmauer von Marmor schloss ihn oben ein.

Das grossartigste Bauwerk, welches sich allen auf irgend einem Gebiete ausgeführten bedeutenden Leistungen alter Zeiten würdig zur Seite stellen kann, ist der Josephs-Brunnen in Kairo. Ueber die Zeit der Erbauung desselben fehlen alle zuverlässigen Angaben. Ob er seine Entstehung den Babyloniern oder dem Soliman verdankt, oder wer ihn sonst erbaut hat, ist unbekannt. Derselbe besteht aus zwei Brunnenschächten von rechteckigem Querschnitte, die unter einander liegen und durch eine grosse Kammer mit einander verbunden sind. Er ist ganz in Felsen ausgearbeitet. Die Sohle des unteren Brunnenschachtes reicht bis in den Kies, aus dem das Wasser entnommen wird. In jedem der beiden Schächte befindet sich unabhängig von einander je ein Eimerwerk, welches aus Thongefässen, die an einer Kette ohne Ende aufgehängt waren, bestand. Diese Ketten wurden durch Göpel, die von Ochsen oder Pferden gedreht wurden, bewegt. Das Eimerwerk des unteren Schachts hatte in der erwähnten Kammer zwischen beiden Schächten seinen Göpel und goss das Wasser hier in ein Reservoir aus, aus welchem es das Eimerwerk des oberen Schachtes, dessen Göpel über Tage aufgestellt war, entnahm. Der obere Schacht hat einen rechteckigen Querschnitt von 7,7 m. mal 5,6 m., der untere von 4,6 m. mal 2,8 m. Ersterer ist 50 m., letzterer 40 m. tief. Um die Thiere in die zwischen beiden Schächten liegende Kammer zur Bewegung des unteren Göpels bringen zu können, ist spiralförmig um den oberen Schacht in dem Felsen ein Kanal von 2 m. Breite und 2,2 m. Höhe hergestellt, der eine solche Steigung hat, dass man auf diesem Wege bequem reiten kann. Dabei ist der lichte Raum des Schachtes durch eine stehengebliebene 15 cm. starke Wand des natürlichen Felsens, in welcher sich Lichtöffnungen befinden, von dem Kanal getrennt.

Wenngleich die im Vorstehenden geschilderten Brunnenanlagen sehr häufig öffentliche waren und somit der allgemeinen Benützung anheim fielen, so wurde durch sie allein doch nicht das erreicht, was hier speciell aus dem grossen Rahmen ausgeschieden als künstliche Wasserversorgung behandelt werden soll, nämlich:

die Anlagen, welche, über die Grenzen des Bedürfnisses der einzelnen Familie oder des einzeluen Grundbesitzers hinausgehend, es sich zur Aufgabe machen, eine grössere Zahl von Menschen, die Einwohner einer ganzen Ortschaft oder von Theilen derselben in mehr oder weniger grosser Vollkommenheit gemeinschaftlich mit allem erforderlichen Wasser zu versorgen.

Bei den Brunnen bedarf es zur Wassergewinnung noch der künstlichen Hebung, auf welche später zurückgekommen werden wird. Vorab sollen hier jedoch die für die in Frage stehenden Zwecke zulässigen Wassergewinnungsaiten, welche ausser der Erschliessung durch Brunnen möglich sind, verfolgt werden.

Wenn die eigentlichen Brunnen aus der nicht befriedigten Aufstauung des Oberflächenwassers entstanden sind, so hat ebenfalls die Verfolgung der Idee dieser Ansammlungen auf der anderen Seite schon früh zu bedeutenden mit Erfolg gekrönten Anlagen geführt. Es lag zu nahe, dass man zur Zeit des Wasserüberflusses, bei Regenwetter oder grosser Ergiebigkeit von Quellen und Wasserläufen das Wasser in grösseren Cisternen, Teichen oder Reservoiren ansammelte, um dasselbe während der Zeit der Trockenheit zu benützen.

So war Jerusalem, welches nur zwei Brunnen, den Brunnen Rogel und den Marienbrunnen besass, hauptsächlich auf Regenwasser angewiesen, welches in vielen Tausenden von unterirdischen Cisternen von den Dächern der Häuser gesammelt wurde. In der Stadt befanden sich ausserdem eine grosse Zahl von künstlich hergestellten Teichen, z. B. der Hiskiasteich, der obere und der untere Gihonteich und der Teich Siloah. Aehnliche Reservoire lagen vor dem Jaffathore und dem Stephansthore. Der durch seine Wunderwirkungen bekannte Teich Bethesda lag vor dem Schaafthore und ist jetzt verschüttet. Am grossartigsten waren die Reservoire zwischen Bethlehem und Hebron, die Teiche des Salomo, die zum Theil heute noch existiren. Das Wasser wurde von hier durch eine theils in die Felsen eingehauene, theils aus 2 ausgehöhlten Steinen gebildete Leitung dem Tempel in Jerusalem zugeführt. Die Leitung hatte im Lichten 250 mm. Durchmesser. Wo sie künstlich aus Steinen hergestellt ist, sind dieselben in eine Art Beton eingeschlossen und in den Boden versenkt verlegt. Diese Leitung soll unter Pontius Pilatus ausgeführt sein. Es wird ferner von Gibeon berichtet, dass dort zwei grosse unterirdische

Bassins gewesen seien, die an der nördlichen Seite des Hügels in den
Felsen eingehauen waren.

Der Mörissee in Aegypten, im Thale von Fayum einige Meilen
oberhalb von Memphis gelegen, ist künstlich für Bewässerungszwecke
von dem Aegypterkönige, den die Griechen Möris nannten und der 2200
oder 3000 vor Chr. gelebt haben soll, hergestellt. Der Boden dieses
Sees ist ausgegraben und künstliche Dämme von 50 m. Breite und
5 m. Höhe begrenzten seine Seiten. Die Oberfläche des Sees hat nach
einigen Angaben 12240 Ha., nach anderen sogar noch zehnmal mehr
betragen. Der See wurde von grossen Schiffen befahren. Als Wasser-
standszeiger dienten zwei in demselben erbaute Pyramiden, jede 165 m.
hoch. Durch ein von hier ausgehendes Kanalnetz, welches durch Schleusen
mit dem See verbunden war, fand die Bewässerung der Ebene von Memphis statt. Die Schleusenverwaltung allein kostete im Jahre 216000 Mk.
Aber schon die Fischerei auf dem See brachte jährlich funfmal mehr
ein. Der See wurde aus einem sich von Oberägypten herab parallel
dem Nile entlang ziehenden Kanale gespeist, der ausserdem noch viele
Landstrecken bewässerte. Jetzt ist der Mörissee ausgetrocknet und
die Kanäle sind verschüttet.

Aehnliche Anlagen finden sich in dem ganzen übrigen Theile von
Aegypten, welcher im Alterthume bewohnt war. Trotzdem 8 Monate eine furchtbare Hitze war, und ferner zwei Monate Ueberschwem-
mungen im Jahre stattfanden, also nur zwei kurze Monate fur ein
Emporblühen der Vegetation blieben, so hat dennoch zu jener Zeit
eine Fläche von 750 ☐Meilen 8 Millionen Menschen ernährt. Wohin
durch Stauung der Hochfluthen des Nils das Wasser nicht zu leiten
möglich war, dienten zahllose Maschinen zum Schöpfen desselben, von
denen später die Rede sein wird.

Von gleicher Bedeutung waren die Bewässerungsanlagen in As-
syrien. Die Königin Nitocris liess den Nitocris-See herstellen,
der durch einen Kanal vom Euphrat aus gespeist wurde. Derselbe
war so gross, dass er 22 Tage lang die ganze Wassermasse des Euphrat
aufnehmen konnte. 1200 Jahre später wurde durch den See, welcher
halb versandet war, Babylon ins Verderben gebracht, indem der die
Stadt belagernde Kyros den Euphrat nach hier leitete und damit in
der Stadt eine grosse Ueberschwemmung verursachte. Eine von Semiramis herrührende Denkschrift, welche von Alexander aufgefunden
ist, lautet: „Ich habe alle Ströme gezwungen dahin zu fliessen, wo
ich wollte, und ich wollte sie nur da, wo es nützlich war. Ich habe

die dürre Erde fruchtreich gemacht, indem ich sie durch meine Ströme bewässerte "

In ähnlicher Lage der Wasserbedürftigkeit befand sich In di en, zu dessen Bewässerung das ganze Land mit Kanälen durchzogen war. Hier ist in der Anlage von Teichen das Unglaublichste geleistet. In der Präsidentschaft M a d r a s allein befanden sich 53000 Sammelteiche oder Reservoire ausser den kleinen bei den Dörfern gelegenen, zu der Zeit, als die Engländer das Land eroberten und es soll die Länge sämmtlicher zur Eindeichung der Teiche vorhandenen Erdwälle 4800Q Kilom. betragen haben. Bei und in diesen Teichen befinden sich mehr als 300000 Kunstbauten, als Brücken, Schleusen etc. Obgleich viele der besten Reservoire zerfallen oder zerstört sind, bringt das aus denselben abgegebene Wasser der Präsidentschaft Madras jetzt noch eine jährliche Einnahme von 30 Millionen Mk., ein Sechstel der Gesammteinnahmen aus diesem Landestheile. Der Teich von Poinaris im District Trichinopolis hat 20000 Ha. Oberfläche und seine Ufer sind 48 Kilom. lang. Der Teich von Veranum hat 8000 Ha. Oberfläche und Dämme von 16 Kilom. Länge. In Ceylon befindet sich ein Reservoir mit einem Damme von 20 Kilom. Länge, welches eine Wasserfläche von 64 Kilom. Umfang abschliesst. Ein anderes Reservoir hat einen 1,6 Kilom. langen künstlichen Damm und einen Umfang von 30 Kilom. Der Cummum-Teich in der Präsidentschaft Madras ist 8 Kilom. lang und hat eine Maximalbreite von 5 Kilom. Die Wasserfläche beträgt circa 2000 Ha. und es hat der künstliche Damm eine Höhe von 30 m. Der Teich von Caverykaupum hat 1685 Ha. Oberfläche, der von Dschumprumkaupum 2550 Ha. und der von Ussuda 9690 Ha. bei 12 Millionen kbm. Inhalt.

Die Dimensionen dieser Wasserbehälter übersteigen wesentlich die der in England für Wasserversorgungen erbauten und unterscheiden sich in der Construction der Dämme dadurch, dass die Hindus niemals Thon für die wasserdichtende Schicht bei denselben benützt haben.

Die Zuleitung des Wassers, soweit sie ohne künstliche Hebung von den Quell- oder Sammelgebieten zu den Verbrauchsorten möglich war, geschah durch offene oder verdeckte Kanäle, die theils über oder in der Terrainoberfläche hergestellt, theils auf künstlichem Unterbau über Thäler oder Niederungen hinweggeführt oder durch Berge und Höhenzüge in Form von Tunneln hindurchgetrieben wurden. Man leitete das Wasser, nur dem natürlichen Gefälle folgend, weiter. Diese Rücksicht verlangte, nicht immer die directesten Wege zu wählen, sondern den zulässigen Gefällen und vorhandenen Terrainverhältnissen Rechnung zu tragen, wodurch der Bestimmungsort oft erst auf langen Umwegen zu erreichen war.

Die für solche Zwecke geschaffenen Bauwerke, von welchen einzelne noch völlig erhalten sind und welche zum Theil aus den Ruinen und Beschreibungen zu unserer genauen Kenntniss gelangten, müssen unsere grösste Hochachtung hervorrufen sowohl wegen der Grossartigkeit der Conception, als auch wegen der Aufwendung von Mitteln, die unter unseren jetzigen Verhältnissen uns unerschwinglich erscheinen.

Vielleicht eine der ältesten Leitungen, die wahrscheinlich von den Phöniciern erbaut ist, diente zur Versorgung des alten Karthago und es sind einzelne Theile derselben noch so weit brauchbar geblieben, dass diese, nachdem sie 2000 Jahre brach gelegen, in den 60 er Jahren zur Wasserversorgung von Tunis wieder in Gebrauch genommen werden konnten, wobei die zerstörten Theile durch gusseiserne Leitungen ersetzt wurden. Die ganze Leitung war circa 100 Kilom. lang und so hoch und breit in dem Kanale, dass ein Mann dieselbe durchschreiten konnte. Wo sie die Felsen durchdringt, sind in circa 20 m. Entfernung Ventilationsschächte von 2 m. Durchmesser hergestellt. Der Aquäduct selbst besteht aus 2 Reihen Bogenstellungen über einander und hat eine Höhe von bis 39 m. Die Pfeiler desselben sind theils ganz von Mauerwerk, theils von Lehm, der früher mit grossen Steinplatten bekleidet war, hergestellt.

Auch in Griechenland finden sich Ueberbleibsel von alten Aquaducten in verschiedenen Theilen des Landes. Die grossen Bevölkerungen Athens und Korinths machten eine künstliche Wasserzuführung jedenfalls nöthig. Denn dass man dort von dem Wasser reichlichen Gebrauch machte, beweisen die Schilderungen Homers von den Gartenanlagen des Alkinoos.

Den ältesten Bericht über eine grössere Leitung verdanken wir Herodot. Dieselbe war nach ihm von Eupalinos, einem Architekten von Magaera, für die Stadt Samos erbaut und bestand aus einem Kanale von fast 1 m. Breite und einem Tunnel von 1,6 Kilom. Länge.

Ein eigenthümlicher, sehr primitiver Aquäduct ist bei Pataza aufgefunden. Er überschreitet eine Schlucht von 62 m. Weite und 78 m. Maximaltiefe. Eine im Grundrisse nicht geradlinig, sondern in einer Curve gebaute kräftige Mauer hat eine Durchlassöffnung für den das Thal durchfliessenden Wasserlauf und trägt oben Steinblöcke von fast 1 m. Seite in Würfelform, die mit Löchern von 300 mm. Durchmesser durchbohrt sind und mit runden 70 mm. hohen und ebenso tiefen Falzen und Nuthen in einandergreifen. An den Stössen sind sie mit schmiedeeisernen Klammern, die mit Blei vergossen sind, verbunden. In je circa 6 m. Entfernung befinden sich Ventilationsöffnungen von 175 mm. Durchmesser.

Die grossartigsten derartigen Bauten sind von den Römern und zwar für Rom selbst mit der Zeit der Censur des Appius Claudius beginnend (312 v. Chr.) und in den folgenden Jahren ausgeführt. Bis zu dieser Zeit wurde diese Stadt fast ausschliesslich aus dem Tiber, sowie durch Brunnen kleiner Quellen versorgt. Kein Volk gleicht den Römern in der immensen Ausdehnung dieser öffentlichen Bauten, durch welche solche übermässige Wassermengen mit solch erstaunlichen Werken zugeführt wurden. Diese auf den ersten Blick unerklärliche Aufwendung von Mitteln wird begreiflich, wenn man die derzeitigen Verhältnisse etwas näher betrachtet.

Die römischen Bauten waren keine städtische, sondern solche, welche von der Regierung des Reiches, das die Welt beherrschte, für ihren Sitz hergestellt wurden. Sie dienten dem Wohlleben der Stadt in riesigem Maasstabe und für den, der die Herrschaft besass oder erstrebte, war ihre Schöpfung das Mittel, sich die Gunst des Volkes zu erhalten oder zu erringen. Die Handwerksleistungen waren durch die grosse Zahl der Gilden in den kleinsten Detaillirungen von einander getrennt. Dadurch war aber eine Theilung der Arbeit und damit eine Vollkommenheit und Fertigkeit in der einzelnen Arbeitsleistung erreicht, die uns heute noch, trotzdem uns ihnen unbekannte theoretische Kenntnisse und mechanische Einrichtungen zu Hülfe stehen, in Erstaunen setzen müssen. Die wachsende Macht dieser Handwerkergilden zwang die Regierung, ihnen zahlreiche Concessionen und Begünstigungen zu ertheilen; sie besass aber die Klugheit, als Gegenleistung dafür von ihnen die Verpflichtung zu erlangen, der Regierung stets eine grosse Zahl von Handwerkern gegen festgestellten Lohn nach Bedürfniss zur Verfügung zu stellen. Diese wurden entweder in Rom bei Bauten beschäftigt oder mussten die auf Eroberungen ausziehenden Legionen als Nichtcombattanten begleiten. Wo neue Colonien gegründet wurden, hatten sie die nöthigen Wege- und Wasserbauten auszuführen und es standen denselben als Hülfskräfte die Sclaven und Kriegsgefangenen, welche man ja an jeder Stelle in jeder Zahl concentriren konnte, zur Verfügung. Dadurch besass man ein Heer geschulter Arbeiter, die die schnellste und beste Ausführung von

Bauten ermöglichten.   Es sollen beispielsweise durch solche Kräfte die berühmten Bäder des Caracalla in zwei Jahren ausgeführt sein.

Die Arbeitsleistungen wurden zu jener Zeit auch nicht schlecht bezahlt.   So erhielt bei freier Kost pro Tag ein freier Arbeiter 85 Pf., ein Maurer, Zimmermann, Schmied 3 Mk., ein Maler 3 Mk. 75 Pf., ein Stuckarbeiter und Decorateur 7 Mk. 50 Pf., während damals z. B. das Rindfleisch 60 Pf. und das Schweinefleisch 1 Mk. pro Pfund kostete.

An der Spitze eines durch solche Kräfte auszuführenden baulichen Unternehmens stand der Vertreter des Bauherrn, der „Curator operis", der die Interessen des Staates zu vertreten hatte.   Die Ausführung leitete der Baumeister, welcher oftmals zugleich als Unternehmer für die Lieferungen der Materialien auftrat; die Arbeiter wurden aber stets von der Behörde selbst bezahlt.   Unter dem Baumeister standen Inspectoren, Werkführer, Aufseher und Geometer, „mensores aedificorum". Von den von dem Baumeister ursprünglich in Zeichnungen festgelegten und gebilligten Plane durfte ohne höhere Genehmigung nicht abgewichen werden.   Zur Erlangung der nöthigen Baumaterialien war der Staat berechtigt, alles für ihn brauchbar erscheinende Material, als Erde, Thon, Steine, Ziegel, Sand, Holz etc., welches sich in Privatbesitz befand, durch Schiedsrichter abschätzen zu lassen und in Besitz zu nehmen.   Für die nöthigen Transportwege musste während des Baues das nöthige Terrain unentgeldlich überlassen und die erforderlichen Spanndienste mussten auf Requisition geleistet werden. .

Ueber den Zustand der Rom versorgenden Wasserleitungen im ersten Jahrhundert nach Christo finden sich in einer von Sextus Frontinus, der unter Nerva und Trajan als curator die Oberleitung der Wasserversorgung in Händen hatte, eine sehr interessante Denkschrift: „Commentarius de Aquaeductibus Urbis Romae", die 1820 von Rondelet in französischer Uebersetzung unter dem Titel „Commentaire de S. J. Frontin sur les Aqueducs de Rome" und 1844 von A. Dederich in deutscher Uebersetzung unter dem Titel „Frontinus, Ueber die Wasserleitungen der Stadt Rom" herausgegeben, hinterlassen.

Rom wurde zu dieser Zeit durch 9 Leitungen versorgt: nämlich durch die Appia Claudia seit 313 v. Chr., die alte Anio seit 273 v. Chr., die Marcia seit 146 v. Chr., die Tepula seit 127 v. Chr., die Julia seit 33 v. Chr., die Virgo und die Alsietina seit 19 v. Chr. und endlich durch die Claudia und die neue Anio seit 39 n. Chr.

Die Aqua Alsietina, auch Aqua Augusta genannt, wurde aus dem

Lago Martignano gespeist, während die übrigen Leitungen Quellenwasser aus 3 verschiedenen Bezirken zuführten. Die Appia und die Virgo entnahmen das Wasser den in der Nähe der Stadt am Ufer des Anio entspringenden Quellen. Die Quellen der Tepula und der Julia lagen in der Nähe des Lago di Castel Gandolfo zwischen Marino und Frescati. Diese beiden Quellgebiete befinden sich in vulkanischem Gestein, während die übrigen vier Leitungen, die Marcia, die Claudia, die Anio novus und die Anio vetus, den Zufluss aus dem Kalkgebirge erhalten, welches zwischen Tivoli, Agosta und Subraco liegt.

Die Aqua Appia Claudia ist, wie bemerkt, von dem Censoren Appius Claudius Crassus vollendet, während Gajus Plautius, der dafur den Beinamen Venox (von vena, Wasserader) erhielt, sie begonnen hat. Sie nahm ihren Anfang bei Praenste und hatte eine Länge von 26,03 Kilom. Die Quellen lagen 62 m. über dem Meere und es mündete das Wasser in Rom 53,63 m. tiefer, als es entsprang, ein. Das täglich zugeführte Quantum betrug 61300 kbm. Der Kanal hatte 0,80 m. Breite und 1,60 m. Höhe. Er ist auf 88 m. Länge von Bogenstellungen getragen.

Die Aqua Anio vetus ist von dem Censoren Papirius Cursor begonnen und von Fluvius Flaccus vollendet. Das Geld zu ihrer Herstellung ist durch Verkauf der dem Könige Pyrrhus abgenommenen Siegesbeute beschafft. Diese Leitung entnahm das Wasser dem Flusse Anio bei Tibur und war 63,7 Kilom. lang, wovon 329 m. Länge Aquäducte sind. Die Quelle entspringt 183 m. über dem Meere und es mündete das Wasser in Rom 35,17 m. über dem Meere ein. Die Leitung bestand aus einem Kanale von 1,10 m. Breite und 2,48 m. Höhe, der täglich 272600 kbm. Wasser zuführte.

Die Aqua Marcia ist von dem Prätor Quintus Marcius erbaut und führte das Wasser der Peligner und Marsischen Berge zu. Plinius äussert sich über dieses Wasser, „dass unter den durch die Güte der Götter der Stadt gewährten Segnungen das Wasser der Marcia, welches klar, kalt und gesund sei, als eine der ausgezeichnetsten gelte". Trotzdem die Quellen 53 Kilom. von Rom entfernt und 312 m. über dem Meere entspringen, hat die Leitung eine Länge von 100,6 Kilom. Der Kanal ist 1,7 m. breit und 2,50 m. hoch und ist mit einem Halbkreisgewölbe geschlossen, während die beiden vorhergehenden Leitungen in der Decke einen giebelförmigen Abschluss haben. Die Marcia wurde unter Augustus in ihrem Quantum durch Einmündung der unterirdisch erschlossenen Aqua Augusta, die 3000 m. lang war, verstärkt. Die Leitung mündete in Rom 37,48 m. hoch über dem Meere ein und lieferte 95400 kbm. Wasser pro Tag. Auf 10158 m. Länge war der Kanal durch Bogenstellungen getragen. Auf der ganzen Länge der Leitung vertheilt finden sich in derselben in gewissen Zwischenräumen Schlammfänge.

Die Aqua Tepula hatte 18,8 Kilom. Länge, wovon 610 m. auf Aquäducte entfallen. Sie mündete 38,23 m. hoch über dem Meere in Rom und lieferte pro Tag 2300 kbm. Der Kanal ist 0,80 m. breit und 1,00 m. hoch. Die Leitung führte das Wasser der Tepula aus dem Lucullischen Gebiete nach dem Capitol.

Die Aqua Julia, von Agrippa erbaut, war 19,5 Kilom. lang und ruhte 9588 m. lang auf Bogenstellungen. Sie mündete 39,71 m. hoch über dem Meere in die Stadt und lieferte pro Tag 45400 kbm., welches in dem Quellgebiete der Tepula gesammelt wurde. Der Kanal hatte 0,70 m. Breite und 1,40 m. Hohe. Die zuletzt aufgeführten drei Leitungen wurden auf einer Strecke durch einen gemeinschaftlichen Aquäduct getragen, die eine über der anderen liegend.

Die Aqua Virgo ist gleichfalls von Agrippa erbaut. Sie kommt aus dem Lucullischen Gebiete und nimmt auf ihrem Laufe noch einige andere Quellen auf. Sie hatte eine Länge von 25,2 Kilom., wovon 1037 m. aus einem Aquäducte und 800 m. aus einem Tunnel bestehen. Sie entspringt 70 m. über dem Meere und mündete in Rom 10,43 m. darüber. Das täglich zugeführte Quantum betrug 59000 kbm. Der Kanal hat 0,50 m. Breite und 2,00 m. Höhe.

Die Aqua Alsietina ist von Augustus selbst erbaut. Sie wurde auch Aqua Augusta genannt und diente hauptsächlich für die Versorgung von Teichen für die Schauspiele von Seeschlachten (naumachiae), sowie ausserdem zur Gartenbewässerung für Private. Sie war 34,0 Kilom. lang und ruhte in einer Länge von 530 m. auf einem Aquäducte. Sie führte 25000 kbm. Wasser pro 24 Stunden zu und entsprang 56 m. und mündete 5 m. über dem Meere.

Die Aqua Claudia ist unter der Regierung des Caligula begonnen und unter der des Claudius vollendet. Sie hat, trotzdem sie neben der Marcia entspringt, nur 68,7 Kilom. Länge gegenüber der Länge der Marcia von 100,6 Kilom. Von der Aqua Claudia entfallen 803 m. auf einen Tunnel und 14173 m. auf Aquäducte. Das Wasser entsprang an der Sublacensischen Strasse 255 m. über dem Meere und floss 47,42 m. hoch über dem Meere in Rom aus. Das täglich zugeführte Quantum betrug 109000 kbm. Der Kanal ist 1,00 m. breit, 2,00 m. hoch und scheidrecht abgedeckt.

Die Aqua Anio novus, gleichfalls unter der Regierung des Caligula begonnen und von Claudius vollendet, ist 88,9 Kilom. lang, wovon 802 m. auf Tunnel und 13023 m. auf Aquäducte entfallen. Sie entspringt 250 m. über dem Meere und mündete 48,12 m. darüber in Rom ein. Sie lieferte täglich 109000 kbm. Wasser und entnahm dasselbe dem Flusse Anio. Der Kanal ist 1,00 m. breit und 2,70 m. hoch mit Halbkreisgewölben geschlossen.

Von diesem gesammten zugeführten Wasserquantum von 947200 kbm. täglich entfielen, der verschiedenen Qualität wegen für verschiedene Verbrauchszwecke gesondert: für den allgemeinen Gebrauch, zum Strassenwaschen etc. 636100 kbm., nämlich das Wasser der Appia, der Anio vetus und novus und der Alsietina; ferner als Bade- und Trinkwasser die übrigen 311100 kbm., von welchen das Wasser der Virgo 59000 kbm. als das reinste bezeichnet wird. Nach einer Berechnung Rondelet's würde dieses Wasserquantum durch ein Flussbett von circa 10 m. Breite und 2 m. Tiefe bei 0,6 m. Geschwindigkeit pro Secunde abfliessen. Derselbe giebt als die Höhe der Leitungen bei ihrem Eintritte in die Stadt, über dem Quai der Tiber bei der Mündung der Cloaca Maxima gemessen, an: für die Claudia 47,42 m., die Anio nova 47,32 m., die Julia 39—71 m., die Tepula 23—38 m., die Marcia 37,28 m., die Anio vetus 25,17 m., die Virgo 10,43 m. und die Appia 8,37 m. Die ganze Länge der Leitungen betrug 443,4 Kilom., von welcher 2405 m. auf verschiedene Tunnel und 49537 m. auf Aquäducte mit Bogenstellungen, welche bis zu 32 m. Höhe hatten, entfallen.

Das Wasser der verschiedenen Leitungen ergoss sich in Rom, nachdem es vorher kleine Behälter, piscinae, zum Absetzen von Sand etc. passirt hatte, in sogen. castella, Wasserschlösser (franz. Chateau d'eaux), auch receptacula, da sie zur Aufnahme und Ansammlung, und auch dividicula, da sie als Vertheiler dienten, genannt. Frontinus giebt ihre Zahl auf 247 an. Sie bildeten drei verschiedene Arten von Reservoiren, aus denen das Wasser für die verschiedenen Zwecke getrennt abgegeben wurde. Ein directer Anschluss an die Hauptzuleitungen zur Stadt war auf das Strengste ausgeschlossen. Der eine Theil dieser Wasserschlösser versorgte die Privatconsumenten, der andere die öffentlichen Teiche, die Fontainen, die öffentlichen Bäder und die Tempel und der dritte endlich die Paläste und sonstigen Gebäude des kaiserlichen Dienstes. Von diesen Reservoiren aus, die im Ganzen vielleicht 20000 kbm. Wasser fassten, also nicht als

eigentliche Vorrathsbassins, sondern hauptsächlich zum Ausgleich und
zur Regulirung dienten, wurde das Wasser einer grossen Zahl von
über die ganze Stadt vertheilten runden, gemauerten Cisternen oder
Wasserthürmen durch Leitungen zugeführt. Aus diesen Cisternen fand
die eigentliche Abgabe statt.

Welche Mittel auf die **Wasserverwendungseinrichtungen**
für öffentliche Zwecke verausgabt wurden, beweist, dass Agrippa im
Laufe eines Jahres 70 Teiche, 105 Fontainen und 130 Reservoire in
Rom bauen liess, alle mit ehernen und mamornen Statuen und Säulen
geschmückt. Die Zahl der ersteren wird von Plinius auf 300, die der
letzteren auf 400 als überhaupt vorhanden angegeben. Zur Zeit des
Trajan sollen 590 Bassins mit fliessenden Rohrbrunnen und ferner
38 plastisch geformte Kunstwerke als Fontainen vorhanden gewesen sein.

Unter Augustus entfiel in Rom auf den Kopf der gesammten
Bevölkerung von 350000 Seelen circa 2,7 kbm. Wasser pro Tag;
es sollen aber auch damals in der Stadt 1350 öffentliche fliessende
Brunnen und 591 Fontainen mit springendem Strahle mit Wasser
gespeist sein. Ferner wurden 19 immense befestigte Lager, 95
grosse öffentliche Badeanstalten, 39 grosse Theater und Kampfplätze
(arenae), alle mit überschwenglicher, Tag und Nacht stattfindender
Wasserbenützung unterhalten. Die Zahl der öffentlichen Bäder wird zur
Zeit des Valentinian ausser den 12 Thermen auf 856 Stück angegeben.
Ein solcher Wasserverbrauch ist, wenn es sich nur um reelle Verwendung gehandelt hätte, undenkbar, wenn auch, trotzdem ein Wasserverbrauch für technische Zwecke kaum in heutigem Maasse existirte,
die Verwendung des Wassers zur Kühlung der Luft sowohl, als auch
zum Baden — im Tage 7 mal zu baden war nichts Ungewöhnliches —
in einem unsere Gebräuche weit übersteigendem Maasse, begründet auf
der Verschiedenheit des Klimas, stattfand. Nach Angabe des Frontinus
sollen von Einer Leitung allein 13594 Privatleitungen von je 20 mm.
Durchmesser aus den entsprechenden Cisternen gespeist sein. Die
künstlichen Teiche hatten in Rom eine solche Ausdehnung, weil man
darauf Seegefechte aufführte, ein Schauspiel, das die Römer in so
hohem Grade interessirte, dass Augustus, wie schon bemerkt, die Aqua
Alsietina von 34 Kilom. Länge ursprünglich nur für diesen Zweck
erbaute und dass Claudius den See Fucinus dafür durch an den Ufern
hergestellte Zuschauerplätze einrichten liess.

Dem Frontinus verdanken wir ferner noch einige Einzelheiten über
die **Verwaltung der Wasserversorgung**. Unter der Republik

hatten die Censoren und Aedilen dieses Geschäft wahrzunehmen. Während der Kaiserzeit wurden vom Kaiser dazu Personen ernannt, die vom Senat bestätigt werden mussten. Welche Wichtigkeit dem Posten dieser Curatoren der Wasserleitungen zugeschrieben wurde, geht daraus hervor, dass Frontinus vor seiner Ernennung zum Director der Wasserleitungen alle bürgerlichen Ehrenstellen Roms erreicht, vor Agricola den militärischen Oberbefehl in Britannien gehabt und daselbst Wales unterworfen hatte. Diese Curatoren wurden überhaupt aus dem Kreise der angesehensten und bewährtesten Männer genommen. Von Amtswegen führten sie in der Stadt Architekten, Schreiber, Buchführer und ferner einen Ausrufer und drei Staatssclaven mit sich, denen sich ausserhalb der Stadt noch zwei Lictoren zugesellten. Die Curatoren hatten zu sorgen, dass das Wasser bei Tag und Nacht ununterbrochen für die Benützuug des Volkes floss.

Während zur Zeit der Republik für die Privaten nur der Ueberfluss aus den Bassins bestimmt war und auch dieser nur für Bäder und Walkeranstalten, die als gemeinnützlich angesehen wurden, benützt werden durfte und es nur den Grossen der Stadt zugestanden wurde, Wasser in ihre Häuser zu leiten, ging man zur Zeit des Kaiserreiches darin weiter. Damals konnte Jedermann um dieses Privilegium anhalten. Aber nur die Curatoren konnten den Privaten die Benützung und Einleitung von Wasser bewilligen und es war diese Bewilligung ein Benificium, eine Gunst oder eine Belohnung für die Verdienste, während der kleine Mann in der Regel nur an den öffentlichen Brunnen, in den öffentlichen Bädern und in den Waschhäusern das Wasser benützte. Es wurde das Quantum für Private durch ein Messrohr von bestimmtem Querschnitte, welches diesen Querschnitt auf eine Länge von 16 m., von der Eintrittsöffnung ab gerechnet, haben musste, voigeschrieben. Der Anschluss von Privatleitungen konnte nur an den Cisternen erfolgen. Die Concession für Private wurde nur auf ein bestimmtes Quantum einer bestimmten Person auf Lebenszeit ertheilt und es war die Einheit des Maasses der quinarius d. i. ein Maass, welches durch ein Rohr von Bronce von 3 cm. Durchmesser und 30 cm. Länge, der calix genannt, das vertical stand und über dessen Eintrittsöffnung das Wasser sich in der Cisterne 33 cm. hoch erhob, bestimmt wurde. Es giebt das 420 Liter pro 24 Stunden. Für öffentliche Gebäude und Bäder fanden Messrohre von grösserem Querschnitte Verwendung. Der Wasserzoll, Pouce d'eau, welcher früher als Maasseinheit für die Pariser Wassermessungen diente und auch heute noch nicht ausser Gebrauch ist, stammt aus der Zeit des Julian und ist ähnlich wie der quinarius bestimmt. Zu jedem Privathause führte eine besondere Leitung, welche oft mehrere 100 m. lang war, und es ist daher klar, dass die höher und weiter abgelegenen Wohnungen viel weniger Wasser als die näher liegenden durch gleiche Messrohre erhielten. Dieser Unterschied soll nach den Berechnungen von Belgrand oft wie 1:10 sich verhalten haben. Es haftete die Concession, wie gesagt, an der Person und konnte weder durch Erbe noch durch Kauf übertragen werden.

Die Instandhaltung der Leitungen wurde von einer grossen Zahl theils in der Stadt, theils ausserhalb wohnender Arbeiter besorgt, deren Namen und Stationen auf öffentlichen Tafeln in den einzelnen Bezirken verzeichnet waren. Dieselben theilten sich nach den verschiedenen Obliegenheiten in Castellarier, die die Reservoire zu beaufsichtigen hatten, in Controleure, die die Leitungen zu begehen hatten, in Pflasterer, die die Wege wieder herzustellen hatten, in Tüncher, die die Beschädigungen an den Aquäducten zu repariren hatten etc. Unter Agrippa bestand diese Schaar aus 240 Personen und wuchs unter Claudius auf 700 Personen an, die theils vom Staate, theils vom Kaiser besoldet wurden. Dieser Kaiser führte zur Verwaltung der Wasserwerke ausser dem Curator, der die Staatsinteressen wahrzunehmen hatte, zuerst einen Procurator, dem speciell die kaiserlichen Interessen oblagen, ein. Innerhalb bebauter Orte mussten die Gebäude, Bäume etc. sowohl von den oberirdischen als den unterirdischen Leitungen 1,62 m. und im freien Felde 4,87 m. abstehen. Hohe Geldstrafen wurden über diejenigen verhängt, welche eine Beschädigung dieser öffentlichen Anlagen ausführten oder beabsichtigten. Die Vergeudungen und böswilligen Beschädigungen, sowie das Stehlen von Wasser muss aber ungeheuer gewesen sein, da Frontinus angiebt, dass das Wasserquantum würde verdoppelt werden können, wenn man diesen Ungesetzlichkeiten mit Erfolg entgegentreten könnte. Für die Ausdehnung dieser Vergeudungen spricht auch ein Gesetz vom Jahre 404, welches für jede Unze unrechtmässig entnommenes Wasser eine Geldstrafe von ein Pfund Gold bestimmt.

Es ist später in der That durch Messung der verschiedenen Quellen an ihrem Ursprunge nachgewiesen, dass sie über 1200000 kbm. pro Tag liefern mussten, dass also wirklich nur ein Theil davon Rom erreichte. Dieses ist daraus zu erklären, dass Kaiser und Staat geringe Verdienste mit der Berechtigung der Verwendung des Leckwassers aus den Zuleitungen, des durch die Ueberfallrohre der Reservoire und

Fontainen abgehenden Wassers, sowie endlich des durch Undichtigkeiten der Rohrleitungen entweichenden Wassers belohnten. Wie ausgiebiger Gebrauch hiervon gemacht und wie die Leckage unterstützt wurde, beweist, dass die Aqua Tepula mehrere Jahre ohne Wasser war. Zur Vergrösserung dieses Quantums trug ferner die Leichtigkeit der Beschädigung der Bleirohre, die nur einem geringen Drucke widerstanden, bei. Auch wurde es dadurch vergrössert, dass viele Leitungen, die nur aus Prunksucht oder zur Befriedigung der Eitelkeit des Erbauers hergestellt waren, nach dessen Tode lieber dem Verfall überlassen, als im Stande gehalten wurden; denn der Nachfolger erreichte häufig seine Zwecke billiger durch die Herstellung neuer, als durch die Reparatur alter Anlagen.

Der Preis für das abgegebene Wasser muss sehr billig gewesen sein, da die Gesammteinnahme von Privaten unter Augustus nur 60000 Mk. betragen hat.

Später sind für Rom noch eine grössere Zahl anderer Leitungen ausgeführt, von denen die Hadriana, die Alexandrina, die Neroniana, die Trajana die bedeutendsten gewesen sein sollen, über welche jedoch genauere Daten nicht vorliegen.

Auf einige Punkte über die im Vorstehenden beschriebenen Bauausführungen mag hier noch kurz aufmerksam gemacht werden. Aus der Vergleichung der in den verschiedenen Zeiten erbauten Leitungen ist zu ersehen, dass das wachsende Bedürfniss eine stete Steigerung des Druckes, mit dem das Wasser in Rom ankam, durch bessere Leitung erreichen liess, sowie dass man, vielleicht durch Verbesserung der Messinstrumente und vervollkommneten Kenntniss in der Bauweise, die neueren Leitungen den alten gegenüber wesentlich abzukürzen lernte. Für die Wahl der Kanalquerschnitte fehlten alle wissenschaftlichen Grundlagen und ihre Grösse scheint hauptsächlich durch die Rücksichten auf innere Reparaturbedürftigkeit bedingt zu sein.

Das Mauerwerk wurde aus Quadern, die stellenweise sehr schön bearbeitet und fast ohne Mörtel verlegt werden konnten, ja wie bei dem opus revinctum hakenblattförmig in einander griffen, oder auch nur mit Quadern verblendet und im Innern mit kleinen Steinen ausgefüllt, das opus reticulatum, oder ferner aus gewöhnlichen unregelmässigen Bruchsteinen, das opus incertum, hergestellt. Wo solche Steine fehlten, bediente man sich der Ziegel, die 15 bis 20 cm. im Quadrat und 2,5 bis 5 cm. dick hergestellt wurden. Zu Verblendungen benutzte man auch solche in dreieckiger Form. Endlich wandte man sehr viel den Beton an, der jedoch nicht, wie jetzt geschieht, vorher aus Steinen und Mörtel gemischt wurde, sondern bei dem man auf eine Mörtelschicht die Steine, dann wieder Mörtel etc. brachte und danach zu demselben eine bedeutend grössere Menge Mörtel als wir verbrauchte. Der Mangel an Holz führte bei der Construction der Gewölbe zur Ersparung der Lehrbögen zu verschiedenen Hülfsmitteln, z. B. zur Anwendung concentrischer Bögen über einander, zur Ausführung von Bögen aus Quadern in Zwischenräumen, welche mit Beton ausgefüllt wurden etc. Roman-Cement und Portland-Cement waren ebenso wie hydraulischer Kalk den alten Römern unbekannt. Zu hydraulischem Mörtel wurde Puzzolanerde, zu gewöhnlichem Mörtel Ziegelsand verwendet, und mit einem Theile Kalk und zwei Theilen reinem Flussande oder drei Theilen scharfem gegrabenen Sande gemischt. Den Kalk liess man sich, an der Luft ohne Anwendung von Wasser in dünnen Lagen ausgebreitet, löschen und verwandte ihn meistens erst ein Jahr später. Den Sand, sowie die Puzzolanerde bewahrte man gehörig ausgesiebt unter Dach vor den Einflüssen des Wetters auf. Der Putz der Kanäle, Reservoire und Cisternen wurde in der Weise hergestellt, dass erst eine Putzschicht mit grobem Sand, dann eine solche mit feinem Sand und darüber eine solche mit breiartigem Mörtel aufgetragen wurde. Um dem Putze Zeit zum Abbinden zu geben, ehe das Wasser daraus entwichen war, wurde schliesslich die ganze Fläche mit einer Mischung überzogen, die aus Leinöl, in Rothwein gelöschtem Kalk, Wachs und Theer bestand und nach Plinius auch noch zerstossene Feigen enthielt. Dieselbe wurde so eingerieben, dass die Oberfläche so glatt wie Marmor wurde. Die alten Leitungen, die Appia, die Anio vetus und die Marcia sind mit Ausnahme des inneren, vom Wasser berührten Theiles trocken in Bruchstein gemauert, während die späteren Leitungen in vollkommenster Weise in Mörtelmauerwerk hergestellt sind.

Die verschiedenen Bogenstellungen bei den Aquäducten über einander werden von einer Seite durch die erstrebte Erzielung einer höheren Stabilität der Bauwerke erklärt. Von anderer Seite sucht man die Erklärung darin, dass man die Aquäducte zugleich zur Herstellung von in geringerer Höhe von ihnen gleichfalls getragenen Wegen benützt habe. Bei Beurtheilung dieses Punktes ist es zu beachten, dass auch das Bedürfniss nach höherer Zuführung des Wassers, sowie die nachherige Erstellung solcher höherer Leitungen dazu geführt haben kann, wie es die Marcia, die Tepula und die Julia zeigen.

Die Frage, ob die Römer zu jener Zeit schon die Möglichkeit, das

Wasser durch Siphons zu leiten, gekannt haben, ist vielfach aufgeworfen und verschieden beantwortet. Jedenfalls spricht die günstige Höhenlage der Rom zugeführten Quellen, indem das Kalkgebirge 210 m. über dem höchsten Punkte Roms liegt, sowie die gefährliche Lage einer in der so bevölkerten Ebene der Roma Vecchia liegenden Leitung nicht für die Anwendung von Siphons und es ist um so weniger anzunehmen, dass solche unterirdische Leitungen bestanden, weil die Erbauer bestrebt waren, sichtbare Denkmale zur Verherrlichung ihres Namens in den Aquäducten zu errichten, aber nicht das Gold in der Erde zu vergraben.

Ueber die Herstellungskosten der Leitungen liegen nur wenige Anhaltspunkte vor. Es hat die Aqua Claudia, wohl die billigste von allen, 6000000 Mk. oder circa 80 Mk. pro lfd. m., die Aqua vetus 12000000 Mk. oder 130 Mk. pro lfd. m. gekostet, während die Wiener Hochquellenleitung sich auf circa 160 Mk. pro lfd. m. gestellt hat.

Dieselbe Thätigkeit, die die Römer auf die Herstellung guter Wasserversorgungen für Rom aufwandten, verfolgten sie auch in den verschiedenen von ihnen unterjochten Ländern und es finden sich hier noch manche redende Beispiele davon vor. Nicht nur Italien und Sicilien weisen solche Spuren auf, sondern auch Griechenland, Spanien, Frankreich und Deutschland sind reich daran. In Spanien werden die Städte Segovia in Alt-Castilien und Sevilla in Andalusien noch heute durch römische Leitungen versorgt. Der Aquäduct von Segovia ist 750 m. lang und 31 m. hoch. Er ist von zwei Reihen Bogenstellungen über einander gebildet, von denen die untere aus 42, die obere aus 119 Bögen besteht.

Die Leitung zu Nîmes im südlichen Frankreich steht unter den gallischen Bauten obenan, wenngleich die Qualität des zugeführten Wassers sehr ungenügend war. Die Leitung hatte 49,75 Kilom. Länge. Der Kanal hat unten 1,20 m., oben 1,30 m. Breite bei 1,80 m. Höhe und ist mit einem Halbkreisgewölbe geschlossen. Er nahm 76 m. über dem Meere die Quellen der Eure und der Airan, die bei der Stadt d'Usez im Kalkgebirge entspringen, auf und führte dieselben, die ein tägliches Quantum von 29530 kbm. lieferten, einem Reservoire in der Stadt, 59,04 m. über dem Meere gelegen, zu. Die ganze Länge der Aquäducte betrug 3220 m. Der eine derselben bei Vert ist 2000 m. lang und 2 m. bis 15 m. hoch. Er besteht aus 256 Bögen von verschiedenen Spannweiten. Ein anderer, Pont du Gard genannt, unter welchem der Fluss Gardon durchfliesst, ist einer der schönsten Reste von den Bauwerken der Römer in Gallien. Derselbe ist mit Ausnahme des oberen Kanales aus bearbeiteten Steinen ohne Anwendung von Mörtel hergestellt. Die grösste Höhe beträgt 54 m. und die ganze Länge 269 m. Drei Bogenstellungen befinden sich über einander und in der unteren Etage 6, in der mittleren 11 und in der oberen 35 Bögen neben einander. Die grösste der unteren Oeffnungen hat 34 m. Spannweite. Die Erbauung wird dem Agrippa, dem Schwiegersohne des Augustus, in der Zeit zugeschrieben, als er nach der Rückkehr des Augustus aus Aegypten (17 v. Chr.) mit der Verwaltung von Gallien betraut wurde.

In Lyon finden sich noch Reste einer 50 n. Chr. angeblich von Marcus Antonius erbauten Wasserleitung, die das Wasser vom Mont d'Or nach der Stadt brachte. Eine zweite Leitung ist von Tiberius gebaut; sie führt das Wasser der Loire von Feurs aus der Stadt zu. Die dritte und prachtvollste Leitung hat der Kaiser Claudius dieser seiner Geburtsstadt errichtet. Dieselbe hatte 52 Kilom. Länge und führte die 170 m. über dem Meere entspringenden Quellen vom Berge Pila in einer Höhe von 53,06 m. über dem Meere der Stadt zn. Sie nahm in ihrem Laufe ferner die Wasser des Gien, des Jaunon und des Furand, Nebenflüsse der Rhône und Loire, auf. Das täglich gelieferte Wasserquantum betrug 22700 kbm. und es hatte der Kanal eine untere Breite von 0,55 m. und eine obere Breite von 0,75 m. bei einer Höhe von 1,60 m. Oben war er halbkreisförmig geschlossen. Vierzehn hohe Aquäducte führten über Abgründe von 60 m. bis 90 m. Tiefe.

Die Ueberschreitung des Thales zwischen Soucieux und Chaponost hätte einen Aquäduct von 65 m. Höhe und 760 m. Länge, sowie die zwischen Chaponost und Sainte Foy einen solchen von 97 m. Höhe und bedeutender Länge verlangt. Aehnliche Bauten waren für das Thal zwischen Sainte Foy und Fourvier nöthig. Der enormen Kosten dieser Bauten wegen legte man daher durch diese Thäler Siphonleitungen aus Bleirohren, die von der einen Seite des Thales abfielen, auf einem weniger hohen Aquäduct, aus einer Bogenreihe bestehend, durch das Thal geführt wurden, auf der andern Seite zu der entgegengesetzten Höhe anstiegen und hier sich wieder in den Kanal ergossen. An den Abhängen liegen parallel 9 Rohre von 21 cm. Durchmesser, die sich auf der Mitte der Abhänge in je 2 Rohre theilen und hier und über den Aquäduct als 18 Rohre fortgeführt sind. Sie bestanden aus 27 mm. dicken Bleiplatten, die nach oben zusammengebogen und in einer scharfen Kante zusammengelöthet waren, wie später näher mitgetheilt werden wird.

Eine 130 n. Chr. von den Römern in Metz zur Zuleitung des Wassers von der Gorze hergestellte Leitung ist 1854 zum Theil wieder restaurirt und liefert der Stadt jetzt täglich 40000 kbm. Wasser. Ihre Länge beträgt 22,16 Kilom. Der Kanal hat 0,97 m. Breite und 1,95 m. Tiefe; er hat 1 m. Gefälle auf 1 Kilom. Länge. Von dem alten Aquäducte, der über die Mosel führte und aus 118 Bögen bestand, stehen noch 5 auf dem linken Ufer und noch 17 auf dem rechten Ufer des Flusses bei dem Dorfe Lony, unter welchen die Landstrasse 18 m. tief hindurch führt.

Die Leitung von Arcueil, die das Wasser von Rungis nach Paris führt, ist während des kurzen Aufenthaltes des Julian (360) in Paris ausgeführt. Sie besteht aus einem überwölbten Kanale von 1,00 m. Breite und 2,00 m. Höhe und ist auf einem Aquäducte über die Bièvres geführt. Eine andere unterirdische Leitung für diese Stadt nahm ihren Anfang bei den Mineralquellen auf den Höhen von Chaillot, durchkreuzte die Champs Élysées und einen Theil der Tuileries-Gärten und lief in dem Garten des Palais-Royal aus. 1781 hat man hier ein Reservoir von 6,5 m. Seite entdeckt, in welchem sich Medaillen von Aurelian bis zu Valentinian I. hinauf befanden, so dass unter dessen Regierung (375) die Leitung ausgeführt sein wird.

Eine aus der Römerzeit stammende Leitung für Antibes ist 1770 restaurirt und liefert noch heute der Stadt täglich 2700 kbm. Wasser. Die Leitung ist 6 Kilom. lang und es befindet sich in ihr ein Tunnel von 4940 m. Länge. Der Kanal ist 0,65 m. breit und 1,25 m. hoch.

Zwischen Trier und Cöln finden sich noch Ruinen eines Aquäductes aus der Römerzeit. Eine aus dem Eifelgebirge hergeführte Leitung versorgte beide Städte mit Wasser — nach einer deutschen Sage sogar mit Moselwein.

Nachdem 330 Constantinopel zur Hauptstadt erwählt war, begannen die Römer für dieses zweite Rom grosse Wasserversorgungsanlagen herzustellen. Die Stadt besass die Wasserläufe Barbyses und Cydares, welche jedoch häufig sehr wasserarm waren. Sie nahm daher ihre Zuflucht zur Aufsammlung von Regenwasser in unterirdischen Cisternen. Da diese Versorgung jedoch eine ungenügende war, so wurde auf den Höhen am schwarzen Meere 24 Kilom. von Constantinopel entfernt eine Reihe von Sammelbassins angelegt, deren Dämme künstlerisch schön mit weissem Marmor bekleidet waren. Von diesen Reservoiren wurde das Wasser mittelst verschiedener Kanäle durch vier Hauptleitungen durch das Thal Burgos geführt. Die grösste dieser Leitungen soll

527 von Justinian ausgeführt sein. In diesen Leitungen befinden sich
eine Zahl schöner Aquäducte. Einer derselben ist 140 m. lang und
32 m. hoch und besteht aus 2 Bogenstellungen über einander. Ein
anderer im Innern der Stadt soll aus den Steinen, die durch die
Zerstörung der Mauern von Chalcedon gewonnen wurden, erbaut sein.

Vielfach hat man für Constantinopel statt der Aquäducte Siphons
angewendet, die aus Rohrleitungen, die den Conturen des Thales folgen,
bestehen. Wurden die Leitungen zu lang, so errichtete man in den
Thälern Thürme und führte auf der einen Seite die Leitung am Thurme
in die Höhe, liess das Wasser sich hier in ein kleines, auf dem Thurme
aufgestelltes Reservoir ergiessen und leitete es auf der andern Seite
wieder hinunter. Es sind dies die sogen. Suterazi, über deren
Zweck man sich vielfach nicht einig ist. Er kann jedoch nur der
gewesen sein, als Luftauslass zu dienen und dafür war es allerdings
eine sehr kostspielige Construction, welche nicht nur die Druckhöhe,
welche der in der Leitung erlangten Geschwindigkeit entspricht, sondern auch die durch die Reibung in dem aufsteigenden und abfallen-
den Rohre consumirte Höhe verlieren lässt. Der Zweck hätte viel
billiger erreicht werden können.

Im Innern der Stadt waren grosse Reservoire hergestellt, um
im Falle einer Belagerung den nöthigen Wasservorrath zu besitzen.
Eins derselben ist nach der Beschreibung des Procopius in der Basilica
von Justinian erbaut. Es ist eine grosse viereckige Cisterne mit Pfeilern,
welche auf einem Felsen in grosser Höhe errichtet ist. Sie ist über
100 m. lang und 45 m. breit. Es stehen darin 336 Marmorsäulen
von 12,5 m. Höhe, die die überwölbte Decke tragen. Dieselben sind
in 12 Reihen aufgestellt, deren jede aus 28 Stück besteht. Die Seitenwände, die Gewölbe und die Decke sind von Ziegelsteinen hergestellt
und über derselben befinden sich Terrassen. Bei einem andern grossen
Reservoire, welches von dem Senator Philoxenos erbaut ist, wurde
die Decke von 424 Marmorpfeilern getragen und über 212 derselben war nochmals dieselbe Zahl von Säulen aufgestellt. Die Türken
nannten das Bauwerk „Tausend und eine Säule“. In einer andern
Cisterne befanden sich 32 korinthische Säulen in 4 Etagen über einander, deren jede aus 8 Säulen in 3 m. Entfernung bestand. Die
Cisterne St. Benedict endlich hat ihr Dach verloren; aber 300
Pfeiler sind noch vorhanden, die die Decke getragen haben.

Dass in früheren Zeiten ausser den Römern auch andere Völker
grossartige Wasserwerksbauten errichtet haben, beweist der Aquäduct

von Spoleto, der von Theodorich ausgeführt sein soll. Er befindet sich in einem Thale. neben dieser einst so wichtigen Stadt und besteht aus 7 Bögen von 22 m. Spannweite und 31 m. Höhe; derselbe kann sich den römischen Bauten an die Seite stellen.

Es mögen hier, um die Aquäducte mit Ausnahme der für Paris später gemachten Anlagen bis zum Ende des 18. saec. zum Abschluss zu bringen, noch einige Notizen über die spätere Versorgung von Rom, sowie über die Aquäducte von Caserte, Montpellier und Genua folgen.

Aus den alten Leitungen, die vormals Rom versorgten, sind drei neue, von den Päpsten wieder restaurirt, entstanden und dienen noch heute den täglichen Bedürfnissen. Die Aqua Vergine, unter Nicolaus V. und Sixtus IV. begonnen, ist 1568 von Pius IV. vollendet und war eine Restauration der Aqua Virgo. Ihr Wasser wird in der Stadt durch 7 Hauptleitungen an 50 theils ganz, theils halb öffentliche Brunnen vertheilt. Sixtus V. legte den Grund zur Aqua Felice, indem er die Claudia und Marcia mit mehreren anderen Quellen auf dem Gebiete von Pontano zusammenführte. Urban VIII. vereinigte diese Wasser in einem kolossalen Reservoire, von wo sie in dem alten Aquäduct der Claudia der Stadt zufliessen. Paul V. endlich liess durch Johann Fontana die alte Alsietina unter dem Namen Paola wiederherstellen und Clemens X. führte durch Karl Fontana 1694 derselben das Wasser aus dem See Bracciano zu. Das Rom jetzt noch durch diese drei Leitungen zugeführte Wasser ist nach den 1809 von Vici, dem Director der römischen Wasserwerke, vorgenommenen Messungen zu täglich 150000 kbm. festgestellt. Die Aqua Vergine versorgt die Fontaine von Trevi und die Aqua Felice führt das Wasser auf den Berg Quirinal nach der Fontaine des Moses.

Karl III. von Neapel liess den Aquäduct von Caserte ausführen, der seinem Schlosse in Caserte, einer 8 Kilom. von Neapel entfernten Stadt, das Wasser zufuhrte, wo es sich in ein 130 m. hoch liegendes Reservoir ergoss. Die Leitung war über 14 Kilom. lang und durchschnitt tiefe Thäler und hohe Gebirge.

Montpellier wird seit 1752 durch eine von Pitot projectirte Leitung versorgt. Dieselbe ist 14 Kilom. lang und führt das Wasser von den Quellen Saint Clément zu. Der Kanal ist aus 1 m. langen mit Falzen ineinanderfassenden steinernen Rinnen gebildet, die 0,27 m. im Lichten hoch und 0,32 m. breit oben entweder mit Decksteinen dicht geschlossen sind oder über welchen ein begehbarer Kanal von 1,62 m. Breite und 2,65 m. Höhe in Mauerwerk hergestellt ist. Die Leitung endet

mit einem Aquäducte von 880 m. Länge auf dem Place de Peyrou
in einem Wasserschlosse, welches mit einer auf Säulen ruhenden Kuppel
überdacht ist.   Der Aquäduct besteht aus zwei Reihen Bögen und hat
eine Höhe von 28 m.   Die untere Reihe hat 33 Bögen von 8 m. Spannweite, die auf Pfeilern von 4 m. im Quadrat ruhen.   Die obere Reihe ist
aus 133 Bögen von 2,78 m. Spannweite auf 1,36 m. starken Pfeilern
gebildet.   Der letzte Theil des Aquäductes besteht aus drei einfachen
Bögen, von denen der mittlere 19,5 m. Spannweite und die beiden
äusseren 10 m. Spannweite haben.   Vielfache Beschädigungen durch
den Frost haben dazu geführt, den Theil des Kanales, in dem das
Wasser fliesst, mit Bleiplatten zu bekleiden.   Die Leitung führt der Stadt
täglich 973 kbm. Wasser zu und hat circa 950000 Livres gekostet.

Genua wird seit 1293 durch eine Leitung von ursprünglich
8 Kilom. Länge mit Wasser versorgt.   Dieselbe ist durch Hinzuziehen
anderer Quellen weiter ausgedehnt und hatte 1782 eine Länge von
28 Kilom.   In derselben ist 1782 eine Siphonleitung, delle Arcate
genannt, die das Thal des Flusses Geivato überschreitet und das
Wasser von dem Hügel Mollasana dem Pino zuführt, hergestellt.   Die
Länge dieses Siphons beträgt in der Horizontalen gemessen 668,65 m.
Für den Eintritt, sowie für den Austritt des Wassers in und aus dem
Siphon sind Reservoire hergestellt.   Das Eintrittsreservoir liegt 7,43 m.
höher als das Austrittsreservoir und der tiefste Punkt des Siphons
liegt 50,02 m. tiefer als der Eintritt und 42,49 m. tiefer als der Austritt.   Die Leitung besteht aus gusseisernen Rohren von 370 mm.
Durchmesser und 20 mm. Wandstärke.   Die einzelnen Rohre sind
0,8 m. lang.   Im tiefsten Punkte befindet sich ein Wasserauslass, im
höchsten ein Luftauslass.   Das Rohr liegt in 2 tiefen Senkungen des
Thales auf Aquäducten, deren einer 150 m. lang und aus 9 Bögen
besteht, während der andere 240 m. lang ist und aus 14 Bögen gebildet ist.   Am höchsten Punkte misst letzterer 22 m. Höhe.

Nähere Mittheilungen über die grossartigen Leitungen für Marseille, Dijon, Paris, Newyork, Wien. Frankfurt a. M. etc.,
sowie über die grosse Zahl der englischen Gravitationsleitungen zu
machen, die dem jetzigen Jahrhundert angehören, wird sich später
Gelegenheit bieten.

Ich benütze diesen Ruhepunkt, noch einen Rückblick auf die
Wasserversorgungen bis zum Beginn des Mittelalters, sowie in der
ferneren Zeit und speciell auf die römischen Leitungen im Allgemeinen zu werfen.

Wenn wir die Lage der verschiedenen Theile Asiens, sowie die von Aegypten und von anderen Theilen Afrika's betrachten, so zeigt sich, dass das durch die Natur gelieferte Wasser hier ungemein sparsam ist, da selten Regen fällt, dass aber in dem dortigen Klima das Bedürfniss nach Wasser überhaupt ein ungemeines ist. Das Wasser selbst war somit nur mit Schwierigkeiten und durch ununterbrochene Arbeit zu erlangen. Daraus erklärt sich die eigenthümliche Kraft und Schönheit all der Verherrlichungen des Wassers, die dasselbe bei den dortigen Schriftstellern und im Alterthume überhaupt gefunden hat. Muhamed verspricht in seinem Paradiese Quellen lebendigen Wassers, während in der Hölle schmutziges kochendes Wasser vorhanden ist. Die Hochhaltung des Wassers war bei diesen Völkern durch das Bedürfniss geboten und daher auch durch die Religion geheiligt.

Die römischen Bauten zeigen jedoch noch einen wesentlich anderen Charakter. Wenn sie auch in ihren ersten Anfängen nur aus dem Bedürfniss entstanden, so dienten sie in späterer Zeit in ihrer weiteren Entwicklung doch nicht unwesentlich mit zur Befriedigung der Ruhmsucht und des Ehrgeizes der Machthaber und sättigten und steigerten in ihrem Uebermaasse die Genusssucht des Volkes. Diese zu befriedigen und sie weiter zu reizen ist in Rom ein unverkennbares Bestreben der Machthaber gewesen. Die Herstellung solcher Riesenwerke war ja auch nur da möglich, wo sie, nicht ausschliesslich nützlichen Zwecken dienend, nicht von den Geniessenden allein hergestellt wurden, sondern wo sie der allmächtige Staat ausführte und mit seiner Gewalt zu erhalten bemüht war.

Als die römischen Kaiser des dritten Jahrhunderts durch die anstürmenden Barbaren und durch die Kämpfe mit Nebenkaisern in Anspruch genommen waren, verloren sie das Interesse für die Stadt Rom und die Erhaltung von deren baulichen Anlagen. Seit der Verlegung des Kaisersitzes nach Constantinopel wendete sich ihre Thätigkeit hauptsächlich der Ausschmückung dieses Platzes zu und der Anblick Roms reizte die Machthaber nicht zur Erhaltung von dessen Pracht, sondern weckte nur den Wunsch, den neuen Herrschersitz ihm gleich zu machen. Das fünfte Jahrhundert brachte die Kämpfe in Italien und um Rom und da musste manches Werk des Friedens der Zerstörung anheimfallen. Und beim Austritte aus dem Mittelalter waren die Wasserwerke Roms nur noch Trümmer. Durch die Nachlässigkeit der Behörden, durch die Sorglosigkeit der Bürgerschaft, durch Erstürmung durch auswärtige Feinde und durch Bürgerkriege im Innern war die Stadt allmählich völliger Zerstörung anheimgefallen. Wie schon vorhin angeführt, begannen die Päpste des sechzehnten Jahrhunderts sich zu bemühen, das alte Rom und mit ihm die früheren Wasserleitungen zu neuem Glanze zurückzuführen.

Zur Zeit des Mittelalters waren es nun ebenso für die übrigen Machthaber andere Aufgaben, denen sie ihre Thätigkeit widmen mussten. Weniger den Arbeiten des Friedens, als denen des Krieges und der gegenseitigen Vernichtung, durch religiösen Fanatismus gesteigert, galt ihre fast ausschliessliche Thätigkeit.

Die Mönche, die im Mittelalter die Träger der Civilisation waren, hielten es für eine Tugend, ihre Kleider Jahr aus Jahr ein nicht zu wechseln und zogen zum Löschen des Durstes den Wein dem Wasser vor. Es war demnach in dieser Zeit, wie auch heute noch, ausschliesslich Sache des Benützenden oder der Benützenden selbst, für den nöthigsten Wasserbedarf zu sorgen, und man entnahm das Wasser daher dem nächsten Flusslaufe, ohne sich eingehend um seine Qualität zu kummern, deren Prüfung ja auch nur durch den Instinct erfolgen konnte, oder man suchte es durch neben den Wohnungen hergestellte Brunnen zu erlangen.

Nur wo Wasser in dieser Weise quantitativ zu beschaffen unmöglich oder wo solches mit zu vielen Kosten verbunden war, ferner wo die wachsende Bevölkerung oder der Gewerbebetrieb Einzelner grössere Anforderungen stellte, ging man zu künstlichen Wasserzuführungen über. Dass man bei der ganzen wirthschaftlichen und socialen Lage hier natürlich zu dem am leichtesten Erreichbaren griff, kann nicht Wunder nehmen. Man führte das an den Bergen als Quellen zu Tage tretende Wasser durch gemauerte Kanäle oder Rohrleitungen (meistens von Holz, doch auch von Thon) den Orten zu, wo es sich in Bottiche frei ergoss, oder man musste sich, wenn dasselbe nicht zum Ausfluss kam, künstlicher Hebung bedienen. Die Fortschritte in der Mechanik brachten einzelne Genossenschaften, die grösserer Wassermengen bedurften, namentlich die Brauer, dazu, gemeinschaftlich durch ein Wasserrad bewegte Pumpwerke anzulegen und das Wasser von hier aus den einzelnen Interessenten zuzuführen. Wir finden in manchen deutschen Städten derartige Pumpenbruder-Gesellschaften aus dem 15. und 16. Jahrhundert. Aus diesen Gesellschaften oder mit diesen gleichzeitig entstanden bei weiterer Ausdehnung auch für öffentliche Zwecke von der Gesammtheit der Bürger hergestellte Anlagen, während die Mittel der Grossen, wenn sie sich dem Wasser zuwandten, meistens in nutzlosen Spielereien vergeudet wurden. Wasserorgeln, Wasseruhren, Schmuckfontainen und Cascaden, tanzende, durch Wasser bewegte Figuren, singende Vögel und alles Mögliche wurde von ihnen geschaffen, aber keine städtischen Wasserversorgungen.

Man darf bei Beurtheilung unserer alten städtischen Wasserversorgungen, namentlich in Deutschland, nicht aus dem Auge verlieren, dass die materielle Lage der Ortsbewohner diese zwang, sich auf das billigst Erreichbare zu beschränken, dass erst die Forschungen der Chemie und Medicin in diesem Jahrhundert unsere Augen in vieler Beziehung weiter geöffnet haben und wir eigentlich heute noch kaum im Stande sind, ein sicheres Urtheil über die Wasserqualität abzugeben, dass endlich die Technik in ihren Fortschritten namentlich durch die Kraft des Dampfes erst in diesem Jahrhundert in vollem Maasse die Möglichkeit allseitiger Wassererlangung geschaffen hat, und dann wird man mit Hochachtung vor dem Gemeinsinne unseres heutigen Bürgerthumes die in den letzten Jahrzehnten gemachten Anlagen betrachten, aber nicht, wie es von Manchem geschieht, auch heute noch mit Sehnsucht nach Rom zurückblicken. Ebenso wie für einen Theil des Volkes dort der Quell alleiniger Wahrheit entspringt, glauben manche Fachleute in der Art der römischen Wasserversorgungen den Quell des alleinig Gesunden zu sehen.

Es würde zu weit führen, und es ist ja auch sehr schwierig, eine Wasserversorgungsgeschichte aller Städte zu schreiben, wenngleich ich hoffe, für unser Vaterland durch freundliche Unterstützung meiner Fachgenossen in die Lage zu kommen, später vielleicht einen geringen Beitrag dazu noch liefern zu können. Ich will mich hier darauf beschränken, im Nachfolgenden eine Skizze der Entwicklung der Wasserversorgung für die beiden grössten Städte London und Paris zu geben. Sie unterscheiden sich beide in der Art der Wasserversorgung wesentlich dadurch von einander, dass in Paris die Sorge für das Wasser nicht nur anfangs, sondern auch heute noch der Regierung und der Stadtverwaltung anheim fiel, während in London diese sich im Laufe der Zeit rein als ein Privatgeschäft entwickelt hat, welches allerdings einer strengen obrigkeitlichen Aufsicht unterworfen ist.

So lange Paris aus den Inseln Cité und St. Louis bestand, bedurfte es keiner künstlichen Wasserversorgung, da die Seine der Menge nach genug Wasser und auch dieses bequem für den Gebrauch lieferte. Bei weiterer Ausdehnung an den Ufern der Seine und grösserer Ent-

fernung von dem Flusse machte sich das Bedürfniss nach einer Veränderung geltend und es war König Philipp August, welcher 1183
eine mehrere Jahre vorher von den Monchen für das Kloster St. Laurent
am Fusse des Montmartre angelegte Leitung für die Stadt annectirte.
Dieselbe lieferte das von den Höhen von Romainville, Bruyères und
Ménilmontant in einem bei dem Dorfe Prés St. Gervais gelegenen
Reservoire gesammelte Wasser durch eine Bleirohrleitung nach Paris.
Die Leitung Prés St. Gervais existirt heute noch und liefert jetzt noch
täglich 200 kbm. Wasser unter dem Namen Sources du Nord. Ausser
für öffentliche Zwecke wurde dieses Wasser auch auf Privatgrundstücken
verwendet, deren Besitzern es ursprünglich unentgeldlich als besondere
Gunst, von 1598 ab aber nur gegen Bezahlung abgegeben wurde.

Unter Heinrich IV. 1606 wurde bei der Pont-Neuf von einem
Flamänder John Sintler eine hölzerne Pumpmaschine errichtet, die
das Wasser in zwei auf den Brückenpfeilern aufgestellte Cisternen
hob, von wo es dem Louvre, den Tuilerien und verschiedenen öffent-
Fontainen zugeführt wurde. Diese Maschine, die den Namen Pompe
de la Samaritaine in Folge einer daran angebrachten Ausschmückung
von vergoldeten Bleistatuen, Christus und die Samariterin darstellend,
erhalten, ist bis zum Jahre 1813 in Benützung gewesen und sie be-
währte sich so vortrefflich, dass 1670 und 1671 zwei ähnliche Anlagen
auf der Pont Notre-Dame errichtet wurden.

Schon Heinrich IV. fasste den Plan, den alten Aquäduct von
Arcueil, der im 9. Jahrhundert von den Normannen zerstört war,
wieder herzustellen. Er beschränkte sich jedoch auf die Zuleitung
einer Quelle, die im Norden der Stadt bei Belleville entsprang. Unter
Marie von Médicis erstand der neue Aquäduct von Arcueil nach
11 jähriger Bauzeit und wurde 1624 eröffnet. Wenn auch ursprünglich nur für das Palais du Luxembourg bestimmt, so lieferte diese
Leitung doch ausserdem noch Wasser für 12 öffentliche Fontainen,
deren Paris im Jahre 1669 53 Stück besass. Die Leitung war 8 Kilom.
lang und kostete 800000 Mk. Sie liefert heute noch 300 kbm. Wasser
pro Tag. Zu Ende des 17. Jahrhunderts hatte Paris im Ganzen
1800 kbm. Wasser pro Tag oder circa 2½ Liter pro Kopf der derzeitigen Bevölkerung.

Unter der Regierung Ludwig XIV. wurden grossartige Anstrengungen zur Bewässerung von Versailles gemacht. Das Wasser
wurde aus einem Gebiete von 15000 Ha. Ausdehnung in verschiedenen
Teichen gesammelt und durch verschiedene Leitungen Reservoiren zu-

geführt. Man hoffte bei 0,50 m. Regenhöhe 75 Millionen kbm. im Jahre
zu erhalten. Man hatte jedoch die Verdunstung etc. bei dieser Berechnung nicht berücksichtigt und hat heute kaum den fünfzigsten Theil von
dem erwarteten Quantum erlangt. Um den Bedarf der Wasserkünste, die,
selbst wenn sie nicht alle gleichzeitig spielen, pro Secunde 751 Liter
Wasser verbrauchten, decken zu können, arbeiteten Vauban und Lahire
1680 den Plan aus, das Wasser der Eure nach Versailles und Paris zu
führen. Die Wasserentnahme bei Gouin liegt 35,73 m. höher als das
Marmorschloss in Versailles und die Entfernung beträgt 155 Kilom.
Zur Ueberschreitung des Thales von Maintenon musste ein Aquäduct
von 3 Reihen Bögen über einander in einer Maximalhöhe von 71 m.
hergestellt werden und die ganze Länge der Aquäducte musste 7,7
Kilom. betragen. Die Leitung war in Form eines offenen Grabens
projectirt und sollte täglich 113600 kbm. Wasser zuführen.

　　1684 wurde mit diesem grossartigen Baue begonnen, der, wenn
er durchgeführt wäre, vielleicht alle römischen Bauten übertroffen
haben würde. Es wurde 4 Jahre mit grosser Energie an der Leitung
gebaut. 40000 Soldaten, in einem eigens dafür hergestellten Lager
untergebracht, waren daran thätig und es wurden allmählich 16 Millionen Mark dafür verausgabt. Dann wurde der ganze Bau aufgegeben,
dessen Vollendung 64 Millionen Mark gekostet haben würde. Von dem
Aquäducte, der den Namen Madame de Maintenon führte, wurde
65 Jahre später ein Theil abgebrochen und daraus die Villa Crécy
für Madame de Pompadour erbaut. Es stehen heute noch 47 Bögen
von 13 m. Spannweite und 25 m. Höhe als Erinnerung an dieses
grossartige Project. Zur Versorgung von Versailles wurde an Stelle
dieser Anlage 1682 von dem Holländer Rannquin mit einem Aufwande
von 800000 Mk. in Marly ein Pumpwerk erbaut, welches durch die
Wasserkraft der Seine betrieben wurde, ein Wunderwerk seiner Zeit,
von welchem später die Rede sein wird.

　　Im 18. Jahrhundert tauchten verschiedene Pläne zur Versorgung von Paris aus der Seine auf; aber sie scheiterten an Unkenntniss in Ausführung und Behandlung.

　　1778 versuchte Perrier die Bildung einer Gesellschaft zur Wasserversorgung von Paris. Diese Gesellschaft setzte auch 1782 eine Dampfmaschine in Betrieb, die das Seinewasser, 34 m. hoch gepumpt, dem
Quartier St. Honoré zuführte. Diese Anlage, sowie eine zweite von
derselben Gesellschaft geschaffene ging später in den Besitz der Stadt
über.

1762 arbeitete de Parcieux einen Plan aus, der bezweckte, das Wasser des Flusses Yvette, dessen Quellen so hoch liegen, dass das Wasser der Stadt Paris 2 m. höher als das der Leitung von Arcueil zugeführt werden konnte, zuzuleiten. Aber trotzdem Perronet und Chezy sich 1775 sehr günstig über den Plan aussprachen, war derselbe nicht durchzusetzen. 1782 erbot sich de Fer de la Noverre, einen etwas modificirten Plan ohne Zuschuss der Stadt auszuführen und drang nach vielen Widersprüchen endlich damit so weit durch, dass er die Concession dafür erhielt. Der Bau begann, aber die ausbrechende Revolution hinderte seine Fortsetzung.

Der Plan der Zuführung des Wassers der Ourcq durch einen Kanal, der zugleich der Schifffahrt dienen sollte, ist 1797 von Girard aufgestellt und der Kanal, 1801 in der Ausführung begonnen, 1822 dem Betriebe übergeben. Derselbe fängt bei Mareuil an und hat bis zu dem Bassin von la Villette in Paris 94 Kilom. Länge. Der Kanal hat eine Breite am Boden von 3,50 m. und bei 1,5 m. Wassertiefe 8 m. Breite in der Oberfläche. Ausser dem Wasser der Ourcq nimmt er in seinem Laufe das der Grisette, der May Theronaime und der Benveonne auf und führt circa 60000 kbm. Wasser pro Tag nach Paris.

Mit dieser Anlage beginnt das 19. Jahrhundert und bis zum Jahre 1854 benützte Paris ausser dem Canal de l'Ourcq, dem Ecau d'Arcueil und den Sources du Nord noch den artesischen Brunnen von Grenelle, welcher 900 kbm. pro Tag lieferte. Endlich noch wurde aus der Seine 19000 kbm. pro Tag entnommen, welch letzteres Wasser in den Pumpstationen zu Chaillot, zu Gros Caillou, am Quai d'Austerlitz und an der Brücke Notre Dame gefördert wurde. Hierüber, sowie über die weitere Entwicklung: die Leitungen der Dhuis und der Vanne, die Marne-Station und die neueren Seine-Pumpstationen werde ich an anderer Stelle berichten.

Einer von Genieys 1835 gemachten Bemerkung soll jedoch hier noch Erwähnung geschehen, weil sie einen Einblick gewährt, wie neu die heutige Art der Wasservertheilung eigentlich überhaupt noch ist: „Der Seine-Präfect Chabrol begab sich selbst zum Zwecke der Kenntnissnahme der in England üblichen Art der Wasservertheilung durch Rohrleitungen für die Privaten nach London und liess auch durch den Ingenieur Mallet 1824 umfassende Studien in ganz England machen, welcher die Wasserversorgungen in London, Manchester, Liverpool, Glasgow, Greenock und Edinburg besuchte." Das Wasser des Canal de l'Ourcq sollte nämlich nach dem Girard'schen Projecte von dem gemeinschaft-

lichen Reservoire aus durch besondere Rohrleitungen für jede einzelne
der öffentlichen Fontainen zugeleitet werden. Das aus der Seine entnommene Wasser war für den Privatgebrauch bestimmt und sollte nach
dem englischen Rohrsysteme vertheilt werden. Genieys sagt nun bei derselben Gelegenheit ferner über diese Systeme: „Gegenüber dem in Italien
und in Frankreich fast allgemein eingeführten Systeme der Privatabgabe,
wonach für jeden Abnehmer ein besonderes Rohr von dem Wasserschlosse abzweigt, hat man in England ein neues System eingeführt, bei
welchem vom Maschinenhause ein Hauptrohr ausgeht, welches möglichst
der Mittellinie des zu versorgenden Districtes folgt. Von dem Hauptrohre zweigen Nebenrohre ab, die die volkreichsten und wichtigsten
Strassen durchziehen. An diese Nebenrohre schliessen sich die Ver-
sorgungsrohre „tuyaux de service", die ein Netz durch alle Strassen
des von der Maschine zu versorgenden Districtes bilden. Nur von
diesen Versorgungsrohren zweigen die Privatleitungen ab, die die in
den Häusern in verschiedenen Höhen aufgestellten Reservoire füllen.
Die Vortheile dieses Systemes sind klar; dasselbe ist jedoch nur durchführbar bei Anwendung von Rohren, die einen grossen Druck aushalten können, also bei gusseisernen Rohren." —

Die Bewohner L o n d o n s entnahmen in alten Zeiten das nöthige
Wasser aus der Themse und aus verschiedenen Brunnen. Auch wurden
der Stadt vom Westen und Norden verschiedene Quellen mit herr-
lichem Wasser zugeführt.

Schon unter Heinrich II. 1180 wird in einer Beschreibung Londons
der Quellen H o l l y w e l l, C l e r k e n w e l l und St. C l e m e n t's W e l l
gedacht. Nach einem Berichte von John Stow, der zur Zeit der Regierung der Elisabeth (1580) lebte, wurde im Anfange des 12. Jahrhunderts
der südliche Theil von London von der Themse, der westliche von
dem Flusse Wels und von dem Oldbourne und das Herz der City von
dem Walbrooke mit Wasser versorgt. Für den östlichen Theil diente
ein Bach, der die City bei Langbourne Ward durchfloss. Stow erwähnt auch der vorhin genannten drei Quellen oder Brunnen für die
Vorstädte, sowie ferner anderer, neben Clerk Well gelegenen, als
Skinners's Well, Fag's Well, Tode Well, Soder's Well und Rad Well.
In West Smithfield war ein Teich, Horsepool genannt, und ein anderer
neben der Kirche St. Giles, Cripplegate genannt, angelegt. Auch befanden sich nach seinen Mittheilungen vor allen Thoren, sowie auf
den Strassen schöne Quellenausflüsse und Brunnen.

Das allmähliche Verderben und Versiegen eines Theiles derselben

führte 1235 zur Herstellung der „Great Conduit". Durch sie wurde
das Wasser dem ersten in der City in Westcheap errichteten Reservoire, welches aus Bleiplatten zusammengesetzt war, die man ummauert
hatte, zugeführt. Das Wasser floss von Paddington nach Jameshead
auf 2550 m., von Jameshead on the Hill bis Newgate auf 510 m. und
von hier bis Crosse in Cheape auf 2420 m. Entfernung zu. In dieselbe Zeit fällt die Ausführung der Zuleitung der Quellen von Tyborne,
deren Leitung später (1432) bis Cheapside und 1438 bis Fleet Street
und Cripplegate verlängert wurde.

Um das Wasser der Themse den Grundstücken selbst auf weitere
Entfernung zuzuführen, war es Gebrauch, solches durch Gräben und
Rinnen abzuleiten. Viele aus diesen Anlagen entspringende Streitigkeiten· führten dazu, dass 1342 gesetzlich jede derartige Ableitung
verboten wurde. 1439 überliess der Abt von Westminster dem derzeitigen Lord Mayor von London, Robert Large ein Reservoir und die
Quellen von Paddington gegen eine jährliche Abgabe von zwei Pfefferkörnern. Im Jahre 1500 wurden Leitungen bei Stocke's Market und
London Wall, 1513 bei Bishopsgate, 1528 bei Coldgate und der Colman Street und 1535 von Hackney bis Aldgate hergestellt. 1544
erlangte die Stadt durch eine Parlamentsacte die Erlaubniss, Wasser
von Hampstead Heath, Marylobone, Hackney und Muswell Hill abzuleiten. Sie liess aber 50 Jahre verstreichen, ohne Gebrauch von diesem
Rechte zu machen und verlor damit die Concession, welche 1692 einer
Privatgesellschaft, der Hampstead Water Company, verliehen
wurde. Ueber eine Leitung aus der Themse bei Dowgate, die 1568
ausgeführt sein soll, fehlen nähere Mittheilungen.

Der wachsende Mangel an Wasser führte dazu, immer neue Leitungen herzustellen und neue Wasserquellen zuzuführen. 1544 ertheilte Heinrich VIII. die Concession, im Umkreise von 8 Kilom. um
die City herum von den benachbarten Dorfern und sonstigen Plätzen
Wasser durch Rohre zuzuführen und dazu jedes Terrain, welches
nicht durch Mauern oder Wälle eingeschlossen war, zu benützen, um
hier Reservoire zu bauen, Rohre zu legen und Kanäle herzustellen.
Ein 1546 erschienenes Gesetz bedrohte Jeden mit dem Tode, der Reservoire und Leitungen zerstörte.

Es fand in London schon früh das Geschäft des Wasserverkaufs
statt. Dasselbe wurde den Leitungen entnommen und in Gefässen,
ähnlich wie heute die Milch, den Häusern zugetragen.

Als der Beginn einer Umwälzung in der Londoner Wasserversor-

gung ist die 1582 von dem Deutschen Peter Maurice ausgeführte P u m p e n -
a n l a g e unter dem ersten Bogen der L o n d o n B r i d g e , welche durch
ein Wasserrad getrieben wurde, zu betrachten.   Dieses Werk wird als
das erste seiner Art in England bezeichnet und erregte grosses Auf-
sehen, während in verschiedenen Städten Deutschlands derartige Anlagen
schon seit hundert Jahren und noch früher bestanden hatten. Maurice
hatte einen Contract auf 500 Jahre wegen dieser Anlage mit dem
Lord Mayor für die Stadt abgeschlossen und brachte 2 Jahre später
einen gleichen Vertrag für eine ähnliche Anlage unter dem 2. Brücken-
bogen zu Stande Diese Maschinen blieben bis 1701 in Besitz der
Familie Maurice und gingen dann durch Kauf für 1400000 Mk. in
den Besitz von Richard Soames über, der die L o n d o n B r i d g e
W a t e r W o r k s C o m p a n y zur Ausbeutung für diesen Zweck gründete.   1701 wurde unter dem 4. Bogen der Brücke, 1761 unter dem
3. Bogen und 1767 endlich auch unter dem 5. Bogen je eine Maschine von der Gesellschaft aufgestellt und so die Anlage im Laufe
der Zeit bis zu einer Leistungsfähigkeit von 18200 kbm. pro Tag
gebracht. Es fiel der Gesellschaft jedoch sehr schwer, die Concurrenz
der gleich zu erwähnenden, immer mächtiger sich ausdehnenden New
River Water Works Company gegenüber auszuhalten, und sie trat daher
ihre Concession endlich dieser gegen jährliche Zahlung von 75000 Mk.
für eine Reihe von 260 Jahren ab.   Der Southwark versorgende Theil
dieser Anlage ging später in den Besitz der B o r o u g h W o r k s gegen
eine jährliche Entschädigung von 21200 Mk. über. 1822 wurde die
alte London Bridge und damit diese sämmtlichen früheren Anlagen
beseitigt.

Die erste Versorgung der Privathäuser durch Bleirohre fand in
Folge der Maurice'schen ersten Anlage statt.   1583 wurden von den
Kirchspielen St. Mary Magdalena und St. Nicolaus neben Fish Street
Hill und 1610 für Aldersgate Leitungen ausgeführt, denen wahrscheinlich das Wasser künstlich gehoben zugeführt wurde.   Ein Italiener,
Genebelli, bot 1591 dem Lord Burleigh für London eine Erfindung
an, durch welche er das Wasser der Pfützen klären und zum Feuer-
auslöschen wirksamer machen wollte, ohne damit Gehör zu finden.
1594 errichtete Bulmer bei Broken Warf neben B l a c k f r i a r s B r i d g e
ein durch einen Pferdegöpel getriebenes Pumpwerk, welches aus 4 Pumpen bestand.   Dasselbe war nach einer von 1725 datirten Notiz damals noch in Benützung. 1641 stellte ein Mr. Forde das Project auf,
von Rickmansworth in Harfordshire einen schiffbaren Kanal bis St.

Giles herzustellen, der zugleich zur Wasserversorgung dienen sollte, aber wegen Mangels an Geld nicht zur Ausführung kam. Zu gleicher Zeit proponirte Walter Roberts das Wasser von Hoddesdon in Herfordshire durch Thon- oder Steinrohre zu sammeln und nach einem bei Islington anzulegenden Reservoire zu leiten. Beide Projecte kamen nicht zur Ausführung.

1666 wurde nach dem grossen Brande die City in vier Districte getheilt. Jeder derselben musste 800 lederne Eimer, 50 Leitern von 4 m. bis 15 m. Länge, jedes Kirchspiel ferner 2 Messing-Handspritzen, 24 Aexte und 40 Beile beschaffen. Ueber allen Brunnen mussten Pumpen aufgestellt und in den verschiedenen Leitungen, die der New River Company und den Thames Water Works gehörten, mussten als Entnahmestellen „Fire plugs" angebracht werden.

1691 wurden in der Nähe von Villiers Street am Ufer der Themse Anlagen zur Versorgung von Piccadilly, Covent Garden, Whitehall etc. von einer Gesellschaft hergestellt, deren Eigenthum 1818 in die Hände der New River Company überging. Auch wird aus jener Zeit einer Gesellschaft, The Merchants' Waterwork, erwähnt, die drei Pumpenanlagen besass, von denen die eine vom Winde und die beiden andern von Wasser getrieben wurden.

1609 erhielt der Goldschmied Hugh Myddleton durch eine Parlamentsacte die Concession, die Quellen von Chadwell und Amwell durch einen herzustellenden Kanal, den New River, London zuzuführen. Ursprünglich auf seine eigenen Mittel angewiesen, häuften sich für ihn jedoch die Schwierigkeiten so, dass er die Hülfe Jacob I. nachsuchen musste und auch fand. Und so gelang es denn, am 29. September 1613 das erste Wasser nach dem Reservoire New River Head zu führen. Die Aquäducte waren aus hölzernen Gerüsten gebildet, über denen das Wasser in mit Blei ausgekleideten hölzernen Rinnen floss. Diese Gerüste sind später durch Dämme ersetzt. 1619 wurde die Gesellschaft New River Waterworks Company gegründet. Der New River-Kanal, dessen Quellen 32 Kilom. von London entfernt lagen, hatte ursprünglich 64 Kilom. Länge und ist später noch um circa 45 Kilom. verlängert. Da die ursprünglichen Quellen nicht mehr genügten, so musste man zu dem dem New River Kanale benachbarten Flusse Lea seine Zuflucht nehmen, wozu 1737 das Parlament die Erlaubniss ertheilte.

Die Bewohner des östlichen Theiles von London wurden bis 1679 von der New River Company von Shadwell aus durch eine kleine

Maschine versorgt, die, in diesem Jahre durch eine neue Anlage ersetzt, dem Theile Londons vom Tower bis Limehouse und von Whitechapel bis zur Themse das Wasser zuführte. Die 1745 gegründete West Ham Water Works Company versorgte den andern Theil von Whitechapel, Bow, Stratford, Bromley, Sepney, Bethnal Green etc. Das Eigenthum dieser Gesellschaft und die vorhin erwähnten dortigen Anlagen der New River Company gingen 1807 durch Kauf in die Hände der London Docks Company über, die daraus die East London Water Works Company mit anfänglich 2 Millionen Mark gründete. Aber schon in demselben Jahre wurde das Anlagecapital auf $5^1/_2$ Millionen Mark vergrössert.

Die günstigen Erfolge der New River Company gaben 1723 Veranlassung zur Bildung der Chelsea Water Works Company, welche die Versorgung von Westminster und von den anliegenden Theilen der Stadt bezweckte. Das ursprüngliche Actiencapital von 800000 Mk. wurde einige Jahre später um 400000 Mk. erhöht. Die Wasserentnahme fand neben Victoria Bridge ausschliesslich aus der Themse statt.

Die Lambeth Water Works Company wurde durch Parlamentsacte 1785 incorporirt und bezweckte die Versorgung des Kirchspieles Lambeth und der anliegenden Theile der Grafschaft Surrey. Das Wasser wurde bei Waterloo Bridge, Hungerford Market gegenüber, der Themse entnommen. Zur Versorgung von Paddington und für die anliegenden Kirchspiele erhielt 1798 ein Mr. Hill für eine Gesellschaft, die später den Namen Grand Junction Water Works Company annahm, die Concession, trat jedoch damit erst 12 Jahre später in Thätigkeit. Das Wasser wurde zuerst aus dem Grand Junction-Kanal entnommen, der dasselbe aus den Flüssen Colne und Brent, sowie aus einem grossen Teiche im Thale von Rinship im Nordwesten von Middlesex erhielt. Dieser Teich wurde durch verschiedene Wasserläufe gespeist. Da das Wasser jedoch sehr schlecht war, so musste die Anlage 1810 an die Themse in die Nähe von Chelsea verlegt werden.

Die West Middlesex Water Works Company wurde 1806 gegründet. Das Wasser wurde aus der Themse bei Barnes entnommen. Das ursprüngliche Actiencapital von 1600000 Mk. wurde 1810 auf 4800000 Mk. und 1813 auf 6811320 Mk. erhöht. Aus der 1805 gegründeten Vauxhall Company und der 1835 gegründeten Southwark Company wurde 1845 durch Verschmelzung die Southwark and Vauxhall Water Works Company. Die Kent Water Works

Company wurde 1809 gegründet und nahm Besitz von den seit 1699 am Flusse Ravensbourne gelegenen Werken einer früheren Gesellschaft.

Es wird auf die näheren Details des jetzigen Zustandes dieser 8 Gesellschaften, welche heute fast noch ausschliesslich die Wasserversorgung Londons besorgen, sowie auf die jetzige Versorgung Londons und die für die Zukunft für diese Versorgung ins Auge gefassten Projecte später speciell berichtet werden.

Ich schliesse hiermit die geschichtlichen Mittheilungen über die Wasserversorgungen von einigen grösseren Städten bis zum Anfang dieses Jahrhunderts im Allgemeinen und will es versuchen, in dem Nachfolgenden einige geschichtliche Notizen über einzelne bei diesen Anlagen auftretende wichtigere Factoren zusammenzustellen. Es dürften als solche Theile, die nunmehr einer Besprechung zu unterziehen sind, in erster Linie die wissenschaftlichen Forschungen und speciell die Hydromechanik, dann ferner die Wasserleitungseinrichtungen, als Rohre, Hähne, Fontainen und Closets, und endlich die Wasserhebemaschinen zu bezeichnen sein.

Von Interesse ist es jedenfalls, hier zuerst die von den Römern angewendeten Messinstrumente kennen zu lernen, um daraus auf den Grad ihrer technischen Kenntnisse zu schliessen. Sie wandten bei ihren Messungen zur Bestimmung der Wege ihrer Leitungen nur das Nivellement an, welches von Vitruv das libramentum genannt wird. Als Messinstrumente benützten sie das dioptron, die Wasserwaage und den chorobates. Ersteres wird wohl eine Art Quadrant mit Visiren gewesen sein. Die Wasserwaage war ein Rohr, wahrscheinlich von Kupfer, circa 2 m. lang und 3 cm. im Durchmesser, welches an beiden Enden 4 cm. hoch aufgebogen war und so gestellt wurde, dass das Wasser in beiden Schenkeln gleich hoch stand. Der chorobates oder perumbulator war ein 3 m. bis 6 m. langes Holz, welches an beiden Enden Füsse von 1 m. bis 1,5 m. Höhe hatte. In der Mitte befand sich auf der oberen Fläche eine eingearbeitete prismatische Rinne, in welche Wasser geschüttet wurde. An beiden Enden waren seitlich an hölzernen Nägeln Bleilothe aufgehängt. Und mit Hülfe dieser einfachen Messinstrumente führten die Römer ihre grossartigen Bauten aus.

Die Erscheinungen der Bewegung und des Ausflusses des Wassers zu erklären, war den Römern nicht möglich und die ersten speculativen Betrachtungen darüber beschränkten sich nur auf die Statik des Wassers. Archimedes (gest. 212 v. Chr.) beschäftigte sich

mit dem Schwimmen der Körper im Wasser. · Er bestimmte die Ein-
tauchung fester Körper, sowie den Auftrieb und die Lage, in welcher
sich dieselben im Wasser ins Gleichgewicht setzen. Mit der Theorie
dieses Gleichgewichts selbst hat er sich jedoch nicht beschäftigt und
es scheint Simon Stevin (gest. 1568), ein Flamänder, der Erste
gewesen zu sein, der sich mit der wissenschaftlichen Begründung und
namentlich mit der Erklärung des hydrostatischen Paradoxons beschäftigt
hat, dass nämlich von Flüssigkeiten auf die Böden von Gefässen ein
grösserer Druck ausgeübt werden kann, als das Gewicht der in denselben eingeschlossenen Flüssigkeiten repräsentirt. Aristoteles spricht
schon die Vermuthung aus, dass die Luft, wenn sie nicht von Erde
und Wasser umgeben ist, schwer sei. Die Peripatetiker suchten die
ihnen wegen Unkenntniss des Luftdruckes unerklärlichen Erscheinungen
durch eine unbekannte Kraft, die qualitas oculata, zu erklären, die
den horror vacui besitzen sollte.

Galilaei (gest. 1624) entdeckte die Schwere der Luft und Toricelli (gest. 1647), der Erfinder des Barometers, bestätigte diese Entdeckung durch directe Versuche, die später durch Pascal (gest. 1662)
in vollständiger Weise wiederholt wurden. Pascal stellte an die Spitze
seiner wissenschaftlichen Untersuchungen den Satz von der gleichför-
migen Druckfortpflanzung eingeschlossener Flüssigkeiten und bewies,
dass das Wasser in geneigten Rohren auf gleiche Höhe wie in senkrechten Rohren steigt. Dem Erfinder der Luftpumpe, Otto v. Gericke
(gest. 1668), war es vorbehalten, die Mittel zur Erzeugung der Luftleere zu finden. Toricelli entdeckte, dass, wenn das Wasser aus
der Oeffnung in der Wand eines Gefässes ausfliesst, es dieselbe Geschwindigkeit annimmt, wie ein Körper; der, der Schwerkraft überlassen, aus der Höhe von der Oberfläche des Wassers bis zur Ausflussöffnung frei herabfällt.

Mariotte (gest. 1684), welcher mit dem Engländer R. Boyle
(gest. 1691) gleichzeitig das Gesetz, dass die Spannungen der Dämpfe
in gleichem Verhältnisse wie die Dichten und im umgekehrten Verhältnisse wie die Volumina stehen, aufstellte, unterzog alle früher festgestellten Sätze der praktischen Prüfung. Er begründete die Gesetze der
Hydrostatik und untersuchte die Bewegung der Flüssigkeiten. Er fand,
dass die wirklich bei dem Ausflusse von Flüssigkeiten gemessenen Quantitäten immer etwas gegen die theoretisch berechneten zurückbleiben.
Er entdeckte für die Ausflussmengen einen Zusammenhang zwischen
dem Querschnitte des Gefässes und dem der Ausflussöffnung und stellte

Versuche über die Höhe des springenden Strahles an, wobei er gleichfalls die Nichtübereinstimmung mit der Theorie entdeckte. Er wies zuerst auf die Nothwendigkeit hin, die auf Grund von Hypothesen gefundenen Formeln durch Experimente zu corrigiren.

Newton (gest. 1727), der Erfinder des Gravitationsgesetzes, schuf durch die Differential- und Integralrechnung gleichzeitig mit Leibniz (gest. 1716) neue Werkzeuge zu weiteren Studien. Mit diesen behandelte Maclaurin (gest. 1746) zum ersten Male die ·Lehre von den Flüssigkeiten. Die Bestrebungen zur Erforschung der Gestalt der Erde führte zur Vervollkommnung der Nivellirmethoden und zur Entdeckung neuer Instrumente für Längen und Höhenmessungen. Bouguer (gest. 1758) machte die erste Reise zur Erforschung der Gestalt der Erde nach Peru und Clairaut (gest. 1765) zu gleichem Zwecke die zweite nach Lappland.

Daniel Bernoulli (gest. 1782) stellte die Theorie von Ebbe und Fluth auf und wandte zuerst das Princip von der Erhaltung der lebendigen Kräfte auf die Hydraulik an. Leonhard Euler (gest. 1782) und Lagrange (gest. 1813) forderten die Kenntniss der Hydraulik durch mathematische Calcule. Laplace (gest. 1827) behandelte zuerst die Capillaritätsfrage ausführlich. Segner (gest. 1777) beschäftigte sich mit der Erforschung der Oberfläche der Flüssigkeiten. Dr. Young (gest. 1829) hat ein vorzügliches Werk über die Cohäsion der Flüssigkeiten zurückgelassen. Gauss (gest. 1855) schuf durch die Erfindung der Methode der kleinsten Quadrate dem Beobachter ein neues Hülfswerkzeug. Poisson (gest. 1840) schrieb eine neue Theorie der Capillarkraft.

Borda (gest. 1766) bestimmte Ausfluss- und Contractionscoëfficienten und es folgten ihm auf diesem Gebiete der Experimentalhydraulik Bossut, Venturi, Bidone, Polini, Michelotti Vater und Sohn, Baileau, Poncelet, Lesbros, d'Aubuisson, Navier und viele Andere. Der erste deutsche Forscher, der uns hier begegnet ist, Eytelwein (gest. 1849), dem viele unserer Landsleute später folgten, von denen nur die beiden ersten Grössen Weissbach (gest. 1871) und Hagen hier genannt werden mögen.

Mit der Bewegung des Wassers in Kanälen und Flüssen und namentlich auch mit der Erfindung von Instrumenten zum Messen fliessenden Wassers beschäftigten sich Guilielmini, Guido Grandi, Mafredi, Lendrini, Borgna, Pilot Ximenes etc. Eine wissenschaftliche Begründung dieser Frage versuchte zuerst Brahms (1753)

und später D u b u a t (1779). Ihnen schliessen sich C o u l o m b (1800),
G i r a r d (1804), B e l a n g e r, d'A u b u i s s o n, D u p u i t und P r o n y
an. Der Holländer B r ü n i n g, sowie die Deutschen E y t e l w e i n,
W e i s s b a c h, H a g e n, W o l t m a n n, H e i n e m a n n, F u n k und
L a h m e y e r haben sich unter vielen Anderen hier einen hohen Namen
erworben.

Um die Ergründung der Gesetze der Bewegung des Wassers in
Rohrleitungen haben sich unter den Franzosen C o u p l e t, B o s s u t,
D u b u a t, G u e y m a r d, P r o n y, St. V e n a n t, d'A u b u i s s o n, N a -
v i e r, D a r c y und D u p u i t, unter den Engländern Dr. Y o u n g und
P r o v i s und unter den Deutschen G e r s t n e r, E y t e l w e i n, H a g e n,
W o l t m a n n und vor Allen W e i s s b a c h sehr verdient gemacht.

Dieses Heer von Namen, die zum Theil auch auf anderen Ge-
bieten sich hohen Glanzes erfreuen, schafft eine Vorstellung von der
geistigen Arbeit, an der sich Jahrhunderte hindurch die hervorragendsten
Köpfe betheiligen mussten, um unsere heutige Hydraulik und damit die
wissenschaftliche Basis für die Kenntniss der Leitung des Wassers zu
schaffen. Die Fortschritte, die uns auf Grund dieser Geistesarbeit
möglich geworden, sind, wenn auch für uns, die wir in ihrer Kenntniss
herangewachsen, weniger überraschend, aber doch darum gewiss nicht
geringer anzuschlagen. Nichts ist geeigneter, als die Kenntniss der
wissenschaftlichen Entwicklung der Grundlehren, auf denen unser Fach
beruht, um den richtigen Maasstab für die Beurtheilung der römischen
Bauten nach ihrem wahren Werthe, ohne sie im Entferntesten herab-
setzen zu wollen, finden zu lassen und uns davor zu bewahren, dass
wir unser Urtheil durch falsche Vorstellungen von ihrer Grosse und
Erhabenheit, entsprungen aus der Massenwirkung ihrer Erscheinung,
beirren lassen. Die Epoche der Alten fand ihren Glanzpunkt in der
Gipfelung grossartiger Verhältnisse und verdient durch den Umfang der
geleisteten Arbeit für einzelne Zwecke auch noch heute unsere ungetheilte
Bewunderung, die wir nicht nur den Künstlern und Alterthumsforschern
uberlassen wollen. Aber es können dennoch die Ruinen des Aquäducts
von Maintenon sich ohne Furcht mit denen der verfallenen Werke des
Claudius in der Campagna messen. Plinius konnte sagen: „Nihil magis
mirandum est in toto orbe terrarum", indem er einen Rückblick auf
die römischen Wasserversorgungen warf. Aber wir sind, gestützt auf
die Schätze, die die Forschungen und Beobachtungen des nicht rasten-
den menschlichen Geistes uns hinterlassen haben, in der Lage, unsere
Arbeiten auf einem tieferen Wissen aufzubauen, das uns zu unvergleich-

licheren Anstrengungen und zu grösseren Leistungen fähig macht und wir brauchen nicht zu befürchten, dass die Arbeiten dieses Jahrhunderts für Wasserversorgungszwecke dem Plinius weniger bewunderungswürdig erscheinen möchten.

Es dürfte hier am Platze sein, einige Bemerkungen über die Erkenntniss und Verbesserung der Qualität des Wassers zu machen. Die Furcht vor der Lösung des Bleies durch das Wasser und vor der dadurch hervorgerufenen schädlichen Einwirkung auf die Gesundheit ist eine sehr alte. Schon Hippokrates warnt davor, das zum Trinken bestimmte Wasser durch Cisternen oder durch Rohre von Blei zu leiten und Vitruv ermahnt Jeden, der gesund bleiben will, kein Wasser, das durch Blei geleitet ist, zum Trinken zu benützen. Trotzdem also schon Tausende von Jahren die Aufmerksamkeit auf diesen Punkt gerichtet und das durch Bleirohre geleitete Wasser zum Trinken benützt ist, tauchen heute noch immer wieder Stimmen auf, die davor warnen. Und sind diese Zweifel berechtigt, so ist diese Frage trotz aller Fortschritte von Chemie und Medicin heute noch immer nicht als eine strenggelöste zu betrachten.

Wenngleich den Alten die Mittel zur Untersuchung des Wassers unbekannt waren, so wusste man dasselbe doch nach dem Grade der Klärheit, der Geschmacksreinheit und der Temperatur für die verschiedenen Verbrauchszwecke sehr wohl zu classificiren, wie es die Eintheilung der verschiedenen der Stadt Rom zugeführten Wasserarten für die verschiedenen Verbrauchszwecke ausspricht, die von Frontinus angegeben ist.

Die Aeusserung des Plinius: „Quippe talis est aqua, qualis terra per quam fluit" beweist ferner, dass man sich schon damals, trotzdem man von der Chemie noch keine Idee hatte, darüber klar war, dass das Wasser eine lösende Kraft auf den von ihm durchflossenen Boden ausübte. Wenn Seneca noch auf Grund seiner Beobachtungen, dass der Regen nicht tiefer als 3 m. in die Erde eindringen könne, behauptete, die Quellen könnten unmöglich von atmosphärischen Niederschlägen herrühren, so haben doch schon Aristoteles und Vitruv die Ansicht ausgesprochen, dass die Mehrzahl der Quellen in Zusammenhang mit Regen, Schnee und Eis stehen. Plinius und später auch Vitruv geben die Mittel an, Quellen aus dem Feuchtigkeitszustande des Bodens zu erkennen und bereits die alten Römer hatten ihre Quellenfinder, aquilegi genannt. Die artesischen Brunnen verdanken ihren Namen dem zuerst in der Grafschaft Artois im nordwestlichen Frankreich 1126 abgebohrten Brunnen, obgleich sie in Aegypten und China schon unendlich viel früher bekannt gewesen sind. Es ist nicht zu verkennen, dass, wenngleich man nur in seltenen Fällen durch sie für grössere Wasserversorgungen zu einem befriedigenden Resultate gelangt ist, sie doch, aus dem Bedürfnisse der Erschliessung guten Wassers entstanden, für die Anregung und Erweiterung unserer geologischen Kenntnisse von sehr grosser Bedeutung gewesen sind.

In der Person des Asklepiades (gest. 56 v. Chr.), dem Arzte des Cicero, finden wir den ersten Kaltwasserdoctor, wenngleich schon in früherer Zeit die heilsame Wirkung des Wassers für Kranke und Gesunde bekannt war, wie sie sich in den durch Religion und Sitte vorgeschriebenen und weitausgedehnten Anwendungen von Waschungen und Bädern ausspricht.

Einen Anfang der künstlichen Reinigung des Wassers begegnet uns auch schon bei fast sämmtlichen römischen Wasserleitungen, indem das Wasser meistens vor seinem Eintritt in die Stadt ein Reservoir zum Niederschlagen von Sand und Schlamm passirte. Wann die Benützung von Hausfiltern, zu denen man jedenfalls anfänglich poröse Steine und später Sand benützt hat, begonnen, habe ich nicht erfahren können. Jedenfalls ist aber der pierre de Vergelet schon im vorigen Jahrhundert in Paris vielfach in Benützung gewesen. Im Anfange dieses Jahrhunderts machte Loowitz zuerst auf die filtrirende Eigenschaft der Kohle aufmerksam und es gehören wohl fast alle weiteren Erfindungen auf dem Gebiete der Hausfilter unserem Jahrhundert an. 1806 tauchte in Paris eine Filtration nach dem Patent Schmith, Cuchet und Montfort und die Einführung von fontaines marchandes auf, aus welchen Seinewasser verkauft wurde, das zum Theil filtrirt war. 1833 finden wir bei einer derselben die Anwendung von feinem Kies und von siebartigen Sandsteinen, bei einer anderen von Sand und Kohle. 1835 erhielt Fonvielle ein Patent für die Compagnie française auf die Anwendung von Schwämmen, Sandstein, Kies und Kohle in kleinen, unter Druck arbeitenden Filterapparaten und 1839 nahm Souchon ein Patent auf die Anwendung von präparirter Scheerwolle zum Filtriren. Als neues Material für diesen Zweck tauchte im Anfange dieses Jahrzehnts der Eisenschwamm, spongy iron des Professors Bischof in London, auf und das von Spencer 1866 in Wakefield angewendete magnetic proto carbide of iron, ein Magneteisenstein, welches dort zur Filtration im Grossen benützt wurde, erwies sich für diesen Zweck sehr bald als unbrauchbar.

Für die mechanische Filtration im Grossen ist der erste mit Erfolg gekrönte Anfang 1839 für die Chelsea-Wasserwerke bei der Victoria Bridge in London von J. Simpson gemacht und es sind diesem Beispiele bis zum Jahre 1854 alle Londoner Wasserwerke und ausserdem noch eine grosse Menge anderer Städte, deren Zahl sich bis heute noch stets vermehrt, gefolgt. Die in verschiedenen schottischen und auch in französischen Städten zeitweilig eingeführte Methode, wobei das Wasser bei seinem Durchgange durch das Filter den umgekehrten Weg machen muss, sowie die verticalen Filter haben es bis jetzt ebensowenig zu einem grösseren Erfolge bringen können, als die verschiedentlich versuchten abweichenden Reinigungsmethoden der Simpson'schen Filter.

Dass es mit unserer Kenntniss der schädlichen Bestandtheile des Wassers noch heute etwas unvollkommen aussieht, kann nicht überraschen, wenn man bedenkt, dass Lavoisier es 1783 zuerst direct aussprach, dass das Wasser eine Zusammensetzung des von Cavendish entdeckten Wasserstoffes und des von Priestley entdeckten Sauerstoffes sei. Die erste Wasseranalyse scheint aus dem Jahre 1799 von Cavendish herzurühren, der ein Ausscheiden von Kalk und Magnesia beim Kochen des Wassers nachwies. Es ist natürlich, dass man sich bei den Wasseruntersuchungen, durch die Hand des Chemikers ausgeführt, auf die nach dem Stande seiner Wissenschaft überall nachweisbaren Stoffe beschränkte und es ist zu entschuldigen, dass man den Resultaten des Befundes mitunter einen grösseren Werth beilegte, als sie es verdienten. Es entstand aus dem berechtigten Wunsche der Erzielung brauchbarer Resultate, indem man dem, was man gefunden, eine Bedeutung beizulegen sich bemühte, die Theorie der Grenzzahlen, die hauptsächlich von Reichard und Kubel cultivirt, wohl bald verlassen werden wird. Trotz aller Fortschritte der organischen Chemie hat es sich aber bis jetzt gezeigt, dass nur ihre immer weitere Vervollkommnung uns wird in die Lage bringen können, die wirklich schädlichen Stoffe des Wassers zu entdecken, vorausgesetzt, dass gleichzeitig die Mediciner dazu im Stande sind, sie als solche bezeichnen zu können. Ob wir oder unsere Nachkommen diesen Zeitpunkt erleben werden, wer vermöchte das zu sagen!

Ich wende mich nunmehr wieder den speciell praktischen Fragen zu und zwar in erster Linie den Rohrleitungen.

Ausser der Benützung von Mauerwerk und von Steinen in ausgehöhlter Form zur Herstellung von Wasserleitungen hat seit ältesten Zeiten das Blei wohl die Hauptverwendung für diesen Zweck gefunden.

Namentlich war das der Fall, wenn es sich um geschlossene Leitungen handelte, die einen inneren Druck aushalten sollten. Das Blei ist ja auch von allen Metallen das am frühesten und meisten verbreitete gewesen. Schon im 2. Buche Mose wird seiner erwähnt. Die Israeliten raubten den Midianitern Blei und schmolzen es ein. Die Phönicier überführten Blei und Zinn aus Britannien. Die Römer betrieben in Frankreich, Spanien und Britannien Bergbau zur Gewinnung von Blei und es sind 1741 in Yorkshire ausser römischen Werkzeugen für den Mühlenbetrieb auch Bleiblöcke mit dem aufgegossenen Namen des Kaisers Domitian aufgefunden.

Die Benützung des Bleies zur Herstellung von Statuen, Särgen etc. ist sehr alt. Noch älter ist jedoch das Giessen von Bleiplatten in Sand. Denn schon die Terrassen der hängenden Gärten der Semiramis waren zur Isolirung mit Bleiplatten, die zusammengelöthet waren, abgedeckt Man bediente sich zum Löthen des Bleies nach Minues desselben Zinnlothes, wie heute. Die Benützung des Bleies zur Eindeckung der Dächer ist im Osten sehr früh gebräuchlich gewesen. Die Moschee von Aleppo, die grosse Halle des Divans in Constantinopel etc. waren schon mit Blei eingedeckt. Auch benützte man Bleiplatten vielfach zum Schreiben sowohl in einzelnen Blättern, als auch in Büchern zusammengeheftet. Die Kunst des Walzens von Blei scheint im Alterthum eben so unbekannt gewesen zu sein, wie das Zusammenschweissen des im Erstarren befindlichen Bleies; jedenfalls aber sind alle älteren Spuren davon verloren.

Ausser dem Blei fand im Alterthum das Kupfer vielfach Verwendung zu Rohrleitungen. Leitungen aus Holz, Thon und Leder hergestellt standen diesen gegenüber weit zurück. Wenn man auch Thonrohre bei geringem Drucke häufig gern anwandte, so griffen die alten Völker in Aegypten, Griechenland, Syrien und fast überall doch stets zu dem Blei, wenn es sich um die Herstellung von Leitungen für grösseren Druck handelte. In Aleppo sind Thonrohre und Bleirohre schon aus den Zeiten gefunden, als dieser Stadt von den Griechen noch unter dem Namen Beroea und von den Juden unter dem Namen Zoba erwähnt wird. Wahrscheinlich werden die Rohre zur Bewässerung der Gärten von Babylon, die einem sehr starken Drucke ausgesetzt waren, auch aus Blei hergestellt gewesen sein und es ist nachgewiesen, dass die von Archimedes zur Vertheilung des Wassers auf dem von ihm erbauten Schiffe Hiero verwendeten Rohre gleichfalls solche aus Blei waren.

Wenngleich die ersten Nachrichten über die Fabrikation dieser Bleirohre uns von den Römern überbracht sind, so ist doch fast sicher

erwiesen, dass sie nur die von den Babyloniern, Syriern, Aegyptern etc.
erlernten Fabrikationsmethoden fortgepflanzt haben. Alle bis jetzt aus
alten Zeiten aufgefundenen Bleirohre sind aus gegossenen Streifen, die
mehr oder weniger vollkommen rund zusammengebogen und in den
Stossflächen gelöthet waren, hergestellt. Die Bleistreifen wurden nach
Vitruv in circa 3 m. Länge und in verschiedener Dicke, dem Rohrdurchmesser entsprechend, gegossen. In den verschiedensten Theilen
Europas sind Reste römischer Rohre von 25 mm. bis 300 mm. Durchmesser aufgefunden, die im Querschnitt oft von der kreisrunden Form
sehr abweichen und mehr eine umgekehrte Herzform ·haben. Auf
diesen Rohren findet man haufig die Namen der Consuln, unter denen
sie verlegt und die Namen der reichen Besitzer, welche sie sich iu
ihren Wohnungen legen liessen, aber auch schon die Namen der Fabrikanten, die sie angefertigt haben, aufgegossen.

Der Verbrauch an Blei für Wasserleitungszwecke muss ein ganz
enormer gewesen sein, wenn man bedenkt, dass das, was wir heute
als gemeinschaftlich für alle Einwohner zum Anschluss der Privatleitungen haben, nämlich das städtische Rohrnetz, damals unbekannt war,
wie sich aus der vorhin mitgetheilten Aeusserung von Genieys für Paris
noch im Jahre 1825 ergiebt. Mit Recht ist daraus wohl zu schliessen,
dass es in anderen Orten ebenso gewesen ist. Man musste·vielmehr, wie
bemerkt, jede Privatleitung an die nächst gelegenen, aber oft Hunderte
von Metern entfernten Vertheilungscisternen anschliessen, wenn mau
sich nicht ausnahmsweise mit einem oder mehreren anderen Abnehmern
zur Anlage eines gemeinschaftlichen Rohres einigte. Wie schon früher
mitgetheilt, betrug nach Frontinus die Zahl der an eine der 9 Zuleitungen Roms angeschlossenen Bleileitungen von 25 mm. Durchmesser
13594. Pompeji war nur eine kleine Provinzialstadt und, trotzdem nur
ein Drittel davon blosgelegt ist, hat man daraus schon eine grosse
Zahl von Tonnen Bleirohre zu Tage gefördert.

Durch Bleirohre wurde der Stadt Cordova in Spanien im 9. Jahrhundert das Wasser unter dem Kalifen Abderrahman II. zugeführt
und Damuscus leitete durch dasselbe Material das Wasser des Flusses
Pharphar zur Bewässerung der Gärten und das des Flusses Abana für
die Stadt und die Privathäuser zu.

Weil durch die Concession auf die Benützung des Leckwassers
aus den Leitungen, wie sie in Rom ertheilt wurde, viele bei der Natur
des Materials und der Art der Herstellung und der Verbindung der
Rohre sehr leicht zu bewirkende Beschädigungen und Betrügereien

stattfanden, so ersetzte man hier später diejenigen Bleileitungen, welche die Wasserschlösser mit den Vertheilungscisternen verbanden, durch solche aus Thon, da solche weniger leicht unbemerkt beschädigt werden konnten. Diese Rohre waren 0,6 m. lang und hatten an dem einen Ende einen Muff. Jedoch sind auch solche vorgefunden, die in einander geschroben sind.

Im Jahre 1236 sind zur Wasserversorgung von London zuerst Bleirohre von 150 mm. Durchmesser verlegt, die, ähnlich den römischen, aus gegossenen Platten zusammengelöthet waren. Sie wurden zu einer Leitung für die bei dem Dorfe Tyburn entspringenden Quellen benützt. Die Herstellung dieser Arbeit soll 50 Jahre in Anspruch genommen haben. Im Jahre 1539 sind in England die ersten Bleirohre stehend in Formen gegossen, allerdings nur in den kurzen Längen von circa 600 mm. Die einzelnen Rohrstücke wurden in der Weise verbunden, dass man sie mit den Enden in einer Form zusammenlegte und durch Aufgiessen von flüssigem Blei zusammenschweisste. Diese Erfindung ging von Robert Broke, einem Clerk Heinrich VIII., aus und wurde von einem Goldschmied Robert Cooper in die Praxis übergeführt.

Unter der Regierung Heinrich IV. in Frankreich machte ein Einwohner von St. Germain die Erfindung, beliebig lange Rohre in der Weise herzustellen, dass man das gegossene kurze Rohr so weit aus der Giessform auszog, dass es nur einige Zoll in derselben stecken blieb und dann das Blei für das neue Rohr aufgoss. In dieser Weise wurden die beiden Enden zusammengeschweisst und es war die Herstellung beliebiger Rohrlängen leicht möglich. Auch wendete man zu jener Zeit das Schweissen des Bleies zur Herstellung von Rohren aus gegossenen Platten für die Langnähte vielfach an.

Das Walzen des Bleies zu Platten ist zuerst 1670 in Deptford von Thos. Hale ausgeführt. Das Ziehen von Bleirohren ist 1705 von dem Franzosen Dalesme und 1728 von Fayolle vorgeschlagen, aber zuerst von dem Engländer Wilkinson 1790 ausgeführt. Es muss um so mehr überraschen, dass diese Behandlung nicht früher bekannt war, da nach den in Pompeji gefundenen Resten von Fensterblei man dieses schon in jener Zeit durch Walzen hergestellt hat. Das erste Patent für das Pressen von Bleirohren, ähnlich der Einrichtung, wie Thonrohre schon einige Zeit früher gepresst wurden, hat 1820 der Engländer T. Barr erhalten, und es ist dieses jetzt ja noch die allgemein gebräuchliche Fabrikationsmethode.

Die Möglichkeit der schädlichen Einwirkung des Bleies auf die Gesundheit ist, wie früher erwähnt, schon im Alterthum, ebenso wie heute discutirt. Der Abneigung gegen das Blei, welches zu jener Zeit das einzige Material war, das für Siphonleitungen benützt werden konnte, schreiben es manche Kritiker zu, dass die Römer für Rom selbst nur Aquäducte bauten, da ihnen nach der Ansicht derselben das Gesetz der billigeren Siphonleitung wohl bekannt gewesen sein soll, was jedoch von anderer Seite bezweifelt wird.

Schon im Anfange dieses Jahrhunderts, im Jahre 1804, also 14 Jahre nach der Erfindung des Ziehens von Bleirohren, wurde in England ein Patent auf die Fabrikation von Zinnrohren mit Bleimantel genommen. Zur Herstellung eines solchen Rohres von 13 mm. Durchmesser wurde ein Bleirohr von 26 mm. lichtem Durchmesser und ebenso grosser Wandstärke gegossen, darauf der Dorn von 26 mm. durch einen solchen von 13 mm. Durchmesser ersetzt und nach Einstreuen von etwas Kolophonium das Zinn eingegossen. Ein solches 600 mm. langes Rohr wurde dann in gewöhnlicher Weise ausgezogen. Ein zweites englisches Patent von 1820 bezweckte eine innigere Verbindung beider Metalle. Und im letzten Jahrzehnt sehen wir vielfache, leider nicht immer mit Erfolg gekrönte neue Bemühungen zur Erreichung derselben Aufgabe.

Es kann nicht überraschen, dass bis jetzt von der Anwendung von Eisen für Rohrleitungen noch nicht die Rede gewesen, wenn man bedenkt, dass das Roheisen erst im Anfange des 15. Jahrhunderts entdeckt und nach authentischen Nachrichten im Jahre 1544 die ersten Sachen aus Gusseisen von Ralph. Hage und Peter Bawde in England hergestellt wurden. Im 17. Jahrhundert sind in Deutschland verschiedentlich gusseiserne Rohre benützt. Aber speciell für Wasserleitungen kamen sie in grösserem Umfange wohl zuerst 1672 bis 1682 in Versailles bei Paris für die Druckleitung der Maschinenanlage in Marly zur Anwendung. Die hier verwendeten Rohre hatten 200 mm. und 150 mm. Durchmesser bei 1 m. Länge. Sechs Parallelstränge führten zur Erlangung des erforderlichen Querschnittes von den Pumpenanlagen fort und in dem Parke selbst war ein Bleirohr von 380 mm. Durchmesser verlegt. Die Verbindung der eisernen Rohre fand durch Flahschen mit bleiernen oder ledernen Dichtungsscheiben statt.

Die Anwendung der eisernen Rohre war im vorigen Jahrhundert noch eine sehr beschränkte und man hatte wenig Vertrauen zu denselben, was beispielsweise daraus hervorgeht, dass man für die 1716 in Herrenhausen bei Hannover von dem englischen Ingenieur Clifft erbauten Wasserkünste ausschliesslich Bleirohre verwendete. Circa 150 Jahre später hat man dort zum guten Theil allein aus dem Verkaufe dieser Rohre ein bedeutend vergrössertes neues und vervollkommnetes Pumpwerk mit eisernem Rohrnetze hergestellt, von dem später die Rede sein wird.

Wenn man auch in der zweiten Hälfte des 18. Jahrhunderts anfing, die Rohre statt in Lehm in Sand zu giessen, um sie billiger herstellen zu können, so konnten sie sich doch kaum Eingang verschaffen und im Beginn dieses Jahrhunderts lagen in London fast noch ausschliesslich hölzerne Rohre in der Erde — die New River W. W. Comp. allein hatte deren 640 Kilom. liegen — und erst von 1809 an wurden in London gusseiserne Rohre in grösserem Umfange angewendet.

Die hölzernen Rohre, welche in den früheren Jahrhunderten auch fast ausschliesslich in Deutschland angewendet waren, wurden meistens aus den Stämmen der Fichten oder Föhren und der Rothtannen, mitunter auch aus denen der Ulmen angefertigt. Sie wurden mit der Hand gebohrt oder mit Bohrern, die durch Wasserkraft bewegt wurden, hergestellt. Von letzterer Einrichtung giebt schon de Caus eine Abbildung in seinem Werke „Von den gewaltsamen Bewegungen". Man stellte die Löcher stets durch Anwendung immer grösserer Bohrer nach einander her und erst in den fünfziger Jahren wurde ein Bohrer von Tottière Schweppe & Comp. in Angers erfunden, der, ähnlich den Metallbohrern, einen vollen Kern herausbohrte. Die Rohre wurden entweder nach dem Durchmesser ihrer Bohrung oder nach der Zahl der nöthigen Bohrungen bezeichnet; so war ein einbohriges Rohr ein solches von 50 mm., ein 4bohriges ein solches von 100 mm. und ein 9bohriges ein solches von 150 mm. Durchmesser. Selten wurde ein grösserer Durchmesser als 175 mm. genommen und Rohre von 250 bis 300 mm. Durchmesser wurden nur ausnahmsweise hergestellt. Die Rohre wurden entweder conisch in einander gesteckt oder durch Ueberwürfe verbunden. Später sind vielfach dafür mit einer Schneide eingetriebene schmiedeeiserne Ringe, die etwas grösser als der lichte Durchmesser des Rohres waren, benützt. Die Dauer der Rohre war gewöhnlich 12 bis 15 und ausnahmsweise 20 Jahre. Sie verlangten in Folge davon sehr viele Reparaturen, so dass z. B. bei der New River W. W. Comp. jährlich 36 Kilom. alte Rohre durch neue ersetzt werden mussten, wenn damit, wie es wenigstens nöthig war, das ganze Rohrnetz in ausnahmsweise nur 20 Jahren erneuert werden sollte. Diese Gesellschaft hatte 1810 in einer Strasse Londons noch 10 Leitungen hölzerner Rohre neben einander liegen und sie schätzte die Verluste an Wasser durch Leckage auf 25%. Bis 1820 hatte sie sämmtliche hölzerne Rohre durch eiserne ersetzt, was einen Kostenaufwand von 6000000 Mk. verursacht hat.

Erst im zweiten Jahrzehnt dieses Jahrhunderts gewann die Verwendung der gusseisernen Rohre und damit auch die Herstellungsmethoden derselben einen ungeahnten Aufschwung in Folge der allgemeineren Einführung der Gasbeleuchtung. Und nur durch diese Fortschritte ist es möglich geworden, die Einrichtungen der Gas- und Wasserversorgungen, sowie in neuerer Zeit auch die der Kanalisation in den Städten in solchem Maasse durchführen zu können.

Von Tannebergsthal im sächsischen Voigtlande sollen die dort 1716 bis 1718 gegossenen Rohre in Deutschland zuerst Verwendung für Wasserleitungen gefunden haben. Das Gräflich Einsiedeln'sche Eisenwerk zu Lauchhammer lieferte seit 1787 nach damaligen Begriffen grosse Quantitäten eiserner Flanschenrohre von 75 mm. Durchmesser und 2 m. Länge für Stolpen und 1790 bis 1800 solche von 100 mm. und 125 mm. Durchmesser für Dresden, Leipzig und Torgau. 1796 lieferte dieses Werk eine 75 mm. weite Leitung von 415 m. Länge, die 65 m. Wasserdruck auszuhalten hatte und mit Muffen, also ohne Schrauben, verbunden war. Als bester Beweis, wie es Anfangs dieses Jahrhunderts noch mit der Anwendung des Gusseisens in Deutschland ausgesehen hat, mag der nachfolgende Titel einer 174 Seiten langen Druckschrift, welche 1820 von T. L. Hasse in Schneeberg erschienen ist, dienen. Er lautet: „Ueber Wasserleitungsrohre von Gusseisen nebst einem Vorworte, über die mannigfaltigen nützlichen Anwendungen dieses Metalles". Es werden darin unter anderen die Firmen der Giessereien in Deutschland, welche wohl Rohre würden giessen können, mitgetheilt.

Betrachten wir nun, was heute in der Fabrikation dieses für unser Fach so wichtigen Artikels geleistet wird.

Während die Rohre früher liegend und in nassen Formen gegossen wurden, haben die Forderungen gleichmässiger und geringerer Wandstärke bei genügender Dichtigkeit schon seit einer Reihe von Jahren zu stehendem Guss in getrockneten Formen geführt. Die Rohrfabrikation ist durch die gesteigerten Anforderungen zu einer völligen Specialität geworden, die sehr umfangreiche maschinelle Einrichtungen verlangt und nur durch Massenfabrikation den Marktpreisen angemessene Selbstkosten erzielen kann. Die Methode, die Rohre liegend in getheilten Kästen mit vollem Modell zu formen, die Kästen zu trocknen, darauf den Kern einzulegen und sie dann stehend zu giessen, wird heute noch, wenn auch in geringerem Umfange, angewendet.

Die Benützung von Maschinen zur Formerei scheint 1845 zu beginnen und es wird der erste Versuch Harrison, der ohne Modell formte, zugeschrieben werden müssen. In einem zweitheiligen Kasten wurde annähernd je etwas mehr als die Hälfte des Rohres eingestampft, dann der Kasten geschlossen und die Form selbst mittelst einer Schablone eingedreht. Nach einer 1851 von Stewart mitgetheilten Methode wird der geschlossene Kasten ganz vollgestampft und dann mittelst einer Bohrvorrichtung die Rohrform eingeschnitten. Nach einer anderen Methode desselben Erfinders von 1847 soll das Rohrmodell in einem stehenden Kasten aufgestellt in den allmählich eingeschütteten Sand dadurch eingestampft werden, dass ein das Modellrohr umgebendes Blechrohr, welches sich mit dem Fortschritt der Arbeit hebt, in Drehung versetzt wird, welches unten spiralförmige Flügel hat. Die Einrichtung von Sheriff in Glasgow, der auch ähnlich die 1856 von Elder vorgeschlagene ist, verlangt nur ein kurzes Stück Modell, welches in dem stehend aufgestellten zweitheiligen Kasten allmählich aufsteigt, und es drücken darüberliegende conische Walzen den Sand fest. Der Muff wird nachher mit der Hand aufgesetzt. Newton schlug 1850 vor, nur ein halbes Modell auf einem Formbrette zu befestigen und dieses liegend in den mit Sand gefüllten halben Kasten einzudrücken. Fairbairn und Hettrington (Manchester) legten die beiden Modellhälften oben und unten auf ein Formbrett und drückten sie gleichzeitig in die beiden Kastenhälften ein. Auch die 1857 von Waltjen in Bremen erfundene Maschine wollte ein Modellbrett mit halbem Modell, welches durch Excentriks zu heben war, liegend in den Kasten eindrücken. Downic schlug 1863 eine ähnliche Methode vor, mit dem Unterschiede, dass das volle Modell aus dem Modellbrett halb hervorragte und so befestigt war, dass es gedreht werden konnte. .

Die Maschinenformerei, welche hiernach in England zuerst in Benützung gewesen, hat sich in den letzten Jahren auf dem Continente weiter entwickelt. Es sind hier drei Werke, die die eigentliche Maschinenstampferei, jede in etwas abweichender Weise, in grossem Umfange betreiben, nämlich die Giesserei in Marquise im Departement Pas de Calais in Frankreich, die Kölnische Maschinenbau-Actiengesellschaft in

Bayenthal bei Köln und die Duisburger Actiengesellschaft für Giesserei in Duisburg, letztere beiden hauptsächlich für die grösseren Rohre. Es soll ferner auch die Berliner Actiengesellschaft für Eisengiesserei, vormals Freund in Charlottenburg, Maschinenstampferei anwenden. Zwischen den beiden Methoden des liegenden Formens mit der Hand und des stehenden mit der Maschine steht die von Blaldy, Roechling & Comp. in Pont à Mousson in Frankreich zuerst eingeführte Methode, stehend mit der Hand zu formen, aber den geschlossenen Kasten stets an seiner Stelle zu belassen. Diese Art der Giesserei, selbstversändlich mit verschiedenen Modificationen, ist in Deutschland von der Hannover-schen Eisengiesserei in Hannover und von der Friedrich Wilhelm's-Hütte in Mülheim a. d. Ruhr, welche letztere unter den deutschen Rohrgiessereien die grösste Productionsfähigkeit hat, mit grossem Er-folge eingeführt. Dasselbe System sollen auch die Halbergerhütte bei Saarbrücken (R. Böcking & Comp.), Wasseralfingen, Königin Marienhütte und Lauchhammer, vorm. Gräfl. Einsiedeln'sche Werke zu Gröditz in Sachsen, sowie die bekannten Giessereien Adalberthütte in Kladno in Böhmen und endlich die L. v. Roll'schen Eisenwerke zu Choindez bei Solothurn (Schweiz) benützen. Die übrigen deutschen Rohrgiessereien, als Peter Stühlen in Deutz, G. & J. Jäger in Elber-feld, Daelen & Burg in Heerdt bei Neuss und die Königin Marienhütte in Cainsdorf in Sachsen haben liegende Formerei mit und ohne Naht bei stehendem Guss. Ueber die Art der Fabrikation der beiden Gies-sereien in Deutsch-Lothringen: Jahiet, Gorand, Lamotte & Comp. in Oettingen und F. D. Wendel & Comp. in Hayingen, ist mir nichts näheres bekannt. Die renommirtesten Rohrgiessereien in Schottland sind augenblicklich in Glasgow: Th. Edington & Sons., R. Laidlaw & Comp., D. G. Steward & Gomp. und R. Maclaren & Comp. und in England Cochrane, Grove & Comp. in Midlesbro.

Nicht ohne Interesse dürfte die nachfolgende Gewichtstabelle pro m. Wasserleitungsrohre sein. Sie enthält die von dem Vereine deutscher Ingenieure und von dem Vereine von Gas- und Wasserfach-männern Deutschlands gemeinschaftlich aufgestellten Normalien und daneben die in Newbrigging's Gas Manager's Handbook (1874) in England für die Wasserleitungsrohre als üblich bezeichneten Gewichte. Ferner sind darin aufgenommen die Gewichte von Marquise, Pont à Mousson, Gröditz, Cainsdorf und Roll nach den Angaben des Professors Dürre in Aachen, von der Wiener Weltausstellung mitgetheilt, und auf der anderen Seite die Gewichte, welche einem neueren englischen

Preiscourante entnommen sind, sowie diejenigen, welche schon 1819 in Philadelphia für die dortige Wasserversorgung Verwendung gefunden haben. (Siehe Tabelle pag. LXVIII.)

Die Hähne und Ventile sind gewiss sehr alten Ursprungs. Schon die Isis der alten Aegypter wurde mit dem Schlüssel, der die Schleussen des Nils öffnete, abgebildet. Das Vorbild der Ventile sind jedenfalls die Thüren, vertical, horizontal oder geneigt drehbar, gewesen und es finden sich ja solche namentlich bei den musikalischen Instrumenten schon in frühester Zeit angewendet. Nach den aufgefundenen Mustern und den noch vorliegenden Beschreibungen haben die Griechen und Römer, ja selbst die Babylonier und Aegypter in Material und Arbeit eine viel reichere Auswahl für die Hähne, die sie sowohl aus Holz als aus Messing, ferner aus Blei und anderen Metallen herstellten, in künstlerisch ausgebildeten Formen besessen. Der so vielfach angewandte Löwe als Wasserspeier ist auf die Aegypter zurückzuführen, die ihn häufig für geheiligte Quellen benützten. Die Ueberschwemmung des Nils fand nämlich statt, wenn die Sonne in das Zeichen des Löwen trat.

Die grossen Broncegefässe, deren aus der Zeit des Alterthums vielfach Erwähnung geschieht, hatten jedenfalls sämmtlich Hähne zu ihrer Entleerung. So das Broncebecken, dessen Bezaled erwähnt, welches aus dem Schmucke israelitischer Frauen hergestellt war, ferner der Bronce-See, welchen Salomon von einem Tyrier herstellen liess etc. Dieses letztere Gefäss hatte die Form einer Halbkugel von 5 m. Durchmesser und 2,5 m. Tiefe. Es hatte 67 kbm. Inhalt und stand auf einem Piedestal, das von 22 Statuen getragen wurde, aus deren Munde sich das Wasser ergoss. In späterer Zeit ist dieser Bronce-See von Nebukadnezar nach Babylon entführt.

Ungemeinen Luxus trieben die Römer mit den Leitungen und Hähnen für ihre Bäder. Die Anwendung von reinem Silber für diese Gegenstände war nichts ungewöhnliches. In den Bädern des Caracalla waren sowohl die engen als die weiten Rohre von Silber. Doppelte Leitungen für warmes und für kaltes Wasser waren schon sehr früh in Gebrauch. Selbst goldener Rohre wird von dem Propheten Zacharias erwähnt. In den Ruinen der Villa des Antoninus Pius ist ein Hahn von reinem Silber aufgefunden, der 35 Pfd. römisches Gewicht hatte.

Die früheren Hähne waren sämmtlich Kegelhähne und erst unser Jahrhundert hat die reiche Zahl von Constructionen gebracht, die zum grossen Theil aus dem Bedürfnisse hervorgegangen, den bei plötzlichem

Gewichtstabelle für Muffenrohre.

Roll pro m. Kilo	Gröditz und Cainsdorf pro m. Kilo	Pont a Mousson pro m. Kilo	Marquise pro m. Kilo	Normale Wasserrohre				pro m. Kilo nach Preiscourant	1819 Philadelphia pro m. Kilo
				Deutsche		Englische			
				pro m. Kilo	Durchmesser	pro m Kilo	Durchmesser		
—	—	—	—	10	40	10,5	37	—	—
4,2	10	12	12	12	50	—	—	—	—
—	—	—	—	15	60	14	51	—	—
12,4	13	18	18	17	70	17,5	64	—	—
—	—	—	—	20	80	18,5	76	20,5	26
15	—	—	—	22	90	—	—	—	—
—	21	25	28	24,5	100	—	—	—	—
—	25*)	34*)	33*)	32	125	28	102	28,5	36
32	32	40	40	39	150	37	127	—	—
—	—	—	—	48	175	48,5	152	48	59,5
46	53	58	58	57	200	60	178	—	—
—	—	—	—	67	225	67	203	—	76
—	71	78	80	77	250	78,5	229	84	—
—	—	—	—	89	275	92,5	254	—	102
83	88	97	105	100	300	102	279	—	—
—	—	—	—	111	325	111	304	125	120
—	—	—	—	122	350	118	330	—	—
—	—	—	—	134	375	129,5	356	—	—
162	138	140	147	148	400	157	381	—	—
—	—	—	—	158	425	176	406	—	181,5
—	—	—	—	176	450	192	432	—	—
—	—	—	—	190	475	213	457	—	—
—	—	—	—	204	500	239	483	—	—
—	—	—	—	234	550	259	508	260	241
—	—	—	—	265	600	288	559	—	—
—	—	—	—	301	650	324	609	355,5	—
—	—	—	—	340	700	—	—	—	—
—	—	—	—	380	750	—	—	—	—
—	—	—	—	422	800	499,5	762	—	—
—	—	—	—	518	900	—	—	—	—
—	—	—	—	616	1000	689	914	724,5	—
—	—	—	—	—	—	915,5	1067	—	—
—	—	—	—	—	—	1008	1219	—	—

*) nicht 125 mm sondern 120 mm. Durchmesser.

Schlusse eintretenden Stössen vorzubeugen und die Belästigung durch Undichtwerden der Hähne zu verhindern. Trotz vielfacher Bemühungen, die zum Theil sehr geistreich erdacht sind, ist es jedoch noch nicht gelungen, einen selbstthätig schliessenden Hahn, der keine Stösse in der Leitung erzeugt und allen anderen Ansprüchen genügt, zu erfinden. Trotzdem zeigen die Hähne von Frost, von Guest und Chrims, von John Aird, von Lambert, von Peet und wie die Namen alle heissen, bedeutende Fortschritte in der Construction der Hähne überhaupt, dieser so wichtigen Theile der Wasserleitungen, auf welche wir mit Befriedigung blicken können und welche die Hoffnung rege erhalten, dass auch diese Aufgabe gelöst werden wird.

Ebenso sind die Fortschritte in der Construction der grösseren Absperrvorrichtungen in den letzten Jahrzehnten nicht unbedeutende gewesen.

Das Kegelventil zum Ersatz grosser Kegelhähne bei Wasserleitungen soll von einem Mechaniker Moulfarine in Paris erfunden sein und wird in einem 1831 erschienenen Werke über Wasserleitungsrohre von Gottl. Meyer als etwas Neues bezeichnet. Trotzdem ist dasselbe bereits 1803 bei der neuen Wasserleitung in Philadelphia als Durchgangsventil benützt und es sind hier die Wasserschieber, ähnlich wie wir sie früher benützten, deren Schraubenspindeln jedoch ausserhalb des Gehäuses lagen und die zwei Muffenenden hatten, zuerst im Jahre 1822 zur Verwendung gekommen. Leider habe ich ihre Entstehung nicht weiter verfolgen können. Die Wasserschieber erhielten später eine im Innern liegende Spindel. Der Schieberkasten, zuerst aus zwei Theilen und einem Deckel bestehend, wurde durch einen eintheiligen ersetzt und diesem später statt des rechteckigen ein elliptischer Querschnitt gegeben.

Der heute noch in London fast ausschliesslich in Anwendung befindliche Hydrant, der „Fire plug“, welcher dort in fast gleicher Form seit 1666 in Gebrauch ist, besteht aus einem in ein Spundloch des Leitungsrohres gesteckten Holzpflocke. 1803 wurde schon in Philadelphia dafür ein mit einem Hebel zu öffnendes Ventil, welches auf einem senkrechten Rohre über Tage stand, benützt. Auch wendete man schon damals ein in der Erde stehendes Ventil von Leder mit Rothgusssitz als Hydrant an. Das Standrohr ging vertical in die Höhe und trug über Flur die seitliche Verschraubung für den Schlauch und in der Mitte auswärts eine Schraube, die die Ventilstange zum Oeffnen des Ventiles, welches durch den Wasserdruck geschlossen wurde, hinunterdrückte und dabei gleichzeitig eine auswärts angebrachte Stange

in eine kleine, seitlich über dem Ventile angebrachte Oeffnung zum
Verschluss eintrieb, welche, wenn wieder geöffnet, die Selbstentwässerung
des Standrohres bewirkte. In Hamburg bestanden seit 1849 und
bestehen die Hydranten noch aus einem am Hauptrohre angebrachten
Schieber und es ist der Austritt desselben durch Rohrleitungen mit den
an convenirenden Stellen angebrachten Verschraubungen verbunden.
Berlin erhielt 1852 Hydrantenventile, neben denen tief in der Erde das
lange transportabele Standrohr mittelst Bajonettverschluss aufgesetzt
wurde, während man in Altona 1859 sich eines kurzen Standrohres
bediente und den Bajonettverschluss direct unter das Strassenpflaster
legte. Es wurde damit die schon eben erwähnte, in vielfachster Weise
zu lösen versuchte Selbstentwässerung des über dem Ventile stehenden
Rohres durch die allgemeinere Verbreitung dieser letzteren Construction
von grosser Bedeutung. Die mit den Aufgrabungen zum Repariren
undichter Ventile verbundenen Unannehmlichkeiten führten zu der
Construction des weiten bis unter das Pflaster reichenden Rohres, durch
welches man das Ventil herausziehen kann. Und dieses Rohr wurde in
einigen Fällen zu einem über Terrain stehenden festen Standrohre, mit
entsprechenden Schlauchverschraubungen versehen, verlängert.

Schon aus dem grauesten Alterthume haben wir Berichte über fliessende Brunnen, Fontainen und springende Strahlen. Solche
Anlagen sind stets mit grosser Auszeichnung behandelt, die sich in der
Sorgfalt der Dekoration, wie sie in dem Reichthume der Ornamentik
wenigen anderen Dingen zu Theil geworden, ausspricht. Diese Brunnen
sind jedoch, wenigstens die künstlich hergestellten, niemals Gegenstand
religiöser Verehrung gewesen, wenngleich „Feuer" und „Wasser" in
den religiösen Cultus der Alten eingeschlossen waren und die symbolische Verehrung des Wassers mit fortschreitender Cultur immer mehr
die des Feuers verdrängte. Aber diese Verehrung galt nur den aus
Spalten und Klüftungen der Erde direct hervortretenden Quellen, deren
Entstehung noch den meisten Griechen des klassischen Alterthums so
geheimnissvoll erschien, dass sie die Stelle ihres Auftretens bald als
Zugänge zur Unterwelt, bald als Verbindungsweg zum Inneren der Erde,
schliesslich aber fast allgemein als diejenigen Orte bezeichneten, an welchen einst Deukalion's Fluth abgeflossen sei, als sich das Feste von dem
Flüssigen geschieden habe. Der Umkreis solcher Erdspalten wurde als
Sitz für Heiligthümer gewählt und durch daruber gebaute Tempel den
Blicken der Ungläubigen entzogen. Das Orakel von Delphi befand sich
an einem solchen Quell, ebenso die Tempel der Here zu Hierapolis, ferner

Tempel in Athen, in Argos, in Troezen etc. Auch auf dem Comitium in Rom befand sich ein solcher Spalt, der mit einem mächtigen Steine, der Fluthstein genannt, verschlossen war, und bei anhaltender Dürre erflehte man die Hülfe der Götter, indem man den Stein in einer Procession durch die Stadt führte. Auch bei den Israeliten finden wir, wahrscheinlich von den Aegyptern mit hinübergenommen, die Heilighaltung der natürlichen Quellen, so der im Tempel des Salomon. Ferner finden wir bei allen Religionsformen der alten Welt den Abwaschungen besondere Wichtigkeit zugeschrieben und das Wasser als ein Symbol der Versöhnung aufgefasst. Nirgends aber begegnen wir der Verehrung der künstlich geschaffenen Ausflussstellen des Wassers, wenngleich sich ihnen, wie erwähnt, der Kunstsinn in hohem Maasse stets zugewendet hat.

Es war etwas gewöhnliches, das Rohr, welches das Wasser zuführte, in eine verzierte Säule einzuschliessen und die Rohröffnung, durch die das Wasser ausfloss, mit symbolischen Figuren zu schmücken; ja man legte die ganzen Rohre selbst in das Innere von Figuren. Man benützte dazu die Statuen von Männern, Frauen, Kindern, ferner die Figuren von Thieren, selbst von Vögeln und Fischen und liess aus einem Theile derselben das Wasser zum Ausflusse in ein Becken von polirtem Marmor oder sonstigem kostspieligen Material gelangen. Auch liess man das Wasser in springenden Strahlen emporsteigen oder liess es von oben herab über künstliche Hindernisse in Form von Cascaden herabfallen.

Die Atmosphäre wurde durch solche Anlagen gekühlt und befeuchtet und das Auge erfreute sich nicht nur am Ganzen, sondern fand stets neue Unterhaltungen an den ewig sich ändernden Formen des bewegten Wassers. Der Geschmack an diesen Anlagen stammt jedenfalls aus dem Osten und ist entstanden aus dem Bedürfnisse der Bewässerung der Gartenanlagen und der Befeuchtung und Kühlung der Luft. Die dortigen Gärten wurden zu Zeiten als Speiseräume und selbst zum Schlafen benützt. Es waren solche Bewässerungsanlagen bei dem dortigen Klima ein wahres Bedürfniss. Fontainen und Wasserkünste werden wahrscheinlich schon in Babylon vorhanden gewesen sein.

In der Odyssee wird zweier Kunstleitungen im Garten des Alkinoos erwähnt. Der jüngere Plinius erzählt in der Beschreibung des Gartens seiner toscanischen Villa von einer Fontaine, deren Wasser, über die Ecken eines Marmorbeckens fliessend, zur Bewässerung der Blumen diente; eine andere Fontaine spritzte aus vielen kleinen Rohren Wasser aus, und es fiel dasselbe auf eine Cascade, Auge und Ohr erbauend, schäumend aus grosser Höhe in ein Marmorbecken hinunter. Auch im Speisezimmer des Plinius wird einer Fontaine erwähnt. Im hohen Lied Salamonis heisst es: „Wie ein Gartenbrunnen, wie ein Born lebendigen Wassers, der vom Libanon fliesst."

Cato, der Censor, liess zur Strafe die Rohre abschneiden, durch die das Volk mit Wasser in den Häusern und Gärten versorgt wurde. Die Niederlage des Tarquinius wurde von Castor und Pollux überbracht, die sich an der Fontaine auf dem Marktplatze trafen.

Die Statuen des Juppiter Pluvius sowie die des ägyptischen Gottes Canopus wurden vielfach zur Verzierung solcher Fontainen benützt. Ihnen entquoll oft das Wasser aus einzelnen Stellen der Figur und mitunter auch aus allen möglichen Theilen des Körpers. Die Brüste weiblicher Figuren sind vielfach als Ausflussstellen benützt. In Pompeji, wo in fast jeder Strasse eine Fontaine vorgefunden ist, waren dieselben meistens mit Broncefiguren geschmückt und es sind hier und in Herkulaneum Bilder von Fontainen mit hochspringenden Strahlen aufgefunden. In Pratolino ist eine Colossalstatue des Juppiter Pluvius in Mauerwerk ausgeführt, in deren Inneren sich verschiedene Zimmer befanden, unter anderen ein solches im Kopfe, welchem die Augenlöcher als Fenster dienten. Von der Krone floss aus allen verschiedenen Stellen Wasser aus und rieselte fein zertheilt an der Figur herunter, was ihr bei Sonnenschein ein eigenthümliches Ansehen gab. Der Gott hatte die Hand auf den Kopf eines Löwen gelegt, aus dessen Maule sich gleichfalls das Wasser ergoss.

In älteren öffentlichen Gebäuden, sowie in der Nähe derselben und bei den Tempeln fand man im Osten stets Brunnen und Fontainen vor. In einer Beschreibung der Moschee von Adrianopel von 1624 heisst es, dass auf der Ost- und auf der Südseite je 10 Leitungen mit Hähnen zum Waschen vor dem Betreten der heiligen Räume gewesen und dass auf einem Hofe im Innern sich unter der Fontaine 30 bis 40 solcher Hähne befanden. Auf dem Platze des Colosseums stand früher eine schöne verzierte Fontaine, Meta Sudans genannt, deren Bild durch die Titus-Medaille erhalten ist. Die dieselbe bekrönende Statue des Juppiter schwitzte aus allen Theilen des Körpers Wasser aus, woher die Fontaine den Namen erhalten.

Nach einzelnen Nachrichten soll Brüssel schon sehr früh, vielleicht schon vor Rom, eine Wasserleitung besessen haben. 20 öffentliche Brunnen, alle mit Statuen geschmückt, befanden sich an den Ecken der Hauptstrassen. Der Brunnen auf dem Gemüsemarkte, wo 4 Frauen sich das Wasser aus ihren Brüsten drücken, und der Mannekepis neben der Karmeliter-Kirche sind ja bekannte Figuren. Einer eigenthümlichen Fontaine des Michel Angelo mag hier noch erwähnt werden, welche aus der Statue einer Frau besteht, die Zeug auswringt und aus demselben so das Wasser zum Ausfluss gelangen lässt.

Die Leichtigkeit, das Wasser zu Bewegungszwecken zu verwenden, führte schon sehr früh dazu, damit Automaten durch Mechanismen in Bewegung zu setzen. Diese standen auf einem Piedestal, aus dem das Wasser ausfloss und in welchem der Mechanismus verborgen war. Man liess Männer Trompeten blasen, Orgeln spielen, Vögel auf den Bäumen umherfliegen etc.

Die Reste solcher alten Wasserspiele haben sich am besten im modernen Italien erhalten. So heisst es in einer Beschreibung des Gartens zu Pratolino, dass der Eingang durch Tritonen geschützt war. Wenn man durch denselben eintrat, so fand man Strahlen, die aus Statuen hervortraten und andere, die aus den Bäumen und aus den Felswänden kamen. In einer Grotte, deren Dach und Wände aus Korallen und Perlen hergestellt war und 30000 Dukaten gekostet haben soll, befand sich eine auf einem Pfeiler stehende Wasseruhr. Der Gott Pan, welcher darin aufgestellt war, stiess einen melodischen Ton beim Anblick seiner Frau aus. In einer anderen Grotte setzte ein Engel eine Trompete an den Mund und blies darauf. Ein Clown reichte einer Schlange eine Schüssel mit Wasser; diese erhob den Kopf und trank es aus. Ferner war an einer Stelle eine Getreidemühle, an einer anderen ein Papierstampfwerk in Bewegung. Auch waren Schmiede mit ihren Hämmern thätig und künstliche Vögel flogen zwitschernd auf den Bäumen umher. In einer Grotte kam Galatea, begleitet von zwei Nymphen, auf einem Meerwagen aus einem Thore, fuhr eine Zeit lang auf dem Wasser umher und verschwand dann wieder. Auf einem Teiche schwamm ein Delphin, der auf seinem Rücken eine nackte weibliche Figur trug, die von verschiedenen Figuren, die sich alle wie lebendige bewegten, umgeben war. An einer anderen Stelle befand sich ein Tisch für 15 Personen, in dessen Mitte sich ein springender Strahl erhob. Zwischen je zwei Plätzen quollen kleine Strahlen zum Kühlen des Weines hervor. An einer anderen Stelle trat die Samariterin aus einem Hause mit zwei Krugen, sie füllte sie am Brunnen und kehrte dann wieder zurück.

In den Gartenanlagen zu Chatworth befindet sich auf einem Teiche Neptun, von Nymphen umgeben, die zu jagen scheinen. Ferner ist hier ein Teich, in dem sich Seepferde bewegen. Auch ist daselbst ein kupferner Baum, aus dessen Blättern Regen herniederfällt. In einem Cypressenwalde wird von zwei Nymphen Wasser mit Krügen ausgegossen, welches auf einer Cascade hinabstürzt. Es wird in einem Teiche von einer künstlichen Rose aufgefangen, aus der es wieder in der Blattform dieser Blume aufsteigt.

Die Bäume scheinen sehr häufig als Ausgusspunkte für das Wasser benützt zu sein. Der Palmbaum von Bronce, der, dem Apollo geweiht, in einem Garten von Nikias aufgestellt war, hat wahrscheinlich auch als Fontaine gedient. Im Park zu Versailles, an dessen Wasserkünste ebenso wie an die des Gartens Frascati, an die auf der Wilhelmshöhe etc. hier nur erinnert werden mag, war früher ein Eichbaum, der nach allen Richtungen hin Wasser auswarf. Marcus Paulus erwähnt im 3. Jahrhundert des Gartens des alten Mannes vom Gebirge und beschreibt dabei eine Fontaine, die Milch, Wein und ein Gemisch von Honig und Wasser auswarf.

Ein im Jahre 916 von Constantinopel nach Bagdad geschickter Gesandter berichtete, dass er in der dortigen Audienzhalle einen grossen goldenen Baum fand, auf dessen 18 Zweigen goldene und silberne Vögel sassen, die die Flügel bewegten und sangen.

In den römischen Theatern waren an den Wänden herum verdeckte Rohre angebracht, die ganz fein durchlochert waren, so dass das aus denselben ausspritzende Wasser auf die Zuschauer als fein zertheilter Nebel sich vertheilte und sie kühlte und erfrischte. Das so zerstreute Wasser wurde mitunter mit den reichsten Parfüms wohlriechend gemacht. Es liess, nach erhaltenen Nachrichten, Hadrian zu Ehren seines Vorgängers Trajan das Publikum im Theater mit Wasser bethauen, welches durch Saffran und Balsam parfümirt war, und reiche Leute hinterliessen in ihren Testamenten oft grosse Summen für parfümirtes Wasser und für die Apparate zu dessen Vertheilung. Die in den Theatern aufgestellten Statuen schwitzten ebenfalls nach den dem Publikum zugekehrten Seiten Parfüm aus. Sie waren hohl und mit einer unendlichen Zahl kleiner Löcher versehen, denen durch Rohrleitungen das parfümirte Wasser zugeleitet wurde. In Pompeji ist eine Maueraufschrift aufgefunden, welche ein Thiergefecht und Athletenkämpfe anzeigt und dabei angiebt, dass mit wohlriechendem Wasser gespritzt werden würde.

Nero's Speisesaal in seinem goldenen Hause war auch mit solchen Thaurohren versehen. Hier konnte man aber nach Belieben Blumen oder parfümirtes Wasser regnen lassen. Bei Einem Feste wurden von ihm 100000 Kronen für parfümirtes Wasser verausgabt. Die Kühlung und Erfrischung der Luft in Wohnräumen und in den Gärten wurde im Osten vielfach dadurch angenehmer gemacht, dass man das Wasser fein zertheilt auf wirkliche Blumenbeete fallen liess, von denen es durch die Wärme verdunstet, als parfümirter Thau wieder emporstieg und die Luft nicht nur kühlte und befeuchtete, sondern auch mit herrlichen Wohlgerüchen anfüllte.

Die Waterclosets, die wir als eine englische Erfindung anzusehen gewohnt sind, sind sehr alten Ursprungs: sie stammen jedenfalls aus dem alten Asien. Eglon, der König der Moabiter, hat nach dem Buche der Richter wahrscheinlich schon ein Closet mit Spülung besessen. Zur Zeit der Republik wurden dieselben nach Rom eingeführt. Aus späterer Zeit ist bekannt, dass die für die Kaiser bestimmten Closets sehr reich mit Marmor und Mosaik ausgeschmückt waren.

In einem solchen alten Closetraume, welcher noch erhalten ist, befindet sich eine Cisterne, von welcher aus Rohrleitungen mit Hähnen verschiedenen Sitzen zugeführt sind. Ein ähnlicher Baum ist in Pompeji in der Nähe eines Theaters entdeckt. Heliogabalus soll von Soldaten auf einem Closet getödtet sein. In der Nähe der Moscheen und der Tempel befanden sich die Closets in grosser Zahl. Ihre Benützung im alten Rom, in Constantinopel, in Smyrna und auch wahrscheinlich in allen südlichen Städten war sehr ausgedehnt. In der Stadt Fez waren nach einem aus dem Jahre 1670 stammenden Reiseberichte rund um die Moschee 150 öffentliche Orte, jeder mit einem Hahne und einem Marmorbecken eingerichtet, nett und rein gescheuert und geputzt, „als ob die Orte für einen lieblicheren Zweck bestimmt wären". Tavernier erwähnt aus Seraglio eines solchen, bei welchem das Loch durch eine Klappe, die durch eine Feder hochgedrückt wurde, geschlossen war, die sich aber sofort öffnete, wenn etwas darauffiel.

Unter der Regierung der Elisabeth von England wurden 1660 die Waterclosets von John Harrington aus Frankreich nach England eingeführt. Sie sind also keineswegs dort erfunden, wie fälschlich häufig angegeben wird, obwohl sie hier im Laufe der Zeit wesentliche Verbesserungen und Vervollkommnungen gefunden haben. Wenngleich unsere heutigen Jennings-Closets eine wesentlich andere Construction, als diese alten Closets hatten, besitzen, so ist doch die Wasserspülung für diesen Zweck, ebenso wie auch die Anwendung der Wasserverschlüsse, der s. g. Traps, eine sehr alte.

Dass die Abgabe von Wasser schon früh gegen Bezahlung statt-

gefunden, ist bereits mitgetheilt und es lag nahe, die Zahlung nach
dem Wasserquantum zu bemessen. Schon bei den römischen Leitungen
ist daher zum Messen des Wassers das Messrohr, calix oder mo-
dulus genannt, benützt, sowie später in Paris eines ähnlichen Rohres,
welches zum Messen des pouce d'eau diente, erwähnt. Die im Laufe der
Zeit angewendeten Constructionen von Kaliberhähnen, deren neueste
wohl die 1871 dem Stone in Deptford und dem Chameroy in Frankreich patentirten sind, beruhen im Wesentlichen auf demselben Principe.
Das Princip der Wasseruhren, deren schon Vitruv erwähnt und welche
de Caus eingehend beschreibt, ist auch für Wassermesser verwendbar und
gewiss vielfach benützt, wie der von Rohlfs als in der Stadt Rhadames
in Afrika jetzt noch im Gebrauch befindliche beschriebene Messer, der
aus einem Topfe mit einem Loche im Boden besteht, Gaddus genannt,
dessen Steuerung und Zählwerk ein daneben stehender Knabe ist, zeigt.

Die englischen Patentlisten weisen den ersten Wassermesser im
Jahre 1824 auf. Es war dies ein Niederdruckmesser mit zwei Messge-
fassen, die sich abwechselnd füllten und durch Ventile abgelassen wurden.
Der Erfinder war W. Pontifex. 1825 erhielt Crosley ein Patent auf
2 Messer, von denen der eine aus Kippgefässen, der andere aus einem
rotirenden Zellenrade, ähnlich dem der älteren Gasuhren, bestand. Das
erste Patent auf einen Hochdruckmesser und zwar auf einen Kolbenmesser
mit Vierweg-Hahn erhielt W. Bronton 1828. Der Kennedy-Messer
wurde zuerst 1852 und darauf 1862 in verbesserter Form patentirt.
Messer mit mehr als 2 Cylindern wurden 1857 den Amerikanern Barden,
Bockwood etc. und 1864 dem W. H. C. Voss patentirt. Ersterer
hatte 3 oscillirende, letzterer 3 oder 4 um eine Achse herumliegende
Cylinder. Der erste Messer, dessen Kolben keine Kolbenstange hatte,
ist 1852 dem Ch. Ritschie, und der einzige, dessen Kolben feststehend
war, während das Messgefass sich bewegte, ist 1867 den H. Frost jun.
und sen. patentirt. Den ersten Diaphragma-Messer hat sich 1836
S. B. Paterson patentiren lassen. Ein Messer mit oscillirendem Kolben
ist zuerst dem Andrew Mac Nab 1841 und ein solcher mit rotirendem
Kolben zuerst dem T. Moseley 1852 patentirt. J. Macintosh hat sich
1849 den ersten Messer, der auf dem Principe der Sackpumpen beruhte,
patentiren lassen. Die Turbinenwassermesser beginnen 1851 mit dem
Messer von Dunn, welcher Messer durch den Stoss des Wassers bewegt
wurde und dem 1852 und 1853 der Taylor'sche Messer folgte. Der
verbreitetste Messer, der von Siemens, ist zuerst 1852 patentirt und
1853, 56, 60 und 67 verbessert. Der erste Messer mit einer durch

das Wasser bewegten Schraube ist 1850 von Tebay und der erste, dessen Flügelrad schraubenförmig gewundene Flügel hat, 1856 von Sturge und 1858 von Loup und Koch benützt.

Wie zahlreich die Erfindungen auf dem Gebiete der Wassermesser sind, welche in dem Vorstehenden nur nach dem ersten Auftreten der verschiedenen Constructionsgedanken mitgetheilt wurden, ist hinreichend bekannt. Die Zahl der in England bis zum Jahre 1870 auf Wassermesser ertheilten Patente beläuft sich seit 1824 auf 134, also durchschnittlich pro Jahr auf 3. In den darauffolgenden 5 Jahren sind 64 Patente, nämlich 1871 deren 12, 1872 deren 8, 1873 deren 10, 1874 deren 19 und 1875 deren 15 Stück genommen, und trotzdem auch später noch immer wieder neue Erfindungen aufgetaucht sind und noch ferner auftauchen werden, ist es bis heute noch nicht gelungen, einen Messer so zu construiren, dass er allen gerechten Anforderungen völlig genügt.

Ich gehe nun zu dem dritten Theile der Specialgeschichte, nämlich zur künstlichen Hebung des Wassers über.

Die ersten künstlichen Mittel zum Schöpfen des Wassers waren selbstverständlich Gefässe, die sich schon in den aller ältesten Zeiten, von den verschiedensten Materialien hergestellt, sowie in den verschiedensten Formen ausgebildet, vorfinden. Lag der Schöpfpunkt des Wassers unter der Bodenfläche, so musste man zu dem Wasser hinabsteigen und that dies entweder durch einen seitlichen Erdeinschnitt oder legte bei grösserer Tiefe Treppen und Leitern an. Es finden sich bei allen Völkern des Alterthums Brunnen bis zu grosser Tiefe, in denen man auf oft schönen kreisrunden Treppen hinabstieg. So stieg der Bibel nach Rebecca in den Brunnen hinab und füllte den Krug; dann kam sie wieder damit herauf zu Abrahams Knecht.

Wo man nicht zum Wasser hinabgelangen konnte, bediente man sich eines Gefässes und einer Schnur; es war dies damals das gewöhnliche Begleitzeug auf Reisen. Die Midianiter zogen den Joseph aus dem Brunnen, in den seine Brüder ihn geworfen, und die Samariterin antwortete Christus: „Herr, hast Du doch nichts, damit Du schöpfest, und der Brunnen ist tief." Dass man statt einer Schnur auch häufig eine Stange mit einem Haken am unteren Ende anwandte, ist gewiss. Auch ist schon im frühen Alterthume der Rolle erwähnt. Man bediente sich ihrer mit übergelegter Schnur dazu, ein an dem einen Ende derselben befestigtes, mit Wasser gefülltes Gefäss durch Menschen oder Thiere heraufzuziehen. Cleopatra rettete sich in einem Thurme durch eine solche Rolle vor dem Octavianus. Zur Erleichterung der Arbeit hängte man sehr bald zwei Gefässe, jedes an ein Ende der Schnur und liess das leer hinabgehende das Gewicht des gefüllten zum Theil ausgleichen.

Aus der Rolle entwickelte sich der Haspel, dessen Achse von Menschen mittelst Kurbeln gedreht wurde. Die Chinesen benützten schon in den frühesten Zeiten, ähnlich den in den Kohlenzechen heute noch in Anwendung befindlichen conischen Seiltrommeln, conische Haspelwellen bei tiefen Brunnen, um das Gewicht des langen Seiles bei einem Eimer gleichmässig zu vertheilen. Sie hängten den Eimer auch wohl an eine Rolle und liessen die beiden Enden der Schnur, welche, um die Rolle geschlungen, dieselbe trug, sich über einen Haspel von verschiedener Dicke an beiden Enden aufwickeln. Die Rolle hob sich dann nur um die Differenz der Durchmesser, es war die Differentialwinde.

Durch die Anwendung von Zahnrädern, sowie durch auf die Achse gesteckte grosse Seilscheiben, an denen gezogen wurde, suchte man die Grösse der bewegenden Kraft ferner bedeutend zu reduciren, und es entwickelte sich aus der letzteren Anordnung das Tretrad, in dessen innerer Flache, und das Laufrad, auf dessen äusserem Umfange das ansteigende Gewicht die Bewegung hervorbrachte. Die Tret- und Laufräder haben in früheren Zeiten zum Wasserschöpfen eine ungemeine Verbreitung gehabt. Zu ihrer Bewegung wurden Menschen, Ochsen, Pferde, Maulthiere, Esel, Hunde, Ziegen und von den alten Gothen sogar Bären verwendet. Durch conische Räder oder Rollen wurde die Bewegung der horizontalen Achse auch wohl auf eine verticale übertragen und es entwickelte sich so der Göpel und wenn statt der verticalen eine schräg geneigte Achse angebracht wurde, die Tretscheibe.

Die vorstehend angeführten Mechanismen wurden hauptsächlich zum Schöpfen des Wassers aus grösserer Tiefe für häusliche Zwecke angewendet. Viel zahlreicher ist aber im Alterthume die Klasse der maschinenartigen Einrichtungen, die zur Landesbewässerung sowohl in Asien als in anderen Theilen der Erde benutzt wurden. Nur mit ihrer Hülfe konnten, wie schon früher bemerkt, die Ebenen des Euphrats, des Ganges, des Nils und anderer grosser Flüsse so zahlreichen Bevölkerungen Nahrung verschaffen, und man sagt mit Recht: „Die orientalische Landescultur besteht hauptsächlich aus geeigneten Maschinen zum Heben des Wassers." Von den grossartigen Bauten zum Leiten und Sammeln des Wassers für diese Zwecke ist schon früher die Rede gewesen und es sollen hier nur die verschiedenen eigentlichen Beförderungseinrichtungen des Wassers besprochen werden.

Ein über den Rücken oder über die Schulter gelegtes Tragholz, an dessen Enden je ein Gefäss mit Wasser gebunden war, ist wohl die früheste Art des Wassertransportes gewesen, wie aus den ältesten Sculpturen der Aegypter hervorgeht, und in Hindustan bewässern heute noch die Eingebornen ihre Gärten in dieser Weise. Zum fortlaufenden Heben des Wassers auf geringe Höhe benützten die alten Aegypter und die Hindus den Schwingkorb, einen Korb, der an zwei Seilen befestigt war, welche zwei einander gegenüberstehende Personen unter Gesang schwenkten und der unten in das Wasser eintauchte und sich füllte und nach oben gehoben entleert wurde. Auch in China und im Süden von Bengalen hat man diese anstrengende Art der Wasserförderung bis in die neueste Zeit noch vielfach beobachtet.

Eine der ältesten Maschinen zum Schöpfen, die speciell in Bengalen in Gebrauch war, wird wohl der Jantu gewesen sein, eine Rinne, die an dem einen Ende sich drehte, während sie an dem anderen gehoben und gesenkt, das geschöpfte Wasser höher ausfliessen liess. Sie wurde auch wie ein Balancier in der Mitte drehbar angewendet und, es fand, dann hier der. Austritt des an beiden Enden eintretenden Wassers statt. An der Unterfläche der Eintrittsstelle befand sich auch wohl eine Klappe, die sich nur beim Eintauchen öffnete und sich dann schloss. Die Rinne wurde entweder mit den Händen gehoben oder auch am entgegengesetzten Ende mit den Füssen getreten. Auch hängte man zwei Rinnen mit ihren Ausgüssen nach der Mitte zu an einem zweiarmigen Schwingbaume auf und konnte durch daran angebrachte Stricke das Wasser bei geringerem Hube auf grössere Höhen fördern. Endlich fand auch ein System solcher zickzackförmig über einander angebrachter Rinnen, die an einem Gestelle pendelartig bewegt wurden, für noch grössere Höhen Verwendung. Hier mag auch noch die holländische Schaufel erwähnt werden, die mit einem langen Stiele versehen war und, an einem Gerüste pendelartig schwingend aufgehängt, von einer Person so geleitet wurde, dass sie unten sich mit Wasser füllte, welches oben ausgegossen wurde.

Die verbreitetste und vielleicht auch eine der ältesten Maschinen zum Wasserheben aus etwas grösserer Tiefe ist jedenfalls die Wippmaschine (Shaduf) gewesen. Sie bestand aus einem zweiarmigen Hebel, an dessen einem Ende der Wassereimer hing, während das

andere Ende ein Gegengewicht trug, gerade so, wie sie heute wohl
fast auf der ganzen Erde noch vielfach in Benützung ist, wo es
sich um Hubhöhen bis zu 5 m. handelt. In Aegypten wandte man,
ebenso wie in Hindustan, dieselben in mehrerer. Etagen über einander
an, so dass jede Maschine das Wasser auf etwas mehr als 2 m. Höhe hob.
Dreissig, ja selbst bis fünfzig derartiger Maschinen, so über einander aufgestellt, soll nichts ungewöhnliches gewesen sein. Von einer solchen
Hebestation aus Arabien wird berichtet, dass treppenförmig über einander
15 doppelte, also 30 einfache Wippmaschinen aufgestellt waren. In
jeder Etage ging eine hinauf, wenn die andere herunter kam. Die
Arbeiter, deren im Ganzen dafür 54 erforderlich waren, wechselten
jede Stunde ab. Eine eigenthümliche Construction dieser Maschine, die
in Hindustan sehr in Gebrauch ist, heisst P w o t a h. Der Arbeiter
steht oben auf dem Balancier und bewirkt durch sein Hinaustreten
über den Drehpunkt die Bewegung desselben.

Die späteren und vollkommeneren Maschinen zum Wasserheben
verlieren sich zum Theil auch noch in sehr frühe Zeit und wir verdanken die Beschreibung der meisten derselben dem Vitruv, dem
einzigen, der uns Nachrichten über Tympanon, Noria, Eimerkünste
und Schnecken, sowie uber die Maschine des Ktesibius aus dem Alterthume hinterlassen hat.

Das T y m p a n o n besteht aus einer Zahl um eine Achse radial
gestellter Rinnen, deren innere offenen Enden sich in die hohle Achse
ergiessen, während sie am Umfange das Wasser schöpfen; es ist
also eine Vervielfältigung des Jantu. Eine mechanisch vollkommenere
Construction dieses Rades ist Ende des vorigen Jahrhunderts von La
Faye entwickelt, wobei sich das Wasser vertical und tangential zur
Drehachse erhebt und es sind die Rinnen durch geeignet gekrümmte
Rohre ersetzt. Eine andere Construction wendet gekrümmte Schaufeln
an. Es sind solche Räder, durch Dampfkraft betrieben, noch heute in
Lincolnshire für Drainagezwecke in Benützung.

Die N o r i a besteht aus einer Zahl an dem Umfange eines Rades
befestigter Gefässe; sie ist also eine rotirende Wippmaschine. Sie
kann das Wasser bei gleichem Raddurchmesser fast doppelt so hoch
als das Tympanon fördern. Die Chinesen machten dieselben fast
ganz aus Bambusrohr und auch die Fördergefässe waren von demselben Material. Letztere hatten circa 1,2 m. Länge bei 5 bis 8 cm.
Durchmesser und waren in solcher Neigung befestigt, dass sie sich
unter Wasser füllten und erst oben nahe am Scheitel des Rades das

Wasser ausgossen. Schöpfte die Noria oder das Tympanon aus einem Strome, so wurde das Rad zugleich mit Schaufeln versehen und als unterschlägiges Wasserrad ausgebaut. Die Chinesen haben solche Räder von 6 m. bis 21 m. Durchmesser ausgeführt und fördern mit einem solchen 150 bis 300 kbm. in 24 Stunden. Die römischen Norias wurden durch Treträder bewegt. Die ägyptischen Norias bestanden aus einem geschlossenen ringförmigen Raume, der durch radiale Schaufeln in eine Menge Abtheilungen getheilt war, in welche durch am äusseren Umfange befindliche Oeffnungen das Wasser eintrat und durch seitlich an dem Boden des inneren Umfanges angebrachte Oeffnungen dasselbe oben wieder ausgelassen wurde. In der Türkei, in Griechenland, in Spanien etc. hat man die Norias vielfach in der Weise hergestellt, dass man Thongefässe in entsprechender Neigung an einem Rade befestigte. Eine abweichende Construction ist die Persische Noria, bei welcher die Schöpfgefässe an dem Rade um Zapfen drehbar aufgehängt und nur oben am Ausgusse durch eine entsprechende Einrichtung umgekippt und entleert werden. Sie hat den Vortheil, dass kein Wasser auf dem Wege zurückfällt und dass die verlorene Ausgusshöhe auf ein Minimum reducirt werden kann. Diese Construction ist seit der Zeit der Römer sehr viel in Gebrauch gewesen und ist auch heute noch vielfach in Benützung in der Schweiz, in Tirol und in England (seit 200 Jahren). Ferner wird sie in Frankreich gegenwärtig noch zur Landesbewässerung in Languedoc in grossartigem Maassstabe benützt.

Die interessanteste Anwendung der Norias für städtische Wasserversorgung ist gewiss schon seit tausenden von Jahren bis auf die jüngste Zeit in Hamah, einer Stadt in Syrien, an dem reissenden Flusse Orontes gelegen, in Benützung. Die Stadt ist zu beiden Seiten des Flusses gebaut. Die Räder werden durch das Wasser des Flusses getrieben und es sind circa 12 Stück solcher vorhanden. Das grösste derselben, Naoura el Mahommeyde genannt, soll 21 m. Durchmesser haben. Das Wasser ergiesst sich aus den Rädern in einen steinernen Aquäduct, der auf leichten Bögen die Stadt durchzieht. Wo man zur Bewegung der Norias und der Tympanson keine Wasserkraft zur Verfügung hatte, hat man sie im Alterthume meistens durch Treträder mit Menschen oder mit Thieren in Bewegung gesetzt.

Die Eimerwerke sind die weitere Entwicklung der Idee des Schöpfgefässes mit der Schnur und dem Haspel, wie solche vorhin geschildert. Hängt man an eine über eine Trommel laufende Schnur oder Kette in gleichen Abständen eine Menge Gefässe und schliesst die Schnur unten, so ist das Eimerwerk, in Aegypten Sakia genannt, fertig. Der grosse Vorzug dieser Maschine und daher ihre umfangreiche Anwendung zu Bewässerungsarbeiten besteht darin, dass man damit jede beliebige Hubhöhe — im Falle der Noth durch Anwendung von zweien übereinander, wie es bei dem Josephsbrunnen der Fall war — erreichen kann. Der Nil ist von seinen Quellen bis zu seinem Ausflusse an den Ufern entlang mit diesen Maschinen besetzt. Im oberen Aegypten und in Nubien trifft man sie in je 100 m., ja an einigen Stellen sogar in 50 m. Entfernung an. Für ein Eimerwerk war im Jahre 50 Mk., für eine Wippmaschine 25 Mk. Steuer zu zahlen, ein Beweis für die grössere Brauchbarkeit der ersteren. Während die Gefässe bei den Aegyptern aus Thon bestanden, die mittelst Schnüren zwischen zwei Stricken ohne Ende angebunden waren, fertigten die Römer schon solche Maschinen mit Gefässen aus Messing, die 4 Liter fassten und an zwei eisernen Ketten aufgehängt waren, an. Nach Agricola wurden die Eimerwerke auch in deutschen Bergwerken verwendet. In Spanien, wo die Mauren den asiatischen Landbau einführten, fanden sie im Mittelalter bei den grossartigen Meliorationen umfassende Benützung. Auch finden wir sie mitunter bis zum 16. Jahrhundert in europäischen Städten zur Wasserversorgung angewendet und oftmals, namentlich in Holland, durch Windmühlen getrieben.

Wenngleich über die Wasserversorgung der hängenden Gärten der Semiramis in Babylon nur die Nachricht erhalten ist, dass Eine Maschine das Wasser aus dem Euphrat auf die 92 m. hohen Wälle in ein Reservoir geschöpft hat, so kann es doch kaum zweifelhaft sein, dass dazu ein oder mehrere Eimerwerke verwendet sind; denn keine der anderen damals bekannten Maschinen würde diese Arbeit haben verrichten können. Bekannt ist es, dass die Eimerwerke auch zum Heben mancher anderer Körper Verwendung fanden. Sie sind jedoch auch umgekehrt als Motore in Benützung gekommen. 1668 wurde unter Colbert in den öffentlichen Gärten von Paris nach dem Plane von Francini ein doppeltes Eimerwerk in Betrieb gesetzt, dessen eine Kette durch das in einen Brunnen sich entleerende Ueberfallwasser eines Teiches in Bewegung gesetzt wurde, während die andere dadurch gleichfalls in Bewegung gesetzte Kette Wasser aus dem Teiche auf eine Anhöhe hob, von wo es als Wasserfall wieder hernieder fiel.

Die Wasserschnecke, deren Erfindung früher Archimedes zugeschrieben wurde, während nach neueren Forschungen ihm nur die

weitere Verbreitung derselben, die eigentliche Erfindung aber seinem
Zeitgenossen und Freunde, dem Aegypter Conon von Alexandrien zu-
fallen soll, wurde aus um eine hölzerne Spindel schraubenförmig
gewundenen Bleirohren oder Lederschläuchen hergestellt. Es wurden
auch in eine Spindel die Schraubenkanäle eingearbeitet und der äussere
Umfang wieder mit Latten geschlossen. Auch befestigte man auf
einer Spindel in Form von Schraubengängen Bretter und liess sie sich
in einem oben offenen festliegenden Troge (Wasserschraube) drehen
oder schloss den Trog rund um die Schraube und drehte beide zusammen (Tonnenmühle) durch ein Tretrad oder auf andere Weise.
Bei grösseren Förderhöhen wendete man mehrere solcher Schrauben
über einander an. Auch gab man ihnen ebenso wie den Eimerwerken
und den Norias ihre Bewegung dadurch, dass man die Schraube, die
das Wasser auf eine grössere Höhe fördern sollte, weiter nach unten
verlängerte und das Wasser aus grösserer Tiefe hob, wodurch man allerdings das Förderwasser auf grössere Höhe heben musste. Man liess
aber dieses ursprünglich in grösserer Menge höher vorhandene Wasser
durch eine zweite Schraube mit umgekehrter Steigung hinunter gehen,
welche von geringerer Länge und von grösserem Durchmesser als die
erstere, die ihr als Spindel diente, war und sie in Drehung versetzte.
Derartige Combinationen von verschiedenen Schrauben auf einer Achse,
deren eine die andere, die das Wasser hob, trieb, sind mehrfach ausgeführt.

Der Scheibenkünste erwähnt Vitruv nicht und sie sind ihm,
sowie den Völkern, mit denen er und sein Land in Berührung kam,
sehr wahrscheinlich unbekannt gewesen, obgleich ihre Entstehung aus
den Eimerwerken sehr nahe liegt. Musste man dieselben stark geneigt
und zu ihrer Unterstützung in einer Rinne laufend herstellen, so lag
es ja nahe, die Gefässe durch Scheiben zu ersetzen und die Rinne in
ein Rohr umzuwandeln, in dessen Innern sich das eine Ende der
Kette mit den Scheiben bewegte, während das andere Ende aussen
frei hinabglitt. Oder man konnte auch jede der Ketten in einem
Rohre gleiten lassen, die beide durch eine Scheidewand von einander getrennt waren. Es war das der erste Schritt zu unserer Kolben-
pumpe. In China, welches als Vaterland dieser Scheibenkünste angesehen werden muss, sind sie nach späteren Forschungen seit unendlich
langer Zeit und in grosser Zahl in Benützung gewesen. In der Regel
stellte man die Leitungsrohre aus Brettern her und gab denselben oft
einen quadratischen Querschnitt. Auch stellte man sie meistens nicht

F*

vertical, sondern gegen den Horizont geneigt auf und es wird als beste Neigung die unter 24° 21′ bezeichnet. Noch heute besitzt fast jeder Bauer´ in China für den gewöhnlichen Gebrauch eine solche Scheiben-kunst, die transportabel ist. Sie hat 15 bis 18 cm. Durchmesser bei 2,5 m. bis 3 m. Länge und wird mit der Hand gedreht. Für die Kette ist an jedem Ende des Rohres zur Führung eine schmale Scheibe oder eine Rolle angebracht. Die Entfernung von zwei Scheiben wurde gleich der Breite genommen. Die Kette wurde bei allen kleineren Künsten von Holz gemacht. Lederne Beutel oder ausgestopfte kugelförmige Kissen dienten als Scheiben. Auf der oberen Trommel legten sich die Scheiben zwischen Arme, um ein Gleiten der Kette zu verhindern. Das untere Ende wurde 0,5 m. tief ins Wasser gelegt.

Die Aehnlichkeit der Ketten mit den Polstern mit dem Rosen-kranze verschafften diesen Künsten den Namen Paternosterwerke (in Frankreich Chapelet). In Europa konnten sie sich trotz vielfacher Verwendung meistens keinen grossen Beifall erwerben, da ihre Bewegung in Folge zu grosser Reibung wegen schlechter Ausführung zu schwer war. Sie haben jedoch in Bergwerken, sowie namentlich auf Schiffen vielfach Verwendung gefunden. Belidor beschreibt eine solche Scheiben-kunst, die im Hafen von Marseille in Benützung war. Im 17. Jahr-hundert führte jedes englische Kriegsschiff 3 gewöhnliche und 4 Ketten-pumpen mit sich. 1768 erhielt ein Mr. Cole in England ein Patent auf eine Kettenpumpe für Schiffe, die bei einer Probe mit 4 Mann in 43$^{1}/_{2}$ Secunden dasselbe leistete als eine alte Kettenpumpe mit 7 Mann in 76 Secunden. Dieselbe hatte eine eiserne Laschenkette, deren Glie-der mit leicht lösbaren Keilen verbunden waren. Die Scheiben waren von dickem Leder, die zwischen zwei Platten von Eisen oder Messing ein-geschlossen und in trockenem Zustande etwas kleiner als die Bohrung des Rohres, welches von Eisen oder Messing gemacht wurde, hergestellt waren. Im 16. Jahrhundert wurden die Kettenpumpen aus China von den Spaniern in Manilla und von den Holländern in Batavia ein-geführt. 1796 brachte sie van Braam, der lange in China gelebt hatte, nach den vereinigten Staaten. Ebenso wie die anderen vorhin erwähnten Maschinen fand auch die Kettenpumpe Anwendung als Motor, indem man das Wasser umgekehrt hindurch gehen liess und es ist 1784 auf diese Anwendung in England ein Patent ertheilt.

Wenden wir uns nun zu dem verbreitetsten Wasserschöpfapparate, der Pumpe in ihren verschiedenen Constructionen.

Es ist unzweifelhaft, dass die einfachen Saugepumpen ein hohes

Alter haben, wenngleich nicht nachzuweisen ist, wer sie zuerst benützt hat. Die älteste Pumpe ist jedenfalls die Klystirspritze, welcher schon Herodot erwähnt, nämlich ein Rohr mit massivem, dicht schliessendem Kolben ohne Ventile. Ihr folgte die Pumpe mit Ventilkolben, die eigentliche Hebepumpe, der Antlos der Griechen, die vielfach Verwendung fand. In einfachster Form war der Kolben aus einem Conus von Leder gebildet und das Kolbenrohr, in das Wasser gestellt, war oben offen und mit einem seitlichen Ausflusse versehen. Eine weitere Verbesserung bewirkte man durch die Anbringung einer Klappe unten im Kolbenrohre, durch das Saugeventil. Die Griechen und Römer wandten solche Pumpen mit hölzernen gebohrten Stiefeln fast allgemein als Leckpumpen für die Schiffe an. Zu ihrer Herstellung existirte, was die Häufigkeit ihres Gebrauches beweist, eine eigene Klasse der Schiffszimmerleute. Und diesen ähnliche Schiffspumpen sind heute noch bei allen Völkern für die Kriegsschiffe und auch sonst im Gebrauch, mögen sie nun von Holz, Metall oder Eisen gemacht sein.

Die erste Nachricht über die eigentliche Druckpumpe mit massivem Kolben, bei welcher also das Wasser höher als der Kolben durch eine geschlossene Leitung hinaufgedrückt wird, verdanken wir dem Vitruv, der ihre Erfindung dem Griechen Ktesibus (150 v. Chr.), einem Schüler des Hero, zuschreibt. Leider sind die sämmtlichen Zeichnungen zum Werke des Vitruv verloren gegangen, so dass man über die Construction dieser Pumpe nicht ganz im Klaren ist. Es ist auch hier, wie in allen ähnlichen Fällen, von verschiedenen Seiten angezweifelt, dass Ktesibus der wirkliche Erfinder sei. Die Pumpe bestand aus zwei Messingcylindern, die am Boden Klappen hatten und unten seitlich forkenförmig austretende kleine Rohre trugen, an denen oben gleichfalls Klappen befestigt waren und die in einen Behälter, den Windkessel, mündeten, aus welchem ein Rohr, die Tuba, hervortrat, welches das Wasser auswarf. In den Cylindern bewegten sich Kolben auf und nieder. Diese Maschinen wurden als Feuerspritzen benützt. Sie sollen aber auch nach den Ansichten einiger Forscher zur Versorgung öffentlicher Brunnen benützt sein; es würde also der Anfang centraler Versorgung mit künstlicher Hebung aus dieser Zeit datiren, was jedoch schwer zu beweisen ist.

Die allgemeine Verwendung der Pumpen zu Feuerspritzen scheint sich lange Zeit auf die Klystirspritzen (engl. Squirts) beschränkt zu haben, wie aus vielen alten Abbildungen und Beschreibungen hervorgeht, und es fanden die Druckpumpen erst im 16. und 17. Jahrhundert allgemeinere Verwendung dafür. De Caus beschreibt eine solche mit einem Stiefel, welche auf einem Schlitten steht, aus dem Jahre 1615 und bezeichnet sie als in Deutschland vielfach zum Feuerlöschen verwendet. Die Benützung der Pumpen für Bergwerkszwecke ging vom sächsischen und böhmischen Erzgebirge aus. Nach Agricola sind hier 1550 zuerst Saug- und Hebepumpen angewendet und es folgten ihnen später 1578 auch solche auf dem Harze. Die ersten Stangenkünste sind in dem böhmischen Silberbergwerke Joachimsthal nach Mittheilung von Calvör um diese Zeit gleichfalls in Benützung gewesen.

Von den Pumpen mit rotirenden Kolben, den Kapselrädern, finden wir zuerst die Pappenheimiana, die aus zwei zahnartig in einander greifenden Kolben besteht, und ferner Ruperts Wasserriegel, welcher aus einem excentrischen Kolben mit sich verschiebendem Schieber gebildet ist, im 17. Jahrhundert. Erstere soll 1593 von dem Franzosen Servière, letztere von dem englischen Prinzen Ruprecht (1609—1682) erfunden sein. Die Erfindung der Plungerkolben, auch Taucher- oder Mönchskolben genannt, datirt vom Jahre 1674 und wir verdanken sie dem Engländer Morland. Die erste und heute noch kaum übertroffene doppeltwirkende Pumpe erfand 1716 der Franzose de la Hire. Es ist dieses die bekannte Anordnung mit einem massiven Liederkolben und mit vier Ventilen, von denen zwei die Druckventile und zwei die Saugventile sind. Zur Erreichung eines constanten Ausflusses des Wassers wurde 1732 von Demour die Centrifugalkraft benützt, und es entstanden damit die Centrifugalpumpen. Ein schräg gegen eine verticale Achse gestelltes Rohr wurde in Drehung versetzt und es entwickelte sich daraus schon in demselben Jahre ein in einem cylindrischen Gehäuse gedrehtes Flügelrad, in dessen Mitte das Wasser eintreten und an dessen Umfange es radial ausfliessen sollte.

1746 erfand der Zinngieser Wirz in Zürich die nach ihm genannte Spiralpumpe, die aus einem um eine horizontale Achse in verticaler Ebene spiralförmig über einander aufgewickelten Rohre bestand, deren äusseres Ende, in das Wasser eintauchend, abwechselnd Wasser und Luft schöpfte, wenn die Achse gedreht wurde und deren inneres Ende, sich in eine hohle Achse ergiessend, aus einem fortgeleiteten Rohre stossweise Wasser ausfliessen liess. Diese Erfindung hat ebenso wie die folgende, die Höll'sche Luftsäulmaschine, jetzt kaum mehr als historisches Interesse. Letztere beruht auf der schon von Papin ausgesprochenen Idee, durch einen Motor Luft zu comprimiren und diese Luft als Transmission zu benützen, um damit Wasser zu fördern.

Die Compression der Luft erfolgte bei der einzigen, 1753 auf dem Amaliaschacht bei Schemnitz in Ungarn aufgestellten Maschine dieser Construction in einem Cylinder, der abwechselnd mit Wasser gefüllt wurde, und es drückte diese comprimirte Luft, durch eine Rohrleitung einem anderen Cylinder zugeführt, direct das in demselben enthaltene Wasser, welches durch ein Bodenventil eintrat, in Intervallen in die Höhe. Schon 1769 wurde die Maschine jedoch wieder ausser Benützung gestellt.

Im Jahre 1797 nahm Montgolfier am 3. November in Frankreich und in demselben Jahre Whaitehurs am 13. December in England auf ein und denselben Gegenstand, den hydraulischen Widder oder Stossheber, ein Patent. Die durch freien Ausfluss aus einem nur für den hydrostatischen Druck belasteten Ventile erlangte lebendige Kraft einer in einem Rohre sich bewegenden Wassermasse schliesst bei demselben dieses Ventil und öffnet ein zweites, welches in einen Windkessel mündet, von wo das Wasser unter Druck fortgeleitet wird. Hat das Wasser in dem Rohre seine Geschwindigkeit in Folge des in dem Windkessel herrschenden höheren Druckes verloren, so schliesst sich letzteres Ventil wieder, während das andere, nach Innen gehende sich wieder öffnet und das Wasser von Neuem accelerirt. In neuerer Zeit ist es mehrfach versucht, diesen Apparat für ländliche Zwecke wieder ·einzuführen.

1785 construirte der Engländer Bramah eine Pumpe mit einem Kolben, der pendelartig in einem cylindrischen Gehäuse sich bewegte. Dieses Gehäuse war durch eine von der Mitte zum Rande gehende Querwand, sowie durch den Kolben in zwei Theile getheilt und trug auf dem Umfange zwei Saug- und zwei Druckventile. 1793 nahm er auf eine neue Anordnung solcher Pendelpumpen, welche für Feuerspritzen geeignet sein sollten, ein Patent, bei welcher die feste Scheidewand durch zwei dreieckförmig zusammenstossende und mit zwei Saugventilen versehene Wände ersetzt war und bei welchen der Kolben die Länge des Halbmessers des Gehäuses hatte. Dieser Kolben trug je ein zu jeder Seite des Drehpunktes liegendes Druckventil.

Eine eigenthümliche Anordnung einer doppeltwirkenden Pumpe ist die 1820 von Reichenbach für Augsburg gewählte, wo die vier Ventile von zwei einfachwirkenden, an den beiden Armen eines Balanciers hängenden Pumpen mit Liederkolben in einem Gehäuse vereinigt sind. 1828 führte Schitko eine ähnliche Disposition aus, bei der das Saug- und Druckrohr in einer Verticalen über einander liegen und die Pumpencylinder unten offen sind, während die Rohre, welche die Verbindung mit dem Ventilkasten herstellen, zwischen den Kolben und Stopfbüchsen einmünden. 1836 führte Althans eine besondere Construction, die Perspectivpumpe, aus, bei der der Ventilkolben sich in einem aussen abgedrehten Rohre befindet, welches auf und ab geführt wird, aussen in dem verlängerten Saugrohre sich bewegend und innen das Druckrohr umschliessend. Die Pumpe saugt bei dem Aufgange und drückt beim Auf- und Niedergange. Dieselbe Anordnung ist 1849 von Rittinger als einachsige Mönchkolbenhub- pumpe ausgeführt.

Die Idee solcher Differentialpumpen finden wir schon 1724 von Leupold beschrieben. In zwei Cylindern, von denen der obere einen halb so grossen Querschnitt als der untere hat, bewegen sich an einer Stange zwei Liederkolben und es ist zwischen beiden der Austritt des Druckrohres sowie unter dem grossen Cylinder das Saugventil ange- bracht. Der grosse Kolben ist ein Ventilkolben und der kleine ein massiver. Auf demselben Principe beruht die 1843 zuerst von Kirch- weger ausgeführte Differentialpumpe, die einen beim Nieder- gange drückend wirkenden Plungerkolben und unter demselben, an derselben Stange befestigt, einen Ventilkolben von doppeltem Quer- schnitte hat, der beim Aufgange das ganze Quantum für einen Doppel- hub ansaugt und das halbe Quantum fortdrückt. Dieselbe Anordnung ist ferner 1848 zuerst von Thomson für Bristol in England ausgeführt und 1846 in Frankreich dem C. Faivre in Nantes patentirt. Ausser von diesen beiden wird die Priorität der Erfindung, die unzweifelhaft Kirchweger gebührt, von Farcot beansprucht und endlich auch noch Armstrong zugeschrieben.

Die Fijnje'sche oder Kastenpumpe, welche 1845 zuerst aus- geführt wurde, unterscheidet sich von der de la Hire'schen nur da- durch, dass bei ihr ein sehr grosser Ventilquerschnitt dadurch erreicht ist, dass der Pumpencylinder sich in einem viereckigen Kasten befindet, dessen getheilte Wande die Ventilöffnungen enthalten.

In den vierziger Jahren trat Repsold zuerst mit seiner Kapsel- pumpe hervor, die sich von der früher erwähnten Pappenheimiana da- durch unterscheidet, dass die beiden Kolben einzähnige Stirnräder sind. 1848 begann Appold mit der Herstellung brauchbarer Centrifugal- pumpen, dem bald Gwyne, Bessemer und viele Andere folgten. Ihrer compendiösen Anordnung der Ventile wegen mag hier auch die 1853 in Frankreich patentirte Japy-Pumpe, sowie die Californien- pumpe von Hansbrow erwähnt werden, welche letztere zuerst 1862 auf der Londoner Ausstellung erschien. Eine sinnreiche Construction einer doppeltwirkenden Pumpe ist 1855 dem Amerikaner V o s e in England patentirt. In zwei neben einander liegenden unten verbundenen Stiefeln bewegen sich in gleichem Sinne zwei Ventilkolben, deren einer sich nach unten, deren anderer sich nach oben öffnet. Ueber letzterem tritt das Druckrohr aus und über ersterem tritt das Saugrohr ein.

B e l i d o r schon beschreibt eine Pumpenanordnung, ähnlich der, wie sie in neuester Zeit für das Wasserwerk in M a g d e b u r g gewählt ist. An einem Balancier hängen zu beiden Seiten je eine einfachwirkende Pumpe mit Liederkolben, die so verbunden sind, dass das Druckrohr der einen als Saugrohr in die andere eintritt und von dieser aus das beiden gemeinschaftliche Druckrohr schliesslich fortführt, während erstere Pumpe mit dem gemeinschaftlichen Saugrohre verbunden ist.

Die mit Recht wachsende Vorliebe für die Plungerkolben führte G i r a r d 1854 bei liegenden Pumpen zur Vereinigung von zwei einfachwirkenden Plungerpumpen durch einen verlängerten Plunger in zwei getrennten Stiefeln und damit zur Herstellung einer doppeltwirkenden Pumpe. Die gleichen Rücksichten haben mich bei stehenden Pumpen zur Aufstellung von zwei einfachwirkenden Plungerpumpen zu beiden Seiten eines Balanciers geführt, bei welcher Anordnung beide Pumpen ein gemeinschaftliches Saugrohr und ein gemeinschaftliches Druckrohr haben.

1860 ist von Armengaud eine Pumpe als H u b e r t s p u m p e beschrieben, bei welcher zwei Kolben mit Ventilen in einem Rohre sich durch Aufhängung an einer unter 180° gekröpften Achse im entgegengesetzten Sinne bewegen. Dieselbe Einrichtung ist aber 1780 schon von dem Engländer T a y l o r in Southhampton mit dem Unterschiede ausgeführt, dass die beiden Kolbenstangen mit Zahnstangen versehen waren und diese durch ein gemeinschaftliches Getriebe in entgegengesetztem Sinne bewegt wurden. Ein um die Achse des Getriebes geschlungenes Seil wurde zur Bewegung hin- und hergezogen.

Eine eigenthümliche Construction einer doppeltwirkenden Pumpe ist endlich noch die der B r i d g e p o r t M a n u f a c t u r i n g C o m p a n y, welche seit 1867 bekannt ist. Die Kolbenstange ist hier zugleich das Druckrohr. An ihr befindet sich ein doppelter Ventilkolben. Zwischen beiden Theilen bewegt sich das gemeinschaftliche Ventil, den Kolben abwechselnd nach oben und unten schliessend. Für die obere, sowie für die untere Hälfte des Stiefels ist je ein Saugventil vorhanden.

Wenn auch nicht als Pumpen, so doch als dabei benützte Hülfs-
constructionen, mögen hier noch die Norton'schen Röhrenbrunnen,
die gleichfalls aus Amerika stammen, Erwähnung finden, da sie, 1861
zuerst in grösserem Umfange benützt, eine sehr weite Verbreitung für
Wasserversorgungen gefunden haben.

Ausser der zuerst von Giffard erfolgten Anwendung des Dampf-
strahles zur Wasserförderung durch Mitreissen und des auf ähnlichem
Grundgedanken beruhenden Wasserschöpfapparates von Nagel & Kämp
in Hamburg, der 1865 zuerst ausgeführt, wenn auch in seiner Grundidee
nicht neu ist, muss hier der Vollständigkeit wegen noch der Gebläse-
pumpen erwähnt werden, deren Kolben aus einem Ledersack bestehen,
der ausgedehnt und zusammengedrückt wird, und die seit unendlich
langer Zeit in verschiedenster Form benützt sind. Ferner muss hier
noch auf die zuerst auf der Pariser Ausstellung 1867 aufgetretenen Constructionen von Kapselrädern von Root, Behrens und Dart aufmerksam gemacht werden. Endlich ist noch des Pulsometers von Hall
als neuester Erfindung in Amerika zu gedenken, in welchem Lande der
Erfindungsgeist in den letzten Jahren ungemein rege auf dem Gebiete
der Wasserfordermaschinen gewesen ist, wie daraus hervorgeht, dass
in den vereinigten Staaten 1872 155, 1873 125, 1874 132, 1875 115,
also in vier Jahren 527 Patente auf Pumpen ertheilt sind.

Im Vorstehenden dürften wohl die sämmtlichen Wasserhebungs-
maschinen und speciell die Pumpen in ihren Hauptzügen an dem
Faden der Geschichte vorgeführt sein und es bliebe nur noch der
umgekehrten Anwendung der Pumpen, nämlich nicht als Arbeits-
maschinen, sondern als Motoren, zu gedenken. Wir finden das Wasser
schon in der Mitte des vorigen Jahrhunderts nicht nur von einem
Kolben getrieben, sondern einen Kolben treibend, bei den Wassersäulmaschinen in Benützung, gerade so wie wir die Umkehrung
des Eimerwerkes, der Archimedes'schen Schnecke etc. im Vorstehenden
erwähnt gefunden haben. 1753 wurde auf der Grube Carlsgnade eine
kleine und 1761 eine grössere Wassersäulmaschine von Winter-
schmidt in Deutschland und 1765 eine solche von Westgarth in
England aufgestellt. Derartige Maschinen fanden, namentlich nachdem sie 1808 von Reichenbach durch die Einführung der Kolben-
statt der Hahnsteuerung, sowie durch viele andere Constructionen
wesentlich verbessert waren, im Bergbau sehr ausgebreitete Anwendung.
Um ihre Construction haben sich ferner Jordan auf dem hannover-
schen Harze und Junker zu Huelgoat in der Bretagne in der Ver-

vollkommnung von Reichenbach's Constructionen grosse Verdienste erworben.

Die weitere Entwicklungsperiode dieser Maschine beginnt mit dem Anfange der vierziger Jahre, wo die Engländer Taylor und Darlington die Ventilsteuerung und manches Andere bei diesen Maschinen einführten. 1846 wandte Armstrong solche Maschinen zuerst als Wasserdruckmaschinen*) an und erfand seine künstliche Druckwassersäule, den Accumulator. Mit dieser Zeit beginnt die zahlreiche Benützung hydraulischer Aufzüge und sonstiger hydraulisch getriebener Bewegungsvorrichtungen. Der allerneuesten Zeit endlich gehört das Bestreben an, Wasserdruckmaschinen für das Kleingewerbe anzuwenden, die von den Wasserleitungen im Hause getrieben werden und Drehbewegungen erzeugen.

Die ersten derartigen Maschinen sind 1862 von Lewis und von Ramsbotton ausgeführt. Die Maschine des ersteren war einer liegenden Dampfmaschine mit Schiebersteuerung völlig gleich, die jedoch an beiden Cylinderenden Windkessel hatte. Sie ist später von George durch Anbringung eines Windkessels in der Druckleitung verbessert und 1867 von Coque dahin verändert, dass der Wassereintritt durch Schieber und der Austritt durch besondere grössere Ventile bewirkt wird. Die Maschine von Ramsbotton bestand aus zwei um ihre Mitte oscillirende Cylinder, deren Kolben die Kraft auf eine gekröpfte Achse mit unter 90° versetzten Kurbeln übertrugen. Später hat Armstrong solche Maschinen mit 3 schwingenden Cylindern angewendet.

Eine eigenthümliche Construction ist ferner die 1867 auf der Pariser Ausstellung erschienene Perret'sche Maschine, bei welcher Kolben und Arbeitsrohr eine hin- und hergehende Bewegung in einer Doppelhülle ausführten. Philipp Mayer's Expansionsmaschine, die 1873 erfunden und bei welcher eben so wie es schon Coque vorgeschlagen hatte, Luft zur Verminderung des Wasserstosses mit eingeführt wurde, hat jedoch der 1871 von Schmidt in Zürich erfundenen Maschine, die später von Haag in Augsburg und von Wyss und Studer in Zürich nachgebaut ist, nicht gleichkommen können. Die Schmidt'sche Maschine ist jedenfalls die am weitesten verbreitetste. Sie hat einen liegenden oscillirenden Cylinder und ist doppeltwirkend. Die neuere Maschine von Wyss und Studer hat gleichfalls liegende oscillirende Cylinder, jedoch deren zwei und ebenso hat die von

---

*) 1795 wurde die hydraulische Presse von Bramah erfunden

Kieffer und Engelmann zwei Cylinder, welche jedoch aufrecht stehen.

Vor mehreren Jahren tauchten auch in Paris Erfindungen auf, die die Benützung kleiner Girard-Turbinen für gleiche Zwecke verfolgten, die sich jedoch ausser in den vereinigten Staaten kaum einer grösseren Verbreitung erfreut zu haben scheinen.

Zur Bewegung der verschiedenen Schöpfmaschinen fanden ausser den Menschen- und Thierkräften, die entweder durch ihr Gewicht oder durch Zug und Druck wirkten, bekanntlich Luft und Wasser und später Dampf Verwendung. Im Nachfolgenden soll eine kurze Entwicklungsidee dieser Motoren zu geben versucht, sowie specieller auf deren Anwendung für städtische Wasserversorgungen geschichtlich eingegangen werden.

Die Benützung der bewegenden Kraft des Wassers und des Windes zum Betriebe der Wasserschöpfmaschinen ist sehr alt und es ist ja im Vorstehenden auch schon verschiedentlich darauf aufmerksam gemacht. Die Verwendung dieser Triebkräfte scheint sich überhaupt anfänglich auf den Zweck des Wasserförderns, sowie auf die Anwendung zum Mahlen von Getreide beschränkt zu haben. Nach Vitruv sind zur Zeit des Cäsar (gest. 44 v. Chr.) in Rom schon Mühlen, durch Wasserräder getrieben, in Benützung gewesen. Es wird ferner berichtet, dass 536 n. Chr., als Vitiges, der König der Ostgothen, Rom belagerte und die Aquäducte, deren Wasser auch zum Mühlenbetriebe benützt wurden, verstopfte, von Belisar, dem Feldherrn des Justinian, die Mühlen auf der Tiber aufgestellt wurden und dass so die Schiffsmühlen entstanden. Aus Deutschland wird 379 von Ausonius berichtet, dass an der Mosel Marmormühlen durch Wasserräder bewegt wurden. Von Frankreich stammen die ersten Nachrichten über Wassermühlen aus dem 6. Jahrhundert. Gregorius von Tours erwähnt derselben, als in der Stadt Dijon in Benützung gewesen. In Böhmen sollen die ersten Wassermühlen nach Wenzel Hager 718 angewendet sein und nach der Chronik des Wolterus hat 922 Kaiser Heinrich I. die Stadt Goslar auf dem Platze, wo eine Wassermühle stand, erbaut.

Die ältesten Nachrichten über die Anwendung von Windmühlen in Deutschland stammen aus dem Jahre 1105, sowie in England aus dem Jahre 1143. In Speyer soll zum Getreidemahlen 1393 die erste Windmühle und in Holland 1439 eine solche gleichfalls für diesen Zweck erbaut sein. In neuerer Zeit sind die Windmühlen zu Entwässerungen und für Wasserförderungen eben so wie in älteren Zeiten, wenn auch in vervollkommneter Construction, vielfach verwendet.

Es liegt mir fern, die Ausbildung der Wasser- und Windräder hier geschichtlich zu verfolgen und ich will mich darauf beschränken, hier einiger der ältesten durch Wasserkraft bewegter Pumpwerke für Städte zu erwähnen.

· Die frühesten Nachrichten liegen mir über Augsburg vor, wo schon 1412 das Brunnenwerk am rothen Thore errichtet war, für welches 1416 ein grosser Wasserthurm erbaut ist. Die Erbauer beider Werke werden in einem Gedichte besungen, das wie folgt lautet:

> Leopold Karg zuerst das Wasser hat geleitet
> Dass es in den Rohren sich in ganzer Stadt verbreitet
> Hans Felber zu der Zier und Nutzen unsrer Stadt
> Die Wasserkunst um viel verbessert und vermehret hat.

Das Brunnenwerk bei den sieben Kindeln in Augsburg ist 1450 erbaut und hatte ursprünglich zwei über einander aufgestellte Archimedes'sche Schnecken als Hebemaschinen. Das Brunnenwerk am Vogelthore ist 1538 errichtet, und es ist hier die Betriebskraft durch ein eingebautes Wehr erlangt. 1609 ist vor dem Oblaterthore und vor dem Jakoberthore je ein mit Wasserkraft betriebenes Pumpwerk hergestellt.

In Braunschweig soll eine ähnliche Anlage auch schon im 15. Jahrhundert bestanden haben und in Lüneburg wurde 1474 die Rathswasserkunst eröffnet. 1527 legte die Brauergilde in Hannover ein Pumpwerk an, welches aus 6 messingenen Pumpenstiefeln bestand, die von einer Daumwelle in Bewegung gesetzt wurden. Die Welle selbst wurde von einem Wasserrade getrieben. Hamburg besass seit 1531 auch schon eine Wasserkunst, und da in Magdeburg 1631 das Wasserhebewerk der Stadt mit dieser selbst zerstört ist, so wird dasselbe wahrscheinlich auch schon im 16. Jahrhundert erbaut sein.

1580 wurde in Nürnberg das erste Pumpwerk, das Blausternwerk, errichtet. Ein vom Fischbach aus getriebenes Wasserrad bewegte 6 Pumpen, die das Wasser in 2 Reservoire drückten, welche auf einem der Mauerthürme aufgestellt waren. 1619 wurde in der Almosenmühle ein zweites solches Pumpwerk hergestellt, welches mittelst zweier Pumpen stündlich 5,37 kbm. Wasser förderte. 1687 wurde das Nägeleinswasserwerk und etwas früher das in der Weidemühle errichtet, welche beide heute noch existiren. Von Bremen liegt die Nachricht vor, dass dort schon im 17. Jahrhundert ein derartiges Wasserhebewerk bestand. Das Wasser wurde durch eine auf einer Brücke befindlichen Pumpenanlage, deren Betriebskraft ein Wasserrad war, in ein hoch aufgestelltes Reservoir gedrückt und von hier der Stadt zugeführt.

Aus derselben Zeit wird auch von der Stadt Toledo berichtet, dass ein durch Wasserkraft bewegtes Pumpwerk das Wasser des Tajo in ein auf einem Berge hergestelltes Reservoir förderte, von wo es durch Rohrleitungen zur Verwendung für städtische Zwecke gelangte.

Die älteste durch Wasserkraft getriebene Pumpenanlage in London stammt, wie schon früher mitgetheilt, aus dem Jahre 1582 und in Paris aus dem Jahre 1606. Die von Maurice unter der London Bridge errichtete erste Pumpstation hatte als Betriebskraft ein Ebbe- und Fluthrad von 6,1 m. Durchmesser und 4,2 m. Breite, welches 2,2 Umdrehungen pro Minute machte und mittelst von der Achse aus bewegter Hebel eine Zahl von 16 einfach wirkenden Druckpumpen mit massiven Kolben betrieb, die 180 mm. Durchmesser und 1,4 m. Hub hatten. Das Wasser, 150 kbm. pro Stunde, wurde 36,5 m. hoch in ein Reservoir gedrückt. Die Pompe Notre Dame in Paris, welche 1670 errichtet wurde, hatte zwei durch eine Stange verbundene Ventil- kolben, die sich in zwei Stiefeln bewegten, von denen der eine, welcher oben offen und unter dem Boden eines Reservoires befestigt war, unten ein Saugventil und ein Saugrohr hatte. Der andere, welcher mit seinem unten offenen Ende in dem Reservoire stand, trug oben Druckventil und Druckrohr; es war also hier die Saug- und die Druckarbeit in zwei Pumpen getheilt.

Als Beweis der grossen Seltenheit solcher Anlagen auch noch in späteren Jahren mag erwähnt werden, dass 1751 aus England in einem geschichtlichen Werke mit grosser Bewunderung einer „curious water- engine" erwähnt wird, die die Stadt Exter errichtet hatte. Der Bau hatte 1694 begonnen und bezweckte die Stadt mit Wasser zu versorgen. In den vereinigten Staaten von Amerika ist das erste städtische Wasserwerk 1762 nach dem Plane von Ch. Christenson in Bethle- hem (Pa.) erbaut. Drei einfachwirkende Pumpen von 100 mm. Durch- messer und 0,46 m. Hub wurden durch ein unterschlägiges Wasserrad von 5,5 m. Durchmesser und 0,6 m. Breite bewegt und hoben das Wasser anfänglich auf 22 m., später auf 35 m. Höhe. Das Werk ist bis 1832 in Benützung gewesen und es wurden die Druckrohre, die ursprünglich von Holz waren, 1789 durch solche von Blei und 1813 durch solche von Gusseisen ersetzt.

Es mögen hier noch zwei durch Wasserräder betriebene Pump- werke etwas näher beschrieben werden, wenngleich sie nicht städtischen, sondern nur fürstlichen Luxuszwecken gedient haben. Sie geben aber ein Bild des Ingenieurwesens unserer Branche in jener Zeit, wie es hübscher kaum zu finden ist.

Die wunderbarste und in ihrer Art einzige Pumpenanlage, die wohl je geschaffen ist, war die in Marly bei Paris für die Versorgung der Gärten von Versailles mit Seinewasser. Dieselbe ist nach den von einem Holländer Ranneken entworfenen Plänen mit einem Kostenaufwande von circa 10 Millionen Mark 1682 ausgeführt. Das Reservoir, in welches das Wasser zu heben war, lag circa 5 Kilom. von der Pumpstation entfernt und 162,5 m. höher als der Fluss. Zur Erlangung der Betriebskraft wurde die Seine durch einen Damm aufgestaut und in der ganzen Breite durch Pfeiler in 14 Kammern getheilt, in deren jeder ein unterschlägiges Wasserrad von 12 m. Durchmesser aufgestellt wurde. An den beiden Enden der Achsen von jedem dieser Räder befanden sich Krummzapfen, die eine Menge schwingender Hebel und Ketten in Bewegung setzten, durch welche die Kolbenstangen von im Ganzen circa 250 Saug- und Druckpumpen getrieben wurden. Die Pumpen waren in drei verschiedenen Abtheilungen aufgestellt. Die erste Abtheilung befand sich neben dem Flusse und enthielt 64 Stück, welche durch 6 Räder getrieben wurden. Sie sogen das Wasser durch kurze Saugrohre aus dem Flusse an und drückten es durch eiserne Rohre auf den Berg, wo es sich in ein Reservoir ergoss, welches 51,7 m. hoch über dem Flusse hergestellt war. Aus demselben entnahm es die zweite Abtheilung von 79 Pumpen und beförderte es in ein zweites, 56,4 m. höher angelegtes Reservoir. Aus diesem endlich entnahm es die dritte Abtheilung von 82 Pumpen und beförderte es 54,4 m. hoch in das eigentliche Hochreservoir. Diese Anordnung machte es nöthig, die bewegende Kraft für 79 Pumpen auf 2000 m. Entfernung und 52 m. Höhe und für 82 Pumpen auf 5000 m. Entfernung und 108 m. Höhe zu übertragen, was oberirdisch durch Gestänge, Hebel, Kreuze, Ketten etc. geschah und der Anlage nach Ewbank den Titel „A monument of ignorance" eingebracht hat. Der Verlust durch die Uebertragung der Arbeit ist, vielleicht ein bischen zu hoch, auf 95% veranschlagt und nach einer 1815 erschienenen Beschreibung soll das Gerassel und Gekrächze, wenn die Anlage im Gange war, schlimmer gewesen sein, als wenn eine Menge schwer beladener Wagen einen Berg hinabrollen, bei denen noch niemals Schmiere angewendet gewesen ist.

Ausser den 225 erwähnten Pumpen waren noch circa 25 andere

vorhanden, die zum Anfüllen etc. der anderen dienten. Die unteren
Pumpen hatten massive Kolben, in' deren Stiefel unten seitlich ein
Rohr einmündete, in welchem sich übereinander die beiden Ventile,
aus Lederklappen bestehend, befanden. Die oberen Pumpen standen
mit unten offenen Pumpenstiefeln in den betreffenden Reservoiren; sie
hatten Ventilkolben und uber denselben liegende Druckventile. Die
Kolbenstange jeder Pumpe trat unten aus dem Stiefel heraus und
wurde durch zwei seitlich den Stiefel umfassende Stangen bewegt. Der
Wasserverlust durch die 225 undichten Kolben und die 450 sicher
nicht ganz dicht schliessenden Ventile muss ein ganz enormer gewesen sein.

1738 wurde der Versuch gemacht, das Wasser allein mit den
untersten Pumpen auf die ganze Höhe zu fördern. Derselbe gelang;
aber da man die Betriebskraft der anderen Wasserräder nicht mit dafür
benützen konnte, so wurden die Maschinen zu sehr angestrengt und
der Versuch wurde daher wieder aufgegeben. Eine 1775 gemachte
Probe, mit den unteren Pumpen gleich in das zweite Reservoir zu
pumpen, gelang gleichfalls. Aber es zeigten sich im Laufe der Zeit
sehr viele Rohre dem stärkeren Drucke nicht entsprechend, so dass
man auch diesen Versuch aufgab und zu den ersten Einrichtungen
zurückkehrte, bis endlich die ganze Anlage unter Napoleon III. 1859
aufgegeben und durch eine Dampfmaschinenanlage von 65 Pferdekräften
ersetzt wurde, die 1500 kbm. Wasser direct 162 m. hoch fördert.

Die andere Pumpenanlage, deren hier gedacht werden soll, ist die,
welche die Fontainen und Wasserkünste in Herrenhausen bei Hannover versorgte und unter Georg I. 1718 bis 1721 von dem englischen
Architekten Benson gemeinschaftlich mit den Architekten Andrews und
Cleves erbaut ist. Durch eine Stauschleuse wurde die Leine 3,5 m. hoch
zur Erlangung der nöthigen Betriebskraft aufgestaut und fünf unterschlägige Wasserräder von 10 m. Durchmesser und 2,5 m Breite eingebaut, deren 1 m. starke und 12 m. lange Holzwellen abwechselnd
je um 2,2 m. in der Richtung der Achsen versetzt waren. Zwischen
je 2 Rädern befand sich ein lichter Raum von 5,5 m. Breite. Von je
einem der 10 Wellenausläufe wurden 4 einfachwirkende Pumpen mit
hölzernen Plungern von 300 mm. Durchmesser und 2 m. Höhe bewegt,
welche in diesem Raume ganz unter dem Wasserstande des Flusses aufgestellt waren. Es waren also im Ganzen 40 Pumpen vorhanden, von
denen je 4 Stück eine Gruppe bildeten und ein gemeinschaftliches Druckrohr hatten Im Ganzen waren demnach 10 Druckrohre angelegt. Jede

Pumpe hatte ihr Saug- und ihr Druckventil. Die Stempel von je 2 benachbarten Pumpen waren durch eine Kette mit einander verbunden, so dass durch den Triebapparat der eine Stempel gehoben und der andere niedergedrückt wurde. Durch einen eigenthümlichen Mechanismus, ein Kehrrad, wurde die Bewegung für 8 Pumpen so regulirt, dass sie sämmtlich gegeneinander versetzt und mit Pausen arbeiteten, wodurch eine so grosse Gleichförmigkeit in der Bewegung des Wassers erzielt wurde, dass die Fontainen, direct aus den Leitungen gespeist, nur geringe Schwankungen in der Strahlhöhe zeigten. Die 10 Druckrohre vereinigten sich zuerst zu drei und dann zu zwei Rohren, letztere von je 300 mm. Durchmesser, und gingen schliesslich zu einem einzigen Rohre von 400 mm. Durchmesser über, welches, wie früher mitgetheilt, aus Blei bestand und 50 mm. Wandstärke hatte. Die Anlage ist 1860 nach den Plänen des Baurath Hagen in Hannover umgebaut und daraus ein durch Poncelet-Räder getriebenes herrliches Pumpwerk geschaffen, dessen Beschreibung später noch eingehend erfolgen wird.

Wenden wir uns nun zur Benützung des Wasserdampfes zum Heben des Wassers, so ist in erster Linie zu beachten, dass die Dampfmaschinen, deren unendliche Bedeutung hier wohl keiner weiteren Auseinandersetzung bedarf, ihre Entstehung dem Bedürfnisse verdankten, das Wasser theils zu Zwecken der Beseitigung, theils zu Zwecken der Verwendung künstlich zu heben, und es ist daher wohl natürlich, wenn ich auf die Entstehung der Wärmebenützung zum Wasserheben hier etwas näher eingehe.

Die Benützung der Wärme zum Heben des Wassers ist sehr alt. Schon die ägyptischen Priester verstanden es, die Wärme der Sonne zu verwenden, um ihren Götzen, mit denen sie die Menge des Volkes beherrschten, Stimmen zu entlocken und Bewegungen zu ertheilen. Der Heronsbrunnen, der Sonne ausgesetzt, erzeugt einen springenden Strahl. De Caus beschreibt eine hierauf beruhende Einrichtung, die an heissen Orten in Italien und Spanien vielfach in Benützung war und aus 4 Kupferbehältern von 0,3 m. im Quadrat und 0,2 m. Höhe bestand, aus denen, mit Wasser und Luft gefüllt, durch die Wärme der Sonne das Wasser mittelst entsprechender Rohrleitungen in einem Strahle austrat. Die Wirkung der Sonne wurde auch durch Anbringen von Brenngläsern auf oder vor den Kästen vergrössert.

Die erste Anwendung des Feuers zum Heben des Wassers wird wohl auf den Altären stattgefunden haben, die ja im Alterthume häufig als Laboratorien und physikalische Cabinete dienten, um Wunder damit zu verrichten. Eins der ältesten uns darüber überkommenen Bilder ist folgendes. In ein auf einem Altare brennendes Feuer giessen zwei danebenstehende Statuen Wasser aus. Sie sind mit Rohren mit dem unter dem Altare befindlichen, mit Luft und Wasser, gefüllten Behälter verbunden, aus, dem das Wasser durch das obere Feuer ausgetrieben wird.

Die Expansivkraft des Wasserdampfes, von welchem man zum Kochen und Baden schon früh Gebrauch gemacht hat, fand zuerst in den Windbläsern, Eolipilen, Verwendung. Diese werden von Vitruv als in gewöhnlichem Gebrauche befindlich bezeichnet. Es waren das hohle Kugeln von Eisen, Kupfer, Bronze etc., in welchen sich eine feine Oeffnung befand. Mit Wasser, und zwar oft mit wohlriechendem, gefüllt, wurden sie auf ein Feuer gelegt und bliesen den Dampf aus. Sie fanden auch practische Verwendung sowohl als Gebläse, als auch zum Löschen des Schadenfeuers. Ferner bediente man sich ihrer auch im Kriege, wozu sie entweder mit brennbaren Flüssigkeiten gefüllt waren oder nur als Bomben wirkten.

Hero beschreibt schon zwei Eolipilen, die die beiden Grundideen der Benützung der bewegenden Kraft des Dampfes aussprechen. Bei dem einen wird eine Kugel von dem ausströmenden Dampfe getragen; das andere, zwischen zwei Punkten aufgehängt und mit zwei Austritts-Oeffnungen versehen, dreht sich um eine Achse, durch die Reaction des austretenden Dampfes getrieben.

Es ist als sicher erwiesen anzunehmen, dass man im Alterthume sehr wohl die Expansivkraft des Wasserdampfes kannte und mit Dämpfen auch umzugehen verstand, wenngleich die Benützung derselben als bewegende Kraft späteren Zeiten vorbehalten war.

Der erste Vorschlag zu dieser Benützung geht von dem Italiener Branca (1629) aus, der ein Eolipil gegen die Schaufeln eines Rades blasen liess und die Bewegung des Rades durch Räderübersetzung zur Erzeugung nützlicher Arbeit umwandeln wollte. Denn der Vorschlag, den de Caus 1615 zum Heben des Wassers durch Dampf machte, nämlich in ein auf Feuer gestelltes, verschlossenes und mit Wasser gefülltes Gefäss ein Rohr bis nahe auf den Boden zu führen und oben ein Stück über die Decke emporragend aufzustellen, ist nach der Beschreibung in dem Spiritualium des Hero (120 v. Chr.) kaum als etwas Neues zu betrachten. Ebensowenig konnte der Zeit die Erfindung des Porta, die er 1606 in seinem Werke, ebenfalls Spiritualium genannt, mitgetheilt, auf Neuheit Anspruch machen; denn sie besteht aus einem unteren, auf dem Feuer stehenden Gefässe, von dessen Decke ein Rohr oben in ein zweites gleichfalls geschlossenes, aber höher stehendes Gefäss einmündet, das, mit Wasser gefüllt, durch ein über die Decke hinausragendes Rohr zum Ausspritzen gelangte.

1630 erhielt David Ramseye in England ein Patent „to raise water from low pitts by fire" und ferner „to raise water from low plaies and mynes and coal pitts by a new waine never yet in use". Das ist jedoch das einzige, was von dieser Erfindung bekannt ist. Ebensowenig weiss man etwas Näheres über eine, 1651 in einer anonymen englischen Druckschrift „Invention of engines of motion lately brought to perfection" angekündigte Maschine, die zu aller nur denkbaren Arbeit Verwendung finden sollte. Durch den Erfinder der Luftpumpe, Otto v. Gericke, fand der Grundgedanke unserer heutigen Kolbenmaschine 1654 den ersten praktischen und geistigen Ausdruck. Der Marquis v. Worcester (gest. 1667) gab in seinem Werke „A Century of the Names and Scantlings of such Inventions as at present I can call to mind to have tried and perfected etc.", welches 1663 erschienen ist, unter Nr. 68 die Beschreibung eines bewunderungswürdigen und kräftigen Mittels, das Wasser durch das Feuer nicht durch Ziehen oder Aufsaugen, sondern durch den Druck auf jede Höhe zu bringen, „fire water works" von ihm genannt. Die undeutliche Beschreibung und der Mangel einer Zeichnung hat zu einer Menge Unklarheiten und Meinungsverschiedenheiten über den Werth dieser Maschine geführt. Unter Nr. 100 spricht er ferner von einem „Waterwork for furnishing cities with abundance of water, though never to high seated" und es scheint nach einem Berichte in dem „Journale des Como von Medici" aus der Mitte des 17. Jahrhunderts, dass neben Somerset House in London eine Maschine zum Wasserheben von Worcester ausgeführt und in Thätigkeit gesetzt gewesen ist, wenngleich auch hier Angaben über die Art und den Umfang ihres Betriebes fehlen.

Die erste bestimmte Idee für unsere heutige Kolbenmaschine scheint Papin 1690 ausgesprochen zu haben, wenngleich von Moreland aus dem Jahre 1683 ähnliche Mittheilungen vorliegen. Die Maschine von Savery, welche 1698 in England patentirt wurde, die hydraulische Dampfmaschine genannt, bei welcher der Dampf ohne Vermittlung eines Kolbens das Wasser fortdrückte und bei der die durch die Condensation des Dampfes erzeugte Luftleere das Wasser ansog, führte, mit der Maschine von Papin verbunden, 1711 zu der Newcomen'schen Maschine, die atmosphärische genannt, weil bei ihr der Dampf nur zur Erzeugung der Luftleere unter einem Kolben benützt wurde und die eigentlich treibende Kraft der Atmosphärendruck war. 1712 war eine solche Maschine von 550 mm. Cylinderdurchmesser zum Wasserpumpen auf einer Grube in Warwickshire in Benützung und 1720 stellte der Engländer Potter eine solche für Bergwerkszwecke in der Gegend von Königsberg in Ungarn auf.

Wenngleich in den folgenden Jahren Smeaton und manche Andere sich um weitere Verbesserungen auf diesem Felde verdient machten, so war es doch dem genialen Schotten James Watt (geb. 1736 d. 19. Jan., gest. 1819 d. 15. Aug.) vorbehalten, die Dampfmaschine so zu erfinden, zu verbessern und auszuführen, dass wir in ihm ihren eigentlichsten Erfinder verehren, der damit den Grund zu einer Culturrevolution gelegt, wie sie auf der Welt noch nicht dagewesen ist. Natürlich kann es nicht meine Absicht sein, hier die einzelnen Watt'schen Erfindungen, sowie die seiner zahlreichen Nachfolger weiter aufzuzählen; ich verweise dafür vielmehr auf Ruhlmann's allgemeine Maschinenlehre.

Wahrscheinlich wurde die erste Dampfmaschine, die dauernd für eine städtische Wasserversorgung in Betrieb blieb, 1761 in London bei London Bridge in Benützung genommen. Es war eine Newcomen'sche Maschine und sie diente bei dem Fluthwechsel, sowie bei niedrigem Wasserstande als Aushülfe zum Wasserpumpen für die Wasserräder des dortigen Pumpwerkes. Eine Gesellschaft „The Governor and Company of Undertakers for raising Thames Water in York Buildings", die 1691 zur Versorgung eines Theiles von London gebildet war und 2700 Häuser in Piccadilly, Whitehall und Covent Garden mit Wasser versorgte, bediente sich schon früher des Dampfes zum Heben des Wassers, da sie nach einer von 1725 datirten Notiz eine solche Maschine als „chargable" bei Seite gelegt und sich, wie mitgetheilt wird, wieder wie vorher der Pferde zum Pumpen bediente. Die Pumpe der letzteren Pumpmaschine bestand aus einem Plungerkolben, der hohl gegossen und mit Blei ausgefüllt war und später noch durch aufgelegte Bleigewichte beschwert wurde. Er drückte das Wasser durch sein eigenes Gewicht fort, während er, mit einer Kette an den einen Arm des Balanciers einer Newcomen'schen Maschine aufgehängt, von dieser gehoben wurde.

1787 stellten Boulton und Watt eine Maschine für die New River W. W. Company von 60 Pferdekräften auf. Sie hatte einen Cylinder von 1371 mm. Durchmesser und arbeitete mit 0,57 Kilo Dampfdruck p. ☐cm. Sie trieb 2 Pumpen, von denen die eine 736 mm. Durchmesser und die andere 508 mm. Durchmesser hatte. Im folgenden Jahre stellten dieselben Fabrikanten eine zweite solche Maschine auf und es wurden damit, nach den Hubzählern berechnet, im Jahre 1072148 kbm. Wasser gehoben. 1807 stellten Boulton und Watt für die in diesem Jahre gegründete East London W. W. Comp. in Old Ford die erste rotirende Maschine auf.

1811 wurde von derselben Firma eine 24 pferdige einfachwirkende Maschine bei Deptford auf dem jetzigen Terrain der Kent W. W. Comp. aufgestellt. Sie war mit einem Balancier und einem Schwungrade versehen. Der Cylinder hatte 914 mm. Durchmesser und der Kolben 2,44 m. Hub. Sie trieb 2 Pumpen, deren eine, für eine niedere Druckzone bestimmt, 428 mm. Durchmesser und 2,44 m. Hub hatte und deren andere, für eine höhere Druckzone bestimmt, 343 mm. Durchmesser und 1,22 m. Hub hatte. Die Maschine wurde 1844 einer grösseren Reparatur unterworfen und ist heute noch in Betrieb. 1824 stellte die Kent W. W. Comp. bei Deptford eine der vorigen ähnliche, aber doppeltwirkende Maschine auf. Im Jahre 1876 dienten zur Wasserversorgung Londons 118 Dampfmaschinen, jede im Durchschnitt von über 116 Pferdekräften.

Die erste grössere Anwendung von Dampfmaschinen für städtische Wasserversorgungen im früheren Deutschland wird wahrscheinlich die bei der Kaiser Ferdinands-Leitung in Wien gewesen sein, welche 1836 bis 1840 erbaut wurde. Es waren hier 2 Watt'sche Niederdruckmaschinen in Benützung, die später durch Woolf'sche Maschinen ersetzt sind.

In Paris wurden die ersten Versuche, Wasser mit Dampfkraft für die Stadt zu pumpen, schon 1735 gemacht. Sie scheiterten jedoch an der Unkenntniss der Ausführung und Behandlung der Maschinen. 1782 wurde dort aber, wie schon früher erwähnt, eine Dampfmaschine für diesen Zweck in dauernde Benützung genommen. Von den dort heute noch in Gebrauch befindlichen, mit Dampfkraft betriebenen Wasserstationen ist die' älteste Maschine die zu Gros Caillou.

Aus Amerika stehen mir zwei geschichtliche Notizen zur Verfügung, die eine von New York und die andere von Philadelphia, welche ich hier, und namentlich die letztere etwas ausführlicher, folgen lasse.

Schon 1741 fasste die Stadt New-York den Beschluss, ein städtisches Wasserwerk zu bauen, und übertrug Ch. Colles die Anfertigung der Pläne. Die Fertigstellung des Entwurfes verzögerte sich bis 1785 und wurde dann aufgegeben. Es bildete sich dann 1797 die Manhattan

Company zur Wasserversorgung dieser Stadt. Das Wasser wurde aus Brunnen entnommen und durch 3 oder 4, durch Pferde bewegte Pumpen 12 m. hoch gedrückt. Dasselbe wurde einem Reservoire, im Park an der Stelle, wo sich jetzt die Post befindet, gelegen, zugeführt. 1804 wurde für diesen Betrieb eine Dampfmaschine genau nach dem Systeme Boulton und Watt aufgestellt. Zwei Kessel, der eine von Holz, ähnlich dem bei Philadelphia später zu beschreibenden, und der andere aus schmiedeeisernen Platten zusammengesetzt, lieferten den Dampf zum Betriebe der Pumpen, die an Krummzapfen aufgehängt waren. Das Schwungrad war durch ein Planetenrad bewegt. Diese Anlage ist, ausser verschiedenen anderen späteren zu gleichem Zwecke hergestellten, im Betriebe geblieben, bis der Croton-Aquäduct, zu dessen Bau die Idee 1834 auftauchte und der 1837 begonnen und 1842 von John Jervis vollendet war, der Benützung übergeben wurde.

Die erste Anlage zur Versorgung von Philadelphia mit Wasser, welches mit Dampfkraft gehoben wurde, ist von Fr. Graff und Latrobe für Rechnung der Stadt 1799 im Bau begonnen und 1801 in Betrieb gesetzt. Sie bestand aus zwei verschiedenen, fast ganz gleichen Pumpstationen, die eine zu Centre Square, die andere in Chestnut Street am Schuylkill-Flusse. Die Maschinen sind in den Soho Works in der Nähe von Newark (so genannt nach dem bekannten Werke von Boulton und Watt) von N. J. Rosevelt erbaut und gehörten mit zu den ersten Dampfmaschinen, die in Amerika in Thätigkeit waren. Sie sind bis 1815 in Betrieb gewesen und es ist das kreisrunde, thurmartige Gebäude der Centre Square-Station, in welchem die Reservoire und die Maschinen aufgestellt waren, erst seit 1827 beseitigt. Dasselbe hatte 10,7 m. im Lichten Durchmesser und es waren in demselben 12,2 m. hoch zwei hölzerne Bottiche von zusammen 80 kbm. Fassungsraum als Reservoire aufgestellt.

Die Maschine der Centre-Square-Station war eine Balanciermaschine mit einem Schwungrade von anfänglich 4,88 m. und später 6,10 m. Durchmesser und die Pumpe eine doppeltwirkende de la Hire'sche mit Klappenventilen. Es wurde ihr das Wasser durch einen Tunnel von der Schuylkill-Station aus, die dasselbe aus dem Flusse entnahm, zugeführt. Die Pumpe der Centre-Square-Station hatte 457 mm. und die der Schuylkill-Station 445 mm. Durchmesser; beide Pumpenkolben hatten ebenso wie die Dampfkolben, deren Durchmesser bei ersterer Station 813 mm. und bei letzterer 978 mm. betrug, einen Hub von 1,83 m. Die Dampfcylinder waren aus zwei Theilen gegossen, mit

Kupfer verbunden und der Stoss durch einen 450 mm. breiten schmiedeeisernen Ring armirt. Die Förderhöhe beider Maschinen zusammen,
d. i. vom niedrigen Wasserstande im Flusse bis zum Ausgusse in die
Reservoire, betrug über 28 m. Für den rohen Guss des grösseren
Dampfcylinders wurden 37500 Kilo Eisen verwendet. Bei beiden.
Maschinen sind die Balanciers, die Arme und die Achsen der Schwungräder, die Schwungradlager-Träger, die Kalt- und Warmwasser-Cisternen,
sowie die Kalt- und Warmwasser-Pumpen von Holz hergestellt gewesen.

Der erste Kessel der Schuylkill-Station bestand aus einem hölzernen
Kasten von 4,270 m. Länge, von 2,745 m. Breite und von 2,745 m. Höhe
im Lichten gemessen. Er war aus 127 mm. dicken Fichtenholzbohlen zusammengesetzt, mit 4 Rahmen von Eichenholz von 254 mm. Quadratseite
im Querschnitt umgeben und mit eisernen Ankern von 32 mm. Durchmesser verbolzt. In diesem Kasten befand sich eine eiserne Feuerbüchse,
welche 3,81 m. lang, 1,83 m breit und 0,56 m. hoch war und durch 6,
die Decke und den Boden durchbrechende Rohre von 368 mm. Durchmesser und durch 2 solche von 305 mm. Durchmesser für die Wasser-
circulation getheilt wurde. Die Verbrennungsgase gingen oberhalb der
Feuerbüchse durch ein ovales Rohr von hinten nach vorn und dann von
vorn nach hinten zurück, wo sie in den Kamin eingeführt wurden. Der
Rost war 0,915 m. lang und 1,525 m. breit, hatte also 1,39 □ m. Fläche,
während die Heizfläche des Kessels 33,44 □ m. betrug. Ursprünglich
war die ganze Feuerbüchse von Gusseisen; später ist sie, zuerst mit
Ausnahme der Rohre, durch eine solche aus Blech ersetzt und zuletzt
sind auch die Rohre von Blech hergestellt. Die Bleche dazu wurden
aus England bezogen, da man sie dort schon in der Grösse von
97 cm. mal 81 cm. walzen konnte, während die amerikanischen Bleche
zu jener Zeit als grösstes Maass 91 cm. mal 46 cm. (unbeschnitten)
hatten.

Beide Maschinen wurden dem Lieferanten für die Summe von
126000 Mk. übertragen, sollen ihm aber selbst 324206 Mk. gekostet
haben. Bei angestellten Versuchen über die Leistung der Maschinen hat
in 24 Stunden bei 16 Umdrehungen pro Minute die grössere Maschine
5619,4 kbm. Wasser 11,88 m. hoch bei einem Kohlenconsum von
3171,0 Kilo und die kleinere 3660,8 kbm. 15,54 m. hoch bei einem
Kohlenconsum von 2491,5 Kilo gehoben. Als Kohle wurde solche von
Virginia benützt und es betrug der Dampfdruck 0,176 Kilo pro □ cm.
Es giebt das 66755172 m. Kilo resp. 56888832 m. Kilo im Ganzen oder
pro Kilo verbrauchte Kohlen 21051 m. Kilo resp. 22833 m. Kilo und

pro effective Pferdekraft pro Stunde einen Kohlenverbrauch von 12,8 Kilo resp. 10,9 Kilo.

Die hölzernen Kessel wurden später durch gusseiserne Koffer-kessel ersetzt.

Erwähnt werden mag noch, dass die Pumpen anfänglich keine Windkessel hatten. Man brachte jedoch später, 1810, für die Pumpe der Centre-Square-Station einen solchen in dem Druckrohre an, welches 457mm. Durchmesser hatte, weil die Maschine ohne Windkessel nicht mehr als 11 bis 12 Umdrehungen machen konnte, ohne die heftigsten Stösse zu erzeugen. Die Betriebskosten der beiden Stationen haben 1809 für die Schuylkill-Maschine 26268,31 Mk. und für die Centre-Square-Maschine 31722,05 Mk., zusammen also 57990,36 Mk. betragen.

Am 7. Sept. 1815 begann die Versorgung der Stadt von Fairmount aus, 1,5 Kilom. von der Stadt entfernt gelegen, gleichfalls aus dem Schuylkill-Flusse. Das Wasser wurde durch 2 Dampfmaschinen einem Reservoire von 97 m. Länge, 51 m. Breite und 3,05 m. Tiefe zuge-führt, welches 30 m. hoch über dem Flusse und 17 m. über dem höchsten Punkte der Stadt lag. Die erste hier benütze Maschine war den vorhin beschriebenen ähnlich; sie hatte jedoch einen Balancier und ein Schwungrad von Gusseisen. Die Dimensionen der Maschine waren folgende: Dampfcylinder 1108 mm. Durchmesser, 1,829 m. Hub.; Balancier zweitheilig 7,238 m. lang; Pumpe doppeltwirkend 508 mm. Durchmesser, 1,829 m. Hub; Förderhöhe des Wassers 30,54 m. Der Dampfkessel war von Gusseisen. Er kostete 378 Mk. pro 1000 Kilo, während der Dampfcylinder mit 672 Mk., der Balancier mit 504 Mk. und das Schwungrad mit Achse mit 420 Mk. pro 1000 Kilo bezahlt wurde. Die ganze Maschine stellte sich auf 228232 Mk. Ursprüng-lich arbeitete sie mit 0,176 Kilo Dampfdruck pro $\square$ cm.; später wurde der Druck aber auf 0,28 Kilo pro $\square$ cm. erhöht. Die Maschine ist mit dem gusseisernen Kessel bis 1822 in Betrieb gewesen und ausser Betrieb gesetzt, weil für den Pumpenbetrieb von der Zeit ab Wasser-kraft angewendet wurde.

Auf der Fairmount-Station wurde ferner die erste grosse Hoch-druckmaschine von Evans aufgestellt. Sie hatte einen Dampfcylinder von 508 mm. Durchmesser und 1,524 m. Hub und trieb mittelst eines hölzernen Balanciers eine doppeltwirkende Pumpe von gleichem Durchmesser und Hub wie der Dampfcylinder. Die Kessel waren von Schmiedeeisen. Es waren deren 4 Stück von 686 mm. Durchmesser und 8,230 m. Länge, die zeitweise Dampf bis zu 15,46 Kilo Pressung erzeugten, vorhanden. Bei einer am 15. Mai 1817 vorgenommenen Probe arbeitete die Maschine mit 22 Umdrehungen pro Minute und es konnten die Kessel den Dampfdruck auf 13,64 bis 14,06 Kilo pro ☐cm. halten. Zweimal, 1818 und 1821, fanden Kesselexplosionen statt; bei ersterer verloren 3 Menschen das Leben. Diese Maschine wurde, ebenso wie bei der anderen bemerkt, durch Anwendung der Wasserkraft verdrängt und es wurden schliesslich beide Maschinen 1832 abgebrochen. Jetzt verrichten ihre Arbeit drei mächtige Jonval-Turbinen, die mit Räderübersetzung je zwei liegende doppeltwirkende Pumpen betreiben, von denen später die Rede sein wird.

Ich will die geschichtliche Einleitung damit zum Abschluss bringrn, dass ich noch durch einige Zahlen zeige, was im Verlaufe dieses Jahrhunderts auf dem Gebiete der städtischen Wasserversorgungen im Allgemeinen geleistet ist.

In London wurden 1876 3³/₄ Millionen Einwohner mit täglich über 600000 kbm. Wasser durch fast 5000 Kilom. lange Hauptleitungen, denen das Wasser durch mittelst Dampfkraft betriebene Pumpmaschinen von fast 14000 Pferdekräften zugeführt wurde, versorgt. Ueber 226000000 Mk. waren auf die verschiedenen Anlagen, die, wenn auch nur in geringem Umfange, zum Theil in das vorige Jahrhundert mit hineingreifen, verwendet.

Für verschiedene andere Städte Englands mit 4½ Millionen Einwohnern, giebt eine früher von mir gemachte, allerdings diese Anlagen nicht erschöpfende Aufstellung ein tägliches Wasserquantum von über 700000 kbm. mit einem Anlagecapitale von fast 200000000 Mk.

In den vereinigten Staaten sind im Laufe dieses Jahrhunderts für die Versorgung von 50 grossen Städten 500000000 Mk. und von 250 kleineren Städten und Orten 230000000 Mk. ausgegeben.

In Paris wurden 1874 täglich 245000 kbm. Wasser für die Bedürfnisse von 1850000 Einwohnern durch ein Rohrnetz von 1370 Kilom. Länge vertheilt, und es hat von 1861 bis 1874 die Stadt 80000000 Mk. auf neue Anlagen verwendet.

Der Aufwand für städtische Wasserversorgungen betrug in den letzten 30 Jahren, soweit meine Nachrichten reichen, in Deutsch-Oesterreich circa 50000000 Mk. und in der Schweiz 10000000 Mk.

In Deutschland sind seit 1849 in 143 Städten, deren jede mehr als 5000 Einwohner hatte, Anlagen zur Wasserversorgung für im Ganzen 5 Millionen Menschen mit einem Kostenaufwande von circa

150000000 Mk. hergestellt, und es ist dafür ein tägliches Wasserquantum von 750000 kbm. beschafft.

Neue Wasserwerke oder bedeutende Vergrösserungen von bestehenden Werken sind in den letzten Jahren in Orten von über 5000 Einwohnern in Deutschland und zum Theil in Deutsch-Oesterreich und
der Schweiz in der im Nachfolgenden angegebenen, chronologischen
Folge in Benützung gekommen:

1849: Hamburg.

1852: Berlin.

1854: Metz.

1856: Ohlau, Triest, Würzburg.

1858: Nürnberg.

1859: Altona, Buckau, Magdeburg, Neustadt b. M.

1860: Aarau, Glatz.

1861: Stuttgart.

1862: Schweinfurt, Trient.

1863: Zittau.

1864: Aschaffenburg, Brieg, Glauchau, München.

1865: Braunschweig. Essen, Kitzingen, Plauen, Posen, Reichenbach i. V.

1866: Annaberg, Gera, Leipzig, Ludwigsburg, Schneeberg, Sommerfeld,
Stettin, Werningerode.

1867: Altenburg, Beuthen, Eisleben, Lauban, Lübeck, Rostock, Sprottau, Witten.

1868: Halle.

1869: Bern, Danzig, Pr. Holland, Thun, Vivis.

1870: Dusseldorf, Wiesbaden, Zürich.

1871: Rauhe Alb (Anfang), Bochum, Breslau, Freiburg (Sachsen),
Karlsruhe, Kiel, Osterode, Stassfurt.

1872: Brünn, Cöln, Frankfurt a. M., Freiburg (Schweiz), Graz, Steele,
Winterthur.

1873: Berlin Westend, Bremen, Charlottenburg, Dortmund, Gelsenkirchen, Gotha, Heidelberg, Kassel, Königsteele, Oberhausen,
Offenbach, Ratibor, Saarbrücken, Schalke, Wattenscheidt, Wien.

1874: Aschersleben, Bamberg, Barop, Bernburg, Eisenach, Ems, Frankfurt a. d. O., Gottingen, Hattingen, Horde, Klagenfurt, Lauterbach, Lüneburg, Nordhausen, Oelsnitz, Ohrdruft, Rottweil, Sorau,
Ulm, Zwickau.

1875: Annen, Basel, Bonn, Chemnitz, Dresden, Ettlingen, Grünberg. Heilbronn, Luzern, Mülheim a. d. Ruhr, Pforzheim, Regensburg, Ronneberg, Salzburg, Sonneberg, Troppau.

1876: Apolda, Dessau, Deutz, Duisburg, Erfurt, Elbing, Esslingen, Freiberg (Baden), Glogau, Goslar, Mülheim a. Rhein, Neuenkirchen, Neustadt O. Schl., Potsdam, Sondershausen.

1877 waren noch im Bau begriffen die neuen Werke in: Aachen, Berlin, Cleve, Crefeld, Elberfeld, Elbing, Görlitz, Hannover, Iserlohn, Königsberg, Langenberg, Sangershausen, Schweidnitz, Strassburg, Tübingen, Unna.

Ferner fällt die Erbauung der mehr oder weniger vollkommenen Versorgung nachfolgender Orte, für welche mir Angaben über das Jahr der Betriebseröffnung nicht genau bekannt sind, in die letzten Jahrzehnte, namlich: Aalen, Ansbach, Baden, Burgdorf, Coslin, Grimma, Grossenhain, Haynau, Hersfeld, Ingolstadt, Itzehoe, Konstanz, Mödling, Mühlhausen (Thüringen), Neustadt a. d. H., Oels, Saargemünd, Schaffhausen, Tetrow etc.

Endlich lagen Ende 1876 mehr oder weniger fertige Projecte zu neuen Wasserversorgungsanlagen für folgende Orte vor, nämlich: Augsburg, Barmen, Bielefeld, Biel, Bockenheim, Cannstadt, Coburg, Colberg, Darmstadt, Einbeck, Eupen, Gladbach, Greiz, Güstrow, Halberstadt, Hanau, Hirschberg, St. Johann, Liegnitz, Linz, Mannheim, München, Neisse, Prag, Reichenbach o./S., Remscheid, Rendsburg, Reuthheim, Sagand, Stralsund, Weimar.

Dieses Verzeichniss spricht deutlich dafür, dass unsere Zeit die Inschrift, welche vor dem Maschinenhause in Braunschweig angebracht ist, im vollen Umfange erkannt hat: „dass das Wasser die Wonne aller Lebenden ist: dem Siechen ein Arzt, dem Gesunden ein guter Freund, der Ruhe ein Gespiele und der Arbeit ein Genosse“ und dass der Gemeinsinn, der sich in der Förderung unserer städtischen Interessen ausspricht, in nicht ferner Zeit zur Verwirklichung des Verlangens führen wird:

„So lasset des Wassers Ströme fliessen in jedwedes Bürgers Haus!“

Aachen (Rheinpreussen) hat 79,385 Einwohner in 5166 Wohnhäusern und 17,989 Haushaltungen. Der seit 15 Jahren geplante Bau eines Wasserwerkes ist in Ausführung begriffen und hofft man 1878 in Betrieb zu kommen. Da weder Flussthäler noch ergiebige Quellen zur Wassergewinnung zu Gebote stehen, so wird nach einem Projecte des Bergmeisters Honigmann das Wasser durch bergmännische Arbeiten aus dem Kohlenkalk mittels eines horizontalen Stollens in solcher Höhe erschlossen, dass es mit natürlichem Gefälle zur Stadt geleitet werden kann. Die Stollenarbeiten werden von der Stadt in Regie ausgeführt. Für die Rohrleitungen und die Bassins liegt ein Project der Rheinischen Wasserwerksgesellschaft vor. Die Gesammtkosten der Anlage sind veranschlagt zu: Stollenbau 400000 Mk., eventuelle Erweiterung desselben 250,000 Mk., Pumpwerk und Leitung dazu 120000 Mk., Stollenmundloch und Leitung zum Hochreservoir 84000 Mk., Reservoire 190000 Mk., Stadtrohrnetz 1040000 Mk., insgemein 166000 Mk., Summa 2250000 Mk. Der Stollen beginnt 5 Kilom. südlich von der Stadt beim Dorfe Forst und hat 1,9 m. Breite bei 2,2 m. Höhe. Die Sohle steigt um 1 : 2000 an und hat eine Wasserrinne von 25 cm. Tiefe. Der Stollen wird durch Luftschächte, welche in 250 m. Entfernung angebracht sind, ventilirt. Bei 925 m. Länge erreicht er den Eynattener Kalk. Bis jetzt sind 1150 m. Stollenlänge aufgeschlossen und damit 1400 bis 2200 kbm. Wasser pro 24 Stunden gewonnen. Durch Verlängerung des Stollens auf im Ganzen 2415 m. Länge hofft man auf 5000 kbm. zu kommen. Zur Vermehrung des Wasserquantums soll der Stollen 2000 m. weiter bis zu dem Nütheimer Kalk verlängert werden. Da die Ausführung dieser Arbeit aber viel Zeit in Anspruch nimmt, so hat man, um schon vor Vollendung derselben ein grösseres Quantum der Stadt zuführen zu können, in dem Eynattener Kalk bei Eich einen Pumpenschacht von 2,2 × 3,1 m. Querschnitt und solcher Tiefe hergestellt, dass die Stollensohle dadurch trocken gelegt werden kann. Ueber demselben wird eine 120 pferdige liegende Maschine mit Ventilsteuerung und ohne Condensation von 900 mm. Cylinderdurchmesser und 1,8 m. Hub aufgestellt, die mittels Kunstkreuz zwei Pumpen von 470 mm. Durchmesser in Bewegung setzt, welche 5 kbm. Wasser pro Minute bis aus einer Tiefe von 100 m. fördern können. 3 Cornwallkessel liefern den nöthigen Dampf. Das Wasser wird mit dem Stollenwasser zusammen der Stadt zugefuhrt werden. Das Stollenmundloch liegt 18 m. über den höchsten und 65 m. über den niedrigsten Terrainpunkten der Stadt. Die Zuführung des Wassers ist für ein tägliches Quantum von 12000 kbm. unter Ausschluss von Burtscheidt berechnet. Eine Cement- oder Thonrohrleitung von 600 mm. Durchmesser wird das Wasser auf 1700 m. Länge einer Filter- und Hochreservoir-Anlage von 4000 kbm. Fassungsraum bei 4 m. Wasserhöhe, deren Sohle 3,5 m. tiefer als das Stollenmundloch liegt, zuführen. Die Bassins werden gemauert und mit einem Holzcementdach bedeckt. Von hier soll vorläufig eine eiserne Leitung von 500 mm. Durchmesser, der später eine zweite hinzuzufügen ist, das Wasser der 3000 m. entfernten Stadt zuführen. Auf dem Königshügel hinter dem städtischen Rohrnetze ist ein zweites Reservoir von 3000 kbm. Fassungsraum zur Ausgleichung projectirt, dessen Sohle 10,3 m. tiefer als das Stollenmundloch liegen und welches gleichfalls mit einem Holzcementdach überdeckt werden wird. Das städtische Rohrnetz wird aus einem die Stadt umgebenden Ringstrang von 400 mm. sich allmählich auf 250 mm. reducirend von 5300 m. Länge und einem die Stadt diametral durchschneidenden Hauptstrang von 400 mm. Durchmesser und 1700 m. Länge bestehen, woran sich theils als Circulation, theils verästelt die Vertheilungsstränge anschliessen. Die Temperatur des Wassers im Stollen beträgt 9,5° C. und es enthält nach den Analysen des Dr. Wings in Aachen 2,0 bis 2,2 Theile Kalk in 100000 Theilen Wasser.

Aalen (Würtemberg) mit 6000 Einwohnern hat eine Quellwasserversorgung mit natürlichem Druck. Dieselbe ist vom Oberbaurath v. Ehmann mit einem Kostenaufwande von 116571 Mk. einschliesslich Grunderwerb, Brunnenherstellungen etc. ausgeführt. Die Quellen sind circa 2000 m. von der Stadt entfernt und 35 m. über der Stadt gelegen erschlossen und es wird das Wasser derselben einem in der Nähe hergestellten aus zwei Abtheilungen bestehenden Hochreservoir von im Ganzen 882 kbm. Fassungsraum zugeführt. Bis jetzt sind 2860 m. Strassenrohre, deren grösstes 200 mm. Durchmesser hat, gelegt und es waren bei der Betriebseröffnung 36 Hydranten aufgestellt, sowie 18 öffentliche Brunnen und 126 Hahneneinrichtungen in gewerblichen Etablissements und Privathäusern vorhanden. Nach Inbetriebsetzung des Werkes konnten der Stadt täglich 705 kbm. Wasser zugeführt werden. Es wird auch eine Anzahl kleiner Motoren für verschiedene Industriezwecke durch Wasser aus der Leitung betrieben.

Aarau (Schweiz) mit 6000 Einwohnern ist seit dem 14. Jahrhundert in der Weise mit Wasser versorgt, dass aus 6 Kilom. Entfernung von einem Wasserlaufe, der Suhre, ein Kanal, der sogen. Stadtbach abgeleitet und in offenem Gerinne durch die Stadt geleitet wurde. Dieser Stadtbach liefert noch jetzt 720 Liter pro Sekunde und diente ausser für industrielle Zwecke, wofür er 28 Motoren mit 122 Pferdekräften bediente, bis 1860 als Trink- und Nutzwasser. Die Vergrösserung der Einwohnerzahl und die damit verbundene Verschlechterung des ohne Filtration oder Klärung den öffentlichen Brunnen gelieferten Bachwassers führte 1857 zum Ankaufe von Quellen im Suhre-Thale. Die Leitung von den Quellen bis zur Stadt, wo eine Brunnenstube erstellt ist, beträgt 2230 m. und besteht aus einem Stollen von 730 m. Länge durch den Sönhardberg und anfänglich einer Gussrohrleitung von 180 mm. Durchmesser und 1500 m. Länge. Da letztere das Wasser nicht ganz fassen konnte und es ausserdem durch eine richtiger geführte Leitung möglich war, eine Druckhöhe von 4,5 m. zu gewinnen, so ist 1875 letzterer parallel eine Betonrohrleitung von 450 mm. Durchmesser hergestellt. Die Quelle liegt 405,46 m. über dem Meere und gelangt bei 402,26 m. Höhe in die Brunnenstube, während die höchst gelegenen Stadttheile 398 m. bis 400 m. hoch liegen, so dass also von einer Versorgung sämmtlicher Häuser in allen Stockwerken nicht die Rede sein kann. Die Vertheilung des Wassers geschieht in den verschiedenen Theilen der Stadt durch fünf getrennte eiserne Hauptleitungen von 90 bis 120 mm. Durchmesser von im Ganzen 4000 m. Länge. Diese Leitungen sind ohne jede Absperrungsvorrichtungen und verästeln sich einzeln bis zu den kleinsten Rohrkalibern ohne Entleerungsvorrichtungen. Sie speisen 40 öffentliche und 120 Privatbrunnen. Die Anlage hatte gegen den Anschlag von 48000 Mk. bei ihrer Eröffnung 1860 bereits 100000 Mk. gekostet und hat seitdem schon 64000 Mk. für grössere Reparaturen, namentlich an dem Stollen, verlangt. Die Ergiebigkeit der Quelle beträgt 1500 Liter pro Minute im Mittel; sie schwankt ausnahmsweise zwischen 1200 und 2000 Liter. Da das Wasser durch Kaliberhähne auf Grund fester Concessionen zu sehr billigen Preisen (für 1$^1/_2$ Liter pro Minute 4 Mk., später 5 Mk.

60 Pf. im Jahre) abgegeben wird, so rentirt sich die Anlage nicht. Sie ist ausserdem in der Quantität und des geringen Druckes wegen ungenügend. Zur Verbesserung dieser Verhältnisse sind Vorschläge, deren Ausführung einen Kostenaufwand von 96000 Mk. erheischen würden, der Berathung unterzogen.

Die **Rauhe Alb** (Würtemberg) ist der Theil der schwäbischen Alb, welcher vom Schmiechthale bis in die Ulmer Gegend sich fortzieht und von Nord nach Süd eine Breite von 33 Kilom. hat. Das Gebirge besteht in 150 bis 200 m. Mächtigkeit aus Kalk und Dolomit, welches Gestein so zerklüftet ist, dass es nicht im Stande ist, auf den Schichtenflächen Wasser zu sammeln und als Quellen zum Ausfluss zu bringen. Eine Zeit lang reichte das in der oberen Schichtendecke gesammelte Wasser für die Bewohner aus. Bald musste man jedoch zum Regenwasser seine Zuflucht nehmen, welches in gemauerten Brunnen von den Dächern der Häuser für den Hausgebrauch und in der sogen. Hühle, einem in der Niederung ausgegrabenen und mit Letten ausgeschlagenen Platze, zu welchem das Regenwasser seinen natürlichen Lauf hat, für das Vieh gesammelt wurde. Wenn in Folge des Ausbleibens des Regens oder durch andauernde Kälte das Wasser aufgezehrt oder unerreichbar war, so war man gezwungen, mit Fuhrwerk Thalwasser zu holen, das je nach der Lage 2 bis 12 Kilom. weit her und stets 150 bis 300 m. hoch vom Thale zum Berge geschafft werden musste. Zur Beseitigung dieser Uebelstände konnte man das Aufsammeln des Meteorwassers in ausgedehnterer Weise durchführen, oder aber das versunkene Wasser aus den unterirdischen Quellläufen durch systematische Hebung wieder hoch fördern. Man entschied sich für letztere Bezugsart, da gegen erstere Gewinnung die Oberflächenverhältnisse des Bodens sowohl als auch die Rücksichten auf die Gesundheit und die Landwirthschaft sprachen.

Der Plan der allgemeinen Wasserversorgung der Rauhen Alb, welche aus etwa 60 wasserarmen Ortschaften mit 30000 Einwohnern besteht, die auf 22 Quatratmeilen vertheilt sind, ist von dem Oberbaurath Herrn Dr. v. Ehmann, Staatstechniker für das öffentliche Wasserversorgungswesen Würtembergs, aufgestellt. Derselbe fasst je eine Anzahl von Gemeinden, welche durch ihre geographische Lage, sowie durch die Wasserbezugsquellen auf einander angewiesen sind, zu Wasserversorgungsgruppen zusammen, deren er acht aufstellt. Für dieselben sollen die acht Flüsse: Eyb, Fils und Echaz auf der Nordseite und Blau, Aach, Schmiech und die bei-

den Lauter auf der Südseite die nöthigen Elementarkräfte liefern, um
je eine Pumpstation zu betreiben und das Wasser durch je circa
40000 m. lange Druckleitungen auf 171 bis 314 m. Höhe zu drücken.
Hoch- und Hilfsreservoire dienen zur Vertheilung des Wassers für die
verschiedenen Ortschaften. Unter Zugrundelegung der täglichen Ein-
heitssätze des Wasserverbrauches für eine Kuh von 40 bis 60 Liter,
für einen Arbeits- und Mastochsen von 35 bis 40 Liter, für Jung-
vieh von 25 Liter, für ein Pferd von 40 bis 50 Liter, für ein Schwein
von 20 Liter, für ein Schaf von 2,5 Liter, wurde das täglich erforderliche Quantum zu 2400 kbm. berechnet und der muthmassliche
gesammte Bauaufwand auf 3000000 Mk. veranschlagt. Die Gruppe I
oder Eybgruppe umfasst 9 Ortschaften, nämlich Stötten, Schnittlingen,
Treffelhausen, Waldhausen, Steinkirch, Böhmenkirch, Söhnstetten,
Gerstetten und Gussenstadt, mit 7525 Einwohnern. Für diese sind
570 bis 600 kbm. (75 bis 80 Liter pro Kopf) pro Tag nöthig. Das
höchstgelegene Reservoir wird 265 m. über dem Druckwerk liegen und
die Gesammtlänge der Rohrleitungen 34000 m. betragen. Die Gruppe II
oder Filsgruppe umfasst 8 Ortschaften, nämlich Hohenstatt, Ober-
drackenstein, Westerheim, Feldstetten, Laichingen, Machtolsheim, Merk-
lingen und Nellingen, mit 7600 Einwohnern. Es sind täglich 570 kbm.
auf die grösste Förderhöhe von 300 m. zu heben, und die Länge der
Rohrleitungen beträgt 50000 m. Die Gruppe III oder Blaugruppe
umfasst 8 Ortschaften, nämlich Sonderbuch, Asch, Wippingen, Seissen,
Suppingen, Berghülen, Bühlenhausen und Treffensbuch, mit 3600 Einwohnern. 270 kbm. sind pro Tag 180, 205 und 255 m. hoch zu heben.
Die Länge der Rohrleitungen beträgt 30000 m. Die Gruppe IV oder
Blaubeurer Lautergruppe umfasst 7 Ortschaften, nämlich Bermaringen,
Scharenstetten, Themmenhausen, Tomerdingen, Weidach, Bollingen und
Dornstadt mit 3700 Einwohnern. 280 kbm. Wasser sind täglich 117,
136, 157 und 200 m. hoch zu heben und in Rohren von im Ganzen
32000 m. Länge fortzuleiten. Die Gruppe V oder Echazgruppe umfasst
9 Ortschaften, nämlich Ohnastetten, Upfingen, Bleichstetten, Bernloch,
Kohlstetten, Meidelstetten, Oedenwaldstetten, Eglingen und Oberstetten:
mit 3800 Einwohnern. 280 kbm. Wasser sind durch 50000 m. lange
Leitungen auf die höchste Höhe von 320 m. zu bringen. Die Gruppe
VI oder Müsinger Lautergruppe umfasst 7 Ortschaften, nämlich Bre-
melau, Dürrenstetten, Münzdorf, Ehestetten, Aichelau, Frankenhofen
und Tiefenhülen, mit 1700 Einwohnern. Täglich sind 130 kbm. Wasser
180 m. hoch zu heben und durch 28000 m. lange Rohrleitungen fort-

zubringen. Die Gruppe VII oder Aachgruppe umfasst 9 Ortschaften,
nämlich Hochberg, Huldstetten, Tigerfeld, Aichstetten, Pfronstetten,
Wilsingen, Geisingen, Dürrenwaldstetten und Ittenhausen, mit 2000
Einwohnern. 170 kbm. Wasser sind täglich 220 bis 230 m. hoch zu
heben. Die Länge der Rohrleitungen beträgt 30000 m. Die Gruppe VIII
oder Schmiechgruppe umfasst 6 Ortschaften mit 4300 Einwohnern, von
welchen jedoch nur für 3 Ortschaften, nämlich Justingen, Ingstetten und
Hausen die Versorgung ausgeführt ist. In späteren Jahren entstand noch
die Gruppe IX aus 4 Ortschaften, nämlich Mehrstetten, Ennabeuren, Sont-
heim und Magolsheim, mit 2900 Einw., deren Betriebskraft gleichfalls
die Schmiech liefern wird. 200 kbm. sind täglich 173 und 230 m. hoch
zu heben und es sind 25000 m Rohrleitungen erforderlich.

Wenngleich die Ausführungen dieser einzelnen Anlagen als eine
Lokalaufgabe zu betrachten und auf Kosten der Betheiligten zu beschaffen
ist, so ist denselben doch durch die kostenfreie Ausarbeitung der sämmtlichen Pläne etc., sowie durch directe Staatsunterstützung Erleichterung
gewährt. In den Jahren 1870/71 bis einschliesslich 1876/77 sind vom
Staate im Ganzen 437143 Mk. für diese Arbeiten ausgesetzt und
davon die sämmtlichen technischen und Bauleitungskosten, sowie ferner
den Gruppen VIII und VI 25 % und den Gruppen IV und III 20 %
der Bauausführungskosten bezahlt. Für die übrigen Gruppen steht
ein solcher Zuschuss von nicht unter 20 % durch Beschluss der Kammern in Aussicht, wenn sie zum Bau übergehen. Zuerst gelangte die
beschränkte Gruppe VIII zur Ausführung. Das Wasser floss am
18. Febr. 1871, nachdem der Bau den 11. Mai 1870 begonnen war,
aus. In 5 bis 6 Stunden täglicher Betriebszeit werden seitdem regelmässig 100 kbm. Wasser, das tägliche Verbrauchsquantum, gepumpt.
Ein oberschlägiges eisernes Zellenrad von 5,8 m. Durchmesser und
2,5 m. Breite hat 20 bis 25 Pferdekräfte Nutzeffect. Ein gemauerter
Behälter von 12 m. Länge und 3 m. Breite nimmt das zufliessende
Wasser auf und lässt es ein eigenthümlich construirtes Vorfilterwerk
passiren, um dann den beiden doppeltwirkenden Pumpen zugeführt zu
werden, die es bei 22 Atmosphären Arbeitsdruck auf den Pumpen
3250 m. weit auf circa 200 m. Höhe drücken. Das Hauptreservoir
ist 21 m. lang 13,5 m. breit und besteht aus 2 Kammern, die zusammen
bei 2,4 m. Wassertiefe 591 kbm. fassen. Die Sohle des Reservoirs liegt
11 m. über der Terrainflache bei den höchsten Häusern, so dass bei
gefülltem Reservoir noch ein Nutzgefälle von 13 m. für die höchsten
und von 20 bis 25 m. für die tieferen Gegenden der Ortschaft sich

ergiebt. Nach Justingen und Ingstetten wird das Wasser durch Rohre von 200 bis 87 mm. Durchmesser geführt. Hier werden 19 Hydranten und 18 öffentliche Brunnen, sowie 40 Wohn- und Oekonomiegebäude direct versorgt. Für Hausen ist ein besonderes Reseroir von 235 kbm. Inhalt hergestellt, welches durch einen 4600 m. langen Strang von 125 und 87 mm. Durchmesser mit obigem Reservoir verbunden ist und mit selbstthätigen Verschluss von dort aus gespeist wird. Die Anlagekosten haben betragen: für wasserbauliche Arbeiten 1696 Mk. 90 Pf., Pumpwerk und Motor 16899 Mk. 11 Pf., Maschinenhaus und Filterwerk 18225 Mk. 43 Pf., beide Hochreservoire 23361 Mk. 49 Pf., Rohrleitungen 61022 Mk. 66 Pf., Bodenarbeiten etc. 13286 Mk. 95 Pf., Summa 134492 Mk. 54 Pf. Ausserdem hatte jede Gemeinde für Zweigleitungen, gusseiserne Brunnen etc. innerhalb ihres Ortes noch extra zu zahlen: Justingen 3652 Mk. 43 Pf., Ingstetten 3000 Mk. 31 Pf., Hausen 2382 Mk. 26 Pf. und für gemeinsames Inventar 590 Mk. 51 Pf., Summa 9625 Mk. 51 Pf., so dass die Gesammtkosten 144120 Mk. betragen. Der Staat bezahlte ausser den Vorarbeiten und den Bauleitungskosten im Betrage von 10855 Mk. noch 25% des Bauaufwandes, so dass 108087 Mk. den drei Gemeinden zur Last fielen, die nach der Kopfzahl der ortsanwesenden Bevölkerung auf die Gemeinden vertheilt ist. Die jährlichen Betriebskosten betragen 860 Mk. (515 Mk. für den Maschinenwärter, 345 Mk. für Reparaturen, Schmieröl etc.), so dass die 3 Gemeinden in Allem 5400 Mk. für Zinsen und Betrieb oder pro Kopf 4 Mk. pro Jahr aufbringen müssen.

Die Gruppe VI 1. Section für 490 Einwohner ist im April 1873 eröffnet. Eine früher für eine Mahlmühle benützte Wasserkraft von 1,7 m. Gefälle treibt das Pumpwerk, kann aber auch noch ihrer früheren Verwendung dienen. Der Motor für das Pumpwerk ist ein mittelschlägiges Rad mit Kropfgerinne von 5,15 m. Durchmesser und 1,8 m. Breite, welches 5 bis 5,6 Touren pro Minute macht. Die beiden liegenden doppeltwirkenden Pumpwerke haben 20 bis 21 Atmosphären Arbeitsdruck und liefern 100 Liter pro Minute. Sie entnehmen das Wasser einer Quelle, die 300 Liter pro Minute liefert, welches in einem unterirdischen Sammler der Pumpstation zugeleitet wird. Die gesammte Länge der Druck- und Vertheilungsröhren ist 8500 m. Die Anlagekosten betragen 127148 Mk. 69 Pf., wovon der Staat 25% mit 31787 Mk. 17 Pf. neben den Vorarbeiten und Bauleitungskosten im Betrage von 9777 Mk. 43 Pf. übernahm.

Die Gruppe IV umfasst acht Gemeinden des Oberamtsbezirks Blaubeuren und wurde Ende 1874 zuerst versorgt. Eine Wasser-

kraft von 3,2 m. Gefälle und 0,54 kbm. Zufluss pro Sekunde, also
von circa 22 Pferdekräften, ist für 62900 Mk. angekauft und es wird
das für die Versorgung bestimmte Wasser aus Quellen entnommen.
Ein rückschlägiges Zellenrad von 5 m. Durchmesser und 2,6 m. Breite
mit veränderlichem Coulisseneinlauf betreibt direct zwei horizontale
doppeltwirkende Pumpenpaare, deren jedes Paar durch eine besondere
Druckleitung das Wasser auf verschiedene Höhen fördert. Die verschiedenen Förderhöhen betragen 117, 136, 157 und 200 m. Die
nach den früheren Erfahrungen zu 50 bis 55 Liter pro Kopf angenommene tägliche Verbrauchsmenge hat sich auf 134 Liter schon bei
der Uebergabe gesteigert, so dass die Pumpmaschinen im Lauterthale
13 bis 14 Stunden arbeiten müssen. Die Haupt- und Hilfsreservoire
können den 3- bis 4 tägigen Bedarf decken; sie fassen theils 370 kbm.,
theils 240 kbm. Die Länge der Druck- und Vertheilungsleitungen beträgt 40000 m. Die Rohre haben 200, 150, 100 und 75 mm. Durchmesser und sind mit Flanschen verbunden. Sie sind von Gusseisen
und auf verschiedenen Druck von 75 bis 15 Atmosphären abwärts je
nach ihrer Verwendung geprüft. Die öffentlichen Brunnen sind mit
Selbstverschluss versehen. Die meisten Häuser haben Privatleitungen.
Von den Baukosten von 445989 Mk. 26 Pf. hat der Staat 20% oder
89197 Mk., sowie die Kosten für Vorarbeiten und Bauleitung mit
23599 Mk. 88 Pf. und einen Extrabeitrag von 2571 Mk. 43 Pf. an
eine besonders dürftige Gemeinde bezahlt. Die von den Gemeinden
ausserdem zu zahlenden Ortseinrichtungen haben 54857 Mk. gekostet.

Die Gruppe III hat am 21. Juni 1873 die Ausführung beschlossen
und im Februar 1876 ist das Werk in Gang gesetzt. Eine Wasserkraft ist für 90000 Mk. erworben und es werden aus einem grossen
Grundwasserschacht täglich 207 kbm. Wasser auf Förderhöhen von
180, 205 und 255 m. in 5 Haupt- und Hilfsreservoire gehoben. Die
Länge der gesammten Leitungen ist 30000 m. Die Baukosten werden
403873 Mk. 51 Pf. nach dem Anschlage nicht überschritten haben
und es findet die Staatsbeihilfe wie bei Gruppe IV statt.

Die Gruppe II entnimmt das Wasser dem Grundwasser der Thalsohle
und schafft 550 kbm. (70 Liter pro Kopf) auf 6700 m. Entfernung in ein
305 m. hoch gelegenes Reservoir. Als Motor dient ein Tangentialrad von
50 effectiven Pferdekräften, dem ein Theil seines Aufschlagswassers
durch einen 770 m. langen Kanal zugeführt wird. Die Länge der
gesammten Rohrleitungen beträgt 50000 m. und es sind 5 Hochreservoire von 1175, 590 und 235 kbm. Inhalt vorhanden. Die Her-

stellungskosten werden 685714 Mk. betragen haben, wozu noch der Kaufpreis der Wasserkraft mit 51428 Mk. kommt. Die Eröffnung hat 1876 stattgefunden.

Für die übrigen Gruppen sind die Vorarbeiten im Gange und in nicht langer Zeit wird das ganze Project, welches einzig in seiner Art da steht, vollendet sein. Bis zum Sommer 1876 waren nach dem Vorstehenden 5 fertige Gruppen der Albwasserversorgung mit 34 Gemeinden und zusammen 17010 Einwohnern durch eine Gesammtlänge von 144000 m. auf dem Hochplateau der Alb verlegte Rohrleitungen mit täglich 1232 kbm. Wasser versorgt.

Alfeld (Hannover) hat 2900 Einwohner in 340 Wohnhäusern und 700 Haushaltungen. Der Ort wird seit 1870 mit einer ursprünglich vom Ingenieur Kümmel erbauten und später vom Senator Weissenborn in Alfeld erweiterten Leitung versehen. Die Kosten, welche von der Stadt bestritten, haben bis jetzt 30000 Mk. betragen; die Leitung ist jedoch noch im Weiterbau begriffen. Das Wasser wird einem unmittelbar neben der Stadt gelegenen Bache, der Warne, entnommen, der aus dem Plänerkalk entspringt, und durch natürliches Gefälle ohne Benützung eines Reservoirs zugeführt. Das Hauptrohr hat 100 mm. Durchmesser und es sind in der Stadt 1400 m. Rohre nach dem Verästelungssysteme verlegt, sowie 15 Hydranten, 13 Freibrunnen und 2 öffentliche und 1 Privatfontaine in Benützung. Circa 600 Personen in 100 Wohngebäuden und 120 Haushaltungen werden mit Wasser versorgt. Das Wasser soll sehr rein und weich sein und wird als Trink- und Brauchwasser benützt. Der Weiterbau der Leitungen, um alle Strassen reichlich mit Wasser zu versorgen, ist in Ausführung begriffen.

Altenburg (Sachsen - Altenburg) hat 22206 Einwohner, die in 1574 Wohngebäuden und 5332 Haushaltungen leben. Die erste vollständige Wasserversorgung wurde 1867 in Betrieb gesetzt. 1875 ist eine neue Reserveversorgung hinzugekommen. Der Erbauer beider ist der Geh. Baurath Henoch (jetzt in Gotha). Eigenthümerin ist die Stadt selbst. Die Anlagekosten haben 675000 Mark betragen. Die Anlagen sollen für einen 24 stündigen Consum von 3632 kbm. ausreichen. Ueber die abgegebenen Wassermengen, sowie über die Maximal- und Minimalergiebigkeit der Quellen sind keine Angaben vorhanden. Im Jahre 1875 waren 7320 Personen mit 1830 Haushaltungen, die in 604 Wohngebäuden lebten mit Wasser in ihren Wohnungen versorgt. Es sind 243 Wassermesser von Siemens & Halske in Berlin aufgestellt,

durch welche jährlich circa 100000 kbm. Wasser abgegeben wird.
Das städtische Rohrnetz, nach dem Circulationssystem ausgeführt, hat
19800 m. Länge von Rohren, die mehr als 80 mm. Durchmesser
haben, 109 Hydranten und 72 Wasserschieber. Es sind 32 öffentliche
Brunnen und 1 öffentliche Fontaine vorhanden. An Privateinrichtungen
existiren 43 Privatfontainen, 16 Waterclosets (deren Einrichtung nicht
begünstigt wird), 12 Privatpissoirs, 60 Badeeinrichtungen (einschliesslich derer in den Hotels und in verschiedenen Anstalten) und 3 Wassermotoren von zusammen 3 Pferdekräften. Die Trinkwasserleitung und
Brauchwasserleitung ist nicht getrennt und die Versorgung selbst eine
constante. Die Hochreservoire sind in Cement gemauert, in den Boden
versenkt, zugewölbt und mit Erde überschüttet. Die beiden älteren
Reservoire von je 22,6 m. in Quadrat und 2,8 m. Wasserstand, also
im Ganzen von 2860 kbm. Inhalt, liegen vor der Stadt in 7500 m.
Entfernung von derselben. Vom Gewinnungsorte des Wassers liegen
sie 4500 m. entfernt. Das Reservoir der neuen Leitung hat 360 kbm.
nutzbaren Inhalt und liegt hinter dem städtischen Rohrnetze 283 m.
von der Stadt entfernt. Die Höhendifferenz des Terrains in den verschiedenen Abgabepunkten beträgt circa 54 m. und es liegt das Reservoir der neuen Leitung auf dem höchsten Punkte der Stadt, während
die beiden älteren Reservoire 38 m. über der mittleren Höhe der Stadt
liegen. Die ältere Leitung hat natürliches Gefälle und wird durch
Quellen und Drainagewasser aus einem 12000 m. von der Stadt entfernten Sammelgebiete von 1190 Ha. Fläche versorgt. 112 Brunnen
von 2 m. Durchmesser und 3—4 m. Tiefe, die in den Seitenwänden
bis zu 0,75 m. Höhe durchlässig sind, sammeln das Wasser. Die neue
Anlage entnimmt das Wasser durch künstliche Hebung aus einem
10 m. vom deutschen Bach entfernt gelegenen Schachtbrunnen von 18 m.
Tiefe und 3 m. Durchmesser in 1567 m. Entfernung von der Stadt
und liefert künstlich erschlossenes Grundwasser. Eine Maschinenanlage
ist in Betrieb und eine zweite völlig gleiche ist in Bau begriffen. Beide
Anlagen werden zum Kuppeln eingerichtet, so dass die Pumpen wechsel-
seitig arbeiten können. Diese Anlage hat eine eincylindrische horizontale
Dampfmaschine von 40 Pferdekräften, die doppeltwirkend, mit Schwungrad und ohne Expansion arbeitet. Der Dampfkolben hat 530 mm.
Durchmesser und 0,80 m. Hub und macht 25 Doppelhübe pro Minute.
Die Maschine ist mit Farcot'scher Expansion versehen und arbeitet
gewöhnlich mit 0,25 Füllung. Sie treibt direct eine liegende Druckpumpe und mittels Gestänge und Kunstkreuz eine stehende Hebepumpe.

Die Hebepumpe hat 300 mm. Kolbendurchmesser und 0,95 m. Hub und ist einfachwirkend. Sie hat einen Ventilkolben mit Ledermanschette zur Liederung, sowie Klappenventile von Leder. Die Druckpumpe hat 200 mm. Kolbendurchmesser und 0,80 m. Hub. Sie hat einen Liederkolben mit Ledermanschette und Ringventile von Bronze und Leder. Die freien Querschnitte der Saug- und Druckventile sind gleich dem der Saugrohre, welche 200 mm. Durchmesser haben. Das Druckrohr hat in Rücksicht auf die zweite Anlage 250 mm. Durchmesser. Sauge- und Druckwindkessel sind von Gusseisen. Ersterer hat 450 mm. Durchmesser und 1,8 m. Höhe, letzterer 800 mm. Durchmesser und 2,0 m. Höhe. Vorläufig ist ein Dampfkessel in Betrieb und ein zweiter im Bau begriffen. Der Kessel hat 1726 mm. Durchmesser, zwei Feuerrohre von 536 mm. Durchmesser und ein Siederohr von 942 mm. Durchmesser. Alle Rohre sind gleich lang und zwar 5,1 m. Derselbe arbeitet mit 3,5 Atmosphären Dampfdruck und wird mit Nuss-Braunkohlen geheizt. Er hat 2,32 ☐ m. Rostfläche und 48 ☐ m. Heizfläche. Eine Analyse des Wassers ist früher vom Professor Reichardt in Jena gemacht. Regelmässig werden solche jedoch ebensowenig wie Temperaturbeobachtungen vorgenommen.

Altona (Holstein) wird seit dem 4. Aug. 1859 von einer Actiengesellschaft „Gas- und Wassergesellschaft in Altona" gemeinschaftlich mit den Orten Ottensen und Blankenese, Dockenhude etc. mit Wasser versorgt. Die Zahl der in diesen Orten ansässigen Einwohner, Wohnhäuser etc. ergiebt sich aus folgender Aufstellung:

	Einwohner	Wohnhäuser	Haushaltungen
Altona allein	84218	5 — 6500	19323
Das ganze Versorgungsgebiet	104155	7 — 8465	24043

Das Project für die erste Anlage ist von dem englischen Ingenieur Hacksley aufgestellt und durch die Unternehmer York & Comp. ausgeführt. Die Entnahme des Wassers findet direkt aus der Elbe circa 11 Kilom. unterhalb Altona in der Nähe von Blankenese statt und es wird von hier aus das rohe Elbwasser 85,7 m. hoch auf den 728 m. entfernten Bauersberg gepumpt. Die erste Pumpstation liegt 6,44 m. ╋ 0 und 157 m. vom Elbufer entfernt. Sie ist vor einigen Jahren durch eine fast genau symmetrische, daneben angelegte in der Leistung verdoppelt. Jede der Stationen besteht aus 2 Woolf'schen stehenden doppeltwirkenden Balanciermaschinen mit je einem Schwungrade und Condensation sowie den nöthigen Kesselanlagen, Kohlenschuppen etc. Die

Nutzleistung jeder Maschine, d. h. die Leistung aus Förderhöhe und wirklich gehobener Wassermenge berechnet, beträgt 65 Pferdekräfte. Die Dampfkolben haben 890 und 530 mm. Durchmesser und 2,136 und 1,602 m. Hub, also ein Volumenverhältniss von 1 : 3,7. Die Steuerung geschieht mittels Doppelsitzventilen und die Maschinen arbeiten für gewöhnlich mit 6 bis 10 Umdrehungen, während sie 16 sollen machen können, bei circa ½ Füllung im kleinen Cylinder, also mit 7- bis 8 facher Expansion. Zu ihrem Betriebe sind 8 Cornwallkessel von je 8,380 m. Länge und 1680 mm. Durchmesser mit je einem Feuerrohre von 840 mm. Durchmesser vorhanden, welche Dampf von 2,1 Atmosphären Pressung geben. Jeder Kessel hat 1 ☐ m. Rostfläche und 36,86 ☐ m. Heizfläche. Vier derselben haben Gallowayröhren. An dem einen Arme des 7,6 m. langen Balanciers der Maschinen hängen ausser den Dampfkolben die Kolben der Luft-, Kaltwasser- und Speisepumpe, an dem anderen die Lenkstange für das Schwungrad in gleichem Abstande wie die Kolbenstange des grossen Dampfcylinders und auf halben Hub der Kolben einer einfachwirkenden Saug- und doppeltwirkenden Druckpumpe (Kirchweger'sche Differentialpumpe). Die Plunger dieser Pumpen haben 380 mm. und die Ventilkolben, deren Liederung aus Phosphorbronze besteht und deren Ventile, ebenso wie die Saugeventile, gusseiserne Doppelsitzventile mit Sitzflächen von Akazienholz sind, haben 540 mm. Durchmesser und 1,068 m. Hub. Der freie Querschnitt der Saugventile ist 1378,7 ☐ cm. und der der Druckventile 1217,4 ☐ cm. Je zwei Pumpen haben ein gemeinschaftliches Saugerohr von 535 mm. Durchmesser und circa 160 m. Länge, je einen gemeinschaftlichen Saugwindkessel von 1220 mm. Durchmesser und 5 m. Höhe, je einen gemeinschaftlichen in einem besonderen Gebäude aufgestellten Druckwindkessel von 1540 mm. Durchmesser und 5,5 m. Höhe und je ein gemeinschaftliches Druckrohr von 460 mm. Durchmesser und 672 m. Länge. Alle vier Windkessel sind von Gusseisen.

Die Reinigungsanlagen für das Wasser auf dem Bauersberge bestanden früher aus zwei Ablagerungsbassins, vier Filtern und einem Reinwasserbassin. Sie sind später um zwei Filter vergrössert und die Herstellung von zwei ferneren Filtern ist in Aussicht genommen. Die Klärbassins und Filterbetten sind offen und mit nach Innen um ¹/₇ der Höhe dossirten Mauern eingeschlossen. Das Reinwasserbassin, welches zugleich Hochbassin ist, ist überwölbt und im Boden versenkt. Dasselbe ist 30 m. in Quadrat im Grundriss und hat bei 3,6 m. Wasserstand einen Fassungsraum von 3050 kbm. Die Ablagerungsbassins haben 20 m. Breite und einschliesslich des mittleren Theiles, des sogen. Einlassbassins von 9 m. Länge und der von hier zu beiden Seiten angelegten 4,6 m. breiten Strainer, mittels welcher das Wasser den Ablagerungsbassins zugeführt wird, eine gesammte Länge von 104 m. Jedes der Bassins hat 935,5 ☐m. Oberfläche und 2820 kbm. Inhalt. Die Bassins sind 3,35 m. tief und ihr höchster Wasserstand ist 85,5 + 0. Die Filter liegen 3,1 m. tiefer. Vier der Filter haben je 817,9 ☐m., zwei je 827,7 ☐m. Oberfläche und alle sechs zusammen 4927 ☐m. Sandfläche und 6040 kbm. Inhalt. Die Filterschichten sind wie folgt zusammengesetzt: 90 cm. Sand, 7,5 cm. erbsengrosser Kies, 7,5 cm. bohnengrosser Kies, 7,5 cm. haselnuss-grosser Kies, 15 cm. wallnussgrosser Kies, 22,5 cm. faustgrosser Kies, 30 cm. grosse Steine, Findlinge etc., zusammen 180 cm. starke Filterschicht. Die Wasserhöhe über der oberen Filterfläche ist 1,22 m., und es wird die feine Sandschicht bis auf 60 cm. Stärke allmählich bei der Reinigung reducirt. Eine Reinigung der Klärbassins findet je nach 20000 bis 60000 kbm. Durchgang, abhängig von der Wasserbeschaffenheit, statt. Das pro ☐m. Filter bis zu ihrer erforderlichen Reinigung gelieferte Wasserquantum schwankt aus demselben Grunde von 25 bis 80 kbm. Wasser. Ueber Leistung und Reinigung der Filter liegen folgende speciellere Angaben für die beiden letzten Jahre vor:

	1875	1876
Zahl der im Jahre gereinigten Filter . . .	70	69
Wasserabgabe eines Filters bis zur Reinigung im Durchschnitt kbm.	29315	32712
Durchschnittliche Dauer eines Filters im Gebrauch bis zur Reinigung Tage	31,3	31,83
Geliefertes Wasser pro ☐m. Filterfläche bis zur Reinigung kbm.	35,7	39,84
Desgl. pro Tag incl. Leerstehen im Jahresdurchschnitt kbm.	1,141	1,272
Desgl. am Tage des Maximalconsums kbm. .	1,97	2,04
Gesammte Filtertage 6 × 365 resp. 366 . .	2190	2196
Davon ausser Betrieb Tage	133	142
oder in Procenten	6,072	6,470
davon zur Reinigung Tage	70	69
zur Sandanfüllung Tage	56	60
Störung durch Frost Tage	7	13

Dazu wird bemerkt, dass vorstehende Zahlen keineswegs die Grenzen der Lieferfähigkeit der Filteranlage erreichen, dass diese vielmehr namentlich wesentlich erhöht wird, wenn die schon länger projectirte Vergrösserung der jetzt völlig ungenügenden Ablagerungsbassins zur Ausführung gelangt. 1876 ist der 1859 ungewaschen eingebrachte Filtersand bei den 4 alten Filtern durch gewaschenen ersetzt und es sind dabei die Kiesschichten, welche nach 17 jähriger Benützung sich in völlig tadellosem Zustande vorfanden, unberührt geblieben. Von dem Hochbassin führen zwei Hauptleitungen von je 410 mm. Durchmesser auf verschiedenen Wegen nach Altona, deren eine 10340 m., deren andere 11017 m. Länge hat Das weiteste Rohr des Stadtrohrnetzes hat 535 mm. Durchmesser. Das Rohrnetz, ausschliesslich der Hauptzuführungsleitungen hat im Ganzen 65369 m. Länge, wovon 46397 m. auf Altona, 8237 m. auf Ottensen, 668 m. auf Hamburg und 11017 m. auf Aussendistricte kommen. Ursprünglich war das Rohrnetz vorwiegend nach dem Verästelungssysteme hergestellt, ist aber nachträglich sehr viel zum Circulationssysteme umgeändert. Die Wasserabgabe findet constant, für Trink- und Brauchwasser gemeinschaftlich und unter einheitlichem Drucke statt. Der am höchsten liegende Consument in Blankenese hat 10 m. Druck; über dem höchsten Punkte in Altona beträgt derselbe 56 m. und über dem niedrigsten 80 m. und fällt in den Stunden des stärksten Consums auf 40 resp. 64 m. In Altona befindet sich ein Nothreservoir für Feuerlöschzwecke, um im Falle eines Rohrbruches der Hauptleitungen benützt zu werden. Dasselbe besteht aus Gusseisen und ist auf einem künstlichen Unterbau unter Dach 40 m. tiefer als das Hochreservoir auf dem Bauersberge aufgestellt. Dasselbe hat 12,23 m. Durchmesser und 3,44 m. Höhe und fasst 376 kbm. Es sind 5 öffentliche Brunnen und seit 1873/74 12 öffentliche Pissoirs in Benützung. Oeffentliche Fontainen existiren nicht. 5 bis 6 hydraulische Krähne bis zu 4000 Kilo Tragfähigkeit, sowie ein oder zwei Wassermotoren, wahrscheinlich von Kiefer in Köln, sind in Benützung. Die Zahl der Waterclosets betrug 1874/75 1996 und 1875/76 2623, die der Badeeinrichtungen in demselben Jahre ca. 170 Stück. Die Zahl der Wasserschieber beläuft sich auf 169 und die der Hydranten, sowie die der Wassermesser, welche Hochdruckmesser System Siemens (von Guest & Chrimes in Rotterham und von Siemens & Halske in Berlin) und Niederdruckmesser von Parkinson (Wm. Parkinson & Comp., London) giebt folgende Tabelle für die Jahre 1861 bis 1876. In derselben ist ferner die jährliche Gesammtabgabe, das tägliche Maximum und Minimum in jedem Jahre und die Zahl der versorgten Haushaltungen, Geschäfte etc. angegeben.

| Jahr *) | Gesammt-abgabe kbm. | In 24 Stunden | | Haushal-tungen etc. versorgt | Zahl der | |
		Maximum	Minimum		Hydran-ten	Wasser-messer
1861	405951	2892	516	1611	211	41
1862	469821	2364	309	2329	214	49
1863	519300	2661	591	3169	231	49
1864	594753	2679	729	4316	241	56
1865	772290	3675	840	5626	265	76
1866	818298	3546	1191	6694	269	82
1867/68	873380	3923	1191	7970	283	93
1868/69	1104983	5488	1338	9640	287	124
1869/70	1186211	5633	1425	10852	290	145
1870/71	1363441	7824	—	11833	—	—.
1871/72	1509936	7653	2771	12369	361	171
1872/73	1850101	8619	3082	13139	365	186
1873/74	1822605	9103	2816	14011	370	402
1874/75	2003050	9400	3170	14990	370	424
1875/76	2032386	9706	2935	16194	402	446

Die Zahl der in dem Versorgungsbezirke in den Jahren 1867 bis 1876 lebenden gesammten Einwohner, sowie die Zahl derer, die von diesen mit Wasser versorgt sind, giebt die folgende Tabelle, welche ausserdem pro Tag und Kopf das consumirte Wasserquantum in Liter sowohl im Durchschnitt pro Jahr als an dem Maximalverbrauchstage und zwar sowohl pro Kopf der gesammten Einwohner, als auch pro Kopf der mit Wasser versorgten Bevölkerung giebt

| Jahr | Personen | | Pro Kopf pro Tag Liter | | | |
| | 1. mit Wasser versorgt | 2. im Ganzen vorhanden | ad 1 | | ad 2 | |
			Maximum	Mittel	Maximum	Mittel
1867/68	34300	81123	114,37	72,88	48,38	29,29
1868/69	41500	83030	132,24	72,94	66,09	36,41
1869/70	46700	85606	120,62	69,59	65,80	37,96
1870/71	50900	87517	153,71	73,39	78,83	42,68
1871/72	53200	89420	144,04	77,55	85,70	46,14
1872/73	56500	93713	152,44	89,71	91,91	54,09
1873/74	60300	97193	149,92	82,81	93,01	51,37
1874/75	64500	100670	144,30	85,08	92,45	54,51
1875/76	69700	104155	139,39	79,63	93,19	53,31

*) Die Angaben für 1861.—1866 sind von Herrn Salzenberg, dem früheren, und die folgenden von Herrn Kümmel, dem jetzigen Director der dortigen Gas- und Wasserwerke.

Temperaturbeobachtungen werden täglich zwei Mal vorgenommen und zwar für das Wasser der Filter- und des Reinwasserbassins. Nach Mittheilung des Herrn Kümmel war an einem Tage Mittags 2 Uhr bei 25° C. Luftwärme die Temperatur des Wassers in der städtischen Rohrleitung an einer Stelle 16,2° und zwei Stunden später im Reinwasserbassin in Blankenese gemessen 20°. Die niedrigste Temperatur des Wassers im Rohrnetze war 10° bei 11,2° Kälte der Luft und im Reinwasserbassin bei 15° Kälte der Luft 1,2° Wärme. Nach einer älteren Mittheilung des Herrn Salzenberg war bei 22 bis 25° Lufttemperatur die Wassertemperatur im Einlassbassin 17 bis 19°, im Reinwasserbassin 16° und in der Stadt 10 bis 12°. Bei 5° Lufttemperatur betrug die Wasserwärme in den Einlass- und Filterbassins 1° und im Reinwasserbassin 2°. Regelmässige Analysen werden nicht vorgenommen, da niemals ein Bedürfniss dazu sich gezeigt haben soll. Eine Analyse des Wassers von Dr. Wibel in Hamburg vom December 1875 führte zu folgendem Resultate: Wasser sehr schwach trübe, allmählich weisslicher Absatz. In 100000 Theilen: 2,26 Chlor, 3,85 Schwefelsäure, 4,02 Kalk, 0,06 Thonerde und Eisenoxyd, 1,32 Kieselsäure, 4,75 Natron, 3,02 gebundene Kohlensäure, Phosphorsäure und Magnesia Spur, Ammoniak und salpetrige Säure Null, Kali und freie und halbgebundene Kohlensäure sehr wenig. Zusammen 19,28, davon ab für Sauerstoff 0,51 bleibt 18,77 unorganische Substanz. Organische Substanz 4,80. Gesammtsumme 23,57 und gefundener Trockenrückstand bei 180° 18,00. Gefundene Härte 4,13°, berechnete 4,02°. Eine Analyse des beeidigten Handelschemikers Dr. Erdmann in Altona gab im Herbst 1875 folgendes Resultat für 100000 Theile Wasser: wasserfreier schwefelsaurer Kalk 8,74, kohlensaurer Kalk 5,18, kohlensaure Magnesia Spuren, Kochsalz 7,10, Kieselerde 1,47, Eisenoxyd und Thonerde 0,08, Salpetersäure 0,25, salpetrige Säure 0,00, Ammoniak 0,00, Phosphorsäure Spuren, organische Substanz 4,30: Abdampfrückstand 27,38. Gesammthärte 6,54°.

Die Anlagekosten, die Einnahmen, die Unterhaltungs- und Betriebskosten, der Ueberschuss im Ganzen, sowie in Procenten des Anlagecapitals und die Einnahmen und Ausgaben in Unterhaltung und Betrieb für 1 kbm. Wasser ergeben sich aus folgender Tabelle für die Jahre 1867 bis 1876 mit Weglassung der Pfennige.

Jahr	Anlage-kosten	Ein-nahmen	Unterhal-tung und Betrieb	Ueber-schuss	Procent Ueber-schuss	Mark pro 100 kbm.	
						Einnahme	Ausgabe
1867/68	1785184	104829	47235	57594	3,226	12,00	5,41
1868/69	1817665	134312	65253	69059	3,779	11,97	5,91
1869/70	1831330	150258	59389	90869	4,962	12,67	5,01
1870/71	1839177	160099	62339	97759	5,315	11,74	4,57
1871/72	1852136	168094	69743	98351	5,310	11,13	4,62
1872/73	2432044	179334	86676	92658	3,810	9,39	4,69
1873/74	2870397	195063	105633	89431	3,116	10,70	5,80
1874/75	2959612	211996	114011	97984	3,311	10,58	5,69
1875/76	2978635	240638	105788	134850	4,527	11,84	5,21

Ich ergänze diese Tabelle durch eine ältere Mittheilung des Herrn Salzenberg über die Einnahmen, welche für das auf Discretion, für das durch Messer und für das im Ganzen abgegebene, sowie pro 100 kbm. Wasser für die Jahre 1861 bis 1869 erzielt sind. Die letzte Columne giebt den Procentsatz der Einnahme nach Messern von der gesammten Einnahme. Die Differenz in der Angabe der Einnahmen 1868 und 1869 den Kümmel'schen Zahlen gegenüber wird wahrscheinlich auf der Verschiedenheit der Jahrestheilung und der Rechnungsart beruhen.

Jahr	Mark Einnahme				Procent durch Messer eingenommen
	auf Discretion	durch Messer	im Ganzen	pro 100 kbm.	
1861	37350	6750	44100	11,41	15
1862	46050	8550	54600	11,94	16
1863	56700	8850	65550	13,37	14
1864	63750	9600	73350	12,80	13
1865	78450	12000	90450	12,39	13
1866	88500	15000	103500	13,37	14
1867	99750	15000	114750	15,92	13
1868	112950	21300	133550	13,23	16
1869	122250	28050	150300	13,77	19

Der Mittheilung desselben Herrn verdanke ich nachfolgende Zahlen über den Kohlenverbrauch der alten Maschinen von 1860 bis 1869 und bemerke, dass die Pfunde englische sind.

| Jahr | Kohlenverbrauch in Procenten | | | kbm. Wasser pro 100 Pfd Kohle excl. Anheizen und Decken | Pfund pro Pferd pro Stunde | | Procent des Gesammt verbrauches zum An- heizen und Decken | Kosten der ganzen Kohlen pro 100 kbm. Wasser |
	Hartley von Newcastle	Wales	Newcastle- Gaskohle		Anheizen und Decken inclusive	und Decken exclusive		
1860	100	—	—	67,28	5,46	4,35	20,38	—
1861	100	—	—	59,62	6,25	4,98	20,00	2,53
1862	54	46	—	84,62	4,36	3,50	19,66	1,48
1863	—	57	43	92,59	4,09	3,20	21,66	1,32
1864	—	40	60	87,31	4,22	3,40	20,50	1,54
1865	—	51	49	86,91	4,20	3,41	18,78	1,48
1866	—	37	63	86,28	4,22	3,39	18,90	1,71
1867	—	32	68	73,38	4,84	4,05	16,27	1,53
1868	—	33	67	76,94	4,46	3,92	12,12	1,66
1869	—	28	72	63,31	4,69	4,20	10,40	1,25

Herr Kümmel giebt pro Stunde Maschinenbetrieb 128,57 Kilo zweiter Sorte Hartleykohlen an und ferner zum Vergleich der verschiedenen Kohlensorten als gleichwerthig pro Stunde 107,60 Kilo Wales, 114,16 Kilo Walbottle Splints, 121,09 Kilo Shamrock und 135,27 Backkohle. Er bemerkt ferner, dass die englischen Kohlen in den letzten Jahren viel grösseren Qualitäts- und Preisschwankungen als die deutschen Kohlen unterworfen sind. Ich hielt es für nöthig, hier bei den Zahlen, die ich verschiedenen Betriebsperioden verdanke, die Namen der gütigen Mittheiler anzuführen.

Annaberg (Sachsen) mit 12000 Einwohnern wurde seit Jahrhunderten von den an den Gehängen des Pöhlberges durch bergmännische Arbeiten aufgeschlossenen Quellen versorgt. Hölzerne Rohrleitungen führten das Wasser 300 öffentlichen und Privatausläufen zu. Im Jahre 1866 fand nach den Plänen des Geh. Baurath Henoch ein völliger Umbau für Rechnung der Stadt statt, der 120000 Mk. gekostet hat. Das Stadtrohrnetz ist in Eisen ausgeführt und hat eine gesammte Länge von circa 10000 m. Das stärkste Rohr hat 150 mm. Durchmesser und es sind 40 Schieber, 80 Hydranten, 27 öffentliche Brunnen und 2 Fontainen vorhanden. Die Minimalergiebigkeit der Quellen im trocknen Sommer beträgt 530 kbm. pro Tag. Das Wasser wird durch Thonröhren zwei Reservoiren von zusammen 340 kbm. Inhalt zugeführt. Das eine Reservoir versorgt die Oberstadt, das andere die Unterstadt, beide mit natürlichem Druck.

Annen (Westfalen) mit 3000 Einwohnern wird seit 1875 von dem städtischen Wasserwerke in Witten mit Wasser versorgt. Die

Leitung vom Hochbassin in Witten bis zur Grenze der Stadt Annen
hat 235 mm. Durchmesser und 1995 m. Länge. Hier ist ein Wassermesser aufgestellt, durch den die Abgabe in das städtische Rohrnetz erfolgt. Die Abgabe hat 1875 62080 kbm. und 1876 65120 kbm.
betragen. Das Rohrnetz in Annen hat 6518 m. Länge und es befinden sich darin 27 Hydranten.

Ansbach (Bayern) mit 13298 Einwohnern wird mit Wasser aus
Quellen der umliegenden Höhen versorgt, die durch Röhren laufenden
Brunnen zugeführt werden und theils Staats-, theils Stadt-, theils Privat-
eigenthum sind. Die Ausführung einer allgemeinen Wasserversorgung
wird der Höhenlage der Stadt und der Bodenbeschaffenheit wegen
nicht für ausführbar gehalten.

Apenrade (Schleswig) mit 6176 Einwohnern wird mit Quellwasser versorgt, welches circa 1000 m. von der Stadt entfernt in
einem Wasserbassin aus sehr quellenreicher Gegend gesammelt und
durch eiserne Rohrleitungen der Stadt zugeführt wird. Die Verwaltung der Anlage liegt in den Händen einer städtischen Commission.

Apolda (Sachsen-Weimar) hat 12,437 Einwohner. Auf Kosten
der Stadt ist vom Geh. Baurath H e n o c h mit einem Anlagecapital von 150000 Mk. eine Wasserversorgung erbaut, die im
Laufe des Jahres 1876 dem Betriebe übergeben werden sollte. Vorläufig ist eine Wasserabgabe an Privatconsumenten nicht in Aussicht
genommen. Man beschränkt sich vielmehr auf eine Trinkwasserleitung, die das Wasser aus 30 Freibrunnen abgeben wird. Die Länge
des städtischen Rohrnetzes wird ca. 7000 m. betragen, und das stärkste
Rohr 150 mm. Durchmesser erhalten. In dem Rohrnetz werden 72
Hydranten und 26 Wasserschieber angebracht. Das Wasser wird in
dem oberen Kalk aus Quellen entnommen, deren disponibles Quantum
noch nicht entgültig festgestellt ist. Die beiden Hauptleitungen ver-
mögen jedoch zwischen 1400 bis 1500 kbm. pro 24 Stunden den beiden Vertheilungsreservoiren zuzuführen, welche in unmittelbarer Nähe
der Stadt vor dem städtischem Rohrnetze und von den Quellen 2000
resp. 2400 m. entfernt liegen. Die Wasserabgabe wird eine constante
sein. Das städtische Leitungsnetz ist nach dem Circulationssysteme
hergestellt und in zwei Zonen getheilt, da der Höhenunterschied
zwischen dem höchsten und dem tiefsten bebauten Punkte 47 m. beträgt. Das eine der Vertheilungsreservoire liegt 8 m., das andere
25 m. unter dem Wasserspiegel der speisenden Quellen. Die Reservoire selbst sind gemauert, überwölbt und im Boden versenkt. Das

eine ist 7 m. im Quadrat, das andere 6 m. im Quadrat im Grundrisse.
Die Höhe beider beträgt 3 m., so dass sie 147 resp. 108 kbm. und
zusammen 255 kbm. fassen. Die Qualität des Wassers ist vor Inangriff-
nahme des Werkes vom Dr. Bertram in Apolda verschiedentlich untersucht und zwar auf seinen Gehalt an Kalksalzen, Chlor-
alkalien, Salpetersäure und organischen Substanzen. Temperaturbeobachtungen haben wiederholt an den Quellen stattgefunden und
es ergaben die letzten aus dem Jahre 1872 bei 15,5° C. Lufttemperatur 10,0° C. Wassertemperatur und bei 18,0° C. Lufttemperatur 8,75° C. Wassertemperatur.

Arnstadt (Schwarzburg-Sondershausen) mit 9243 Einwohnern
wird mit Wasser versorgt, welches theils durch natürliches Gefälle,
theils durch ein mit Wasserkraft getriebenes Pumpwerk gehoben der
Stadt zugeführt wird.

Aschaffenburg (Bayern) hat 10849 Einwohner in 1200 Wohnhäusern und 2219 Haushaltungen. Die erste Anlage zur Wasserversorgung stammt aus dem Anfange dieses Jahrhunderts, wurde aber
1864—67 unter Leitung des derzeitigen städtischen Ingenieurs
Wetter mit einem Kostenaufwande von 68000 Mk. für Rechnung
der Stadt erweitert. Das disponibele Wasserquantum beträgt 200 kbm.,
das Maximalquantum 350 kbm. pro 24 Stunden, von welchem Quantum ziemlich constant bleibend circa 130 kbm. Quellwasser, während
der andere Theil durch Drainage erschlossenes Wasser ist. Die Quellen entspringen im Gneis und Granit. Das Drainagewasser wird cultivirtem Lande 2200 m. vom Main entfernt von 153 Hektar Sammelgebiet entnommen. 300 m. vom Gewinnungsorte entfernt liegt ein
Hochreservoir von 350 kbm. Fassungsraum vor dem städtischen Rohrnetze und von der Stadt selbst 1800 m. entfernt, welches gemauert,
in den Boden versenkt und überwölbt ist. Das Wasser wird von hier
durch natürlichen Druck der Stadt, deren höchster Terrainpunkt 12 m.
unter dem Hochreservoir liegt, zugeführt, während der tiefste Punkt
27 m. unter demselben liegt. Das Stadtrohrnetz ist nach dem Verästelungssysteme angelegt und hat 2400 m. Länge bei 100 mm. Durchmesser des stärksten Rohres. Die Abgabe findet constant und einheitlich für Trink- und Brauchwasser statt. 10 Hydranten, 16 Wasserschieber, 1 öffentliche Fontaine und 28 Freibrunnen, von denen 20
Ventilbrunnen und 8 Laufbrunnen sind, befinden sich in der städtischen Leitung. 1875 sind 900 Personen in 130 Wohnhäusern und
250 Haushaltungen mit Wasser versorgt. Die Abgabe für öffentliche

Zwecke betrug 89420 kbm. und für Gewerbe 2000 kbm. Wassermesser
waren nicht vorhanden, wohl aber 5 Badeeinrichtungen, 10 Privatpissoirs
und 7 Privatfontainen. Wöchentlich werden mehrere Male Temperaturmessungen vorgenommen und es beträgt im Sommer und Winter die
Temperatur im Reservoir 7,5⁰ bis 10,6⁰C. und in der Stadt 5⁰ bis 14,4⁰C.
Analysen werden nicht regelmässig vorgenommen. Eine solche ergab folgendes Resultat: In 100 Liter Wasser waren 19,9 Gramm Kalk, Null Gyps,
10,6 trockener Rücktand, 3,1 organische Substanz und Null Salpetersäure
enthalten. Es wird die Ansicht ausgesprochen, dass, trotzdem die Analysen sich hauptsächlich auf die Bestimmung von Kalk, Gyps und Schwefelsäure ausdehnen, von technischer und gesundheitlicher Seite aus für
regelmässige Analysen die Feststellung der organischen Substanz genügen
würde, der sich dann die von Kalk und Salpetersäure anschliessen könnte.

Aschersleben (Preuss. Sachsen) hat 17377 Einwohner in 1486
Wohnhäusern und 3883 Haushaltungen. Durch gemauerte Kanäle
wird der Stadt seit alter Zeit unfiltrirtes Flusswasser von der Eine˙
aus als Brauchwasser zugeführt und durch öffentliche Pumpen vom
Publikum geschöpft. Seit 1874 besitzt die Stadt ausserdem eine Trinkwasserleitung, die auf Kosten derselben von der Continental-Actiengesellschaft für Gas- und Wasseranlagen in Berlin (Ingenieur F.
Schmetzer) mit einem Aufwande von 147400 Mk. hergestellt ist.
Die tägliche Leistung dieser Anlage ist zu 900 kbm. angenommen.
Das Wasser wird Quellen, 900 m. von der Stadt entfernt, die in
nächster Nähe des Muschelkalks entspringen, durch einen Brunnen von
2,75 m. Durchmesser und 14 m. Tiefe, welcher in der Sohle und im
Mantel bis auf die oberen 5 m. Höhe durchlässig ist, entnommen,
einer Sammelstube von 5 m. Durchmesser und 8 m. Höhe zugeleitet
und dann durch eine 932 m. lange Leitung dem städtischen Rohrnetze,
dessen Länge incl. dieser Zuleitung 10,100 m. beträgt und dessen
stärkstes Rohr 200 mm. Durchmesser hat, durch natürliches Gefälle
zugeführt. Der Minimaldruck in der Leitung beträgt 1,5 m. und
es ist die Höhendifferenz der Abgabepunkte 15,4 m. Das Rohrnetz ist nach dem Circulationssysteme mit einigen Endsträngen ausgeführt. Die Abgabe erfolgt constant und unter einheitlichem Drucke
und fast ausschliesslich durch 72 Freibrunnen. 53 Hydranten und
47 Wasserschieber, sowie eine öffentliche Fontaine sind vorhanden.
Im Ganzen waren Ende 1875 5 Privatabnehmer mit ebensovielen
Wassermessern, einer Privatfontaine und 2 Badeeinrichtungen angeschlossen. Analysen des Dr. Brasack liegen für die verschie-

denen Stadt- und Privatbrunnen vor, sind jedoch aus dem Jahre
1871. Das Wasser eines mit Eine-Wasser gespeisten Brunnens gab
41,8 Gesammtrückstand, 6,0 organische Bestandtheile, 2,1 Natron,
1,6 Kali, 12,2 Kalk, 3,5 Magnesia, 2,4 Chlor, 1,3 Kieselsäure, 6,0 Kohlensäure, 6,1 Schwefelsäure und 0,4 Eisenoxyd in 100000 Theilen. Eine
Analyse des Quellwassers von Professor Dr. Reichardt in Jena
führte zu folgendem Resultate: 62,0 Gesammtrückstand, 2,10 organische
Substanz, 14,7 Kalk, 3,9 Talkerde, 0,33 Eisenoyd, Spur von Salpetersäure und 36 französische Härtegrade. Diese Zahlen beziehen sich
gleichfalls auf 100000 Theile Wasser.

Für **Auerbach** (Sachsen) mit 5300 Einwohnern ist eine künstliche Wasserversorgung in der Herstellung begriffen, über welche
jedoch nähere Mittheilungen nicht vorliegen.

Augsburg (Bayern) mit 57210 Einwohnern in 3368 Wohnhäusern wird, ausser durch einzelne Pumpenbrunnen, nach den verschiedenen Theilen der Stadt getrennt durch 5 verschiedene städtische
Brunnenwerke versorgt, die wie folgt eingerichtet sind: Das B r u n n e n -
w e r k a m r o t h e n T h o r e ist das grösste und ist 1412 für die
Quellen, welche am Stadtgraben vor dem Schwibbogenthore zu Tage
traten, entstanden. 1416 ist der grosse Wasserthurm und später ein
zweiter, der Kastenthurm, erbaut. Die frühere Maschinenanlage ist
1820 durch R e i c h e n b a c h umgebaut. Zwei oberschlägige Wasserräder
mit 1,0 kbm. Aufschlagwasser pro Secunde und 3,96 m. Gefälle also
52,8 Pferdekräften haben 3,80 m. Durchmesser und 1,595 m. Breite des
Rades und treiben je 4 einfach wirkende Pumpen von 261 mm. Durchmesser und 0,66 m. Hub mit 11,5 Umdrehungen pro Minute. Je
zwei Pumpen sind in ihren Kolbenstangen durch ein Kunstkreuz vereinigt, welches wieder durch Lenkstangen mit der Kurbel des Wasserrades verbunden ist. Je 2 Pumpen haben einen gemeinschaftlichen
Ventilkasten mit 4 Ventilen und bestehen aus Bronze. Die Förderhöhe beträgt für den Druckthurm 34,4 m., für den Kastenthurm 28,9 m.
und das wirklich abgegebene Wasserquantum 2,112 kbm. pro Minute.
Die Leitungen bestehen aus 5700 m. gusseisernen, 350 m. bleiernen
und 3000 m. hölzernen Rohren. Bis 1840 lieferte der Brunnenbach
ausser dem Aufschlagwasser für die Wasserräder auch das Wasser für
die Pumpen. Letzteres wird seit dieser Zeit jedoch den Bandelsquellen,
die gegenüber dem Rothenthorwall entspringen, entnommen.

Das B r u n n e n w e r k bei den sieben K i n d e l n ist 1450 ursprünglich erbaut und bestand aus übereinander aufgestellten Archimedes'schen

Schnecken. Der damals als Druckthurm benützte Befestigungsthurm ist 1537 und 1684 erhöht und das Pumpwerk 1737 und 1821 erneuert. 1865 ist ein neues Pumpwerk neben dem alten hergestellt. Das 1821 erneuerte ist dem am rothen Thore ähnlich und auch von Reichenbach construirt. Ein mittelschlägiges Wasserrad hat 1,0 kbm. Aufschlagwasser pro Sekunde von 2,278 m. Gefälle und 3,96 m. Durchm. bei 1,925 m. Breite. Bei 11 Umdrehungen giebt das circa 30 Pferdekräfte. Die 4 einfach wirkenden Pumpen haben 261 mm. Durchmesser bei 0,608 m. Hub und fördern pro Minute 1,432 kbm. 34,55 m. hoch. Das 1865 von der Maschinenfabrik Augsburg erbaute Pumpwerk wird durch eine Jonval-Turbine betrieben, welche gleiches Aufschlagwasser mit gleichem Gefälle wie das alte Wasserrad hat. Durch conische Räder treibt sie eine dreifach gekröpfte Welle, von der aus drei horizontale doppeltwirkende Pumpen mit Lederklappenventilen und mit Leder geliederten massiven Kolben getrieben werden. Jede Pumpe hat 292 mm. Durchmesser und es machen die Kolben pro Minute 16 Doppelhübe von je zweimal 0,62 m. Länge. Die 3 Pumpen geben zusammen 1,992 kbm. Wasser pro Minute. Das Wasser wird aus Quellen am rechtsseitigen Stadtgrabenufer gewonnen und durch Leitungen vertheilt, die aus 5300 m. gusseisernen und 3200 m. hölzernen Rohren bestehen.

Das Brunnenwerk am Vogelthore verdankt seine Entstehung dem aus militärischen Zwecken 1538 erfolgten Einbau eines Stauwehres in den Stadtgraben und ist die frühere Anlage 1720, 1813 und zuletzt 1843 umgebaut. Ein unterschlägiges Wasserrad treibt mittels hölzernen Balanciers von der Kurbel aus zwei stehende Differentialpumpen, welche Liederkolben von 235 mm. und Plunger von 195 mm. Durchmesser haben. Der Hub der Kolben beträgt 0,382 m. und die Umdrehzahl des Rades pro Minute 12. Das Wasserrad hat 1,0 m. Gefälle für das 0,5 kbm. pro Sekunde betragende Aufschlagwasser, was 6,7 Pferdekräften entspricht. Es ist ganz von Holz gebaut. Das Wasser wird aus einem neben dem Stadtgraben liegenden Brunnen, dessen Wasserstand 1 m. niedriger als der des Grabens liegt, gepumpt und in einem Quantum von 0,273 kbm. pro Minute 16,97 m. hoch in ein auf einem ehemaligen Festungsthurm aufgestelltes Reservoir ergossen. Zur Vertheilung dienen 150 m. gusseiserne, 140 m. bleierne und 1100 m. hölzerne Rohre.

Das obere Jakoberthor-Brunnenwerk versorgt die Jakober Vorstadt, für welche bis 1609 ein kleines Pumpwerk vor dem Oblaterthore sich befand. Dasselbe ist ursprünglich von Elias Holl mit Druckthurm und Wasserrad hergestellt und 1815 erneuert. Diese Anlage besteht jetzt aus einem unterschlägigem Kropfrade, welches 5,0 m. Durchmesser bei 0,66 m. Schaufelbreite hat. Das Aufschlagquantum beträgt 0,7 kbm. pro Sekunde und das Gefälle des aus dem äusseren Stadtgraben entnommenen Betriebswassers 1,14 m. Bei 19 Umdrehungen pro Minute leistet das Rad 10,5 Pferdekräfte. Mit der Wasserradachse ist eine dreifach gekröpfte Achse direct verbunden, die 3 stehende einfachwirkende Pumpen von 220 mm. Durchmesser bei 0,33 m. Hub bewegen. Dieselben entnahmen früher das Wasser aus einem Brunnen dicht neben dem Stadtgraben. 1840 ist dafür aber ein solcher in weiterer Entfernung angelegt. Das Pumpwerk fördert pro Minute 0,318 kbm. 16,51 m. hoch und vertheilt es durch 80 m. lange Bleirohre und 2200 m. lange Holzleitungen.

Das untere Jakoberthor-Brunnenwerk ist gleichfalls 1609 erbaut. Das Wasserrad ist ebenso wie die ganze Anlage dem vorigen völlig gleich. Das Gefälle beträgt 1,42 m., das Aufschlagsquantum 0,4 kbm. pro Sekunde und die Leistung 9,46 Pferdekräfte bei 9 Umdrehungen des Wasserrades. Die drei Pumpen haben 202 mm. Kolbendurchmesser bei 0,396 m. Hub und liefern 0,456 kbm. Wasser pro Minute 15,35 m. hoch. Das Rohrnetz besteht aus Holzröhren von 1800 m. Länge. Die Druckhöhen über dem Nullpunkt des städtischen Pegels betragen für das Brunnenwerk am rothen Thore 22,9 m. resp. 17,4 m., für das bei den sieben Kindeln 19,52 m., für das am Vogelthore 5,08 m., für das am oberen Jakoberthore 3,25 m. und für das am unteren Jakoberthore 1,44 m. Letztere drei Pumpwerke sind in schlechtem, erstere zwei aber in sehr gutem Zustande. Alle fünf zusammen liefern circa 6000 kbm. Wasser pro Tag, das aus 68 öffentlichen Fontainen und Brunnen ausfliesst und gegen Zahlung durch Kaliberhähne in 877 Privathäusern abgegeben wird. Die Qualität der Wässer dieser Brunnenwerke stellt sich nach Analysen des Professors Röthe in Augsburg für 100000 Theile Wasser wie folgt:

Pumpwerk	Fester Rückstand bei 100⁰ C.	Organische Substanz	Salpetersaure
Rothes Thor	28,90	1,29	1,90
Bei den sieben Kindeln . . .	37,20	1,37	3,40
Vogelthor	29,80	1,26	1,40
Oberes Jakoberthor	29,50	1,61	1,80
Unteres Jakoberthor	29,40	1,61	1,80

Das rasche Wachsen der Stadt liess schon seit einer Reihe von Jahren die vorstehenden Werke ungenügend erscheinen, da sie weder quantitativ das nöthige Wasser lieferten, noch dasselbe unter dem für die Verwendung nöthigen Druck herbeiführten, und es wurden daher die für die städtische Benützung eventuell geeigneten Quellen einer eingehenden Prüfung unterzogen. Es kamen in erster Linie die Ilsung-Quelle, die Rosenau-Quelle und die Stiefmutter-Quelle in Frage. Letztere, wenn auch in qualitativer Beziehung relativ am besten, entspringt, ebenso wie die anderen aus den Grundwasserströmungen, wird aber durch die Nähe des Lechs so beeinflusst, dass sie im Sommer zeitweise ganz versiegt. Die Rosenau-Quelle entspringt noch im Ueberschwemmungsgebiete der Wertach und ist qualitativ weniger geeignet. Die Ilsung-Quelle hatte sich als qualitativ gut gezeigt und es wurde, als 1873 die Stadt den Unternehmern Gruner und Thiem den Auftrag ertheilte, die Arbeiten, welche als Voruntersuchungen für ein neues Brunnenwerk erforderlich waren, vorzunehmen, sowie ein detaillirtes Project auszuarbeiten, von ihnen diese Quelle als Wasserbezugsort gewählt. Das im folgendem Jahre bei der Stadt eingegangene Project empfahl statt der jetzigen Werke ein centrales Brunnenwerk anzulegen und nahm für eine Einwohnerzahl von 60000 Personen ein tägliches Quantum von 170 Liter pro Kopf, also 10200 kbm. mit der Möglichkeit der Entwicklungsfähigkeit auch für über 100000 Einwohner hinaus, an. Die Druckhöhe soll 30 m. über dem höchsten Pflasterpunkte der Stadt betragen und ein Hochreservoir von 2600 kbm. Inhalt auf dem Höhenzuge südlich vom protestantischen Gottesacker erbaut werden. Zur Hebung des Wassers soll durch Correction des Lochbaches in unmittelbarer Nähe der Ilsung-Quelle eine zu erlangende Wasserkraft von 140 Pferden gewonnen und eine entsprechende Dampfmaschinenanlage als Reserve beschafft werden. Das Pumpwerk soll aus einer eincylindrigen doppeltwirkenden Pumpe, zwischen Dampf- und Wassermotor aufgestellt, bestehen, die, damit sie schneller arbeiten kann, mit selbstgesteuerten Ventilen zu versehen ist. Die Quellfassung soll durch aus durchlöcherten Rohren gebildete Filtergallerien, die eine Maximalleistung von 190 Liter pro Sekunde zulassen, bestehen. In die Stadt soll ein Rohr von 600 mm. Durchmesser führen und das Rohrsystem selbst soll nach dem Verästelungssysteme mit verbundenen Endstrecken hergestellt werden. Die Wasserabgabe soll nicht durch Kaliberhähne, sondern durch geschlossene Hähne erfolgen. In je 100 m. Entfernung sollen 290 Hydranten jeder mit einer Lei-

stung von 0,36 kbm. pro Minute, sowie 90 öffentliche Ventilbrunnen
aufgestellt werden. Die alten Brunnenwerke' sollen ausser Betrieb
gesetzt und nur die am rothen Thore und bei den sieben Kindeln
für etwa gesteigerten Bedarf reservirt werden. Die Kosten dieses
Projectes sind veranschlagt auf: Quellfassung 79714 Mk., Saug- und
Druckrohrleitung 233143 Mk., Gebäude 94971 Mk., Hochreservoir
334286 Mk., maschinelle Anlage 239170 Mk., Rohrsystem 610950 Mk.,
Werkstätte etc. 2066 Mk , Summa 1594300 Mk. Die Prüfung dieses Projectes durch das Magistrats-Baubureau hat nun nach einem
vom Februar 1876 datirten Berichte zu folgenden Abänderungsvor-
schlägen geführt. Das System der Abgabe durch Kaliberhähne ist
trotz der damit verbundenen Vergeudung auf Grund der Gewohnheit
des Publikums, der Kostspieligkeit der Wassermesser und wegen des
billigen hydraulischen Betriebes auch für das neue Werk beizubehalten.
Die beiden vorhandenen leistungsfähigen Brunnenwerke sind nicht in
Reserve zu stellen, sondern sie sind nach Vornahme einer Steigerung
ihrer Leistungsfähigkeit durch geringe maschinelle Aenderungen zur
Versorgung einer Niederdruckzone für den östlichen Theil der Stadt
zu benützen, welche eine mittlere Druckhöhe von 22 m. bei einer gesammten Hohendifferenz des Versorgungsgebietes von 3,4 m. erhalten
könnte und zur Zeit 20000 Einwohnern mit 5600 kbm. pro Tag völlig
genügend versorgen würde. Es würden dann nur noch 10800 kbm.
für die höhere westliche Zone auf 48 m. Höhe von der Ilsung-Quelle
aus zu fördern sein, wenn für diesen Theil der Stadt 30 m. Druckhöhe über dem höchsten Terrainpunkte als genügend angenommen
wird. Mithin würden bei 65% Nutzeffect nur 123 Pferdekräfte nöthig
werden. Die bedeutenden Temperaturschwankungen der Ilsung-Quellen
haben das Bauamt zu weiteren Forschungen geführt und in den Kreis
der Untersuchungen die Moosquellen am linksseitigen Lechufer und die
Hagenbach-Quellen auf dem rechtsseitigen Lechufer hineingezogen.
Die grosse Entfernung der ersteren (8,6 Kilom.) und die Besorgniss
vor Entschädigungsansprüchen bei Benützung der letzteren haben veranlasst, sie aufzugeben und die Aufmerksamkeit auf die Grundwasser-
gewinnung im Siebentischwalde gelenkt. Zwei Versuchsbrunnen und
die chemischen Analysen, sowie weiter fortgesetzte Bohrungen führten
dazu, diesen Gewinnungsort für das zu beschaffende Wasserquantum
zu empfehlen und statt der Benützung der Lochbachwasserkraft zum
Pumpenbetriebe die durch Regulirung des Hauptstadtbaches zu er-
längende Kraft, grösserer Sicherheit vor Eisbildung wegen als vorzu-

ziehen zu bezeichnen. Diesen Grundzügen hat sich eine vom Magistrat niedergesetzte Commission angeschlossen und ausserdem noch erklärt, dass nach so geschehener Fertigstellung des neuen Brunnenwerkes ein obligatorischer Anschluss der gesammten Bevölkerung zu bewirken sei. Ueber die Ausführung liegt noch kein definitiver Beschluss vor.

Backnang (Würtemberg) mit circa 4000 Einwohnern wird durch eine sehr ergiebige Quellwasserleitung ohne künstliche Hebung und mit schönem Gefälle versorgt. Die Kosten der Anlage haben 125000 Mk. betragen und es sind die Pläne etc. für die Anlage vom Oberbaurath v. Ehmann angefertigt. Pro Kopf werden täglich 125 Liter geliefert und es wird das Wasser als trefflich bezeichnet.

Baden (Baden) mit 10200 Einwohnern erhält das Wasser durch zwei Quellwasserleitungen mit natürlichem Gefälle, deren eine Eigenthum der Stadt, während die andere einer Actiengesellschaft gehört. Nähere Mittheilungen fehlen.

Bamberg (Bayern) hat 26900 Einwohner in 6251 Haushaltungen. Das Wasserwerk ist am 30. October 1874 eröffnet und von der deutschen Wasserwerksgesellschaft in Frankfurt a./M. erbaut. Dasselbe ist Eigenthum der Bamberger Wasserwerks-Actiengesellschaft und hat 718200 Mk. gekostet. Die Leistung der Anlage beträgt pro 24 Stunden 4000 kbm. Wasser, welches Quantum durch einen 25 m. von der Regnitz entfernten Sammelbrunnen im Grundwasser erschlossen ist. Das Wasser wird künstlich gehoben und zwar durch zwei verschieden grosse liegende doppeltwirkende Plungerpumpen, System Girard, mit Ringventilen und Lederdichtung. Die Kolben der grossen Pumpe haben 370 mm. Durchmesser und 0,75 m. Hub, die der kleinen 250 mm. Durchmesser und 0,51 m. Hub. Die Druckrohre haben 300 mm. resp. 200 mm. Durchmesser, das gemeinschaftliche Saugerohr von 110 m. Länge hat 260 mm. Durchmesser. Der freie Querschnitt der Ventilöffnungen beträgt bei der grossen Pumpe 267 □cm. und bei der kleinen 126 □cm. Die gusseisernen Druckwindkessel haben bei ersterer 700 mm. Durchmesser und 2,2 m. Höhe, bei letzterer 500 mm. Durchmesser und 1,6 m. Höhe. Der Saugwindkessel der grossen Pumpe hat 1000 mm. Durchmesser und 2,9 m. Höhe. Die Maximalgeschwindigkeit der Pumpen findet bei 20 Doppelhüben pro Minute statt. Sie werden durch Räderübersetzung mittels zweier unterschlägiger Wasserräder von 2,64 m. Durchmesser und 2,748 m. resp. 2,682 m. Breite von 26 resp. 22 Pferdekräften getrieben, die pro Minute 9 Umdrehungen machen und 0,67 m. disponibeles Gefälle haben. Die Wasserabgabe erfolgt in zwei getrennten Zonen, die jedoch mit einander verbunden werden können. Jede derselben hat ein besonderes Hochreservoir, welche beide hinter dem Rohrnetze liegen und gemauert in den Boden versenkt und zugewölbt sind. Das Reservoir für die obere Zone fasst 1000 kbm., das für die untere 2000 kbm.; ersteres liegt 1355 m., letzteres 400 m. von dem Pumpwerk entfernt. Ersteres liegt 67 m. über dem Nullpunkte und es befindet sich der höchstgelegene Terrainpunkt dieser Zone 56318 m., der tiefstgelegene hingegen 7,583 m. über Null, so dass der Leitungsdruck von 11 m. bis 59,4 m. variirt. Das Reservoir der unteren Zone liegt 30 m. und die Terrainpunkte derselben zwischen 23337 m. und 3,115 m. über Null, so dass der Leitungsdruck zwischen 6,6 m. und 27 m. variirt. Das gesammte Rohrnetz hat 28460 m. Länge. Das weiteste Rohr für die untere Zone hat 300 mm. und das für die obere Zone 200 mm. Durchmesser. Die Versorgung findet constant und für Trink- und Nutzwasser gemeinschaftlich statt. Im ersten Betriebsjahre sind 591945,6 kbm. Wasser abgegeben und 1580 Personen in 200 Haushaltungen, sowie 16 Brauereien, 3 Fabriken und 2 Gärtnereien versorgt. Für öffentliche Zwecke entfallen 251450 kbm., für die Brauereien 13981 kbm. und für Fabriken, Bahnhof und Gärtnereien 69507 kbm. Aus 8 Wassermessern, theils von Siemens & Halske, theils nach Witt's System sind 2745 kbm. abgegeben. Die Maximal- und Minimalabgabe betrug in der oberen Zone am 25. Dec. 704 kbm., am 15. Oct. 22 kbm. und in der unteren am 8. Dec. 3505 kbm. und am 23 Dec. 264 kbm. Es sind 23 Freibrunnen, 272 Hydranten und 160 Wasserschieber vorhanden; ferner 25 Waterclosets, 12 Badeeinrichtungen, 10 Privatfontainen und 4 Privatpissoirs. Oeffentliche Fontainen, öffentliche Pissoirs und Wassermotoren scheinen nicht zu existiren. Die Temperatur des Wassers im Sammelbrunnen beträgt im Winter 5° C. und im Sommer 19° C. und im Hochbassin (Dec. bis März) 5° C. und (Juli bis Oct.) 12,5—14° C. Nach einer Analyse des Dr. Tiernet waren bei 180° C. in 500 Liter Wasser 0,1421 Liter oder 0,02842% feste Bestandtheile, wovon durch das Glühen 0,00486% verloren wurde, so dass 0,02312% Mineralstoffe darin enthalten waren. Ammoniak und salpeter- und salpetrigsaure Salze fehlen ganz und die organische Substanz besteht aus huminartigen Pigmentkörnern und Pflanzenresten.

Barmen (Rheinpreussen) mit 83000 Einwohnern bezieht das Wasser aus einigen kleinen Hochquellenleitungen für einzelne Theile der Stadt. Das Project Barmen und Elberfeld gemeinschaftlich von der Ruhr aus zu versorgen, scheiterte an der Verweigerung der Genehmigung der Regierung und ein zweites Project des Bezuges aus den Kieslagern der Rheinniederung bei Benrath, welches jetzt für Elberfeld allein zur Ausführung kommt, an der Kostspieligkeit. Ein neues Project beabsichtigte das Wasser aus dem unterirdischen Wupperstrome bei Beyenberg zu entnehmen. Man rechnete hier auf 14000 kbm. für 24 Stunden für eine zukünftige Bevölkerung von 100000 Einwohnern. Die nöthigen Vorarbeiten dafür hat die Firma J. & A Aird in Berlin mit Erfolg ausgeführt. Die Befürchtung vor Entschädigungsansprüchen durch Wasserentziehung hat jedoch die Stadt kürzlich veranlasst, auch dieses Project fallen zu lassen.

Barop (Westfalen) mit 19556 Einwohnern in 1665 Häusern wird von dem Wasserwerke der Stadt Dortmund mit Wasser versorgt. Es sind 339 Häuser angeschlossen, von denen 320 das Wasser auf Discretion und 19 das Wasser durch Messer beziehen. Das Rohrnetz hat 26670 m. Länge und Rohre von 230 bis 50 mm. Durchmesser. In demselben befinden sich 66 Schieber und 79 Hydranten. Der Wasserverbrauch hat 1876 150498 kbm. betragen, wovon 102875 kbm. durch Messer und 47623 kbm. nach Schätzung und für öffentliche Zwecke abgegeben sind.

Basel (Schweiz) mit 50000 Einwohnern wird seit einer Reihe von Jahren mit Quellwasser, der sogen. Grellinger Wasserleitung versorgt. Die Anlage war Eigenthum einer Actiengesellschaft und ist 1875 gegen einen Kaufpreis von 2480000 Mk. in die Hände der Stadt übergegangen. Die Quellen werden durch natürliches Gefälle einem Reservoir und von hier der Stadt zugeführt. Bei Wassermangel derselben wird Aushülfe durch Hochpumpen tiefer entspringender Quellen mittels Dampfkraft geschafft. Die geringste Ergiebigkeit pro Tag der oberen Quellen betrug 1875 8600 kbm., während die mittlere Ergiebigkeit auf 14470 bis 16510 kbm. sich stellte. Die Zuleitung von den Quellen bis zum Reservoir misst 22166 m., von hier bis zur Stadt 1833 m. und die Vertheilungsleitung in der Stadt selbst 58047 m., die gesammten Rohrleitungen demnach 82046 m. Im Jahre 1875 betrug die Zahl der Wasserabonnenten 2481, von welchen 610 das Wasser durch Messer, 8 mit laufendem Erguss und 1863 auf Discretion erhielten. Diese Zahlen stellten sich 1870 auf 1232, — 22, — 22 und 1188. Die Einnahmen und Ausgaben pro 1875 haben sich gestellt: Einnahmen aus Wasser durch Messer 50196 Mk., desgl. auf

Discretion 103982 Mk., Diverses 6136 Mk., zusammen 160314 Mk.
Ausgaben: Betrieb etc. 20522 Mk., Zinsen 125622 Mk., Diverses
642 Mk., zusammen 146786 Mk., mithin Ueberschuss 13528 Mk.

Bautzen (Sachsen) mit 15000 Einwohnern wird mit Brauchwasser
durch zwei Wasserwerke versorgt. Das Wasser ist jedoch als Trinkwasser nicht brauchbar und es wird dieses daher aus Brunnen gewonnen. Die beiden Pumpwerke werden durch Wasserkraft aus der
Spree betrieben. Bei dem einen ist vor einem Jahre als Ersatz bei
niedrigem Wasserstande eine Dampfmaschine aufgestellt. Das Wasser
wird in zwei in Thürmen aufgestellte Reservoire gepumpt und von
diesen aus durch ein gemeinschaftliches Rohrnetz in der Stadt vertheilt.

Berlin mit 969000 Einwohnern (1875) wird seit 1855 durch eine
englische Gesellschaft, die „Berlin Water Works Company" mit filtrirtem Flusswasser versorgt. Der Vertrag für diese Wasserlieferung wurde
1852 am 14. Decbr. bis zum 1. Juli 1881 unkündbar zwischen dem
Polizeipräsidenten v. Hinkeldey Namens des preuss. Gouvernements
und Sir Charles Fox und Thomas Russel Crampton aus London
abgeschlossen. Die Regierung hatte das Recht, denselben auf die Stadt
Berlin zu übertragen und die beiden anderen Contrahenten die Erlaubniss,
zum Zwecke der Erfüllung desselben eine Actiengesellschaft zu bilden.
Eine Uebernahme der Werke nach Ablauf der Contractzeit war nicht vorgeschrieben. Wenn die Gesellschaft mehr als 10 % Dividende pro Jahr
vertheilen konnte, so floss die Halfte dieser Mehrsumme durch die Regierung
in einen zu bildenden Fonds für die demnächstige Kanalisation Berlins.

Das Wasser wird der Spree durch einen fast bis in die Mitte
des Flusses reichenden Kanal entnommen und durch Filterpumpen
auf Filterbetten, die höher als der Fluss liegen, gehoben. Ursprünglich waren 4 Filter von je 116 m. Länge und 28 m. Breite vorhanden. Die Sandfläche derselben beträgt bei jedem 3034 ☐ m. und
im Ganzen 12136 ☐ m. Klärbassins existiren nicht; es ist jedoch
ein Bassin vorhanden, welches beim Speisen der Filter als Ausgleich-
ungsbehälter dient. Dasselbe hat 43 m. Breite und 107 m. Länge;
die Wasseroberfläche desselben beträgt 4555 ☐ m. und der Inhalt
11466 kbm. Der Wasserstand desselben liegt 2,44 m. höher als der
der Filter. Die Zahl der Filter ist allmählich auf 11 erhöht und es
beträgt deren Fläche nunmehr: Filter 1, 2, 3, 4 12136 ☐ m., Filter 5
3537 ☐ m., Filter 6 3740 ☐ m., Filter 7 4492 ☐ m., Filter 8 4375 ☐ m.,
Filter 9 3083 ☐ m., Filter 10 3083 ☐ m., Filter 11 3314 ☐ m., und in
Summa 37760 ☐ m. Die Filter 1 bis 8 sind offen, die Filter 9, 10 und 11

überwölbt und mit Erde bedeckt. Letztere sind erst 1873 mit einem
Kostenaufwande von 600000 Mk. bei einer gesammten Filterfläche'
von 9480 ▢m., also von 63,29 Mk. pro ▢m. Filterfläche hergestellt.
Die Zusammensetzung des Filtermaterials ist folgende: Filtersand
(scharfer Mauersand) 60 cm. stark, grober Sand 8 cm., Kies (Erbsengrösse) 15 cm., Kies (Haselnussgrösse) 15 cm., Kies (Wallnussgrösse)
15 cm., Granitfindlinge von Faust- bis Mannskopfgrösse 22 cm., im
Ganzen 135 cm. stark. Anfänglich war ein offenes Reinwasserreservoir
von 116 m. Länge und 64 m. Breite hergestellt. An dessen Stelle
ist jedoch später ein überwölbtes von 64 m. Länge und 58 m. Breite
getreten, welches 2254 kbm. Inhalt hat. Die Differenz der Wasser-
stände in den Filtern und dem Reinwasserbassin, also der Druck auf
die Filter beträgt in der Regel 1 m. Das Ausgleichungsbassin für
unfiltrirtes Wasser wird jährlich ein Mal gereinigt. Die Leistung der
Filter pro ▢m. pro 24 Stunden beträgt im Winter etwa 2 kbm., im
Sommer etwa 3 kbm. Eine Reinigung derselben findet im Sommer
durchschnittlich alle Woche und im Winter alle 4 Wochen statt, so
dass zwischen zwei Reinigungen im Winter etwa 56 kbm. und im
Sommer etwa 21 kbm Wasser pro ▢m. Filter gereinigt werden. Die
Filtersandschicht wird bei der Reinigung in der Regel bis auf die
Hälfte fortgenommen, ehe neuer Sand aufgebracht wird. Nach einem
hier später weiter besprochenen Berichte des Director Gill über die
Vergrösserung der Wasserwerksanlagen, mussten von den 8 am Schlusse
des Jahres 1873 vorhandenen Filterbetten in den heissen Sommer- und
Herbsttagen täglich 3 ausser Betrieb sein, da eins behufs Reinigung
der Sandfläche entleert, eins gereinigt und eins wieder frisch mit
Sand gefüllt werden musste. Als Normalgeschwindigkeit für das Spree-
wasser, am Oberdamm geschöpft, wird hier für die Filtration 0,150 m. pro
Stunde angegeben, was pro ▢ m. Filterfläche pro 24 Stunden 3,6 kbm.
ergiebt, während am Tage des Maximalconsums pro ▢m. in 24 Stunden
4,896 kbm. filtrirt sind. Für die auf 11 Filter vergrösserte Anlage
wird die stündliche Maximalleistung für $^8/_{11}$ der ganzen Filterfläche zu
4284 kbm. angegeben, was einer Filtergeschwindigkeit von 0,155 m. pro
Stunde entspricht. Es bedarf wohl kaum des Hinweises, dass vorstehende
Betriebszahlen für die Filtration nur einen lokalen Werth besitzen.

Die ältere Maschinenanlage besteht aus 4 Paaren gekuppelter
Maschinen, also aus 8 Maschinen. 4 dieser Maschinen haben je
eine Druck- und eine Filterpumpe, während die 4 anderen je 2
Druckpumpen haben. Erstere repräsentiren in jeder Maschine circa

150, letztere 200 Pferdekräfte. Zwei gleichartige Maschinen sind zusammengekuppelt, können jedoch im Falle der Noth auch einzeln arbeiten. Die grösseren Maschinen können bis zu 25, die kleineren bis zu 30 Doppelhübe pro Minute machen. Die Maschinen selbst sind eincylindrige Balancier-Maschinen mit gemeinschaftlichem Schwungrad für je zwei, mit Meyer'scher Schiebersteuerung und mit Condensation. Die kleineren Maschinen haben 915 mm. Cylinderdurchmesser und 1,220 m. Hub des Dampfkolbens, sowie Schwungräder von 4,27 m. Durchmesser, Balanciers von 4,5 m. Länge und Kurbeln von 0,61 m. Radius. Die Dampfcylinder der grossen Maschinen haben 1156 mm. Durchmesser und 1,525 m. Hub, ferner die Schwungräder 4,88 m. Durchmesser, die Balanciers 4,7 m. Länge und die Kurbelkreise 0,762 m. Radius. Die sämmtlichen Pumpen sind einfachwirkende Saug- und doppeltwirkende Druckpumpen, sogen. Differentialpumpen. Die Filterpumpen haben bei 0,81 m. Hub 686 mm. Plunger- und 966 mm. Ventilkolbendurchmesser. Die Saug- und Kolbenventile sind Tellerventile mit Rothgusssitzen und Kautschukklappen; die Druckventile sind zweitheilige Klappenventile. Die Druckpumpen dieser Maschinen haben 0,915 m. Hub und 380 mm. Durchmesser des Plungerkolbens und 535 mm. des Ventilkolbens. Die Druckpumpen der grösseren Maschinen haben denselben Hub wie die der kleinen, aber 432 mm. Durchmesser des Plungerkolbens und 610 mm. des Ventilkolbens. Jede Druckpumpe der ersteren liefert pro Doppelhub 0,19 kbm., jede der letzteren 0,26 kbm. Wasser. Jede Filterpumpe hat einen besonderen Druckwindkessel von 1120 mm. Durchmesser und 4 m. Höhe. Die Saugrohre haben 760 mm., die Druckrohre 540 mm. und für die beiden gekuppelten Maschinen vereinigt 760 mm. Durchmesser; gleiche Dimension hat das die ganze Anlage mit den Filtern verbindende Rohr. Von dem Reinwasserbassin wird das filtrirte Wasser durch zwei Rohre den Maschinen zugeführt und zwar durch ein Rohr den grossen und durch ein anderes den kleineren Maschinen. Diese Rohre haben 977 mm. Durchmesser und zweigen für jede Maschine mit 535 mm. ab. Jede Maschine hat einen besonderen Druckwindkessel von Gusseisen, der zugleich als Stützpunkt für die Balancierlager dient. Es ergiessen sich in denselben je nach der Maschinenart ein oder zwei Druckpumpen. Dieselben haben 1000 mm. Druchmesser und 7,6 m. Höhe. Von diesen gehen Rohre von 275 mm. bei den kleinen und 367 mm. bei den grossen Maschinen ab und vereinigen sich für ein Maschinenpaar zu einem gemeinschaftlichen Rohre von 380 resp. 620 mm. Durchm., welche demnächst sämmtlich in einem Rohre von 1100 mm. Durchm. zusammengefasst werden. Diese 8 Maschinen sind von Borsig geliefert. Sie erhalten den nöthigen Dampf von 2½ Atmosphären Spannung durch eine Kesselanlage, welche aus 12 Stück Kesseln von 9,15 m. Länge und 1470 mm. Durchmesser mit je einem Feuerrohre von 760 mm. Durchmesser besteht. Jeder Kessel hat 1,3 ☐ m. Rostfläche.

Eine neue Maschinenanlage ist 1868 von der Firma Simpson & Comp. in London geliefert und aufgestellt. Sie besteht aus zwei völlig gleichen symmetrischen Balancier-Maschinen mit Schwungrad und mit Condensation. Die Hochdruckcylinder haben 1017 mm. Durchmesser bei 1,627 m. Hub. und die Niederdruckcylinder 1525 mm. Durchmesser bei 2,44 m. Hub. Auf denselben Balancierseiten sind die Luftpumpen von 760 mm. Durchmesser mit 1,21 m. Hub und die Kaltwasserpumpen von 533 mm. und die Speisepumpen von 152 mm. Durchmesser, beide mit 0,61 m. Hub aufgestellt. An den entgegengesetzten Armen der Balanciers befinden sich die Schwungräder von 7,32 m. Durchmesser und je eine Filterpumpe und eine Druckpumpe. Die Filterpumpen haben 838 mm. Durchmesser und 2,42 m. Hub. Sie sind einfachwirkende Plungerpumpen mit Lederklappenventilen und haben Saug- und Druckrohre von 761 mm. Durchmesser. Jede Pumpe hat einen Saugwindkessel von 1220 mm. Durchmesser und einen Druckwindkessel von 762 mm. Durchmesser und 12,5 m. Höhe. Die Druckpumpen haben 762 mm. Durchmesser und 1,21 m. Hub. Sie sind doppeltwirkende und haben Liederkolben und Klappenventile. Auf den Saugrohren von je 609 mm. Durchmesser befindet sich, da die Druckventile tiefer als der Wasserstand im Reinwasserbassin liegen, je ein offenes Standrohr von 1220 mm. Durchmesser und 5,57 m. Höhe. Die Druckrohre sind durch einen gemeinschaftlichen Windkessel von 1520 mm. Durchmesser und 6,10 m. Höhe vereinigt. Die Umdrehzahl der Maschinen soll 12,5 als Maximum pro Minute betragen und jede Maschine soll pro Umdrehung 0,98 kbm. Wasser liefern. Die Maschinen arbeiten bei ⅓ Füllung im kleinen Cylinder, also im Ganzen mit 10facher Expansion. Für diese Maschinen sind 8 Dampfkessel vorhanden, welche 8,54 m. lang und 1830 mm. Durchmesser haben. Jeder Kessel hat ein Feuerrohr von 1067 mm. Durchmesser mit 4 Galloway-Rohren. Der Dampfdruck beträgt 2,812 Kilo pro ☐ cm. Bei Probeversuchen ergab sich bei Benützung von Newcastlekohlen pro englische Pferdekraft nach dem wirklich gehobenen Wasserquantum pro Stunde 5,6 bis 5,9 ℔ englisch für die alten und 2,6 bis 2,8 ℔ englisch für die Woolf'schen Maschinen. Bei der officiellen

Abnahme der Woolf'schen Maschinen soll ein Kohlenverbrauch abzüglich der Schlacken und Asche bei Welshkohle von 1,88 ℔ englisch pro wirkliche Pferdekraft constatirt sein. Das Wasser wird von beiden Stationen direct in das städtische Rohrnetz gepumpt. Als Sicherheitsventil für den Pumpenbetrieb dient ein Standrohr auf dem Windmühlenberge und für den Fall der Noth ein neben demselben ausgeführtes Reservoir. Dasselbe ist offen und in Mauerwerk hergestellt. Es hat 30,5 m. Durchmesser und hat in der Mitte tiefer als am Rande 4,7 bis 5,5 m. Tiefe. Das Standrohr besteht aus 2 Rohren, eins für das steigende, eins für das fallende Wasser von 380 mm. Durchmesser und 27 m. Höhe, zwischen welchen in 7 Etagen Verbindungen durch angebrachte Schieber herzustellen sind. Das Rohr erhebt sich eintheilig noch 6,7 m. hoch über der obersten Verbindung. Das Standrohr ist in einem gemauerten Thurme eingeschlossen. Das ganze städtische Rohrsystem hatte 1874 eine Länge von 252960 m.

Am 11. Dec. 1872 wurde der Eingangs zwischen der Regierung und der englischen Gesellschaft bestehende Vertrag auf die Stadt übertragen und es trat die Stadt Berlin am 30. Juni 1873 vorläufig in den Besitz der Ueberschüsse, die sich aus der unter der früheren Leitung verbleibenden Anlage ergaben. Die Anlage selbst übernahm die Stadt am 1. Juli 1874 in eigene Verwaltung. Der Kaufpreis für die gesammten Werke etc. war festgesetzt wie folgt: an Grundstucken 3000000 Mk., an Rohren, Maschinen, Vorräthen etc. 8280000 Mk., an Entschädigung, welche der Gesellschaft für den Verlust der Dividende vom 1. Juli 1873 bis dahin 1881 gewährt wird, 13845000 Mk., Summa 25125000 Mk. Vor dem beschlossenen Ankaufe der englischen Wasserwerke durch die Stadt hatte im Jahre 1868 der Civilingenieur Veit Meyer vom Magistrate den Auftrag erhalten, Vorarbeiten und Projecte für die zukünftige Wasserversorgung Berlins auszuarbeiten. Derselbe gab seinen Bericht 1871 ab, der in Druck im Buchhandel erschienen ist, worauf hier allerdings sehr empfehlend nur hingewiesen werden mag. Nach beschlossenem Ankaufe der Wasserwerke ist der Verwaltung der städtischen Wasserwerke resp. dem Director derselben, Herrn H. Gill, die Aufgabe gestellt, darüber zu berichten, ob die gegenwärtig vorhandenen Wasserwerksanlagen in ihrer Leistung so zu steigern sind, dass sie Ende 1876 das nöthige Wasserquantum liefern können, resp. welche Neuanlagen erforderlich werden. Die Bevölkerung Berlins hat 1863 bis 1872 jährlich um rot. 5,11% zugenommen. Gleiche Zunahme vorausgesetzt, wird daher Ende 1876 die Bevölkerung auf 1000000 Seelen gewachsen sein, da sie Ende 1872 808893 Seelen betrug. Ende 1873 waren 8114

Grundstücke mit einer auf 437864 berechneten Einwohnerzahl an die Wasserleitung angeschlossen und es hat der Maximalconsum pro Tag 59586 kbm. und an dem Maximaltage selbst der stündliche Maximalconsum 3600 kbm. betragen. Der Jahresdurchschnitt ergab einen täglichen Consum pro Kopf von 100 Liter. Das Verhältniss des Maximalverbrauches pro Tag zum Durchnittsverbrauche ist in Berlin seit einer Reihe von Jahren 142 : 100 und es ergiebt sich daraus am Ende des Jahres 1876 ein Maximalconsum für obige Bevölkerungszahl pro Tag von 136083 kbm., dessen Deckung die 1873 in maximo geleistete Arbeit der Wasserwerke um 128 % übersteigen würde.

Nach eingehender Prüfung der Leistungsfähigkeit der jetzigen Anlagen und der möglichen Steigerung der Leistung derselben um 51% durch Ausgleichungsreservoire kommt Herr Gill zu dem Schlusse, dass eine Vergrösserung nöthig, und hält es für vortheilhafter, nicht die vorhandenen Anlagen weiter zu vergrössern, sondern neue von den bestehenden unabhängige Anlagen zu schaffen, um nicht von einem einzigen Punkte abhängig zu sein, der ausserdem durch die Verschlechterung des Spreewassers bei weiterer Bebauung der Ufer des Flusses mit der Zeit in der Qualität des gelieferten Wassers wahrscheinlich zurückgehen wird. Es sollen daher die alten Wasserwerke so wenig als möglich verändert in Betrieb bleiben und durch neue Werke an anderer Stelle die Leistung so erhöht werden, dass diese zusammen die sog. Niederstadt, die demnächstige untere Zone, mit Wasser einheitlich versorgen. Die höhere Zone, die sog. Hochstadt, deren Grenze 8—9 m. über dem Nullpunkte des Mühldammpegels liegt, erhält ein neues Vertheilungssystem und es sollen die Anlagen auf dem Windmühlenberge zu einer Wasserhebungsstation für diese Zone umgebaut werden, während die neue Wassergewinnung am Teglersee erbaut und somit das fehlende Wasser von Westen her der Stadt zugeführt werden soll. Das Wasser für die Hochstadt wird am Windmühlenberge auf 55 m. über Null des Mühldammpegels gehoben, während auf der alten Station die Druckhöhe auf 44 m. über Null des Mühldammpegels erhöht wird, auf welche Höhe auch das Wasser vom Teglersee, allerdings in zwei Pumpstationen nach einander gedrückt wird. Da die alte Station 59586 kbm. in maximo fördern kann, so ist die Anlage am Teglersee auf 76497 kbm. oder durchschnittlich 0,9 kbm. pro Secunde in ihrer Maximalleistung zu bemessen, wofür 1 kbm. angenommen ist. Diese Wassermenge soll durch eine Reihe von 28 am Ufer des Teglersees (demselben parallel laufend) abgesenkte Brunnen gewonnen werden, wobei die Möglichkeit der Entnahme des Wassers direct aus dem See vorgesehen ist.

Das Wasser wird in zwei getrennten Pumpstationen, die 910 m. von einander entfernt liegen, auf das Plateau bei Charlottenburg gehoben und in zwei Ausgleichungsbassins, die 4,5 m. Wasserstand haben und 26 m. über dem Mühldammpegel liegen, gefördert. Hier wird eine zweite Pumpstation errichtet, welche das Wasser auf 44 m. Höhe über dem Mühldammpegel hebt und in die Rohrleitung der Niederstadt bringt. Ein hier zu errichtendes Standrohr sowie das auf dem Windmühlenberge schon vorhandene dienen als Sicherheitsventile am Anfange und Ende des Leitungsnetzes. Das auf dem Windmühlenberge gelegene offene Reservoir von 3280 kbm. Inhalt wird überwolbt und mit Erde überdeckt. Es dient demnächst als Ausgleichungsreservoir für die Maschinen der Hochstadt. Die neben dem Bassin zu erbauende Maschinenanlage fördert das Wasser auf die für die Hochstadt angenommene Druckhöhe von 55 m. über dem Mühldammpegel und es wird hier als Sicherheitsventil ein dieser Höhe entsprechendes Standrohr und in geringerer Höhe ein eisernes Reservoir auf einem thurmartigen Aufbau für die Nachtstunden aufgestellt. Da das Wachsen des Consums auf das angenommene Maass nach den bisherigen Erfahrungen erst vielleicht in 10 Jahren erfolgen wird, so soll vorläufig die im Vorstehendem skizzirte Anlage nicht sofort im ganzen Umfange, sondern anfänglich annährend nur für die Hälfte herzustellen befurwortet werden und es ergeben sich die Ausdehnungen und Kosten der einzelnen Anlagen aus den im Kostenanschlage enthaltenen Notizen wie folgt:

1. Anlage am Teglersee 2378016 Mk. 14 Brunnen 4,5 m. äusseren, 3,6 m. inneren Durchmesser, 20 m. vom Wasserspiegel bis zum unteren Kranze in 186 m. Entfernung von einander mit je einem Rückschlagventile und einem Schieber (350 mm.) incl. Saugrohre zusammen 1382 lfd. Meter lang. 320 Pferdekräfte in 3 Woolf'schen Balanciermaschinen mit Condensation und doppeltwirkenden Pumpen incl. Dampfkessel (1200 Mk. pro Pferdekraft), Maschinen- und Kesselhaus, Kohlenschuppen, Wohnhaus für die Maschinenwärter, Ausladeplatz für Kohlen, Einlasskammer, Saugrohr für die Maschinen aus dem See. Druckleitung 910 mm. Durchmesser 6590 m. lang bis Charlottenburg (pro lfd. Meter 174 Mk.) und Uebergang über den Schiffahrtscanal und die Spree.

2. Anlage auf dem Charlottenburger Plateau 1340190 Mk. Ein in den Boden eingeschnittenes Reservoir von 12190 kbm. Inhalt mit Entleerungsstrang. 4 Dampfmaschinen, eine in Reserve, 3 zum Heben für 0,755 kbm. pro Secunde, 26,2 m. hoch, 440 Perdekräfte im Gan-

zen, Construction wie vorhin incl. Dampfkessel, Maschinen- und Kessel-
häuser, Kohlenschuppen, Wohnhäuser und Standrohr.

3. Hauptrohrstränge 5280000 Mk. 35041 m. Rohre 910 mm. bis
380 mm. Durchmeser, 2 Spreeübergänge und 3 Kanalübergänge.

4. Anlagen auf dem Windmühlenberge 695625 Mk. Wegeanlage,
Ueberwölbung des vorhandenen Reservoirs. Hochreservoir für 1200 kbm.
46 m. im Boden über dem Mühldammpegel incl. Standrohr, Thurm,
Schornstein und Entleerungsstrang. 3 horizontale Maschinen mit Pumpen
und Kessel für zusammen 0,25 kbm. pro Sec. aus dem Reservoir auf
31 m. (55 m. über den Mühldammpegel) zu heben, 130 Pferdekräfte
(900 Mk. pro Pferdekraft). Maschinenhaus, Kesselhaus und Kohlenschuppen sämmtlich für 4 Maschinen.

5. Vertheilungssystem für beide Zonen 2283750 Mk. Das vorhandene
System kostet nach heutigen Preisen 3422243 Mk. und genügt für
652000 Einwohner, kostet also pro Kopf 5,45 Mk. Da die hinzukommende Einwohnerzahl von 348000 Einwohnern nur in halber Dichte
wohnt, so wird das hinzukommende System 10,50 Mk. pro Kopf kosten,
wovon für die erste Bauperiode ⅝ zu verwenden sind.

6. Insgemein 627627 Mk. und mithin Summa der ersten Anlage
12605208 Mk.

Die Anlagen für die Ausdehnung auf 1 kbm. pro Secunde am
Teglersee wurde verlangen: ad 1. Zweite Brunnen- etc. Anlage und
Rohrstrang. ad. 2. Zweites Reservoir und Maschinen und Gebäude für
440 Pferdekräfte. ad 3. Dritter Rohrstrang zur Stadt. ad 4. Eine
35 pferdige Maschine. ad 5 und 6. Rest des Vertheilungsrohrnetzes
und Insgemein. Im Ganzen würde die Erweiterung kosten 7329000 Mk.,
also die ganze neue Anlage 19934208 Mk. excl. Grunderwerb. Es
würde demnach einschliesslich der Kosten für die alten Anlagen die
ganze Wasserversorgung für 1 Million Menschen 50 Millionen Mk. oder
für 1 kbm. Wasser durchschnittlich pro Tag 500 Mk. betragen.

Die Ausführung des vorstehenden Projectes wurde am 24. Juni
1874 beschlossen und Herrn Gill übertragen. Auf seinen Antrag
fand am 13. August 1874 eine Nachbewilligung von 1997042 Mk.
64 Pf. statt, da eine Aenderung des Projectes sich in nachfolgend bezeichneten Punkten als erwünscht herausgestellt. Die Anlage am Teglersee soll sogleich statt auf 30 kbm. auf 45 kbm. pro Minute ausgeführt
werden. Ferner hat sich eine tiefere Senkung der Brunnen am Teglersee

als nöthig ergeben und dadurch kann das Saugrohr des Brunnensystems nicht oberirdisch, sondern muss unter den Grundwasserspiegel verlegt werden. In Folge dessen ist die Aufstellung besonderer Maschinen mit Hebepumpen nöthig. Auch hat für die Zuleitung von Charlottenburg nach Berlin der früher nicht genau ermittelten Grundwasserstände wegen der Plan wesentlich geändert werden müssen. Betreffs der Brunnen am Teglersee mag noch bemerkt werden, dass es .nur bei einem der 14 Brunnen möglich gewesen ist, ihn auf 22 m. Tiefe unter dem Mühldammpegel zu senken; die anderen stehen, allerdings in beträchtlicher Tiefe, auf einem festen Conglomerat und man hat noch fernere 9 Supplementbrunnen von 9 bis 17 m. Tiefe hergestellt. Mitte 1877 wird die neue Anlage dem Betriebe übergeben werden.

Die nachfolgende Tabelle giebt eine Uebersicht der in den verschiedenen Betriebsjahren angeschlossenen Grundstücke, der Zahl der mit Wasser versorgten Personen, des gesammten Jahresconsumes und des im Jahre stattgefundenen täglichen Maximal- und Minimalconsumes, sowie verschiedene daraus berechnete Verhältnisszahlen für die Jahre 1868 bis 1875.

Wasserverbrauch im Jahre, im Tage etc.

	Ende des Jahres Angeschlossene Grundstücke			Einwohner mit Wasser versorgt	Gefördertes Wasserquantum		Consum pro Tag im Durchschnitt kbm.	Maxim.-Consum pro Tag kbm.	Minimal-Consum pro Tag kbm	Proc. des Max.-Cons. v. Mittel-Cons.	Proc des Min.-Cons. v. Mittel-Cons	Cons. pro Tag pro Kopf Liter
	im Ganzen	Zuwachs	Zuwachs in Procent der Zahl des Jahresschlusses		im ganzen Jahre kbm.	Procent des Zuwachses gegen das vorige Jahr						
1868	5914	414	7,00	400000	11595570	—	31680	—	—	—	—	—
1870	6598	315	4,77	343096	12924700	10,05	35410	50022	23558	141	67	106
1871	6915	317	4,58	366495	12960900	0,28	35513	50585	24581	142	69	98
1872	7524	609	8,09	397073	13953100	7,11	38228	54575	21107	142	63	96
1873	8114	590	7,27	437864	15025430	7,14	41166	59585	30751	145	75	94
1874	8666	552	6,37	493962	16077200	6,54	44047	59445	32001	133	73	80
1875	9079	413	4,55	—	17040760	5,65	46706	63728	30667	137	66	—

Ueber die Vertheilung des Consums in den verschiedenen Monaten eines Jahres giebt folgende Tabelle für die Jahre 1868 und 1873 bis 1875 Aufschluss.

Monatsconsum in kbm.

	1868	1873	1874	1875
Januar	712070	1076110	1174590	1252680
Februar	678250	987310	997700	1071310
März	736900	1125530	1151870	1236090
April	723570	1150360	1200760	1245600
Mai	1134230	1239310	1312700	1447260
Juni	1183020	1288310	1507210	1588890
Juli	1151060	1390500	1667090	1719860
August	1248430	1617840	1579620	1772430
September	1181470	1413840	1487140	1595910
October	1092160	1357800	1455200	1510560
November	870480	1190420	1265300	1347360
December	883930	1188060	1278010	1252810
Summa	11595570	15025430	16077200	17040760

Aus dieser Tabelle ergiebt sich für die Jahre 1868 und 1875 als

	1868	1875
Monats-Mittel	966298	1420063
Monats-Maximum	1248430	1772430
mithin Differenz	382142	352367

Nachfolgende Tabelle zeigt die Schwankungen des Consums in den verschiedenen Tagesstunden in verschiedenen Monaten 1864 und im August 1873.

Stündlicher Consum in Procenten des Tagesconsums.

	1864							1873
	Januar 20	Febr. 15.	März 15.	April 20	Mai 20.	Juni 20	Juli Mittel	August 22.
Nachts 12 — 1	1,39	1,59	1,67	1,30	1,10	1,30	1,0	1,1
„ 1 — 2	1,37	1,59	1,67	1,30	1,10	1,30	1,2	1,0
„ 2 — 3	1,37	1,59	1,67	1,30	1,10	1,30	1,3	1,0
„ 3 — 4	1,39	1,59	1,67	1,30	1,10	1,30	1,5	1,1
Morgens 4 — 5	2,94	2,56	2,44	2,04	1,82	2,04	2,3	2,1
„ 5 — 6	3,23	2,78	2,63	4,55	2,78	4,55	3,5	2,6
„ 6 — 7	3,57	3,45	3,45	5,56	5,56	5,56	5,2	5,0
„ 7 — 8	5,88	6,25	7,14	5,26	8,33	5,26	6,2	6,3
„ 8 — 9	5,88	5,88	6,25	5,56	6,67	5,56	5,1	6,0
„ 9 — 10	6,25	5,88	6,67	6,25	7,14	6,25	6,5	6,3
„ 10 — 11	5;88	5,88	7,14	6,25	6,25	6,25	6,5	6,3
„ 11 — 12	6,25	5,88	6,67	5,88	5,88	5,88	6,2	6,2

	1864							1873
	Januar 20.	Febr. 15.	Marz 15.	April 20.	Mai 20.	Juni 20.	Juli Mittel	August 22.
Mittags 12 — 1	5,00	5,26	5,88	4,55	4,55	4,55	4,6	5,8
„ 1 — 2	5,56	6,67	5,88	5,26	5,26	5,26	5,1	5,6
„ 2 — 3	6,67	6,25	5,88	5,88	5,88	5,88	5,5	6,2
„ 3 — 4	6,67	5,88	5,88	5,88	5,56	5,88	5,5	6,0
„ 4 — 5	6,25	5,88	6,25	5,26	5,56	5,26	5,1	5,8
Abends 5 — 6	5,00	5,56	4,76	5,00	5,00	5,00	4,8	5,4
„ 6 — 7	4,55	4,76	4,55	5,00	5,00	5,00	5,3	4,8
„ 7 — 8	3,70	4,76	4,35	5,56	4,55	5,56	5,1	4,4
„ 8 — 9	3,57	3,85	3,23	2,56	5,26	2,56	4,6	3,5
„ 9 — 10	3,33	3,85	2,78	2,04	3,03	2,04	3,7	3,1
„ 10 — 11	2,56	2,86	2,00	1,89	2,17	1,89	2,4	2,3
Nachts 11 — 12	1,39	1,59	1,67	1,30	1,10	1,30	1,8	2,1

1872 waren 3725, 1874 6277 und 1875 6916 Wassermesser aufgestellt. Es wurden 1875 für Feuerlöschzwecke und zum Strassensprengen
unentgeldlich 927361 kbm. und ferner gleichfalls geschätzt bei der sonstigen Entnahme aus Hydranten, durch Kaliberhähne etc. 466181 kbm. abgegeben. Von den mit der Leitung verbundenen Grundstücken erhielten
1874 6277 und 1875 6919 solches durch Wassermesser und 2211
resp. 2091 solches ohne Wassermesser. Die Einnahmen und Ausgaben
für Wasser stellen sich in den Jahren 1874 und 1875 wie folgt:

	1874	1875
Gesammtreineinnahme fur Wasser Mk. .	2421225	2576597
oder pro 1000 kbm Mk. . . .	151,25	151,20
Totalausgaben Mk.	1559130	1598172
oder Selbstkosten pro 1000 kbm. Mk. .	96,97	93,78
mithin Ueberschuss pro 1000 kbm. Mk. .	54,28	57,42

Von den Ausgaben pro 1875 fallen auf: Betriebskosten 307130 Mk.
97 Pf., Verwaltungskosten 125579 Mk. 83 Pf., Zinsen und Agio 1329492
Mk. 12 Pf. Die Bilanz, mit der die städtischen Wasserwerke in das
Jahr 1876 eingetreten sind, giebt folgende Posten unter den Activa:
Grundbesitz 5017777 Mk. 81 Pf., Röhrensystem 10415469 Mk. 32 Pf.,
Reservoire und Filter 3645628 Mk., Maschinen und Pumpen 3807675 Mk.
77 Pf., Hausleitungsröhren 955853 Mk. 50 Pf., Wassermesser 697671 Mk.
45 Pf., Vorräthe 1355775 Mk. 36 Pf., Utensilien 10817 Mk. 59 Pf.,
Bureaumobiliar 10702 Mk. 8 Pf., Erweiterungsbau 2228981 Mk. 68 Pf.,
Fonds für Erweiterungsbauten 673350 Mk., Debitoren 18534 Mk. 50 Pf.,

Kassabestand 831506 Mk. 12 Pf., Summa 29669753 Mk. 19 Pf. Für 1877 sind die Einnahmen für Wasserlieferung an Behörden, Institute und Privatpersonen auf 2902442 Mk. veranschlagt. Das unentgeldlich gelieferte Wasser für Feuerlöschzwecke, Rinnsteinspülung, Sprengen, Fontainen etc. wird zu einem Werthe von 100000 Mk. geschätzt.

Schliesslich mögen hier noch 2 Analysen des Berliner Leitungswassers, die eine von Prof. Müller von 1870, die andere von Dr. Tiemann von 1873 einen Platz finden. 100000 Theile Wasser enthielten:

	nach Müller	nach Tiemann
Salpetrige Säure	—	Spur
Salpetersaure	Spur	—
Chlor	1,31	2,48
Schwefelsaure.	0,96	—
Kalk	5,57	6,3
Magnesia	0,34	—
Ammoniak	Spur	0,004
Gesammtharte deutsche	11,30°	12,4°
Verbrauchtes Kaliumpermanganat . .	0,46 *)	1,47
Abdampfruckstand	19,10 **)	20,72

Westend-Berlin, ein Stadttheil Berlins, wird seit 1873 durch eine Anlage mit Wasser versorgt, die von der Baugesellschaft Westend, H. Quistorp & Co. hergestellt ist, und in deren Besitz sie sich auch noch befindet. Die Bauleitung hatte der Ingenieur F. Schmetzer in Berlin. Das ganze Werk ist ein Speculationsbau, dessen effective Baukosten circa 3600000 Mk. betragen haben. Das am 1. Januar 1876 erfolgte Taxat gelegentlich der Liquidation der Gesellschaft hat 2001569 Mk. ergeben. Von diesen Baukosten sind jedoch zwei Drittel für das als Pracht- und Luxusbau aufgeführte Hochreservoir zu rechnen, dessen Unterbau anderen Zwecken als der Wasserleitung dienen sollte. Das Werk sollte ausser Westend einen weiteren Complex von grossen Parzellirungen, ferner Charlottenburg und eventuell den Thiergarten versorgen und ist in seinen Maschinenanlagen für ein Wasserquantum von 9000 kbm. pro 24 Stunden hergestellt, während das Vertheilungsrohrnetz, sowie die Brunnenanlage für die Wassergewinnung einer solchen Leistung noch nicht entspricht. Das Wasser wird aus dem Grundwasser neben dem Teufelssee circa 1900 m. von der Havel entfernt durch Brunnen, die nur in der Sohle durchlässig sind, geschöpft. Die

---

*) An organischer Substanz wurden 2,30 Theile gefunden.
**) Bei 100° C.

Sohle der Brunnen liegt 9 bis 11 m. unter dem Terrain, 8 bis 10 m. unter dem Seespiegel und 6 bis 8 m. unter dem Havelspiegel. Der See scheint jedoch keinen Einfluss auf diese Brunnen zu haben, da ein sichtbarer Zu- und Abfluss nicht stattfindet. Es sind 11 Brunnen von je 3 m. Durchmesser und ein solcher von 5 m. Durchmesser hergestellt. Das Wasser wird von hier durch mit Dampfkraft betriebene Pumpen in das 3360 m. davon entfernt im städtischen Rohrnetze liegende Hochreservoir gepumpt, dessen Sohle 53 m. uber dem Wasserspiegel der Brunnen liegt. Es sind dazu zwei liegende doppeltwirkende Woolf'sche Maschinen von je 75 Pferdekräften, deren Cylinder hinter einander in einer Achse liegen, vorhanden. Dieselben haben Schwungräder und arbeiten mit Condensation und mit ⅓ Fullung im kleinen Cylinder bei einem Volumenverhältnisse beider Cylinder von 1 zu 5. Sie haben Schiebersteuerung und machen bis 18 Umdrehungen pro Minute. Der grosse Dampfkolben hat 1050 mm., der kleine 470 mm. Durchmesser und beide 1,250 m. Hub. Jede Maschine treibt direct eine liegende doppeltwirkende Pumpe mit Liederkolben mit Metallringen und Ringventilen von Gusseisen. Die Pumpen haben einen Kolbendurchmesser von 400 mm., sowie Saugrohre von 400 mm. und Druckrohre von 320 mm. Durchmesser. Der freie Querschnitt der Saug- und Druckventile beträgt je 1300 ☐ cm. Beide Maschinen haben einen gemeinschaftlichen schmiedeeisernen Windkessel von 1980 mm. Durchmesser, dessen unterer Theil von 1,600 m. Höhe als Saugwindkessel und dessen oberer von 4,400 m. Höhe als Druckwindkessel dient. Vier Cornwallkessel von 2000 mm. Durchmesser und 9,0 m. Länge mit zwei Flammrohren von 750 mm. Durchmesser haben im Ganzen 320 ☐ m. Heizfläche und geben Dampf von 4 Atmospharen Pressung. Oberschlesische Steinkohlen dienen als Brennmaterial. Das Hochreservoir hat 2000 kbm. Inhalt, ist aus Schmiedeeisen gefertigt und auf einem massiven Unterbau unter Dach aufgestellt. Das Rohrnetz ist nach dem Circulationssysteme angelegt und hat 14400 m. Länge. Das weiteste Rohr hat 500 mm. Durchmesser und es beträgt der effective Druck über dem höchsten Punkte des Versorgungsgebietes 14 m., während die Höhendifferenzen in diesem selbst bis zu 28 m. betragen. Die Abgabe erfolgt constant ohne Trennung von Trink- und Brauchwasser. 64 Wasserschieber und 105 Hydranten, sowie 2 öffentliche Fontainen sind vorhanden. 1876 waren 120 Grundstücke mit Wasser versorgt und 115 Siemens'sche Wassermesser aufgestellt. Das Wasser hat eine sehr constante Temperatur und zwar von 8° C. Nach einer einmaligen Analyse des Dr. Ziureck sind solche ferner nicht vorgenommen. Diese ergab im Liter Wasser: 0,2926 gr. kohlensauren Kalk, 0,0084 gr. kohlensaure Magnesia, 0,0118 gr. schwefelsauren Kalk, 0,0052 gr. kohlensaures Eisenoxydul, 0,0085 gr. Kieselsäure, 0,0204 gr. Chlornatrium, 0,0013 gr. Chlorkalium, 0,0601 gr. organische Substanz und 0,0017 gr. Stickstoff. Die Maschinen sind von Wöhlert in Berlin, die Schieber und Hydranten von Schäffer & Budenberg in Buckau und die Rohre von der Berliner Actiengesellschaft fur Eisengiesserei und Maschinenfabrik in Berlin geliefert. Die Maschinen haben 144000 Mk., das Hochreservoir 1250000 Mk. und das städtische Rohrnetz incl. Zuleitung 438000 Mk. gekostet.

Die Stadt **Bern** (Schweiz) mit 40,000 Einwohnern in 2412 Wohnhäusern (1869) hat an Stelle der früher in Benützung gewesenen verschiedenen Quellwasserleitungen seit 1869 eine einheitliche Versorgung, die mit einem anschlagsmässigen Kostenaufwande von 1040000 Mk. für eine Minimallieferung von 4,5 kbm. pro Minute für Rechnung der Stadt hergestellt ist. Das Wasser wird in dem sehr ausgedehnten Quellgebiete des Gaselbaches von Niederulmitz bis Gasel aus einer Bodenfläche von im Ganzen 80 Hektaren auf 3000 m. Entfernung gesammelt. Die verschiedenen Quellen sind durch 36 Verträge mit einem Kostenaufwande von 228892 Mk. von der Stadt erworben. Die Erschliessung der verschiedenen Quellen erfolgt theils durch Aufstösse, theils durch Steinkanäle und Drainirsträge. Im Ganzen sind für die Quellen 26 Brunnenschächte hergestellt, die durch Thon- und Eisenleitungen mit einander verbunden sind. Die gefassten Quellen werden durch einen Tunnel von 330 m. Länge mit eiförmigem Querschnitt von 1,26 m. Höhe und 0,75 m. Breite vom Gaselthal nach Settibuch geleitet. Diese Leitung ist durch eine in einem Einschnitt verlegte gusseiserne Leitung von 300 mm. Durchmesser und 60 m. Länge bis zur Mess- und Reinigungsstube fortgeführt, welche noch 6600 m. von der Stadt entfernt liegt. Auf halber Entfernung zwischen der Stadt und der Messbrunnenstube auf dem Königsberge ist ein Hochreservoir angelegt und es fliesst diesem das Wasser durch eine gusseiserne Leitung von 320 mm. Durchmesser mit 13,5 m. natürlichem Gefälle zu. Oberhalb des Dorfes Köniz nimmt diese Leitung ferner das Wasser eines anderen Quellengebietes, des der Schlierenquellen auf, welche von einer Hauptbrunnenstube aus 1020 m. Entfernung durch ein Rohr von 150 mm. Durchmesser zugeführt werden. Das Wasser derselben wird in Schlieren in zwei langen Einschnitten gesammelt und es beträgt

das Quantum 0,4 bis 0,6 kbm. pro Minute. Die Minimalergiebigkeit der
Gaselquellen beträgt 3 kbm. Das Reservoir ist vorläufig für 1620 kbm.
Fassungsraum hergestellt mit der Möglichkeit der Vergrósserung auf
das Doppelte und ist zweitheilig. Dasselbe ist überwölbt und 1,2 m.
hoch mit Boden überfüllt. Der Wasserspiegel liegt 78 m. über dem
Bahnhofsplatze und 60 m. uber dem Plateau der grossen Schanze,
dem höchsten Theile der Stadt. Die Hauptleitung zur Stadt hat
350 mm. Durchmesser. Die Länge der eisernen Leitungen von den
Quellen bis zur Stadt beträgt 7770 m. und die Länge des städtischen
Vertheilungsnetzes, welches streng nach dem Circulationssystem hergestellt ist, 16620 m. von Rohren von 300 bis 50 mm. Durchmesser
ausschliesslich etwaiger späterer Vergrösserungen. In dem Rohrnetze
waren 141 Hydranten und 108 Wasserschieber (incl. derer an dem
Reservoir etc.) angebracht. Auch sind 15 öffentliche Ventilbrunnen
aufgestellt. Der Kostenvoranschlag belief sich, wie angegeben, auf
1040000 Mk. und zwar Ankaufspreis der Quellen von Settibuch
440000 Mk., Messbrunnenstube 3200 Mk., Leitung von Settibuch bis
zum Reservoir 100000 Mk., desgl. vom Reservoir bis zur Stadt
112000 Mk., Durchgangsrecht für die Leitungen 9600 Mk., Reservoir
(für 5742 kbm. statt des ausgeführten Inhalts von 1620 kbm.) 101600 Mk.,
städtisches Rohrnetz 160000 Mk., Diverses 113600 Mk. Die wirklichen Anlagekosten haben bis 1869 im Ganzen 900544 Mk. 44 Pf.
betragen.

Bernburg a. d. Saale (Anhalt) hat 17000 Einwohner in 1556
Wohngebäuden und 3412 Haushaltungen. Im Jahre 1874 ist vom
Baurath Salbach für Kosten der Stadt eine Wasserversorgung mit
einer Maximalleistungsfähigkeit von 3000 kbm. pro 24 Stunden und
mit einem Kostenaufwande von 700000 Mk. erbaut. Im Jahre 1875
sind 124567,6 kbm. Wasser im Ganzen verbraucht und es betrug
das tägliche Maximalquantum 863,1 kbm. am 12. August und das
tägliche Minimalquantum 119,2 kbm. am 28. März. 9600 Personen
mit 2160 Haushaltungen wurden in 856 Wohngebäuden mit Wasser
versorgt. 20 Waterclosets, 43 Badeeinrichtungen und 10 Privatfontainen befinden sich in denselben. Durch 31 Wassermesser von
Siemens & Halske in Berlin sind in diesem Jahre 36733 kbm. Wasser
abgegeben. Trink- und Brauchwasser ist nicht getrennt und die Abgabe
ist eine constante. Das städtische Rohrnetz ist nach dem Circulationssysteme angelegt und hat 12000 m. Länge, 104 Hydranten und 77 Wasserschieber. Das grösste Rohr hat 250 mm. Durchmesser. Es ist eine öffent-

liche Fontaine vorhanden. Der Druck in der Leitung ist ein einheitlicher und beträgt 14,8 m. über dem höchsten Terrainpunkte des Versorgungs-gebietes, welches 31,05 m. Höhendifferenzen aufweist. Das Wasser, künstlich erschlossenes Grundwasser, wird 1108 m. von der Stadt entfernt aus 3 Brunnen, welche durch Heberrohre mit einander ver-bunden sind, entnommen, die circa 80 m. von der Saale entfernt liegen. Sie haben 3,5 m. Durchmesser und 6 m. Tiefe. Sie sind nur in der Sohle durchlässig und es liegt diese 1,0 m. tiefer als der niedrigste Wasserstand der Saale. Zwei Dampfmaschinen, die eventuell gekuppelt werden können, fördern das Wasser von hier in ein auf einem künst-lichen Unterbau überdacht aufgestelltes Reservoir von Eisenblech, welches 11,3 m. Durchmesser und 5 m. Höhe, mithin 500 kbm. Inhalt hat, auf 49,354 m. Höhe. Das Reservoir steht vor dem städtischen Rohrnetze und zwar 680 m. von den Maschinen und 428 m. von der Stadt entfernt. Die Maschinen sind liegende und doppeltwirkende. Sie sind mit Schwungrad und Condensation versehen und arbeiten mit Meyer'scher Schiebersteuerung bei ³/₈ Dampffüllung mit 16 bis 20 Umdrehungen pro Minute. Die Cylinderdurchmesser betragen 450 mm. und die Länge der Kolbenhübe 0,65 m. Jede Maschine hat 45 Pferde-kräfte. Die Pumpen werden direct von den Maschinen getrieben. An jeder Maschine befindet sich eine liegende doppeltwirkende Pumpe mit Lieder-kolben und Ringventilen. Die Hubzahl derselben ist dieselbe, wie die der Maschinen, da sie direct getrieben werden. Der Kolbendurchmesser ist 330 mm. und der Hub 0,650 m. Die Saug- und Druckrohre haben 250 mm. Durchmesser und die Saug- und Druckventile 540 ☐ cm. freien Querschnitt. Die Ventile sind von Rothguss und die Kolbenliederungen der Pumpen von Gusseisen. Für jedes der Saugventlile ist ein Windkessel von 650 mm. Durchmesser und 1,035 m. Höhe vorhanden, während der Druckwind-kessel von 1200 mm. Durchmesser und 3 m. Höhe für beide Maschinen zugleich dient. Die Windkessel sind sämmtlich von Gusseisen. Die beiden Dampfkessel haben 8 m. Länge und 1900 mm. Durchmesser und je zwei Flammrohre von 600 mm. Durchmesser. Sie sind mit Treppen-rostfeurung versehen und werden mit Braunkohle geheizt. Jeder Kessel hat 2,34 ☐ m. Rostfläche und 53,41 ☐ m. Heizfläche. Der Dampfdruck im Betriebe beträgt 4 Atmosphären. Der Kohlenverbrauch hat im letzten Jahre 472500 Kilo betragen und es stellt sich der Preis loco Werk für 100 Kilo Braunkohlen auf 0,70 Mk. Temperaturbeobach-tungen werden fast regelmässig gemacht, Wasseranalysen jedoch nicht; doch wird das in der Folge geschehen. Von Dr. Wackenroder liegen zwei Analysen vor. Die eine von am 4. März 1876 entnommenen Wasser zeigt in 100,000 Theilen Wasser: Calciumoxyd 25,20, Mangnesiumoxyd 7,20, Schwefelsäure 11,66, Chlor 5,43, Natriumoxyd 4,77, Salpetersäure Spuren, organische Substanz zu vernachlässigen. Auf die wahrscheinlichen Salze zurückgeführt ist sie mit der Analyse von am 2. Decbr. 1875 entnommenen Wasser zusammengestellt in folgender Tabelle mit ausgeführt:

	4. Marz 1876	2. Dec. 1875
Gyps	19,82	24,48
Kohlensaurer Kalk	30,43	6,00
Kohlensaure Magnesia	15,12	5,29
Chlornatrium	8,98	13,02
	74,35	48,79
Salpetersäure, organische Stoffe, Verlust bei der Analyse	3,05	9,2
Abdampfruckstand	77,40	58,00

Eine Specification der Anlagekosten weist folgende Positionen auf: Brunnenanlage 18000 Mk., Heberrohr 6000 Mk., Saug- und Druckrohrleitung 22000 Mk., Stadtrohrnetz 255000 Mk., Anschlussleitungen nach sämmtlichen Grundstücken 123000 Mk., Reservoiranlage 80000 Mk., Maschinen- und Kesselanlage incl. Gebäude 105000 Mk., Beamtengebäude und Insgemein 91000 Mk., Summa 700000 Mk. Für den Betrieb, der bis dahin nur auf die Bergstadt mit 9000 Einwohnern ausgedehnt war und der sich erst vom September 1876 an auch auf die Thalstadt ausdehnen soll, werden folgende Zahlen angegeben: a. Einnahme: Wasserzins der Hausbesitzer der Bergstadt 16400 Mk., auf reichs- und landesfiscalische Gebäude 3600 Mk., Summa 20000 Mk. b. Ausgaben: Kunstmeister, Maschinenwärter und Feuermann, Gehalt 3525 Mk., Erhaltung der Gebäude und Maschinen 1100 Mk., Heizung und Beleuchtung 4000 Mk., Erhaltung des Rohrnetzes und Insgemein 1735 Mk., Summa 10360 Mk. Die Amortisation soll innerhalb 38 Jahren erfolgen und zwar der Art, dass in jedem Jahre Ein Procent vom Nominalcapital und ausserdem die Zinsen vom Nominalcapital fortbezahlt werden, so dass die ersparten Zinsen der Amortisation zuwachsen. Das Plus bei dem Betriebe findet hierbei Verwendung, das fehlende wird durch Communalsteuern gedeckt. Zum Schluss mag hier noch der pro 1875 aufgestellte Etat einen Platz finden. Einnahmen: 1. Wasserzins 2 pro

mille des Hauscapitalwerthes 8400 Mk., 2. desgl. für Luxuswasser
3000 Mk., 3. desgl. für gewerbliche Zwecke 3000 Mk., 4. desgl. für
reichs- und landesfiscalische Gebäude 3000 Mk., Summa 17400 Mk.
Ausgaben: 1. Gehälter 2825 Mk., 2. Löhne 2175 Mk., 3. Brennmaterial
und Beleuchtung 11100 Mk., 4. Oel, Putzzeug, Maschinenunterhaltung
750 Mk., 5. Ueberwachung der Kessel 63 Mk., 6. Insgemein 900 Mk.,
Summa 18813 Mk.

Beuthen (Oberschlesien) hat 19162 Einwohner in 629 Wohngebäuden oder 3969 Haushaltungen. Die Wasserversorgung ist Eigenthum der Stadt und im Jahre 1867 erbaut und 1875 erweitert. Der
gesammte Kostenaufwand beträgt 300000 Mk., wofur ein Maximalwasserquantum von 4500 kbm. disponibel ist. Im Jahre 1875 sind
circa 600000 kbm. abgegeben und zwar 2200 kbm. am stärksten,
1150 kbm. am schwächsten Verbrauchstage. Wassermesser sind keine
vorhanden. In der Stadt befinden sich 14 Freibrunnen und eine
öffentliche Fontaine. In den Privathäusern sind 32 Watercloset,
7 Privatfontainen, 10 Privatpissoirs und 20 Badeeinrichtungen hergestellt. Wassermotoren haben noch keine Anwendung gefunden. Die
Versorgung aus der Leitung erfolgt constant und für Trink- und
Brauchwasser gemeinschaftlich. Das städtische Rohrnetz ist nach dem
Verästelungssystem angelegt. Es hat 7000 m. Länge und 84 Hydranten und 22 Wasserschieber. Das stärkste Rohr hat 235 mm. Durchmesser. Die Höhendifferenz der verschiedenen Punkte der Stadt beträgt 7 m. und der disdonible Wasserdruck über dem höchsten Terrainpunkte 13,3 m. Das Wasser wird aus einem im Muschelkalkgebirge
abgeteuften Schachte 465 m. von der Stadt entfernt mittels Dampfkraft
in ein auf künstlichem Unterbau aufgestelltes Reservoir von Gusseisen,
welches überdacht ist und 87 kbm. Inhalt (6,2 m. lang 5,6 m. breit
und 2,5 m. hoch) hat, auf 13,3 m. Höhe gehoben. Es sind zwei stehende
Dampfmaschinen vorhanden, von denen die eine 50, die andere 20
Pferdekräfte hat und welche abwechselnd arbeiten. Die kleinere ist
einfachwirkend, ohne Schwungrad, ohne Condensation und Expansion
und mit Ventilsteuerung. Sie hat 350 mm. Cylinderdurchmesser bei
2,5 m. Hub und macht 8 Hübe pro Minute. Die grössere ist doppeltwirkend und mit Schwungrad. Sie hat Schiebersteuerung, ist gleichfalls ohne Expansion und Condensation und macht 14 Umdrehungen
pro Minute. Der Hub beträgt 0,785 m., der Cylinderdurchmesser
600 mm. Die 2 Pumpen sind stehende und werden bei der einen
Maschine direct, bei der anderen durch Gestänge getrieben. Die eine

ist eine einfachwirkende Plungerpumpe, die andere eine doppeltwirkende Pumpe mit Liederkolben. Erstere hat Klappenventile von Leder, letztere Doppelsitzventile. Die Kolbendurchmesser betragen 315 mm. und die Länge der Hübe 2,500 m. resp. 0,785 m. Die Durchmesser der Saug- und Druckrohre sind bei beiden gleich gross und zwar 235 resp. 340 mm. Die Windkessel sind von Gusseisen und es hat der Saugwindkessel 390 mm. Durchmesser bei 0,700 m. Höhe, der Druckwindkessel aber bei gleichem Durchmesser 1,800 m. Höhe. Drei cylindrische Dampfkessel von je 8,78 m. Länge und 1000 mm. Durchmesser mit je einem Siederohre von 7,00 m. Länge und 700 mm. Durchmesser sind vorhanden und arbeiten mit 3,5 resp. 4 Atmosphären Dampfspannung. Jeder Kessel hat 1,5 ☐ m. Rostfläche und 31 ☐ m. Heizfläche. Die Kessel werden mit Steinkohlen geheizt. Die Qualität des Wassers soll eine gleichmässig gute sein, und daher keine Veranlassung zu regelmässigen Wasseranalysen vorliegen. Auch finden keine regelmässigen Temperaturbeobachtungen statt. Einer 1871 von der Firma J. & A. Aird für Beuthen hergestellten Wasserversorgung mag nach den von dieser Firma gemachten Angaben hier noch erwähnt werden. Dieselbe entnimmt 1350 m. von der Stadt aus in nassen Wiesen hergestellten Brunnen das Wasser und führt es einem 900 m. von der Stadt entfernten gemauerten überwölbten Bassin von 160 kbm. Fassungsraum durch natürliches Gefälle zu, von wo es mit circa 28 m. Druck in der Stadt durch ein circa 2500 m. langes städtisches Rohrnetz, welches nach dem Verästelungssystem angelegt mit 18 Hydranten, 14 Schiebern und 14 Freibrunnen versehen ist und dessen stärkstes Rohr 125 mm. Durchmesser hat, zur Vertheilung gelangt.

Für **Biel** (Schweiz) mit 9000 Einwohnern ist eine künstliche Wasserversorgung projectirt, über welche nähere Details nicht bekannt sind.

Die Stadt **Bielefeld** (Westfalen) mit 26612 Einwohnern beschäftigt sich schon seit einigen Jahren mit den Vorarbeiten für eine centrale Wasserversorgung. Nach eingehender Prüfung aller in Betracht kommenden Bezugsorte ist man in Folge eines Gutachtens des Geh. Bauraths Henoch bei zwei Bezugspunkten stehen geblieben und es sind für diese von der Firma J. & A. Aird in Berlin generelle Projecte aufgestellt. Das Wasser der einen Quelle, der sogen. Lutterquelle, ist chemisch vorzüglicher als das der anderen, der Quelle bei Hillegossen, und ausserdem billiger in der Ausführung, schliesst aber die Befürchtung der Erhebung von Wasserentschädigungsklagen nicht aus. Ueber die Berechtigung derselben will man sich durch Senkung des jetzigen Auslaufes und eine damit verbundene Vermehrung des Auslaufquantums vorher mittels eines Versuches ein Urtheil bilden. Als erforderliches Wasserquantum wird 4500 kbm. angenommen, welches genügen würde, 30000 Einwohnern pro Tag 150 Liter pro Kopf zu liefern. Vorläufig würde es jedoch hinreichen, nur den Theil der Stadt, der mit Gas versehen ·ist, mit Wasser zu versorgen, d. i. 15000 Seelen mit 2000 bis 2200 kbm. Von beiden Bezugsorten ist das Wasser mittels Dampfkraft zu heben nöthig und zwar von ersterem 49 m. incl. 1,28 m. Reibungshöhe und von letzterem 46 m. incl. 12,50 m. Reibungshöhe hoch. Die Leitung zu dem auf dem Sparrenberge anzulegenden Hochreservoire, welches in beiden Fällen vorläufig nur in der einen Hälfte von 675 kbm. Inhalt gemauert und überwölbt auszuführen projectirt ist, soll anfänglich eine einfache, später eine doppelte sein und würde für die Lutterquelle bei 250 mm. Durchmesser 400 m. Länge erhalten, während sie von·der Hillegossenquelle aus bei gleichem Durchmesser 5800 m. Länge erhalten würde. Für beide Stellen sind vorläufig 2 Maschinen, von denen eine als Reserve dienen würde, projectirt und soll diesen demnächst eine dritte hinzugefügt werden. Für ersteren Platz soll jede Maschine 26, für letzteren 25 Pferdekräfte erhalten. Als Zuleitungen vom Reservoir bis zur Stadt sind zwei Leitungen, von denen vorläufig nur eine auszuführen ist, projectirt. Sie sollen bei 1730 m. Länge 200 mm. Durchmesser erhalten. Das Stadtrohrnetz hat Rohrweiten von 400 bis 80 mm. und bei den Rohren von über 300 mm. Durchmesser Parallelleitungen von 80 mm. für die Anschlüsse. Es erhält nach dem Projecte im Ganzen 41321 m. Länge, wovon vorläufig 17717 m. und später 23604 m. auszuführen sind. Hydranten sind in circa 30 m. Entfernung projectirt. Herstellungs- und Betriebskosten in Mark sind für beide Projecte in beiden Stadien wie folgt veranschlagt:

	Lutterquelle		Hillegossen-Quelle	
	Erste Ausführung	Gesammt-Ausführung	Erste Ausführung	Gesammt-Ausführung
Anlagekosten . . .	380000	700000	460000	860000
Betriebskosten pro Jahr .	37100	61500	40700	68700
desgl. pro 100 kbm. .	4,50	3,70	5,00	4,20
oder bei freier Abgabe von				
¼ des ganzen Quantums	6,00	5,00	6,60	5,60
desgl. von ⅓ desselben	6,80	5,60	7,40	6,80

Die vom Professor Reichardt in Jena für beide Quellen vorgenommenen Analysen haben in 100000 Theilen Wasser ergeben:

	Lutterquelle	Hillegossen-Quelle
Abdampfrückstand . . .	32,0	67,0
Organische Substanz . . .	Spur	Spur
Salpetersäure	0	0
Chlor	0	Spur
Schwefelsaure	1,38	10,90
Kalk	9,50	13,10
Talkerde	1,40	6,12
Gesammthärte (deutsche Grade) .	11,46	21,68
Bleibende Härte	0,46	7,36

Blankenburg (am Harz) hat 3853 Einwohner in 392 Wohngebäuden und 818 Haushaltungen. Unter Leitung des Ingenieur F. Schmetzer ist auf Kosten der Stadt eine Wasserversorgung im Bau begriffen, die vermuthlich 1878 dem Betriebe übergeben werden kann und einen Kostenaufwand von 99824 Mk. erfordern wird.

Das städtische Rohrnetz, dessen grösstes Rohr 125 mm. Durchmesser erhält, wird 4800 m. Länge excl. Zuleitungen, 46 Hydranten und 25 Wasserschieber erhalten und vorwiegend nach dem Verästelungssysteme angelegt werden. Die Wasserversorgung wird eine constante, für Trink- und Brauchwasser gemeinschaftliche sein. Die Stadt wird in zwei Zonen eingetheilt, deren eine Hochdruck von 49 m., deren andere Niederdruck von 29 m. Wassersäule erhält.

Das Wasser wird aus Quellen, die dem Schiefer der Uebergangsformation entspringen und in einer Hauptsammelstube 3172 m. von der Stadt entfernt zusammengeleitet werden, gewonnen. 35 m. tiefer wird 351 m. von der Stadt entfernt ein gemauertes überdachtes Hochreservoir von 160 kbm. Fassungsraum errichtet werden. Es wird auf ein disponibeles Wasserquantum von 600 kbm. pro 24 Stunden gerechnet; die Maximal- und Minimalergiebigkeit der Quellen ist jedoch noch nicht vollständig ermittelt.

Die Temperatur des Wassers betrug im April 1876 10° C. Die Analysen des Wassers von den Herren Dr. R. Frühling und Dr. Jul. Schulz in Braunschweig ergaben in 100000 Theilen Wasser 24,07 Theile mineralische und 3,26 Theile organische Substanzen. Erstere bestanden aus 16,36 kohlensaurem Kalk, 2,63 schwefelsaurem

Kalk, 1,07 kohlensaurer Magnesia, 2,86 Chlorkalium, 0,20 Eisenoxydul und Thon und 0,95 Kieselsäure.

Die Anlagekosten werden sich wie folgt vertheilen: 1. Rohrnetz der Stadt 46000 Mk., 2. Zuleitung 42000 Mk., 3. Hochreservoir 6500 Mk., 4. Wassergewinnung 5200 Mk.

Blankenese mit den umliegenden Ortschaften Dockenhude, Nienstedten, Klein- Flottbeck, Othmarschen und Bahrenfeld (Holstein) wird von der Gas- und Wasserwerksgesellschaft in Altona mit Wasser versorgt. Die Orte umfassen zusammen 7581 Einwohner in 1115 Wohnhäusern und 1827 Haushaltungen.

Blaubeuren (Würtemberg) mit 2400 Einwohnern besitzt seit September 1874 ein neues Wasserwerk, welches vom Oberbaurath v. Ehmann mit einem Kostenaufwande von 85714 Mk. hergestellt ist. Das Wasser wird einem Wasserlaufe, dem Blautopfe, direct entnommen und kann durch besonders herzustellende technische Anlagen event. noch weiter filtrirt werden. Eine durch Elementarkraft betriebene Wasserhebungsanlage, bestehend aus zwei doppeltwirkenden horizontalen Pumpwerken, fördert das Wasser in ein zweitheiliges Hochreservoir von 230 kbm. Inhalt 36 m. hoch. Dieses Reservoir ist in den Kalkfelsen eingesprengt und es gelangt das Wasser von hier durch 3000 m. lange Leitungen in der Stadt zur Vertheilung. In derselben sind 50 Hydranten und 22 öffentliche Vertilbrunnen aufgestellt und über 100 Privat- und Industrieleitungen angeschlossen.

Bochum (Westfalen) hat 27898 Einwohner in 2287 Wohngebäuden. Die Anlage ist seit 1871 in Betrieb. Dieselbe ist Eigenthum der Stadt und wurde vom verstorbenen Baurath Moore erbaut; spätere Erweiterungsbauten sind vom derzeitigen städtischen Ingenieur Hengstenberg ausgeführt. Die ganze Anlage hatte am 1. Januar 1876 einen Buchwerth von 697086,87 Mk. und eine Leistungsfähigkeit von in maximo 10000 kbm.

Das Wasser wird einem Sammelbrunnen von 4 m. Durchmesser, der 30 m. vom Ufer der Ruhr entfernt liegt und in dem unteren Theile der Seitenwände durchlässig ist, entnommen. In diesen mündet ferner ein 100 m. langer Strang von durchlöcherten Thonröhren von 390 mm. Durchmesser, die dem Ufer parallel 1,2 m. unter dem tiefsten Wasserstande verlegt sind, ein. In gleicher Tiefe ist später 1875 ein anderer 70 m. langer Strang von 480 mm. Durchmesser vom Brunnen schräg auf den Uferrand zu verlegt. Zu derselben Zeit ist die Maschinenanlage durch Aufstellen einer Reservemaschine und Einbauen grösserer Pumpen bei den alten Maschinen vergrössert und leistungsfähiger gemacht. Die beiden alten Maschinen sind gekuppelt und haben ein gemeinschaftliches Schwungrad. Sie sind liegend und doppeltwirkend, haben Ventilsteuerung und Condensation und arbeiten mit $^1/_3$ bis $^5/_8$ Füllung. Die Dampfkolben haben 840 mm. Durchmesser und 1,49 m. Hub. Sie betreiben direct zwei doppeltwirkende Doppel-Plungerpumpen (System Girard) mit Doppelsitzventilen (Stahlringe auf Gusseisensitzen). Die Saugventile werden wegen der grossen Saughöhe (bei niedrigem Wasserstande 7 m.) durch die Maschine angehoben. Die Plunger haben 315 mm. Durchmesser und jede Pumpe hat ein Saugrohr von 310 mm. Durchmesser. Die Maschinen machen 15 bis 20 Doppelhübe pro Minute. Die dritte als Reservemaschine betrachtete hat Stosskolbensteuerung nach Cameron's System und arbeitet ohne Schwungrad, ohne Condensation und ohne Expansion. Der Dampfkolben hat 706 mm. Durchmesser und 1,49 m. Hub und treibt direct eine doppeltwirkende Pumpe mit Liederkolben mit Bronzeringen und Klappenventilen. Der Kolben derselben hat 285 mm. Durchmesser und sie macht 15 Doppelhübe pro Minute. Beide Hauptpumpen haben einen gemeinsamen gusseisernen Druckwindkessel von 1177 mm. Durchmesser und 3,61 m. Hohe und die Reservepumpen einen solchen von 628 mm. Durchm. und 2,825 m. Höhe. Jede der Plungerpumpen hat einen Saugwindkessel von 628 mm. Durchmesser und 2,197 m. Höhe und die Reservepumpe einen solchen von 445 mm. Durchmesser und 1,255 m. Höhe. Vier Cornwallkessel, von denen drei mit Galloway-Rohren versehen sind, haben 8,48 m. Länge, 2200 mm. Durchmesser und je 2 Feuerrohre von 835 mm. Durchmesser. Jeder Kessel hat 92,8 ☐m. Heizfläche und 2,87 ☐m. Rostfläche. Der Dampfdruck beträgt 4 Kilo pro ☐ cm. Der Kohlenverbrauch hat betragen 1872 3,79 Kilo, 1873 3,56 Kilo, 1874 3,24 Kilo und 1875 3,7 Kilo Grusskohlen pro 100 Kilogrammmeter Wasserförderung.

Das Wasser wird durch ein Rohr von 260 mm. Durchmesser, welchem 1875 ein zweites von 400 mm. hinzugefügt ist, 107 m. hoch auf 1680 m. Entfernung einem gemauerten überwölbten Hochreservoir von 2500 kbm. Fassungsraum zugeführt. Die Stadt liegt 80 bis 90 m. tiefer als dieses Reservoir und 5725 m. davon entfernt. Vor dem Eintritt in das Stadtrohrnetz wird circa $^1/_3$ des Wassers an bedeutende Etablissements (Bochumer Gussstahlfabrik etc.) abgegeben. Das Stadtrohrnetz hat 20600 m. Länge und als weitestes Rohr ein solches von 365 mm. Durchmesser. Es ist für dasselbe das Verästelungssystem angewendet und es findet die Abgabe des Wassers constant und ungetrennt für Trink- und Brauchwasser statt. In dem Rohrnetze befinden sich 70 Wasserschieber und 250 Hydranten.

In den letzten 4 Jahren hat die gesammte Abgabe sowie die Abgabe durch Wassermesser die in nachfolgender Tabelle verzeichneten Werthe erreicht. Ferner ist in derselben die Zahl der Zuleitungen und der Wassermesser für die einzelnen Jahre aufgeführt.

Betriebsjahr . . .	·1872	1873	1874	1875
Abgabe im Ganzen kbm. .	695470	1147153	1541825	1632601
desgl. durch Wassermesser	594300	910794	1239997	1388012
Zahl der in Gebrauch befindlichen Zuleitungen .	401	576	827	911
desgl. der Wassermesser .	92	148	237	666

Die Wassermesser sind mit Ausnahme einiger Probeexemplare alle nach Siemens' System und zwar circa die Hälfte von Siemens & Halske in Berlin, die andere Hälfte von Guest & Chrims (von Stumpf in Mainz) bezogen; die grösseren Messer von 50 mm. bis 150 mm. Durchmesser sind hauptsächlich von Berlin. Es sind 7 Stück Wassermotoren für Buchdruckerpressen etc. mit im Ganzen 10 Pferdekräften in Benützung, von denen einer von 3 Pferdekräften für Dreh- und Bohrbänke bei Nachtbetrieb benutzt wird. Sie sind oscillirend und doppelt- oder einfachwirkend. Auch wird der Wasserdruck direct zur Compression der Luft in den Windbehältern der Bierwirthschaften zum Heben des Bieres benützt. Ueber Analysen und Temperaturbeobachtungen ist keine Auskunft ertheilt. Das Mittel verschiedener von mir 1873 und 1874 durch Herrn Hartenstein veranlasster Analysen ergab Spuren von salpetriger und Salpetersäure, 2,69 Theile Chlor, 3,45 Schwefelsäure, 4,84 Kalk und Magnesia, kein Ammoniak, 17,48 Gesammtrückstand bei 135° C. und 2,14 organische Substanz in 100000 Theilen. Die Gesammthärte war im Mittel 10,5° französische Härte.

Die Stadt **Bockenem** (Hannover) mit circa 2000 Einwohnern wird seit 1868 künstlich mit Wasser versorgt. Die Anlage ist für Rechnung der Stadt vom Ingenieur Gehrich mit einem Kostenaufwande von circa 24000 Mk. ausgeführt. Das Wasser wird 2300 m. von der Stadt entfernt, 6 m. über dem höchsten und 18 m. über dem tiefsten Punkte der Stadt liegend, aus einem Bache abgeleitet und einem offenen Klärbassin von 40 m. Länge, 23 m. Breite und 1,5 m.

Tiefe durch eine Thonrohrleitung von 100 mm. Durchmesser zugeführt. Von hier wird es durch ein eisernes Rohr von 75 mm. Durchmesser in ein unmittelbar neben der Stadt angelegtes Reservoir von 18 m. Länge und 9 m. Breite, welches 500 kbm. fasst, geleitet. Dasselbe ist zur Ausgleichung für die täglichen Consumschwankungen bestimmt. Von diesem Reservoir führt ein Rohr von 125 mm. Durchmesser und 180 m. Länge in die Stadt, von welchem Rohre von 100 mm. bis 50 mm. Durchmesser in circa 1500 m. gesammter Länge abzweigen. In der Stadt sind 18 öffentliche Ventilbrunnen aufgestellt, die, zugleich mit einer 75 mm. starken Verschraubung versehen, auch als Zubringer für die Spritzen dienen, und es findet ausserdem eine unendgeldliche Wasserabgabe in verschiedene Gebäude durch angeschlossene Bleirohrleitungen statt.

Bockenheim (bei Frankfurt a. M.) hat 13083 Einwohner in 1016 Häusern und 2865 Haushaltungen. Zum Zwecke der Wasserversorgung hat die deutsche Wasserwerksgesellschaft in Frankfurt a. M. der Stadt eine Offerte gemacht, wonach sie ein Wasserwerk auf Kosten der Gesellschaft erbauen und betreiben will, wenn die Stadt einen jährlichen Beitrag von 10000 Mk. bezahlt und für die Einwohner der Preis des Wassers für gewerbliche und Luxuszwecke pro kbm. auf 20 Pfennig und für den Hausgebrauch auf 25 bis 40 Mk. pro Jahr festgestellt wird. Hierbei war auf eine Seelenzahl von 15000 gerechnet. Da die letzte Zählung jedoch schon mehr als 12000 Einwohner nachgewiesen, so ist die Offerte jetzt dahin geändert, dass die Versorgung sich bis zu einer Einwohnerzahl von 25000 erstrecken soll, dass ferner die Stadt 15000 Mk. pro Jahr zu zahlen hätte und die Taxe für kleine Haushaltungen ermässigt werden soll. Die Berathungen hierüber sind noch nicht geschlossen.

Bonn (Rheinprovinz) hat mit den angrenzenden Gemeinden Poppelsdorf, Endenich, Godesberg und Plittersdorf im Ganzen 34675 (26900)*) Einwohner in 3937 (2695)*) Wohnhäusern und 7358 (5722)*) Haushaltungen. Seit dem 1. April 1875 versorgt die Rheinische Wasserwerksgesellschaft in Cöln diese Orte mit einem von derselben mit einem Kostenaufwande von 1260000 Mk. erbauten Wasserwerke, welches für eine tägliche Wasserlieferung von 3000 kbm. bestimmt ist.

Das Wasser wird circa 15 m. vom Rhein entfernt aus einem 2190 m. vor der Stadt gelegenen Brunnen von 5,7 m. Durchmesser

---

*) Die Zahlen in Klammern beziehen sich nur auf die Stadt Bonn.

entnommen, welcher in dem Boden und in den Seitenwänden auf
3 m. Höhe, von der Sohle aus gemessen, durchlässig ist. Die Sohle
desselben liegt 3,5 m. unter dem niedrigsten Wasserstande des
Rheins, sowie 11 m. unter dem ursprünglichen und 14 m. unter
dem jetzigen Terrain. Das Wasser wird von hier mittels Dampfkraft
dem städtischen Rohrnetze direct zugeführt, hinter welchem sich ein
gemauertes, in das Terrain versenktes und zugewölbtes Bassin auf dem
Venusberge 2190 m. von der Stadt und 5390 m. von der Pumpstation
entfernt befindet. Dasselbe fasst in zwei getrennten Theilen zusammen
2500 kbm. Wasser. Für dieses Reservoir ist ausserdem eine directe
Verbindung von der Pumpstation aus projectirt. Zwei eincylindrige
liegende doppeltwirkende Dampfmaschinen mit Schwungrad und Condensation, welche mit Sulzer'scher Ventilsteuerung bei 20 % Füllung
arbeiten, machen 25 bis 30 Umdrehungen pro Minute. Die Nettoleistung jeder Maschine ist bei 30 Umdrehungen pro Minute 60 Pferdekräfte. Die Dampfkolben haben 520 mm. Durchmessser und 1,047 m.
Hub. Die Maschinen werden durch zwei einfache Walzenkessel von
10·m. Länge und 1,3 m. Durchmesser mit je zwei Vorwärmern von
7,3 m. Länge und 840 mm. Durchmesser, deren jeder 3 □ m. Rostfläche und 63 □ m. Heizfläche hat, mit Dampf von 5 Atmosphären
Druck versorgt. Dieselben verbrauchen im Jahresdurchschnitt excl.
des Verbrauches zum Anheizen pro Nettopferdekraft im Mittel pro
Stunde 2,01 Kilogr. westfälische Kohlen. Der Kohlenverbrauch hat
1875/76 zum Anheizen 72915 Kilo und zum Betriebe 227589 Kilo im
Gesammtwerthe von 4808 Mk. betragen. Jede Maschine treibt direct
eine doppeltwirkende Druckpumpe mit doppelten Plungerkolben (System
Girard) von 300 mm. Plungerdurchmesser und ferner mittels Kunstkreuz
eine einfachwirkende Hebepumpe, welche im Brunnen ca. 10 m. von der
Dampfmaschine entfernt und stehend angeordnet ist. Sie hat gleichen Hub
wie die Druckpumpe, aber 460 mm. Kolbendurchmesser. Der Kolben
ist ein Ventilkolben mit Lederklappen. Die Druckpumpen haben Ringventile. Saug- sowie Druckrohre haben 300 mm. Durchmesser und
die Ventile 1112 □ cm. freie Fläche, also das 1½fache des Plunger-
querschnitts als freie Oeffnung. Als Liederung wird für die Kolben
der Hebepumpen eine amerikanische Patentpackung verwendet. Die
Hebepumpen werfen das Wasser in einen über dem Brunnen befindlichen Fangkasten aus und es fliesst von hier mittels eines Rohres
einem im Maschinenhause unterirdisch angelegten Reservoire zu, aus
welchem es die Saugrohre der Druckpumpen direct entnehmen. Jede

Maschine hat einen horizontalen schmiedeeisernen Windkessel von 1100 mm. Durchmesser und 4 m. Länge. Saugwindkessel sind der geringen Saugehöhe wegen nicht angewendet.

Das Hochreservoir liegt 50 m. höher als die Druckpumpen. Der durchschnittliche Druck in der Stadt beträgt 40 m. mit Ausnahme eines 30 m. höher gelegenen Fabriketablissements und es ist die Höhendifferenz der verschiedenen Terrainpunkte, letzteren ausgenommen, in der Stadt 11 m. Das Rohrsystem hat 40600 m. Länge und ist theils mit Circulation, theils mit Verästelung bei allmählicher Tendenz zur Durchführung von Circulation angelegt. Das stärkste Rohr hat 306 mm. Durchmesser. Es sind im Rohrnetze 150 Hydranten und 81 Wasserschieber vorhanden.

Die Wasserabgabe findet constant in einer Druckzone und für Trink- und Brauchwasser gleichmässig statt.

Die Wasserabgabe hat vom 1. April 1875 bis dahin 1876 im Ganzen 462037 kbm. und zwar pro 24 Stunden am meisten 4958 kbm. am 17. August 1875 und am wenigsten 580 kbm. am 25. Dec. 1875 betragen. 1039 Wohngebäude waren mit Wasser versorgt. Durch Wassermesser, deren Zahl 105, von Siemens & Halske in Berlin geliefert betrug, sind 53438 kbm., für öffentliche Zwecke 3691 kbm. und für technische Gewerbe 1850 kbm. in diesem Jahre abgegeben. Zwei öffentliche Fontainen und zwei Freibrunnen werden mit Wasser versehen. 140 Waterclosets, 39 Badeeinrichtungen, 8 Privatpissoirs, 25 Privatfontainen und 2 Wassermotoren (zweicylindrige von Peter Kieffer in Köln) von zusammen $^2/_3$ Pferdekräften sind in Benützung. Oeffentliche Pissoirs mit Spülung existiren nicht.

Temperaturbeobachtungen werden einige Male des Tages an der Entnahmestelle und im Hochbassin vorgenommen. Die Durchschnittstemperatur des Wassers bei den Pumpen betrug im April 1875 10° C., im Mai 11°, im Juni 11,2°, im Juli 13°, im August 13,1°, im September 11,2°, im October 11,2°, im November 11,2°, im December 10°, im Januar 1876 10°, im Februar 9,9° und im März 7,5°.

Analysen werden nicht regelmässig gemacht. Eine solche, im Juni 1875 von dem Privattechniker Th. Wachendorff ausgeführt, ergab folgendes Resultat: In 100000 Theilen Wasser fanden sich 12,46 Theile Chlornatrium, 6,89 schwefelsaures Natron, 4,77 kohlensaures Natron, 0,00 schwefelsaurer Kalk, 24,00 kohlensaurer Kalk, 6,05 kohlensaure Magnesia, 0,85 Kieselsäure und 0,80 Eisenoxyd und Thonerde, im Ganzen also 65,82 feste Theile, wovon 0,43 organische

Substanzen waren. 39,85 freie Kohlensäure war in dem Wasser enthalten. Die Gesammthärte betrug 31,2° deutsche Härte.

Braunschweig hat 65938 Einwohner in 4390 Wohngebäuden und 15563 Haushaltungen. Auf Kosten der Stadt ist die Wasserversorgung erbaut und 1865 in Betrieb gesetzt. Der Erbauer ist der Oberingenieur Clauss. Die Gebäude sind vom Stadtbaurath Tappe entworfen und ausgeführt. Die Anlagekosten haben 1097401,12 Mk. betragen.

Die Anlage liefert Trink- und Brauchwasser ungetrennt bei constanter Versorgung in Form von künstlich filtrirtem Flusswasser. Man geht jedoch mit der Absicht um, die jetzige Anlage zu verlassen und statt des jetzigen Wassers vom Harz hergeleitetes Quellwasser zu verwenden und mit solchem gleichzeitig andere Orte des Herzogthums zu versorgen. Die schon längere Zeit als nothwendig erkannte Vergrösserung der Filteranlage, sowie die Herstellung eines Hochreservoirs sind für die jetzige Anlage aufgeschoben, da bis jetzt das Wasser nur unter Benützung eines Standrohres direct, bis die Frage der Harzwasserleitung entschieden ist, in die Stadt für den Consum gepumpt wird.

Das Wasser fliesst aus der Ocker direct mittels eines Rohres von 470 mm. Durchmesser in ein erstes Klärbassin, aus diesem durch ein gleiches Rohr in ein zweites Klärbassin und aus diesem endlich abermals durch ein gleiches Rohr auf das Filter. Die beiden Klärbassins sind offene Teiche, die durch einen schmalen Damm getrennt sind. Sie haben zusammen 14680 kbm. nutzbaren Inhalt und 16600 ☐m. Oberfläche. Eine Reinigung derselben hat nach Inbetriebsetzung des Werkes bis jetzt nicht stattgefunden. Später ist nach dem Filter noch eine directe Zuleitung aus der Ocker hergestellt, da sich die aus den Klärbassins als ungenügend erwiesen hatte. Das Filter, welches oben offen ist, ist gemauert und hat 1408 ☐m. Oberfläche. Es fasst 1182 kbm. Wasser über der Sandfläche und hat bei voller Füllung 840 mm., bei starkem Consum aber bis auf 300 mm. Wasserhöhe über der Sandschicht. In dem Filter befindet sich unten eine 80 mm. starke Schicht faustgrosser Kiesel, dann eine 80 mm. starke Uebergangsschicht aus Kiesstücken von 26 mm. bis 4 mm. Stärke und darüber liegt eine 500 mm. hohe Schicht aus körnigem Quarzsand von Mascherode. Das Filter giebt 4,755 kbm. Wasser pro ☐m. pro 24 Stunden, dieses Quantum jedoch nur während der ersten 4 Tage nach der Reinigung. Da das Filter für den Consum nicht gross genug ist, so wird neben dem filtrirten Wasser auch nur geklärtes

Wasser den Pumpen zugefuhrt, so dass nicht zu bestimmen ist, wie viel Wasser bis zur nöthigen Reinigung des Filters durchgegangen ist. Die Reinigung wird im Sommer alle 14 Tage und im Winter etwa jeden Monat vorgenommen und dabei die Sandschicht allmählich bis auf 300 mm. Stärke reducirt. Das filtrirte Wasser wird einem überdachten Brunnen von circa 80 kbm. Inhalt zugeführt und hieraus von den Pumpen entnommen.

Es sind zwei liegende, doppeltwirkende, eincylindrige Dampfmaschinen mit Schwungrädern uud Condensation vorhanden, die zusammen eine Maximalleistung von 170 Pferdekräften (18720 kbm. Wasser in 24 Stunden auf 44 m. Höhe gehoben) haben. Sie haben Ventilsteuerung und verstellbare Expansionsvorrichtung. Bei 41 m Druckhöhe arbeiten sie mit ¼, bei 47,44 m. mit ⅜ Füllung. Die Dampfkolben haben 654 mm. Durchmesser und 1,098 m. Hub. Die Maschinen arbeiten den Consumschwankungen entsprechend und können bis zu 20 Umdrehungen pro Minute und im äussersten Falle bis zu 21 Umdrehungen machen. Jede Maschine hat eine liegende doppeltwirkende Pumpe, welche direct bewegt wird. Die Kolben sind Liederkolben mit Lederdichtung, die Ventile Doppelsitzventile mit Sitzflächen aus einer besonderen Metalllegirung. Die Pumpenkolben hatten ursprünglich 419 mm. Durchmesser, sind aber später durch solche von 483 mm. Durchmesser ersetzt. Der freie Querschnitt der Druck- und Saugventile beträgt 774,16 ☐ cm. und das Verhältniss dieser zu dem Kolbenquerschnitt 0,445. Die Saugrohre haben 355 mm., die Druckrohre (bis zum Hauptwindkessel nur 2,5 m. lang) haben 328 mm. Durchmesser. Diese Verhältnisse erklären sich aus der vorhin erwähnten 1874 erfolgten Einwechselung grösserer Pumpen. Beide Pumpen haben einen gemeinschaftlichen schmiedeeisernen Druckwindkessel von 1448 mm. Durchmesser und 4,724 m. Höhe. Ausserdem hat jede Pumpe einen Saugwindkessel von 584 mm. Durchmesser und 1,524 m. Höhe und einen Druckwindkessel von 482 mm. Durchmesser und 1,600 m. Höhe.

Die ursprüngliche Zahl von 2 Dampfkesseln ist später um einen dritten vermehrt. Jeder Kessel besteht aus einem Oberkessel von 1412 mm. Durchmesser und 10,671 m. Länge und zwei Siedern von 784 mm. Durchmesser und 8,239 m. Länge. Jeder Kessel hat 3,94 ☐ m. Rostfläche und 64,22 ☐ m. Heizfläche. Der Dampfdruck beträgt 3,25 Atmosphären. Als Heizmaterial werden Steinkohlen und in letzterer Zeit solche mit Coaks gemischt verwendet. Der Jahresdurchschnitt ergiebt pro Pferdekraft und Stunde einen Kohlenverbrauch von 4,47 Kilo. Im ganzen Jahre werden 1545350 Kilo Kohlen im Preise von circa 28000 Mk. verbrannt. Der Betrieb der Maschinen wird so geregelt, dass in den Sommermonaten am Tage 47,44 m. über dem oberen Zielwasser der Ocker in einem offenen Standrohre in der Pumpstation gehalten wird, während des Nachts und im Winter dieser Druck auf 41 m. reducirt wird.

Die Pumpstation liegt 270 m. von der Stadt entfernt. Das städtische Rohrnetz hat 46000 m. Länge und ist nach dem Circulationssysteme angelegt. Das weiteste Rohr hat 365 mm. Durchmesser. Die Höhendifferenz des Abgabegebietes beträgt circa 20 m. und es ist der effective Druck über dem höchsten Punkte circa 15 m. Im Jahre 1875 waren 485 Hydranten, 135 Wasserschieber, 4 Freibrunnen, 3 öffentliche Fontainen und 9 öffentliche Pissoirs mit Spülung vorhanden. Mit Wasser in den Häusern waren circa 37900 Personen versorgt, während diese Zahl im Jahre vorher circa 35000 betrug. Für öffentliche Zwecke wurden 315000 kbm. und ferner durch 34 von Siemens & Halske in Berlin gelieferte Wassermesser 180000 kbm. abgegeben. 600 Waterclosets, 210 Badeeinrichtungen, 97 Privatfontainen, 160 Privatpissoirs und 4 Wassermotoren wurden mit Wasser versorgt.

Temperaturbeobachtungen werden regelmässig täglich 3 mal gemacht. Die Temperatur des Wassers im Flusse schwankt zwischen 1,2° und 26,2° C. und im Rohrnetze circa 1600 m. von der Pumpstation entfernt zwischen 2,2° und 21,9° C.

Analysen werden nicht regelmässig ausgeführt und dann nur auf den Gesammtrückstand und den Glühverlust ausgedehnt. Diese Zahlen wurden zu 32,9 und 7,5 Theile in 100000 Theilen Wasser festgestellt. Frühere von Dr. Kubel ausgeführte Analysen führten zu folgendem Resultate: Gesammtrückstand 32,2, davon 2,34 Kochsalz, 16,32 Gyps, 2,2 Glühverlust und 8,7° deutsche Härte.

Nachfolgende Tabelle giebt für die abgelaufenen 11 Betriebsjahre den Gesammtverbrauch, den Verbrauch pro Tag, die Zahl der angeschlossenen Grundstücke und den Verbrauch pro Grundstück im Jahre und pro Tag aus der ganzen Fördermenge berechnet.

Jahr	Gesammt-verbrauch kbm.	Durchschnitt pro Tag kbm.	Angeschlossene Grundstücke im Anfange des Jahres	Verbrauch pro Grundstück im Jahre kbm.	Verbrauch pro Grundstück im Tage Liter
1865	329534	903	760	389	1065
1866	558509	1530	934	579	1587
1867	809851	2219	995	767	2101
1868	902657	2466	1117	762	2081
1869	959870	2930	1254	736	2017
1870	1072637	2939	1355	768	2103
1871	1206384	3305	1438	802	2197
1872	1577995	4312	1570	939	2566
1873	1819787	4986	1789	947	2594
1874	2175335	5960	2050	997	2730
1875	2272309	6226	2314	944	2579
1876	—	—	2496	—	—

Der Maximal- und Minimalconsum pro Tag im Jahre, sowie im Durchschnittstage eines Monats und der Maximal- und Minimalconsum pro Stunde sind in folgender Tabelle zusammengestellt.

Jahr	Maximalconsum pro Tag		Minimalconsum pro Tag		Mittlerer Tagesconsum des Maximal-Monats-Consums	des Minimal-Monats-Consums	Stundenconsum	
	kbm.	Datum	kbm.	Datum			Maximum Liter	Minimum Liter
1865	2212	21. Juli	166	5. Febr.	1308	415	195800	3200
1866	3575	28. Juni	468	1. Jan.	2178	836	280400	7400
1867	4835	26 Aug.	725	20. Jan.	4011	1134	289900	13700
1868	5464	27. Juli	908	12. Jan.	3966	1227	316200	18400
1869	5534	24. Juli	1105	24. Jan.	4285	1571	316200	19800
1870	5724	4. Aug.	1362	20 Febr.	4199	1832	359200	26400
1871	6287	2. Sept.	1407	1. Jan.	4972	1889	415800	27400
1872	8788	27. Juli	1972	1. Jan.	6145	2687	533800	42900
1873	8385	26. Aug	2494	2. Febr.	6604	3144	506200	37700
1874	9353	10. Juli	3810	22. Febr.	7853	4590	542750	76050
1875	8928	—	3975	—	7646	4892	504400	76325

Nachfolgende Aufstellung giebt für die Jahre 1873, 1874 und 1875 den geschätzten Verbrauch der Stadt und der Privaten und eine Vertheilung des gesammten Consums auf den Kopf der überhaupt vorhandenen sowie der mit Wasser versorgten Personen im Jahresdurchschnitt, am Tage und in der Stunde des Maximalconsums:

Betriebsjahr	1873	1874	1875
Verbrauch der Stadt kbm.	400353	293000	316400
Privatconsum kbm.	1419434	1882336	1955909
Einwohner mit Wasserleitung .	30000	35100	38500
pro Tag Durchschnitt pro Kopf Liter .	166	170	139
desgl. pro Maximal-Tag Liter . .	279	267	231
desgl. pro Maximal-Stunde Liter . .	16,9	15,5	10,4
Einwohner überhaupt . . .	62000	65000	66000
pro Tag Durchschnitt pro Kopf Liter .	80	91	94
desgl. pro Maximal-Tag Liter . .	135	144	135
desgl. pro Maximal-Stunde Liter . .	8,1	8,8	7,6

Die folgende Aufsellung giebt für drei Tage des Jahres 1868 den Verbrauch für die verschiedenen Tagesstunden in Procenten des ganzen Tagesverbrauches ausgedrückt:

Zeit	1. Januar	23. Juli	10. September
6 — 7 Morgens	3,00	5,82	5,27
7 — 8 „	3,39	6,19	6,33
8 — 9 „	4,92	5,29	5,17
9 — 10 „	6,69	5,89	5,63
10 — 11 „	5,50	5,93	6,26
11 — 12 „	6,23	5,79	5,74
12 — 1 Mittags	6,37	4,99	5,76
1 — 2 „	5,07	7,02	5,79
2 — 3 „	5,13	5,53	5,48
3 — 4 „	4,08	5,57	6,02
4 — 5 „	3,82	5,60	5,95
5 — 6 „	4,40	5,65	6,82
6 — 7 Abends	4,75	5,07	6,12
7 — 8 „	3,94	4,12	4,46
8 — 9 „	4,05	3,36	2,55
9 — 10 „	3,10	2,60	2,12
10 — 11 „	3,82	2,45	1,78
11 — 12 „	2,69	2,00	1,78
12 — 1 Mittern.	2,84	1,54	1,71
1 — 2 „	3,24	1,40	1,58
2 — 3 „	3,13	1,27	1,57
3 — 4 „	2,87	1,99	1,66
4 — 5 „	3,33	2,04	1,91
5 — 6 „	3,36	2,77	2,52

Für die drei Jahre 1873 bis 1875 giebt folgende Zusammenstellung das in den einzelnen Monaten auf 41 m. Höhe gehobene Wasserquantum, die durchschnittliche Leistung der Maschinen in Pferdekräften, den Kohlenverbrauch pro Pferdekraft pro Stunde und die durch 100 Kilo Kohlen verrichtete Arbeit in Millionen Kilogrammmeter.

Monat		kbm. Wasser gehoben	Pferdekräfte	Kilo Kohlen pro Pferdekraft pro Stunde	Mill. Kgrmm. pro 100 Kilo Kohlen Arbeit verrichtet
1873.	Januar	105502	21,53	4,32	6,26
	Februar	88037	19,89	4,48	6,03
	März	116587	23,8	4,29	6,30
	April	133128	28,08	4,26	6,34
	Mai	146693	29,94	4,25	6,36
	Juni	170486	35,96	4,39	6,15
	Juli	193300	39,45	4,44	6,08
	August	204735	41,79	4,55	5,93
	September	190767	40,23	4,75	5,69
	October	177103	36,15	4,29	6,29
	November	151771	32,01	4,38	6,17
	December	141677	28,90	4,23	6,39
1874.	Januar	142279	29,04	4,49	6,00
	Februar	129136	29,18	4,83	5,59
	März	150635	30,74	4,84	5,57
	April	163839	34,55	4,72	5,72
	Mai	183837	37,52	4,35	6,02
	Juni	209700	44,23	4,47	6,04
	Juli	243456	49,69	4,77	5,66
	August	216996	44,29	4,62	5,85
	September	206578	43,57	4,61	5,85
	October	202231	41,27	4,75	5,68
	November	169262	35,69	4,89	5,53
	December	157388	32,12	5,03	5,37
1875.	Januar	154632	31,56	4,71	5,73
	Februar	146933	33,20	4,48	6,02
	Marz	163038	33,27	4,56	5,91
	April	175275	36,96	4,14	6,52
	Mai	209752	42,81	4,12	6,54
	Juni	221918	46,80	4,41	6,11
	Juli	237012	48,37	4,51	5,98
	August	236987	48,36	4,44	6,07
	September	221343	46,68	4,66	5,77
	October	190388	38,85	4,55	5,93
	November	163389	34,46	4,63	5,83
	December	151642	30,95	4,57 .	5,90

Den Kohlenverbrauch für die abgelaufenen 11 Betriebsjahre und die Arbeitsleistung der Maschinen giebt folgende Tabelle im Jahresdurchschnitt:

Jahr	Pferdekräfte der Maschinenarbeit	Kohlenverbrauch im Ganzen Kilo	Desgl. Durchschnitt pro Stunde Kilo	Kohlenverbrauch pro Pferd pro Stunde Kilo	Mill Kgrmm. geleistete Arbeit pro 100 Kilo Kohlen
1865	3,42	415950	47,48	13,89	1,84
1866	7,37	452650	51,67	7,01	3,72
1867	10,69	591400	67,51	6,32	4,06
1868	11,89	668000	76,05	6,39	4,00
1869	12,68	672500	76,77	6,05	4,23
1870	14,17	722600	82,49	5,82	4,40
1871	15,94	831150	94,88	5,95	4,30
1872	27,28	1045500	119,48	4,38	6,16
1873	31,55	1215700	138,78	4,40	6,14
1874	37,70	1548800	176,80	4,69	5,76
1875	39,39	1545350	176,41	4,47	6,02

Die nachfolgenden beiden Aufstellungen geben die Ausgaben und die Einnahmen für jedes der verflossenen Betriebsjahre im Ganzen sowohl als pro 100 kbm. Wasser.

Jahr	Ausgaben Mark						
	Im Ganzen			pro 100 kbm.			
	Betrieb	Zinsen	Summa	Betrieb	Zinsen	Amortisation	Total
1865	19043,77	18200,20	37243,97	5,77	5,52	1,87	13,16
1866	21512,27	23640,00	45152,27	3,84	4,23	1,10	9,17
1867	25888,74	23640,00	49528,74	3,19	2,92	0,76	6,87
1868	25731,66	24711,00	50442,66	2,85	2,72	0,68	6,25
1869	29160,37	24465,00	53625,37	3,12	2,54	0,64	6,30
1870	31946,79	24285,00	56231,79	2,93	2,26	0,57	5,76
1871	37357,00	24105,00	61462,00	3,09	1,99	0,52	5,60
1872	46896,56	23925,00	70821,56	2,97	1,52	0,59	4,88
1873	59212,72	23745,00	82957,72	3,25	1,30	0,34	4,89
1874	61211,03	28447,50	89658,53	2,82	1,31	0,32	4,45
1875	60120,46	27502,88	87623,34	2,64	1,21	0,31	4,16

Jahr	Einnahmen Mark							
	Im Ganzen					pro 100 kbm.		
	Privatconsum	Von der Stadt	Diverses	Privat-einrichtungs-Conto	Summa	Wasser-geld	Sonstige Ein-nahmen	Total-Ein-nahme
1865	20275,05		—	—	35275,05	10,70	—	10,70
1866	29711,43		1222,35	4894,11	50827,89	8,00	1,09	9,09
1867	34595,90		1396,80	10538,40	61531,10	6,12	1,47	7,59
1868	38704,72		1611,29	9939,61	65255,62	5,94	1,28	7,22
1869	44430,53	pro Jahr 15000,00	2214,78	7154,18	68799,49	6,18	0,98	7,16
1870	50175,48		2761,20	8212,17	76148,85	6,08	1,02	7,10
1871	54246,14		471,75	16464,89	86182,78	5,73	1,40	7,13
1872	71214,45		—	24185,10	110399,55	5,47	—	5,47
1873	79447,70		—	38374,81	132822,51	5,18	—	5,18
1874	100282,32		36,20	25675,10	140993,62	6,30	—	5,30
1875	99855,07		216,68	16041,26	131113,01	5,13	0,71	5,84

Für die letzten drei Jahre kann folgende Specification in Mark für die Wassergeldeinnahmen von Privaten und für verschiedene Betriebsausgaben wie folgt gegeben werden:

Betriebsjahr	1873	1874	1875
Einnahmen in Mark:			
Abgabe aus Hydranten	1160,21	1113,62	699,95
desgl. nach Messern	16084,52	24770,40	17454,55
desgl auf Discretion	62115,69	71710,23	82087,69
desgl. zum Strassensprengen	900,37	1486,05	1292,89
Ausgaben in Mark:			
Maschinenbetrieb	6356,91	6610,22	7231,89
Filterbetrieb	2036,42	2354,37	2603,12
Hydrantenbetrieb	5218,48	5289,20	5138,80
Unterhaltung von Maschinen u. Gerathen	1821,69	1485,73	3166,36
desgl. der Rohrleitungen	395,09	102,51	170,11
desgl. der Hydranten und Schieber	536,69	531,15	749,29
desgl. der Sprengwagen	109,55	162,10	591,16
desgl. der Gebäude	37,46	120,44	50,38
desgl. der Fundamente etc.	186,35	542,51	408,12
desgl. der Chaussee	165,52	160,50	869,38
desgl der Fontainen	5,75	—	662,00
Kohlenconto	30318,36	32373,86	28018,59
Oel und Putzmaterial	1109,60	775,22	1033,49
Beleuchtung	753,05	910,80	962,05
Gehalter	5984,00	6500,00	6575,00
Filtersand	52,50	210,00	—

In dem ersten Betriebsjahre des Werkes hat sich ein Deficit von 1968,92 Mk. ergeben, während die folgenden 10 Jahre einen Ueberschuss von im Ganzen 276570,43 Mk. gebracht haben und zwar: 1866 5675,62 Mk., 1867 12002,36 Mk., 1868 14812,96 Mk., 1869 15174,12 Mk., 1870 19917,06 Mk., 1871 24720,77 Mk., 1872 39577,99 Mk., 1873 49864,79 Mk., 1874 51335,09 Mk., 1875 43489,67 Mk.

Diese Ueberschüsse sind wie folgt verwendet: zur Deckung des Deficits 1968,92 Mk., zur Ansammlung eines Betriebsfonds 45049,94 Mk., zur Herstellung von Erweiterungen 135484,06 Mk., zur Amortisation 94067,51 Mk. Summa 276570,43 Mk.

Die Anlagen hatten nach dem Schlusse der Baurechnungen 1865 gekostet für: Grunderwerb 6686,25 Mk., Honorare, Gerichtskosten etc. 10882,85 Mk., Zinsen während der Bauzeit 15364,14 Mk., Hochbauten 273522,30 Mk., Rohrleitungen, Filter und Maschinen 527317,57 Mk., Summa 833773,11 Mk., und dazu kam ferner bis 1875 für Erweiterungen der Rohrleitungen und Bauten auf dem Werke selbst 263628,01 Mk., mithin Gesammtsumme 1097401,12 Mk.

Bremen hat 102376 Einwohner in 12206 Wohngebäuden und 21602 Haushaltungen. Das Wasserwerk ist auf Kosten des Bremer Staates vom Oberbaurath Berg erbaut und im December 1873 in Betrieb gesetzt. Die späteren Erweiterungsbauten sind vom Director Salzenberg ausgeführt. Bis Ende 1875 haben die Anlagekosten 3,370,000 Mk. betragen.

Das Wasser wird der Weser durch ein 735 mm. weites Zuflussrohr direct entnommen und ohne vorherige Klärung den Filtern zugeführt, deren Zahl ursprünglich 3 war, aber durch 1875/76 neu zugebaute auf 5 vermehrt ist. Dieselben sind offen und es haben die älteren je 679 ☐m., die neuen je 1169 ☐m. Oberfläche, alle 5 Filter zusammen also 4375 ☐m. Oberfläche.

- Die älteren Filter bestehen aus einer Schicht von 53 cm. Stärke von grobem Steinschlag (120—145 mm. Korn), 19,3 cm. Stärke desgleichen mittleren (72—96 mm. Korn), 14,5 cm. desgleichen feinen (36—50 mm. Korn), 14,5 cm. desgleichen groben Kies, 14,5 cm. desgleichen feinen Kies und endlich 72,4 cm. desgleichen Sand.

Die beiden neuen Filter haben am Boden Kanäle von 29 cm. Höhe, deren Zwischenräume mit grossen Steinen von 15 bis 25 cm. Korngrösse ausgefüllt sind. Darüber liegt eine Schicht von 23 cm. Stärke aus kleinen Steinen von 6—12 cm. Korngrössen bestehend. Dann kommt 15 cm. stark Kies in Wallnussgrösse, 8 cm. desgleichen in Haselnussgrosse, 8 cm. desgleichen in Bohnengrösse und 8 cm. desgleichen in Erbsengrösse. Darauf liegt eine Schicht von 44 cm. Stärke von grobem und darauf eine solche von 60 cm. Stärke von feinem Sande. Bei den alten Filtern ist die Wasserhöhe bis zum Ueberlauf 0,870 m., bei den neuen hingegen 1,250 m. Der wirksame Filterdruck beträgt 0,300 m. und kann variirt werden.

Das filtrirte Wasser wird in einem zwischen eisernen Trägern überwölbten Reinwasserbassin von 4070 kbm. Inhalt gesammelt.

Mittels Dampfmaschinen wird das Wasser durch Filterpumpen aus einem Saugbrunnen auf die Filter und durch Hochdruckpumpen aus dem Reinwasserbassin auf das auf künstlichem Unterbau über dem Maschinenraume unter Dach aufgestellte zweitheilige Hochreservoir, das aus Schmiedeeisen construirt ist, gehoben. Die Maschinen- und Hochreservoiranlage liegt 160 m. von dem Eintritte des Wassers aus dem Flusse und 290 m. von der Stadt entfernt und natürlich vor dem Eintritt in das Rohrnetz. Die Sohle des Hochreservoirs liegt 39,069 m. über dem niedrigsten Wasserstande der Weser. Die Wasserhöhe bei ganzer Füllung ist 3,470 m., so dass die Maximalförderhöhe 42,539 m. beträgt. Die beiden Bassins haben je einen rechteckigen Grundriss von 22,810 m. mal 10,970 m. mit einer rechteckigen Aussparung von 4,050 m. mal 1,592 m. Die grösste Wasserhöhe beträgt wie bemerkt 3,470 m. und der ganze Fassungraum 1692 kbm.

Es sind zwei getrennte Maschinenanlagen vorhanden, deren jede aus zwei gekuppelten Zwillingsmaschinen, welche liegend und doppeltwirkend sind, bestehen. Jedes Maschinenpaar hat bei 22 Umdrehungen 123 indicirte Pferdekräfte und soll dabei eine Nettoleistung in dem Pumpeneffecte von 117 Pferdekräften repräsentiren. Jedes Maschinenpaar hat ein Schwungrad und arbeitet mit Condensation. Die Pumpen sind gleichfalls liegend und werden direct von den Maschinen getrieben, indem ihre Kolben an die Kolbenstangen der Dampfkolben gekuppelt sind. Jedes Maschinenpaar hat eine Filter- und eine Hochdruckpumpe. In dem die erstere Pumpe treibenden Dampfcylinder arbeitet der Dampf mit sechsfacher, in dem die letztere treibenden mit vierfacher Expansion. Die Dampfcylinder haben 500 mm. Durchmesser und deren Kolben 1,500 m. Hub. Die Steuerung wird durch horizontale Schleppschieber bewirkt. Die Pumpen sind dopeltwirkend mit Liederkolben und Ringventilen. Die Kolbenliederungen bestehen aus Metall. Die Hochdruckpumpen haben Messingventile mit gusseisernen Sitzen, während bei den Filterpumpen Ventile und Sitze aus Gusseisen bestehen. Die

Kolben der ersteren haben 458 mm., die der letzteren 462 mm. Durchmesser. Sie arbeiten mit 16 bis 22 Doppelhüben pro Minute und zwar bei letzterer Zahl am vortheilhaftesten. Die Saugrohre haben 381 mm., die Druckrohre 533 mm. Durchmesser.

Der Hauptwindkessel für beide Druckpumpen hat 1500 mm. Durchmeser und besteht aus einem gusseisernen Untersatz von 0,855 m. Höhe und einem schmiedeeisernen Obertheile von 5,910 m. Hohe. Für jede Pumpe sind ferner je ein Saug- und ein Druckwindkessel von Gusseisen vorhanden. Erstere haben 685 mm. Durchmesser und 0,415 m. Höhe, letztere 700 mm. Durchmesser und 1,491 m. Hohe über Oberkante Rohr.

Fünf Dampfkessel mit je 2 inneren Feuerrohren und innerer Feuerung sind vorhanden. Sie haben 9,200 m. Länge und 1800 mm. Durchmesser, während die Flammrohre 700 mm. Durchmesser haben. Jeder Kessel hat einen Dom von 700 mm. Durchmesser und gleicher Höhe. Die Rostfläche beträgt pro Kessel 2,66 ☐m. und die Heizfläche 63,92 ☐m. Zur Feuerung werden Ruhrkohlen benutzt und der Dampf hat 5 Atmosphären Pressung.

Beim Probebetriebe wurden excl. Anheizen und Decken pro Netto Pferdekraft der Wasserleistung 1,5 Kilo beste Wales-Kohlen gebraucht.

Die städtische Wasserversorgung erfolgt constant und ohne Trennung des Trinkwassers vom Nutzwasser. Das Stadtrohrnetz ist aus dem Circulations- und Verästelungssysteme combinirt. Die grössten Höhendifferenzen in dem Versorgungsdistricte betragen 8,33 m., im Allgemeinen jedoch nur circa 4 m. Ueber dem höchsten Punkte der Stadt ist der Leitungsdruck bei vollen Reservoiren circa 33 m. In allen übrigen Stadttheilen mit Ausnahme weniger kurzer Strecken schwankt er zwischen 36,75 m. und 40,83 m.

Das städtische Rohrnetz hatte Ende 1875 eine Länge von 90700 m. und die Rohre desselben haben 508 bis 78 mm. Durchmesser. 1874 waren 671 und 1875 756 Hydranten vorhanden. Die Zahl der Freibrunnen ist 1875 von 131 im Jahre vorher auf 161 erhöht. An öffentlichen Fontainen ist eine, an öffentlichen Pissoirs sind 33 vorhanden. Die gesammte Wasserabgabe war 1874 1429126 kbm. und 1875 1586113 kbm. Die tägliche Maximalabgabe betrug im ersteren Jahre am 20. Juli 7509 kbm. und im letzteren am 17. August 8526 kbm. Die tägliche Minimalabgabe hingegen war am 15. Febr. 1874 1399 kbm. resp. am 7. März 1875 2152 kbm.

Die Zahl der Wassermesser, die sämmtlich Siemens-Messer theils englisches, theils berliner Fabrikat sind, hat sich von 76 im Jahre 1874 auf 111 im Jahre 1875 vermehrt. Da keine Entleerung der Waterclosets in die Strassenkanäle erlaubt ist, so ist deren Zahl gering. In den Jahren 1874 resp. 1875 betrug die Zahl der Privatfontainen 72 resp. 81 und die der Privatpissoirs 12 resp. 24. Von Wassermotoren sind 2 Stück in Anwendung.

Ueber Analysen und Temperaturbestimmungen sind keine Mittheilungen gemacht.

Eine Analyse vom September 1876 von Th. Schorer giebt für das Leitungswasser in 100000 Theilen folgende Zahlen: 4,615 Chlor. 7,60 Schwefelsäure, 8,835 Kalk, 2,05 Magnesia, 4,95 gebundene Kohlensäure, 11,33 kohlensaurer Kalk, Null Ammoniak, salpetrige und Salpetersäure, 1,012 verbrauchtes Kaliumpermanganat und 13° bleibende Härte (deutsch).

Bremerhafen mit 13500 Einwohnern wird von zwei getrennten Wasserleitungsgesellschaften mit Wasser versorgt, welche ihre Werke im benachbarten Dorfe Lehe haben und das Wasser aus Quellen zuführen, welche ½ Stunde von Bremerhafen entspringen.

Die eine Gesellschaft J. H. Eits Wittwe pumpte seit 1845 das Wasser mittels einer Windmühle; 1852 ist ein Pferdegöpel dafür aufgestellt und 1858 ein Druckthurm errichtet. 1866 ist Dampfmaschinenbetrieb eingeführt. Eine liegende 12pferdige Maschine treibt mittels Riemenübertragung stehende Pumpen. Kürzlich ist ein neues Hochreservoir hergestellt. Es beträgt der Durchmesser des stärksten Zuleitungsrohres 235 mm.

Die andere Gesellschaft Schwoon, L. Koper & Co. pumpt das Wasser mittels einer liegenden Dampfmaschine und direct getriebener liegender Pumpe in ein in einem Thurme aufgestelltes Hochreservoir. Das weiteste Rohr der Zuleitung dieser Gesellschaft hat 180 mm. Durchmesser.

Nach den Analysen des Dr. A. Barth im Februar 1875 enthielt das Wasser jeder der Gesellschaften in 100000 Theilen:

	Eits	Schwoon
Salpetrige Säure	Spur	Spur
Salpetersäure	1,65	5,2
Chlor	8,875	12,425
Schwefelsäure	8,40	9,80
Ammoniak	0,0225	0,02
Verbrauchtes Kaliumpermanganat	0,66	1,18

Brieg (Schlesien) mit 16251 Einwohnern incl. Militair mit 686 Wohnhäusern und 3356 Haushaltungen und 25 Anstalten wird seit 1864 mit Flusswasser versorgt, welches der Oder entnommen wird. Die Anlage ist zuerst von dem Gasdirector R. Hornig erbaut und später erweitert. Sie ist Eigenthum der Stadt und repräsentirt jetzt ein Anlagecapital von 170496 Mk. Die Maximalleistung des Werkes bei continuirlichem Betriebe ist circa 2240 kbm. pro Tag.

Das Wasser fliesst aus der Oder auf circa 9 m. Entfernung direct zwei kunstlichen offenen Sandfiltern ohne vorherige Klärung zu, deren höchster Wasserstand derselbe wie der mittlere dieses Flusses ist, während der niedrigste Wasserstand der Filter noch 0,75 m. unter dem niedrigsten der Oder sich befindet. Die Filter sind von gleicher Grösse und haben bei 284 ☐m. Oberfläche im Ganzen 778 kbm. Fassungsraum. Die Filterschichten bestehen aus: einer 93 cm. dicken Kiesschicht von Haselnussgrösse, einer 31 cm. dicken Kiesschicht von Hanfkorngrösse und einer 124 cm. dicken Sandschicht. Die Wasserhöhe über der Filterschicht schwankt mit dem Wasserstande der Oder. Die Reinigung der Filter findet im Sommer in der Regel alle 14 Tage statt. Bei Hochwasser nach starkem Regen ist sie jedoch mitunter zwei Mal in der Woche nöthig. Von der oberen Sandschicht wird bei der Reinigung in der Regel 1 cm. abgenommen und eine Erneuerung des Sandes findet statt, wenn die Stärke der Schicht auf 78 cm. reducirt ist.

Ein Reinwasserbassin ist nicht vorhanden. Das filtrirte Wasser fliesst durch zwei Saugrohrleitungen von circa 35 m. Länge und 210 mm. Durchmesser zwei liegenden doppeltwirkenden Pumpen mit Liederkolben mit Lederliederung zu, welche 200 mm. Kolbendurchmesser bei 0,80 m. Hub haben und von zwei Dampfmaschinen von je 50 Pferdekräften direct getrieben werden. Die letzteren, selbstredend gleichfalls liegend und doppeltwirkend, sind gekuppelt und haben ein gemeinschaftliches Schwungrad. Sie haben Schiebersteuerung und Condensation und arbeiten gewöhnlich mit 0,38 Fullung. Die Maximalfullung ist 0,5. Die Dampfkolben haben 445 mm. Durchmesser und machen 22 bis 26 Doppelhübe pro Minute. Die Pumpen haben Ringventile (Stahl auf Gusseisen) und es liefert jede derselben bei 26 Umdrehungen des Schwungrades 1,25 kbm. Wasser pro Minute auf 41 m. Höhe. Jede Pumpe hat einen gusseisernen Saugwindkessel von 500 mm. Durchmesser und 1,30 m. Höhe. Die Druckrohre beider Pumpen, welche gleiche Durchmesser wie die Saugrohre haben, vereinigen sich in einem schmiedeeisernen Windkessel von 1000 mm. Durchmesser und 3,0 m. Höhe. Von hier wird das Wasser durch ein gemeinschaftliches Druckrohr von 250 mm. Durchmesser einem unmittelbar neben dem Maschinenhause in einem Thurme unter Dach aufgestellten Hochreservoir zugeführt, welches aus Eisenblech hergestellt ist und 550 kbm. Fassungsraum hat. Dasselbe hat 12 m. Durchmesser bei 5 m. Höhe und in der Mitte zur Durchführung einer Treppe einen Hohlraum von 2 m. Durchmesser. Der Dampf von 3 Atmosphären Pressung zum Maschinenbetriebe wird in zwei Kesseln durch Heizung mit Steinkohlen aus Zabrze entwickelt. Die Kessel haben darunter liegende Vorwärmer. Erstere haben 940 mm. Durchmesser bei 5,022 m. Länge, letztere 785 mm. Durchmesser bei 4,080 m. Länge. Jeder Kessel hat 0,8 ☐ m. Rostfläche und 17 ☐ m. Heizfläche. Die ganze Anlage liegt circa 850 m. von der Stadt entfernt. Das städtische Rohrnetz ist nach dem Circulationssysteme angelegt und es hat das stärkste Rohr desselben 183 mm. Durchmesser. In dem Rohrnetze befinden sich 45 Hydranten, 10 Wasserschieber. 5 Freibrunnen und 2 öffentliche Fontainen.

Die nachfolgenden Tabellen geben für die Jahre 1871 bis 1875 für die einzelnen Monate jeden Jahres, sowie für das ganze Jahr selbst, die Gesammtabgabe, die mittlere und die grösste und kleinste Tagesabgabe in kbm.

	Monat	Gesammt-abgabe	Im Mittel pro Tag	Maximum pro Tag	Minimum pro Tag
1871	Januar	22039,6	710,8	868,7	463,8
	Februar	21121,1	754,1	828,6	658,5
	März	22445,1	724,1	788,4	627,6
	April	21092,8	703,0	850,2	575,0
	Mai	23050,5	743,5	927,6	624,5
	Juni	25597,8	853,1	1012,5	717,2
	Juli	27745,2	894,9	1113,1	726,6
	August	28992,7	935,0	1122,3	680,2
	September	28921,6	954,0	1181,0	751,2
	October	24993,8	806,2	973,9	695,6
	November	21889,0	729,5	766,7	661,6
	December	22841,0	736,7	796,1	692,5
	Total	290430,2	795,4	1181,0	463,8
1872.	Januar	21816,0	703,6	796,1	633,8
	Februar	20417,2	703,9	765,1	562,6
	März	21975,4	708,8	850,2	602,8
	April	21859,3	728,5	950,7	633,9
	Mai	27945,5	901,2	1215,0	695,7
	Juni	25358,8	845,2	989,4	698,7
	Juli	29185,4	941,4	1252,2	714,2

Monat		Gesammt-abgabe	Im Mittel pro Tag	Maximum pro Tag	Minimum pro Tag
1872	August	28595,5	922,3	1344,9	742,0
	September	24342,1	811,3.	935,3	684,5
	October	23714,5	764,8	1045,0	664,7
	November	19990,5	666,2	859,5	595,1
	December	19338,8	624,2	919,8	571,9
	Total	284539,0	776,78	1344,9	562,6
1873.	Januar	20505,2	661,4	711,1	571,9
	Februar	20544,9	733,6	749,6	646,2
	Marz	22932,5	738,7	924,4	649,3
	April	24155,2	805,2	1035,7	672,4
	Mai	25706,6	829,2	1014,1	664,8
	Juni	29865,5	995,5	1329,5	769,8
	Juli	38213,2	1231,7	1515,0	919,8
	August	38380,2	1238,0	1515,0	912,1
	September	29654,3	988,4	1208,8	760,5
	October	26668,5	860,1	973,9	757,4
	November	23199,6	773,3	822,4	687,8
	December	23849,2	770,0	850,2	673,2
	Total	323674,9	885,4	1515,0	571,9
1874	Januar	24746,8	798,3	919,9	674,0
	Februar	22153,4	791,1	856,5	748,0
	März	24829,8	800,9	865,0	745,0
	April	25923,5	864,1	1051,2	755,9
	Mai	29820,7	961,9	1113,0	858,0
	Juni	33048,2	1101,6	1267,7	955,4
	Juli	36468,9	1176,4	1329,5	912,1
	August	29634,0	955,9	1159,4	834,8
	September	27212,0	906,7	1020,3	803,9
	October	26714,8	861,7	1051,2	757,5
	November	25826,7	860,9	1110,0	770,0
	December	26726,0	862,4	1115,0	770,0
	Total	333104,8	911,8	1329,5	674,0
1875	Januar	26157,8	843,8	1090,0	700,0
	Februar	24312,1	868,4	1050,0	750,0
	Marz	25220,0	813,5	1000,0	750,0
	April	24764,7	825,5	1075,0	750,0
	Mai	27146,5	875,7	1090,0	775,0
	Juni	30301,9	1010,0	1250,0	810,0
	Juli	30274,6	976,5	1190,0	860,0
	August	29319,7	945,8	1120,0	815,0
	September	26764,6	891,8	1140,0	830,0
	October	25249,3	814,5	1010,0	700,0
	November	22821,2	760,7	1150,0	700,0
	December	26296,7	848,3	1400,0	750,0
	Total	318629,1	872,9	1400,0	700,0

1876 war die ganze Jahresabgabe 291563,6 kbm. und es fand das Tagesmaximum der Abgabe am 13. Juli mit 1145 kbm. und das Tagesminimum am 16. April mit .691,2 kbm. statt. In diesem Jahre waren 489 Wassermesser, System Siemens bezogen von Meinecke in Breslau, in Benützung. Auch wurden 6 Privatfontainen, 25 Water-closets und 20 Badeeinrichtungen aus der Leitung gespeist. Die Wasserabgabe findet ungetrennt für Brauch- und Trinkwasser, constant und unter einheitlichem Drucke statt. Ueber Temperaturmessungen und Analysen liegen keine Angaben vor.

Breslau (Schlesien) hat 239050 Einwohner in 5446 bewohnten Häusern und 53903 Haushaltungen sowie 198 Anstalten. Seit Ende Juli 1871 wird die' Stadt mit künstlich filtrirtem Flusswasser versorgt. Das Wasserwerk ist Eigenthum der Stadt und ist von den Stadtbau-räthen **Zimmermann** und **Kammann** erbaut. Die Kosten haben einschliesslich der noch im Bau begriffenen Erweiterungen 2473164 Mk. betragen. Die alte Anlage war für eine stündliche Leistung von 937 kbm. bestimmt, welches Quantum sich später als nicht ausreichend zeigte, so dass neue Maschinen etc. in Ausführung begriffen sind. Das Wasser wird aus einem direct mit der Oder verbundenen Klär-teiche von 7335 kbm. Inhalt und 1533 ☐m. Oberfläche bei mitt-lerem Wasserstande entnommen und durch Filterpumpen 3 gleich grossen Filtern zugeführt, deren jedes 4000 ☐m. Oberfläche und 13230 kbm. Inhalt hat. Es ist also eine gesammte Filterfläche von 12000 ☐m. vorhanden. Die Filter sind offen. Das Filtermaterial besteht aus 31 cm. grossen, 48 cm. mittleren und 14 cm. kleinen Steinen, 24 cm. Kies und 100 cm. feinem Odersand. Die Wasser-höhe auf den Filtern beträgt 1,25 m. Die Leistung der Filter pro 24 Stunden beträgt pro ☐m. 3,8 Kbm. Wasser. Das Klarbassin wird alle Jahre einmal gereinigt. Eine Reinigung der Filter ist im Sommer nothig, nachdem pro ☐m. 34 kbm. und im Winter, nachdem 166 kbm. Wasser filtrirt sind. Die Sandschicht wird bis auf 0,313 m. Dicke abgenommen, ehe sie erneuert wird. Von den Filtern gelangt das Wasser in ein überwölbtes Reinwasserbassin von 542 kbm. Inhalt.

Zwei einfachwirkende stehende Woolf'sche Dampfmaschinen, jede 160 Pferdekräfte stark, mit Balancier, ohne Schwungrad und mit Con-densation, betreiben je eine Druckpumpe und eine Filterpumpe, welche am entgegengesetzten Balancierarme wie die Dampfcylinder hängen. Die Dampfcylinder haben 1060 mm. und 1700 mm. Durchmesser und es ist der Hub des Hochdruckkolbens 2,425 m., der des Niederdruckkolbens

3,45 m., das Volumenverhältniss also 1 : 3 und da im kleinen Cylinder mit ³/₄ Füllung gearbeitet wird, so findet im Ganzen eine 4 fache Expansion statt. Die Maximalgeschwindigkeit der Maschinen ist 7 Hübe pro Minute, während die mittlere Geschwindigkeit 5 Hübe beträgt. Die Steuerung ist eine Segmentensteuerung mit Ventilen.

Die Pumpen sind einfachwirkende stehende Plungerpumpen. Die Filterpumpen haben 2,1 m. Hub und 1250 mm. Durchmesser, die Druckpumpen 3,13 m. Hub und 940 mm. Durchmesser. Die Ventile der Filterpumpen sind Lederklappen, die der Hochdruckpumpen Ringventile. Der freie Querschnitt der Saugventile beträgt bei letzteren 1820 ☐cm., bei ersteren 2340 ☐cm. Gleiche Grösse haben die Querschnitte der Druckventile. Die Saugrohre beider Pumpen haben 940 mm., die Druckrohre 786 mm. Durchmesser. Für beide Maschinen zusammen, die im Uebrigen von einander unabhängig sind, ist ein Saugwindkessel von 2030 mm. Durchmesser und 7,84 m. Höhe und ein Druckwindkessel von 2190 mm. Durchmesser und 8,78 m. Höhe vorhanden. Die Windkessel sind von Schmiedeeisen. Der nöthige Dampf von 3,75 Atmosphären Pressung wird mittels Oberschlesischer Kleinkohle in 4 cylindrischen Kesseln, von denen 3 für den Betrieb und 1 für die Reserve bestimmt ist, erzeugt. Unter den Kesseln befinden sich Vorwärmer. Die Oberkessel haben 9,41 m. Länge und 1880 mm. Durchmesser, die Vorwärmer 7,53 m. Länge und 1090 mm. Durchmesser. Jeder Kessel hat 1,254 ☐m. Rostfläche und 60 ☐m. Heizfläche.

Der Kohlenverbrauch beträgt 2 Kilo pro Pferdekraft Nutzleistung pro Stunde. 1875 sind im Ganzen 1689837 Kilo Kohlen zum Preise von 53,5 Pfennig pro 50 Kilo loco Wasserwerk verbraucht.

Ueber dem Maschinenraume ist auf künstlichem Unterbau ein zweitheiliges schmiedeeisernes Bassin von rechteckigem Querschnitte unter Dach aufgestellt, welches im Ganzen 4150 kbm. Wasser fasst. Der Wasserstand in diesem liegt 42 m. höher als der Gewinnungspunkt des Wassers. Die Anlage liegt 540 m. von der Stadt entfernt. Das Stadtrohrnetz ist nach dem Verästelungssysteme hergestellt und hat eine Länge von 93435 m. Das stärkste Rohr hat 750 mm. Durchmesser. Die Wasserabgabe ist constant, ungetrennt für Trink- und Brauchwasser und es ist ein einheitlicher Druck in der Leitung, welcher 3,25 bis 3,5 Atmosphären Wasserdruck über den höchsten Terrainpunkten beträgt. Die Höhendifferenz des Terrains des Versorgungsgebietes beträgt 3 m. bis 4 m. Im Rohrnetze befinden sich 1157 Hydranten, 327 Schieber und 54 Druckständer.

Nachfolgende Tabelle giebt die gesammte Wasserabgabe in den 4 Betriebsjahren 1872 bis 1875, sowie Zeit und Menge des Maximal- und Minimalconsums pro Tag in kbm., die Zahl der mit Wasser versorgten Personen und Häuser, die jährliche Abgabe für technische Gewerbe, für öffentliche Zwecke und nach Wassermessern, und einzelne fernere Details über die Verwendungsarten des Wassers als Badeeinrichtungen etc.

	1872	1873	1874	1875
kbm Gesammtabgabe	1869502	3555952	3919786	4082575
Maximum pro Tag } Dat.	16. Nov	26. Aug.	4. Juli	3. Juli
Maximum pro Tag } kbm	5013	16583	15175	15285
Minimum pro Tag } Dat.	1 April	1 Jan.	25. Jan.	28 Mai
Minimum pro Tag } kbm.	2675	5197	7445	7478
Personen mit Wasser in den Hausern versorgt .	55000	86000	116000	135000
Wohngebaude mit Wasser versorgt	1234	1941	2641	3158
kbm. für technische Zwecke	—	863040	1230722	1183103
„ „ öffentliche Zwecke	—	1360653	1363709	1553239
„ nach Messern . .	677800	1281789	1889484	2529363
Zahl der Messer . .	598	1026	1687	3089
„ „ öffentl. Fontainen	2	2	4	5
„ „ Privatfontainen .	40	60	71	137
„ „ Waterclosets .	1304	2016	2236	3348
„ „ Privatpissoirs .	301	390	508	950
„ „ Badeeinrichtungen	223	417	506	622

Ueber die Grösse des Consums in den einzelnen Monaten einiger Betriebsjahre giebt nachfolgende Tabelle Auskunft.

	1873	1874	1875	1876
Januar	190794	282776	311614	307552
Februar	188003	235673	263137	314789
Marz	226701	273169	292167	326829
April	253498	299442	309602	396593
Mai	268931	343490	361871	382420
Juni	288431	378119	408144	
Juli	387519	408946	384453	
August	436677	366447	398826	
September	376527	362437	375170	
October	354731	347174	345782	
November	290909	313485	312925	
December	283821	308206	316024	

Vom Juli 1871 bis zum Ende dieses Jahres betrug die Wasserabgabe 58324 kbm. für 530 Wohnhäuser und es waren 173 Wassermesser, 18

Privatfontainen, 604 Watercloset, 188 Privatpissoirs und 93 Badeeinrichtungen vorhanden. Oeffentliche Pissoirs mit Wasserspülung existiren
nicht und eine Verwendung des Wassers als Triebkraft scheint nicht
stattzufinden. Von den Ende December 1875 aufgestellten Wassermessern waren 2186 von Siemens & Halske und 903 von Meinecke
in Breslau geliefert. Eine zweite Maschine mit Kesselhaus und Kesseln,
sowie ein grosses überwölbtes Reinwasserbassin ist im Bau begriffen.

Zum Zweck der Rinnsteinspulung und zum Strassensprengen ist im
Sommer noch ein älteres Wasserwerk, welches mit Wasserkraft betrieben
wird, in Betrieb, dessen Leistung in vorstehenden Zahlen nicht enthalten.

Eine Analyse des Wassers von Dr. Polex vom Juni 1873 giebt
folgende Werthe für 100000 Theile:

Gesammtrückstand 13,50, Chlor 0,73, Salpetersäure 0,12, Kohlensäure 3,33, Kieselsäure 0,61, Kalk 2,94, Magnesia 0,75, suspendirte
Theile 0,76, Ammoniak und Salze 0,006, Albuminoid-Ammon 0,014,
Sauerstoff zur Oxydation der organischen Substanz 0,1, bei der Kochhitze an alkalischer Silberlösung 1,93.

Regelmässige Analysen werden nicht vorgenommen, wohl aber
zeitweise Untersuchungen auf organische Substanzen mit übermangansaurem Kali.

Temperaturbeobachtungen werden täglich, wie folgende Beispiele
zeigen, angestellt:

Datum	Luft	Oder	Filter	Reinwasser-Bassin	Hochreservoir
5. Mai	15⁰	12⁰	12⁰	10⁰	10⁰
5. August	22	16	16	15	15
4 April	8	8	8	8	8
5. November	0	— 1	— 1	— 1	— 1

Brünn (Mähren) hat 79973 Einwohner in 2249 Wohnhäusern
und 13193 Haushaltungen. Seit dem 1. Juli 1872 wird die Stadt
von der Brünner Wasserwerks-Actiengesellschaft, deren Actiencapital
2000000 Mk. beträgt, mit filtrirtem Flusswasser versorgt. Das täglich disponibele Wasserquantum beträgt 11326 kbm.

Das Wasser wird der Schwarzawa entnommen und durch natürliches Gefälle mittels eines gemauerten Kanals und einer eisernen
Rohrleitung zu zwei Klärbassins geführt, von denen das eine 12300 kbm.
Inhalt und 7232 ☐ m. Oberfläche und das andere 11894 kbm. Inhalt
und 7223 ☐ m. Oberfläche hat, also beide zusammen 24194 kbm.

Inhalt und 14455 ▢m. Oberfläche. Von hier fliesst es in 3 Filterbetten, deren jedes 992,6 ▢m. Oberfläche hat, welche zusammen also
2978 ▢m. gross sind. Dieselben sind offen und es besteht die Filterschicht aus 23,7 cm. groben Steinen, 15,8 cm. kleinen Steinen und
86,9 cm. Sand. Die Wasserhöhe über der oberen Filterschicht ist
1,9 m. Die Minimalleistung der Filter ist 7 kbm., die Maximalleistung
10 kbm. pro 24 Stunden pro ▢m. Filterfläche. Ueber die filtrirte
Wassermenge zwischen zwei Filterreinigungen liegen keine bestimmten
Angaben vor. Es wird jedoch bemerkt, dass im Winter alle 3 Filter
gleichzeitig benützt werden und in der Regel die letzte Reinigung
gegen Ende October, die erste im Monat April stattfindet. Bei der
Reinigung wird allmählich 11 bis 16 cm. Sand abgenommen und dann
wieder frisch aufgefüllt und in dreijährigem Turnus die ganze Sandschicht umgearbeitet und gereinigt. Eine Reinigung des Klärbassins
findet nach Bedarf jedoch nur von etwaigem Pflanzenwuchs statt.
Ein grösseres Reinwasserbassin ist nicht vorhanden.

Das Wasser wird durch zwei eincylindrige, liegende, mit Schiebersteuerung versehene Maschinen von je 78 Pferdekräften mit Schwungrad, Condensation und Expansion durch direct getriebene, liegende,
einfachwirkende Pumpen mit Plungerkolben auf 47,4 m. Höhe in ein
gemauertes, in den Boden versenktes, zugewölbtes und 1 m. hoch mit
Erde bedecktes Hochreservoir gehoben, welches 46,13 m. lang und
44,24 m. breit ist und bei 5,13 m. Wasserstand 9100 kbm. Wasser
fasst. Dasselbe liegt vor dem städtischen Rohrnetze. Die Dampfcylinder haben 707 mm., die Plunger 483 mm. Durchmesser. Der
Hub beträgt für beide 0,911 m. und sie machen pro Minute 25—30
Doppelhube. Die Pumpenventile sind Ringventile von Kanonenmetall.
Die Saugrohre haben 508 mm., die Druckrohre 406 mm. Durchmesser.
Fur beide Maschinen ist ein gemeinschaftlicher Saugwindkessel, sowie
ein gemeinschaftlicher Druckwindkessel, beide von Gusseisen, jeder
derselben von 914 mm. Durchmesser und 3,352 m. Höhe vorhanden.
3 Cornwallkessel von je 9,08 m. Länge und 1960 mm. Durchmesser
mit je zwei Feuerrohren von 740 mm. Durchmesser geben für den
Betrieb den Dampf von 3,4 Atmosphären Pressung. Jeder Kessel hat
2,79 ▢m. Rostfläche und 117,18 ▢m. Heizfläche.

Die Wasserversorgung erfolgt constant und zwar in zwei verschiedenen Zonen. Für die höhere Zone wird das Wasser aus dem vorhin
erwähnten Hochreservoir durch ein besonderes mit Dampfkraft betriebenes Pumpwerk in ein 23,7 m. höher liegendes Reservoir von gleicher

Construction wie das Hauptreservoir gepumpt, welches 34,76 m. lang, 7,27 m. breit ist. Dieses fasst bei 4,74 m. Wasserstand 1133 kbm. Wasser. Die dafür vorhandene liegende Maschine hat 21 Pferdekräfte. Sie hat 379 mm. Cylinderdurchmesser bei 0,453 m. Hub und macht pro Minute 42 Umdrehungen. Die von derselben direct getriebene einfachwirkende Plungerpumpe hat 381 mm. Kolbendurchmesser und 381 mm. Durchmesser des Saug- und 254 mm. desglch. des Druck- rohres. Der Druckwindkessel hat 2,133 m., der Saugwindkessel 1,524 m. Höhe und beide 762 mm. Durchmesser. Beide sind von Gusseisen. Zum Betriebe dienen zwei Dampfkessel von 4,8 m. Länge und 1500 mm. Durchmesser mit je einem Feuerrohre von 840 mm. Durchmesser. Jeder Kessel hat 1 □ m. Rostfläche und 36,8 □ m. Heizfläche.

Es wird angegeben, dass für die niedere Zone pro effec- tive Pferdekraft 1,344, für die höhere 2,8 Kilo Kohlen (3 Theile Ronitzer und 1 Theil Mährisch-Ostrauer Steinkohlen) erforderlich sind. Der gesammte Kohlenverbrauch soll sich 1875 auf 691856 Kilo zum Preise von 12824,92 Mk. belaufen haben. Für den in der höheren Zone liegenden Stadttheil beträgt der Druck in der Leitung 30,9 bis 50,5 m. und für den in der niederen Zone liegenden 33,2 bis 67 m.

Die Länge der Leitung vom Hochbassin bis zur Stadt beträgt 900 m. und vom Hochbassin bis zum Gewinnungsorte des Wassers 3093 m. Das städtische Rohrnetz ist nach dem Circulationssysteme angeordnet und hat 30562 m. Länge. Das stärkste Rohr hat 457 mm. Durchmesser. Die Wasserabgabe hat 1875 1224961 kbm. betragen und davon ist 5616 kbm. am 22. Juni als Maximum und 2509 kbm. am 6. Januar als Minimum pro Tag abgegeben. Es waren 386 Wohn- häuser mit 1095 Haushaltungen mit Wasser versorgt. 410774 kbm. fallen von obigem Quantum auf technische Gewerbe resp. auf die Abgabe aus 139 Wassermessern und 437899 kbm. sind für öffentliche Zwecke verwandt. Die Wassermesser sind von Siemens & Halske in Berlin (System Wilh. Siemens) bezogen. Es waren 297 Hydranten, 90 Wasser- schieber, 49 öffentliche Auslaufständer, 2 öffentliche, und 3 Privat- fontainen, 374 Waterclosets, keine öffentliche aber 8 Privatpissoirs und 39 Badeeinrichtungen vorhanden. Analysen des Wassers sind nicht gemacht und es finden auch keine regelmässigen Temperatur- beobachtungen statt.

Buckau (bei Magdeburg) mit 11000 Einwohnern wird von dem in Buckau liegenden Wasserwerke der Stadt Magdeburg mit Wasser versorgt.

Budweis (Böhmen) mit 20000 Einwohnern hat ein altes Wasserwerk, welches aus zwei Plungerpumpen besteht, die durch Wasserräder getrieben werden. Sie pumpen das Wasser direct aus der
Moldau auf einen Wasserthurm, von wo es in die Stadt geleitet wird
und durch 10 öffentliche, sog. Röhrenkästen zum Auslauf kommt.
Die Anlage wird als eine unzureichende und nicht entsprechende bezeichnet, wenngleich kein Mangel an Nutz-, wohl aber ein solcher
an Trink- und Wirthschaftswasser besteht, indem nur wenige Privatbrunnen und diese noch dazu mit Wasser von zweifelhafter Qualität
vorhanden sind. Die Erschliessung von Quellen in näherer Umgebung
der Stadt für eine ausreichende Quantität ist von Sachverständigen
als unmöglich erklärt. Ein Project des Ingenieurs Frisch in Wien,
aus der Moldau Wasser zuzuführen, welches durch Sand künstlich filtrirt
werden soll, ist von ernannten Experten namentlich deshalb verworfen,
weil die Moldau im Sommer oft sehr verunreinigtes Wasser führt und
es ist statt dessen vorgeschlagen, die Stadt mit Grundwasser zu versorgen, welches oberhalb der Stadt von einer Stelle, wo sich grössere
Sandlager befinden, zu erschliessen sein soll. Einstweilen ruht diese
Angelegenheit.

Burgdorf (Schweiz) mit 5100 Einwohnern hat eine künstliche
Wasserversorgung, die Eigenthum der Stadt ist. Nähere Nachrichten
liegen darüber nicht vor.

Calm (Preussen, Reg.-Bez. Marienwerder) hat eine Anlage zu
künstlicher Wasserversorgung. Das Wasser wird durch Dampfkraft
künstlich gehoben. Weitere Mittheilungen darüber waren nicht zu
erhalten.

Cannstadt (Würtemberg) mit 15000 Einwohnern wird demnächst
nach den Planen des Oberbaurath v. Ehmann mit einer Nutzwasserversorgung versehen werden. Diese Anlage ist zu 400000 Mk. veranschlagt. Das Wasser soll Quellen oberhalb der Stadt entnommen
und mittels eines am Neckar zu errichtenden Pumpwerkes, welches
durch Elementarkraft betrieben werden wird, gehoben werden.

In **Celle** (Hannover) mit 18085 Einwohnern besteht eine künstliche Wasserleitung, jedoch nur für communale, als Strassenreinigung etc.,
sowie für Feuerlöschzwecke.

Charlottenburg (Preuss. Brandenburg) mit 25500 Einwohnern
wird von der Westend-Wasserwerks-Gesellschaft (Berlin) mit Wasser
versorgt.

Chemnitz (Sachsen) hat 79207 Einwohner in 2528 Wohnhäusern und 17495 Haushaltungen. Eine für Rechnung der Stadt vom Civilingenieur Professor Kankelwitz in Stuttgart erbaute Wasserversorgung ist interimistisch im December 1874 und officiell am 1. Juli 1875 dem Betriebe übergeben. Die Anlage hat circa 2100000 Mk. gekostet und ist für eine Maximalabgabe von 7600 kbm. pro Tag berechnet.

Das Wasser wird bei Altchemnitz, 30 m. bis 40 m. vom Flusse Zwöritz entfernt, durch Brunnenanlagen aus dem Grundwasser entnommen. Es sind 38 solcher Brunnen, deren Seitenwände 1 m. bis 1,5 m. von der Sohle ab durchlässig sind, durch Thonrohre mit einander verbunden. Die Brunnen sind 3 m. bis 5 m. tief und liegen mit der Sohle 1 m. bis 2 m. unter dem niedrigsten Wasserstande der Zwöritz. Sie sind kegelförmig, unten 2,0 m. oben 0,8 m. im Durchmesser haltend, angelegt. Das Wasser wird aus ihnen mittelst durch Dampfdruck getriebener Pumpen gehoben und einem an der Stadtgrenze vor dem Stadtrohrnetze gelegenen Reservoir, welches 31,3 m. über dem Gewinnungspunkte des Wassers und 1340 m. von demselben entfernt liegt, zugeführt.

Zum Pumpenbetriebe dienen 4 eincylindrige Balanciermaschinen von je 20 Pferdekräften, von welchen je 2 gekuppelt und mit einem gemeinsamen Schwungrade versehen sind. Dieselben arbeiten mit Condensation und mit 0,5 bis 0,4 Füllung und machen 27 bis 30 (max.) Umdrehungen pro Minute. Sie haben Farcot'sche Steuerung, 410 mm. Durchmesser der Dampfcylinder und 1,0 m. Hub der Dampfkolben. Jede Maschine treibt eine stehende doppeltwirkende Pumpe mit Liederkolben und Klappenventilen. Die Ventilsitze und die Liederringe sind von Rothguss, die Klappen aber von Leder. Die Pumpenkolben haben 310 mm. Durchmesser und 0,5 m. Hub. Die freien Querschnitte der Saug- und Druckventile betragen 571 ☐cm. Die Saug- und Druckrohre haben 250 mm. Durchmesser. Jede Pumpe hat einen gusseisernen Saugwindkessel von 1,2 m. Höhe und 900 mm. Durchmesser und einen schmiedeeisernen Druckwindkessel von gleichem Durchmesser und 3,2 m. Höhe. Das vereinigte Druckrohr von allen 4 Pumpen hat 400 mm. Durchmesser.

Der zum Betriebe nöthige Dampf von 5 Atmosphären Pressung wird in 5 Siederohrkesseln erzeugt, welche 4,4 m. Länge und 1500 mm. Durchmesser haben. Die Siederohre haben 83 mm. Durchmesser. Jeder Kessel hat 1,3 ☐m. Rostfläche und 52 ☐m. Heizfläche. Der

Steinkohlenverbrauch pro effective Pferdekraft beträgt 3,7 Kilo bei continuirlichem und 4,4 Kilo bei periodischem Betriebe.

Im ersten halben Betriebsjahre sind im Ganzen 131040 Kilo Kohlen, davon 21200 Kilo zum Anheizen gebraucht und damit 165963 kbm. Wasser gepumpt. Ausser diesem Wasser wird dem Hochreservoir noch durch einen 1328 m. langen Kanal Quellwasser durch natürliches Gefälle zugeführt. welches durch einen 981 m. langen Stollen in einer Ergiebigkeit von 100 bis 200 kbm. pro Tag erschlossen ist. Im ersten halben Betriebsjahre kamen davon 27300 kbm. zur Verwendung.

Das Hochreservoir ist gemauert, im Terrain versenkt und überwölbt. Es fasst 2900 kbm. bei 5 m. Wassertiefe und ist durch Scheidewände in 13 communicirende Abtheilungen zerlegt, welche das Wasser in Schlangenwindungen zu durchlaufen hat.

Das Stadtrohrnetz, dessen weitestes Rohr 500 mm. Durchmesser hat, hat 13314 m. Rohre bis incl. 80 mm. Durchmesser, sowie 22183 m. Rohre von geringerem Durchmesser, ferner 154 Wasserschieber (in gemauerten Schächten) und 360 Hydranten. Es ist gemischt nach Circulation und nach Verästelung ausgeführt. Die Höhendifferenz der verschiedenen Abgabepunkte beträgt 50 m. und es beträgt der Leitungsdruck für das erste Haus in der Nähe des Hochreservoirs 5 m. Die Abgabe erfolgt constant, unter einheitlichem Druck und für Trink- und Brauchwasser ungetrennt.

Der Wasserconsum hat im ersten halben Betriebsjahre 193263 kbm. und zwar am 22. Nov. 630 kbm. als Tagesminimum und am 21. August 1740 kbm. als Tagesmaximum betragen. Davon sind 71400 kbm. durch 750 Wassermesser von Siemens & Halske in Berlin abgegeben. Das übrige Wasser, 119400 kbm. ist für öffentliche Zwecke verwendet und zwar für: 68 Freibrunnen, 6 öffentliche Pissoirs, 3 kleine Fontainen etc. Im Ganzen waren 746 Häuser bis Ende 1875 angeschlossen mit im Ganzen 3417 Ausläufen, darunter 18 Privatfontainen, 44 Waterclosets, 30 Privatpissoirs, 75 Badezimmer mit 99 Badewannen etc. 2 Schmid'sche Wessermotoren sind zum Betriebe von Nähmaschinen in Schaufenstern in Benützung.

Analysen werden nicht regelmässig vorgenommen, wohl aber Temperaturbeobachtungen. Von ersteren liegt eine des Brunnenwassers von Prof. Dr. Wender vor, die folgende Zahlen in Gramm in 1000 kbcm. aufweist: 0,073 Trockensubstanz bei 120° C., 0,020 organische Substanz, 0,010 Schwefelsäure, 0,008 Chlor, 0,005 Kieselsäure, 0,008 Kalk, 0,005 Eisenoxyd und Thonerde.

Cleve (Rheinpreussen) mit 9400 Einwohnern wird in dem unteren
Theile durch Hausbrunnen von 3 m. bis 7 m. Tiefe und in dem oberen
Theile - durch verschiedene öffentliche Brunnen von über 30 m. Tiefe
mit aufstehenden Pumpen versorgt. Die Absicht, eine Wasserversorgung für die Stadt anzulegen, liegt Seitens der Stadtverwaltung vor
und es sind schon verschiedene Versuchsarbeiten für diesen Zweck
ausgeführt, die jedoch erst kürzlich zu dem gewünschten Resultat geführt
zu haben scheinen, da die Arbeiten für die Verlegung des städtischen
Rohrnetzes kürzlich ausgeschrieben sind. Dasselbe soll bestehen aus
4490 m. Rohren von 150 mm., 620 m. von 100 mm., 6870 m. von
80 mm. und 564 m. von 40 mm. Durchmesser, ferner aus 15 Ab-
sperrschiebern und 91 Hydranten.

Coblenz (Reinpreussen) mit 28000 Einwohnern besitzt eine alte
Quellwasserleitung, die zu ¼ Eigenthum des Fiscus ist. Dieselbe
speist ein der Fortification gehöriges Gebäude und drei öffentliche
Brunnen. Das Wasser wird aus einer Quellenstube in der Nähe des
Dorfes Metternich, circa 3000 m. von der Stadt entfernt, zugeführt.
Eine allgemeine Wasserversorgung für die ganze Stadt auszuführen ist
bis jetzt nicht in Aussicht genommen, da die Brunnen genügendes
Wasser liefern und Geld mangelt.

Coburg (Sachsen - Coburg) hat 15000 Einwohner. Die Stadt
wird ausser durch zahlreiche Pumpenbrunnen, die meist in geringer
Tiefe in die 1 m. bis 3 m. tief liegende Kiesschicht abgeteuft sind,
durch Quellen versorgt, die am Abhange der die Stadt begrenzenden
Hügelreihen in geringer Entfernung von der Stadt gefasst sind und
21 laufende Brunnen mit Nutz- und Trinkwasser in ziemlich genügender Menge, aber von grosser Härte, versehen. Die neuen, höher gelegenen Stadttheile entbehren jedoch dieser laufenden Brunnen. In
nordwestlicher Richtung von der Stadt im Lauterthale sind einige
kleinere Quellen gefunden, die ein Minimalquantum von 14 Secundenliter ergeben, welches Quantum durch 2 fernere, weiter westlich
gelegene Quellen auf 24 Secundenliter gebracht werden kann. Letztere sollen vorläufig der oberen Stadt zugeführt werden · und hier
durch laufende und .Ventilbrunnen zur Vertheilung gelangen, auch
davon an Private Wasser abgegeben werden. Bei einer demnächstigen
vollständigen Versorgung der Stadt beabsichtigt man dieses Wasser,
welches niedriger als die Lauterthalquellen entspringt, den tieferen
Theilen als Hochdruckleitung zuzuführen, während die von diesen

getrennt zuzuführenden Lauterthalquellen die Stadt mit einem solchen Drucke erreichen würden, dass sie hier für den höheren Theil eine gesonderte Hochdruckleitung speisen können.

Cöln (Rheinpreussen) hat 134792 Einwohner in 10926 Wohnhäusern mit 29247 Haushaltungen. Im Auftrage der Stadt ist ein Wasserwerk mit einem Kostenaufwande von circa 2500000 Mk. vom Oberbaurath M o o r e erbaut und 1872 in Betrieb gesetzt. Der Leistungsfähigkeit des Werkes ist ein Maximalconsum von 15500 kbm. zu Grunde gelegt.

Das Wasser wird oberhalb der Stadt circa 2500 m. von derselben entfernt durch zwei Brunnen in 25 m. Abstand vom Rhein gewonnen. Dieselben haben 5,50 m. Durchmesser. Die Sohle dieser Brunnen liegt 18 m. unter dem Terrain und 11 m. unter dem niedrigsten Wasserstande (bei Annahme eines Wasserstandes von 3 m.; derselbe ist allerdings starken Schwankungen unterworfen). Der ältere Brunnen ist nur in der Sohle, der neue aber auch in den Seitenwänden bis auf 4 m. Höhe über der Sohle durchlässig. Das Wasser wird mit durch Dampfkraft getriebenen Pumpen 55 m. hoch gehoben. Zu dem Betriebe derselben dienen 3 Woolf'sche Balanciermaschinen ohne Schwungrad mit Condensation, welche doppeltwirkend in den Dampfkolben und einfachwirkend in den Pumpen arbeiten. Dieselben sind mit Kataraktsteuerung versehen und machen bis zu 10 Hübe pro Minute. Die grossen Dampfcylinder haben 890 mm. Durchmesser bei 2,824 m. Hub, die kleinen 825 mm. Durchmesser bei 2,15 m. Hub. Das Volumenverhältniss beider beträgt demnach 3 : 2 und, da im kleinen Cylinder mit $\frac{1}{5}$ Füllung gearbeitet wird, so beträgt die ganze Expansion 7,5. Die Leistung jeder Maschine soll 100 Pferdekräfte betragen. Jede Maschine hat eine stehende Druckpumpe und zwei von ihnen je eine ebensolche Hebepumpe, welche sämmtlich direct am Balancier hängen. Die Druckpumpen sind einfachwirkende Plungerpumpen mit Glockenventilen von Rothguss, deren freier Querschnitt 3900 ☐ cm. beträgt. Die Plunger, welche mit Manschetten und Stopfbüchsen als Liederung versehen sind, haben 628 mm. Durchmesser und 2,824 m. Hub. Die Saugrohre der Druckpumpen haben 706 mm. und die der Hebepumpen 785 mm. Durchmesser. Die Druckrohre haben für jede Maschine 407 mm. Durchmesser. Die Hebepumpen haben Liederkolben mit Rothgussringen zur Dichtung und für die Ventile gusseiserne Sitze mit Lederklappen. Die Kolben derselben haben 810 mm. Durchmesser und 2,00 m. Hub. Die freien Ventilquerschnitte betragen 6800 ☐ cm.

und es haben die Förderrohre derselben gleichen Durchmesser wie die Kolben. Ein schmiedeeiserner Druckwindkessel für alle drei Maschinen zusammen hat 2197 mm. Durchmesser und 5,64 m. Höhe.

Ausser diesen Maschinen ist noch eine doppeltwirkende Wand-Zwillingsmaschine und eine fahrbare Locomobile in Benützung. Jede dieser Maschinen hat 25 Pferdekräfte. Die Kolben der Wandmaschine haben 314 mm. Durchmesser und 0,63 m. Hub. Dieselbe hat ein Schwungrad und macht 40 Umdrehungen pro Minute. Sie arbeitet ohne Condensation, mit Meyer'scher Expansion und $^1/_2$ Füllung. Die Locomobilmaschine ist liegend und hat 235 mm. Kolbendurchmesser bei 0,39 m. Hub. Sie hat Farcot'sche Steuerung und arbeitet mit $^3/_4$ Füllung bei 25 Umdrehungen pro Minute. Sie dient zum Betriebe zweier stehend in dem zweiten Brunnen aufgestellter Hebepumpen von 550 mm. Durchmesser und 0,80 m. Hub, die mittels Räderübersetzung durch Gestänge und Kunstkreuz betrieben werden. Dieselben machen 22 Hübe pro Minute und haben Liederkolben und Klappenventile. Die Zwillingsmaschine treibt direct zwei kleine Druckpumpen von 170 mm. Durchmesser des Liederkolbens bei 0,63 m. Hub. Sie haben Rothgusstellerventile und 180 mm. starke Saug- und Druckrohre.

Für die stationären Maschinen sind 6 Cornwallkessel aufgestellt. Vier derselben haben je ein Feuerrohr und folgende Dimensionen: 9,416 m. Länge, 1880 mm. resp. 1020 mm. Durchmesser. Die beiden anderen mit je zwei Feuerrohren haben 9,42 m. Länge, 2000 mm. resp. 780 mm. Durchmesser. Erstere haben je 2,25 $\square$ m. Rostfläche und 67 $\square$ m. Heizfläche, letztere je 2,81 $\square$ m. Rostfläche und 77 $\square$ m. Heizfläche. Ausserdem ist ein Locomobilkessel von 3,975 m. Länge und 1100 mm. Durchmesser mit 40 Siederohren von 2,510 m. Länge und 70 mm. Durchmesser mit 1 $\square$ m. Rostfläche und 31,47 $\square$ m. Heizfläche vorhanden. Der Locomobilkessel giebt Dampf von 4 Atmosphären, die übrigen solchen von 3 Atmosphären Ueberdruck ab.

Der Kohlenverbrauch hat 1873/74 1447800 Kilo, 1874/75 2249200 Kilo und 1875/76 2126150 Kilo betragen und es haben die Kosten dafür excl. Fracht und Fuhrlohn 40816 Mk. 45 Pf. resp. 38656 Mk. 16 Pf. und 29745 Mk. 21 Pf. betragen. Als Kohlenverbrauch pro Pferdekraft pro Stunde wird angegeben für die Woolf'schen Maschinen 2,25 Kilo, für die Zwillingsmaschine und für die Locomobile 3,0 Kilo.

Das Hochbassin liegt innerhalb der Stadt im städtischen Rohrnetze und besteht aus einem concentrisch in zwei Theile getheilten runden gusseisernen Bassin von 4,60 m. Höhe, dessen grösserer Durchmesser

32,33 m. und dessen kleinerer Durchmesser 23,00 m. beträgt. Es fasst
im Ganzen 3731 kbm., da in der Mitte noch eine Aussparung für eine
Treppe vorhanden ist. Dasselbe ist auf einem gemauerten Thurme
unter Zinkdach, 4050 m. von der Pumpstation entfernt, aufgestellt.

Das weiteste Rohr des Rohrnetzes hat 707 mm. Durchmesser.
Das ganze Rohrnetz hat 75700 m. Länge, wovon 2100 m. von 700 mm.,
580 m. von 630 mm., 270 m. von 524 mm., 140 m. von 472 mm.,
340 m. von 367 mm., 970 m. von 315 mm., 2550 m. von 262 mm.,
3200 m. von 236 mm., 4860 m. von 210 mm., 3490 m. von 184 mm.,
780 m. von 157 mm., 6320 m. von 131 mm. und 50110 m. von 106 mm.
Durchmesser sind. Das Rohrnetz steht unter einheitlichem Drucke,
welcher circa 36 m. über dem höchsten Terrainpunkte des Abgabegebietes beträgt, und ist nach dem Circulationssysteme mit theilweiser
Verästelung hergestellt.

Die Wasserabgabe erfolgt constant und ungetrennt für Trink-
und Brauchwasser. In den Jahren 1873 bis 1876 hat die Wasserabgabe betragen:

.	1873/74	1874/75	1875/76	1876/77
Im ganzen Jahre kbm .	2085476	3622423	3905423	3253167
Angeschlossen Häuser am Ende des Betriebsjahres .	3421	4450	5225	5790
Tägl. mittl. Verbrauch kbm.	5714	9924	10700	11872
Maximum pro Tag kbm. .	11654	15412	18661	24542
Datum . . .	6. Juni	5. Juni	10. August	17. August
Minimum pro Tag kbm. .	2409	6985	?	?
Datum . . .	23 Novbr.	27. Febr.		

Die monatliche Abgabe stellt sich in verschiedenen Jahren wie folgt:

	1873	1874	1875	1876
Januar	—	130769	251613	244810
Februar	—	127406	237460	241032 *)
März	—	146723	272123	272007
April .	—	189727	299422	310112
Mai	—	251241	342308	365792
Juni	—	294610	372887	—
Juli	187949	351654	373429	—.
August	187058	329048	423000	—
September	159647	308784	373593	566796
October	161180	299271	342999	—
November	141419	271226	266445	—
December	127749	286628	244666	—

*) Februar 1877 Minimum im Monat 268943 kbm.

1874/75 wurden für technische Zwecke 500000 kbm. und aus 245 Wassermessern, welche sämmtlich von Siemens & Halske in Berlin bezogen sind, überhaupt 475000 kbm. abgegeben. Wasserschieber befanden sich im Rohrnetze 270 Stück und Hydranten 1105 Stück. Es waren ferner darin 13 Freibrunnen, eine öffentliche Fontaine und 15 öffentliche Pissoirs vorhanden. Die Zahl der verschiedenen hier folgenden Privateinrichtungen stellt sich zu:

	1874/75	1. Juli 1876
Watercloſets . . .	1260	1320
Badeeinrichtungen . .	460	490
Privatpissoirs . .	470	480
Privatspringbrunnen .	210	250
Waſsermotoren . .	8	10

Letztere sind Wassersäulmaschinen nach dem System Schmitz.

Die Betriebs- etc. Kosten der beiden letzten Rechnungsjahre 1874/75 und 1875/76, vom 1. Juli bis 30. Juni, giebt folgende Aufstellung sowohl im Ganzen als pro 1000 kbm. in Mark:

	1874/75		1875/76	
	im Ganzen	pro %₀ kbm	im Ganzen	pro %₀ kbm.
1. Ausgaben:				
Kohlen	38656	10,66	29745	7,60
Lohne	15704	3,74	13873	3,55
Reparaturen . . .	9801	2,71	4514	1,15
Maschinen- und Pumpen- unterhaltung . . .	9128	2,52	10539	2,70
Unterhaltung des Rohrnetzes	9575	2,64	4265	1,09
Steuern, Drucksachen, Versicherung, Frachten etc.	5930	1,64	2101	0,54
Salair	9301	2,57	10937	2,80
Zinsen	96052	26,48	101269	25,93
Amortisation . . .	47850	13,21	50100	12,83
Reservefond . . .	16932	4,67	—	—
Abschreibungen vom Verlust der früheren Jahre .	—	—	47329	12,12
	258929	70,84	274672	70,31
2. Einnahmen:				
Wasser	214108	58,55	252130	64,55
Privatanlagen . . .	20455	5,64	22062	5,65
Mietheconto . . .	—	—	480	0,11
Diverses	612	0,09	—	—
Verluste	23754	6,56	—	—
	258929	70,84	274672	70,31

Die Bilanz pro 1876 weist für die verschiedenen Conten folgende Summen auf: an Arealconto 102913 Mk., an Hochreservoirconto 378790 Mk., an Maschinen- und Pumpenconto 264053 Mk., an Gebäude- und Brunnenconto 334040 Mk., an Röhrenconto 997882 Mk., an Wassermesserconto 19037 Mk., an Mobiliarconto 656 Mk., an Werkzeug- und Gerätheconto 7994 Mk., an Magazinconto 43717 Mk., an Cassaconto 41962 Mk., an allgemeinem Bau- und Unkostenconto 744010 Mk., an Neubauconto 135400 Mk., an Debitorenconto 26564 Mk., an Gewinn- und Verlustconto 245080 Mk. und giebt als Gesammtsumme der Activa 3342097 Mk. (die Pfennige sind fortgelassen). Die Bilanz für die Zeit vom 1. Juli 1876 bis zum 1. April 1877 schliesst mit 3311546 Mk. und führt als Einnahme aus der Wasserabgabe 212507 Mk. auf.

Cöslin (Preuss. Pommern) hat im Ganzen 14862 Einwohner, die sich auf die innere und die äussere Stadt vertheilen. Davon werden 6000 Einwohner der inneren Stadt seit 200 Jahren mit Quellwasser versorgt, während die Vorstädte mit circa 8000 Einwohnern mit guten Grundbrunnen versehen sind. Die Quelle für erstere wird circa 2000 m. von der Stadt 23 m. hoch gefasst und giebt 125 Liter pro Minute. Das Wasser wird durch hölzerne Leitungen einem in der Nähe der Stadt gelegenen offenen Sammelbassin zugeführt, welches 2 m. höher als der höchste Punkt des Strassenpflasters liegt, und gelangt von hier zu 20 öffentlichen und Privatbrunnen, aus welchen es mittels Pumpen gewonnen wird. — Ein Neubau, welcher seit Jahren beabsichtigt war, ist jetzt in Ausführung begriffen. Derselbe umfasst die Herstellung eines überwölbten Bassins an den Quellen und die Zuleitung des Wassers durch eiserne Röhren von 2418 m. Länge und 150 mm. Durchmesser. Ausserdem sind in der Stadt 2325 m. Zweigrohre, 8 Schieberhähne, 30 Hydranten und 18 Ventildruckständer hergestellt worden. Diese neue Leitung soll sich gleichfalls auf die innere Stadt beschränken und dabei eine häusliche und gewerbliche Abgabe aus derselben nur durch Wassermesser (Siemens & Halske, Berlin) stattfinden.

Colberg (Pommern) mit 13807 Einwohnern wird mit Wasser aus der Persante, welches als ein äusserst reines Flusswasser bezeichnet wird, versorgt. Das Wasser wird dicht oberhalb der Stadt in der Persante 4 bis 5 m. hoch aufgestaut und durch ein grosses Schöpfrad, welches nach Art der unterschlägigen Wasserräder getrieben wird, in unfiltrirtem Zustande in ein Bassin gehoben und gelangt von hier durch hölzerne Leitungen in die Stadt. Der Druck ist jedoch so

gering, dass das Wasser fast überall gepumpt werden muss. — Die von
Colberg 1000 m. entfernte Vorstadt Colbergermünde besitzt nur gewöhnliche Brunnen mit sehr schlechtem Grundwasser.

Für beide Orte mit zusammen 13000 Einwohnern liegt die Absicht
vor, eine gemeinschaftliche Wasserversorgung herzustellen. Ein Project des Ingenieur A. Müller in Danzig bezweckt, das nur wenige
Fusse über dem Spiegel der Persante entspringende Quellwasser durch
Dampfkraft in ein südlich von der Stadt auf einer Anhöhe anzulegendes
Hochreservoir zu heben. Dasselbe ist jedoch ungenügender Wasser-
quantität wegen aufgegeben und es wird von diesem Herrn jetzt ein anderes
Project zur Herbeiführung des Persantewassers ausgearbeitet. Zum Heben
desselben ist eine Wasserkraft von circa 36 Pferdekräften disponibel.

Crefeld (Rheinpreussen) hat 62827 Einwohner in 5450 Wohnhäusern und 13971 Haushaltungen. Für Rechnung der Stadt erbaut
der Baurath Salbach eine Wasserversorgung, deren Kosten nach
dem Voranschlage sich auf 1250000 Mk. belaufen sollen und welche
1877 dem Betriebe übergeben werden wird. Dieselbe ist vorläufig
nur für 4500 Wohnhäuser mit 11500 Haushaltungen bestimmt, während die übrigen Häuser, im sog. Landbezirke liegend, vorläufig kein
Wasser bekommen werden.

Das Wasser soll aus Brunnen, die durch Heberröhren verbunden
sind, geschöpft, mittels durch Dampfkraft bewegte Pumpen in ein Hochreservoir gehoben und von hier der Stadt zugeführt werden. Das
städtische Rohrnetz wird nach dem Circulationssysteme hergestellt
und erhält eine Länge von 46200 m. Das weiteste Rohr hat 500 mm.
Durchmesser. Die Wasserabgabe wird constant und unter einheitlichem Drucke erfolgen, welcher über dem höchsten Terrainpunkte
des Versorgungsgebietes 35 m. betragen wird. Das Hochbassin liegt
unmittelbar bei der Stadt 1200 m. von der Pumpstation entfernt und
vor dem städtischen Rohrnetz. Das Wasser wird vom Gewinnungspunkte aus 34,5 m. hoch in dieses Bassin, welches von Blech construirt
ist und 18,4 m. Durchmesser und 6 m. Wasserhöhe, also 1600 kbm.
Inhalt hat, gehoben. Dasselbe ist auf künstlichem thurmartigen Unterbau unter Dach aufgestellt.

Die Pumpstation besteht aus zwei Woolf'schen Balanciermaschinen
mit Schwungrad, Condensation und Expansion, letztere während des
Ganges verstellbar. Jede Maschine allein ist im Stande das Tagesquantum zu fördern und soll 65,8 Nutzpferdekräfte bei 44,2 m. effectiver Maximalförderhöhe leisten. Die kleinen Cylinder haben 404 mm.

Durchmesser und ihre Kolben 0,90 m. Hub, die grossen 700 mm. Durchmesser und ihre Kolben 1,20 m. Hub. Das Volumenverhältniss ist daher wie 1 : 4 und es soll der kleine Cylinder halbe Dampffüllung erhalten. Die Maschinen haben Ventilsteuerung und sollen 24 Umdrehungen pro Minute machen. Die Pumpen sind einfachwirkend saugend und doppeltwirkend drückend, s. g. Differentialpumpen. Sie erhalten als Ventile Lederklappen und zwar die Saugventile deren 8, die Druckventile deren 6 Stück. Die Kolbenliederung wird bei der einen Maschine aus Leder, bei der andern aus Metall bestehen. Die grossen Kolben haben 525 mm., die kleinen 370 mm. Durchmesser und beide 1,20 m. Hub. Die Saugventile haben 2108 ☐cm., die Druckventile 1201 ☐cm. freien Querschnitt. Die Saugrohre sind 550 mm., die Druckrohre 400 mm. weit. Jede Pumpe hat einen gusseisernen Saugwindkessel von 2,60 m. Höhe und 526 mm. Durchmesser. Beide Pumpen zusammen haben einen gemeinschaftlichen schmiedeeisernen Druckwindkessel von 1200 mm. Durchmesser und 4 m. Höhe. Zwei Kessel liefern den Dampf von 5 Atmosphären Ueberdruck. Jeder Kessel ist 8 m. lang und hat 2200 mm. Durchmesser. 2 kreisrunde Feuerrohre von 880 mm. Durchmesser ziehen sich hinter dem Rost zu einem ovalen zusammen, in welchem 25 conische Gallowayrohre von 320 resp. 200 mm. Durchmesser sich befinden. Jeder Kessel hat 3,52 ☐m. Rostfläche und 91,40 ☐m. Heizfläche.

Zur Hebung von 100 kbm. Wasser ist bei Verdampfung von 6 Kilo Wasser pro 1 Kilo Kohlen ein Kohlenverbrauch von 40 Kilo und bei einer Verdampfung von 8,421 Kilo Wasser pro 1 Kilo Kohlen ein Kohlenverbrauch von 28,5 Kilo garantirt, welch letztere Zahl einem Verbrauche von 1,42 Kilo Kohlen pro Pferdekraft entspricht.

Die Analysen verschiedener Versuchsbrunnen sind vom Dr. S. Hoedt, Lehrer der Gewerbeschule in Crefeld, ausgeführt und es sind in folgender Tabelle für 100000 Theile Wasser einige Resultate der Analysen vom April und Mai 1875 aufgeführt.

| | Brunnen I | Versuchsbohrlöcher | | | |
| | | III. in Tiefe | | IV. in Tiefe | |
		von 6 m.	von 4,85 m.	von 6 m.	von 5,12 m.
Gesammtgehalt	15,8	13,0	13,0	22,5	29,0
Gesammtkalk	3,61	3,40	3,40	7,13	8,68
Chlorgehalt	?	1,07	1,78	2,13	2,49
Salpetersäure	Spur	Spur	Spur	nicht	nicht
Eisen	kaum	Spur	Spur	sehr viel	sehr viel
Organische Stoffe	2,50	Spuren	Spuren	—	—
Phosphorsäure	nicht	nicht	nicht	nicht	nicht

In dem Wasser von Brunnen I, welcher für die Wasserleitung bestimmt, wurde ausserdem constatirt, dass Ammoniak und salpetrige Säure nicht nachweisbar, von Kieselsäure und Kalium nur Spuren vorhanden und in 100000 Theilen 2,34 Chlornatrium, 4,14 gebundene Schwefelsäure, 2,7 Kalk und 0,65 Magnesia gefunden sind.

In **Crossen** a. d. Oder (Preuss. Brandenburg) mit 7900 Einwohnern wird von den nächsten Bergen Wasser durch hölzerne Rohre von 75 mm. lichtem Durchmesser der Stadt mit natürlichem Druck zugeführt und hier, theilweise durch Thonrohre vertheilt.

Danzig (Preussen) mit 98179 Einwohnern, 6054 Wohngebäuden und 20867 Haushaltungen ist seit dem 12. November 1869 in Besitz eines städtischen Wasserwerkes.

Das Wasser wird bei Pragenau circa 20 Kilom. von Danzig entfernt einem 110 m. über dem mittleren Wasserstande der Ostsee gelegenen Quellgebiete der Ostroschoker und Pogowker Thaleinschnitte entnommen. Die Quellenaufschlussarbeiten, welche 1875 erweitert sind, wurden unter Oberaufsicht und Mitwirkung des Baurath H e n o c h , von der Stadt in Regie, die übrigen Arbeiten von den Unternehmern J. & A. A i r d in Berlin in Generalentreprise ausgeführt. Das disponibele Wasserquantum beträgt 8000 bis 10000 kbm. pro Tag. Das monatliche Tagesminimum war 1875 im Juli 8998 kbm. und das Tagesmaximum 1875 im April 10000 kbm. Die überhaupt beobachtete Maximallieferung pro Tag hat 12000 kbm. betragen. Das der Stadt zugeführte Wasserquantum wird täglich nach der Methode des Professor Dr. L a m p e mittels Quecksilbermanometer gemessen und es giebt folgende Tabelle für die letzten 4 Jahre den gesammten Jahresconsum, sowie das tägliche Maximum und Minimum in kbm.

	1872	1873	1874	1875
Gesammtabgabe im Jahre	3046467	2887909	3051792	3485051
Maximum pro Tag . . .	(April) 9159	(Juni) 8569	(Dec.) 9377	(April) 10000
Minimum pro Tag . . .	(Oct.) 7898	(Aug.) 7564	(Juli) 7797	(Juli) 8998

Im Jahre 1875 wurden 83676 Personen in 5003 Häusern und 17734 Haushaltungen mit Wasser versorgt. Durch Wassermesser, deren 131, von Siemens & Halske in Berlin geliefert, vorhanden waren, sind 194700 kbm. abgegeben. 5 öffentliche Fontainen, 10 öffentliche Pissoirs und 40 Freibrunnen waren vorhanden. In Privatbesitz befanden sich 148 Badeeinrichtungen, 108 Pissoirs, 10904 Waterclosets, 3670 Hauptwasserhähne, 9164 Zapfstellen, 13 Privatfontainen und 10904

allgemeine Ausgüsse, d. i. mit dem Kanalsysteme unter Wasserver-
schluss verbundene spülbare Oeffnungen innerhalb der Grundstücke an
zugänglichen Orten in den Fluren, Höfen etc., welche dazu bestimmt
sind, die Abfallwässer aus den Haushaltungen und die Cloake aus
den Nachteimern aufzunehmen und abzuführen. Ein Schmid'scher
Wassermotor von 1,5 Pferdekräften und ein hydraulischer Aufzug von
3,5 Pferdekräften war in Thätigkeit.

Die Quellenaufschlüsse in Alluvial- und Diluvialschichten umfassen
2737 lfd. m. gemauerte Saugekanäle mit offener Sohle von 314 mm. und
474 mm. Weite und 628 mm. Höhe, ferner 2749 lfd. m. Saugethonrohre
von 158 mm. und 235 mm. Durchmesser, ferner 250 lfd. m. geschlossene
Thonrohre von 158 mm. Durchmesser und 716 lfd. m. Eisenrohre von 78
bis 361 mm. Durchmesser. Endlich ist dazu zu rechnen die Herstellung
von einem Sammelbrunnen und 34 Einsteigeschächten. Von dem Sammelbrunnen aus wird das Wasser durch eine 14750 m. lange Leitung von
418 mm. Durchmesser einem 3076 m. von der Stadt entfernt und vor derselben liegendem Hochreservoire von 39,22 m. im Quadrat und 3,138 m.
Höhe durch natürlichen Druck zugeführt. Dieses Reservoir fasst 4670 kbm.
Wasser und ist eintheilig. Dasselbe ist aus Ziegelsteinen gemauert, im
Terrain versenkt und zugewölbt. Der mittlere Druck von hier zur Stadt
beträgt 40 m., während bei der Höhendifferenz in den Grundstücken
der äusseren Festungswerke dieser Druck an einzelnen Stellen bis auf
Null herabsinkt. Die Quellenstube liegt 47 m., der Anfang der Auf-
schlusskanäle 75 m. über der Sohle des Reservoirs. Von dem Reservoir
aus wird das Wasser unter einheitlichem Drucke durch ein Rohr von
550 mm. Durchmesser der Stadt zugeführt.

Die Wasserabgabe in der Stadt ist eine constante, in der Nacht
jedoch mit vermindertem Drucke. Das Stadtrohrnetz ist 46000 m.
lang und hat 382 Hydranten und 125 Wasserschieber. Ursprünglich
nach dem Verästelungssysteme hergestellt, suchte man dasselbe schon
während der Ausführung durch Einschalten von Bleiverbindungsrohren
von 26 mm. Durchmesser einem Circulationssyteme zu nähern.

Die Anlagekosten haben betragen: für die Quellenaufschlussarbeiten 274631 Mk., für Frucht- und Grundentschädigung 20358 Mk.,
für Grunderwerb 34800 Mk., für die Rohrleitung zur Stadt, das Hochbassin und das Stadtrohrnetz 1291269 Mk., Summa 1637000 Mk.

Die Betriebskosten beschränken sich auf die Gehälter zweier
Aufsichtsbeamten mit zusammen 2000 Mk. Die Jahreseinnahme für
Wasserzins hat 1875 108000 Mk. betragen.

Wasseranalysen sind bis jetzt nur zwei von dem Apotheker Otto Helm ausgeführt. Die letzte, vom Novbr. 1875 gab folgendes Resultat: In 100000 Theilen Wasser waren Kalkerde 12,10 Theile, Magnesia 0,90, Natron 2,11, Kali 0,38, Eisenoxyd 0,35, Schwefelsäure 2,50, Chlor 1,72, Phosphorsäure 0,03, Kieselsäure 0,74, Thonerde 0,09, Kohlensäure 9,91 *), organische Substanz 0,47, im Ganzen 31,30 Theile, davon ab für die dem Chlor äquivalente Menge Sauerstoff 0,39, bleibt fester Gesammtrückstand daher 30,91.

Die Temperatur in den Quellen wird täglich und im Hochreservoir und Stadtrohrnetz wöchentlich einmal gemessen. Je nach der Jahreszeit schwanken die Temperaturen an den Quellen zwischen 7 und 5°, im Hochreservoir zwischen 9 und 5° und im Stadtrohrnetz zwischen 10 und 6° C.

Darmstadt mit 37253 Einwohnern in 2267 Wohnhäusern und 8384 Haushaltungen mit dem Orte Bessungen mit 6835 Einwohnern in 541 Wohnhäusern und 1470 Haushaltungen beabsichtigt seit längerer Zeit die Erbauung eines grösseren Wasserwerkes, welches das Wasser aus dem Grundwasser der Rheinebene entnehmen wird und ein Maximalquantum von 6000 kbm. pro Tag liefern soll. Der dafür aufgestellte Plan und die erforderlichen Vorarbeiten sind von der Firma J. & A. Aird in Berlin und dem Stadtbaumeister Hechler in Darmstadt gemacht.

Das Wasser soll, da die Anlage von Filtergallerieen des feinen Sandes wegen nicht möglich, durch eine grössere Zahl von Brunnen im Eichwäldchen bei Griesheim gewonnen werden. Vorläufig sind 7 solcher Brunnen angenommen, deren Zahl aber um 3 fernere resp. sogar 10 fernere vermehrt werden kann. Eine gemeinschaftliche Pumpstation soll 3 Woolf'sche Balanciermaschinen erhalten, welche Pumpen von 286 mm. Durchmesser und 0,75 m. Hub treiben, die das Wasser durch Saugrohre aus den Brunnen entnehmen. Die Brunnen sind in vier Reihen gegeneinander versetzt so projectirt, dass jeder einen Wirkungskreis von 120 m. Radius erhält. Das Terrain der Stadt hat eine Höhendifferenz von 45 m. und es ist die Versorgung daher in 2 Druckzonen getheilt projectirt, deren tiefere ⅔ und deren höhere ⅓ der Einwohner umfasst. Die theoretische Maximaldruckhöhe wird für die Hochstadt 41,5 m., für die Niederstadt 47,0 m., die Minimaldruckhöhe 26 m. resp. 21,5 m. betragen. Die vorhin erwähnte Pumpstation soll das Wasser dem für die Niederstadt bestimmten Hochreservoire zuführen und aus diesem

---

*) ausserdem 10,8 halbgebundene und freie Kohlensäure.

für die Hochstadt ein davon entfernt und 15 m. höher liegendes Reservoir
durch besondere Maschinen gespeist werden. Die 3 Maschinen der Haupt-
pumpstation, deren eine als Reserve dient, bis eine vierte, wenn drei für
den Betrieb nöthig werden, aufgestellt werden muss, müssen eine Nutzleistung von je 54 Pferdekräften haben, da die effective Höhendifferenz
des Wasserstandes in den Brunnen bis zu dem 3,5 m. hoch gefüllten Reservoir der Niederstadt 92,5 m. beträgt und die 9330 m. lange Rohrleitung
von 400 mm. Durchmesser noch 12 m. durch Widerstände consumirt.
Die Dampfcylinder erhalten 650 resp. 355 mm. Durchmesser, der Hub
des grossen Kolbens soll 1,2 m. betragen. Der Dampf wird durch 3 Kessel
von 9,3 m. Länge und 2000 mm. Durchmesser mit je 2 Feuerrohren von
700 mm. Durchmesser bei 5 Atmosphären Dampfdruck geliefert. Das
Reservoir der Niederstadt ist ebenso wie das der Hochstadt als gemauert
und überwölbt angenommen. Es soll aus 2 Theilen von zusammen 2600
kbm. Fassungsraum bestehen. Von hier werden durch eine Maschinenanlage täglich 2150 kbm. in das höhere Reservoir mittelst einer Druckleitung von 300 mm. Durchmesser auf 500 m. Entfernung und 19 m. Höhe
gepumpt. Einschliesslich Reserve sind dazu 2 liegende Condensations-
maschinen von 470 mm. Cylinderdurchmesser und 0,7 m. Hub der Kolben
bestimmt, die Pumpen von 350 mm. Durchmesser direct treiben und den
Dampf durch 2 Kessel von 8 m. Länge und 1600 mm. Durchmesser mit je
einem Feuerrohre von 800 mm. Durchmesser erhalten. Jede Maschine
hat 20 Pferdekräfte. Das Reservoir der Hochstadt fasst 1000 kbm.
bei 3,5 m. Wasserstand. Dieselbe Leitung führt das Wasser in dieses
und aus diesem Bassin. Die beiden getrennten städtischen Rohrnetze
sind nach dem Circulationssysteme projectirt. Das stärkste Rohr wird
450 mm. resp. 300 mm. Durchmesser haben. Vorläufig soll die Nieder-
druckleitung 35248 m. Länge mit 254 Schiebern und 286 Hydranten,
und die Hochdruckleitung 15210 m. Länge mit 121 Schiebern und
133 Hydranten erhalten, und es ist eine spätere Erweiterung um 11400 m.
mit 59 Schiebern und 93 Hydranten für die eine, resp. um 11180 mit
140 Schiebern und 59 Hydranten für die andere in Aussicht genommen.

Die Gesammtkosten der ersten Anlage sind auf 1893270 Mk. und
die spätere Vergrösserung mit 387186 Mk., die ganze Anlage also
auf 2280459 Mk. veranschlagt.

Degerloch (Würtemberg) mit ca. 2000 Einwohnern liegt 465 m.
über dem Meere und ist fast gänzlich wasserlos. In den mulden-
förmigen Umgebungen sind theils zu Tage tretende, theils künstlich
erschlossene Quellen, die gutes Trinkwasser geben, durch Fassungen,

Gallerie- und Sammleranlagen, sowie durch weitverzweigte Rohrleitungen in einem unterirdischen Sammelbassin auf einem tiefst gelegenen Punkte der Terrainmulde hinter dem Orte zusammengeleitet und werden durch ein mittelst Dampfkraft betriebenes Pumpwerk auf 1000 m. Entfernung und 50 m. Höhe in ein Hochreservoir von 600 kbm. Fassungsraum gehoben. Die entlegensten Quellen sind etwa 900 m. von dem Sammelbassin entfernt. 12 öffentliche und 28 bis 30 Privatbrunnen führen das Wasser vor und in die Wohnungen. 28 Hydranten sind vorläufig aufgestellt. Die Anlage hat 99615 Mk. gekostet und ist vom Oberbaurath v. Ehmann ausgeführt.

Dessau (Anhalt) hat 20000 Einwohner in 1400 Häusern und 5000 Haushaltungen. Das Wasserwerk ist seit Ende August 1876 in Betrieb und Eigenthum der Stadt. Dasselbe ist mit einem Kostenaufwande von 510000 Mk. vom Ingenieur Meinel in Halle erbaut. Das Wasser wird 1500 m. von der Mulde (einem Wasserlaufe) entfernt durch einen Brunnen von 5,5 m. Durchmesser und 6 m. Tiefe, welcher nur in der Sohle durchlässig ist, als Grundwasser erschlossen. Die Gewinnungsstelle liegt 1388 m. von der Stadt entfernt und es wird das Wasser durch mit Dampfkraft betriebene Pumpen 28,5 m. hoch einem an der Grenze der Stadt liegenden Hochreservoire zugeführt, welches 616 kbm. fasst. Dasselbe ist von Eisenblech construirt und in einem Thurme unter Dach aufgestellt. Es hat 14 m. Durchmesser und 4 m. Höhe.

Zwei liegende doppeltwirkende Dampfmaschinen haben ein gemeinschaftliches Schwungrad und können durch Lösung der Kuppelung einzeln arbeiten. Sie arbeiten mit Condensation und haben verstellbare Expansion. Sie leisten bei 0,4 facher Füllung und 18 bis 25 Umdrehungen je 25 Pferdekräfte. Die Cylinder haben 440 mm. Durchmesser und es beträgt der Hub der Dampfkolben 0,942 m. Jede Maschine treibt direct eine liegende doppeltwirkende Pumpe mit Liederkolben mit Lederdichtung von 290 mm. Durchmesser. Die Ventile sind Doppelklappen von Leder. Die Saugrohre haben 250 mm., das gemeinschaftliche Druckrohr 300 mm. Durchmesser. Auf demselben befindet sich ein schmiedeeiserner Windkessel von 1200 mm. Durchmesser und 2,75 m. Höhe. Für jedes der 4 Saugventile ist ein Saugwindkessel von 450 mm. Durchmesser und 0,75 m. Höhe vorhanden. Jede Maschine kann bei ununterbrochenem Gange und bei der Maximalgeschwindigkeit täglich 3000 kbm. liefern. Die beiden Dampfkessel geben Dampf von 3,5 Atmosphären Pressung und haben Vorfeuerungen für

Bitterfelder Braunkohle. Sie haben 1700 mm. Durchmesser und je
2 Rauchrohre von 250 mm. Durchmesser. Die Länge derselben beträgt
8,25 m. Jeder Kessel hat 2 Roste von 0,98 ☐ m. Fläche.

Das städtische Rohrnetz hat bis incl. der Rohre von 80 mm.
Durchmesser 1800 m. Länge und das stärkste Rohr desselben 300 mm.
Durchmesser. Die Höhendifferenz der Abgabepunkte beträgt 2,2 m.
und der Druck in der Leitung ist ziemlich gleichmässig 26 m. Das
Rohrsystem ist nach dem Verästelungssystem ausgeführt und giebt das
Wasser constant unter einheitlichem Drucke ungetrennt für Brauch-
und Trinkwasser ab.

Die Wasserabgabe hat in den ersten 4 Betriebsmonaten 75000
kbm. und zwar am meisten in 24 Stunden 800 kbm. am 18. September
und am wenigsten in 24 Stunden 300 kbm. am 12. November und
17. December betragen. 62 Wasserschieber, 162 Hydranten und 8
Freibrunnen sind vorhanden. 3 Wassermesser von Siemens & Halske
in Berlin sind aufgestellt. Eine öffentliche und 20 Privatfontainen, 40
Waterclosets, keine öffentliche, aber 14 Privatpissoirs und 30 Badeeinrichtungen sind in Benützung. 2 kleine Wassermotoren von C. G.
Hermann in Frankfurt a. M. sind zum Betriebe von Ventilatoren für
Schmiedefeuer in Thätigkeit.

Nach einer Analyse vom Professor Reichard in Jena sind in
100000 Theilen Wasser 18 Gesammtrückstand, 3,7 organische Substanz, 3,9 Chlor, 3,1 Schwefelsäure, 3,4 Kalk, 1,4 Magnesia und
0,0433 Eisen enthalten. Die Härte beträgt 5,4 deutsche Grade.

Deutz (Rheinpreussen) mit 13000 Einwohnern wird von der der
Rheinischen Wasserwerksgesellschaft gehörigen Anlage bei Mühlheim a. Rh.
mit Wasser versorgt.

Dippoldswalde mit ca. 2000 Einwohnern wird seit 1866 mit einer
von dem Geh. Baurath Henoch ausgeführten Quellwasserleitung versorgt. Die benützte Quelle, „der Steinborn", liegt 2800 m. von der
Stadt entfernt und liefert pro 24 Stunden constant 170 kbm. Wasser
21 m. hoch über dem höchsten Punkte der Stadt. Die Hauptleitung hat
100 mm. Durchmesser und das unterirdisch eingemauerte und überwölbte Reservoir fasst 115 kbm. Bei Eröffnung der Anlage, welche
mit einem Kostenaufwande von 45000 Mk. für Rechnung der Stadt
hergestellt ist, hatte das Stadtrohrnetz 2300 m. Länge von 100 bis
50 mm. Durchmesser mit 11 Schiebern, 31 Hydranten und 13 offentlichen Brunnen. 50 Privatleitungen waren angeschlossen.

Dorstfeld, eine Ortschaft in Westfalen, wird von dem Dortmunder Wasserwerke versorgt.

Dortmund (Westfalen) hat 57763 Einwohner in 3969 Wohngebäuden und 12068 Haushaltungen, sowie in 7 Anstalten. 1873 wurde das für Rechnung der Stadt vom Ingenieur E. B e t h g e mit einem Kostenaufwande von 1500000 Mk. erbaute Wasserwerk in Betrieb gesetzt. Durch spätere Erweiterungen ist das Anlagecapital auf 2590000 Mk. gestiegen. Unter Berücksichtigung der nöthigen Maschinenreserve ist die Leistung des Werkes auf 18500 kbm. pro Tag festzustellen.

Das Wasser wird bei Schwerte circa 20 m. von der Ruhr entfernt durch Brunnen und Filterrohre, 15664,8 m. von der Stadt entfernt, geschöpft und durch mittelst Dampfmaschinen getriebene Pumpen einem 8392,3 m. von dem Gewinnungsorte und 7272,5 m. von der Stadt entfernten Hochbassin, welches also vor dem städtischen Rohrnetze liegt, zugeführt. Dieses Bassin ist gemauert, im Terrain versenkt und zugewölbt. Es hat 39 m. im Quadrat Grundfläche bei 5 m. Höhe und einem nutzbaren Inhalt von 7000 kbm. Die Widerstandshöhe im Steigerohr über den Pumpen beträgt 113 m.

Die ersten 2 Brunnen zur Sammlung des Wassers waren nur in der Sohle, die 4 m. unter Terrain liegt, durchlässig und hatten 3,77 m. Durchmesser, während 2 neuere Brunnen, die jetzt angelegt sind, auch in den Seitenwänden auf 1 m. Höhe von der Sohle ab durchlässig sind. Die Brunnensohlen liegen 2,2 m., die Filterrohre 1,2 m. unter dem niedrigsten Wasserstande. Die Filterrohre liegen 1,5 m. bis 2 m. unter Terrain. Sie haben 400 mm. Durchmesser, circa 260 m. Länge und sind von gebranntem Thon.

Zum Betriebe der Pumpen dienen 3 gekuppelte Zwillingsmaschinen, deren jedes Paar 160 Pferdekräfte hat, im Ganzen also 480 Pferdekräfte. Dieselben haben Corliss-Steuerung, sind liegend, doppeltwirkend, mit Schwungrad und Condensation und arbeiten mit bis $\frac{1}{8}$ Füllung. Die Cylinder haben 870 mm. Durchmesser. Die Kolben haben 1,1 m. Hub und machen pro Minute 20 Doppelhübe.

Jedes Maschinenpaar hat 2 Stück direct getriebene liegende doppeltwirkende Saug- und Druckpumpen. 4 derselben haben Liederkolben von 330 mm. Durchmesser und Glockenventile von Rothguss; 2 derselben Plungerkolben (Girard'sche Pumpe) von 350 mm. Durchmesser und Ringventile. Der freie Querschnitt der Saug- und Druckventile ist 605 ☐ cm. und der Durchmesser der Saug- und Druckrohre

315 mm. Jede Pumpe hat einen liegenden schmiedeeisernen Saug-
und einen desgl. Druckwindkessel. Erstere haben bei 4 Stück 2,78 m.
Länge, bei 2 Stück 3,40 m. Länge und bei allen 6 Pumpen 950 mm.
Durchmesser. Letztere haben bei 4 Stück 3,32 m. Länge, bei 2 Stück
3,66 m. Länge und bei allen 6 Pumpen 1300 mm. Durchmesser. —
Den nöthigen Dampf von 3,5 Atmosphären Pressung liefern 7 Dampfkessel, von welchen 6 Stück Cornwall-Kessel von 9,42 m. Länge,
2290 mm. Durchmesser mit je 2 Feuerrohren von 830 mm. Durchmesser sind, während der andere ein Field'scher Kessel von 2520 mm.
Durchmesser und 4,60 m. Höhe ist. Die Rostfläche der ersteren beträgt je 1,59 ☐m., die Heizfläche 83 ☐m. Bei dem Field'schen
Kessel ist erstere Grösse 1,25 ☐m., letztere 85,70 ☐m. Im Ganzen
beträgt also die Heizfläche sämmtlicher Kessel 583,70 ☐m. und die
Rostfläche 10,79 ☐m.

Zur Kesselheizung werden gewöhnliche magere Ruhrkohlen verwendet und es beträgt der Verbrauch pro Pferdekraft und Stunde
2,93 Kilo. 1874 sind im Ganzen 3750000 Kilo Kohlen im Preise
von 55084 Mk. 98 Pf, 1875 aber 3633000 Kilo im Preise von 45314
Mk. verbraucht. 1876 hoffte man durch verschiedene Constructions-
änderungen an den Maschinen einen geringeren Kohlenverbrauch zu
erreichen.

Für das städtische Rohrnetz, dessen Gesammtlänge excl. der
Zuführungsleitungen 51023,8 m. incl. der Rohre von 80 mm. Durchmesser beträgt und dessen weitestes Rohr 523 mm. Durchmesser hat,
ist ein einheitlicher Druck, der über dem höchsten Terrainpunkte,
welcher 47,46 m. über dem niedrigsten liegt, 47,5 m. beträgt. Die
Wasserabgabe findet constant statt und es ist das Rohrnetz combinirt
aus Verästelungs- und Circulationssystem.

Folgende Tabelle giebt für die beiden Jahre 1874 und 1875 verschiedene Daten über die Menge und Art des Wasserverbrauches,
sowie über verschiedene dazu vorhandene Einrichtungen. Es mag
dazu bemerkt werden, dass im ersten Betriebsjahre 1873 die Zahl der
Wassermesser 132, die der Hydranten 133 und die der Wasserschieber
86 betrug. Auch waren 3 Freibrunnen vorhanden, die jedoch im
folgenden Jahre eingingen. Oeffentliche Fontainen und öffentliche
Pissoirs haben bis jetzt nicht bestanden. Die Wassermesser sind von
Siemens & Halske in Berlin. Im Jahre 1875 sind auch 12 Wasserkraft-
maschinen, System Schmidt, mit zusammen circa 10 Pferdekräften in
Benützung gewesen.

	1874	1875
Abgabe im ganzen Jahre . . .	2909507	3009844
Maximalabgabe pro Tag . .	11880	12675
Datum	22. October	5. Juni
Minimalabgabe pro Tag . . .	5960	6724
Datum	1 Februar	18 Januar
Mit Wasser versorgte Personen circa .	24500	30000
desgl Haushaltungen circa . . .	5300	6500
desgl. Wohnhauser . .	1681	2104
Abgabe fur techn. Gewerbe pro Jahr circa	2350000	2320000
desgl. fur offentliche Zwecke . . .	18745	19625
desgl. nach Wassermessern . . .	2390762	2362719
Zahl der vorhandenen Wassermesser .	326	346
desgl. der Hydranten	189	224
desgl. der Wasserschieber . . .	120	141
desgl. der Badeeinrichtungen circa .	100	150

Temperaturbeobachtungen sind bis jetzt nicht regelmässig gemacht. Man beabsichtigt aber, solche an etwa 10 verschiedenen Stellen des Werkes regelmässig vorzunehmen. Betreffs der Wasseruntersuchungen wird es für wünschenswerth erachtet, sämmtliche mineralischen Bestandtheile, sowie die Summe der organischen Bestandtheile, letztere nach ihrem Charakter zu bestimmen. Es werden 3 Wasseranalysen mitgetheilt, von denen die erste vom Laboratorium der königlichen Bergakademie in Berlin von Dr. R. Finkener sich auf direct aus der Ruhr bei Schwerte entnommenes Wasser, die beiden andern aber, in Bochum von Dr. Muck ausgeführt, sich auf natürlich filtrirtes Wasser beziehen, die erste vor, die zweite während der Hochfluth.

Analyse des rohen Ruhrwassers 1. Mai 1866:

In 10 Liter waren 0,5187 gr. kohlensaurer Kalk, 0,0777 gr. kohlensaure Magnesia, 0,1346 gr. schwefelsaurer Kalk, 0,1919 gr. Chlornatrium, 0,0282 gr. Chlorkalium, 0,0067 gr. Eisenoxyd und Thonerde, 0,0320 gr. Kieselsäure, Summa 0,9898 gr. Im Bodensatz fanden sich in 10 Liter Wasser 0,0629 gr., welche bestanden aus 0,0378 gr. Thon, 0,0075 gr. Eisenoxyd, 0,0036 gr. kohlensaurem Kalk, 0,0140 gr. organischer Substanz, welche 0,0064 gr. Kohlenstoff, 0,0013 gr. Wasserstoff, 0,0007 gr. Stickstoff, 0,0056 gr. Sauerstoff enthielt. 10 Liter Wasser entfernten in Vergleich mit reinem Wasser in den ersten 15 Minuten 0,0150 gr. übermangansaures Kali mehr; weiterhin war ein schnelleres Entfärben nicht mehr wahrzunehmen.

Nach den Analysen des Dr. Muck ist im Liter enthalten:

	Vor der Hochfluth	Wahrend der Hochfluth
Natron .	0,0201	0,00873
Kalk	0,0486	0,01897
Magnesia . . .	0,0076	0,00346
Schwefelsäure . .	0,0098	0,01468
Chlor	0,0230	0,00692
Gebundene Kohlensaure .	0,0427	0,01253
Kieselsaure . .	0,0050	0,00600
Eisenoxydul . . .	0,0026	Spur
Salpetrige und Salpetersäure	Spur	Spur
Ammoniak . . .	0	0
Suspendirte Bestandtheile .	0	0,03940
oder:		
Chlornatrium . . .	0,03792	0,01141
Schwefelsaurer Kalk . .	0,01666	0,01909
Schwefelsaures Natron .	0	0,00633
Kohlensaurer Kalk . .	0,07453	0,01984
Kohlensaure Magnesia .	0,01596	0,00726
Kohlensaures Eisenoxydul .	0,00406	Spur
Kieselsäure . . .	0,00500	0,00600
Geloste Mineralsalze . .	0,15413	0,16993
Suspendirter Thon . .	0	0,03940

Verschiedene von mir in den Jahren 1873 und 1874 veranlasste Analysen gleichzeitig für das Flusswasser und für das filtrirte Wasser haben folgende Mittelzahlen ergeben:

	Flusswasser			Filtrirtes Wasser		
	Max.	Min.	Mittel	Max.	Min.	Mittel
Gesammtruckstand (135°C)	17,90	10,10	14,40	16,80	10,90	14,00
Organische Substanz . .	5,12	3,80	4,15	3,37	2,08	2,73
Kalk und Magnesia . .	5,92	3,45	4,86	5,80	3,40	4,80
Chlor	3,19	2,03	2,72	3,21	2,06	2,75
Salpetersäure . . .	0,170	kaum	Spur	0,173	kaum	Spur
Schwefelsäure . . .	2,20	0,92	1,50	1,189	0,90	1,25
Gesammthärte franz.° .	11,8	6,2	9,3	11,5	6,2	9,4

Dresden (Sachsen) hat 197000 Einwohner in 6173 Wohngebäuden. Auf Kosten der Stadt wurde ein neues Wasserwerk vom Baurath Salbach erbaut und im März 1875 dem Betriebe übergeben. Die Anlagekosten betragen 8000000 Mk. und es kann mit der Anlage pro 24 Stunden ein Maximalquantum von 45000 kbm. Wasser geliefert werden.

Das gelieferte Wasser ist künstlich erschlossenes Grundwasser. In 35 m. Entfernung von der Elbe sind zwei Hauptsammelbrunnen von 7 m. Durchmesser angelegt, denen gusseiserne geschlitzte Rohre von im Ganzen 1600 m. Länge das Wasser zuführen, welche an den Sammelbrunnen 650 mm., an den Endpunkten aber 450 mm. Durchmesser haben und in der Entfernung der Sammelbrunnen dem Flussufer parallel 3 m. tiefer als der niedrigste Wasserstand der Elbe verlegt sind. Sechs Einsteigschächte von 2,5 m. Durchmesser gestatten die Untersuchung dieser Leitungen. Die Sammelrohre liegen 4,7 m., die Sohle des Sammelbrunnens liegt 5,6 m. unter dem Terrain. Letzterer ist nur in der Sohle durchlässig.

Zum Heben des Wassers in die 1100 m. davon entfernten Hochreservoire auf eine Höhe von 60 m. dienen 6 Dampfmaschinen von je 120 Pferdekräften, welche paarweise gekuppelt sind. Es sind völlig gleiche, liegende, doppeltwirkende Woolf'sche Maschinen, bei denen die beiden Dampfcylinder in einer Achse liegen und welche mit Schwungräder und Condensation versehen sind. Bei gleichem Hube beider Kolben von 1,25 m. Länge hat der kleine Cylinder 520 mm., der grosse 1200 mm. Kolbendurchmesser, so dass hier eine fünffache Expansion stattfindet. Ausserdem wird aber der Dampfeintritt in den kleinen Cylinder bei 0,7 bis 0,8 Füllung abgeschnitten, so dass die gesammte Expansion eine 6 bis 7 fache ist. Je zwei Maschinen sind, wie gesagt, gekuppelt, können jedoch auch einzeln arbeiten. Sie haben Ventilsteuerung und machen 16 bis 20 Umdrehungen pro Minute. Die Pumpen sind liegend, doppeltwirkend und mit Liederkolben; sie werden durch die verlängerten Kolbenstangen der Dampfmaschinen direct getrieben. Die Kolben haben Ledermanschetten und die Ventile Lederklappen, deren freier Querschnitt sowohl für die Saug- als die Druckventile 125 Procent des Kolbenquerschnitts beträgt. Die Pumpen haben 470 mm. Durchmesser und deren Kolben natürlich 1,25 m. Hub. Saug- und Druckrohre haben gleichen Durchmesser wie die Pumpen. Für je zwei Pumpen ist ein Saugwindkessel von 1000 mm. Durchmesser und 3,0 m. Höhe sowie ein Ausgleichungswindkessel für die Druckventile von demselben Durchmesser und derselben Höhe vorhanden. Ausserdem sind aber zwei schmiedeeiserne Druckwindkessel von 2,6 m. Durchmesser und 5,5 m. Höhe vorhanden. Zur Dampferzeugung dienen 6 Röhrenkessel mit Vorfeuerung, deren jeder 5,65 m. Länge und 1880 mm.

7*

Durchmesser, sowie 110 Feuerrohre von 58 mm. lichtem Durchmesser hat. Die Rostfläche beträgt für jeden Kessel 4,4 ☐ m., die Heizfläche 135 ☐ m. Die Kessel arbeiten mit 5 Atmosphären und werden mit böhmischer Braunkohle geheizt, wovon 4 Kilo pro Pferdekraft pro Stunde erforderlich sind.

Die Hochreservoire, deren zwei vorhanden, liegen vor dem städtischen Rohrnetze. Sie sind gemauert, zur Hälfte in die Erde versenkt, zugewölbt und mit Boden überdeckt. Jedes derselben hat 10000 kbm. Inhalt. Die Länge der Leitung bis zur Stadt vom Hochbassin aus ist circa 1500 m. Das städtische Rohrnetz hatte anfänglich 122800 m. Länge und als stärkstes Rohr ein solches von 750 mm. Durchmesser. In der Stadt befanden sich 1346 Hydranten und 765 Wasserschieber. 20 öffentliche Fontainen und ein Freibrunnen sind aufgestellt. 1876 ist die Zahl der Absperrschieber um 38 und die der Hydranten um 35 vermehrt und es hatte das ganze Rohrnetz 130406,15 lfd. Meter Länge, wovon 2100,75 m. von 650 mm. Durchmesser auf die Leitungen zwischen Hochreservoir und den Maschinen und 44 m. von 400 mm. Durchmesser und 58 m. von 300 mm. Durchmesser auf die Saugleitungen entfallen, so dass 128203,4 m. auf das städtische Rohrnetz kommen. Diese vertheilen sich nach den Durchmessern, Längen und der Zahl der Schieber wie folgt:

Durchmesser mm.	Länge m.	Zahl der Schieber
750	4271	9
600	3912,5	4
500	1729,5	4
450	603,0	5
400	2557,5	11
300	4937,65	13
250	7159,25	17
200	21611,8	81
150	17770,3	98
125	6899,7	34
100	56747,4	524
80	3,8	1

Die Zahl der Anschlussleitungen für Privatgrundstücke betrug Ende 1876 6029, von welchen 79 stärkere von Gussrohr und 5950 von Zinnbleirohr hergestellt sind. Die ganze Länge der Anschlussleitungen ist 55000 m. Zum Sprengen der städtischen Gartenanlagen sind 82 Sprengventile und zum Spülen der Canäle 65 Spülschrote hergestellt.

Die Wasserabgabe erfolgt constant und ungetrennt für Trink- und Nutzwasser. Das Rohrsystem ist in der Hauptsache mit Circulation, jedoch mit Verästelung für die ausgedehnten Leitungen, hergestellt. Die Höhendifferenz der verschiedenen Terrainpunkte ist 30 bis 35 m. und der effective Druck über dem höchsten Terrainpunkte des Versorgungsgebietes 25 m.

Die Dampfmaschinen sind von der niederschlesischen Maschinen-Baugesellschaft, vormals Conrad Schiedt in Görlitz, die Kessel von Gebr. Möller in Brackwede, die Röhren von der Königin-Marienhütte in Cainsdorf, von Lauchhammer bei Görlitz und von der Hannover'schen Eisengiesserei, ein Theil der Flanschenröhren von Freund & Co. in Charlottenburg, die Zinnbleiröhren von L. Kessler & Sohn in Bernburg und die Schieber, Hydranten, Ventile für die Anschlussleitungen etc. von A. L. Dehne in Halle geliefert. Die Verlegung der Rohre hat der Ingenieur C. Mennicke in Entreprise ausgeführt.

Die Wasserabgabe hat 1875 1721785 kbm. betragen. Der Maximalbetrag pro Tag war am 18. August 14200 kbm., der Minimalbetrag am 3. Mai 2720 kbm. In circa 4000 Wohnhäusern wurden circa 120000 Einwohner mit Wasser versorgt. Die Abgabe für öffentliche Zwecke betrug 300000 kbm. An Wassermessern waren 1583 Stück und zwar die grösste Zahl von Siemens & Halske in Berlin vorhanden, während ein kleiner Theil derselben Construction von Meinecke in Breslau geliefert ist. Probeweise sind auch solche von Leopolder in Wien und von anderen Fabrikanten aufgestellt. Die Abgabe von Wasser durch Messer hat 1875 540560 kbm. betragen. Wassermotoren sind nicht in Benützung.

Ende 1876 betrug die Zahl der aufgestellten Wassermesser 2047 und die Zahl der Consumenten 4907. Von den Wassermessern hat 1 Stück 200 mm., 3 Stück 150 mm., 2 Stück 125 mm., 14 Stück 100 mm., 26 Stück 75 mm., 9 Stück 50 mm., 1 Stück 40 mm., 95 Stück 30 mm., 483' Stück 25 mm., 1225 Stück 20 mm., 28 Stück 15 mm. und 160 Stück 12 mm. Durchgangsöffnung. 1980 Stück waren von Siemens & Halske in Berlin, 51 Stück von Meinecke in Breslau, 14 Stück von Spanner in Wien, 1 Stück von Leopolder in Wien und 1 Stück von Siemens in London. 1876 sind 66 Messer durch Frost beschädigt und 13 Stück verlangten kleinere Reparaturen. Durch Messer wurden 1876 im Ganzen 1185300 kbm. abgegeben. Der gesammte Wasserverbrauch war im Jahre 1876 3489964 kbm., der geringste Tagesverbrauch betrug am 27. Februar 3644 kbm. und der stärkste am 17. August 20668 kbm., der durchschnittliche Tagesverbrauch dagegen 9535 kbm. Zum Strassensprengen sind an 127 Sprengtagen 130367 kbm., für städtische Gartenanlagen 30000 kbm., für öffentliche Pissoirs, Schleusenspülungen, Feuerlöschzwecke etc. 20000 kbm., für Strassenbauzwecke 15000 kbm. und für öffentliche Fontainen 330500 kbm. verbraucht. Die Tabelle auf Seite 103 giebt den Verbrauch und die Springzeit der verschiedenen öffentlichen Fontainen in den verschiedenen Monaten des Jahres 1876 an.

Im Ganzen sind für öffentliche städtische Zwecke 525865 kbm., mithin 15,07 % des ganzen Quantums verbraucht. Nach der vorher angegebenen Zahl entfallen 33,97 % des ganzen Quantums auf Abgabe durch Wassermesser. Das nicht für öffentliche Zwecke abgegebene Quantum von 2944097 kbm. entfällt im Durchschnitt des Jahres auf 4419 Grundstücke, also pro Grundstück 666 kbm. pro Jahr oder 1,820 kbm. pro Tag. Durchschnittlich wohnen auf einem Grundstucke 32 Personen und demnach sind 141408 Personen mit 57 Liter Wasser pro Kopf pro Tag versorgt. Mit Zugrundelegung der durchschnittlichen Gesammteinwohnerzahl von 199500 Personen entfallen auf den Kopf am schwächsten Verbrauchstage 47 Liter und am stärksten 103 Liter. Der Wasserverbrauch vertheilt sich auf die einzelnen Monate und Tage von Mai 1875 bis Ende 1876 wie folgende Tabelle angiebt.

Monat		Wasserverbrauch kbm				Con-sumenten	Zahl der Wasser-messer
		Total	Tagesverbrauch				
			Minimum	Maximum	Mittel		
1875.	Mai	137860	2720	7480	4447	2001	478
	Juni	195620	4040	8320	6521	2680	624
	Juli	238098	5240	9800	7528	3130	768
	August	315250	5380	14200	10170	3412	963
	September	280669	6700	12816	9355	3616	1215
	October	232268	6012	8792	7493	3819	1333
	November	153264	3616	6724	5061	3916	1537
	December	168756	3280	8372	5443	3954	1583
1876	Januar	178736	3940	8128	5766	3969	1614
	Februar	183658	3644	8284	6333	3982	1619
	März	154918	3944	6244	4998	4039	1640
	April	216648	4896	8502	7221	4150	1702
	Mai	295704	6147	14636	9539	4256	1760
	Juni	361922	9280	16042	12064	4362	1816
	Juli	408304	9732	18316	13171	4487	1869
	August	514172	11648	20668	16586	4583	1908
	September	362118	8844	15084	12071	4665	1940
	October	339392	7788	13992	10948	4785	1993
	November	240896	6240	9224	8029	4843	2018
	December	233496	5576	10416	7532	4907	2047

Benennung und Lage der Springbrunnen	Betriebszeit in Stunden							Summa der Betriebsstunden	Wasserverbrauch	
	April	Mai	Juni	Juli	August	Sept.	Oct.		pro Betriebsstunde kbm.	der ganzen Betriebszeit kbm.
Hochstrahl im Zwingerteich	12	20	18½	16	25	16	17	124½	200	24900
Die beiden Springbrunnen am Museum .	135	279	297	314	352	260	192	1829	40	73160
Die 4 kleinen Springbrunnen im Zwingerhof .	135	279	297	314	352	260	188	1825	4	7300
Die beiden Eckfontainen am Zwingeranbau .	135	279	297	314	352	260	188	1825	2	3650
Das Bassin auf der Terrasse . . .	132	341	453	465	465	410	403	2669	12	32028
Der Springbrunnen auf dem Moltkeplatz .	165	341	348	371	371	320	270	2186	8	17488
Die beiden Springbrunnen am Bohmischen Bahnhof	165	341	411	434	434	380	372	2537	8	20296
Hochstrahl im Teiche der Burgerwiesen-Anlage .	68	134	154	165	163	122	75	881	20	17620
Der Brunnen auf dem Postplatz . . .	78	325	444	465	455	380	370	2517	6	15102
Die Neptungruppe im Garten des Stadtkrankenhauses .	·	6	19	18	18	18	18	97	60	5820
Die beiden Springbrunnen auf dem Albertsplatz .	75	155	140	149	145	143	93	900	120	108000
Der Brunnen an der Neustadter Kirche .	720	744	720	744	744	720	744	5136	1	5136

Wasserverbrauch zusammen: 330500

Temparaturbeobachtungen werden täglich 3 mal im Hauptsammelbrunnen, im Hochreservoir und in der Leitung für das Wasser und am Hochreservoir für die Luft gemacht. Die Resultate dieser Beobachtungen giebt folgende Tabelle.

Monat	Temperatur des Wassers im Hauptsammelbrunnen Grad Celsius			Temperatur des Wassers im Hochreservoir Grad Celsius			Temperatur des Wassers in der Leitung Grad Celsius			Mittlere Temperatur der Luft am Hochreservoir Grad Celsius		
	höchste	niedrigste	mittlere	höchste	niedrigste	mittlere	höchste	niedrigste	mittlere	Morgens 6 Uhr	Nachmitt. 3 Uhr	Abends 9 Uhr
Januar	6,5	3,75	6,25	7,50	3,75	6,25	5,00	4,50	4,75	− 5,75	− 2,01	− 4,35
Februar	6,75	2,50	6,25	7,50	2,50	6,00	5,25	3,50	4,75	− 0,56	+ 3,75	+ 0,31
Marz	5,00	2,50	4,00	5,00	2,50	4,00	5,00	3,75	4,75	+ 2,17	+ 7,57	+ 3,58
April	8,00	5,00	6,50	8,00	5,00	6,50	8,75	5,25	7,00	+ 6,71	+ 14,87	+ 8,75
Mai	9,50	8,25	8,75	9,50	8,25	8,75	9,75	8,75	9,25	+ 7,50	+ 14,87	+ 8,37
Juni	15,00	9,5	13,25	15,50	9,50	12,50	15,00	10,00	13,00	+ 17,00	+ 23,50	+ 16,87
Juli	15,00	13,00	14,00	15,00	13,75	14,75	16,00	14,50	15,25	+ 16,93	+ 20,00	+ 18,06
August	15,50	15,00	15,25	15,50	14,75	15,00	16,25	15,50	16,00	+ 14,37	+ 25,00	+ 19,37
September	15,00	13,00	13,75	15,00	13,50	14,25	15,50	14,00	14,75	+ 7,00	+ 16,87	+ 12,25
October	13,00	11,25	12,50	13,75	11,25	12,50	14,00	12,00	13,25	+ 8,12	+ 12,71	+ 10,00
November	11,25	8,75	9,25	11,25	8,75	10,00	11,50	8,75	10,25	− 0,45	+ 2,25	− 0,32
December	8,75	7,50	8,25	8,75	7,50	8,25	8,75	7,25	8,00	+ 0,62	+ 2,87	+ 1,62

Chemische Analysen werden in neuerer Zeit regelmässig monatlich vorgenommen und zwar vom Hofrath Dr. H. Fleck. Die Resultate einiger derselben, sowie früherer anderer giebt die nachfolgende Tabelle.

1000 Gramm = 1 Liter des untersuchten Wassers enthält:

Zeit der Untersuchung	Name des untersuchenden Chemikers	Gesammt-Rückstände Gramm	organische Substanz Gramm	schwefelsauren Kalk Gramm	kohlensauren Kalk Gramm	kohlensaure Magnesia Gramm	salpetersauren Kalk Gramm	Kochsalz Gramm	kieselsaures Natron Gramm	freie Kohlensäure Raum pro Mille	Kieselsäure u. Verbindungen Gramm	Entnahmeort des untersuchten Wassers	Bemerkungen über den Wasserstand der Elbe
den 23./X. 1870	Prof. Sussdorf	0,082	0,006	0,018	0,051	·	·	·	·	·	·	a. d. Versuchsbrunnen	norm. Wasserstand d. Elbe
den 9./VII. 1875	Dr. E. Schürmann	0,124	0,008	0,0204	0,040	·	0,0029	0,016	·	14,70	·	aus d. Leitung	desgleichen
den 3./XII. 1875	Hofrath Dr. H. Fleck	0,101	0,0124	0,0523	·	·	0,0024	0,011	·	7,20	·	aus d. Leitung	kurz nach d. Hochwasser der Elbe
den 17./I. 1876	Derselbe	0,112	0,004	0,057	·	·	0,007	0,013	·	13,20	Kieselsäure 0,037	aus d. Hauptsammelbr. II	norm. Wasserstand d. Elbe
den 6./III. 1876	„	0,101	0,017	0,049	·	·	0,007	0,012	·	3,60	desgl. 0,015	aus der Pumpe	Hochwasser der Elbe
den 15./III. 1876	„	0,102	0,013	0,049	·	·	0,007	0,012	·	3,40	suspend Kieselthon 0,021	aus d. Leitung	desgleichen
den 19./III. 1876	„	0,1175	0,0053	0,0317	0,0113	0,0155	0,0089	0,0164	0,0284	19,60	·	aus d. Hauptsammelbr. I	norm. Wasserstand d. Elbe
den 19./III. 1876	„	0,1072	0,0033	0,0298	0,0046	0,0163	0,0085	0,0164	0,0283	19,68	·	aus d. I. Einsteigesch oberhalb	desgleichen
den 19./III. 1876	„	0,1178	0,0027	0,0316	0,0094	0,0155	0,0117	0,0164	0,0305	24,01	·	aus d. I. Einsteigesch. unterhalb	desgleichen
den 5./I. 1877	„	0,1158	0,004	0,0333	0,0043	0,0141	0,0105	0,0162	0,0334	20,76	·	aus d. Leitung	desgleichen
den 26./II. 1877	„	0,109	0,0076	0,0365	0,0031	0,0119	0,0095	0,0161	0,0244	15,90	·	aus d. Leitung	Hochwasser der Elbe

Die ganze Anlage hatte Ende 1876 einen Buchwerth von 7519389 Mk. 19 Pf., der sich auf folgende Conten vertheilt: Areal 15255 Mk. 49 Pf., Brunnen- und Sammelrohranlage 589581 Mk. 26 Pf., Gebäude 1546617 Mk. 34 Pf., Dampfmaschinen und Kessel 645233 Mk. 38 Pf., Hochreservoir 716405 Mk. 41 Pf., Rohrnetz 3895427 Mk. 93 Pf., Geräthe, Werkzeuge etc. 17800 Mk. 29 Pf., Telegraphenleitung 14910 Mk. 15 Pf., Materialvorräthe 76382 Mk. 59 Pf., Wassermesser 1494 Mk., Bibliothek 101 Mk., Debitoren 180 Mk. 35 Pf.

Die Einnahmen und Ausgaben des Jahres 1876 ergeben sich aus folgender Tabelle.

	Total	
	Mk.	Pf.
Einnahme.		
1. Tarifmassige Zahlungen für Wasser . . .	364079	68
2. Für Wasser zu öffentlichen Zwecken . . .	55000	—
3. Vermischte Einnahmen	4350	52
	423430	20
4. Zur Einzahlung gelangte Reste aus dem Jahre 1875 . · .	443	73
5. Miethzinsen	650	—
6. Werth der überkommenen Materialvorrathe aus dem Jahre 1875	5143	50
7. Zuschuss aus der Stadtkasse	162617	38
Sa. der Einnahmen	592284	81
Ausgabe.		
1. Besoldungen	32576	54
2. Betrieb der Wasserhebungsanlage:		
a) Arbeitslohne	7685	65
b) Heizmaterial	32409	93
c) Maschinenol, Schmier-, Putz- und Dichtungs-Material .	4414	38
d) Diverser Betriebsaufwand	75	50
e) Beleuchtung des Maschinen- und Kesselhauses . .	453	55
f) Instandhaltung des beweglichen Inventars . . .	569	27
g) Unterhaltung der Dampfmaschinen und Kessel . .	846	60
h) Ascheabfuhr . . , . . .	249	75
3. Unterhaltung der Brunnen- und Sammelrohr-Anlage .	442	46
4. Unterhaltung der Betriebsgebäude incl. Feuerungsanlagen, sowie des Beamtenwohnhauses	1605	32
5. Unterhaltung des Hochreservoirs mit Wachterhaus . .	673	69
6 Unterhaltung des Rohrnetzes:		
a) Arbeitslohne	7615	71
b) Reparaturen und Ergänzungen am Rohrnetz, an den Feuerhahnen und Absperrschiebern, desgl. an den Anschussleitungen	21997	51
c) Instandhaltung des Inventars und der Schlauche . .	2131	—
d) Diverser Betriebsaufwand	230	40
e) Heizung, Beleuchtung und Reinhaltung des Wachtlokals .	404	92
Latus	114382	18

	Total	
	Mk.	Pf.
Transport	114382	18
7. Unterhaltung der Probirstation	—	—
8. Instandhaltung der Gerathe etc. zum Probiren der Hausleitungen	107	77
9. Steuern und Abgaben	2284	02
10. Pacht- und Miethzinsen	1924	67
11. Expeditionsaufwand	7507	85
12. Botenlohne	1164	84
13. Vermischte und unvorhergesehene Ausgaben . . .	4488	35
14. Fur die Direction und das Incasso der Zahlungen . .	6000	—
Sa. der Betriebs- und Verwaltungs-Kosten	137859	68
15. Beitrag zur Verzinsung der Anleihegelder an die Stadtkasse nach 5% von 7345785 Mk. 27 Pf. Anlagekosten . . .	367289	26
16. Beitrag zur Amortisation derselben nach 1% von dem gleichen Befrage	73457	85
17. Fur Wassermesser	1494	—
18. Fur Bücher zur Bibliothek	101	—
19 Fur Gerathe und Werkzeuge	1314	94
20. Werth der am Jahresschlusse vorhandenen Kohlenvorrathe und diversen Materials	10587	73
21. Aussenstehende Forderungen	180	35
Sa. der gesammten Ausgaben	592284	81

Auf 100 kbm. des geförderten Wassers vertheilt, stellen sich die Kosten wie folgt in Pfennigen: Heizmaterial 92,53, Oel, Schmiere, Dichtungsmaterial 12,60, Arbeitslöhne 21,94, Beleuchtung 1,29, Maschinenunterhaltung 2,41, div. Ausgaben 2,55, Summa 133,32. Dazu kommen ferner: Besoldungen 93,00, Rohrnetzunterhaltung 92,44, desgl. für das Hochreservoir 1,92, desgl. für die Brunnenanlage 1,26, desgl. der Betriebsgebäude 4,58, Expeditionsaufwand 21,43, Pacht, Steuern, Miethzins etc. 45,59, Zinsen des Anlagecapitals 1048,51, Amortisation 209,72, Gesammtsumme 1651,77 Pf, während der tarifmässige Verkaufspreis 1200,00 Pf. beträgt. Es ist dabei zu beachten, dass das Werk für 30000 kbm. tägliche Abgabe eingerichtet und die Abgabe nur 9535 kbm. im Mittel betragen hat.

Folgende Tabelle endlich giebt Aufschluss über den Verbrauch an Kohlen, Oel etc. in den einzelnen Monaten des Jahres 1876 im Ganzen, sowie den Kohlenverbrauch pro 100 kbm., pro Pferdekraft und in Geld ausgedrückt.

Monat	Kohlenverbrauch: Bohmische Braunkohlen im Monat Kilogramm	Brennol Kilogramm	Petroleum Kilogramm	Maschinenol Kilogramm	Pferdekraft-Stunden pro Monat	Talg Kilogramm	Putzwolle Kilogramm	Pro 100 kbm. Wasser zu heben an Kohlen incl. Anheizung Kilogramm	Kohlenverbrauch pro Pferdekraft und Stunde Kilogramm	Es kosten 100 kbm. Wasser zu fordern an Kohlen Pfennige
Januar	211960 incl. 21000 K Steink.	12	45	87,5	42020	78,2	25	119,64	5,04	98,70
Februar	196536	17	25	77	43794	77,3	28	106,37	4,49	94,88
März	183056	14	50	82	36735	90,5	21	118,12	4,98	95,56
April	254517	8,5	20	85	51373	90	15	117,26	4,83	96,50
Mai	339570	9	25	102,5	70821	105,5	30	113,64	4,78	87,84
Juni	419186	6	25	150	86565	144	33	114,66	4,83	88,63
Juli	472232	8	60,8	152	94721	129,5	25	118,29	4,98	91,44
August	566610	11,5	90	192	123855	175	30	108,40	4,58	83,79
September	400620	9	90	143	86034	118	40	110,37	4,62	85,32
October	393360	30	100	135	80588	117	20	115,69	4,87	89,43
November	279860	33	100	120	57103	96	35	116,16	4,90	89,79
December	291060	18	109	98	56460	84	45	122,16	5,15	94,43
Im ganzen Jahre:	4008897	176	739,8	1494	830227	1305	347	114,45	4,82	92,53

Düren (Rheinpreussen) mit 17500 Einwohnern besitzt keine künstliche Wasserleitung. Das Brunnenwasser lässt, aus manchem Brunnen geschöpft, viel zu wünschen übrig. Als Brauchwasser, sowie für Feuerlöschzwecke, gewerbliche Anlagen etc. dient eine durch fast alle Strassen der Stadt fliessende Leitung, die aus dem Roerfluss abgeleitet ist.

Düsseldorf (Rheinpreussen) hat 80000 Einwohner in 5738 Wohngebäuden und 16822 Haushaltungen. Die erste Wasserversorgungsanlage, von dem Director Schneider (jetzt in Elberfeld) ausgeführt, wurde 1870 in Betrieb gesetzt. Die im Jahre 1875 ausgeführten Erweiterungsbauten einschliesslich der zweiten Pumpstation sind von dem Director Grohmann ausgeführt. Das Werk ist Eigenthum der Stadt und hat bis Ende 1875 ein Anlagecapital von 1629400 Mk. in Anspruch genommen.

In den Jahren 1872, 1873, 1874 und 1875 betrug der Wasserconsum 696161 kbm., 1060000 kbm., 1292000 kbm. und 1497000 kbm. Die tägliche Maximalabgabe betrug in diesen Jahren 3986 kbm., 4965 kbm., 6352 kbm. und 7385 kbm. In letzterem Jahre fand sie am 4. Juni, in den anderen Jahren im Juli statt. Die tägliche Minimalabgabe betrug in diesen Jahren 418 kbm., 1000 kbm., 1432 kbm. und 1672 kbm. und fand im Januar oder Februar, im letzten Jahre am 7. Februar statt. Die Zahl der mit Wasser versorgten Grundstücke betrug 1870/71 707 und stieg in den folgenden Jahren auf 1116, 1524, 1970 und endlich 2418 im Jahre 1875. Die Abgabe für öffentliche Zwecke betrug 1870/71 41000 kbm., 1872 48000 kbm., 1873 52000 kbm., 1874 58000 kbm. und 1875 46000 kbm. In derselben Reihenfolge der Jahre wurde für technische Gewerbe abgegeben: 160000 kbm., 197000 kbm., 270000 kbm., 358000 kbm. und 350000 kbm. und endlich durch Wassermesser 268000 kbm., 328000 kbm., 450000 kbm., 598000 kbm. und 598000 kbm. Der Monatsconsum für die Betriebsjahre 1873 bis 1876 ergiebt sich aus folgender Tabelle:

	1873	1874	1875	1876
Januar	63644	73012	95255	92230
Februar	56052	72956	79299	91889
Marz	69695	84861	97648	101480
April	78194	100591	124110	126423
Mai	82993	108870	146850	146530
Juni	104568	128808	151759	161560
Juli	119086	153825	151661	
August	121386	132879	167113	
September	101196	125391	162332	
October	102495	126459	123427	
November	86670	98289	93563	
December	74315	86083	104172	

1870/71 waren 139 Wassermesser vorhanden; es stieg deren Zahl
1874 auf 196 und 1875 auf 226 Stück. Es sind dieselben fast ausschliesslich Siemens'sche Messer und zwar bezogen von Siemens
& Halske in Berlin, Meinecke in Breslau und Guest & Chrimes
in Rotherham. Versuchsweise sind einige Frost'sche Kolbenmesser
aufgestellt. Das städtische Rohrnetz hat eine Länge von 68511 m.;
das stärkste Rohr hat 418 mm. Durchmesser. 211 Hydranten und
113 Wasserschieber sind in demselben angebracht. Für öffentliche
Zwecke sind 2 Fontainen und 120 Rinnsteinspüler vorhanden. Das
Rohrnetz ist anfänglich nach dem Verästelungssysteme ausgeführt;
jedoch geht man jetzt nach und nach zu dem Circulationssysteme
über. Die Versorgung ist eine constante, für Trink- und Brauchwasser ungetrennte. An Privateinrichtungen waren 1875 vorhanden:
138 Fontainen, 1041 Waterclosets, 124 Pissoirs, 470 Badeeinrichtungen
und 12 Wassermotoren von zusammen 24 Pferdekräften, sämmtlich
nach Patent Schmid.

Das Wasser wird 2900 m. von der Stadt entfernt durch zwei
Brunnen, die so dicht neben dem Ufer des Rheines abgesenkt sind,
dass sie bei Hochwasser unter Wasser stehen, gewonnen. Es sind
zwei völlig getrennte Maschinen- etc. Anlagen vorhanden. Die eine
ältere Anlage hat 2 Brunnen, deren Sohle 10,7 m. unter Terrain und
3,77 m. unter dem niedrigsten Wasserstande liegt. Der Brunnen der
neueren Anlage liegt in der Sohle 12 m. unter Terrain und 5 m.
unter dem niedrigsten Wasserstande. Erstere Brunnen haben 4,7 m.,
letzterer 7 m. Durchmesser. Die Brunnen sind sämmtlich in den
Seitenwänden auf 3 bis 4 m. Höhe von der Sohle aus durchlässig,
oben jedoch völlig wasserdicht geschlossen, so dass dort kein Wasser
eindringen kann.

Jede der beiden Maschinenanlagen besteht aus je 2 getrennten
Maschinen, die liegend, doppeltwirkend, mit Condensation und mit
Schwungrad versehen sind. Jede Maschine hat 40 Pferdekräfte und
arbeitet mit $^1/_{10}$ Füllung. Das eine ältere Maschinenpaar ist nach dem
System Corliss und hat Drehschieber, das andere neuere ist nach dem
Sulzer'schen Patente und hat Ventilsteuerung. Die Corliss-Maschinen
machen 18, die Sulzer'schen 25 Umdrehungen pro Minute. Erstere
haben 707 mm. Cylinderdurchmesser und 1,067 m. Hub, letztere
520 mm. Durchmesser und 1,050 m. Hub.

Bei der neueren Anlage sind besondere Hebepumpen vorhanden,
die den Druckpumpen das Wasser zuführen, während bei der älteren

Anlage erstere fehlen und daher die ganze Maschinenanlage sehr tief gelegt ist. Es werden nämlich bei beiden Anlagen die liegenden Druckpumpen direct von den Dampfmaschinen mittels der verlängerten Kolbenstangen bewegt. Die Hebepumpen sind stehende und werden von der Kurbel aus mittels Winkelhebel bewegt. Jede der beiden neueren Maschinen hat eine solche. Sie haben Plunger- und Ventilkolben und sind nach dem System Rittinger (mit beweglichem Pumpencylinder) angeordnet. Die Saugkolben haben 460 mm., die Saug- und Druckrohre 470 mm. Durchmesser. Der Hub derselben beträgt 1,050 m. und die Ventile bestehen aus Gummiklappen. Die dazugehörigen Druckpumpen sind doppeltwirkend und haben Plungerkolben (System Girard). Die Ventile sind etagenförmig angeordnete Ringventile von Eisen mit Lederdichtung. Die Pumpen haben 290 mm., die Saug- und Druckrohre 310 mm. Durchmesser. Das vereinigte Druckrohr beider Maschinen hat 418 mm. Durchmesser. Die Windkessel sind von Schmiedeeisen und horizontal angeordnet. Jede Maschine hat einen Saugwindkessel von 2 m. Länge und 300 mm. Durchmesser und einen Druckwindkessel von 3,665 m. Länge und 1200 mm. Durchmesser. Die Druckpumpen der älteren Anlage sind doppeltwirkend und haben Liederkolben mit Rothgussringen und Glockenventile von Rothguss. Die Kolben haben 340 mm., die Saugrohre gleichfalls 340 mm. und die Druckrohre 310 mm. Durchmesser. Letztere vereinigen sich für beide Maschinen auf 418 mm. Durchmesser.

Die ältere Anlage hat 3 Cornwallkessel von 9,4 m. Länge, 2200 mm. Durchmesser mit je 2 Feuerrohren von 830 mm. Durchmesser. Jeder derselben hat 3,4 ▢ m. Rostfläche und 81,9 ▢ m. Heizfläche und arbeitet mit 3,7 Kilo Dampfdruck pro ▢ cm. Der Steinkohlenverbrauch hat bei dieser Anlage

1873 betragen 641000 Kilo im Preise von 12750 Mk.
1874 „ 820000 „ „ „ „ 19710 „
1875 „ 954000 „ „ „ „ 14950 „

und hat sich pro Pferdekraft und Stunde 1873 auf 2,98 Kilo und 1874 auf 2,76 Kilo gestellt. Die neue Anlage hat 2 Dupuit'sche Röhrenkessel von 2,75 m. Länge bei 1900 mm. Durchmesser und 6,3 m. Länge bei 1250 mm. Durchmesser. Jeder Kessel hat 1,8 ▢ m. Rostfläche, 108,7 ▢ m. Heizfläche und arbeitet mit 5 Kilo Dampfdruck pro ▢ cm. Jede der 4 Maschinen liefert pro Stunde 750 kbm., so dass mit 3 Maschinen (1 in Reserve) in 24 Stunden 13500 kbm. Wasser geliefert werden können.

Die beiden Hochreservoire sind gemauert, im Boden versenkt und überwölbt. Sie liegen hinter dem städtischen Rohrnetze 3700 m. von der Stadt und 8200 m. von den Pumpstationen entfernt. Jedes der Reservoire ist 31,4 m. lang, 15,7 m. breit und 3,76 m. tief. Beide zusammen fassen 3720 kbm. Sie liegen 47 m. über dem Gewinnungsorte des Wassers und geben zur Stadt circa 4,5 Atmosphären Wasserdruck.

Wasseranalysen wurden bisher nur zwei Mal und zwar vom Prof. Mohr in Bonn, Apotheker Nienhaus in Düsseldorf und Chemiker Lutz daselbst gemacht. Es sollen jetzt aber regelmässig solche vorgenommen werden. Temperaturbeobachtungen werden täglich gemacht.

Die im Februar 1876 vorgenommenen Analysen des Chemiker Lutz für beide Brunnen gaben folgendes Resultat in 100000 Theilen Wasser.

	Alter Brunnen	Neuer Brunnen
Kohlensaurer Kalk	6,516	3,748
Kohlensaure Magnesia	7,875	10,500
Kohlensaures Eisenoxydul . . .	—	0,315
Schwefelsaurer Kalk	3,402	2,916
Schwefelsaures Natron	0,317	1,739
Chlornatrium	2,349	1,997
Phosphorsaures Eisenoxydul . . .	0,606	0,161
Salpetersaures Natron	0,735	0,740
Salpetersaures Ammoniak . . .	0,856	0,903
Salpetrigsaures Ammoniak . . .	0,103	0,088
Kieselsaure	0,350	0,350
Geloste organische Substanz . . .	0,609	0,064
Suspendirte Stoffe	0,734	0,405
	24,452	23,926
Gesammte Härte	18,0°	18,30°
Bleibende Härte	6,06°	5,71°

Die mikroskopische Prüfung liess organische Materie nicht entdecken; ebenso waren die Proben frei von flüchtigen Fäulnissstoffen und leicht zersetzbaren organischen Substanzen.

Die Anlagekosten bis Ende 1875 vertheilen sich wie folgt: Für Grundstücke 71300 Mk., für Gebäude der Maschinen, Fundamente, Kamine etc. 159700 Mk., Maschinen und Kessel 243200 Mk., Brunnen 66500 Mk., Hochbassin 63900 Mk., Rohrleitungen 1024800 Mk., zusammen 1629400 Mk.

Die beiden Maschinen mit Corliss - Steuerung sind von der Hamburg-Magdeburger Dampfschiffahrtsgesellschaft in Buckau, die anderen von Gebr. Sulzer in Winterthur geliefert. Die Rohre hat meistens die Friedr. - Wilh. - Hütte in Mühlheim, die Schieber und Hydranten A. L. G. Dehne in Halle geliefert.

Die Einnahmen belaufen sich pro 1875 für Wasser auf Discretion auf 75864 Mk., dsgl. nach Messern auf 43147 Mk. 78 Pf., dsgl. für öffentliche Zwecke auf 2309 Mk. 75 Pf., zusammen auf 121321 Mk. 53 Pf.

Die Betriebskosten stellen sich pro 1875 für 1000 kbm. wie folgt: Verwaltung und Generalunkosten 4 Mk. 91 Pf., Pumpenbetrieb (Löhne, Schmiere, Putzmaterial, Kohlen, Betriebsunkosten) 15 Mk. 40 Pf., Reparatur und Unterhaltung des Rohrsystems 2 Mk. 66 Pf., Gebäudereparaturen 13 Pf., Amortisation 14 Mk. 67 Pf., zusammen 37 Mk. 77 Pf.

Duisburg (Rheinpreussen) hat 37376 Einwohner in 3751 Wohngebäuden und 7772 Haushaltungen. Das Wasserwerk ist vom Stadtbaumeister S c h ü l k e für Rechnung der Stadt mit einem Kostenaufwande von 808000 Mk. erbaut und 1876 in Betrieb gesetzt. Die Leistungsfähigkeit der vorhandenen Anlage beträgt pro 24 Stunden 9500 kbm. Wasser.

Das Wasser wird 5000 m. von der Stadt entfernt am Ufer der Ruhr durch einen hinter dem Leinpfade liegenden Brunnen entnommen und auf 1900 m. Entfernung in zwei Hochreservoire gepumpt, welche, 3100 m. von der Stadt entfernt, vor dem Rohrnetze und 55 m. über dem Gewinnungsorte des Wassers liegen. Der Fassungsraum der beiden Reservoire, von denen jedes 36,75 m. lang, 35,24 m. breit und 4,0 m. tief ist, beträgt 4750 kbm. Dieselben sind gemauert, halb in den Boden versenkt, überwölbt und 1,4 m. hoch mit Erde bedeckt und bepflanzt. Neben denselben befindet sich ein Wasserthurm mit Standrohr, durch dessen Einschalten der Druck um 25 m. erhöht werden kann. Davon soll bei Feuersgefahr etc. Gebrauch gemacht werden. Der Sammelbrunnen hat 5 m. Durchmesser und ist 2,15 m. mit der Sohle tiefer als der niedrigste Wasserstand der Ruhr abgesenkt. Die unteren 4 m. des Brunnenmauerwerkes sind durchlässig und es münden hier sternförmig Thonrohrstränge von 210 mm. bis 320 mm. Durchmesser ein, welche durchlöchert sind und eine gesammte Länge von 400 m. haben. Die Sohle des Brunnens liegt 5,5 m., die der Filterrohre bis zu 3,75 m. unter Terrain. Zum Heben des Wassers sind zwei liegende, doppeltwirkende, eincylindrige Maschinen mit Schwungrädern und Condensation vorhanden. Dieselben haben je 45 Pferdekräfte und können nicht mit einander gekuppelt werden. Sie machen 15 bis 16 Umdrehungen pro Minute, haben 840 mm. Cylinderdurchmesser und 1,1 m. Hub und arbeiten mit Ventilsteuerung und mit während des Ganges der Maschine verstellbarer Expansion mittelst Expansionskegel. Gewöhnlich ist die Füllung 0,1 des Hubes. Jede Maschine hat direct an die Kolbenstange angeschlossen eine doppeltwirkende Druck- und Saugpumpe mit Liederkolben mit Rothgussdichtungsringen von 400 mm. Durchmesser. Die Ventile sind Glockenventile von Rothguss und es haben die Saugventile je 1014 ☐cm. und die Druckventile 880 ☐cm. freie Durchgangsöffnung, während die Saugrohre 380 mm. und die Druckrohre 400 mm. Durchmesser haben. Für beide Maschinen ist ein gemeinschaftlicher Windkessel von Blech von 4,73 m. Höhe und 1690 mm. Durchmesser vorhanden. Ausserdem hat jede Maschine einen Saugwindkessel von 550 mm. Durchmesser und 2,93 m. Höhe, sowie 2 Druckwindkessel von 705 mm. Durchmesser und 2,05 m. Höhe. Diese sind sämmtlich von Gusseisen.

Die 3 Dampfkessel haben 9,5 m. Länge, 2300 mm. Durchmesser und je zwei Feuerrohre von 860 mm. Durchmesser sowie 9 Gallowayrohre von 273 mm. mittlerem Durchmesser. Sie arbeiten mit 4 Atmosphären Dampfdruck, haben jeder 3,23 ☐m. Rost- und 100 ☐m. Heizfläche und verbrennen pro Pferdekraft pro Stunde 3,25 Kilo Steinkohlen. Im ersten Quartal sind im Ganzen 1960 Ctr. à 60 Pf. oder für 1176 Mk. Kohlen verbraucht.

Das städtische Rohrnetz, welches Trink- und Brauchwasser ungetrennt und constant liefert, hat 25348 m. Länge und als stärkstes Rohr ein solches von 500 mm. Durchmesser. Der effective Druck (abgesehen von der durch Einschalten des Druckthurmes hervorgebrachten Steigerung desselben um 25 m.) beträgt über dem höchsten Terrainpunkte 37,88 m. Das Rohrnetz ist nach dem Circulationssysteme ausgeführt; vorläufig sind jedoch noch einzelne Verästelungen vorhanden. 100 Hydranten und 60 Wasserschieber, sowie 3 provisorische Freibrunnen befinden sich in und an demselben.

Der Wasserverbrauch hat im 1. Quartal 80217 kbm. betragen, wovon 32600 kbm. durch Wassermesser, deren 16, von Siemens & Halske in Berlin geliefert, vorhanden sind, abgegeben sind. Die Zahl der mit Wasser versorgten Familien betrug circa 500 und es waren 40 Waterclosets, 14 Privatfontainen, 20 Privatpissoirs, 43 Badeeinrichtungen und 1 Wassermotor vorhanden. In den ersten 10

Monaten des Jahres 1876 betrug der Wasserconsum im Ganzen und pro Tag:

Monat	Total kbm.	pro Tag kbm
Januar	20488	683
Februar	24339	811
Marz	35390	1180
April	29263	975
Mai	32862	1095
Juni	42673	1422
Juli	46677	1556
August	57049	1902
September	36949	1232
October	33611	1120

Der Consum pro November und December 1876 zu 66700 kbm. geschätzt, giebt einen Jahresconsum von 426000 kbm. oder 1183 kbm. pro Tag. Der Maximalconsum fand am 19. August statt und betrug 3066 kbm., und der Minimalconsum betrug 162 kbm. am 21. Februar.

Die Betriebsausgaben stellen sich im ersten Jahre auf 19506 Mk. 22 Pf. oder 4,579 Pf. pro kbm., die Einnahmen auf 29120 Mk. 55 Pf. oder 6,836 Pf. pro kbm. und es hat unter Hinzuziehung von 6000 Mk. ferneren Einnahmen für Privateinrichtungen sich ein Bruttogewinn von 15614 Mk. 33 Pf. ergeben, der das Anlagecapital mit rund 2 % nach dem ersten Betriebsjahre verzinsen liess.

Temperaturbeobachtungen werden täglich gemacht, Morgens und Abends, im Flusse, Brunnen, Hochbassin und in der Stadt. Analysen werden noch nicht regelmässig ausgeführt. Zwei Analysen, welche der Chemiker H. D a u b am 27. Juni 1876 gemacht hat, von denen die eine das Ruhrwasser, die andere das Leitungswasser betrifft, geben folgende Zahlen für 100000 Theile Wasser:

	Ruhrwasser	Leitungswasser
Freie Kohlensäure	1,205	2,025
Gebundene Kohlensaure . . .	7,200	7,545
Schwefelsäure	3,580	8,170
Salpetrige Säure	fehlt	fehlt
Chlor	4,995	5,935
Phosphorsäure	Spur	Spur
Eisenoxyd, Thonerde . . .	0,130	0,025
Kieselsäure	0,300	0,425
Kalk	5,175	5,345
Magnesia	1,365	1,365
Kalisalze	Spur	Spur
Ammoniak	Spur	fehlt
Organische Substanzen . . .	0,750	0,050
Feste Bestandtheile . . .	23,850	24,200

8*

Ersteres war schwach getrübt und setzte beim Kochen Flocken ab, letzteres war klar und setzte kaum merkliche Flocken ab. Am 22. Juni 1876 war die Lufttemperatur 19°, die Temperatur der Ruhr 17°, dieselbe im Saugbrunnen 15°, im Bassin 11° und in der Leitung 12¼°.

Eimbeck (Hannover) mit 8000 Einwohnern wird durch ein die ganze Stadt durchziehendes Canalnetz, aus gemauerten Canälen von 0,6 bis 0,3 m. Breite bestehend, die bis über 3 m. tief liegen, mit Wasser versorgt. Diese Canale werden aus einem grossen Teiche, welcher sein Wasser aus der Leine erhält und dicht neben der Stadt liegt, gespeist. In den Canalen befinden sich verschiedene Schächte, welche die Aufstellung von Handpumpen sowie das Besteigen gestatten. Die Anlage stammt aus dem 13. oder 14. Jahrhundert, was bei dieser früher durch ihr Bier so berühmten Stadt nicht wunderbar erscheint. Die Qualität des aus den Canälen bezogenen Wassers soll sich im Laufe der Zeit sehr verschlechtert haben durch das Einsickern des Tagewassers und der Cloakenabgänge in die Wassercanäle innerhalb der Stadt selbst, so dass eine Aenderung des jetzigen Zustandes in Ueberlegung gezogen und ein Project dafür in Ausarbeitung begriffen ist.

Eisenach (Sachsen-Weimar) hat 16000 Einwohner und 1289 Wohngebäude. Die vom Ingenieur Ziegler, Director der Gasanstalt, erbaute Wasserversorgungsanlage ist 1874 in Betrieb gesetzt und Eigenthum der Stadt. Die Anlagekosten haben 460000 Mk. betragen, wofür eine Leistungsfähigkeit von 2260 kbm. Wasser pro Tag erzielt ist. Das Wasser wird natürlichen Quellen entnommen, deren Maximalergiebigkeit pro 24 Stunden im Monat März zu 6000 kbm. ermittelt ist, während die Minimalergiebigkeit seit drei Jahren zwischen dem 15. und 25. November beobachtet und 3000 kbm. betragen hat. Die Quellen liegen 400 m. von einem Wasserlaufe, dem Erbstrom, und circa 8000 m. von der Stadt entfernt in einer Höhe von 67,2 m. über dem städtischen Nullpunkt bei dem „Farnrodaer Brunnenkressenteiche". Die Hauptquellen sind durch zwei aus gelochten Steinen gemauerte Brunnenschächte, die durch eine durchlässig gemauerte Gallerie verbunden sind, gefasst. Das Wasser wird einem Quellenhause, einem überwölbten im Boden versenkten Bassin, zugeführt, welches mit Ueberlauf- und Abstellvorrichtungen versehen ist. Dasselbe wird von hier durch eine eiserne Leitung von 300 mm. Durchmesser weiter geleitet.

Unmittelbar vor der Stadt ist ein gemauertes überwölbtes Hochreservoir von 740 kbm. Fassungsraum in der Erde versenkt hergestellt. Das Wasser fliesst durch natürlichen Druck zu, da die Quellen 4,5 m.

höher, als das Reservoir liegt, gefasst sind. Die Höhendifferenz des
städtischen Terrains beträgt 48 m. und es liegen einzelne Häuser auf
gleicher Höhe mit dem Reservoir. Die Versorgung erfolgt constant
und für Trink- und Brauchwasser gemeinschaftlich. Das städtische
Rohrnetz hat 14000 m. Länge und ist gemischt nach dem Verästelungs-
und Circulationssystem angeordnet. 112 Hydranten, 56 Wasserschieber, 9 Freibrunnen und eine öffentliche Fontaine sind hergestellt.
845 Wohngebäude sind mit Wasser versorgt. Es befinden sich
darin 10 Badeeinrichtungen, 15 Watercloset, 16 Privatfontainen und
6 Privatpissoirs. Durch 42 Wassermesser nach dem System Siemens
aus der Fabrik von H. Meinecke in Breslau wurden 1875 88000
kbm. abgegeben.

Temperaturbeobachtungen werden wöchentlich 3 bis 4 mal gemacht,
sowie 3 mal im Jahre Analysen vorgenommen. Letztere sind von den
Professoren Ludwig und Reichardt in Jena, Dr. Ziureck in
Berlin und Hofapotheker Opwald in Eisenach ausgeführt.

Eine Analyse des Professors Ludwig gab folgendes Resultat:

Das Wasser ist klar, farb-, geruch- und geschmacklos. In
100000 Theilen war 20,8 Gesammtrückstand, davon 9,4 in Wasser
unlöslich. Der Rückstand bestand aus: 5,43 Kalk, 2,09 Magnesia-
oder Talkerde, 2,5 organischer Substanz, unbedeutenden Mengen
Schwefelsäure und Spuren von Chlor und Salpetersäure.

Ueber Temperaturbeobachtungen liegen Zahlen, in Graden Celsius
ausgedrückt, vor, aus denen folgende mitgetheilt werden mögen:

Monat	Luft	Wasser des Quellenhauses	Wasser des Reservoirs	Wasser der Strassenrohre
1875. Januar	—	—	7,5	—
Februar	—	7,9	7,5 — 6,2	—
Marz	—	7,9 — 8,1	6,2 — 6,9	—
April	—	—	6,2 — 7,2	—
Mai	—	8,4 — 8,8	7,2 — 9,4	—
Juni	18,8 — 26,2	8,8	9,4 — 9,8	—
Juli	18,8 — 27,5	8,8 — 9,0	9,8 — 10,2	12,5
August	18,8 — 28,8	9,0	10,6 — 10,9	11,9 — 12,5
September	10,0 — 25,0	9,0	10,6 — 10,9	10,9 — 12,5
October	—	8,8	9,0 — 10,0	8,8 — 10,0
November	—	8,8 — 9,0	7,8 — 8,8	7,8 — 8,1
December	—	7,5 — 7,8	6,5 — 7,5	6,2
1876. Januar	—	7,8	6,5 — 6,9	6,0 — 6,2

Eisleben (Preuss. Sachsen) hat 14378 Einwohner in 1452 Wohnhäusern und 3412 Haushaltungen. Ausser durch 31 Pumpbrunnen
von 5 m. bis 28 m. Tiefe ist die Stadt durch 7 verschiedene Quellen,
die meist im Buntsandstein entspringen und durch Holz- oder Thonrohrleitungen von den umliegenden Berghängen in verschiedenen Höhenlagen nach der Stadt geführt werden, versorgt, wo sie an 17 Ständern
ausfliessen. Die Entstehung dieser Leitungen reicht zum Theil ins
16. Jahrhundert zurück. Die Ergiebigkeit der Quellen ist je nach
den Jahreszeiten und der Witterung sehr verschieden. Sie liefern
im Frühjahr und Herbst täglich bis 530 kbm. und gehen im Sommer
auf 93 kbm. zurück. Aber auch in den einzelnen Jahren schwanken
die Zuflüsse im Jahresdurchschnitt pro Stunde sehr. Beispielsweise
lieferten sie pro Stunde:

1872	1873	1874	1875	1876
19,668 kbm.	10,020 kbm.	4,440 kbm.	7,107 kbm.	21,660 kbm.

Seit 1867 besitzt die Stadt eine für ihre Kosten mit einem Aufwande
von 95049 Mk. 65 Pf. hergestellte neue Wasserversorgung. Dieselbe wird aus
einem 52 m. tiefen Schachte gespeist, welchem das Wasser aus Stollen
zufliesst, die für den Kupferschiefer-Bergbau durch die Mansfeld'sche
Gewerkschaft erschlossen sind. Vermuthlich in Folge von Wasser-
entziehungen hat diese Gewerkschaft sich verpflichtet, der Stadt pro
Minute 155 Liter oder pro Tag 220 kbm. Wasser unendgeldlich zu
liefern. In einem Schachte, „dem sog. W.-Schachte", der 2260 m. von
der Stadt entfernt liegt, ist ein Drucksatz mit Plungerkolben von
318 mm. Durchmesser bei 1,88 m. Hub für eine einfachwirkende
stehende Pumpe mit Lederklappen-Ventilen aufgestellt. Die Pumpe
wird mittelst Gestänge durch eine stehende, einfachwirkende Cornwallmaschine mit Kataraktsteuerung nach Rittinger's System direct bewegt,
welche ohne Condensation mit 0,8 facher Füllung arbeitet und macht
1 bis 6 Hübe pro Minute. Der Dampfcylinder hat 843 mm. Durchmesser und erhält den Dampf von 2,5 Atmosphären Pressung aus
einer grösseren Kesselanlage der Gewerkschaft. Das Wasser wird
einem dicht an der Stadt liegenden gemauerten, im Boden versenkt
liegenden und zugewölbten Bassin zugeführt, welches aus 6 Abtheilungen von je 12,5 m. Länge und 3,13 m. Breite besteht und bei
3 m. Wasserstand 704 kbm. Wasser fasst. Das städische Rohrnetz
hat 5670 m. Länge. Es ist nach dem Circulationssysteme hergestellt
und es hat das weiteste Rohr desselben 210 mm. Durchmesser. Die

Wasserabgabe erfolgt unter constantem Druck ungetrennt für Brauch-
und Trinkwasser. 74 Hydranten, 27 Wasserschieber und 30 Freibrunnen sind vorhanden. 2 öffentliche Fontainen werden durch
die Quellleitungen und 4 Privatfontainen durch die neue Leitung
gespeist. 3 Waterclosets, 3 Privatpissoirs und 1 Badeeinrichtung sind
in Benützung. Wassermesser finden keine Verwendung. Das gesammte
Wasser wird jedoch an der Pumpe und beim Eintritt in das Reservoir
gemessen. Die Gesammtabgabe, sowie das Tages-Minimum und -Maxi-
mum für die beiden letzten Jahre giebt folgende Aufstellung für die
neue Leitung :

	1875	1876
Jahresabgabe kbm.	56092,48	7637,44
Maximum pro Tag kbm. . . .	224,64	287,56
Datum	20. August	15. August
Minimum pro Tag kbm. . . .	103,68	118,08
Datum	17. Februar	10. Marz

Eine Analyse des Wassers im September 1876 ergab in einem
Kubikmeter Wasser: 0,8075 Kilo Gesammtrückstand, davon 0,447
Kilo schwefelsauren und 0,133 Kilo kohlensauren Kalk, 0,155 Kilo
kohlensaure Magnesia und 0,019 Kilo Chlornatrium. Diese Untersuchung ist in dem gewerkschaftlichen Laboratorium ausgeführt.

Elberfeld (Rheinpreussen) mit 81000 Einwohnern hat Ende 1876
zum Zweck der Erbauung eines städtischen Wasserwerkes den früheren
Director der Rheinischen Wasserwerksgesellschaft, Schneider, engagirt,
von welcher Gesellschaft ein Project für die Städte Barmen und Elberfeld anfänglich gemeinschaftlich ausgearbeitet war. Das Wasser soll
mittelst dreier Saugbrunnen am Ufer des Rheins bei Benrath, 30 m.
über Null des Amsterdamer Pegels beim niedrigsten Wasserstande,
entnommen, durch Hebepumpen auf die Terrainhöhe von 41,5 m.
+ Null und durch Druckpumpen, welche mit Dampfkraft getrieben
werden, einem bei dem Dorfe Haan anzulegenden Zwischenreservoir
auf 11400 m. Entfernung und 132,5 m. + Null zugeführt und von
hier mittelst eines zweiten Dampfdruckwerkes auf 5300 m. Entfernung
einem 224 m. + Null hoch bei Belthausen anzulegenden Reservoire
zugeführt werden. Von hier fliesst das Wasser einem eingebauten
Reservoire von 4500 kbm. Fassungsraum am Nutzberge zu, welches
auf 210 m. + Null Höhe liegt. Aus diesem Reservoir und aus einem
zweiten bei Fiekerath anzulegenden von 1800 kbm. Fassungsraum

soll das städtische Rohrnetz gespeist werden. Die Anlage ist für 15000 kbm. Tagesbedarf berechnet und es ist angenommen, dass sie 15 Jahre, bis zu welcher Zeit die Bevölkerungszahl auf 100000 gewachsen sein wird, ausreicht, da dann noch immer pro Kopf pro Tag 150 Liter entfallen. Die Anlagekosten sollen sich auf 4460000 Mk. belaufen. Unter Annahme einer mittleren Leistung von 10000 kbm. pro Tag ist für eine 5 procentige Verzinsung und 1 procentige Amortisation der Anlage-kosten ein Verkaufspreis für die eine Hälfte des Wassers von 11 Pf. pro kbm. und für die andere Hälfte eine Einnahme von 50 Mk. pro Haus pro Jahr erforderlich.

Für die Leitung sind 90000 m. Rohre von 50 bis 550 mm. Durch-messer ausgeschrieben. Die Maschinenanlagen sind für ein 15000 bis 20000 kbm. betragendes tägliches Wasserquantum bemessen und eine Maximalleistung von 15 kbm. pro Minute angenommen. Für die Hebepumpen ist eine Maschine von 44,4 Nettopferdekräften, der eine zweite gleiche als Reserve beigefügt ist, angenommen. Die Druck-arbeit ist in beiden Stationen auf je 3 Maschinen von je 131 Pferde-kräften vertheilt. Vorläufig dient je eine derselben als Reserve und es wird später in jeder Station noch eine vierte hinzukommen. In dem Projecte sind für die Druckwerke eincylindrige liegende Maschinen, die horizontale doppeltwirkende Druckpumpen direct treiben, für die Hebepumpen 2 stehende einfachwirkende Plungerpumpen, die von einer liegenden Maschine bewegt werden, angenommen. Zur Ausführung kommen liegende Woolf'sche Maschinen mit hintereinander liegenden Dampfcylindern. Zwei Maschinen erhalten für ihre Druckpumpen einen gemeinschaftlichen schmiedeeisernen Druckwindkessel, der den 50 fachen Inhalt der damit verbundenen Pumpen haben soll. Als Garantieleistung der Maschinen wird verlangt, dass sie bei 5 Atmo-sphären Dampfdruck vor den Maschinen nicht mehr als 8 Kilogr. Dampf pro Indicatorpferd pro Stunde verbrauchen sollen.

Elbing (Preussen) hat 34000 Einwohner. Es ist von hier unter dem 4. April 1876 officiell mitgetheilt, dass man den Fragebogen zur Zeit nicht ausfüllen könne, weil die dortige Wasserleitung noch unfertig sei und so mangelhaftes Wasser liefere, dass dasselbe nur in ausnahmsweisen Fällen zur Benützung kommt. Mit Rücksicht auf die dieserhalb in Aussicht genommene Verbesserung und Erwei-terung des Werkes haben die Unterlagen für die Fragebeantwortung nicht beschafft werden können.

Nach einer ferneren früheren privaten Mittheilung liefert die mit einem Kostenaufwande von 90000 Mk. hergestellte Quellwasserleitung nicht nur zu wenig, sondern auch häufig völlig ungeniessbares Wasser. Es sollte nun gelungen sein, ein neues Quellgebiet an der „wilden Hommel" aufzuschliessen, welches ein trinkbares und ausreichendes Wasser liefert und sich mit einem Kostenaufwande von 180000 Mk. so leiten lässt, dass im letzten Theile die bereits nach der „Hoppenbank" gelegte ursprüngliche Leitung mitbenützt werden kann. Es wird jedoch die Befürchtung ausgesprochen, dass die Ansprüche der Mühlenbesitzer auf Entschädigung für die von der Stadt täglich zu entnehmenden 1550 kbm. Wasser so bedeutend sein werden, dass das Project daran scheitern muss. Weitere Mittheilungen liegen nicht vor.

In **Emden** (Hannover) mit 13200 Einwohnern bestehen im Ganzen zwei Pumpenbrunnen. Die meisten Einwohner trinken sog. Backten-Wasser, welches in Cysternen aufgefangenes Regenwasser mit Grundwasser gemischt ist. Eine Aenderung dieser schlechten Wasserverhältnisse wird ernstlich erstrebt, ist aber noch nicht in die Form eines festen Projectes, geschweige denn in das Stadium der Ausführung gelangt.

Ems (Nassau) mit 6300 Einwohnern wird seit Juni 1874 durch ein Wasserwerk versorgt, welches vom Ingenieur D i t t m a r auf Kosten der Stadt für 450000 Mk. hergestellt ist. Das Wasser wird der Lahn durch Filterrohre, welche im Flussbette versenkt sind, entnommen. 120 m. vom Flusse entfernt ist eine Balanciermaschine mit Schiebersteuerung aufgestellt, welche 3 einfachwirkende Plungerpumpen treibt, die das Wasser vom Flusse aus ansaugen und zwei Reservoiren von je 100 kbm. Inhalt zuführen. Diese sind in Mauerwerk überwölbt und terrassenförmig an einem Bergabhange circa 50 m. über der Stadt und 200 m. von der Pumpstation entfernt hergestellt. 2 Cornwallkessel mit je einem Feuerrohre liefern den nöthigen Dampf. Von den Reservoiren aus wird das Wasser durch zwei Rohre von 180 mm. Durchmesser den beiden Theilen der Stadt an den beiden Lahnufern zugeführt. Die Vertheilung des Wassers in den Leitungen erfolgt nach dem Verästelungssysteme.

Erfurt (Preussen) hat 48025 Einwohner in 3270 Wohnhäusern und 10354 Haushaltungen. Die Wasserversorgung ist für Rechnung der Stadt vom Geh. Baurath H e n o c h ausgeführt und Anfang 1876 in Betrieb gesetzt. Die Baukosten haben circa 1200000 Mk. betragen und es soll das Maximalquantum pro Tag 8000 kbm. Wasser betragen.

Das Wasser wird 24000 m. von der Stadt entfernt aus dem

Grundwasser der Apfelstedt-Mulde gewonnen und durch natürlichen Druck zugeführt.

Eine 850 m. lange Leitung in zwei Strängen aus gelochten Thonrohren hat 300 mm. Durchmesser an beiden Kopfenden und 500 mm. Durchmesser an dem Ausflusse in die gemeinschaftliche Sammelstube und schliesst das Wasser auf. Diese Rohre sind in 3 bis 5 m. Tiefe verlegt und zur Seite und circa 1,2 m. hoch mit reinem Kies von Apfelgrösse überschüttet. Auf dieses Filterbett folgt eine Kiesschicht von Wallnussgrösse in 0,4 bis 0,7 m. Dicke, darauf eine gleich starke Schicht von Bohnen- bis Erbsengrösse und darüber schliesslich eine Decke von fettem Thon zum Abhalten von Regenwasser. An den Brechpunkten sind mit Einsteigeöffnungen und Sandfängen versehene Revisionsbrunnen angelegt. Die Sammelrohre liegen 40 m. bis 900 m. vom benachbarten Flusslaufe entfernt etwa 3 m. unter dessen tiefstem Wasserstande.

Von der Sammelstube aus führt eine 22600 m. lange eiserne Leitung von 357 mm. Durchmesser zu dem Hochreservoir neben der Cyriaxburg mit einem Gesammtgefälle von 60 m. zwischen Eintritt und Austritt. Die Zuleitung ist durch Schieber in Strecken von je 2000 m. Entfernnng absperrbar. Das Hochreservoir ist gemauert, zugewölbt und mit Boden bedeckt. Dasselbe ist quadratisch, hat 36,5 m. Seitenlänge und 3 m. Wasserhöhe, fasst also 4000 kbm. Es liegt 40 m. über dem mittleren Niveau der Stadt und 1400 m. von derselben entfernt. Das Stadtrohrnetz ist 30000 m. lang und nach dem Circulationssysteme angelegt. Das stärkste Rohr hat 357 mm. Durchmesser. Die Wasserabgabe erfolgt constant unter einheitlichem Drucke. Das Abgabegebiet hat 9 m. Niveaudifferenz. 319 Hydranten und 215 Wasserschieber sind aufgestellt und es sollen ferner 50 Freibrunnen aufgestellt werden.

Eine Wallkreuzung und 12 grössere Flussunterführungen sind durch Flanschenrohre hergestellt. Ueber die Wasserabgabe liegen der kurzen Zeit der Inbetriebsetzung wegen noch keine Angaben vor; es ist jedoch zu bemerken, dass nach 6 monatlichem Betriebe schon die Hälfte sämmtlicher Häuser angeschlossen war.

Temperaturbeobachtungen werden an den Entnahmestellen wöchentlich und in dem Hochbassin täglich vorgenommen. Im Hochsommer hat die Temperatur 13,6 bis 14,4° C. betragen. Analysen werden monatlich vom Chemiker Dr. Hadelich gemacht. Das mehrmonatliche Mittel aus letzteren in 100000 Theilen Wasser giebt in folgender Tabelle

Columne I, während die Columnen II und III frühere Analysen vom Professor Dr. Reichardt enthalten.

	I	II	III
Gesammtruckstand . . .	29,6	35,5	33,5
Organische Substanz . .	2,1	0,52	0,48
Salpetrige Saure . . .	0	0	0
Ammoniak	0	—	—
Salpetersäure	Spur	0	0
Kalk	7,26	7,84	6,72
Magnesia	1,54	1,28	1,14
Schwefelsaure . . .	7,60	6,52	5,15
Chlor	1,20	1,59	1,59
Gesammtharte Grad F. .	16,80	17,2	14,9
Bleibende Härte	9,48	—	—
Temperatur C.	−5⁰ bis 14⁰	—	—

Die Stadt **Ermsleben** besitzt seit 1856 eine künstliche Wasserzuführung. Das Wasser wird durch eine 2500 m. lange Steingut-Leitung zugeführt, in welcher an einzelnen Stellen ein Wasserdruck von 38 m. vorhanden sein soll. Nur aus diesem Grunde findet sie hier Erwähnung, da weitere Angaben nicht vorliegen.

Essen a. d. Ruhr (Rheinpreussen) hat 55450 Einwohner in 4314 Wohnhäusern und 11269 Haushaltungen. Die erste Anlage für die städtische Wasserversorgung wurde nach den Plänen des Baurath Moore mit einem Kostenaufwande von fast 350000 Mk. für Rechnung der Stadt hergestellt und ist später bedeutend erweitert, so dass Ende 1875 die Anlagekosten unter Einrechnung der Abschreibungen sich auf 1150000 Mk. beliefen.

Das Wasser wird am Ufer der Ruhr 4289 m. von der Stadt entfernt durch Brunnen und Filterrohre entnommen und mittelst durch Dampfkraft betriebene Pumpen einem 1167 m. vor der Stadt und vor dem städtischen Rohrnetze gelegenen Hochreservoir, welches gemauert, im Terrain versenkt und überwölbt hergestellt ist und 3092 kbm. Fassungsraum bei 4 m. Wasserstand (ungetheilt) hat, durch Rohrleitungen zugeführt. Die Sohle des Reservoirs liegt 58 m. über dem mittleren Wasserstande der Ruhr. Es sind 3 Brunnen, die in den Seitenwänden nicht durchlässig sind, von 3,57 m. Durchmesser vorhanden, deren Sohle 2,34 m. tiefer als das Flussbett liegt. In zwei dieser Brunnen münden Filterrohre von Thon von 230 mm.

Durchmesser und im Ganzen 336 m. Länge, in den dritten solche von Gusseisen von 315 mm. Durchmesser und 160 m. Länge.

Durch eine Eisenbahnanlage wird eine Flussverlegung nöthig, wodurch die Filterrohre wahrscheinlich ausser Function treten und es muss daher die Eisenbahngesellschaft an dem entgegengesetzten Ufer des Flusses 2 Filterbrunnen von 5 m. Durchmesser anlegen, deren Sohle 4 m. unter dem tiefsten Wasserstande liegen wird. 2 Saugrohre von 375 mm. Durchmesser werden durch den Fluss hindurch den Pumpenanlagen das Wasser wieder zuführen. Diese Anlage erhält die Stadt kostenfrei.

Für die Druckpumpen sind 4 Dampfmaschinen vorhanden, welche sämmtlich liegende sind und die Druckpumpen direct treiben. Sie arbeiten doppeltwirkend mit Schwungrädern und Expansion.

Die älteste Maschine ist eine gekuppelte Zwillingsmaschine mit Meyerscher Expansion ohne Condensation, die 12,5 Umdrehungen pro Minute macht. Die Cylinder haben 471 mm. Durchmesser, die Pumpenkolben 235 mm. Durchmesser. Der Hub beider beträgt 1,421 m. Die Pumpen haben Liederkolben mit Rothgussringen und als Ventile Lederklappen von je 492 ☐cm. freier Oeffnung bei einem Saugrohrdurchmesser von 235 mm. Beide Pumpen haben einen gemeinschaftlichen Druck- und einen gemeinschaftlichen Saugwindkessel. Beide sind von Gusseisen und haben einen Durchmesser von 1255 mm. Ersterer hat 3,452 m., letzterer 1,569 m. Höhe.

Zwei fernere eincylindrige Maschinen von gleichen Dimensionen untereinander haben, ebenso wie die vierte Maschine, Corlisssteuerung und arbeiten mit ¼ Füllung und Condensation bei 20 Doppelhüben pro Minute. Die Dampfcylinder der ersteren haben 628 mm., der der letzteren 624 mm. Durchmesser. Der Kolbenhub beträgt bei ersteren 0,945 m., bei letzterer 1,219 m. Die ersteren Maschinen treiben je eine doppeltwirkende Druckpumpe mit Liederkolben von 294 mm. Durchmesser und Rothgussringen. Die Ventile sind Doppelsitzventile von Rothguss und es hat jede Pumpe ein Saugrohr von 315 mm. Durchmesser. Jede der beiden Pumpen hat Windkessel von Schmiedeeisen und zwar je einen stehenden Saugwindkessel von 627 mm. Durchmesser und 2,511 m. Höhe und je einen liegenden Druckwindkessel von 1255 mm. Durchmesser und 2,197 m. Länge. Ausserdem haben beide Maschinen noch einen gemeinschaftlichen schmiedeeisernen Druckwindkessel von 1569 mm. Durchmesser und 3,139 m. Höhe.

Die Druckpumpe der vierten Maschine besteht aus 2 einfachwirkenden

Plungerpumpen (System Girard). Die Plunger haben 330 mm. Durchmesser. Die Ventile sind Ringventile von je 855 ☐cm. freier Oeffnung und haben ein Saugrohr von 400 mm. Durchmesser. Die Windkessel dieser Maschine sind gleichfalls von Schmiedeeisen. Es ist ein
Saugwindkessel von 470 mm. Durchmesser und 2,511 m. Höhe und
zwei Druckwindkessel von 730 mm. Durchmesser und 3,452 m. Höhe
vorhanden. Erstere beide Corliss-Maschinen sind von Ew. Hilger in
Essen, letztere von van den Kerkhoven in Gent geliefert, während die
gekuppelte Maschine die Essener Maschinenfabrik geliefert hat.

Für den Fall eines sehr niedrigen Wasserstandes ist noch eine
Anlage von drei einfachwirkenden an einer Kurbelachse hängenden
Hebepumpen vorhanden, welche durch eine liegende Dampfmaschine
mit Meyer'scher Expansion durch Riemen bei dreifacher Uebersetzung
getrieben wird. Durch diese Pumpen kann den Druckpumpen das
Wasser zugeführt werden, indem dasselbe vorher in ein hoch genug
aufgestelltes Blechreservoir von 49 kbm. Inhalt gepumpt wird.

Für den Betrieb der Maschinen sind 8 Dampfkessel, die Dampf
von 4 Atmosphären Pressung geben, vorhanden. 5 Stück davon sind
Cornwall-Kessel von 9,5 m. Länge und 2300 mm. Durchmesser, je
mit 2 Feuerrohren von 850 mm. Durchmesser. Jeder dieser Kessel
hat 45,4 ☐m. Heizfläche und 3,28 ☐m. Rostfläche. Die drei
anderen Kessel sind Field'sche. Sie sind 4,15 m. hoch und haben
2526 mm. Durchmesser. Die Feuerbüchsen haben 1700 mm. Durchmesser und 2,56 m. Höhe. In denselben hängen je 236 Field'sche
Rohre von 1,76 m. Länge. Die äusseren Rohre derselben haben 64 mm.,
die inneren 32 mm. Durchmesser. Die Heizfläche beträgt 87 resp.
82 ☐m. und die Rostfläche 2,2 ☐m. für jeden Kessel.

Von der Pumpstation führen zwei Leitungen zum Hochreservoir
und von hier zur Stadt. Diese haben 235 mm. resp. 400 mm. Durchmesser.

Das städtische Rohrnetz, ursprünglich nach dem Verästelungssysteme hergestellt, ist später möglichst zu einem Circulationssysteme
umgearbeitet. Dasselbe hat 38453 m. Länge und das weiteste Rohr
desselben 392 mm. Durchmesser.

Nachfolgende Tabelle giebt einen speciellen Nachweis über Durchmesser und Länge der verschiedenen Leitungen von dem Eintritte in
die Stadt mit Ausschluss der Privatleitungen; gemessen sowohl nach
dem ersten Projecte, als am Ende der verschiedenen Betriebsjahre.
Die Summe A giebt die Gesammtlängen in der Stadt, die Summe B

die Gesammtlängen überhaupt incl. Zuleitungen etc. Ebenso geben die Columnen A und B die Zahl der Schieber und Hydranten in der Stadt sowohl als der überhaupt vorhandenen. Aus den Leitungen waren 1875 versorgt 3 Freibrunnen, 2 öffentliche und 66 Privat-fontainen, 2 öffentliche Pissoirs mit 8 Ständen, 61 Privatpissoirs, 264 Badeeinrichtungen, 2 Schmid'sche Motoren von 3 Pferdekräften und 2490 Hauptwasserhähne.

Ende	Länge der Hauptleitungen in Meter.										Schieber		Hydranten		
	3″	4″	5″	6″	7″	8″	9″	10″	12″	A Zusammen	A	B	A	B	B Zusammen
lt. Anschlag	5020	2150	1070	900	270	220	480	140	40	10290	47	—	145	—	17390
1865	8510	4360	1780	920	270	220	480	140	40	16720	47	—	145	—	20880
1866	9940	4360	1780	920	270	220	480	140	40	18150	54	—	157	—	22310
1867	11370	6440	2160	1320	270	220	480	140	40	22440	64	—	177	—	26600
1868	12710	6440	2250	1320	270	220	480	140	40	23870	65	—	180	—	28080
1869	13370	6440	2860	1920	270	220	480	140	40	25740	70	—	187	—	33120
1870	14320	7070	2860	1920	270	220	480	140	40	27320	77	104	195	243	34650
1871	14320	7070	2860	1920	270	1570	480	140	40	29120	86	109	205	254	36460
1872	14320	7520	2860	1920	270	1570	480	140	40	30410	96	119	219	260	39760
1873	14730	8040	2860	2150	270	1980	480	140	810	32420	99	124	229	268	43180
1874	14820	9000	2860	2930	270	1980	480	140	810	33290	103	128	232	271	43050
1875	14980	9000	2860	3710	270	1980	480	140	810	34230	105	130	—	272	44530
1876	15120	9020	2860	3710	270	1980	480	140	810	34390	—	—	—	—	44670

Die Wasserabgabe erfolgt constant unter einheitlichem Drucke und für Brauch- und Trinkwasser gemeinschaftlich.

Die gesammte Wasserabgabe in kbm., die Maximal-, Minimal- und mittlere Tagesabgabe, sowie die Zahl der vorhandenen Wassermesser und das aus denselben abgegebene Wasserquantum giebt folgende Tabelle für die Jahre 1865 bis 1876. Die vorletzte Columne giebt das von Einem Abnehmer durch Messer abgenommene Quantum und erklärt den wesentlichen Rückgang der Abgabe pro 1876. Endlich giebt die letzte Columne die Zahl der angeschlossenen Häuser.

Jahres-Consum-Tabelle.

Jahr	Gesammt-abgabe	Tägliche Abgabe.			Zahl der Wasser-messer	Abgabe durch Wassermesser		Zahl der ange-schlossenen Häuser
		Maxim.	Minimum	Mittel		im Ganzen	davon an einen Ab-nehmer	
1865	432989	—	—	1196	—	223910	—	—
1866	485583	2704	436	1349	86	262750	103530	967
1867	540906	2786	375	1482	99	189189	5780	1294
1868	773161	3782	508	2112	103	271780	51685	1466
1869	932582	4635	759	2555	109 ·	382920	73360	1601
1870	1308160	—	—	3584	120	918415	538545	1656
1871	1579481	—	—	4327	130	1136930	680765	1811
1872	2217000	9314	—	6057	137	1548185	878075	2092
1873	2826800	9089	7207	7744	150	1841440	992540	2165
1874	3185000	12020	4001	8726	166	1933743	1004340	2369
1875	3284000	11237	8146	8992	198	2022700	1006055	2490
1876	2137700	7654	3700	5856	209	970554	55665	2581

Die Abgabe für öffentliche Zwecke ist seit 1870 constant zu 14400 kbm. angenommen. Die Abgabe für technische Gewerbe hat in den Jahren 1870 bis 1875 der Reihe nach betragen: 765346 kbm., 947480 kbm., 990155 kbm., 1534534 kbm., 1611453 kbm. und 1658117 kbm. Die nachfolgende Tabelle giebt den täglichen Durchschnittsconsum jedes Monates der Jahre 1866 bis 1876 mit Ausnahme der Jahre 1871 und 1872 in kbm.

Monats-Consum-Tabelle pro Durchschnittstag.

Monat	1866	1867	1868	1869	1870	1873	1874	1875	1876
Januar	1580	936	1249	2126	3369	6749	6842	9063	8098
Februar	1800	1110	1370	2182	3116	6750	7944	9575	6357
Marz	2030	1209	1733	2055	3548	6531	8109	8484	4747
April	2018	1252	1975	2322	3243	7671	8739	8399	4905
Mai	1144	1463	2498	2495	4097	7606	8987	8749	5932
Juni	1258	1696	2601	2945	3767	8434	9541	8845	6091
Juli	1308	1612	2464	3571	4099	9132	9630	7845	5845
August	1082	1888	2597	2582	3679	9210	10104	9471	6116
September	977	1708	2440	2672	3522	8534	10272	9308	5162
October	744	1640	2316	2706	3784	7608	10026	9999	5227
November	1001	1751	2037	2232	3757	7792	8618	8541	5464
December	1061	1497	2077	2709	3611	7191	6221	9618	5203
Jahresmittel .	1196	1349	1482	2111	3584	7744	8726	8992	5856

Die folgende Tabelle giebt unter A. und B. die Einnahmen und Ausgaben für die Jahre 1865 bis 1876 nach den verschiedenen Conten pro 1000 kbm. Wasser und unter C. den Kohlenverbrauch in Kilo pro kbm. und pro Pferdekraft pro Stunde. B weist die Einnahmen aus dem durch Wassermesser und dem auf Discretion abgegebenen Wasser, sowie die Vertheilung anderer sonstiger Einnahmen auf 1000 kbm. Wasser nach. A giebt ausser den Selbstkosten die durch Zinsen, Amortisation etc. entstehenden Aufschläge pro 1000 kbm. Endlich giebt D für die einzelnen Jahre sowohl die Summe der gesammten Ueberschüsse nach Absetzung sämmtlicher Abschreibungen, als auch die sich hieraus ergebende Verzinsung in Procenten des derzeitigen Anlagecapitals.

Betriebsabschluss in Mark.

A. Ausgaben pro 1000 kbm.	1865	1866	1867	1868	1869	1870	1871	1872	1873	1874	1875	1876
Kohlen	9,83	12,13	11,18	11,32	11,85	9,25	10,48	16,70	22,43	22,04	8,40	7,50
Salair	{15,10	19,67	17,92	12,79	11,18}	3,14	5,04	3,97	3,61	3,22	3,20	4,80
Lohne						4,41	4,49	3,98	3,91	4,22	4,40	5,40
Maschinen- und Gebäude-Reparatur, Bassin- und Rohren-Unterhaltung, div. Materialien etc.	6,86	12,93	9,16	9,04	6,20}	8,01	5,44	8,14	5,93	4,43	5,00	6,30
Steuern, Drucksachen etc.						2,68	1,07	0,94	1,02	1,41	1,30	2,20
1. Wirkliche Selbstkosten Summa	31,79	44,73	38,26	33,15	29,23	27,49	26,52	33,73	36,90	35,32	22,30	26,20
Amortisation	19,95	20,21	19,41	13,36	14,15	18,89	23,03	18,32	18,50	10,66	22,79	29,82
Zinsen	—	—	—	—	—	—	2,29	0,29	1,09	1,03	0,94	—
Rabatt	—	—	—	—	—	—	—	—	4,14	4,03	—	—
Bilanzconto	30,58	23,94	19,92	23,39	21,29	21,53	14,07	9,15	7,85	7,56	11,08	14,68
2. Aufschläge Summa	50,53	44,15	39,33	36,75	35,44	40,42	39,39	28,26	31,58	23,28	34,81	44,50
Summa 1. und 2.	82,32	88,88	77,59	69,90	65,67	67,91	65,91	61,99	68,48	58,60	57,11	60,70

Betriebsabschluss in Mark.

	1865	1866	1867	1868	1869	1870	1871	1872	1873	1874	1875	1876
B. Einnahmen pro 1000 kbm.												
Wasser nach Messern . .	72,63	67,65	76,26	69,79	67,65	58,38	56,62	57,43	64,72	58,60	59,00	68,60
desgl. für öffentliche Zwecke und nach Specialtarif	89,47	87,32	67,36	56,85	57,40	69,53	85,06	67,33	52,79	44,30	47,20	50,60
Mittlerer Verkaufspreis .	80,52	78,56	74,16	61,35	62,48	67,04	64,61	60,37	60,08	57,06	54,50	58,80
Ueberschuss aus Privatleitungen .	}1,80	10,32	3,43	8,55	2,32	0,87	1,19	1,44	7,46	1,28	2,40	1,70
Diverse Einnahmen . . .							0,11	0,18	0,22	0,26	0,20	0,20
Gesammte Einnahmen . .	82,32	88,88	77,59	69,90	64,70	67,91	65,91	61,99	68,48	58,60	57,10	60,70
C. Kohlenverbrauch in Kilo												
pro kbm. gehobenes Wasser .	—	1,293	1,310	1,358	1,398	0,943	0,829	1,078	1,272	1,240	0,955	0,902
pro effect. Pferdekraft pro Stunde .	—	5,70	5,80	6,00	6,15	4,17	3,66	4,76	5,62	5,48	4,22	3,98
D. Ueberschuss nach den Abschreibungen im												
Ganzen Mark . . .	13240	11628	10679	18040	19852	28163	22224	20299	21972	24059	36385	31395
in Procent des derzeitigen Buchwerthes .	3³/₅	3	2¹/₂	4¹/₃	4⁵/₆	4,9	4	4	4	4	5	4

Nachfolgende Tabelle giebt für die verschiedenen Jahre den Procentsatz der für die einzelnen Conten in den einzelnen Jahren gemachten Abschreibungen, den Buchwerth der einzelnen Conten nach Vollendung des ersten Baues und nach 12jährigem Betriebe, die Höhe der stattgehabten Abschreibungen, die effectiven Herstellungswerthe der einzelnen Conten und deren Zuwachs nach der ersten Vollendung des Werkes.

Conto	Buchwerth 1865 vor der Amortisation Mark	Verrechnete Amortisation in den verschiedenen Jahren für die verschiedenen Conten in Procent												Buchwerth 1876 nach der Amortisation Mark	Abschreibungen 1865 bis 1876 Mark	Effective Anlagekosten Mark	Mithin Zugang gegen die erste Anlage Mark
		1865	1866	1867	1868	1869	1870	1871	1872	1873	1874	1875	1876				
Grundbesitz	10948	—	—	—	—	—	—	—	—	—	—	—	—	25079	—	25079	14131
Bassin und Rohre	293121	1	2	2	2	3	3½	5	5½	7	3	8	3	464787	215394	680181	407060
Gebäude	14794	2	2	2	2	2	2	2	5	10	4⅛	7	5	99483	27702	127185	112391
Maschinen und Pumpen	30696	5	5	5	5	3	3½	7	8	9¼	5	10	9	218295	102638	320933	290237
Mobilien	1603	5	5	5	5	5 10	10	10	10	10	10	10	10	1005	2122	3127	1524
Niveaumesser	—	—	2	2	5	5 10	21	10	10	10	10	10	62⅘	459	2652	3111	3111
Telegraphie	—	—	—	2	5	5 10	23	10	10	10	10	10	10	794	1393	2187	2187
Werkzeuge und Geräthe	—	—	5	5	5	5 10	10	10	10	10	10	10,10	10,1	1774	1105	2879	2879
Wassermesser	7202	10	10	10	10	—	—	—	—	—	—	10	—	4201	7000	11201	3999
Summa	358364													815877	360006	1175883	817519

9*

Ueber chemische Untersuchungen des Wassers liegen keine officielle Mittheilungen vor. Von anderer Seite werden solche jedoch regelmässig alle Monate vorgenommen und es giebt nachfolgende Tabelle das Resultat derselben aus den letzten 15 Monaten.

Datum der Entnahme	Gesammt-rückstand bei 135° getrocknet	Organische Substanz	Kalk und Magnesia	Chlor	Schwefel-saure	Am-moniak	Salpeter-saure	Salpetrige Saure	Gesammt-harte franzos. Grade	Temperatur nach Celsius
18. März 1876	10,07	2,646	2,43	1,77	3,40	—	—	—	4,34	6°
22. April „	16,60	2,528	3,74	2,94	4,48	—	—	—	6,67	10
17. Mai „	18,50	1,721	4,18	2,84	3,68	—	—	—	7,46	12
21. Juni „	24,30	1,240	5,43	4,97	4,99	kaum Spur	—	kaum Spur	9,70	17
26. Juli „	19,60	1,040	4,89	4,26	4,10	Spur	Spur	Spur	8,75	18,2
19. August „	27,70	0,960	5,55	5,86	5,00	kaum Spur	kaum Spur	kaum Spur	9,85	21,5
13. September „	14,30	1,000	5,00	1,95	6,00	kaum Spur	kaum Spur	„	8,91	20
21 October „	13,80	1,450	5,31	2,41	3,12	„	—	„	9,40	13,8
15. November „	11,20	1,910	4,40	1,34	2,30	—	—	—	7,85	9
18. December „	10,50	1,140	5,10	1,42	2,00	deutl. Spur	kaum Spur	kaum Spur	9,11	8
24 Januar 1877	11,50	0,840	5,33	1,42	2,20	Spur	„	„	9,41	7
22. Februar „	11,32	0,854	5,50	1,10	2,11	„	„	„	9,80	6
23 März „	11,76	0,646	5,86	1,59	2,13	kaum Spur	„	„	10,46	7
21 April „	14,25	0,715	6,72	1,85	3,24	„	„	„	12,00	8
24. Mai „	13,50	0,575	5,20	1,60	2,00	0	0	0	9,35	12

Esslingen (Würtemberg) mit 17000 Einwohnern besitzt seit kurzer Zeit eine nach den Plänen des Oberbauraths v. Ehmann vom Stadtbaumeister Wenzel ausgeführte Wasserversorgung, deren Anlagekosten 300000 Mk. betragen haben. Das Wasser wird im Osten der Stadt durch eine Filtergallerie, die zwischen dem Neckar und dem Eisenbahndamme, von dem Flusse etwa 100 m. entfernt, angelegt ist, dem Grundwasser entnommen. Diese Gallerie läuft parallel dem Neckar 90 m. lang in Form eines 1 m. breiten und mannshohen Kanales fort, dessen Decke überwölbt und ebenso wie die Seitenwände durch eine Cement- und Erddecke gegen äussere Einflüsse abgeschlossen ist. In seiner Sohle lässt dieser Kanal das Wasser aus den Kies- und Sandlagern durch. Das Wasser steht in demselben 1,4 m. hoch und kann zur Reinigung oder Reparatur durch einen besonderen Kanal nach einem tieferen Punkte des Neckars hin abgelassen werden. 95 m. von der Entnahmestelle entfernt befindet sich die Pumpstation mit Kesselhaus. Eine 40 pferdige Maschine, von Kuhn in Burg geliefert, fördert pro Minute 1,8 kbm. Wasser und bringt dasselbe durch eine 1800 m. lange Leitung von 230 mm. Durchmesser 65 m. hoch zu einem gemauerten Hochreservoire, welches überwölbt und 1 m. hoch mit Erde bedeckt ist. Dasselbe ist zweitheilig und fasst im Ganzen 1633 kbm. Wasser. Im Maschinenhause ist Raum für eine zweite Maschine als Reserve vorgesehen. Eine 230 mm. starke Leitung führt das Wasser zur Stadt. Hier hat das Rohrnetz 11000 m. Länge, und es sind darin 170 Hydranten, 90 Vertheilungskästen und 70 Schieber angebracht. Der Druck in der Leitung giebt auf dem Marktplatze einen freien Strahl von 37 m. Höhe.

Es wird bemerkt, dass das Wasser von vorzüglicher Qualität, hell und klar sei und dass die angewendete natürliche Filtration in dieser Art die erste derartig in Würtemberg ausgeführte ist.

Ettlingen (Baden) mit 5286 Einwohnern wird mit Quellwasser ohne künstliche Hebung versorgt. Die Anlage ist von dem Oberbaurath v. Ehmann ausgefuhrt nnd zeichnet sich durch eine grosse Hochreservoiranlage aus. Nähere Mittheilungen darüber liegen nicht vor.

Die Stadt **Eupen** (Rheinpreussen) mit 14631 Einwohnern besteht aus einem unteren und einem oberen Theile, welche durch einen Bergrücken von einander getrennt sind. Die untere Stadt wird in ihrer ganzen Länge von einem kleinen Flusse, der Vesdre, durchschnitten und hat genügendes Trink- und Nutzwasser. Die obere Stadt dagegen ist sehr wasserarm und es muss das Wasser zum Theil aus grosser Entfernung herbeigeschafft werden. Eine vor 6 Jahren ausgeführte Leitung von 75 mm. Durchmesser, die von einigen in der Nähe befindlichen Quellen gespeist wird und 5 öffentliche Brunnen versorgt, ist ungenügend. Projecte zu einer grösseren Wasserleitung existiren seit einigen Jahren, harren jedoch noch der Ausführung.

Frankfurt a. Main hat 103136 Einwohner in 6970 Gebäuden und 20291 Haushaltungen. Die Stadt besass früher eine ältere Quellwasserleitung mit künstlicher Hebung und eine in späterer Zeit erbaute Flusswassserleitung.

Seit dem 22. November 1872 ist die jetzt in Benützung befindliche neue Quellwasserleitung, welche das Wasser vom Spessart und vom Vogelsberge der Stadt zuführt, eröffnet. Die Anlage ist von einer Actiengesellschaft der „Frankfurter Quellwasserleitung" unter Oberleitung von P. S c h m i c k und unter Mitwirkung von C. B l e c k e r und C. F r i e d r i c h ausgeführt. Die Stadt war anfänglich in Besitz von einem Drittel der Actien dieser Gesellschaft und ist Ende 1876 in alleinigen Besitz der ganzen Anlage getreten.

Die Vogelsberger Quellen bei Fischborn entspringen im Basalt und bestehen im Ganzen aus 139 Quellen und Quellchen in verschiedenen Gruppen, nämlich: 1. am alten See und Wehmersborn (westliche Thalseite), 2. in der unteren Aue (östliche Thalseite), 3. in der oberen Aue (östliche Thalseite) und 4. Born am Busch, Born am Wehr, Aderborn, Loffinksquelle (westliche Thalseite).

Die Messung dieser Quellen ergab 1869 4,352—4,552 kbf., 1872/3 4,429 kbf. und 1874 9,569 kbf. pro Secunde.

Die Fassung der Quellen besteht aus 2640 lfd. m. Quellencanälen von 0,24 m., 0,36 m. und 0,5 m. lichter Weite, welche in zugängliche Brunnenkammern münden, die aus je 2 Abtheilungen, nämlich einer Wasserkammer und einer Vor- oder Schieberkammer bestehen. Die Zusammenleitung mehrerer Quellen aus den Wasserkammern findet in Sammelkammern statt, deren 13 hergestellt sind. In den Leitungen befinden sich ferner 3 Reductionskammern, welche den Wechsel in der Geschwindigkeit bei verschiedenen Gefällen und die damit verbundenen geänderten Leitungsprofilen vermitteln. Ferner sind noch 2 Ueberlaufkammern eingeschaltet, welche bei längeren Leitungen verhindern, dass die Cementrohre einem stärkeren Drucke als 5 m. ausgesetzt werden können. Die Cementrohrleitungen haben im Ganzen 3268 m. Länge von 240 bis 450 mm. Durchmesser und führen das Wasser bis zur Brunnenkammer bei Birstein. Von hier geht eine Gussrohrleitung von 360 mm. Durchmesser und 16857,5 m. Länge bis zu dem Behälter auf dem Aspenheimer Kopf bei Wächtersbach. Von hier führt eine Leitung von 533 mm. Durchmesser bis zu einer Brunnenkammer, die mittelst eines 720 m. langen Zuführungscanals den grossen Hochbehälter an der Friedberger Warthe, 2200 m. vom Centrum der Stadt gelegen, speist. Der ganze Zuleitungsstrang hat 65879 m. Länge und es befinden sich darin 28 Absperrschieber und 32 Ablässe, 29 Luftventile, 6 Manometerschächte, 3 Eisenbahnkreuzungen, einige hundert Kanalunterführungen und 7 Ueberbrückungen von Wasserläufen. Der Maximaldruck ist in der 360 mm. Leitung 14 Atmosphären und in der 533 mm. Leitung 11 Atmosphären.

Die Spessartquellen im Bieber- und Casselgrunde treten als einzelne geschlossene Wasserläufe aus rothem Sandsteinfelsen zu Tage. Ihre Zahl ist im Ganzen 12 und es betrug die gemessene Wassermenge pro Secunde im November 1870 4,597 kbf., Juli 1871 6—10 kbf., März 1872 6—13 kbf., December 1872 14—16 kbf., März 1873 14 bis 24 kbf., Mai und Juni 1872 und April 1873 5—9 kbf., ferner 1871—1874 4,4918 kbf. Die Fassung der Quellen erfolgt auch hier durch Quellenkanäle und es sind 4 Brunnenkammern, 4 Sammelkammern, 3 Reductionskammern und 11 Ueberlaufkammern angelegt. Die Zusammenleitung der Quellen erfolgt durch Cementrohre von 180 mm. bis 450 mm. Durchmesser von im Ganzen 5163 m. Länge. Zur Zusammenleitung des Wassers des Casselgrundes, des Buchelbachthales und des Elsebachthales waren zwei Stollen von 1022 m. resp. 755 m. Länge nöthig. Das Wasser fliesst in denselben durch Cementrohre von 600 mm. Durchmesser. Die an dem Gieserborn zusammengeführten Quellen werden durch eine eiserne Leitung von 7503 m. Länge, von welcher 528 m. einen Durchmesser von 456 mm. und 6975 m. einen solchen von 533 mm. haben, dem Reservoir auf dem Aspenheimer Kopfe zugeführt. Die disponibele Druckhöhe beträgt 9,77 m. und der tiefste Punkt dieser Leitung hat 11 Atmosphären Druck auszuhalten. Eine Kreuzung des Kinzigflusses bei Wirtheim ist durch ein schmiedeeisernes Rohr bewirkt.

Von dem Reservoir auf dem Aspenheimer Kopfe fliessen die Spessart- und Vogelsbergquellen zusammen nach Frankfurt und zwar durch einen auf der Abtshecke errichteten Thurm mit Steige- und Fallrohr in zwei Syphons getheilt. Die unter Druck stehenden Zuleitungen haben eine gesammte Länge von 69638 m.

Das Hochreservoir an der Friedberger Warthe liegt vor dem

städtischen Rohrnetze, und hinter dem städtischen Rohrnetze in Sachsenhausen ist ein Gegenreservoir hergestellt. Beide Reservoire sind aus Bruchsteinmauerwerk erbaut, im Terrain versenkt und überwölbt. Ersteres besteht aus 2 Abtheilungen und fasst bei 3,6 m. Wasserstand 13380 kbm.; letzteres ist eintheilig und fasst bei 3 m. Wasserstand 3100 kbm. Wasser.

Das Stadtrohrnetz ist nach dem Circulationssysteme hergestellt und steht unter einheitlichem Drucke, der am höchsten Punkte des Versorgungsgebietes 0,25 Atmosphären und an dem niedrigsten 5 Atmosphären beträgt. Die Abgabe des Wassers erfolgt constant und ungetheilt für Brauch- und Trinkwasser. Die Länge des Rohrnetzes betrug am 31. März 1876 104130 m. und es befanden sich in demselben 26 Theilkästen, 737 Absperrschieber, 196 Ablassschieber, 10 Luftventile, 1065 öffentliche Hydranten, 133 öffentliche Zapfbrunnen, 3 öffentliche Laufbrunnen und 6 öffentliche Fontainen.

An die Leitung waren angeschlossen Ende 1873 500, 1874 1475 und 1875 2844 Hausleitungen, deren Zahl sich bis zum Mai 1876 auf 3040 erhöht hat. In den 1875 angeschlossenen 2844 Häusern waren 5734 Haushaltungen als Abonnenten vertreten, während deren Zahl das Jahr vorher 4092 betrug. Ende 1874 waren 185 und Ende 1876 280 Wassermesser von 10 bis 125 mm. in Benützung, die zum weitaus grössten Theile von Siemens & Halske in Berlin geliefert sind. Ausserdem sind auch solche von Tylor in London und solche nach dem Patent Witt von der deutschen Wasserwerksgesellschaft in Benützung. 1875 wurden 770269 kbm. Wasser durch Messer abgegeben. 1874 sind im Ganzen 2398000 kbm. Wasser abgegeben, wovon 1327000 kbm. von der Stadt, 1071000 kbm. von Privaten consumirt wurden. Von letzterem Quantum wurden 401600 kbm. durch Wassermesser und 669400 kbm. auf Discretion abgegeben. Die Wasserabgabe betrug in diesem Jahre pro Tag im Durchschnitt 5000 kbm. und zwar im Maximum 9000 kbm. (September) und im Minimum 3500 kbm. (Februar). In den Privathäusern etc. waren vorhanden:

	Ende 1874	Ende 1875
An Zapfventilen	4952	11695
„ Waschbecken	1137	?
„ Closets	4349	9099
„ Pissoirs	421	855
„ Badeeinrichtungen	417	641

	Ende 1874	Ende 1875
An Gartenhydranten	840	?
„ Springwerken	98	164
„ Zapfventilen mit Schlauchverschraubungen .	252	?
„ Hausbrunnen	21	?
„ Haushydranten	97	?

Ferner wurden 3 Turbinen und 1 Kolbenmaschine von im Ganzen 5 Pferdekräften und 2 Aufzüge von der Wasserleitung getrieben.

Die Untersuchung des Wassers der verschiedenen Quellen ist in umfassendster Weise vom Dr. Kerner in Frankfurt vorgenommen. Die Analyse des Wassers im Reservoir des Aspenheimer Kopfes im October 1873, des Hochreservoirs in Frankfurt im März 1874 und der am meisten mineralische Substanz führenden Spessartquelle gab folgendes Resultat in 100000 Theilen Wasser:

	Aspenheimer Kopf	Hochreservoir	Spessart
Chlornatrium	0,3364	0,3055	0,3723
Kohlensaures Natron . . .	0,7991	0,7843	0,2321
Schwefelsaurer Kalk . . .	0,4344	0,4260	0,1984
Kohlensaurer Kalk . . .	3,1188	3,1040	0,1532
Kohlensaure Magnesia . . .	3,3205	3,1522	0,0132
Kieselsaure	2,9030	2,7808	0,6963
Huminsubstanz . . .	0,2810	0,1600	—
Salpetersaure, Eisen, Thonerde und organische Substanz . . .	—	—	0,3544
Gesammtmenge	11,1932	10,7128	2,0199

Die höchste Temperaturschwankung der Fischborner Quellen betrug vor der Fassung 0,3° C. und nach der Fassung 0,2° C. bei Schwankungen der Lufttemperatur von — 6° bis + 22,4°. Die niedrigste Temperatur des Wassers selbst betrug 9,5° C. In den Cementrohrleitungen erfährt das Wasser bis Birstein eine Temperaturveränderung von 0,2° bis 0,25° C. Im September ist eine Temperaturerhöhung des Wassers auf dem Aspenheimer Kopfe um 0,75° C. beobachtet und es ist anzunehmen, dass die Temperaturschwankungen bis zum Hochreservoir sich zwischen 1,7 bis 1,8° C. bewegen werden und das Wärmemaximum 11,6° C. betragen wird.

Die Einnahmen und Ausgaben in Mark für Wasser haben betragen:

	Vom 22./XI. 1873 bis Ende 1874	1875
Private ohne Messer . . .	111367,36	285237,83
desgl. mit Messern . . .	29274,25	61443.25
Abgabe aus der alten städtischen Leitung	—	1858,45
Veranschlagtes Wassergeld der Stadt .	92383,32	85714,29
Summe der Einnahmen Mk .	233024,93	434253,82
Summa der Ausgaben Mk. .	112677,53	196397,23
Netto Einnahmen Mk. , . .	120347,40	237856,59

Die gesammten Anlagekosten haben 9000000 Mk. betragen und die im December 1875 vorgenommenen Messungen, für die Uebernahme des Werkes durch die Stadt von der städtischen Baudeputation angestellt, haben eine Ergiebigkeit der Quellen in 24 Stunden von 15673 kbm. ergeben.

Frankfurt a. d. Oder (Preuss. Brandenburg) hat 47650 Einwohner in 2018 Wohnhäusern und 10879 Haushaltungen, sowie 46 Anstalten. Die Wasserversorgung ist im September 1874 in Betrieb gesetzt und von der Continental-Actiengesellschaft für Wasser- und Gasanlagen unter Leitung des Ingenieurs F. Schmetzer erbaut. Sie ist später Eigenthum der Actiengesellschaft „Wasserwerk zu Frankfurt a. d. Oder" geworden. Die Anlagekosten haben 1050000 Mk. betragen. Das Werk ist auf eine tägliche Maximalabgabe von 8000 kbm. berechnet. Circa 550 m. von der Stadt und 250 m. von der Oder entfernt ist durch Brunnen und Filterrohre Grundwasser erschlossen, welches durch Dampfkraft gehoben wird. Ein Brunnen von 5 m. und 3 Brunnen von 3 m. Durchmesser und 7 m. Tiefe, welche in den Wänden durchlässig sind, sind durch circa 100 m. lange Filterrohre von 500 mm. Durchmesser von Cementguss verbunden. Dieselben liegen 2 m. unter dem niedrigsten Wasserstande der Oder und durchschnittlich 4 m. unter dem Terrain.

Die beiden Dampfmaschinen zum Heben des Wassers haben je 70 Pferdekräfte. Es sind stehende doppeltwirkende Woolf'sche Maschinen mit Schwungrädern und Condensation. Die beiden Dampfcylinder jeder Maschine stehen auf Säulen und es befindet sich tiefstehend direct unter dem Niederdruckcylinder die Druckpumpe und unter dem Hochdruckcylinder die Luftpumpe, beide direct getrieben. Die Schwungradachsen liegen in Maschinenflurhöhe und es sind die

Kurbeln um 120° versetzt. Die Maschinen machen 24 Doppelhübe pro Minute, die Dampfcylinder haben 400 mm. und 800 mm. Durchmesser und es beträgt der gleiche Hub 0,960 m. Die Steuerung besteht aus einem Drehschieber eigenthümlicher Construction und gestattet im kleinen Cylinder eine variable Expansion von $\frac{1}{4}$ Füllung bis Volldampf, so dass, da die Volumenverhältnisse beider Cylinder sich wie 1 : 4 verhalten, eventuell mit 16 facher Expansion gearbeitet werden kann. Die Druckpumpen, deren jede Maschine eine hat, sind doppeltwirkend mit massiven Kolben und Metalldichtung und Doppelsitzventilen von Gusseisen mit Holzsitzflächen. Sie haben 400 mm. Kolbendurchmesser, 1134 ☐cm. freien Querschnitt in den Ventilen und 300 mm. Durchmesser der Saug- und Druckrohre. Die Windkessel sind von Schmiedeeisen und es hat jede Maschine einen Saugwindkessel von 600 mm. Durchmesser und 2,300 m. Höhe und einen Druckwindkessel von 1300 mm. Durchmesser und 5,500 m. Höhe. 4 Cornwall-Kessel geben Dampf von 6 Atmosphären Pressung. Jeder Kessel ist 6,600 m. lang und hat 1900 mm. Durchmesser. Er hat zwei Flammrohre von 730 mm. Durchmesser, 1,76 ☐m. Rostfläche und 53,5 ☐m. Heizfläche. Es sind im Jahre 297064 Kilo oberschlesische Mittelkohlen zum Preise von 90 Pf. pro 50 Kilo verbrannt und es beträgt der Kohlenverbrauch pro Pferdekraft und Stunde 3 bis 4 Kilo.

Von der Pumpstation 1050 m. und von der Stadt 1400 m. entfernt befindet sich vor dem städtischen Rohrnetze eine Reservoiranlage, die aus einem Niederdruckreservoir, welches gemauert, überwölbt und in die Erde versenkt ist und 1200 kbm. fasst, und einem schmiedeeisernen Hochdruckreservoire von 400 kbm. Inhalt, welches auf einem massiven thurmartigen Unterbau unter Dach aufgestellt ist, besteht. Die Höhendifferenz beider beträgt 18 m. und es haben die Pumpen das Wasser in das Hochreservoir auf 61 m. und in das Niederdruckreservoir auf 43 m. Höhe zu fördern. Die Stadt ist, wie hieraus hervorgeht, in zwei Druckzonen eingetheilt und es soll bei voller Ausnützung des Werkes über den höchsten Terainpunkten jeder Zone 20 m. effectiver Wasserdruck vorhanden sein. Jetzt ist derselbe im Hochdruckbezirke 25 m. und im Niederdruckbezirke 30 m. Die Höhendifferenz des Terrains im ersteren beträgt 18 m., in letzterem 6 m. Das städtische Rohrnetz ist thunlichst, wo es nicht zu grosse Kosten verursachte, nach dem Circulationssysteme hergestellt. Es hat 18000 m. Länge und als weitestes Rohr ein solches von 381 mm.

Durchmesser. Die Wasserabgabe erfolgt constant ohne Trennung von Trink- und Brauchwasser. 1875 sind im Ganzen 297304 kbm. abgegeben und zwar das grösste 24 stündige Quantum am 21. Juni mit 1902 kbm. und das kleinste am 15. Februar mit 318 kbm. 1920 Personen in 166 Wohnhäusern und 519 Haushaltungen wurden versorgt. Für technische Zwecke wurden 201296 kbm. und aus 32 Wassermessern, welche von Meinecke in Breslau (Siemens) bezogen sind, 215191 kbm. abgegeben. Für öffentliche Zwecke findet eine Abgabe nur bei Feuersgefahr statt. 148 Hydranten und 106 Wasserschieber, sowie 66 Waterclosets, 15 Badeeinrichtungen, 14 Privatfontainen und 6 Privatpissoirs sind Anfangs 1876 vorhanden gewesen. Wassermotoren haben keine Benützung gefunden.

Die Maschinen sind von Borsig und die Rohre, Hydranten etc. von der Continental-Actiengesellschaft für Wasser- und Gasanlagen in Berlin geliefert.

Die Kosten für die Wassergewinnungsanlagen belaufen sich auf 54000 Mk., für die Maschinen und Pumpen auf 147700 Mk., für das Hochdruckreservoir auf 108000 Mk , für das Niederdruckreservoir auf 62000 Mk. und für das Rohrnetz und die Zuleitung auf 450000 Mk.

Es werden keine regelmässige Analysen und Temperaturbeobachtungen vorgenommen. Eine vom Dr. Ziureck gemachte Analyse ist nicht mitgetheilt.

Freiburg (Baden) hat 30531 Einwohner in 2071 Wohnhäusern und 5808 Haushaltungen. Mit einem Kostenaufwande von 1000000 Mk. ist unter Leitung des Ingenieur Lueger von der Stadtgemeinde eine Wasserversorgung für 7500 kbm. Consum pro Tag hergestellt und 1876 in Betrieb gesetzt.

Das Wasser wird durch einen Brunnen und durch Sammelkanäle circa 200 m. von dem nächsten Flusslaufe entfernt erschlossen und ist Grundwasser aus dem Diluvium des Dreisamthales. Die Hauptgesteinsart des Gebirges im Niederschlagsgebiete ist Gneis. Die Ergiebigkeit der Zuflüsse ist im Mai auf 15000 und im October auf 9000 kbm. festgestellt. Der Brunnen hat 4,5 m. Durchmesser und es liegt seine Sohle 10 m. unter dem Terrain und 1,8 m. unter dem niedrigsten Wasserstande der Dreisam. Derselbe ist in der Sohle und in den Seitenwänden 5 m. hoch durchlässig. Die Sammelkanäle liegen 7 m. unter Terrain und haben eine gesammte Länge von 180 m. Sie bestehen aus Cement-Beton und haben 1,08 m. Höhe bei 0,5 ☐ m. Querschnitt.

Die Gewinnungsstelle liegt 4500 m. von der Stadt entfernt und es wird das Wasser durch natürliches Gefälle auf 5140 m. Entfernung einem zweitheiligen, gemauerten und überwölbten Reservoir zugeführt, welches in den Felsen eingesprengt und 2 m. hoch mit Erde überdeckt ist. Jede Abtheilung desselben ist 26 m. lang, 19 m. breit und hat 4,5 m. Maximalwasserhöhe. Der Fassungsraum beider Abtheilungen zusammen beträgt 4000 kbm.

Vom Reservoir, welches 70 m. von der Stadt entfernt liegt, gelangt das Wasser in das städtische Rohrnetz von 25000 m. Länge. Das weiteste Rohr desselben hat 450 mm. Durchmesser. Es ist nach dem Circulationssysteme angelegt und giebt 30 m. Druck für den höchsten Terrainpunkt des Versorgungsgebietes, welcher Druck sich für den tiefsten Punkt um 12 m. steigert. Die Abgabe erfolgt constant und ungetrennt für Brauch- und Trinkwasser. Anfangs 1876 waren 3100 Haushaltungen in 1200 Wohngebäuden mit der Wasserleitung versehen. 308 Hydranten, 154 Wasserschieber, 5 Freibrunnen und 2 öffentliche Fontainen waren aufgestellt. Die 25 vorhandenen Wassermesser waren von Siemens & Halske in Berlin geliefert. 4 Wassermotoren mit zusammen 3 Pferdekräften von Schmid in Zürich waren in Thätigkeit.

Das Wasser an der Quelle hat eine nahezu constante Temperatur von 11^0 C. Regelmässige Analysen werden nicht vorgenommen. Die vom Hofrath Dr. L. v. Babo und Prof. Reichert ausgeführten Untersuchungen haben für 1 Liter Wasser ergeben: 0,0085 gr. Kalk, 0,0016 gr. Magnesia, 0,0043 gr. Kochsalz, Spuren von Kali und Schwefelsäure; ferner 3,48 mgr. zersetzte Seifenmenge, 0,002 gr. Salpetersäure und 0,2 mgr. Sauerstoff zur Zerstörung der organischen Substanz. Ammoniak und salpetrige Säure ist nicht entdeckt.

Freiburg (Sachsen) hat 23700 Einwohner in circa 900 Wohnhäusern. Für Rechnung der Stadtgemeinde ist von den Ingenieuren Gruner und Thiem mit einem Kostenaufwande von 315000 Mk. eine Wasserversorgung hergestellt und 1871 dem Betriebe übergeben. Dieselbe beruht auf einer getrennten Zuführung von Brauchwasser und Trinkwasser. Letzteres wird natürlichen Quellen, die im Gneis entspringen, entnommen und mittelst dreier Reservoire von 106, 42 und 32 kbm. Inhalt durch natürlichen Druck der Stadt zugeführt. Diese getrennten 3 Quellwasserversorgungs-Reservoire liegen 1000 m. bis 1600 m. von der Stadt entfernt. Die Länge der Leitungen beträgt 7600 m. bis zu incl. der von einem Durchmesser von 50 mm.

Diese Leitungen sind nach dem Verästelungssysteme hergestellt und
haben in drei besonderen Rohrsystemen 3 verschiedene Höhen für den
Wasserdruck. ¦Das den höchsten Theil der Stadt versorgende System
hat über dem höchsten Terrainpunkte 4 m. Druck.

Für die Brauchwasserversorgung dient einer der Sammelteiche
der „Revierwasserlaufsanstalt", der sog. „Hüttenteich". Dieser, sowie
sämmtliche Teiche genannter Anstalt sind durch Thalsperren hergestellt
und sammeln die meteorologischen Niederschläge. Der Teich hat im
gefüllten Zustande 1350 Ar Wasserfläche und es klärt sich das Wasser
durch einfaches Absetzen in demselben vollkommen. Die Teiche vorge-
nannter Anstalt dienen dazu, für die Montanindustrie Aufschlagwasser
zum Betriebe zu sammeln und es hat die Stadt nur das Recht der Benützung von 3270 kbm. pro Tag. Das Wasser wird durch natürlichen
Druck einem 3247 m. von dem Teiche entfernt liegenden gemauerten,
überwölbten und im Terrain versenkten Hochreservoir, welches 1300 kbm.
Fassungsraum bei 3 m. Wasserstand hat und bei höchster Füllung 4 m.
tiefer als die Entnahmestelle des Wassers liegt, zugeführt. Die Stadt
liegt hiervon 842 m. entfernt und in ihren höchsten Punkten 24 m.
niedriger als der Wasserstand im gefüllten Reservoir. Das Rohrnetz für
das Brauchwasser ist 15700 m. lang und hat als weitestes Rohr ein
solches von 330 mm. Durchmesser. Dasselbe ist verästelt mit verbundenen Endstrecken und enthält 70 Wasserschieber und 109 Hydranten. Die Wasserabgabe findet ebenso wie bei dem Trinkwasser
constant statt. Als disponibele Menge wird für das Quellwasser täglich 395 kbm. angegeben, während 1868 im October das Minimum
389 kbm. und im Januar das Maximum 1105 kbm. betragen
haben soll.

Freiburg (Schweiz) hat 10904 Einwohner und soll nach einer
Beschreibung in Dingler's Journal 1873 vom October dieses Jahres
ab mit Wasser versorgt sein, dessen Gewinnung eine eigenthümliche
ist. In den durch Aufstau der Saane erzeugten künstlichen See von
Perolles ist ein Eisenblechcylinder, der unten offen ist und 15 m.
Höhe und 6 m. Durchmesser hat, 5 m. tief in die Kiesgeschiebe
eingesenkt und mit Filtermaterial, Kies und Sand, gefüllt. Der
Cylinder ist oben geschlossen und mit einem Luftrohre versehen.
Das Saane-Wasser soll durch den Kies und Sand hindurch filtriren
und es werden ausserdem in den oberen Sammelraum des Filters
durch einen Tunnel die ausserhalb des Sees erschlossenen reinen
Quellwasser geleitet Dieses Wassergemisch wird einem Brunnen zu-

geführt, aus dem dasselbe mittelst 4 Pumpen nach Girard'schem Systeme, welche pro Minute 3,1 kbm. Wasser 160 m. hoch auf 2200 m. Entfernung in ein Reservoir bei Quintzet durch ein Rohr von 400 mm. fördern, weiter gebracht. Die Pumpen werden durch zwei Turbinen getrieben. Das Hochreservoir hat 90 m. Länge, 11 m. Breite und 6 m. Tiefe, fasst also 5940 kbm. Wasser. Die Anlage ist Eigenthum einer Actiengesellschaft, der „Société des Eaux et Forets".

Fulda (Kurhessen) mit 10700 Einwohnern wird in folgender Weise mit Wasser versorgt. Am Fusse des etwa 3000 m. von Fulda entfernten Petersberges werden verschiedene Quellen in einer Kammer gefasst und durch eine gusseiserne Leitung der Stadt zugeführt. Hier ist die Leitung nach 6 Röhrenbrunnen innerhalb der Stadt verzweigt, an denen zugleich grosse Bassins angebracht sind. Ueber dieses Wasser wird häufig geklagt; dagegen liefern mehrere städtische Pumpen und 3 an der unteren Stadtseite gefasste ziemlich starke Quellen ein sehr gutes Trinkwasser. Der Bahnhof erhält sein Wasser zum Theil aus der städtischen Wasserleitung, zum Theil aber mittelst eines durch Dampfkraft betriebenen, im Fuldathale aufgestellten Pumpwerkes. Ein Project zu einer besseren und bequemeren Versorgung der Stadt liegt nicht vor.

Geislingen (Würtemberg) ist damit beschäftigt, eine Quelle, die Rohrbachquelle, welche 4 Kilom. oberhalb der Stadt entspringt, zu fassen, durch natürlichen Druck der Stadt zuzuführen und hier durch öffentliche Brunnen zu vertheilen.

Gelsenkirchen (Westfalen) wird von dem Schalker Wasserwerke versorgt.

Die Stadt **Genf** (Schweiz) mit 47000 Einwohnern wird mit Rhone-Wasser versorgt, welches mit einem hydraulischen Motor künstlich gehoben wird. Die Anlage ist Eigenthum der Stadt.

Gera (Reuss j. L.) mit 21000 Einwohnern besitzt seit uber 100 Jahren eine Quellwasserleitung, die 1802 umgebaut ist. Ferner ist 1866 eine Flusswasserleitung hergestellt. Das Qellwasser wird aus drei Quellen, dem sog. Regierungswasser durch 3900 m. lange Leitungen von 47 mm. bis 71 mm. Durchmesser einem grösseren Bassin zugeführt, wo es sich absetzt und, nachdem es eine Klärvorrichtung, aus Coaks gebildet, passirt hat, durch ein Rohr von 141 mm. Durchmesser, in welches noch eine vierte Quelle, die Becksquelle eingeleitet ist, mit natürlichem Gefälle fortgeführt. Die Leitung theilt sich später in 2 Leitungen von 94 mm. Durchmesser, die zu einem 5,6 m. hoch gelegenen Wasserbassin im Brunnengässchen führen. Von hier gehen 3 öffentliche Leitungen von 71 mm. Durchmesser und 3660 m. Länge in die Stadt. Sämmtliche Rohre sind Thonrohre. Das Quellwasser wird durch 14 Freibrunnen vertheilt, sowie in 30 Grundstücke eingeleitet. Das disponibele Quantum schwankt zwischen 140 bis 260 kbm. pro Tag. Die Renovirung der Anlage hat ohne Quellfassung 10000 Mk. gekostet.

Das Flusswasser wird aus dem die Stadt durchfliessenden Mühlgraben direct entnommen und mittelst Wasserkraft und Dampfkraft durch ein Pumpwerk künstlich gehoben und durch ein eisernes Rohrnetz in der Stadt vertheilt. Ein Sagebien'sches Kropfrad von 6,8 m. Durchmesser und gleicher Breite hat bei 0,30 bis 0,33 m. Gefälle ein Betriebswasser von 0,6 bis 4,0 kbm. und macht 1,3 bis 1,5 Umdrehungen pro Minute. Durch Zahnräder wird die Kraft auf ein liegendes Pumpwerk übertragen, welches 12 bis 16 Hübe pro Minute macht. 358 Grundstücke sind an die Flusswasserleitung angeschlossen und es befinden sich in diesen 41 Badeeinrichtungen, 33 Waterclosets, 3 Privatpissoirs und 35 Privatfontainen. Ausserdem werden 3 öffentliche Fontainen, sowie eine öffentliche Badeeinrichtung und 32 Freibrunnen mit Verschluss, sowie 5 solcher ohne Verschluss mit Wasser versorgt. Die Leitung hat 160000 Mk. gekostet und ihre Leistung genügt für 840 kbm. pro Tag. Die Wasserabgabe hat 500 kbm. am Minimal- und 800 kbm. am Maximaltage im letzten Jahre betragen. Der Druck in der Leitung ist ein sehr geringer.

Giengen (Würtemberg) mit 2900 Einwohnern wird ausser durch zahlreiche Pumpenbrunnen, die gutes Trinkwasser geben, mit filtrirtem Flusswasser versorgt. Das Wasser wird der Brenz entnommen und durch eine Filtrationsanlage besonderer Construction, die unmittelbar vor den Pumpen liegt und sich zur Erlangung einer mässigen Reinigung als Vorfilter wohl bewährt hat, einem durch Wasserkraft getriebenen doppeltwirkenden Druckwerke mit zwei getrennten Pumpensystemen zugeführt und in ein 42 m. hoch auf einer Anhöhe gelegenes, massiv erbautes und zum Theil in den Felsen eingehauenes Reservoir, welches aus zwei Kammern von 160 kbm. Inhalt besteht, gedrückt. Die Betriebskraft wechselt nach dem Gefälle (0,75 m. max.) von 2½ bis 3 Pferdekraft, bis 1¼ Pferdekraft, so dass entweder beide gewöhnlich zusammen arbeitenden Pumpen·in 10 bis 12 Stunden oder eine allein in 23½ Stunden das täglich nöthige Nutzwasserquantum von 117 kbm., welches in max. auf 235 kbm. zu steigern ist, fördern können. Die Anlage ist mit einem Kostenaufwande von 111428 Mk. vom Oberbaurath v. Ehmann hergestellt.

Glatz (Schlesien) mit 12500 Einwohnern wird seit 1860 durch ein Pumpwerk mit Wasser versorgt, welches täglich circa 45 kbm. Wasser liefert und den Bedürfnissen heute noch genügt. Die Maschine ist seiner Zeit für 9000 Mk. von Egels in Berlin geliefert.

Ausserdem besteht ein Wasserhebewerk mit Dampfbetrieb für die Festungswerke. Nähere Angaben liegen darüber nicht vor.

Glauchau (Sachsen) hat 21743 Einwohner in 1548 Wohnhäusern und 4969 Haushaltungen. Eine schon über 100 Jahre alte Versorgung, die das Wasser durch ein mittelst Wasserkraft betriebenes Pumperk aus einem 4 m. von einem Mühlgraben entfernten Brunnen dicht bei der Stadt entnimmt, ist 1864 durch den Stadbaumeister Brösel umgebaut. Eine liegende doppeltwirkende Pumpe mit Liederkolben und Klappenventilen hat 180 mm. Durchmesser und 0,37 m. Hub. Sie hat Saug- und Druckrohre von 95 mm. Durchmesser und wird durch ein mittelschlägiges Kropfrad von 1,13 m. Breite und 2,83 m. Durchmesser, welches 4 Umdrehungen pro Minute macht, direct getrieben. Dasselbe giebt bei 0,15 kbm. Aufschlagswasser pro Secunde und 2 m. Gefälle 2 Pferdekräfte Nutzleistung für die Pumpe. Bei Wassermangel oder Reparatur wird ausnahmsweise eine Centrifugalpumpe, die durch Dampf, der aus einer benachbarten Dampfmühle abgegeben wird, getrieben wird, als Reserve für dieses Pumpwerk benutzt. Ein unter Dach auf künstlichem Unterbau aufgestelltes Reservoir von Schmiedeeisen befindet sich inmitten der Stadt 260 m. von der Pumpstation entfernt und fasst 44,5 kbm. bei 2,8 m. Höhe. Die Leistung der Anlage beträgt 182 kbm. pro Tag.

Eine zweite Pumpenanlage ist im Jahre 1856 erbaut. Sie entnimmt das Wasser 1600 m. von der Stadt entfernt im Lugwitzthale aus zwei Brunnen von 2,8 m. Durchmesser und 3,2 m. Tiefe, deren Wasserstand 1 m. unter dem des nächsten Wasserlaufes liegt. Sie liefern Grundwasser, welches durch eine stehende doppeltwirkende Pumpe von 150 mm. Kolbendurchmesser und 0,33 m. Hub mit massivem Kolben mit Hanfliederung und Lederklappen-Ventilen durch Saug- und Druckrohre von 95 mm. Durchmesser einem 1300 m. entfernten und 300 m. vor der Stadt liegenden Hochbassin zugeführt wird. Die Pumpe macht 9 Doppelhübe pro Minute und wird mittelst Balancier durch ein mittelschlägiges Kropfrad von 4,81 m. Durchmesser und 1,27 m. Breite bewegt. Dasselbe hat ein Aufschlags-

quantum von 0,45 kbm. pro Secunde bei 2 m. Gefälle und leistet
7,5 Pferdekräfte. Für die Zeit des Mangels an Betriebswasser dient
eine 8 pferdige Locomobile als Aushilfe. Mit dieser Anlage werden
täglich 273 kbm. Wasser gehoben.

Das vorhin erwähnte Reservoir fasst 454 kbm. bei 2,22 m. Wasserstand und ist gemauert, überwölbt und im Boden versenkt.

Ausser diesen beiden Versorgungen besitzt die Stadt noch 2
Quellenleitungen, die vom Geh. Baurath H e n o c h 1865 angelegt sind.
Dieselben entspringen an verschiedenen Stellen, die eine 4600 m.,
die andere 4500 m von der Stadt entfernt im Thonschiefer. Die
1866 bis 1868 angestellten Messungen haben für erstere eine Maximalergiebigkeit (October) von 1177 kbm. und eine Minimalergiebigkeit
(Januar und März) von 78,5 kbm. pro 24 Stunden ergeben. Für
letztere sind 702 kbm. und 50 kbm. ermittelt. Die erstere, die Rein-
holdsheiner Quelle, wird dem vorhin erwähnten Lugwitzbassin zugeführt und gelangt mit dem Grundwasser gemeinschaftlich zur Abgabe
für die Nieder- und Mittelstadt. Der Wasserdruck aus diesem Bassin
über dem höchsten Punkte der Stadt ist 4,5 m. Die andere höher
entspringende Quelle wird in einem gleichfalls gemauerten Reservoir
gefasst, welches bei 2,7 m. Wasserhöhe 553 kbm. Wasser fasst und
durch eine 4530 m. lange Leitung, die Grumbacher Leitung, der
Oberstadt unter solchem Drucke zugeführt, dass in der Stadt in dem
Rohrnetze dieser Quellenleitung ein 9,5 m. höherer Druck vorhanden
ist, als in der anderen. Die Leitung vom Mühlgraben-Bassin hat 7 m.
Druck über dem höchsten Terrainpunkte. Die Höhendifferenz der
verschiedenen Theile beträgt 25 m. für die Zone der höher entspringenden Quelle und 32 m. für die Zone der beiden anderen Leitungen. Die ganzen Anlagen sind Eigenthum der Stadt und haben
420000 Mk. gekostet.

Das städtische Rohrnetz ist 4800 m. lang und theils verästelt,
theils mit Circulation ausgeführt. Das stärkste Rohr hat 175 mm.
Durchmesser. Im letzten Jahre wurden 1945 Personen in 212 Häusern und in 362 Haushaltungen mit Wasser versorgt. Durch 15
Wassermesser von Siemens & Halske in Berlin sind 4000 kbm. abgegeben. 20 Waterclosets, 9 Privatfontainen, 9 Privatpissoirs und 33
Badeeinrichtungen sind in Benützung gewesen. 60 Freibrunnen und
1 öffentliches Pissoir wurden mit Wasser versorgt. 45 Wasserschieber
und 64 Hydranten befinden sich in und an den Leitungen. Ausserdem sind noch 52 Hausbrunnen vorhanden.

Ueber Temperaturbeobachtungen und Wasseruntersuchungen liegen keine regelmässige Beobachtungen vor. Das Wasser soll rein sein und eine Durchschnittstemperatur von 9⁰ C. bis 10⁰ C. haben.

Glogau (Schlesien) hat in der Stadt und Festung incl. Militär 17993 Einwohner in 838 Wohnhäusern und 3896 Haushaltungen. Das Wasser wird ausserhalb der Stadt in einem quellreichen Terrain, welches circa 2000 m. von derselben entfernt liegt, bei Paulinenhof, Brostau und Gurkau in Quellenbrunnen von 3 m. bis 4 m. Weite gesammelt und von hier durch Rohre von 90 mm. bis 130 mm. Weite durch naturlichen Druck nach der Stadt geführt, wo 2 Sammelbassins von zusammen 124 kbm. Inhalt die Vertheilung des Wassers nach den öffentlichen Druckständern, Hydranten etc. vermitteln. Die Druckdifferenz zwischen den verschiedenen Quellen und den Sammelbassins beträgt 7 m. bis 25 m. Die Länge der Zuleitungen ist bis zur Stadt 11798 m. und die Höhendifferenz von den Sammelbassins bis zu den verschiedenen Ausflussöffnungen in der Stadt im Maximum 9 m. Das städtische Rohrnetz hat 3900 m. Länge und das weiteste Rohr desselben 130 mm. Durchmesser. Die Wasserabgabe ist constant und einheitlich für Trink- und Brauchwasser. Die Ergiebigkeit der Quellen beträgt pro 24 Stunden im Maximum 400 kbm. im Februar und März und im Minimum 35 kbm. im Juni und Juli.

1859 wurde die ältere schon bestehende Leitung erweitert und mit Sammelbassins etc. versehen. Diese Arbeiten wurden für Rechnung der Stadt vom Stadtbaurath S c h m i d t ausgeführt und haben ausschliesslich der schon in der Stadt bestehenden gusseisernen Leitungen 75000 Mk. gekostet. 1875 waren 1500 Personen in 80 Wohnhäusern und 300 Haushaltungen mit Wasser versorgt. 13400 kbm. wurden im Laufe des Jahres für technische Gewerbe und 20000 kbm. für öffentliche Zwecke zum Spülen von Rinnsteinen etc. benützt. Aus 19 von Siemens & Halske in Berlin bezogenen Wassermessern wurden 16500 kbm. abgegeben. Es waren 45 Hydranten, 36 Freibrunnen und 8 Watercloset vorhanden. Temperaturbeobachtungen haben nicht stattgefunden. Analysen sind nicht ausgeführt, da das Wasser zum Trinken und zu häuslichen und Wirthschaftszwecken vorzüglich sein soll. Das Wasser ist rein und es zeigen sich nur in den Sammelbassins und in den Zuleitungsrohren Rückstände von röthlicher Farbe, welche von dem im Wasser enthaltenen Ocker herrühren.

Gmünd (Würtemberg) wird fast ausschliesslich durch Pumpenbrunnen versorgt, die bei jedem Hause vorhanden sind. Ausserdem bestehen einige künstliche Zuführungen von Quellwasser und zwar hat die Stadt eine solche Leitung für 2 öffentliche Brunnen. Ferner besteht eine solche gemeinschaftlich für fünf Bierbrauereien und endlich eine für die Gasanstalt.

Die Lage der Stadt in einem Thale, nach welchem zu die Gebirgsformation (Muschelkalk und Sandstein) nicht abgedacht ist, erschwert die Zuführung grösserer Quellwassermassen, wozu vorläufig auch kein Bedürfniss vorliegen soll.

Görlitz (Preuss. Schlesien) mit 45500 Einwohnern hat eine alte Quellwasserleitung und ein kleines Pumpwerk an der Neisse. Seit dem Frühjahr 1875 ist jedoch eine neue Wasserversorgung nach den Plänen von J. & A. Aird in Berlin für Rechnung der Stadt im Bau begriffen. Die Anlagekosten sind auf 900000 Mk. veranschlagt und es soll dafür ein tägliches Maximalwasserquantum von 12400 kbm. beschafft werden. Dieser Annahme ist eine demnächstige Bevölkerungszahl von 80000 Seelen mit einem Maximalconsum von 155 Liter pro Tag pro Kopf zu Grunde gelegt. Das Wasser wird durch zwei Brunnen mit durchlässigen Seitenwänden von 10 m. Tiefe erschlossen, welche 1000 m. von der Stadtgrenze entfernt im sog. Leschwitzer Thale in der Nähe des Neisseflusses im Kies abgeteuft sind. 2 Dampfmaschinen, die die Görlitzer Eisengiesserei und Maschinenfabrik sammt den erforderlichen 3 Dampfkesseln zum Preise von 101000 Mk. zu liefern übernommen hat, führen das Wasser einem an der Biesnitzer Strasse angelegten gemauerten Hochreservoir von 1400 kbm. Inhalt zu.

Die Maschinenanlage besteht aus 2 getrennten Woolf'schen Balanciermaschinen mit Schwungrädern. Die Kolben der grossen Dampfcylinder haben 700 mm. Durchmesser und 1,35 m. Hub, die der kleinen 370 mm. Durchmesser und 1,0 m. Hub. Die Pumpen sind doppeltwirkende mit massiven Kolben von 325 mm. Durchmesser und 0,9 m. Hub. Jede Pumpe hat einen Saugwindkessel von 550 mm. Durchmesser und 2,4 m. Höhe und beide Pumpen einen gemeinschaftlichen Druckwindkessel von 1000 mm. Durchmesser und 4,8 m. Höhe. Die Pumpen und Windkessel stehen in einem viereckigen Schacht von 5 m. $\times$ 5,8 m. Seite und 8 m. Tiefe. Die Balanciers sind zweitheilig und ungleicharmig. Vom Drehpunkte jedes bis zum Mittel des grossen Cylinders beträgt die Länge 2,7 m. und bis zum Schwungradmittel 3,05 m. Jede Maschine soll pro Minute 3 kbm. Wasser auf 62 m. Höhe bei 23,3 Umdrehungen fördern. Drei Dampfkessel (einer davon als Reserve) von 2000 mm. Durchmesser und 9,6 m. Länge haben je 2 Feuerrohre von 700 mm. Durchmesser und 80 ☐ m. Heizfläche. Der Dampfdruck soll 6 Atmosphären betragen.

Speciellere Mittheilungen sind bis zur Fertigstellung des Baues vorbehalten.

Göttingen (Hannover) hat 17057 Einwohner in 1400 Wohnhäusern und 4589 Haushaltungen sowie in 18 Anstalten. Die Wasserversorgung ist auf Kosten der Stadt vom Stadtbaumeister G e r b e r ausgeführt. Die Gesammtkosten sind auf 220000 Mk. veranschlagt, von welcher Summe bis Ende 1876 167000 Mk. verausgabt sein sollen.

Das Wasser wird aus dem Reinsbrunnen am Hainberge gewonnen und der Stadt durch natürlichen Druck zugeführt. Die Ergiebigkeit dieser Quelle beträgt jedoch pro Tag im März und April im Maximum nur 1200 kbm. und im August und September nur 750 kbm., während ein tägliches Quantum von 2200 kbm. als erforderlich erachtet wird. Man hofft, dasselbe durch Hinzuziehen weiterer Quellen, sowie durch Drainage einer grösseren uncultivirten Fläche zu erreichen.

Die Quelle liegt 1170 m. von der Stadt entfernt und es wird das Wasser auf 340 m. Entfernung einem zweitheiligen gemauerten, überwölbten und mit Erde überdeckten Reservoir von 1400 kbm. Fassungsraum zugeführt. Der effective Druck von hier über dem höchsten Terrainpunkte des Versorgungsgebietes beträgt 31,50 m. und es besteht eine Höhendifferenz von 12 m. des Terrains unter den verschiedenen Abgabepunkten. Das städtische Rohrnetz, dessen Länge bis jetzt 5350 m. beträgt, welches aber auf 9200 m. ausgedehnt werden soll, hat als stärkstes Rohr ein solches von 300 mm. Durchmesser. Dasselbe ist zum grossten Theile nach dem Circulationssysteme hergestellt und steht unter einheitlichem Drucke. In demselben befinden sich 69 Hydranten, 41 Schieber, 36 Freibrunnen und eine öffentliche Fontaine. Eine Wasserabgabe an Private findet vorläufig noch nicht statt, soll jedoch demnächst mit ausschiesslicher Benützung von Wassermessern eingeführt werden.

Temperaturbeobachtungen werden nicht regelmässig vorgenommen. Eine Analyse des Dr. F. F r e r i c h s in Göttingen lieferte folgendes Resultat in 100000 Theilen: 103,85 Gesammtrückstand; davon 0,65 organische Substanz, 30,57 Kalk, 5,23 Magnesia, 6,52 gebundene Kohlensäure, 43,03 (?) Schwefelsäure, 0,16 Kali, 1,57 Natron, 0,91 Chlor, 0,89 Kieselsäure, 0,52 Salpetersäure, ferner Spuren von Eisenoxyd und Phosphorsäure, keine salpetrige Säure und kein Ammoniak. Die Gesammthärte war 67,7 franz. Grade.

Goslar (Hannover) hat 10122 Einwohner in 1281 Wohnhäusern und 2165 Haushaltungen. Für Rechnung der Stadtgemeinde erbaute die Deutsche Wasserwerksgesellschaft eine Wasserversorgung, die am 1. Juli 1876 in Betrieb gesetzt ist. Die Anlagekosten betragen circa. 440000 Mk. Die Anlage ist für ein tägliches Maximalquantum von 2400 kbm. bestimmt.

Das Wasser wird im Thale des Gelmkebaches (zwischen Goslar und Ocker) gewonnen und durch natürliches Gefälle einem in 890 m. Entfernung von der Stadt liegenden gemauerten Reservoir von 1500 kbm. Fassungsraum zugeführt, welches überwölbt und in den Boden versenkt ist. Die Quellen entspringen im spiriferen Sandstein und in der Grauwacke längs des Gelmkebaches in 1 bis 25 m. Entfernung von den Ufern desselben, jedoch bedeutend höher.

Die Hauptquelle, der Kaiserbrunnen, wird in einer Brunnenkammer gefasst und durch eine Eisenrohrleitung von 1420 m. Länge einer Druckkammer zugeführt. In dieselbe Leitung, deren Durchmesser mit 100 mm. beginnt und auf 135 mm. und 150 mm. wächst, münden mittelst Sammelkammern durch eine 318 m. lange Eisenrohrleitung von 80 mm. Durchmesser die Druckthalquelle und durch eine 785 m. lange Leitung von gleichem Durchmesser die Braunsteinquellen. 160 m. vor dem Hochbassin und 2460 m. von der Druckkammer entfernt befindet sich eine Auslaufkammer, in welche eventuell noch die Quellen aus dem Thalgebiete des Doerpkebaches eingeleitet werden können. In der Leitung zwischen der Druckkammer und der Auslaufkammer sind 3 Ablassschächte und 2 Luftventile angebracht. Die Druckkammer liegt 45,58 m. höher als die Auslaufkammer.

Das Hochreservoir liegt in einer solchen Höhe, dass über dem höchsten Punkte der Stadt 39 m. Druck vorhanden ist, während derselbe für den tiefsten, 32,5 m. niedriger liegenden Punkt 71,5 m. beträgt. Die Wasserabgabe erfolgt constant, ungetrennt für Trink- und Brauchwasser. Das Rohrnetz hat eine Länge von 16870 m. und ist nach dem Circulationssysteme angelegt. In demselben befinden sich 113 Wasserschieber und 140 Hydranten. Eine öffentliche Fontaine und ein Freibrunnen werden daraus gespeist. Am 1. Juli 1876 waren an die Leitung bereits 1057 Häuser mit 1705 Haushaltungen und circa 9000 Personen angeschlossen. 20 Badeeinrichtungen, 8 Privatpissoirs und 10 Privatfontainen waren in Benützung. Waterclosets, Wassermotoren und öffentliche Pissoirs waren nicht vorhanden.

Das Wasser ist durch den Apotheker S c h u h m a c h e r in Goslar untersucht und als klar und farblos, im Geschmack völlig rein und tadellos und ohne Geruch gefunden. Organische Substanzen sind nicht vorhanden und der Gehalt an freier Kohlensäure ist ganz gering. Der Trockenrückstand beträgt 2,333 Theile in 100000 Theilen Wasser und besteht aus 0,987 Theilen kohlensaurem Kalk, 0,505 Schwefelsäure, 0,200 Chlor, 0,400 Kali und aus geringen Mengen Kieselsäure und Talkerde. Die Temperatur der Quellen am Ursprunge beträgt theils 6° C. theils 7° C.

Gotha (Sachsen - Gotha) hat 22917 Einwohner in 1700 Wohngebäuden und 4785 Haushaltungen. Seit 1873 wird die Stadt mit Quellwasser durch die „Actiengesellschaft für Wasserversorgung zu Gotha" versorgt. Die Anlage ist von dem Geh. Baurath Henoch ausgeführt und hat 900000 Mk. gekostet. Dieselbe ist für ein Wasserquantum von 3000 kbm. pro Tag berechnet.

Ca. 30000 m. von der Stadt entfernt sind die Carolus- und Gespringquelle im Thüringerwalde, welche im Porphyr entspringen, gefasst. Sie werden einem 12000 m. von der Stadt und 18000 m. von dem Fassungspunkte entfernt gelegenen Hochreservoire durch natürliches Gefälle zugeführt. Dasselbe ist gemauert, im Terrain versenkt und überwölbt. Es hat 547,5 □ m. lichte Fläche und fasst bei dem höchsten Wasserstande von 3,23 m., bei welchem der Ueberfall eintritt, 1768,425 kbm. Der Wasserstand in demselben betrug bisher 3,42 m. und später 3,34 m., so dass ein Theil des Wassers ungenützt abfloss. Der Druck im Rohrnetze beträgt in der Stadt im höchsten Terrainpunkte 10 Atmosphären (?). Die Differenzen der Terrainhöhen in der Stadt belaufen sich auf 30 m. Das städtische Rohrnetz ist nach dem Circulationssysteme angelegt und es hat das stärkte Rohr 285 mm. Durchmesser. Die Abgabe erfolgt constant unter einheitlichem Druck für Trink- und Brauchwasser gemeinschaftlich.

Die Zahl der angeschlossenen Grundstücke betrug 1873 535, 1874 745, 1875 1007 und ist bis März 1876 auf 1126 gestiegen. Die Zahl der Hydranten und Wasserschieber belief sich 1873 auf 135 resp. 85 Stück und ist bis 1875 auf 154 resp. 101 Stück gestiegen. Freibrunnen, öffentliche Fontainen und Pissoirs sind nicht vorhanden. Circa 2/3 der angeschlossenen Grundstücke hat Wassermesser Englisch Siemens Patent.

Die Temperatur der Quellen schwankt kaum um 1° in den verschiedenen Jahreszeiten; sie beträgt für die Gespringquelle 5° C., für den Carolusbrunnen 6,2° C. Die täglichen Beobachtungen des Wassers im

Hochreservoir haben eine Schwankung von 4° bis 11,2° C. ergeben. Die vom Prof. Dr. Reichardt in Jena 1867 vorgenommenen Wasseranalysen, deren regelmässige Wiederholung für überflüssig erachtet wird, da das Wasser Gebirgswasser der besten Qualität von den Höhen des Thüringer Waldes ist, haben folgendes Resultat für 100000 Theile Wasser ergeben:

	Gespring-quelle	Carolusquelle
Kalium und Natrium . . ' . . .	0,1599	0,3399
Kalk	0,3537	0,2732
Talkerde	0,1250	0,0975
Eisenoxyd	0,0573	0,0732
Thonerde	0,7453	0,1219
Schwefelsaure	0,1278	0,2180
Chlor	0,1490	0,2112
Kieselsäure	0,1147	0,2683
Freie Kohlensaure	1,6257	2,2270
die Berechnung auf Salze	1,9961	2,3738

Der Wasserzins hat betragen:

	im 1. Halbjahr Mk.	im 2. Halbjahr Mk	im Ganzen Mk.
1873 . . .	8032,00	12460,16	20492,16
1874 . . .	12181,92	16835,91	29017,83

Die gesammten Einnahmen und Ausgaben stellen sich auf:

	1873	1874
Einnahmen	22084,92	33359,07
Ausgaben	3104,15	2897,83
Ueberschuss	18970,77	30461,24
wovon gezahlt sind an Dividende . . .	2%	3%

und der Rest als Abschreibung auf das Bauconto gebracht ist.

In **Graudenz** (Preussen) mit 15000 Einwohnern wird eine doppelt-wirkende Pumpe durch Wasserkraft getrieben und speist 3 Brunnen der Stadt mit Flusswasser. Weitere Nachrichten liegen nicht vor.

Graz (Steiermark) hat 90000 Einwohner in 4000 Wohngebäuden und 18000 Haushaltungen. Im Jahre 1872 wurde das Wasserwerk, welches Eigenthum der Grazer Wasserversorgungs-Gesellschaft ist, in

Betrieb gesetzt. Dasselbe ist von. Dr. Oscar Pongratz und John Moore mit einem Kostenaufwande von 3000000 Mk. für eine tägliche Maximallieferung von 9000 kbm. hergestellt.

Das Wasser wird aus einem 36 m. von der Mur entfernten Brunnen entnommen und durch Dampfkraft gehoben. Das Wasser ist Grundwasser und steigt in wenigen Stunden des Stillstandes der Pumpen im Brunnen 100 bis 200 mm. höher als die Mur. Der Brunnen ist von Eisen hergestellt, hat 6 m. Durchmesser und ist 10 m. tief. Derselbe ist nur in der Sohle, welche 5 m. unter dem tiefsten Wasserstande der Mur liegt, durchlässig.

Zwei Paare gekuppelte liegende Maschinen, von denen jedes Paar 60 Pferdekräfte hat und mit Condensation und Expansion versehen ist, treiben mittelst Räderübersetzung 8 Stück stehende doppeltwirkende Pumpen mit Hanfliederkolben und Klappenventilen von Leder für die Druckventile und von Gummi für die Saugventile. Die Pumpenkolben haben 260 mm. Durchmesser bei 0,94 m. Hub; die Dampfkolben 470 mm. Durchmesser bei 0,94 m. Hub. Erstere machen 10 bis 12, letztere 31 bis 37 Doppelhübe pro Minute. Ein gemeinschaftlicher Druckwindkessel von Gusseisen hat 1350 mm. Durchmesser und 4 m. Höhe. 4 Röhrenkessel, welche ebenso wie die Maschinen von Pauksch & Freund in Landsberg geliefert sind, werden mit steirischen Braunkohlen geheizt.

Das Wasser wird in zwei 56 m. höher gelegene Reservoire gepumpt, welche neben dem Rohrnetze 955 m. von der Stadt und 2125 m. von der Pumpstation entfernt liegen. Sie sind gemauert, zugewölbt und in den Boden versenkt und haben zusammen 4800 kbm. Inhalt.

Die Wasserabgabe ist eine constante und einheitliche, gleichzeitig für Trink- und Brauchwasser. Das städtische Rohrnetz hat 46525 m. Länge, dessen weitestes Rohr 560 mm. Durchmesser hat. Es befinden sich darin 625 Hydranten und 135 Wasserschieber. Ein Freibrunnen und eine öffentliche Fontaine sind vorhanden. Die Wasserabgabe betrug 1874 500000 kbm., 1875 620000 kbm. Im letzteren Jahre wurden 150000 kbm. für öffentliche Zwecke und 186600 kbm. für gewerbliche Zwecke abgegeben, letzteres Quantum durch Wassermesser, deren 65 vorhanden waren, während das Jahr vorher deren 78 aufweist. Die Messer sind von Siemens & Halske in Berlin und theils auch von Schmid in Zürich geliefert. Von letzterem Lieferanten sind auch im Jahre 1874 3 und 1875 7 Stück Wassermotoren in Thätigkeit gewesen.

1874 waren 292 Grundstücke mit 1500 Haushaltungen und 1875

360 Grundstücke mit 1800 Haushaltungen in den Häusern mit Wasser versorgt. Die Zahl der Waterclosets betrug 1874 90, 1875 105, die der Badeeinrichtungen 20 resp. 24. Privatfontainen sind 34, Privatpissoirs 26 im Jahre 1875 vorhanden gewesen. Die Zahl der öffentlichen Pissoirs mit Spülung ist von 11 auf 13 im Jahre 1875 gegen 1874 vermehrt.

Eine Analyse des Wassers ist früher vom Professor Peters in Graz ausgeführt; später sind jedoch keine ferneren vorgenommen. Temperaturbeobachtungen finden monatlich statt.

Greiz (Reuss-Greiz) mit 13000 Einwohnern besitzt keine künstliche Wasserversorgung. Es existirt jedoch seit längerer Zeit das Project der Herstellung einer solchen durch Zuführung von Quellen. Ein specielleres Project in dieser Richtung ist im Auftrage der Stadtgemeinde in Ausarbeitung begriffen.

Grimma (Sachsen) mit 6800 Einwohnern hat eine sehr ausreichende Quellenleitung von ausgezeichneter Qualität. Das Wasser fliesst den laufenden Brunnen in der Stadt durch natürliches Gefälle zu.

Grossenhain (Sachsen) mit 10438 Einwohnern wird mit Wasser, das aus dem Flusse Röder entnommen wird, versorgt. Dasselbe wird durch ein Pumpwerk, welches aus 2 durch einen Balancier verbundenen einfachwirkenden Pumpen, die durch Wasserkraft bewegt werden, besteht, direct in das ziemlich ausgedehnte städtische Rohrnetz von 142 bis 47 mm. Durchmesser gedrückt. Ein Hochreservoir ist nicht vorhanden und es findet auch keine künstliche Reinigung des Wassers statt. Qualität und Quantität des Wassers werden als durchaus ungenügend bezeichnet. Verhandlungen zur Aenderung des jetzigen Zustandes haben noch nicht zu einem Resultate geführt.

Das Dorf **Grossörner** bei Eisleben wird seit 1870 aus dem Stockbachthale mit gutem Trinkwasser versorgt. Das Wasser wird durch eine 2010 m. lange Leitung aus Steingutröhren von 90 mm. Durchmesser, in welchen der Wasserdruck 6,2 m. beträgt, zugeführt.

Grünberg (Schlesien) hat 12211 Einwohner in 1409 Häusern und 3187 Haushaltungen. Seit Herbst 1875 ist eine Quellwasserversorgung in Gebrauch, welche die Herren J. & A. Aird auf Rechnung der Stadt mit einem Kostenaufwande von 147383 Mk. hergestellt haben, deren Maximalergiebigkeit pro Tag circa 2000 kbm. beträgt (im Monat März). Ueber die Minimallieferung liegen keine Zahlen vor. Es sind 2 Systeme von Quellfassungen 100 resp. 300 m. von der Stadt entfernt angelegt. Das eine besteht aus 6 Brunnen von

2 m. Durchmesser, das andere aus 3 Brunnen von 1,5 m. Durchmesser und aus einem Sammelbrunnen von 3 m. Durchmesser. Die Sohle der Brunnen liegt 3 bis 7 m. unter Terrain. Bei dem einen Systeme sind die Brunnen nur in der Sohle, bei dem anderen theilweise auch in den Seitenwänden durchlässig.

Das Wasser des einen Systemes der Quellbrunnen, welche den höher gelegenen Theil der Stadt versorgen, wird durch natürliches Gefälle einem gemauerten, überwölbten und 2 m. hoch mit Erde bedeckten Reservoire, welches in das Terrain versenkt ist, zugeführt. Dasselbe ist 12,12 m. breit, 12,56 m. lang und fasst bei dem höchsten Wasserstande von 3 m. 430 kbm. Wasser; es liegt 200 m. entfernt von der Stadt und 100 m. entfernt von der Quellfassung. Das Wasser des anderen Quellsystemes, welches zur Versorgung für den niedrig gelegenen Theil der Stadt dient, fliesst direct der Stadt zu und es ist kein Reservoir dafür vorhanden. In den beiden verschiedenen Zonen ist der Wasserdruck über den resp. höchsten Terrainpunkten 9,3 m. und 1,6 m. und es betragen die resp. verschiedenen Höhendifferenzen 22,4 m. und 12,4 m. Das Rohrsystem der Stadt hat 10181 m. Länge und das stärkste Rohr darin hat 157 mm. Durchmesser. Es sind 66 Hydranten, 27 Schieber und 47 Druckständer in den Strassen sowie 11 offene Wasserkasten mit constantem Wasserlauf aufgestellt. Das Rohrnetz ist nach dem Verästelungssysteme hergestellt und giebt Trink- und Brauchwasser ungetrennt und constant ab. Die Wasserabgabe fand bis Mitte 1876 nur für öffentliche Zwecke statt, soll jedoch auch auf Haushaltungen und Gewerbebetrieb ausgedehnt werden.

Die Temperatur des Wassers betrug im Herbst 1875 in den Quellbrunnen und in dem Hochreservoir 8,8° C. bei 25° C. Lufttemperatur. Nach einer Analyse des Apothekers Hirsch enthält das Wasser von der einen Bezugsstelle 26,13 und von der anderen 23,25 Theile Gesammtrückstand in 100000 Theilen. Bei beiden Wässern wird der Gehalt an organischen Substanzen, an salz- und schwefelsauren Salzen und ebenso an Magnesia und Kieselsäure als sehr gering angegeben. Der Gehalt an Kalk wird als mässig bezeichnet. Ein Bedürfniss zu regelmässigen Analysen soll nicht vorliegen.

Guben (Preuss. Brandenburg) besitzt eine alte Wasserleitung, welche in den Jahren 1857 bis 1862 mit eisernen Rohren statt der früher hölzernen versehen ist. Das Pumpwerk wird von der Stadtmühle durch Wasserkraft betrieben und besteht aus zwei Pumpen, die

das Wasser aus der Neisse entnehmen und in ein Reservoir fördern.
Die Pumpstation gehört auch zu dieser Mühle. Nach einem Erb-
pachtsvertrage aus dem Jahre 1834 muss der Stadtmüller der Stadt
930 Liter Wasser pro Minute heben und Rad und Pumpstation erhalten. Die Rohrleitung und das Reservoir gehören der Stadt und sind
unter Verwaltung der Gasanstalt.

Die Stadt **Günzburg** (Bayern) ist mit laufendem Wasser versehen, welches durch eiserne Rohre zugeleitet wird. .

Güstrow (Mecklenburg - Schwerin) mit 11000 Einwohnern wird
ausser durch Brunnen, die meistens hartes Wasser liefern, deren 12 in der
Stadt und 30 in den 4 Vorstädten sich befinden, durch zwei getrennte
Wasserleitungen mit Wasser versorgt, von denen die eine für die eine
Hälfte der inneren Stadt das Wasser aus dem oberen Theile des Gevier-
Mühlbachs, die andere das Wasser aus der Nebel oberhalb der Mühlen-
thor'schen Mühle entnimmt. Beide Leitungen liefern weiches, fliessen-
des Wasser. Der Gevier-Mühlbach ist der Ausfluss eines nahe bei der
Stadt gelegenen grösseren Landsees. Das Wasser wird durch eine
eiserne, circa 1000 m. lange Leitung der Stadt zugeführt und durch eine
Anzahl Strassenbrunnen, sowie an einige Gewerbtreibende abgegeben.
Der Druck in den Leitungen ist ein geringer. Der Nebelleitung wird
durch ein Pumpwerk das Wasser zugeführt, welches, durch ein Wasser-
rad getrieben, ein in einem Thurme über demselben aufgestelltes
Reservoir von Holz speist. Dieses ist in den 30er Jahren eingerichtet.
Aus der Leitung werden eine Anzahl Strassenbrunnen und 50 bis 60
Privathäuser durch Caliberhähne gespeist. Augenblicklich sind Ver-
handlungen über eine Anlage im Gange, um ein grösseres Quantum
Wasser unter höherem Druck zuführen zu können.

Für **Halberstadt** (Preuss. Sachsen) mit 27000 Einwohnern liegt
seit Mai 1875 ein vollständiges Project zur Wasserversorgung vor,
dessen Ausführung wohl in nächster Zeit von der Stadt in die Hand
genommen werden wird. Dasselbe ist im Auftrage der Stadt vom
Baurath S a l b a c h ausgearbeitet. Das Wasser soll an der sogen.
„Tintelene" durch Sammelrohre aus Thon von 400 mm. Durchmesser,
welche in zwei Strängen von je 196 m. Länge 4,3 m. tief verlegt werden, aus dem Grundwasser gewonnen und in einen Sammelbrunnen
geleitet werden, aus welchem dasselbe durch mit Dampfkraft getriebene
Pumpen in ein auf dem Kanonenberge auf massivem Unterbau aufgestelltes schmiedeeisernes Bassin von 800 kbm. Inhalt gefördert. Von
hier wird das Wasser der Stadt zugeführt und durch ein Circulations-

system vertheilt und zwar so, dass über dem höchsten Terrainpunkte des Abgabegebietes noch ein Druck von circa 32 m. vorhanden ist. Das täglich zu liefernde Wasser soll 4650 kbm., die Leistung jeder Maschine, deren 2 projectirt sind, 6200 kbm. betragen.

Die Anlage ist veranschlagt auf: Sammelbrunnen und Sammelrohre 43500 Mk., Wasserhebungsanlage 116000 Mk., Reservoiranlage 81000 Mk., Saug- und Druckrohrleitung 36000 Mk., Stadtrohrnetz 355000 Mk. Insgemein 11000 Mk., Summa: 642500 Mk. Dazu die Kosten der Herstellung der Anschlussleitungen für sämmtliche Häuser incl. des Privathaupthahns pro Haus 60 Mk. macht für 1800 Häuser 108000 Mk. und es sollen somit die ganzen Anlagekosten 750000 Mk. betragen.

Die Analysen des Professor Märker von Wasser aus den beiden Versuchsbrunnen, welche zur Feststellung des Vorhandenseins der erforderlichen Quantität hergestellt sind, haben in 100000 Theilen ergeben: Gesammtrückstand 30,80 und 32,80, Schwefelsäure 5,23 und 6,35, Magnesiasalze 0,90 und 0,15, Kochsalz 2,57 und 2,58; ferner fand sich kein Ammoniak und vollkommene Reinheit von Salpeter- und salpetriger Säure. Gesammte Härte 11,30° und 10,55° (deutsche); bleibende Härte 4,25° und 4,75°. Es wurden 0,45 und 0,60 Theile Kaliumpermanganat reducirt. Das Wasser wrid in allen Beziehungen als ein vortreffliches Trinkwasser bezeichnet.

Halle a. d. Saale (Preuss. Sachsen) hat 60419 Einwohner in 3008 bewohnten Grundstücken und 13360 Haushaltungen, sowie 47 Anstalten. Das Wasserwerk ist Eigenthum der Stadt und vom Baurath Salbach erbaut. Dasselbe ist seit 1868 in Betrieb. Die Anlagekosten betragen 1844247 Mk. incl. der späteren Erweiterungsbauten. Das pro 24 Stunden zu liefernde Maximalquantum beträgt jetzt 12000 kbm. bis 13000 kbm., während bei der ersten Anlage dafür 7730 kbm. angenommen wurden.

Künstlich durch Brunnen- und Filterrohranlagen erschlossenes Grundwasser in der Nähe der Saale und Elster, 5552 m. von der Stadt entfernt, wird mittelst Dampfmaschinen nach einer Hochbassinanlage gefördert und fliesst von hier der Stadt zu.

An Brunnen sind vorhanden: ein Hauptbrunnen von 9,420 m. Durchmesser, ein Brunnen von 4,710 m. Durchmesser, 3 Brunnen von 3,770 m. Durchmesser, ein Brunnen von 3,140 m. Durchmesser, 4 Brunnen von 1,880 m. Durchmesser und 11 Brunnen von 1,570 m. Durchmesser. Dieselben sind untereinander und mit dem Hauptbrunnen durch Filterrohre von 475 mm. und 630 mm. Durchmesser verbunden. Die Brunnen sind nur in der Sohle durchlässig und liegen mit dieser 5,022 m. unter Terrain und 1,255 m. unter dem niedrigsten Wasserstande der Elster. Die Filterrohre liegen 3,770 m. bis 4,390 m. unter Terrain und haben im Ganzen 565 m. Länge.

Die Dampfmaschinenanlage besteht aus zwei älteren Maschinen von je 60 Pferdekräften und einer neueren von 125 Pferdekräften. Die alten Maschinen sind liegende, doppeltwirkende und eincylindrige und können gekuppelt werden. Sie haben Schwungräder und Schiebersteuerung und arbeiten mit Condensation mit 0,3 facher Füllung und mit bis zu 21 Umdrehungen pro Minute. Die Kolben haben 658 mm. Durchmesser und 1,098 m. Hub.

Die grosse Maschine ist gleichfalls liegend, doppeltwirkend, mit Schwungrad und Condensation, aber zweicylindrig (Woolf). Der kleine Dampfkolben derselben hat 653 mm., der grosse 1130 mm. Durchmesser und beide 1,200 m. Hub; es ist also das Volumenverhältniss wie 1 : 3 und, da der Dampf im kleinen Cylinder bei 0,6 des Hubes abgesperrt wird, so arbeitet diese Maschine mit 5 facher Expansion. Sie macht 18 Umdrehungen pro Minute und hat Ventilsteuerung.

Jede der drei Maschinen betreibt direct eine liegende doppeltwirkende Pumpe mit Liederkolben und Glockenventilen. Die kleinen Pumpen haben 324 mm., die grosse 500 mm. Durchmesser. Die Kolbenliederung der ersteren besteht aus Hanf, die der letzteren aus Lederstreifen. Die Ventilsitzflächen bestehen bei den kleinen Pumpen aus Guttapercha, bei der grossen aus Weissmetall. Die freien Querschnitte der Saug- und Druckventile haben 250 □cm. bei den kleinen Pumpen und 1230 □cm. bei der grossen Pumpe. Die Saug- und Druckrohre der ersteren haben 392 mm. Durchmesser, die der letzteren 444 mm. Durchmesser. Die Windkessel sind von Schmiedeeisen. Die kleinen Maschinen haben einen Saugwindkessel von 1400 mm. Durchmesser und 1,250 m. Höhe und einen Druckwindkessel von 1100 mm. Durchmesser und 4,000 m. Höhe. Die grosse Maschine hat solche von 1000 mm. Durchmesser und 1,300 m. Höhe, resp. 1500 mm. Durchmesser und 4,5 m. Höhe.

Es sind drei Flammrohrkessel mit Vorfeuerung vorhanden, deren jeder 9,400 m. Länge bei 1880 mm. Durchmesser des Hauptkessels und 630 mm. Durchmesser für jedes der beiden Flammrohre hat. Jeder Kessel hat 1,93 □m. Rostfläche und 68,9 □m. Heizfläche und erzeugt mit Braunkohlen geheizt Dampf von 3 ½ Atmosphären Pressung. Der jährliche Kohlenverbrauch beträgt 588000 Kilo im Werthe von

24000 Mk. Die kleinen Maschinen erfordern pro Pferdekraft und Stunde 3,2 Kilo, die grosse dagegen 2,3 Kilo Kohlen.

Das Wasser wird durch eine 4507 m. lange Leitung einer Reservoiranlage, die 1178 m. von der Stadt entfernt und vor dem städtischen Rohrnetze liegt, zugeführt. Dieselbe besteht aus einem gemauerten überwölbten Reservoire von 3092 kbm. Fassungsraum bei 5,3 m. Wasserstand, welches 34,77 m. über dem niedrigsten Elsterspiegel liegt. Diese Höhe genügt zur Versorgung von circa ⅞ der Stadt. Für das andere Achtel ist auf einem thurmartigen Unterbau unter Dach ein Reservoir aus Eisenblech 19 m. höher aufgestellt, welches 11,3 m. Durchmesser und 4,7 m. Wasserhöhe hat. In der Mitte desselben führt in einem Raum von 942 mm. Durchmesser eine Treppe durch dasselbe. Der Fassungsraum dieses Reservoirs beträgt 464 kbm. Von hier führen drei Druckstränge von 235 mm., 366 mm. und 262 mm. Durchmesser zur Stadt.

Das städische Rohrnetz hat 48975 m. Länge und ist nach gemischtem Systeme ausgeführt. Das weiteste Rohr hat 450 mm. Durchmesser. Die Wasserabgabe ist wie bemerkt in zwei verschiedene Druckzonen getheilt, aber eine constante und ungetrennte für Trinkund Brauchwasser. In der Stadt befinden sich 4 öffentliche Fontainen, 2 öffentliche Pissoirs und 4 Freibrunnen.

Für die letzten 6 Betriebsjahre giebt die nachfolgende Tabelle Aufschluss über die Abgabeverhältnisse und Abgabearten, sowie über die Zahl der Hydranten, Wasserschieber etc. und ferner über die mit Wasser versorgten Grundstücke, Haushaltungen und Personen.

Betriebsjahr . . .	1870	1871	1872	1873	1874	1875
Jahresabgabe kbm. . .	1378885	1504759	1635541	1836303	1967680	1980009
Maximum in 24 Stunden .	6232	5294	7288	7489	8156	8230
Datum dieser Abgabe	15 Juni	9. Sept.	28. Juli	10. Juli	29. Juli	11. Aug.
Minimum in 24 Stunden .	1149	2747	2373	3305	1095	2956
Datum dieser Abgabe	18. April	1. Jan.	1. Jan.	14. April	16. Febr.	29. Marz
Mit Wasser versorgte Personen	52197	52615	54566	56517	58468	60419
desgl. Haushaltungen	11270	11562	12012	12462	12912	13360
desgl. Grundstucke .	2560	2615	2696	2837	2965	3008
Wassermesser .	100	96	96	103	104	108
daraus abgegeben kbm .	616533	580124	697885	744193	852000	789073
Hydranten . .	372	375	375	384	425	435
Wasserschieber . .	178	178	183	188	208	215
Waterclosets . .	62	62	62	66	78	116
Privatfontainen . .	36	56	62	70	83	90
Privatpissoirs . .	52	52	52	67	76	97

Wassermotoren sind nicht in Benützung. Die Wassermesser sind von Siemens & Halske in Berlin geliefert.

Temperaturbeobachtungen werden täglich im Hoch- und Nieder-reservoir vorgenommen. Im Sommer schwankt dieselbe zwischen 10^0 und 12^0, während sie an der Sammelbrunnen-Anlage 8^0 und in der Stadt 13^0 bis 14^0 beträgt.

Nach den im März 1870 vom Professor Dr. Siewert vorge-nommenen Analysen ist die Zusammensetzung des Wassers aus den Sammelrohren diesseits der Elster (I), ferner zwischen Elster und Grewische (II) und endlich jenseits Grewische (III) folgende in 100000 Theilen gewesen:

	I	II	III
Kieselsaure	0,20	1,20	1,60
Thonerde .· . . .	0,31	0,26	0,96
Kohlensaures Eisen	0,30	0,30	0,42
Kochsalz	4,96	9,68	10,13
Schwefelsaures Kali . • .	0,98	1,33	0,46
Schwefelsaurer Kalk	5,06	9,33	14,06
Kohlensaurer Kalk	7,45	10,03	13,87
$^3/_4$ kohlensaure Magnesia . . .	3,43	3,38	4,60
Organische Substanz	0,64	0,83	0,25
Kohlensaures Natron . . .	1,68	2,87	6,43
Zusammen	25,01	39,21	52,78

Die erste Anlage des Wasserwerkes mit einer Gusseisen-Rohr-leitung von 43311 m. und den bleiernen Anschlussleitungen von 12805 m. Länge für sämmtliche Häuser hat 1171471 Mk. 45 Pf. gekostet, wovon 62611 Mk. 72 Pf. auf die Sammelrohre und Brunnen, 150848 Mk. 62 Pf. auf Maschinen - etc. Anlagen und Gebäude, 198539 Mk. 52 Pf. auf Reservoiranlagen, 652797 Mk. 7 Pf. auf die ge-sammten Rohrleitungen, 102556 Mk. 34 Pf. auf die Anschlussleitungen an die Häuser und 14118 Mk. 18 Pf. auf allgemeine Unkosten entfielen.

Der Etat pro 1874 für das Wasserwerk ist in folgenden Zahlen ausgeführt.

Einnahmen:

1) Wasser nach Messern 63000 Mk., 2) desgl. nach Pauschalsätzen 7500 Mk., 3) desgl. für die Commune 3033 Mk. 90 Pf., 4) desgl. für Bauten etc. 1500 Mk., 5) desgl. diverses 266 Mk. 10 Pf. Summa: 75300 Mk.

Ausgaben:

1) Allgemeine Verwaltungskosten 6375 Mk., 2) Maschinenbetrieb: Brennmaterial 22500 Mk., desgl. Schmiermaterial etc. 900 Mk., desgl. Werkzeuge 60 Mk., desgl. Arbeitslöhne 3750 Mk., 3) Rohrnetz und Reservoiranlage 4530 Mk., 4) Telegraphenbetrieb 510 Mk., 5) Unterhaltung der Bauwerke und Leitungen 1800 Mk., 6) Steuern und Feuerversicherung 115 Mk. 72 Pf., 7) Verzinsung: Saugrohrstrang 30000 Mk. mit 5%: 1500 Mk., desgl. Raffinerie 15000 Mk., mit 5%: 750 Mk., desgl. Erweiterungen des Werkes 315000 Mk. mit 5%: 15000 Mk., 8) Insgemein 1500 Mk., 9) für Fortführung der Saugleitung zur Disposition des Curatoriums 3000 Mk., 10) Reservefond für Erweiterung und Ergänzung, Abschreibung auf Maschinen, Kessel etc. 78000 Mk. mit 8%: 6240 Mk., desgl. auf die übrigen Anlagen 1275000 Mk. mit 1%: 12750 Mk., zur Ausgleichung 19 Mk. 28 Pf., Summa: 75300 Mk.

Die Stadt **Hamburg** hat 337602 Einwohner (1875) in 12246 Wohngebäuden (Ende März 1876) und circa 64000 Haushaltungen. Das Wasserwerk wurde von dem Ingenieur W. Lindley nach den Plänen des englischen Ingenieurs Mylne von der New River W. W. C. in London auf Kosten der Stadt erbaut und 1849 in Betrieb gesetzt. Die späteren Erweiterungsbauten haben die Anlage in den Pumpmaschinen jetzt zu einer Maximalleistung pro Tag von 80000 kbm. gebracht.

Das Wasser wird an zwei Punkten 2,0 Kilom. oberhalb der Stadt bei Rothenburgsort der Elbe entnommen und mittelst unterirdischer gemauerter Kanäle in 4 Ablagerungsbassins von je circa 18000 ☐ m. Oberfläche geleitet, welche bei 3,45 m. Wassertiefe circa 200000 kbm. Wasser fassen. Das Project, eine centrale Sandfiltration einzuführen, wird in kürzester Zeit zur Ausführung kommen. Zum Pumpen des Wassers sind vier Cornwallmaschinen und eine Woolf'sche Balanciermaschine mit Schwungrad vorhanden. Von den Cornwallmaschinen haben 2 je bis zu 70 Pferdekräften, eine bis zu 140, eine bis zu 220 und die Schwungradmaschine bis zu 350 Pferdekräften, im Ganzen also alle Maschinen bis zu 850 Pferdekräften.

Bei den Cornwallmaschinen hängen an dem einen Balancierarme die Dampfkolben, an dem anderen an verschiedenen Armlängen je zwei einfachwirkende Plungerpumpen. Bei den beiden kleinen Maschinen (von Boulton & Watt geliefert) haben die Dampfkolben 1218 mm. Durchmesser und 2,346 m. Hub. Sie hängen an Balancierarmen von 3,725 m. Länge. Die an dem entgegengesetzten gleichlangen Arme

hängende Pumpe hat 418 mm. Plungerdurchmesser und die andere
2,573 m. vom Drehpunkte aufgehängte 502 mm. Plungerdurchmesser.
Die 140 pferdige Maschine ist von Wöhlert geliefert. Der Dampfkolben
von 1778 mm. Durchmesser und 3,048 m. Hub hängt an einem 5,144 m.
langen Balancierarme, während an dem anderen in 5,113 resp. 3,741 m.
Entfernung vom Drehpunkte die Pumpen von 603 mm. resp. 707 mm.
Plungerdurchmesser hängen. Die grösste Cornwallmaschine, welche von
Borsig geliefert ist, hat Plungerpumpen von 711 mm. resp. 863 mm.
Durchmesser an Balancierarmen von 4,206 m. resp. 5,763 m. Länge.
Der am entgegengesetzten mit letzterm gleichlangen Balancierarme
hängende Dampfkolben hat 2159 mm. Durchmesser und 3,353 m. Hub.
Sämmtliche Cornwallmaschinen sind gewöhnliche einfachwirkende mit
Condensation ohne Expansion. Die letztere Maschine hat viersitzige
Ventile mit Metallflächen, die Wöhlert'sche Maschine Doppelsitzventile
mit Holzsitzen, und die englischen solche mit Metallsitzen. Letztere
haben je einen Windkessel von 2430 mm. Durchmesser und 5,44 m.
Höhe von Gusseisen. Die Windkessel der anderen Maschinen sind von
Schmiedeeisen. Der der Borsig'schen Maschine hat 2720 mm. Durch-
messer bei 11,45 m. Höhe.

Die Woolf'sche Maschine ist gleichfalls von Borsig geliefert. Auf
der einen Seite des Balanciers hängen die Dampfkolben an 3,90 m.
resp. 5,76 m. Armlänge Der Hochdruckkolben hat 1030 mm., der
Niederdruckkolben 1800 mm. Durchmesser und letzterer 3,048 m.
Hub. Das Cylinderverhältniss ist fast wie 1 : 4 ½. Auf der anderen
Banlancierseite hängt an 5,76 m. Armlänge eine doppeltwirkende
Pumpe mit Liederkolben von 766 mm. Durchmesser mit Metallliederung
und Lederklappenventilen. Zwischen ihr und dem Balancierdrehpunkte
liegt ein Schwungrad, dessen Kurbel von einer auf 3,76 m. vom Balancierdrehpunkte aufgehängten Lenkstange getrieben wird.

Im Ganzen sind 16 Dampfkessel vorhanden; es sind Cornwall-
kessel von 9,15 m. Länge, 2130 mm. Durchmesser und mit je einem
Feuerrohre entfernt von 1300 mm. Durchmesser.

In einem Thurme, in dessen Mitte sich der 73 m. hohe Schornstein befindet, sind zwei Standrohre enthalten, welche auf zwei verschiedenen Höhen mit einander in Verbindung stehen und in denen
das Wasser je nach Erforderniss für die Tagesversorgung bis zu
40 m. Höhe und für einige Stunden des Nachts bis 60 m. Höhe auf-
gepumpt wird. Es geht jetzt nicht alles Wasser mehr durch den Thurm,
sondern nur etwa noch die Hälfte. Das von den beiden grössten

Cornwallmaschinen gepumpte Wasser passirt statt dessen einen in einem kleinen Gebäude aufgestellten Druckregulator. Sämmtliche von den Maschinen kommenden Leitungen münden in ein 1200 mm. bis 1800 mm. im Durchmesser haltendes Sammelrohr, welches theils von Gusseisen, theils von Schmiedeeisen ist und aus welchem das Wasser durch 4 Hauptspeiseleitungen, von denen zwei von je 510 mm., eins von 610 mm. und eins von 914 mm. Durchmesser der Stadt das Wasser in verschiedenen Richtungen zuführen. Die Länge der Haupt- und Zweigleitungen beträgt 2475 Kilometer und es erstrecken sich die Rohre bis auf 7,5 Kilometer von der Pumpstation entfernt. Die Hydranten, deren Zahl 1873 1530 und 1875 2200 betrug, sind in der Stadt in 40 m., in den Vorstädten bis auf 150 m. Entfernung aufgestellt. Oeffentliche Fontainen existiren nicht, wohl aber 14 Freibrunnen und 60 öffentliche Pissoirs mit 240 Ständen. Im Juni 1876 waren 892 Wassermesser aufgestellt, von denen die älteren solche von Guest & Chrimes nach dem älteren, die neueren von Siemens & Halske nach dem neueren Siemens'schen Patente sind. Die Zahl der Waterclosets hat 1873 28947, die der Hauptwasserhähne 59373 betragen. An Badeeinrichtungen existirten 1871 2979 und 1876 3600 Stück. Wassermotoren (aber keine rotirende) sind 37 Stück vorhanden.

Es sind Hausreservoire für alle Abnehmer vorgeschrieben und contractlich erfolgt deren Füllung täglich ein Mal; thatsächlich ist aber beim Niederdruck die Versorgung constant. Innerhalb der Stadt befinden sich drei Hochreservoire, von denen zwei gemauert, überwölbt und in die Erde versenkt sind, nämlich auf dem Stintfang und auf der Sternschanze. Eins, am Berliner Thore befindlich, besteht aus einem gusseisernen mit Eisenblech überdachten Behälter auf einem 12 m. hohen steinernen Unterbau. Letzteres hat 2350 kbm. und die anderen 9300 resp. 2350 kbm. Inhalt. Sie sind mit den Rohrleitungen verbunden und dienen zur Regulirung der Consumschwankungen, sowie als Reserve bei etwaigen Störungen des Pumpenbetriebes.

Nachfolgende 3 Tabellen enthalten sehr schätzenswerthe Angaben über die Kosten und den Consum des Wassers für eine grössere Reihe von Betriebsjahren, sowie letzteren auch für die Zukunft geschätzt.

Die erste Tabelle giebt die Zahl der mit Wasser versorgten Personen, sowie deren procentliche Zunahme gegen das vorhergehende Jahr; ferner das täglich gebrauchte Durchschnittsquantum im Ganzen und pro Kopf und das Maximalquantum des stärksten Verbrauchstages im Jahre; ferner endlich das Verhältniss des Wachsens des mittleren Consums gegen das vorhergehende Jahr und das Verhältniss des Maximalconsums zum mittleren Consum.

Täglicher mittlerer und Maximalverbrauch.

Jahr	Einwohnerzahl des Versorgungs- gebietes	Procent der Zunahme gegen das vorige Jahr	Durchschnitt- licher Tagesverbrauch kbm	Procent der Zunahme gegen das vorige Jahr	pro Kopf Liter	Maximum pro Tag kbm.	Procent des Durch- schnitts- ver- brauches im Jahre	pro Kopf Liter
1857	189900	—	17702	—	93	—	—	—
1858	198350	4,4	18691	5,6	94	26139	140	132
1859	* 206800	4,3	19919	6,6	96	26271	132	127
1860	211500	2,3	20944	5,1	99	25980	124	123
1861	216200	2,2	21626	3,3	100	27061	125	125
1862	220900	2,2	22146	2,4	100	26645	121	121
1863	225600	2,1	22925	3,5	102	31815	138	141
1864	230300	2,1	25599	11,2	111	32241	126	140
1865	* 235000	2,0	28208	10,6	120	38244	136	163
1866	245000	4,7	32547	15,4	133	42868	131	175
1867	256000	4,5	36078	10,8	141	46951	129	183
1868	266000	3,9	39094	8,4	147	50872	130	191
1869	* 277300	4,2	43524	11,3	157	56722	131	205
1870	280000	1,0	43754	0,7	156	53310	122	190
1871	* 287343	2,6	48869	11,7	170	69908	143	243
1872	296000	3,0	51115	4,6	173	64306	125	217
1873	304800	3,0	50458	1,3	166	62595	123	205
1874	317000	4,0	54254	7,5	171	68093	125	215
1875	* 337602	6,5	58132	7,1	172	72637	125	215
Mittel		3,28		6,91				

Geschätzt für die Folgezeit.

1880	391373	3,0	77793	6,0	199	97205	123	248
1885	453708	3,0	90742	3,0	200	113427	125	250
1890	525972	3,0	105194	3,0	200	131493	125	250
1895	609746	3,0	121949	3,0	200	152437	125	250
1900	706862	3,0	141172	3,0	200	176716	125	250

Die folgende Tabelle giebt ausser dem jährlich geförderten Wasser und den ganzen Anlage- und Betriebskosten die Kosten pro 1000 kbm. Wasser pro Jahr sowohl für die Anlage, als für den Betrieb und end- lich den Procentsatz, mit welchem sich die Anlage in jedem Jahre ver-

---

*) auf Volkszählungen gegrundet.

zinst haben würde durch den Ueberschuss der Einnahmen über die Ausgaben. Diese Verzinsung betrug 1850 0,19%, 1851 0,28%, 1852 1,59%, 1853 1,41%, 1854 3,05%, 1855 2,84% und 1856 2,97%, während sie jetzt 6% überschreitet.

Betriebs- und Anlagekosten.

Jahr	Jährlich gepumpt kbm	Totales Anlagecapital Mk.	Betriebs- und Unterhaltungs- kosten Mk.	Kosten	Capital	Verzinsung der Anlagekosten aus dem Ueberschusse der Einnahmen über die Ausgaben
				pro 1000 kbm. Mk.		
1857	6461004	4560000 *)	153596	23,77	706	2,71
1858	6821868	4824000	166036	24,34	707	2,81
1859	7270415	5088000	152456	20,97	700	4,35
1860	7665664	5352000	169618	22,13	698	4,04
1861	7893109	5616000	163857	20,76	712	4,28
1862	8082871	5880000	161470	19,98	727	4,61
1863	8367289	6144000	167838	20,06	734	4,71
1864	9332471	6408000	179385	19,22	687	4,87
1865	10295496	6672000	177488	17,24	648	5,44
1866	11879155	6936000	202535	17,05	584	5,38
1867	13167781	7069140	225228	17,10	537	6,12
1868	14308015	7201334	238283	16,65	503	6,82
1869	15887027	7327988	243705	15,35	461	7,24
1870	15969706	8160709	274359	17,18	511	6,45
1871	17837326	8280032	276907	15,52	465	6,66
1872	18708017	8752420	383027	20,47	468	5,75
1873	18417168	8926279	399771	21,71	485	6,00
1874	19802735	9054904	420885	21,25	457	6,29
1875	21218000	9172242	500303	23,58|	432	6,13

Die folgende Tabelle giebt ferner eine Specification des Anlage-capitales nach Rohrleitungen, Maschinen und Reservoiren und Land-ankauf etc. getrennt; ferner die Gesammteinnahmen, sowie deren jähr-lichen procentlichen Zuwachs und den durchschnittlich pro Jahr pro Kopf gezahlten Wasserpreis; und endlich noch, für wie viel Geld Wasser durch Messer verkauft ist.

---

*) 1857 — 1866 durch Interpolation bestimmt.

Detailirte Anlagekosten und Einnahmen.

Jahr	Anlagecapital Mk.			Gesammt-einnahmen pro Jahr Mk.	Davon Wasser durch Messer kbm.	Procent der Zunahme der Gesammt-einnahmen gegen das vorige Jahr	Gesammt-einnahmen pro Kopf des Versorgungs-gebietes
	Reservoire, Maschinen etc.	Rohr-leitungen	Landankauf, Nebenkosten, Ablösungen				
1849	746645	1411189	536946	—	—	—	—
1867	2802454	3522086	744600	657563	81915	14,2	2,57
1868	2889955	3566780	744600	729225	69195	10,9	2,74
1869	2965687	3617701	744600	774505	77914	6,2	2,79
1870	3172106	4244003	744600	800393	76491	3,3	2,86
1871	3100751	4440576	747705	828730	78696	3,5	2,88
1872	3350864	4645743	755813	886536	110474	7,0	3,00
1873	3478142	4691642	756496	935329	117745	5,5	3,07
1874	3483579	4814829	756496	990734	122954	5,9	3,13
1875	3483579	4932167	756496	1062304	133717	7,2	3,15

Geschätzt für die Folgezeit.

Jahr				Gesammt-einnahmen pro Jahr Mk.	Davon Wasser durch Messer kbm.	Procent der Zunahme	Gesammt-einnahmen pro Kopf
1880	—	—	—	1489936	—	7	3,81
1885	—	—	—	1724090	—	3	3,80
1890	—	—	—	1998694	—	3	3,80
1895	—	—	—	2317035	—	3	3,80
1900	—	—	—	2686076	—	3	3,80

Folgende Tabelle endlich giebt den Monatsconsum in den Betriebsjahren 1873 bis 1875 für die einzelnen Monate.

	1873	1874	1875
Januar	1573849	1483151	1663959
Februar	1362424	1372621	1490619
Marz	1397888	1473330	1649649
April	1370331	1422554	1594488
Mai	1465341	1640066	1726515
Juni	1542413	1757815	1854717
Juli	1733372	1949512	2018217
August	1814152	1884513	2106892
September	1699955	1764463	1884634
October	1578153	1784897	1788624
November	1425086	1618084	1694671
December	1454204	1651729	1545015

Ueber das der Stadt Hamburg gelieferte Wasser liegen 2 Analysen vom 3. Dec. 1875, von denen die eine das Wasser durch Papier filtrirt behandelt, von Dr. Wibel vor. Das Wasser enthielt in 100000 Theilen:

	direct	filtrirt
Salpetersäure	0	0
Chlor	2,03	2,03
Schwefelsäure	3,50	3,50
Kalk	4,54	4,54
Magnesia	Spuren	Spuren
Thonerde, Eisenoxyd	5,15	0,07
Kieselaure	0,97	0,97
Natron	3,92	3,92
Gebundene Kohlensaure	3,16	3,16
Freie und halbgebundene Kohlensaure und Kali .	sehr wenig	sehr wenig
Ammoniak, salpetrige Säure	0	0
Phosphorsaure	Spuren	Spuren
Unorganische Substanz	22,81	17,73
Organische Substanz (nach Woods) . . .	13,60	7,68

Hamm (Westfalen) mit 20000 Einwohnern wird fast ausschliesslich durch Hausbrunnen versorgt, welche genügendes und ziemlich gutes Wasser liefern. Eine künstliche Versorgung findet aus dem Flusse Lippe in grösserem Umfange für die Eisenbahn und für mehrere technische Etablissements (das stärkste Rohr der Leitung hat 240 mm. Durchmesser) statt. Ausserdem besteht noch eine Leitung für die Kaserne, sowie eine solche für verschiedene Bierbrauer, jede von 80 mm. Durchmesser.

Hanau (Kurhessen) mit 22730 Einwohnern wird ausschliesslich durch Hausbrunnen mit Wasser versorgt. Das Project zu einer. allgemeinen Wasserversorgung ist jedoch in Ausarbeitung begriffen und wird muthmasslich gleichzeitig mit der beschlossenen Kanalisation der Stadt zur Ausführung gelangen.

Hannover hat 129000 Einwohner in 7717 Wohnhäusern und 26656 Haushaltungen. Schon 1527 besass die Stadt ein durch ein Wasserrad getriebenes Pumpwerk bestehend aus 6 messingenen Pumpenstiefeln, deren Kolben (einfachwirkend) durch eine Daumenwelle getrieben wurden. Das Wasser ergoss sich in ein darüber aufgestelltes Reservoir und wurde durch hölzerne Rohrleitungen von 50 bis 75 mm. Durchmesser den Consumenten (ausschliesslich Brauereien) zugeführt. Dasselbe wurde 1845 durch eine neue, vom Maschinendirector Kirch-

weger ausgeführte Anlage ersetzt, durch welche auch das Wasser
zum Rinnsteinspülen und für Feuerlöschzwecke beschafft wird. Die
Anlage besteht aus zwei stehenden Differentialpumpen (Kirchweger's
System), die von je einem einarmigen Balancier durch ein Wasserrad
bewegt werden und in 24 Stunden 2160 bis 2836 kbm. Wasser
14,6 m. hoch in ein Reservoir pumpen, von wo dasselbe durch eiserne
Rohrleitungen in der Stadt vertheilt wird. Das Wasser ist rohes
Leinewasser und daher als Trinkwasser und im Allgemeinen als
Brauchwasser nicht zu benützen.

Nach den Plänen und unter der Leitung des Stadtbauraths Oberbaurath Berg und des Oberingenieurs Hemme ist jetzt eine neue
Anlage für Rechnung der Stadt in Bau begriffen, die nach dem Anschlage 4000000 Mk. kosten wird. Die anfängliche Leistung soll 15000
kbm. betragen, jedoch auf 25000 kbm. zu erhöhen sein. Das Wasser
wird als künstlich erschlossenes Grundwasser aus einer 5 m. starken
Kiesschicht des Leinethals, die auf einer undurchlässigen Thonschicht
ruht, 4000 m. von dem Mittelpunkte der Stadt entfernt und oberhalb
derselben in der Nähe des Dorfes Ricklingen gewonnen, mittelst Dampfkraft einem 2300 m. entfernten vor dem städtischen Rohrnetze liegenden Hochreservoire auf 49 m. Höhe zugeführt und dann in der Stadt
mittelst eines 92000 m. langen Rohrnetzes unter einheitlichem Drucke
bei constanter Abgabe vertheilt werden.

Die Wassererschliessung erfolgt durch einen nahe horizontalen
(1 : 1880) mit Schlitzen versehenen Eisenrohrstrang von 934 m. Länge
bei 800 mm. Weite. Derselbe liegt senkrecht zu der Richtung des Grund-
wasserstromes, kreuzt einen kleinen Flusslauf und mündet in einen 6 m.
weiten Pumpenbrunnen. An der Einmündungsstelle liegt die Oberkante des Filterrohres 7,7 m. unter Terrain. In dem Filterstrange
befinden sich 3 mit Schossen versehene Einsteigebrunnen von 2 m.
Weite. Das Filterrohr wird durchgängig etwa 1 m. über der wasser-
durchlässigen Schicht und 3,5 m. unter dem niedrigsten Grundwasserstande liegen. Das Terrain selbst ist auf drei Seiten von Wasserläufen: der Leine, der Ihme (schneller Graben) und der Ricklinger
Beeke in circa 150 m. Entfernung von jedem derselben eingeschlossen.

Die Pumpstation ist auf eine Leistung von 25000 kbm. pro
22 Stunden projectirt. Die beiden 600 mm. weiten Druckstränge
von je 2300 m. Länge bis zum Hochreservoire auf dem Lindener
Berge verlangen für die vorhin angegebene Druckhöhe eine Maschinen-
leistung von 219 Pferdekräften, die auf 3 Maschinen vertheilt wird,

von denen vorläufig nur 2 erforderlich und die dritte als Reserve ausgeführt werden wird, während später eine vierte hinzukommt. Es sind liegende doppeltwirkende Woolf'sche Maschinen mit Ventilsteuerung, deren Cylinder in einer Achse hinter einander liegen, gewählt. An jedem Ende befindet sich eine Geradführung, von denen die eine den Kopf der Lenkstange für das dahinter liegende Schwungrad führt, während von der anderen eine Lenkstange geleitet wird, die den verticalen Arm eines Winkelhebels in Bewegung setzt, an dessen horizontalem Arme die Kolbenstangen der stehenden Druckpumpe und der Kaltwasserpumpe mittelst Parallelogramm aufgehängt sind, während die liegende Luftpumpe von dem verticalen Arme aus bewegt wird. Die Dampfcylinder haben 530 mm. und 930 mm. Durchmesser und ihre Kolben den gleichen Hub von 1,400 m. Das Volumenverhältniss ist 1 : 3,1 und es soll im kleinen Cylinder mit 2,3 facher, also im Ganzen mit circa 7 facher Expansion gearbeitet werden. Die Maximalumdrehzahl soll 24 betragen.

Die Druckpumpen sind doppeltwirkend mit Liederkolben mit Spannringen von Rothguss und Doppelsitzventilen, gleichfalls von Rothguss. Die Kolben haben 500 mm. Durchmesser und 0,75 m. Hub. Saug- und Druckrohre haben 500 mm. Durchmesser und die Ventile 2000 ☐ cm. freie Oeffnung. Jede Maschine hat einen Saug- und einen Druckwindkessel von Schmiedeeisen, erstere von 925 mm. Durchmesser und 1,8 m. Höhe, letztere von 1100 mm. Durchmesser und 5 m. Höhe. Zwei Maschinen sollen in 22 Stunden 16666²/₃ kbm. Wasser 49,26 resp. 50,76 m. (dem schwankenden Wasserstande im Brunnen entsprechend 3 bis 4¹/₂ m. Saughöhe) hoch fördern.

Vorläufig werden 4, später 6 Dampfkessel mit je 2 Feuerrohren aufgestellt von 8 m. Länge, 2140 mm. Durchmesser des Hauptkessels und 840 mm. Durchmesser der Feuerrohre. Jeder Kessel erhält 3 ☐ m. Rostfläche und 60 ☐ m. Heizfläche und giebt Dampf von 4,5 Atmosphären Pressung.

Das Hochreservoir wird aus 2 Theilen von 30 m. Breite und 32,5 m. Länge bei 6 m. Wasserstand bestehen und im Ganzen circa 11140 kbm. Wasser fassen. Die gesammte Grundfläche wird 1950 ☐ m. betragen. Die Sohle desselben liegt 89,83 m., die Einmündung des Filterrohres 46,57 m. über Null des Amsterdamer Pegels, und die Strassenhöhe beim Hoftheater 54,23 m. über diesem Null. Das Reservoir wird völlig freistehend über Flur ausgeführt und überwölbt. Es erhält eine Erdüberschüttung von 1,5 m. Stärke nebst geböschten Einfriedigungsmauern, welche an der Basis 4,5 m. stark sind. Die Trennungsmauer zwischen beiden Reservoirabtheilungen erhält 2,9 m. Stärke. Die beiden Druckrohre münden in der Mitte jeder Abtheilung ein; die beiden Fallrohre gehen aus den beiden Seiten des Reservoirs hervor und haben hier 850 mm. Durchmesser. Sie sind mit den Druckrohren durch ein Communicationsrohr von 850 mm. Weite verbunden. Die Ueberfall- und Entleerungsrohre haben 300 mm. Durchmesser. Das Aeussere des Reservoirs ist architektonisch mit Thürmen etc. reich ausgestattet.

Die beiden Fallrohre vereinigen sich auf der Georgenstrasse und sind 600 mm. weit. Die Stadt ist in eine Anzahl Bezirke getheilt, deren jeder sein eigenes Rohr erhält. Diese Hauptzweige, welche 200 bis 300 mm. Durchmesser haben, sind unter sich durch Ringleitungen verbunden. Die einzelnen so gebildeten Polygone sind nach dem Verästelungssysteme mit Rohren von abnehmenden Durchmessern, jedoch nicht unter 100 mm. Weite versorgt. Rohre von 80 mm. Durchmesser sind nur ausnahmsweise gewählt. In dem Rohrnetze werden 220 Schieber und 680 Hydranten angebracht. Letztere haben 70 mm. Lichtweite und sind in circa 100 m. Entfernung hinter den Bordsteinen des Trottoirs aufgestellt. Der Inhalt des Rohrnetzes beträgt 3150 kbm. Nach den verschiedenen Rohrdurchmessern erhält dasselbe folgende Längen, nämlich: circa 7400 m. Rohre von 600 mm. (2 Hauptleitungen), 200 m. von 500 mm., 630 m. von 300 mm., 2000 m. von 275 mm., 1700 m. von 250 mm., 2500 m. von 225 mm., 4000 m. von 200 mm., 550 m. von 175 mm., 3000 m. von 150 mm., 6000 m. von 125 mm., 59000 m. von 100 mm. und 4000 m. von 80 mm. Durchmesser.

Jedes im Innern der Stadt belegene Wohnhaus erhält auf Kosten der Stadt einen Anschluss von 25 mm. Durchmesser, welcher dicht bis an die Grenze geführt und mit einem Absperrhahn versehen wird. Für Anschlüsse von 38 mm. Weite und mehr bestehen besondere Vorschriften. Die 25 mm. (5 Kilo pro m.) und 38 mm. (10,5 Kilo pro m.) weiten Anschlussleitungen werden von Blei (ohne Zinn) ebenso wie die Privatleitungen gefertigt. Die 600 und 500 mm. starken Hauptstränge erhalten für die Anschlüsse Parallelstränge von 100 mm. Durchmesser.

Für 140000 Einwohner incl. des Vororts Linden giebt die Leistung von 15000 kbm. pro Tag 107 Liter pro Kopf und für 25000 kbm. pro Tag bei 200000 Einwohnern 125 Liter pro Kopf. Da der geringen Betriebskosten wegen das anfangs erwähnte alte Pumpwerk für Strassensprengen etc. in Betrieb bleiben soll und dessen Leistung auf 5000 kbm. angenommen werden kann, so wächst damit die Wasserlieferung pro Kopf um 35 Liter und 25 Liter und beträgt wie vorstehend im Ganzen 142 Liter und 150 Liter pro Kopf.

Analysen des Wassers aus den Probebrunnen sind vom Dr. Fischer in Hannover ausgeführt und gaben für 100000 Theile Wasser folgendes Resultat: 42,2 bis 44,35 Gesammtrückstand, 0,022 bis Spur Salpetersäure, 0,098 bis 0,139 Chlor, 0,148 bis 0,170 Schwefelsäure, 0,008 bis 0,011 organische Substanz, 7,21 bis 7,11 Kalk, 0,39 bis 1,08 Magnesia, 15,8° bis 16,2° französische Härte, 10° bis 11° C. Temperatur.

Hattingen (Westfalen) mit 6000 Einwohnern hat seit einigen Jahren eine künstliche Wasserversorgung, die Eigenthum einer Actiengesellschaft ist. Das Wasser wird der Ruhr entnommen und durch ein mit Dampfkraft betriebenes Pumpwerk einem Reservoire zugeführt, aus welchem es in die Stadt gelangt. Nähere Angaben darüber waren nicht zu erhalten.

Haynau (Schlesien) mit 5400 Einwohnern besitzt eine Quellwasserleitung, die circa 2000 m. von der Stadt entspringende Quellen unter natürlichem Druck durch ein gusseisernes Rohr von 125 mm. Durchmesser 17 Druckständern und 9 Feuerhähnen, sowie auch verschiedenen Privaten in ihre Häuser zuführt. Die Anlage wird als eine den Ansprüchen genügende bezeichnet.

Heidelberg (Baden) hat 23335 Einwohner in 1612 Wohnhäusern. Die Wasserversorgung ist vom Oberbaurath v. Ehmann für Rechnung der Stadt mit einem Kostenaufwande von 761000 Mk. erbaut und 1873 in Betrieb gesetzt. Das Wasser wird aus Quellen im bunten Sandstein, sowie ferner aus künstlich erschlossenem Grundwasser aus einem Sammelgebiete von circa 150 Ha., welches circa 1000 m. vom Neckar entfernt und in der Nähe des Wolfsbrunnens liegt, entnommen. Die Erschliessung beider ist durch Stollen-Anlagen bewirkt, die 45 bis 50 m. unter der Oberfläche liegen. Für die Quellen ist ein Minimum der Ergiebigkeit von 810 kbm. pro 24 Stunden in den Monaten Juli bis October beobachtet, während sie in den übrigen Monaten 1080 kbm. liefern. Das Wasser fliesst durch natürliches Gefälle einem 1800 m. entfernten Hochreservoir zu, welches 3150 m. von der Stadt entfernt vor dem städtischem Rohrnetze und zwar in einer solchen Höhe angeordnet ist, dass der effective Druck über dem höchsten Terrainpunkte der Stadt von hier aus noch 3,5 Atmosphären beträgt. Die Höhendifferenz der verschiedenen Punkte der Stadt ist 20 m. Das Hochreservoir ist gemauert, in das Terrain versenkt und zugewölbt. Es hat 30 m. im Quadrat Grundfläche und 3 m. Höhe und fasst 2700 kbm. Das städtische Rohrnetz, nach dem Circulationssysteme angelegt, hat circa 14000 m. Länge und als weitestes Rohr ein solches von 300 mm. Durchmesser. 63 Wasserschieber und 178 Hydranten, sowie 12 Freibrunnen mit Ventilen sind darin vorhanden.

Das Wasser wird in 975 Gebäude mit 3000 bis 3500 Haushaltungen für circa 20000 Personen abgegeben. 170 Badeeinrichtungen, 200 Closets und 6 Privatfontainen sind vorhanden, dagegen existiren keine öffentliche oder Privatpissoirs und keine Wassermotoren. Für öffentliche Zwecke werden pro Jahr 18000 kbm. und für technische Gewerbe 2700 kbm. Wasser abgegeben. Wassermesser sind nicht in Anwendung.

Regelmässige Analysen werden nicht vorgenommen, weil das Wasser bei einer früheren Untersuchung als ein in jeder Beziehung ausgezeichnetes befunden wurde, wohl aber Temperaturbeobachtungen. Die Temperatur in den Stollen beträgt im Sommer und Winter constant 10° C., im Hochbassin 11,2° C., im Rohrnetze 11,2° bis 12,5° C. und in den Hausleitungen im Sommer bis zu 16,2° C.

Heilbronn (Würtemberg) hat 21209 Einwohner in 1582 Wohnhäusern und 4153 Haushaltungen. Die Stadt hat eine Wasserversorgung mit einem Kostenaufwande von 1000000 Mk. hergestellt und 1875 dem Betriebe übergeben. Der Erbauer derselben war der Oberbaurath v. Ehmann. Die Anlage ist für eine tägliche Maximalleistung von 2600 kbm. bestimmt. Das Wasser wird aus verschiedenen flussabwärts und bis zu 8000 m. entfernt von der Stadt gelegenen Quellgebieten entnommen. Es sind zwei Reviere, aus welchen, durch Gallerie- und Sickerungsanlagen erschlossen, mit gestreckten unterirdischen Fangdämmen und Zwischensammlern angelegt, das Wasser entnommen wird. Von dem ersten Gebiete führt eine 2400 m. lange, 300 mm. weite Cementrohrleitung mit 15 m. Gefälle zu dem beim zweiten Gebiete angelegten Hauptsammler und von hier aus beide vereinigt durch eine gusseiserne Leitung von 4750 m. Länge und 350 mm. Durchmesser mit 7 m. Gefälle durch den Neckarfluss hindurch zu der 1700 m. von der Stadt entfernt liegenden Pumpstation, von wo das Wasser mittelst Dampfkraft in ein 1200 m. davon entfernt liegen-

des Hochreservoir auf circa 60 m. Höhe durch ein 305 mm. starkes
Rohr gedrückt wird.

Die Pumpstation enthält zwei getrennte, horizontale, doppeltwirkende Maschinen mit Schwungrad und Condensation mit verstellbarer Expansion und Meyer'scher Steuerung, jede von 30 Pferdekräften. Sie arbeiten mit 20 Umdrehungen pro Minute und 0,2
bis 0,3 facher Füllung. Die Kolben haben 510 mm. Durchmesser
und 0,899 m. Hub. Jede Maschine treibt direct eine liegende
doppeltwirkende Druckpumpe mit Liederkolben von 246 mm. Durchmesser und Hanfdichtung. Die Klappenventile sind von Leder und
haben 335 ☐ cm. freien Querschnitt. Saug- und Druckrohre haben
305 mm. Durchmesser. Jede Pumpe hat einen gusseisernen Druckwindkessel von 500 mm. Durchmesser und 1,5 m. Höhe und beide
zusammen einen Saugwindkessel von gleichem Durchmesser und
4 m. Höhe.

Der Dampf von 5 Atmosphären Pressung wird in 2 Gegenstrom-
kesseln (einer für jede Maschine) bestehend aus je einem Hauptkessel
von 7,6 m. Länge und 1000 mm. Durchmesser und zwei Vorwärmern
von 7,9 m. Länge und 500 mm. Durchmesser erzeugt. Sie haben
je 0,85 ☐ m. Rostfläche und 39,0 ☐ m. Heizfläche. Der Kohlenverbrauch soll pro Pferdekraft und Stunde 1,875 Kilo Steinkohlen
betragen. Im letzten Jahre wurden 215000 bis 225000 Kilo Kohlen im
Preise von 5400 bis 5500 Mk. verbraucht.

Das Hochreservoir besteht aus zwei getrennten Abtheilungen von
je 34 m. Länge und 25 m. Breite mit 3 m. Wasserhöhe. Beide haben
zusammen 2350 kbm. Fassungsraum, sind aus Werksteinen gemauert
und in einen Berg eingeschnitten. Sie sind überwölbt und mit Erde
bedeckt und liegen vor dem städtischen Rokrnetze.

Das Stadtrohrnetz hat 15500 m. Länge und als weitestes Rohr
ein solches von 250 mm. Durchmesser. Es ist nach dem Circulationssysteme angelegt und hat für die niedrigsten Terrainpunkte 5,0 Atm. und
für die höchsten 3,5 Atm. Wasserdruck. Die Leitung zur Vorstadt geht
vom Reservoir aus unter 3 Neckararmen 1,5 m. unter der Flusssohle
bei einer Flussbreite von 62,5 m. hindurch. Die hierfür benützten
gusseisernen Flanschenrohre sind mit Beton umschüttet und durch
Holz- und Eisenpfähle, Schwellen und Steinplatten vor Beschädigung
geschützt.

Die Wasserabgabe erfolgt constant. Es sind 330 Hydranten und
48 Wasserschieber aufgestellt. Freibrunnen sind in der Einrichtung

begriffen. 6 öffentliche Pissoirs mit Wasserspülung und 2 öffentliche
Fontainen sind vorhanden. 1875 sind 365000 kbm. Wasser im Ganzen
abgegeben und es betrug das tägliche Maximum 1800 kbm. am 20. Aug.
und das Minimum 900 kbm. am 15. December. 18000 Personen in
1350 Wohnungen und 3250 Haushaltungen waren mit Wasser versorgt.
Für technische Gewerbe wurden 75000 kbm., für öffentliche Zwecke
3000 kbm. und durch 25 Wassermesser von Siemens & Halske in
Berlin 60000 kbm. Wasser abgegeben. 80 Badeeinrichtungen und
4 Badeanstalten, 15 Watercolsets, 15 Privatfontainen und 6 Privatpissoirs sind bis jetzt eingerichtet.

Analysen sollen jährlich 4 mal vorgenommen werden; ebenso
Temperaturbestimmungen in den 4 Jahreszeiten. Das Wasser an den
Quellen hat fast constant 10,6° bis 10,9° C.; letztere Wärme hat es auch
an der Pumpstation. Im Hochreservoir hatte es im Sommer 10,9° bis
11,2° C., im Winter 10,9°. Im Stadtrohrnetze endlich fand man an
den Anfangs- resp. Endpunkten folgende Werthe: im Hochsommer
11,2° bis 14,1° C., im Hochwinter 10,9° bis 9,8° C. und im Frühjahr
und Herbst 11,2 bis 12,5° C.

Die beiden Quellen sind in ihrer Analyse annähernd gleich. Sie haben
in 100000 Theilen Wasser 31 — 33 feste Bestandtheile, nämlich 5,5 lösliche, zur Kesselsteinbildung nicht beitragende, 30,5 schwer lösliche,
worunter 28,7 kohlensaurer Kalk, 1,8 schwefelsaurer Kalk; ferner
1,8 — 2 Theile organische Substanz, aber keine Schwefelsäure, salpetrige
Säure uud kein Ammoniak. Die regelmässige Untersuchung soll sich
auf solche Bestandtheile beziehen, deren relatives Vorhandensein bei
Verwendung als Trink- und Speisewasser oder für Industriezwecke von
Wichtigkeit ist.

Hermerdingen, Oberamtsbezirk Leonberg (Würtemberg), besitzt
seit October 1874 eine unter Leitung des Oberbauraths v. Ehmann
ausgeführte Wasserversorgung. Das Wasser wird von den Quellen
im Strudelbachthale durch eine mit Dampfkraft betriebene Pumpenanlage 119 m. hoch in ein Reservoir gefördert und gelangt von hier
zur Vertheilung an 12 öffentlichen und 8 Privatbrunnen.

Hersfeld (Hessen) mit 6593 Einwohnern hat eine Anlage für
künstliche Wasserversorgung, aus welcher auch Privatleitungen gespeist
werden. Letztere sind mit Wassermessern versehen. Nähere Angaben
fehlen.

Hildesheim (Hannover) hat 20800 Einwohner in 2039 Häusern
mit 4252 Haushaltungen. Eine eigentliche gesammte Wasserversorgung

existirt nicht. Es werden nur zwei Quellen, die eine durch natürlichen Druck, die andere durch ein mittelst eines Wasserrades getriebenen Pumpwerkes gehoben und der Stadt zugeführt. Die Ergiebigkeit der einen Quelle schwankt zwischen 500 und 1000 kbm. pro Tag, die der anderen zwischen 700 und 1500 kbm. Erstere Quelle liefert das Wasser auf den Neustädter Markt frei ausfliessend und speist einige öffentliche Brunnen. Das ca. 10 m. hoch gehobene Wasser der letzteren Quelle wird durch eine gusseiserne Leitung von 75 mm. Durchmesser, sowie durch gemauerte Kanäle verschiedenen Brunnen zugeführt. Im Mai 1876 ist das Wasserrad durch eine Wassersäulmaschine ersetzt, welche bei 612 Liter Aufschlagwasser pro Minute 77,6 Liter Wasser 10 m. hoch in ein Reservoir von 8,6 kbm. Inhalt heben soll, also täglich 112 kbm. Die Kosten dieser Maschine belaufen sich auf 3720 Mk. und incl. der damit verbundenen Rohrlegungen etc. auf 16200 Mk. Ein Project des Ingenieurs Fischer, die Stadt Hildesheim mit einer allen Ansprüchen genügenden Wasserversorgung zu versehen, nimmt in Aussicht, das Wasser aus der Innerste oberhalb der Stadt zu entnehmen, in hochgelegene Reservoirs zu heben und nach erfolgter Reinigung mit natürlichem Druck der Stadt zuzuführen. Eine solche Anlage würde etwa 1000000 Mk. kosten und es liegen noch keine, die Ausführung einer solchen Anlage bezweckenden Beschlüsse vor.

Für **Hirschberg** (Schlesien) mit 11776 Einwohnern in circa 1000 Wohnhäusern liegt das Project einer Vervollkommnung der jetzigen alten Stadtrohrleitung für Niederdruck mit einem Aufwande von 168000 Mk., sowie das der Anlage eines Wasserhebewerkes für Hochdruck vor. Letzteres ist unter Benützung der Wasserkraft in Bober auf 300000 Mk. und bei ausschliesslichem Dampfbetriebe auf 275000 Mk. veranschlagt. Die Betriebs- und Verzinsungskosten für erstere Anlage sind auf 32000 Mk. und für letztere auf 38300 Mk. veranschlagt.

Hoerde (Westfalen) mit 12200 Einwohnern wird seit 1874 von dem Wasserwerke der Stadt Dortmund mit Wasser versorgt. Von den 1059 Häusern sind 720 an die Wasserleitung angeschlossen. Von diesen erhalten 685 das Wasser nach Schätzung und 35 nach Wassermessern. Der Wasserverbrauch betrug 1876 im Ganzen 202750 kbm., wovon 97559 kbm. auf das durch Wassermesser entnommene entfielen. Das Rohrnetz hat eine Länge von 15812 m., worin 62 Schieber und 71 Hydranten sich befinden. Das grösste Rohr hat 210 mm., das kleinste 38 mm. Durchmesser. In einer Druckerei ist ein Wassermotor in Thätigkeit.

Hohenhalslach (Würtemberg) hat 1200 Einwohner und liegt an einem ziemlich steilen Abhange, 43 m. über der Thalsohle. Aus einem am Fusse des Berges angelegten Quellwasserschachte hebt eine 4 pferdige Dampfmaschine das ·Wasser in ein 80 m. hoch darüber gelegenes Hochreservoir, welches 145 kbm. Fassungsraum hat. Von hier werden vorläufig 8 Hydranten, 5 öffentliche Brunnen und 20 Privatleitungen gespeist. In 6 Stunden ist das täglich nöthige Quantum von 517 kbm. mit einem Betriebsaufwande von 10 Pf. pro kbm. gefördert. Die Anlage hat 30857 Mk. gekostet und ist vom Oberbaurath v. Ehmann hergestellt.

Pr. Holland (Schlesien) mit 5000 Einwohnern wird seit circa 300 Jahren durch eine von Kopernikus hergestellt sein sollende Wasserleitung versorgt, deren ursprüngliche Holzrohre 1869 durch eiserne ersetzt sind. Das Wasser wird aus drei Quellen gefasst, die 6 m. höher als die Stadt liegen, 2600 m. von derselben entfernt entspringen und durch eine gusseiserne Leitung von 112 mm. Durchmesser der Stadt zugeführt werden. Hier wird das Wasser durch 2 Stränge von 800 m. Länge und 75 mm. Durchmesser an 14 öffentlichen Brunnen und in einigen Privathäusern (8 Stück 1869) zur Vertheilung gebracht.

Homburg (Hessen) hat 3000 Einwohner. Die Wasserversorgung ist vom Oberingenieur Otto Wertheim für Rechnung der Stadt mit einem Kostenaufwande von 60000 Mk. hergestellt und 1874 in Betrieb gesetzt. Das Wasser einer Quelle, genannt Katerbach, 3500 m. von der Mitte der Stadt entfernt, wird durch natürliches Gefälle einem 3200 m. von ihrem Ursprunge entfernt und 11 m. tiefer liegenden gemauerten, in die Erde versenkten und zugewölbten Hochreservoire zugeführt, welches 81 kbm. Fassungsraum hat und vor dem städtischen Rohrnetze 300 m. von der Mitte der Stadt entfernt liegt. Die Maximalergiebigkeit der Quelle ist pro 24 Stunden 460 kbm. Das Minimum beträgt jedoch 180 kbm. (im October). Das städtische Rohrnetz hat 2300 m. Länge und als weitestes Rohr ein solches von 158 mm. Durchmesser. Es ist nach dem Verästelungssysteme hergestellt mit der Absicht, bei der Erweiterung dasselbe nach dem Circulationssysteme auszubilden. Der Wasserdruck beträgt über dem höchsten Punkte der Stadt 5 m. und es ist die Niveaudifferenz derselben 35 m. Die Wasserabgabe ist constant und ungetrennt für Trink- und Brauchwasser. 12 Hydranten und 8 Wasserschieber, sowie 4 Badeeinrichtungen sind vorhanden. Im Uebrigen findet die Wasserabgabe nur aus 4 Freibrunnen statt.

Die Temperatur schwankt zwischen 10° und 13° C. je nach den Jahreszeiten. Eine vollständige Analyse ist nicht bekannt; wohl aber sollen Untersuchungen auf den Gehalt an Salpetersäure, Schwefelsäure etc. das Nichtvorhandensein dieser Stoffe constatirt haben.

Ingolstadt (Bayern) mit 14500 Einwohnern besitzt zwei Wasserwerke, die beide mit Dampfkraft das Wasser künstlich heben. Das eine derselben ist für die Stadt, das andere für die Festung bestimmt. Nähere Mittheilungen liegen nicht vor.

Innsbruck (Tirol) mit 18000 Einwohnern wird durch verschiedene Quellen versorgt, die in den umliegenden Bergen gefasst und durch Leitungen der Stadt zugeführt werden. Die Leitungen sind theils Eigenthum der Stadt, theils des Aerars.

Von **Ischl** (Oberösterreich) mit 5000 Einwohnern wird angegeben, dass es durch ein erbärmliches städtisches Pumpwerk und mehrere Quellenleitungen mit Wasser versorgt wird.

Iserlohn (Westfalen) hat 16881 Einwohner in 1367 Wohnhäusern und 3586 Haushaltungen. Eine Anlage zur Versorgung der Stadt mit einem täglichen Quantum von 1855 kbm. Wasser ist für Rechnung derselben nach den Plänen des technischen Dirigenten dieser Anlage L. Disselhoff zu einem muthmasslichen Anlagebetrage von 360000 bis 450000 Mk. in der Ausführung begriffen. 1876 war diese Anlage so weit gefördert, dass 10 öffentliche Brunnen daraus gespeist werden konnten.

Es werden die Quellen aus zwei Quellgebieten zugeführt werden. In dem einen derselben, dem Wermingser Thal, werden circa 20 Quellen, die aus den Schichtenköpfen und Klüften des devonischen Lenneschiefer enspringen, gefasst, sowie ferner durch Filterrohre von 80 bis 100 mm. Weite Grundwasser erschlossen. Die anderen Quellen werden aus dem in dem Lenneschiefer eingelagerten Kalklager durch einen Stollen im Lägerthale gelöst. Dieser Stollen wird 1200 m. Länge bei 1,7 m. Höhe und 1,0 m. Breite erhalten. Das Wasser wird durch natürliches Gefälle einem auf der Haardt anzulegenden Hochreservoire zugeführt werden und zwar vom Wermingser Thale durch eine Leitung von 150 mm. Durchmesser und 1580 m. Länge und aus dem Stollen durch eine solche von 180 mm. Durchmesser und 2400 m. Länge. Zur Aushülfe sollen im Wermingserthale noch mehrere Teiche angelegt werden, um in der nassen Jahreszeit überflüssiges Quell- und Regenwasser aufzuspeichern. Vom Hochreservoir, welches 330 m. von der Stadt entfernt liegt, wird das Wasser der Stadt unter solchem Drucke zufliessen, dass der Druck über dem höchsten Terrainpunkte noch 30 m. beträgt, während derselbe für die tiefsten Punkte sich auf 65 m. steigern würde. Es ist daher eine Trennung des Rohrnetzes für 2 Druckzonen projectirt. Das Rohrsystem ist nach dem Circulationssysteme mit einzelnen Verästelungen angenommen. Es wird 11000 m. Länge und als stärkstes Rohr ein solches von 250 mm. Durchmesser haben. In demselben werden sich 61 Absperrschieber, 20 Entleerungsschieber, 2 Theilkästen, 145 Hydranten und 10 öffentliche Brunnen befinden.

Die Abgabe wird constant, ohne Trennung von Brauch- und Trinkwasser erfolgen.

Die Ergiebigkeit der Wermingser-Thal-Quellen hat im September und October täglich im Minimum 370 kbm. und im December, Januar und Februar 740 kbm. betragen. Das Wasser wird als rein und nicht zu hart bezeichnet, welches an den Quellen 10° C. und im Rohrnetz 11—12½° C. hat.

Itzehoe (Holstein) mit fast 10000 Einwohnern wird durch eine Actiengesellschaft künstlich mit Wasser versorgt. Nähere Mittheilungen liegen nicht vor.

Jauer (Schlesien) mit 10000 Einwohnern hat eine sehr primitive künstliche Versorgung, deren Verbesserung und Vergrösserung aber in Aussicht genommen ist.

Jena (Sachsen-Weimar) mit 9020 Einwohnern wird mit Trinkwasser versorgt, welches durch Rohrleitungen aus den Quellen im Mühlthale hergeleitet wird. Zur Verbesserung der Wasserversorgung liegen zwei Projecte vor, nämlich das Wasser der Fürstenquelle bei Wöllnitz oder die Annerbacher Quellen der Stadt zuzuleiten. Jedoch befindet sich die Frage noch in dem Stadium der ersten Vorberathung. Das jetzige Wasser enthält als Mittel aus 12 Analysen des Professor Reichard in 100000 Theilen 37,7 Gesammtrückstand, 0,21 Salpetersäure, 0,66 Chlor, 1,70 Schwefelsäure, 13,23 Kalk, 2,53 Magnesia und verbraucht 0,16 Kaliumpermanganat. Die Härte ist 30 deutsche Grade.

St. Johann a. d. Saar (Preussen) hat 10689 Einwohner in 2335 Haushaltungen. Es wird durch 3 Quellwasserleitungen mit Wasser versorgt, von denen

die Meerwiesen-Leitung mit 131 Liter pro Minute 5 öffentliche Brunnen mit 6 Ausläufen,

die Bruchwiesen-Leitung mit 36 Liter pro Minute 3 Brunnen mit 4 Ausläufen und die Meisenwies-Kaninchenburger-Leitung mit 216 Liter 6 Brunnen mit 11 Ausläufen speist.

Eine vierte, die Krämershäuschen-Leitung, ist in Ausführung begriffen und wird 3 Brunnen mit 4 Ausläufen 30 Liter pro Minute zuführen.

Das Bedürfniss einer allgemeinen Wasserleitung ist in dem industriereichen Orte längst erkannt und es sind schon vor mehreren Jahren die Quellen im Scheidter Thale von der Stadt für 13350 Mk. angekauft und ein Project für deren Zuleitung vom Gasdirector Bonnet dort aufgestellt.

Die hier entspringenden Quellen, die Schafbröker Quelle, die Waldquelle, die Scheidter Quelle und die Rentrischer Quellen liefern 4233 Liter Wasser pro Minute, die noch durch richtige Fassung um 1000 Liter zu vermehren sind. Sie entspringen 4,3 m., 8,1 m., 9,1 m. und 20 m. hoch über dem Marktplatze in St. Johann und es beträgt die Länge der Zuleitungen für jede 6500 m., 7500 m., 8200 m. und 12000 m., so dass künstliche Hebung erforderlich wird.

Es ist vorgeschlagen, vorläufig nur die Scheidt-Schafbrökerquellen, deren Ergiebigkeit durch richtige Fassung auf 1,4 kbm. pro Minute zu bringen ist, zu fassen, welches Quantum für 10000 Einwohner pro Kopf pro Tag 201 Liter ergeben würde. Diese Anlage ist für 380000 Mk. herzustellen, ohne die spätere Zuleitung der Rentrisch-Quellen auszuschliessen.

Die Quellen sollen durch eine 1700 m. lange Thonrohrleitung von 250 mm. Durchmesser mit 4 Streif- und Schlammkästen einem Sammelbecken zugeführt und durch mit Dampf getriebene Pumpwerke einem auf dem Halberge 54 m. hoch über dem Marktplatze herzustellen den Hochbassin zugeführt werden. Dasselbe wird 1100 m. von der Pumpstation und 3932 m. von der Stadt entfernt zwischen beiden angelegt werden. Es soll für 1000 kbm. Inhalt und zwar gemauert und überwölbt hergestellt werden. Das städtische Rohrnetz wird 11000 m. Länge erhalten und werden darin 50 Hydranten, 72 Wasserschieber und 25 öffentliche Brunnen angebracht werden. 2 Maschinen à 24 Pferdekräfte und 2 Dampfkessel sind für die Anlage projectirt.

Kaiserslautern (Rheinpfalz) mit 22675 Einwohnern hat eine alte hölzerne Wasserleitung, die einige Brunnen speist. Die Hauptversorgung geschieht privatim meist durch artesische Brunnen.

Karlsruhe (Baden) hat 42768 Einwohner auf 2300 Grundstücken in 8757 Haupt-, Neben- und Hintergebäuden. Die Wasser-

12*

versorgungsanlage ist Eigenthum der Stadt und seit 1871 in Betrieb. Sie ist von dem Baudirector Gerwig und dem Baurath Gerstner mit einem Kostenaufwande von 1400000 Mk. erbaut. Die Leistungsfähigkeit beträgt bei der nöthigen Reserve 12000 kbm. Das Wasser wird 1400 m. von der Stadt entfernt durch Sammelkanäle und weite tiefe Brunnen aus dem Kiesuntergrunde unter einer grossen Waldfläche entnommen und mit Dampfkraft gehoben. Ein Brunnen von 3 m. Durchmesser und 7 m. Tiefe und ein Brunnen von 4 m. Durchmesser und 10 m. Tiefe sind durch einen rechteckigen Sammelkanal von im Lichten 1,58 m. Höhe, 0,9 m. Breite und 194 m. Länge verbunden. Der Kanal liegt 4,15 m. unter Terrain und 1,63 m. unter dem niedrigsten Grundwasserstande. Die Brunnen sind bis auf 2,5 m. unter Terrain in den Seitenwänden durchlässig.

Zwei ältere Maschinen von je 30 Pferdekraften und eine neuere von 75 Pferdekräften sind liegend, doppeltwirkend, mit Schwungrad, erstere ohne, letztere mit Condensation und arbeiten bei verstellbarer Expansion mit $\frac{1}{5}$ bis $\frac{1}{3}$ Füllung. Die alten Maschinen haben 500 mm. Kolbendurchmesser und 0,96 m. Hub, machen 17 bis 21 Umdrehungen pro Minute und haben Schiebersteuerung mit 2 Schiebern. Die neue Maschine hat 550 mm. Kolbendurchmesser und 1,500 m. Kolbenhub, macht 26 Umdrehungen pro Minute und hat Ventilsteuerung. Jede Maschine hat eine doppeltwirkende liegende Saug- und Druckpumpe. Bei den alten Maschinen haben diese Liederkolben mit Hanfdichtung und Klappenventile mit Lederdichtung und werden direct getrieben. Die Kolben haben 318 mm. Durchmesser, die Ventile 1056 ☐ cm. freien Querschnitt, die Saug- und Druckrohre 310 mm. Durchmesser. Die Pumpe der neuen Maschine ist doppeltwirkend und hat Plungerkolben und Ringventile mit Lederdichtung. Die Achse der Pumpe liegt 1,852 m. tiefer als die Achse der Maschine und es wird die Pumpe selbst durch einen einarmigen Hebel, dessen Drehpunkt 1,041 m. tiefer als die Pumpenachse liegt, bewegt, dessen oberes Ende mittelst zweier Lenkstangen mit dem zwischen Schwungrad und Dampfcylinder befindlichen Gleitkopfe verbunden ist. Das Schwungrad hat 4,60 m. Durchmesser und wird durch eine Lenkstange von 5,00 m. Länge, bewegt. Die Pumpenkolben haben 565 mm. Durchmesser und 0,544 m. Hub. Die Ventile haben 1633 ☐ cm. freien Querschnitt und die Saugrohre 500 mm. Durchmesser und die Druckrohre 460 mm. Durchmesser. Die Windkessel sind aus Eisenblech. Es haben die beiden alten Maschinen zusammen einen Druckwindkessel von 960 mm. Durchmesser und

3,660 m. Höhe und einen Saugwindkessel von gleichem Durchmesser und 3,688 m. Höhe. Die neue Maschine hat einen Saugwindkessel von 1000 mm. Durchmesser und 1,300 m. Höhe und einen Druckwindkessel von 1250 mm. Durchmesser und 2,700 m. Höhe.

Für die alten Maschinen sind 2 Dampfkessel vorhanden. Dieselben bestehen aus je einem cylindrischen Hauptkessel von 1000 mm. Durchmesser und 7,670 m. Länge mit je 4 Siedern, von denen 2 unter einander und neben dem Hauptkessel liegen, während die 2 anderen unter demselben sich befinden. Sie haben 490 mm. resp. 400 mm. Durchmesser und 7,500 m. resp. 6,150 m. Länge. Jeder Kessel hat 0,88 □m. Rostfläche und 33,40 □m. Heizfläche. Für die neue Maschine ist ein Cornwall-Kessel von 2290 mm. Durchmesser und 7,235 m. Länge mit einem Heizrohre von 850 mm. Durchmesser vorhanden. Der Dampfdruck beträgt 5 Atmosphären. Zur Heizung werden Saar- und Ruhrkohlen verwandt. Erstere kosteten 1875 0,86 Mk., letztere 0,90 Mk. pro 50 Kilo und es wurden im Ganzen 610160 Kilo verfeuert. Bei den älteren Maschinen sind 0,43 bis 0,45 Kilo Kohlen pro kbm. gehobenes Wasser verbraucht.

Das Wasser wird in ein gusseisernes Bassin von 92 kbm. Inhalt bei 4 m. Wasserstand gepumpt, welches in einem massiven Thurme auf der Wasserstation mit dem Boden 24,4 m. über Terrain unter Dach aufgestellt ist. Von hier aus beginnt die Druckleitung. Das Stadtrohrnetz hatte Ende 1875 eine Länge von 29375,6 m., wovon das weiteste Rohr 330 mm. und das engste 90 mm. Durchmesser hat. Das Rohrnetz ist in ausgedehntester Weise nach dem Circulationssysteme hergestellt. Der Druck in demselben wechselt je nach der Jahres- und Tageszeit von 25 m. bis 10 m. in den entlegenen Stadttheilen. Die Terrainhöhe der Pumpstation liegt 2,5 m. tiefer als das höchstgelegene Strassenniveau. 251 Hydranten, 415 Wasserschieber, 36 Freibrunnen an der neuen und 24 an einer alten Leitung hängend, 6 öffentliche Fontainen und 4 öffentliche Pissoirs sind vorhanden. In der Leitung befinden sich 138 Theilkasten und 162 Spundkasten. Die Wasserabgabe im Ganzen, sowie Datum und Quantum des Maximums und Minimums pro Tag im Jahr und die Zahl der mit Wasser versorgten Grundstücke giebt folgende Tabelle für die Jahre 1871 bis 1875.

Betriebsjahr	1871	1872	1873	1874	1875
Abgabe im Jahre kbm.	261450	746868	916788	1212879	1244393
Maximum pro Tag kbm	2450	5020	4660	6350	6350
Datum	9 Juli	18 Jan.	23. Juli	10. Juli	27 Aug.
Minimum pro Tag kbm.	450	500	1040	1350	1380
Datum	25. Dec.	7. Jan.	16 Jan.	25. Jan.	17. Jan.
Zahl der versorgten Grundstucke	249	639	815	977	1135

1875 sind 19 Wassermesser von verschiedenen Fabrikanten, welche probeweise aufgestellt waren, in Benützung gewesen und es ist daraus 19650 kbm. Wasser abgegeben.

Für öffentliche Zwecke wurden 70614 kbm. 1873, 88959 kbm. 1874 und 138676 kbm. 1875 verwendet. 1875 waren 246 Water-closets, 125 Privatbadeeinrichtungen, 54 Privatpissoirs und 97 Privat-fontainen vorhanden. Wassermotoren sind nicht in Benützung. Die Temperatur des Wassers beträgt an der Wasserfassung in Maximo 11,5° C., in Minimo 10,5° C. und an den entferntesten Stellen der Stadt in Maximo 14° C., in Minimo 7° C.

Regelmässige Wasseranalysen werden nicht gemacht. Eine vom Prof. Dr. Birnbaum am dortigen Polytechnikum angestellte Analyse führte zu folgendem Resultate für 100000 Theilen Wasser: Gesammt-rückstand 32,00, organische Substanz 3,20, salpetrige Säure, Salpeter-säure, Ammoniak und freie Kohlensäure Null, Kalk 13,51, Magnesia 0,50, gebundene Kohlensäure 10,90, Schwefelsäure 1,25, Kali 0,53, Natron 0,19, Chlor 0,66, Kieselsäure 0,80, Thonerde 0,37 und ge-sammte Härte 24,4°.

Die Herstellungskosten haben bis Ende 1875 im Ganzen 1514268 Mk. 74 Pf. betragen und vertheilen sich wie folgt: Wasserbau 105956 Mk. 26 Pf., Grundstück und Gebäude der Pumpstation 218164 Mk. 78 Pf., desgl. des Gegenreservoirs 217622 Mk. 22 Pf., Maschinen und Kessel 153177 Mk. 47 Pf., Rohrleitungen 526952 Mk. 5 Pf., Schieber und Schächte 121496 Mk. 49 Pf., Hydranten 41262 Mk. 59 Pf., Brunnen 40218 Mk. 2 Pf., Telegraph 7592 Mk. 67 Pf., Fontainen 45686 Mk. 29 Pf., Vorräthe, Geräthe und Mobilien 36139 Mk. 90 Pf.

Kassel (Hessen) hat 50000 Einwohner in circa 2000 Wohn-häusern. Die Wasserversorgung ist für Rechnung der Stadt in General-Entreprise von J. & A. Aird in Berlin erbaut und 1873 in

Betrieb gesetzt. Sie ist bestimmt, der Stadt ein tägliches Quantum von 6200 kbm. Quell- und Grundwasser durch natürlichen Druck zuzuführen.

Das Wasser wird im Niestethal durch Quellen aus dem Sandsteingebirge und durch 2 m. bis 4 m. tiefe Drainage von Wiesen- und Waldboden gewonnen. Das für die Wassergewinnung disponibele Sammelgebiet beträgt 25 bis 30 Millionen ☐ m. Von einer Sammelstube bei Buntebock zieht sich der Hauptstrang der Drainage, aus durchlöcherten Thonrohren von 350 mm. bis 620 mm. Durchmesser bestehend, bis an den Habichtsborn und hat mit den Seitensträngen zusammen circa 6000 m. Länge. Diese Rohrstränge kreuzen an 14 Stellen den Niestebach und es sind in ihnen 14 grössere mit Einsteigeöffnungen versehene Brunnen zur Ausgleichung des Druckes und 9 kleinere Entlastungsbrunnen eingeschaltet. Das zweite Sammelgebiet sind die Weissensteiner Wiesen, welche mit einem circa 3000 m. langen Drainagerohrnetze durchzogen sind, dessen höchste Punkte 410 m. über dem Nullpunkte der Fulda liegen, und in welchem sich 3 Brunnen mit Einsteigeöffnungen befinden. Von dem tiefstgelegenen derselben wird das Wasser durch eine 125 mm. im Durchmesser haltende eiserne Leitung von 2700 m. Länge, die mit verschiedenen Entlastungsbrunnen versehen ist, nach dem Habichtsborn geleitet und von hier 280 m. thalabwärts durch eine eiserne Leitung der Sammelstube bei Buntebock, die 139 m. über dem Nullpunkt der Fulda liegt, zugeführt. Von der Sammelstube führt eine eiserne Leitung von 330 mm. Durchmesser und 17,5 Kilom. Länge nach dem Reservoir am Kratzenberge bei Kassel. Der Wasserspiegel desselben liegt 60,3 m. unter dem der Sammelstube und 78,7 m. über dem Nullpunkte der Fulda. Dieses Bassin ist gemauert und überwölbt; es hat eine kreisförmige Bodenfläche von 480,5 ☐ m. und 3,76 m. Wasserhöhe; der Inhalt desselben ist daher 1905 kbm.

Der grossen Höhendifferenz der verschiedenen Theile der Stadt wegen ist das Stadtrohrnetz in 2 Zonen getheilt, von denen für die untere ein von dem Kratzenberge aus gespeistes zweites Reservoir an der Ecke der Kölnischen Allee und Westendstrasse angelegt ist, welches 21 m. tiefer als ersteres liegt. Dasselbe ist gleichfalls gemauert und überwölbt und hat einen rechteckigen Grundriss von 592,5 ☐ m. Grundfläche. Der Inhalt desselben beträgt bei 3,76 m. Wasserhöhe 2150 kbm.

Aus dem oberen Reservoir führt ein 366 mm. weites Rohr an dem unteren Reservoir vorbei und speist dieses durch einen 366 mm. starken

Strang, während es, mit 314 mm. Durchmesser weiter gefuhrt, die obere
Stadt versorgt. Von dem unteren Bassin führt ein Rohr von 420 mm.
Durchmesser zu dem unteren Stadttheile. Das Stadtrohrnetz ist
grösstentheils nach dem Circulationssysteme hergestellt und liefert das
Wasser constant und für Trink- uud Brauchwasser ungetrennt. Die
Ausdehnung dieses Rohrnetzes bis incl. der Rohre von 79 mm.
Durchmesser ergiebt sich aus folgender Aufstellung für die drei Jahre
1873 bis 1875:

	1 Jan 1873	1 Jan 1874	1 Jan. 1875
lfd. Meter Rohre	32036	35734	39333
Schieber . .	52	65	76
Hydranten .	212	231	257
Lufthahne . .	26	27	27

Oeffentliche Fontainen und öffentliche Pissoirs mit Wasserspülung
existiren nicht. Auch hángen keine Freibrunnen an dem Stadtrohrnetz; es ist jedoch eine grosse Zahl derselben, die durch ältere Quellenleitungen gespeist werden, vorhanden.

Die Zahl der mit Wasser versorgten Grundstücke, die Abgabe nach
Messern, sowie die Zahl der vorhandenen Abgabevorrichtungen ergiebt
sich aus folgender Zusammenstellung:

Betriebsjahr . . .	1873	1874	1875
Angeschlossene Wohngebaude .	1761 (1 Jan.)	1935 (1. Jan.)	2088 (1. Jan.)
Abgabe nach Messern kbm. .	275378	281861	—
Zahl der Messer . .	33	49	—
Privatfontainen . . .	38	54	62
Waterclosets . . .	662	1026	1274
Privatpissoirs . . .	72	112	155
Badeeinrichtungen . .	92	212	310
Wassermotoren . . .	4	7	—

Die Wassermesser sind von Siemens & Halske in Berlin bezogen.
In den ersten 7 Monaten des Betriebes (1873) fiel die tägliche Wassermenge der Quellen nie unter 5729 kbm., betrug indess fast stets mehr
als 6184 kbm. In der folgenden Zeit betrug sie durchschnittlich pro
24 Stunden: 1873 im August 4452 kbm., im September 4143 kbm.,
im October 3741 kbm., im November 3617 kbm., im December 4313
kbm., 1874 im Januar 4829 kbm., im Februar 5742 kbm., im März

5485 kbm., im April 5669 kbm., im Mai 5685 kbm., im Juni 5153 kbm., im Juli 3990 kbm., im August 3634 kbm., im September 3244 kbm., im October 3093 kbm., im November 3223 kbm. und im December 3831 kbm.

Im Jahre 1874 waren die Reservoire 43 Tage völlig gefüllt, 92 Tage zu ³/₄ ihres Fassungsraumes, 133 Tage zwischen ¹/₄ und ³/₄ desselben, 79 Tage 0,3 bis 1 m. hoch und 18 Tage völlig leer.

Die Anlagekosten haben bis Ende 1874 1750000 Mk. betragen. Ein früherer Anschlag in 1163502 Mk. Höhe enthielt folgende Positionen: Quellenfassung 150000 Mk., Leitung von den Quellen bis zum Reservoir 391190 Mk., beide Reservoire 156585 Mk., städtisches Rohrnetz etc. 365927 Mk. Im Jahre 1874 beliefen sich die Einnahmen auf 126227 Mk. 68 Pf. und die Ausgaben auf 104085 Mk. 40 Pf. einschliesslich von 88223 Mk. Verzinsung der Anlage.

Ueber Temperaturbeobachtungen und Analysen liegen keine Mittheilungen vor.

In **Kempten** (Bayern) mit 12681 Einwohnern ist eine alte hölzerne Leitung vor einigen Jahren beseitigt und durch eine eiserne ersetzt. Die jetzigen Quellen geben nur schwachen Druck und es ist die neue Leitung so beschaffen, dass dieselbe später eventuell für Hochdruck benützt werden kann, wenn eine künstliche Hebung des Quellwassers sich als erforderlich herausstellten sollte.

In **Kiel** (Schleswig-Holstein) mit 37270 Einwohnern in 2032 Wohngebäuden und 7761 Haushaltungen wurden seit über hundert Jahren einige öffentliche Pfosten und 50 Gebäude mit Wasser versorgt, welches durch eine Leitung aus dem Galgenteiche, der 13,8 m. über dem Hafennullpunkte liegt, zugeführt wurde. Dieser Teich erhielt das Wasser aus dem Schreventeiche, der 11,5 Ha. Fläche hat und 22,8 m. über Null liegt, jedoch nur dann, wenn aus diesem das Wasser überfloss, da der Teich selbst ein künstliches Staubassin und Eigenthum des Schlosses war. Die Stadt erhielt im Winter und Frühjahre circa 46500 kbm. Wasser und musste dasselbe für den Sommer und Herbst aufspeichern.

Nach vielen Berathungen und Projecten erwarb die Stadt 1861 den Schreventeich und beauftragte den städtischen Ingenieur Speck, welcher zugleich Leiter der städtischen Gasanstalt ist, mit den jeweiligen Ueberschüssen der Gasfabrik die Wasserversorgung zu vervollkommnen. Der Schreventeich selbst, durch Tageswasser gespeist, war völlig verschlammt und es wurde daher ein neuer Teich von 5,1

Ha. Oberfläche und 3,45 m. Tiefe ausgehoben, dessen Sohle und Seitenwände aus einer undurchlässigen Thonschicht bestehen. Der Teich fasst 164000 kbm. Wasser. Das Zuflussgebiet des alten Teiches von 102 Ha. Fläche ist durch tief angelegte künstliche Drainage auf 140 Ha. ausgedehnt. Nach den 8jährigen Aufzeichnungen über die jährlichen Regenmengen ergab sich als Mittelwerth 23,7 Zoll im Jahre. Die als erforderlich erachtete jährliche Wassermenge war zu 387500 kbm. festgesetzt, so dass nicht 40 % der Regenmenge beansprucht wurde.

Dieser neue Teich liegt 214 m. von der Stadt entfernt und es fliesst das Wasser durch natürlichen Druck mittelst Rohren der Stadt zu und wird hier durch ein nach dem Circulationssysteme hergestelltes Rohrnetz von 14907 m. Länge, dessen grösstes Rohr 250 mm. Durchmesser hat, vertheilt. Bei einer Höhendifferenz des Terrains für die verschiedenen Versorgungspunkte von 21 m. ist noch ein Druck von 5 m. über dem höchsten Terrainpunkte vorhanden. Für Trinkwasser etc. dienen ausserdem 30 öffentliche gegrabene Brunnen, deren Wasser jedoch nach 1874 angestellten Untersuchungen die Grenze des Erlaubten in dem Gehalt an organischen Substanzen, Salpetersäure und Ammoniak überschreiten soll.

Nach Untersuchungen des Dr. Emmerling, Director der landwirthschaftlichen Versuchsanstalt, soll das Leitungswasser in 100000 Theilen 11,8 Theile organische Substanz, aber keine Salpetersäure und kein Ammoniak enthalten. Die Temperatur des Wassers wird als die aller offenen und stehenden Gewässer angegeben. Die Anlage ist 1870 dem Betriebe übergeben, da für die Ausführung der Rohrleitungen der Geldmittel wegen 5 Baujahre beansprucht wurden.

Nachfolgende Tabelle giebt für die Jahre 1871 bis 1875 die Jahresabgabe im Ganzen sowohl, als durch Wassermesser, sowie die Zahl der mit Wasser versorgten Personen, Haushaltungen etc. und endlich die der vorhandenen Hydranten, Schieber, Fontainen, Closets etc. an.

Betriebsjahr	1871	1872	1873	1874	1875
Abgabe im Jahre kbm.	230000	242600	257300	241000	241500
dsgl. durch Messer kbm	11000	28100	30078	21800	21800
Mit Wasser versorgte Personen	4156	5000	5800	6220	6950
dsgl. Haushaltungen	866	1040	1208	1296	1448
dsgl. Wohnhäuser	228	274	318	341	381

ˌBetriebsjahr · ·	1871	1872	1873	1874	1875
Zahl der Wassermesser. ·	54	66	57	31	33
dsgl. Hydranten · · ·	79	79	81	81	81
dsgl. Schieber · · ·	10	10	10	10	10
dsgl. Freibrunnen · ·	25	26	26	26	27
dsgl. Privatfontainen · ·	5	9	11	10	12
dsgl. Waterclosets · · ·	53	57	56	65	65
dsgl. offentliche Pissoirs ·	2	3	3	3	3
dsgl. Privatpissoirs · ·	9	10	16	20	20

Oeffentliche Fontainen und Wassermotoren sind nicht vorhanden. Die Wassermesser sind von Siemens & Halske in Berlin bezogen.

Wegen der ungenügenden Quantität und der keinenfalls entsprechenden Qualität des Wassers sind Vorarbeiten zur Erschliessung einer neuen Wasserbezugsquelle im Gange.

Die ganze Anlage hat 240000 Mk. gekostet und es haben die Herstellungskosten des Teiches pro kbm. Inhalt 5 Pf. betragen.

Das Bad **Kissingen** (Bayern) hat 3453 Einwohner in 472 Wohnhäusern und 734 Haushaltungen. Die Herstellung eines Wasserwerkes ist von der „Local-Actiengesellschaft" den Unternehmern J. & A. Aird in Berlin in Bau gegeben. Es soll durch natürliches Gefälle das Wasser von in Kiesschichten zu Tage tretenden Quellen, 4½ Kilom. von der Stadt entfernt, derselben zugeleitet werden. Die Ausführung der Arbeiten wird jedoch durch Streitigkeiten mit den Nachbargemeinden etwas in die Länge gezogen. Das Hochbassin liegt vor dem städtischen Rohrnetze 1475 m. von der Stadt und 3440 m. von den Quellen entfernt und ist durch seitliche Abzweigung mit der Hauptleitung verbunden. Dasselbe ist gemauert, in den Boden versenkt und überwölbt. Es hat 625 kbm. Fassungsraum bei 3 m. Wasserstand. Der lichte Raum ist 14,5 m. mal 15,3 m. und es ruht die Decke auf 12 Pfeilern.

Das städtische Rohrnetz hat 6900 m. Länge und das grösste Rohr desselben 250 mm. Durchmesser. Das Rohrnetz ist nach dem Circulationssysteme angelegt und es differirt nach der Höhenlage des Terrains der Druck in demselben von 28 m. bis 10 m. 94 Hydranten und 32 Wasserschieber sind vorhanden. Die Versorgung wird eine constante, Brauch- und Trinkwasser ungetrennt gebende sein. Die Ergiebigkeit der Quellen betrug 1875 pro Tag 1728 kbm.

Kitzingen (Bayern) hat 8000 Einwohner und seit 1865 eine nach den Plänen des Oberbauraths M o o r e erbaute Wasserversorgung.

Das Wasser wird aus dem Main durch ein Dampfpumpwerk 3 m. bis
5 m. hoch, je nach dem wechselndem Flusswasserstande, gesogen und
durch eine Rohrleitung von 170 mm. Durchmesser 33,3 m. hoch auf
zwei Filterbetten von je circa 200 ☐m. Fläche gedrückt. Die Filterschicht besteht aus 7 Schichten von verschiedener Korngrösse. Von der
oberen Sandschicht werden monatlich circa 50 mm. abgenommen und es
wird der Sand alljährlich erneuert. Von den Filtern läuft das Wasser
einem Hochreservoire von 1680 kbm. Inhalt zu und gelangt von hier durch
ein Rohr von 250 mm. Durchmesser zur Stadt. Der Druck ist in
der Stadt so gross, dass bei Feuersgefahr die Hydranten direct zum
Spritzen benützt werden können. Es sind 2 Dampfkessel von 4,64 m.
Länge und 1160 mm. Durchmesser mit je 2 Feuerrohren von 340
mm. Durchmesser vorhanden, welche durch directen Druck aus der
Leitung gespeist werden und Dampf von 3 bis 3½ Atmosphären Spannung geben und 2 Maschinen mit liegenden Dampfcylindern und Schwungrädern versorgen. Die Maschinen arbeiten mit Expansion und haben
285 mm. Cylinderdurchmesser bei 0,79 m. Hub. Von der gemeinschaftlichen Schwungradachse aus werden mittelst unter 90° verstellter
Kurbeln zwei stehende doppeltwirkende Pumpen von 152 mm. Durchmesser und 0,79 m. Hub getrieben. Die Pumpen haben einen gemeinschaftlichen Druckwindkessel von 870 mm. Durchmesser und
2,91 m. Höhe, sowie einen gemeinschaftlichen Saugwindkessel von
demselben Durchmesser und 1,45 m. Höhe. Die Saugleitung ist 50 m.
lang und hat 220 mm. Durchmesser. Der Kohlenverbrauch beträgt
6 Kilo pro effective Pferdekraft pro Stunde. Die Lieferung einer
Pumpe beträgt pro Stunde 60 kbm. bei einer Nutzleistung von 14
Pferdekräften. Der tägliche Wasserconsum war 1870 450 kbm. und
es war dafür ein Kohlenverbrauch von 600 Kilo erforderlich. Die
Einnahmen und Ausgaben decken sich annähernd mit je 18000 Mk.
pro Jahr.

Klagenfurt (Kärnthen) hat 15285 Einwohner in 782 Wohnungen und 3000 Haushaltungen (Zählung von 1869). Im Jahre 1874
wurde eine Wasserversorgung in Betrieb gesetzt, welche aus 3420 m.
Entfernung zwischen Conglomerat und Thonschiefer entspringende Quellen
der Stadt durch natürlichen Druck zuführt. Das Quellwasser wird 35 m.
von seinem Ursprunge in einem Reservoir gesammelt, welches 4,6 m.
tiefer als dieser und 38 m. höher als die Stadt liegt. Das Reservoir
ist gemauert und überwölbt und hat 13,2 m. Länge, 3,76 m. Breite,
4,7 m. lichte Höhe und fasst bei dem Maximalwasserstande von 2,83 m.

141 kbm. Wasser. Das nach dem Verästelungssysteme angelegte städtische Rohrnetz hat 970 m. Rohre über 80 mm. Durchmesser und 2610 m. von 80 mm. bis 50 mm. Durchmesser, sowie 10 Wasserschieber. Das Hauptrohr hat 120 mm. Durchmesser. Die Abgabe des Wassers findet nur an öffentlichen Brunnen und zwar constant und für Trink - und Brauchwasser gemeinschaftlich statt. Ausserdem werden 2 öffentliche Fontainen aus der Leitung gespeist. Hydranten sind nicht vorhanden. Die Ergiebigkeit der Quellen beträgt in den Monaten Januar, Februar und März im Minimum 568 kbm. in 24 Stunden. Das Maximum ist 727 kbm. Die Anlage ist für 109636 Mk. von der Hüttenberger Eisenwerksgesellschaft und der Gasgesellschaft in Klagenfurt hergestellt. Aus dem Verkaufe einer alten Bleirohrleitung von 25 mm. Durchmesser, welche früher dasselbe Wasser drei Brunnen in der Stadt zuführte, ist ein Erlös von 32646 Mk. erzielt. Die Quellen haben eine Temperatur von 8,1° bis 9,4° C. Dieselbe steigt bis zum Hochbassin um 0,6° C. und bis zum ersten Brunnen der Stadt um 2° bis 2,5° C. In der Stadt selbst erwärmt sich das Wasser, trotzdem die Rohre circa 1,5 m. tief liegen, im heissen Sommer um 4° bis 4,5° C.

Eine Analyse des Dr. Mitteregger hat für das Wasser in 1000 Theilen 0,226 feste Bestandtheile, 0,136 kohlensauren Kalk, 0,069 kohlensaure Magnesia, 0,021 Alkalien, 0,018 Kieselsäure und 0,153 freie Kohlensäure ergeben.

Königsberg (Preussen) hat 119000 Einwohner. Nach officieller Mittheilung vom November 1876 ist das Wasserwerk nach dem ursprünglichen Entwurfe nicht vollendet und dessen Umänderung, beziehungsweise Erweierung noch in der Ausführung begriffen. Nähere Mittheilungen sind nach Beendigung der jetzt eingeleiteten Arbeiten versprochen.

Nach anderweitigen Mittheilungen mag Folgendes ergänzend hinzugefügt werden:

Nach dem Projecte des Geh. Bauraths Henoch sollte das erforderliche Wasserquantum 13950 kbm. pro Tag nördlich von der Stadt zwischen dem Pregelthal und der Ostsee resp. dem kurischen Haff erschlossen werden, wo sich in 1,57 bis 3,14 m. Tiefe eine wasserführende Sand- und Kiesschicht vorfindet. Die Minimalergiebigkeit dieses Terrains ist zu 460 Liter pro Tag pro Morgen angenommen, so dass für obiges Quantum eine Fläche von 7650 Ha. hätte herangezogen werden müssen, während 9562 Ha. vorhanden waren. Die Arbeiten sind 1869 für Rechnung der Stadt, nach einer Kostenberechnung auf 1950000 Mk. im Ganzen veranschlagt, in Angriff genommen. Das zu entwässernde Terrain wird durch einen 6900 m. langen Kanal, der 3.45 m. bis 4,08 m. unter Terrain liegt und 1,88 m. bis 2,83 m. in die Wasser führende Schicht einschneidet, durchschnitten. Derselbe hat 63 cm. $\times$ 87 cm. Querschnitt und ist mit vielen offenen Fugen gemauert. Derselbe hat ein Gefälle von 1 : 200 und eine Wassergeschwindigkeit von 0,47 m. bei 0,155 $\square$ m. Querschnitt. Er kann also pro 24 Stunden 15500 kbm. abführen. In je 314 m. Entfernung sind verschliessbare Einsteigeöffnungen in demselben angebracht. Der Kanal mündet in eine Sammelstube von 3,77 m. im Quadrat und 3,14 m. Tiefe 0,31 m. hoch über dem Boden ein. Das Wasser wird von hier durch ein Thonrohr von 650 mm. Durchmesser auf eine Entfernung von 8204 m. mit einem Gefälle von 1 : 1800, 1,88 m. bis 6,28 m. unter dem Terrain liegend, einem Vertheilungsreservoire bei Hardersdorf zugeführt. Dieses Bassin ist aus Mauerwerk hergestellt, überwölbt und 1 m. hoch mit Erde bedeckt. Es ist im Lichten 52,73 m. im Quadrat und hat 1,89 m. Wassertiefe, hält also 4637 kbm. Wasser.

Der höchste Wasserstand des Reservoirs steht 30,13 m. über Null am Pegel des Pregel und es bleibt für die Stadt 25,11 m. Druck, wenn man 5 m. für Reibung rechnet. Das Terrain der Stadt liegt 3,14 m. bis 23,54 m. über Null des Pegels. Eine nöthige Steighöhe des Wassers in den Gebäuden von 15,69 m. vorausgesetzt, können die sämmtlichen Häuser derjenigen Stadttheile, die bis 9,42 m. hoch liegen, in allen Stockwerken versorgt werden. In den höher liegenden Theilen sollten vorläufig nur Brunnenständer und Hydranten hergestellt werden. Jedoch war für später hierfür ein Wasserhebewerk in Aussicht genommen. Dasselbe ist extra auf 159000 Mk. veranschlagt. Von dem Vertheilungsreservoir wird das Wasser durch 2 gusseiserne Leitungen von je 2731 m. Länge und 580 mm. Durchmesser mit circa 6,28 m. Gefälle der Stadt zugeführt. Eines der Rohre ist für die untere Zone bestimmt, während das andere für die obere Zone demnächst mit dem Hebewerk verbunden werden sollte.

Die Bauausführung ist unter Leitung des Stadtbauraths Leiter erfolgt. Eine wesentliche Vertheuerung trat dadurch ein, dass, nachdem man für die Leitung zwischen Sammelstube und Vertheilungsreservoir sämmtliche Thonrohre angekauft und zum Theil verlegt hatte, man dieselben wieder beseitigte resp. veräusserte und die Leitung von Gusseisen herstellte.

Der Bau des Hebewerkes ist nach ferneren Mittheilungen 1875 begonnen und soll 1876 im Juli vollendet sein. Die Baukosten für die ganze Anlage sind auf 377128 Mk. veranschlagt. Auf einem gemauerten achteckigen Thurme wird 22,37 m. hoch ein Reservoir von 14,85 m. Durchmesser aufgestellt. Die Maschinen- und Kesselanlagen liefert die Fabrik von Borsig.

Die Aufschlussarbeiten, welche mehrere Jahre fortgeführt sind, haben in qualitativer und in quantitativer Beziehung den Erwartungen nicht vollkommen entsprochen. Das Wasser ist zeitweise nicht frei von Algen und Eisenoxyd, wie man vermuthet in Folge Eindringens von schlechtem Wasser an einzelnen Stellen des Sammelkanals. Auch reducirt sich die Quantität in gewissen Jahreszeiten bedeutend, was jedoch jedenfalls wohl der noch nicht völligen Erschliessung des Sammelgebietes zuzuschreiben ist. Trotzdem werden, ohne dass die Weiterführung der Aufschlussarbeiten dadurch beeinträchtigt wird, neue Versuchsarbeiten zur Erschliessung von Wasser vorgenommen. Es ist dazu das Terrain in der Gegend, wo das Vertheilungsreservoir liegt, ersehen und hier ein Versuchsbrunnen abgeteuft, der eine bedeutende Menge Grundwasser erschlossen hat.

Nach einer Analyse des Apothekers Beer in Königsberg enthielt das Leitungswasser als Mittel aus 3 Analysen 1874/75 in 100000 Theilen 24,2 Gesammtrückstand, 0,23 Salpetersäure, 0,70 Chlor, 1,96 Schwefelsäure, 8,25 Kalk, 1,12 Magnesia, 0,05 Ammoniak und in einem Falle 0,266 salpetrige Säure. 1,92 Theile Kaliumpermanganat waren zur Fällung der organischen Bestandtheile erforderlich. Das Wasser wird als mitunter trübe, gelblich und von widrigem Geruche bezeichnet; es enthält Amöben, Vorticellen und Algen und giebt ein bräunliches Sediment von Humus und Eisenoxyd von 0,89 Theilen durchschnittlich.

Komotau (Böhmen) mit 10000 Einwohnern wird mit Flusswasser durch einen die Stadt offen durchfliessenden Mühlbach, der von dem neben der Stadt fliessenden Assigbach abgezweigt ist, versorgt. Das Wasser kann durch angebrachte Schützen bei Feuersgefahr auf die jedesmal gefährdeten Gassen und Plätze gebracht werden. Die Anlage ist sehr primitiv.

Konstanz (Baden) mit 12500 Einwohnern besitzt seit einigen Jahren eine als vorzüglich bezeichnete Wasserversorgung. Leider sind nähere Mittheilungen darüber nicht zu erlangen gewesen.

Krems (Oesterreich) mit 10000 Einwohnern wird mit Quellwasser versorgt, welches aus dem 2000 m. entfernten Alaunthale hergeleitet wird. Das Wasser wird durch 16 öffentliche Brunnen als Trinkwasser abgegeben. Die Anlage ist Eigenthum der Stadt.

Künzelsau (Würtemberg) mit 3000 Einwohnern wird seit November 1874 mit einer nach dem Projecte des Oberbauraths v. Ehmann ausgeführten Quellwasserleitung versorgt. Die Anlage ist für Rechnung der Stadt mit einem Kostenaufwande von 68400 Mk. hergestellt. Die gefassten Quellen werden einem zweitheiligen Hochreservoire durch natürlichen Druck zugeführt. Dasselbe fasst 353 kbm. und es fliesst das Wasser von hier durch eiserne Rohre der 50 m. tiefer liegenden Stadt zu, wo es an den öffentlichen Brunnen und in 200 Gebäuden abgegeben wird. 38 Hydranten sind in der Stadt aufgestellt.

Lahr (Baden) mit 8000 Einwohnern besitzt eine städtische Quellwasserleitung von geringer Ausdehnung mit natürlichem Gefälle. Nähere Mittheilungen liegen nicht vor.

Laibach (Oesterreich) mit 20000 Einwohnern wird fast ausschliesslich durch Hausbrunnen versorgt. Zwei Leitungen von Holz führen Quellen vom Piska-Berge zwei öffentlichen Brunnen und einem Bade zu. Eine beabsichtigte Aenderung der Versorgung scheitert an der Unzulänglichkeit der städtischen Geldmittel.

Für **Langenberg** (Westfalen) mit circa 5000 Einwohnern liegt das Project einer Wasserversorgung vor. Das Wasser soll der Ruhr entnommen werden. Die Anlagekosten sind auf 300000 Mk. für ein Maximalquantum von 3000 kbm. berechnet. Der Consum wird wesentlich mit für gewerbliche Anlagen berechnet sein.

Lauban (Schlesien) mit 10092 Einwohnern besitzt seit 1867 eine Quellwasserversorgung, die nach dem Projecte des Stadtbauraths Mende von der Firma J. & A. Aird für Rechnung der Stadt mit einem Kostenaufwande von 126000 Mk. ausgeführt ist. 1869 hat eine Erweiterung der Quellfassungen stattgefunden.

Das Wasser wird in einem Quellgebiete durch 7 Brunnen erschlossen und durch Thonrohrleitungen von 581 m. Länge und 125 mm. Durchmesser einem Sammel- resp. Filterbrunnen zugeführt, der bei 3,14 m. Durchmesser 5,0 m. Tiefe hat. Von hier fliesst es mittelst natürlichen Gefälles durch eine 3454 m. lange und 150 mm. weite eiserne Leitung einem 107 m. vor der Stadt gelegenen Hochbassin zu. Dasselbe ist aus Bruchsteinen mit 1 Stein starker Ziegelverblendung gemauert, in das Terrain versenkt und mit Kappen überwölbt. Es ist im Lichten 20,4 m. lang, 11 m. breit, bis zu den Gewölben 1,88 m. hoch und fasst 310 kbm. Wasser. Das städtische Rohrnetz ist nach dem Verästelungssysteme ausgeführt. Es hat 8164 m. Länge von Rohren von 150 bis 75 mm. Durchmesser und es befinden sich darin 38 Hydranten,

12 Wasserschieber und 38 Freibrunnen. Das Wasser hat einen solchen Druck, dass es in den oberen Etagen sämmtlicher Häuser, deren anfänglich 50 angeschlossen waren, entnommen werden kann. Die Abgabe erfolgt constant und ungetrennt für Trink- und Brauchwasser in einheitlicher Druckzone.

Nach Analysen des Vorstehers des landwirthschaftlichen Laboratoriums in Görlitz, R. Peck, waren in 100000 Theilen Wasser 16 bis 19 feste Bestandtheile und davon 0,25 bis 0,04 organischer Natur. Schwefelsaure Salze und Chlorverbindungen waren in quantitativ unbestimmbarer Menge vorhanden. Kalkerde, fast nur an Kohlensäure gebunden, fand sich zu 7,8 bis 8,96 Theilen und ferner 0,7 bis 0,85 Theile Kieselsäure.

Lauterbach (Oberschlesien) wird seit 1874 durch eine von der Firma J. & A. Aird für Rechnung der freiherrlich Riedesel'schen Renteiverwaltung mit einem Kostenaufwande von 88000 Mk. hergestellten Quellwasserleitung versorgt.

Das Wasser wird 167 Wohnhäusern zugefuhrt und gelangt durch 3 Freibrunnen zur Abgabe. Die ganze Rohrleitung hat incl. Zuleitung 3750 m. Länge. Das weiteste Rohr hat 150 mm. Durchmesser. 12 Hydranten und 6 Wasserschieber sind aufgestellt. Das Wasser wird durch 5 Brunnen von 1 m. Durchmesser, die ohne Sohle auf einem hölzernen Brunnenkranze gemauert, bis auf den Felsen gesenkt und durch Thonrohre von 210 m. Länge und 150 mm. Durchmesser verbunden sind, gewonnen. Das Wasser fliesst durch natürliches Gefälle einem 310 kbm. fassenden, gemauerten und im Boden versenkten Reservoire zu, von wo es in dem Orte zur Vertheilung gelangt.

Leipzig (Sachsen) hat 127387 Einwohner in 3455 Wohngebäuden und 24604 Haushaltungen. Die Wasserversorgung ist auf Kosten der Stadt durch den Rathsbaudirector Dost von den Unternehmern Prisell und Docwra in London ausgeführt und 1866 in Betrieb gesetzt. Die Anlage hat 3547130 Mk. 27 Pf. gekostet, von welcher Summe 194335 Mk. 33 Pf. bis jetzt durch Amortisation abgeschrieben sind. Das disponibele Wasserquantum pro Tag beträgt im Februar, März, April und Mai 12000 kbm. während es in den übrigen Monaten auf 9500 kbm. hinabsinkt.

Das Wasser wird 200 m. von der Pleisse und 6800 m. von der Stadt entfernt durch einen Brunnen und Sammelrohre gewonnen. Der Brunnen hat 3,500 m. Durchmesser und liegt mit seiner Sohle 5,5 m. unter Terrain und 4,0 m. unter dem tiefsten Wasserstande. Er ist in der Sohle und in den Seitenwänden bis auf 2,0 m. Höhe durchlässig. Die Filterrohre liegen 4,5 bis 5,5 m. tief unter Terrain, haben 850 mm. Durchmesser und bestehen aus Thon.

Das Wasser wird von hier durch Dampfkraft auf 42 m. Höhe in ein Hochreservoir gefördert.

Die ältere Maschinenanlage· besteht aus 2 stehenden Maschinen von je 60 Pferdekräften. Es sind einfach- und directwirkende Cornwall-Maschinen (Bull-Maschinen) mit Kataraktsteuerung und Condensation. Dieselben machen bis 10 Doppelhübe pro Minute und haben 1220 mm. Cylinderdurchmesser und 2,430 m. Hub. Sie arbeiten mit 0,70 Füllung. Jede Maschine hat eine einfachwirkende Plungerpumpe von 522 mm. Plungerdurchmesser mit Glockenventilen und mit Guttapercharingen. Der freie Querschnitt der Ventile beträgt 3400 ☐cm. Der Durchmesser der Saugrohre ist 470 mm., der der Druckrohre 615 mm. Jede Maschine hat einen gusseisernen Druckwindkessel. Die neue Maschinenanlage besteht aus zwei liegenden doppeltwirkenden Woolf'schen Maschinen, deren Dampfcylinder in einer Achse hinter einander liegen. Sie haben Schwungräder und können beide zusammengekuppelt arbeiten. Jede derselben hat 60 Pferdekräfte. Sie sind mit Ventilsteuerung und Condensation versehen und machen 16 Doppelhübe pro Minute. Die kleinen Dampfkolben haben 520 mm., die grossen 1200 mm. Durchmesser und beide einen gleichen Hub von 1,250 m., so dass das Verhältniss der Volumina circa 1 : 5 ist, und, da der Dampf im kleinen Cylinder bei 0,7 Füllung abgeschnitten wird, so ergiebt sich circa 8 fache Expansion.

Jede Maschine treibt direct eine liegende doppeltwirkende mit Liederkolben (mit Lederliederung) und Klappenventilen versehene Pumpe. Die Kolben haben 474 mm., die Saugrohre 560 mm. und die Druckrohre 510 mm. Durchmesser. Jede Maschine hat einen Saugwindkessel und beide zusammen einen gemeinschaftlichen schmiedeeisernen Druckwindkessel.

Es sind 8 Flammrohrkessel mit innerer Feuerung vorhanden, von denen 4 Stück 9,462 m. Länge und 2200 mm. Durchmesser des Hauptkessels haben, während bei den anderen 4 Kesseln diese Maasse 9,920 m. und 2170 mm. betragen. Erstere haben je 2 ☐m., letztere je 1,81 ☐m. Rostfläche, während die Heizflächen je 82 ☐m. und 86,5 ☐m. betragen. Die Kessel für die ältere Anlage geben Dampf von 1,75, die für die neue solchen von 3,5 Atmosphären. Für die effective Pferdekraft pro Stunde verbrauchen die stehenden Maschinen 3,09 Kilo, die liegenden 2,58 Kilo Zwickauer Kohlen. Der Kohlenlieferant erhielt 1876 für 100 kbm. gefördertes Wasser 88 Pf. für die Kohlen bezahlt.

Das Hochreservoir liegt 3400 m. von der Pumpstation und ebenso weit von der Stadt' entfernt und zwar vor dem städtischen Rohrnetze. Es fasst 4550 kbm., ist gemauert, zum Theil im Terrain versenkt, überwölbt und mit Erde überschüttet. Das weiteste Rohr des Stadtrohrnetzes, welches nach dem Circulationssysteme angelegt ist und 79209 m. Länge hat, hat 615 mm. Durchmesser. Der effective Wasserdruck beträgt 20 m. für die höchsten und 30 m. für die niedrigsten Theile der Stadt. Der Druck ist einheitlich, die Wasserabgabe constant und ohne Trennung von Trink- und Brauchwasser. Es sind 534 Hydranten und 509 Wasserschieber vorhanden.

Die Tabelle auf Seite 196 giebt für die 10 Betriebsjahre 1866 bis 1875 die Wasserabgabe im ganzen Jahre, die Zahl der mit Wasser versorgten Haushaltungen und Wohngebäude excl. der mit Wassermessern, die Abgabe für technische Zwecke pro Jahr incl. der für Pissoire und Springbrunnen nach Wassermessern, die Zahl der vorhandenen Wassermesser, welche sämmtlich von Siemens & Halske in Berlin bezogen sind, die Zahl der Freibrunnen, der öffentlichen und Privatfontainen, der Waterclosets, der öffentlichen und Privatpissoirs mit Spülung, welche seit dem 1. Juli 1871 nur bei Benützung von Wassermessern gestattet sind, und der Badeeinrichtungen. Wassermotoren sind nicht vorhanden.

1876 waren circa 110000 Personen mit Wasser versorgt und es betrug in den ersten Monaten des Jahres die Maximalabgabe pro Tag 10040 kbm. am 20. April und die Minimalabgabe 6878 kbm. am 23. Jan.

Die Grösse der Monatsabgabe in einzelnen Betriebsjahren ergiebt sich aus folgender Aufstellung:

Betriebsjahr .	1873	1874	1875
Januar	205582	184137	216587
Februar	206225	175143	192455
März	223600	202188	230544
April	220149	205053	221721
Mai	226268	214427	254398
Juni	218445	218445	272073
Juli	231669	231991	307476
August	211417	241614	326312
September	210693	262710	286152
October	217418	241353	258775
November	192492	216075	239205
December	183895	207000	230981

Betriebsjahr.	1866	1867	1868	1869	1870	1871	1872	1873	1874	1875
Abgabe pro Jahr kbm.	765640	972527	1597805	1921065	1919085	2443636	2468636	2550830	2610444	3036166
Zahl der Haushaltungen	3302	4699	6660	8457	9537	10371	11911	13496	15042	20623
dsgl. der Grundstucke	797	1128	1412	1777	1942	2085	2323	2531	2753	2924
Abgabe für techn. Gewerbe kbm.	72280	87520	98235	134160	189108	255710	287450	313453	357184	420252
Zahl der Wassermesser	37	39	67	109	218	255	291	333	364	457
dsgl. der Freibrunnen	20	20	40	41	41	40	40	33	33	33
dsgl. der öffentlichen Fontainen	1	1	1	2	2	2	2	2	2	3
dsgl. der Privatfontainen	28	32	59	59	60	57	57	56	56	55
dsgl. der Watercloset	229	326	512	759	1000	1235	1668	2351	2912	3632
dsgl. der öffentlichen Pissoirs	5	5	5	5	5	5	4	4	5	6
dsgl. der Privatpissoirs	82	82	184	250	132	91	97	111	120	122
dsgl. der Badeeinrichtungen	103	140	180	215	255	289	367	423	486	538

Temperaturbeobachtungen werden täglich vorgenommen. Im Monat Juli 1875 betrug die durchschnittliche Temperatur im Flusse 21,0 ° C., im Sammelkanal 9,4 ° C., im Hochreservoir 11,0 ° C. und in der zweiten Etage des Rathhauses 12,5 ° C.

Die früheren Analysen des Wassers sind durch die durch Verlängerung des Sammelkanals eingetretene Veränderung der Wasserqualität nicht mehr zutreffend und neue Analysen sind noch nicht vollendet.

Eine Analyse des Dr. Bach, die 1874 angestellt, ergab in 100000 Theilen Wasser 25,5 Gesammtrückstand, 1,3 Chlor, 2,3 Schwefelsäure, 8,1 Kalk, 1,8 Magnesia und 19 deutsche Grade Gesammthärte.

Die Stadt **Leisnig** (Sachsen) mit 8000 Einwohnern hat zwei Quellwasserleitungen, deren eine 4300 m., deren andere 3800 m. Länge hat. Dieselben bestehen aus gusseisernen Rohren von 70 resp. 60 mm. Durchmesser.

Leopoldshall (Dessau) mit 2000 Einwohnern besitzt seit 1869 eine vom Geh. Baurath Henoch im Auftrage der herzogl. Anhalt-Dessauischen Regierung mit einem Kostenaufwande von 90000 Mk. erbaute Wasserversorgung. 500 m. von dem Orte entfernt ist in einer Kiesmulde ein Brunnen von 5 m. Durchmesser und 7 m. Tiefe angelegt. Aus demselben werden mittelst eines Pumpwerkes, das durch Dampfkraft getrieben wird, täglich 930 kbm. Wasser gehoben und in ein auf der Altstassfurter Höhe oberirdisch, gemauert und überwölbt hergestelltes Hochreservoir von 390 kbm. Inhalt durch ein Rohr von 175 mm. Durchmesser gedrückt. Von hier fliesst es der Stadt durch ein Rohr von 225 mm. Durchmesser zu. Die Stadtleitung hatte ursprünglich 2000 m. Länge von Rohren von 225 mm. bis 75 mm. Durchmesser mit 14 Schiebern, 12 Hydranten und 4 Freibrunnen. Von dem oben angegebenen Wasserquantum waren: 124 kbm. für das herzogliche Salinenwerk, 186 kbm. für die Freibrunnen und 620 kbm. zur Abgabe an gewerbliche Etablissements bestimmt.

Für **Liegnitz** (Schlesien) mit 31418 Einwohnern sind zum Zwecke der Erstellung einer künstlichen Wasserversorgung 1874 der Firma Aird & Comp. in Berlin die Vorarbeiten übertragen. Es handelte sich um zwei Projecte, deren eines das Wasser bei Schellendorf, deren anderes dasselbe bei dem Katzbache gewinnen wollte. 1875 ist mit der Abteufung eines Brunnens auf der Hängerwiese an dem Katzbachufer bei Dornbusch begonnen. Derselbe hat 3 m. Durchmesser bei 8 m. Tiefe erhalten. Das Probepumpen aus demselben muss das gewünschte Resultat nicht ergeben haben, da nach einem Berichte des Oberbürgermeisters jetzt davon Abstand genommen, Brauch- und Trinkwasser gemeinschaftlich zuzuführen, und man sich vielmehr vorläufig nur auf eine Brauchwasserleitung beschränken wird. Das Wasser soll aus einem Mühlgraben entnommen und einem auf der Siegeshöhe zu erbauenden Reservoire zugeführt werden, von wo es die höchsten Etagen der Häuser erreichen kann. Die Kosten sind nach dem Projecte vorhin genannter Firma auf 725400 Mk. veranschlagt.

Für **Liesthal** (Schweiz) mit 2000 Einwohnern ist eine Quellwasserleitung mit natürlichem Gefälle im Bau, welche aus einem gemauerten Bassin gespeist wird und 4400 m. Länge erhält.

Linz (Oesterreich) mit 40000 Einwohnern besitzt eine kleine Wasserleitung, die 5 oder 6 öffentliche Brunnen speist. Es war eine neue allgemeine Wasserleitung projectirt und im Bau begriffen, als vor 3 Jahren Verhältnisse eintraten, die eine Sistirung des Baues veranlasst haben.

Loschwitz (bei Dresden) mit 3000 Einwohnern wird seit mehreren Jahren durch eine Actiengesellschaft mit Wasser versorgt. Dieselbe macht jedoch so schlechte Geschäfte, dass 1876 die Liquidation der Gesellschaft beantragt, aber vorläufig nicht angenommen wurde.

Ludwigsburg (Würtemberg) mit 15000 Einwohnern hat mit einem Kostenaufwande von 137143 Mk. eine Quellwasserleitung für Trinkwasser, welche in beschränktem Umfange schon seit einer Reihe von Jahren bestand, unter Leitung des Oberbauraths v. Ehmann ausgeführt und 1866 in Benützung genommen. Eine Erweiterung des Werkes zur Beschaffung grösserer Mengen von Nutzwasser ist jetzt ins Auge gefasst. Das Wasser wird durch 170 bis 180 Privatwasserleitungen nach Wohn-, Oekonomie- und öffentlichen Gebäuden und ferner durch 20 öffentliche Ventilbrunnen abgegeben. Die in einem grossen gemauerten Schachtbrunnen von 2,6 m. Durchmesser und 10,64 m. Tiefe gefassten Quellen werden mittelst eines doppelten, durch eine 8- bis 10 pferdige Dampfmaschine betriebenen Pumpwerkes durch eine 570 m. lange Leitung nach dem oberhalb der Stadt 30 m. über der Pumpstation angelegten Hochreservoire gefördert. Die Dampfmaschine befindet sich mit den Pumpen in einem neben dem Brunnenschachte hergestellten zweiten Schachte von 6,16 m. Länge, 5,32 m. Breite und 19,5 m. Tiefe aufgestellt. Die Maschine ist eine liegende und doppeltwirkende mit Schwungrad. Die beiden Pumpen sind gleichfalls doppeltwirkend und werden durch Räderübersetzung ge-

trieben. Sie haben 150 mm. Durchmesser bei 0,45 m. Hub der Kolben.
Die Maschine fördert pro Stunde 45 kbm., kann aber bis zum Doppelten
in der Leistung gesteigert werden. Im ersten Jahre wurden pro Tag
circa 400 kbm. verbraucht. Das Hochreservoir besteht aus 2 gleichen
Abtheilungen und fasst im Ganzen 517 kbm. Wasser. Das stärkste
Rohr des Strassenrohrnetzes hat 150 mm. Durchmesser. Es sind
20 Hydranten aufgestellt. Die angedeutete beabsichtigte Erweiterung,
gleichfalls nach den Plänen des Oberbauraths v. Ehmann, wird
in der Herstellung einer grossen Hochreservoiranlage mit 1200 kbm.
Fassungsraum und zweier weiterer Pumpstationen mit Dampfbetrieb,
welche in der Umgegend von Ludwigsburg zu erbauen sind, bestehen
und 250000 Mk. kosten. Es soll damit eine Quellwasservermehrung
von 1500 bis 1800 kbm. pro Tag erlangt werden.

Lübeck (freie und Hansastadt) mit 31000 Einwohnern (1870)
in 4550 Wohnhäusern besitzt seit August 1867 ein vom Baudirector
Krieg für Rechnung der Stadt hergestelltes Wasserwerk. Das Wasser
wird der Wakenitz, einem Nebenflusse der Trave, entnommen, durch
Filterpumpen auf Standfilter gehoben und durch Druckpumpen theils
der Stadt direct, theils einem Hochreservoire zugeführt. Es sind zwei
von einander unabhängige Woolf'sche Balancier-Dampfmaschinen,
deren jede 3 Pumpen: eine Filterpumpe und zwei Druckpumpen
treibt, vorhanden. Von letzteren arbeitet die eine in die Leitung
direct zur Stadt, die andere in das Hochreservoir. Die Filterpumpen stehen über einem von der Wakenitz abgezweigten Kanal
und haben 520 mm. Durchmesser. Die Druckrohre beider vereinigen
sich in einem gemeinschaftlichen Windkessel von 1250 mm. Durchmesser,
von welchem ein Rohr von 316 mm. Durchmesser zu den Filtern führt. Die
Druckpumpen von 400 mm. resp. 200 mm. Durchmesser entnehmen
das filtrirte Wasser einem gemeinschaftlichen Saugwindkessel. Die
kleinen Pumpen dienen zur Versorgung des höher liegenden Theiles
der Stadt, etwa ein Achtel derselben, und pumpen auf 30,2 m. Höhe,
während die anderen Pumpen auf 20,1 m. Höhe über Null pumpen.
Für Feuerlöschzwecke soll sogar auf 43,4 m. Höhe gepumpt werden
können. Der höchste Punkt der Stadt liegt 13,23 m. über Null und
der tiefste 2,3 m. unter Null, so dass der Druck über dem höchsten
Punkte 16,9 m. beträgt.

Die Filteranlage besteht aus 3 offenen Filtern von 16 m. Breite
und 26 m. Länge bei 3,14 m. Tiefe und es liegt deren Krone 6,04 m.
über Null. Die Filterschicht hat im Ganzen 1,73 m. Höhe, von welcher

ein Drittel aus Sand besteht. Ein rundes Reinwasserbassin von 13,2 m.
Durchmesser nimmt das filtrirte Wasser auf und ist mit einem Dache
aus Dachpappe bedeckt. Das Hochreservoir besteht aus einem ringförmigen gusseisernen Behälter von 19,5 m. äusserem und 4,9 m. innerem
Durchmesser bei 3,7 m. Höhe und fasst 1026 kbm. Wasser. Der
Boden des Bassins ruht 10,7 m. über dem Terrain auf einem gemauerten sechszehneckigen Unterbau, aus dessen Mitte ein massiv
ausgeführter Thurm hervortritt, der die Steig- und Fallrohre aufnimmt und 25 m. hoch über das das Reservoir überdeckende Dach
hervorragt.

Das städtische Rohrnetz ist nach dem Circulationssysteme angelegt und es haben die Hauptleitungen für jede der beiden Zonen
305 mm. resp. 203 mm. Durchmesser. Die Wasserabgabe in der
höheren Zone erfolgt intermittirend und es sind dort Hausbassins aufgestellt. Für die untere Zone ist sie constant. Es waren Anfangs
1870 282 Hydranten und 126 öffentliche Brunnen hergestellt, und
3 Wassermesser, 127 Waterclosets, 7 Privatpissoirs und 9 Privatfontainen in Benützung.

Ueber die Betriebsverhältnisse liegen leider nur aus den Jahren
1868 und 1869 Zahlen vor, die im Folgendem mitgetheilt werden:

Betriebsjahr	1868	1869
Mit Wasser versorgte Wohnhauser . . .	1302	1346
Einnahme an Wassergeld Mk.	34945,20	42350,80
Wasserabgabe im Jahre kbm.	579643	555773
oder pro Tag kbm.	1593	1523
Maximum pro Tag kbm.	1765	1698
Minimum pro Tag kbm	1280	1282
Mittlerer Tagesconsum im Sommer kbm.. .	1715	1592
dsgl. im Winter kbm.	1460	1453

Nach einer aus dem Jahre 1875 stammenden Notiz soll eine
bedeutende Erweiterung des Werkes beabsichtigt gewesen sein. Es
ist jedoch nicht möglich gewesen, Näheres darüber zu erfahren.

Nach Analysen von Th. Schorer in den Jahren 1875 und 1876
enthielt das Leitungswasser in 100000 Theilen 15 Gesammtrückstand,
6,0 Chlor, 4,41 Kalk, 1,74 Magnesia, und hatte 13,1 deutsche Grade
Gesammthärte. Zur Fällung der organischen Substanzen waren 1,96
Kaliumpermanganat erforderlich. Salpetrige Säure, Salpetersäure,

Schwefelsäure und Ammoniak fehlten ganz. Bei einer Analyse fand sich ausnahmsweise 0,45 Salpetersäure.

Lüben (Schlesien) hat 4741 Einwohner in 411 Wohnhäusern und 1226 Haushaltungen. 1876 ist vom Gasanstaltsinspector Ingenieur H. Schütz in Lüben für Rechnung der Commune eine Quellwasserversorgung mit einem Kostenaufwande von 43197 Mk. 15 Pf. hergestellt.

Die Quellen werden 1100 m. von der Stadt entfernt in welligem Terrain unter cultivirtem Lande ohne künstliche Drainage gesammelt. Das Quellterrain liegt 2000 m. von dem nächsten Wasserlaufe (der Kalte Bach) entfernt, aber höher als der Wasserspiegel desselben. 4 Brunnen von 2,0 m. Durchmesser, welche mit der Sohle 4—5 m. unter dem Terrain und 10,0 m. über dem Kalten Bache liegen, sind nur in der Sohle durchlässig. Von diesen wird das Wasser durch natürliches Gefälle einem 120 m. entfernt gelegenen Sammelbassin von 240 kbm. Inhalt zugeführt. Dasselbe liegt 980 m. von der Stadt entfernt, hat 3 m. Wasserstand und eine Grundfläche von 8 m. ✕ 10 m. Es ist aus Klinkern in Cement gemauert, überwölbt, 1 m. tief in den Boden versenkt und mit Erde überschüttet.

Der Druck in der Stadt beträgt bei gefülltem Bassin über dem höchsten Terrainpunkte 3,5 m. Das Rohrnetz ist nach dem Circulationssysteme ausgeführt. Es hat 3053 m. Länge und das stärkste Rohr darin 150 mm. Weite. 10 Hydranten und 12 Wasserschieber befinden sich in demselben. Die Wasserabgabe erfolgt unentgeldlich und zwar constant und ungetrennt für Trink- und Brauchwasser. Das Wasser findet ausser durch 15 Freibrunnen in 41 Haushaltungen mit 310 Personen eingeführt Verwendung. Wassermesser sind nicht vorhanden und Badeeinrichtungen werden nicht angelegt; wohl aber ist die Anlage von 2 öffentlichen Fontainen beabsichtigt. Die Wasserabgabe hat 1876 circa 144000 kbm. betragen, wovon 320 kbm. auf den Maximalverbrauchstag und 200 kbm. auf den Minimalverbrauchstag entfallen. Eine Seifensiederei verbrauchte im Jahre 2000 kbm. und für Rinnsteinspülung werden 20000 kbm. im Jahre verwendet. Das disponibele Wasserquantum beträgt pro Tag circa 400 kbm.

Nach der vom Apotheker J. Müller in Breslau vorgenommenen Untersuchung ist das Wasser völlig klar und von angenehmem Geschmack. Es waren unter dem Mikroskope keine lebenden Organismen darin zu entdecken. Im Liter fanden sich 0,06 bis 0,061 gr. organische Substanz, 0,203 bis 0,228 gr. Gesammtrückstand, 0,063 bis 0,019 gr.

Schwefelsäure in zwei verschiedenen Proben. Der Gehalt an Salpetersäure war verschwindend klein und der an Ammoniak gleich Null.
Nach Angabe des Herrn Schütz ist das Wasser eisenhaltig und setzt
bedeutende Massen Eisenoxydul auf der Sohle des Sammelbassins und
auch im Rohrnetze ab.

Lüneburg (Hannover) hat 17534 Einwohner in 2088 Wohnhäusern und 4012 Haushaltungen. Die Rathswasserkunst, eine Interessenschaft von 91 Hauseigenthümern, welche 1474 gegründet, erweiterte
ihre Anlagen 1874 mit einem Kostenaufwande von 240000 Mk. durch
eine neue Anlage, vom Ingenieur F. Schmetzer in Berlin ausgeführt,
während die anderen alten Leitungen, deren noch 5 bestehen, in Benützung
geblieben. Vier derselben liefern Quellwasser mit natürlichem Gefälle
und eine durch Wasserkraft gehobenes Flusswasser. Letztere, die
Abtswasserkunst, liefert Ilmenauwasser, welches oberhalb der Stadt
entnommen wird. Die eine der Quellwasserleitungen, die Schieberbrunnen-Wasserleitung, führt aus einem Sammelteiche das Wasser
durch ·einen offenen Graben zur Stadt. Sie gehören sämmtlich Interessenschaften, d. h. einer Zahl Hausbesitzer, die sie für ihre Kosten
und ihren Bedarf hergestellt und gemeinschaftlich betreiben. Die
Rathswasserkunst giebt das Wasser auch an Nichtinteressenten ab
und wird mit der Zeit wohl die Versorgung der ganzen Stadt übernehmen.

Die neue Anlage ist für ein disponibeles Maximal-Wasserquantum
von 2160 kbm. pro 24 Stunden bestimmt. Das Wasser wird 900 m.
von der Stadt auf der Rothen Bleiche aus Quellen gewonnen, die
als artesische Brunnen durch 5 schmiedeeiserne Rohre von 150 mm.
Durchmesser erschlossen sind. Dieselben sind, circa 600 m. von
der Ilmenau entfernt, 8 m. bis 10 m. tief unter Terrain und 6 m. bis
9 m. unter den niedrigsten Wasserstand des Flusses eingetrieben.
Die Möglichkeit der Entnahme von Flusswasser selbst ist vorgesehen.
Das Wasser wird durch eine Thonrohrleitung der Stadt zugeführt
und hier durch ein Pumpwerk gehoben, welches durch eine Vollturbine von Nagel & Kämp in Hamburg von 16 Pferdekräften getrieben
wird. Die Turbine macht 48 Touren pro Minute und hat 1,17 kbm.
Aufschlagswasser pro Secunde mit 1,40 m. Gefälle. Der äussere
Durchmesser des Rades ist 1750 mm., die Höhe 0,25 m. Der Betrieb der beiden Pumpen erfolgt durch Räderübersetzung. Es sind
stehende, doppeltwirkende Pumpen mit Liederkolben mit Lederliederung
und Flachventilen mit Ledersitzen. Sie machen pro Minute je 16

Doppelhübe bei normalem Gange und haben einen verstellbaren Kolben-
hub, der im Maximum 0,60m. und im Minimum 0,30 m. beträgt. Der
Kolbendurchmesser ist 260 mm.; die Ventile haben 208 □ cm. freien
Querschnitt und die Saug- und Druckrohre 160 mm. Durchmesser.
Jede Pumpe hat einen gusseisernen Druckwindkessel von 500 mm.
Durchmesser und 1,5 m. Höhe. In einem Thurm auf hölzernem Unterbau ist ein kleines Reservoir von 2,5 kbm. Fassungsraum aufgestellt
und durch ein Standrohr mit dem Stadtrohrnetze verbunden. Der
Boden desselben liegt 26,6 m. über dem Stande des von den Quellen
zugeführten Wassers. Die Höhendifferenz des Versorgungsgebietes
beträgt 12 m. und an den höchsten Punkten des Terrains ist noch
ein Druck von 10 m. vorhanden. Das Stadtrohrnetz hat 4800 m.
Länge und das weiteste Rohr 250 mm. Durchmesser. Die Versorgung findet nur während 14 Tagesstunden von 7 Uhr Morgens bis
9 Uhr Abends statt. 1875 sind 305 Wohnhäuser mit 535 Haushaltungen mit Wasser versorgt, während im Jahre vorher diese Zahlen
290 und 500 betrugen. Die Maximalabgabe hat in 14 Stunden 1080
kbm. und die Minimalabgabe 500 kbm. betragen. 26 Hydranten und
27 Wasserschieber sind aufgestellt. Die Zahl der Freibrunnen ist
1876 von 3 auf 5 erhöht und es sind in diesem Jahre 2 Wassermesser von Siemens & Halske in Berlin aufgestellt.

Das Wasser soll von seltener Reinheit und Weiche sein. Die
Temperatur beträgt an den Quellen 12° C.

Ueber das Leitungswasser liegen aus dem Jahre 1874 folgende
Analysen von Moritz und Engelke vor:

	Rathswasser-kunst	Abtswasser-kunst	Schieber-brunnen	Kranke Heinerich
Gesammtrückstand (bei 180° C.) . . .	12,00	10,966	11,16	19,53
Chlor	1,42	2,13	2,13	1,775
Schwefelsäure . .	0,32	1,029	1,350	4,537
Kalk	3,125	3,281	2,996	6,815
Magnesia . . .	0,436	0,504	0,549	0,977
Kaliumpermanganat .	0,080	1,017	0,964	1,840
Gesammtharte (deutsche)	7,2°	7,2°	6,4°	13,4°

Luxemburg mit 16250 Einwohnern besitzt seit dem Jahre 1868
eine künstliche Wasserversorgung, die von der Stadt erbaut ist, über
welche jedoch nähere Mittheilungen fehlen.

Luzern (Schweiz) hat 17000 Einwohner in 1200 Wohnhäusern und 2884 Haushaltungen. Die Stadt wird durch eine Anlage mit Wasser versorgt, welche von dem Stadt-Ingenieur Bürkli-Ziegler in Zürich projectirt und von der Gemeinde Luzern mit einem Aufwande von 1200000 Mk. ausgeführt ist. Am 1. October 1875 ist das Werk in Betrieb gesetzt und soll ein disponibeles Wasserquantum von 5 kbm. pro Minute liefern. Das Wasser wird durch natürliches Gefälle zugeführt und durch Zusammenleiten der im Rümligthale zu Tage austretenden Quellen, deren Minimalergiebigkeit 4 kbm. pro Minute im September 1873 und im December 1875 ergeben haben, gesammelt. Ausserdem kann jedoch auch künstlich gesammeltes Grundwasser, sowie zu ausserordentlichen Zeiten auch künstlich filtrirtes Bachwasser in trockenen Jahreszeiten zugeführt werden. Zur Gewinnung des Grundwassers ist eine Cementrohrleitung von 300 mm. Durchmesser und 70 m. Länge, die 3—4 m. unter Terrain und 1,5 m. unter dem niedrigsten Wasserstande des nächsten Wasserlaufes verlegt ist, bestimmt. Die Rohre haben rund herum Löcher von 5 mm. Durchmesser. Für das Bachwasser ist ein Filter, welches 1100 ☐ m. Oberfläche hat und nicht überdacht ist, vorhanden. Demselben wird das Wasser durch eine Cementrohrleitung zugeführt und es soll damit pro Minute 2 kbm. Wasser filtrirt werden können. Das Filtermaterial besteht in der untersten Schicht aus Kies, der aus Sieben mit 60 mm. Maschenweite, die folgende aus solchen, der aus Sieben mit 30 mm. Maschenweite und die obere aus Sand, der aus Sieben von 10 mm. Maschenweite gesiebt ist. Der Wasserdruck auf der oberen Filterschicht soll 1,5 m. betragen. Das Quellgebiet des Rümligbaches umfasst den höher als 1000 m. über dem Meere gelegenen Theil des Eigenthals, von welchem das Wasser zu gleichen Theilen nach Hergiswil, nach dem Rümligthale und durch unterirdische Abflüsse abgeht, so dass ⅓ der Fläche des Sammelgebietes in Rechnung gezogen werden kann. Bei Buchsteg ist eine grössere Sammelbrunnenstube angelegt. Dieser wird das Wasser durch eine Cementrohrleitung, von der obersten Hauptquelle im Blattenloch beginnend, in einer Länge von 2500 m., an welche sich Seitenleitungen zum Fassen verschiedener Quellen von 2000 m. Länge anschliessen, zugeführt. Diese Hauptleitung hat am Anfange 300 mm., am Ende 450 mm. Durchmesser, während die Seitenleitungen 200 mm. bis 150 mm. Durchmesser haben. Von Buchsteg aus wird das Wasser dem Hochreservoire im Gütschwalde zugeführt, welches circa 1000 m. von der

Stadt entfernt vor dem städtischen Rohrnetze liegt. Diese Zuleitung hat eine gesammte Länge von 11400 m., wovon 6300 m. aus Cementrohren von 500 mm. Durchmesser, 4500 m. aus gleichfalls solchen von ,300 mm. Durchmesser und 600 m. aus gusseisernen Rohren vom Durchmesser der letzteren bestehen. Die Durchmesser der Cementrohre sind für halbe Füllung derselben berechnet. Die gesammte Länge der Leitungen bis zu diesem Reservoire beträgt demnach 15900 m.

Das Hochreservoir liegt 139 m. über dem unteren Stadtgebiete und es wird der untere Theil der Stadt durch eine 84 m. tiefer liegende Brunnenstube gespeist, so dass also 2 Druckzonen vorhanden sind. Das Hochreservoir besteht aus 2 Abtheilungen, deren jede 2000 kbm. fasst. Dasselbe ist aus Beton hergestellt, zu zwei Drittel im Boden versenkt und zugewölbt. Das städtische Rohrnetz ist eine Combination von Verästelung und Circulation. Es hat 13000 m. Länge incl. der Rohre von 100 mm. und excl. derjenigen von 70 mm. Durchmesser und als weitestes Rohr ein solches von 350 mm. Durchmesser. 136 Wasserschieber und 230 Hydranten sind in demselben angebracht. Trink- und Brauchwasser sind ungetrennt und es ist die Wasserabgabe eine constante. 1875/76 sind circa 10000 Personen in 1800 Haushaltungen mit Wasser versorgt und 50 Wassermesser von Siemens & Halske in Berlin in Benützung gewesen. 2 öffentliche Fontainen und 10 öffentliche Pissoirs mit Wasserspülung sind vorhanden. 100 Waterclosets, 4 Badeeinrichtungen, 4 Privatfontainen und 3 Wassermotoren, letztere von Schmid und von Wyss und Studer von 2 Pferdekräften sind in Benützung gewesen.

Die täglich beobachtete Temperatur im Hochbassin schwankte vom 1. Oct. bis 31. Dec. 1875 von 6° bis 7° C.

Nach den Analysen des Apothekers Stierlin enthielt das Wasser der Quellen in 1 Liter ˙0,0175 gr. bis 0,0237 gr. Salpetersäure. Anzeichen von Chlorgehalt waren nicht vorhanden und schwefelsaure Verbindungen unmerkbar. Es waren 0,00525 gr. bis 0,00550 gr. Kalipermanganat zur Rothfärbung nöthig. Als Härte ist 12° bis 14° französisch gefunden. Nach dem für eine etwas beschränktere Anlage aufgestellten Anschlage von 800000 Mk. vertheilten sich die Kosten der Herstellung auf 92000 Mk. für die Wassergewinnung, 188000 Mk. für die Zuleitung, 56000 Mk. für das Reservoir, 408000 Mk. für das Vertheilungsnetz und 56000 Mk. für Diverses.

Magdeburg (Preussen) hat 98789 Einwohner in 3808 Wohngebäuden und 22133 Haushaltungen. Eine alte die Stadt versorgende

Wasserkunst wurde 1631 mit der Stadt zerstört und 1703 eine neue Wasserkunst errichtet, die 2600 kbm. pro Tag fördern konnte, wovon 1000 kbm. durch öffentliche Kunstpfähle verbraucht und der Rest an Private abgegeben wurde. Zur Erlangung einer genügenden einheitlichen Versorgung wurde in dem Jahre 1855 ein Project vom Baurath Moore für eine tägliche Leistung von 10000 kbm. ausgearbeitet und, in wesentlichen Punkten verändert, später für Rechnung der Stadt von dem Stadtbaurath Grubitz mit einem Kostenaufwande von 1518000 Mk. ausgeführt und 1859 dem Betriebe übergeben. Die Anlage versorgt ausser Magdeburg auch die Vorstädte Buckau und Sudenburg.

Das Wasser wird oberhalb Buckau der Elbe durch einen 1,25 m. weiten Tunnel entnommen und, durch Dampfkraft gehoben, der Stadt als ungereinigtes Flusswasser zugeführt. Eine ursprünglich angelegte natürliche Filtration hat, da sie sich nicht bewährt hat, aufgegeben werden müssen. Die später zu erwähnenden im Bau begriffenen Neuanlagen bezwecken ausser der Vergrösserung der Quantität eine Qualitätsverbesserung durch künstliche Sandfiltration.

Die Pumpstation liegt 5640 m. von der Stadt entfernt und besteht aus zwei einfachwirkenden Cornwall-Maschinen mit Balanciers und vier Dampfkesseln. Die Maschinen sind von der Maschinenfabrik der Magdeburg-Hamburger Dampfschiffahrtsgesellschaft in Buckau geliefert. Sie arbeiten mit Condensation und ohne Expansion und machen 9 bis 10 Doppelhübe pro Minute. Die Dampfkolben derselben haben 1500 mm. Durchmesser und 2,40 m. Hub. Jede Maschine hat an dem dem Cylinder entgegengesetzten Balancierarm eine einfachwirkende Plungerpumpe mit Doppelsitzventilen mit Guttaperchasitzflächen. Die Plunger haben denselben Hub wie die Dampfkolben. Der Durchmesser der Plunger betrug zuerst 650 mm., ist aber später auf 750 mm, vergrössert. Jede Maschine hebt jetzt 7,75 kbm. Wasser pro Minute 60 m. hoch. Die gemeinschaftlichen Saugerohre haben 940 mm. Durchmesser. Beide Maschinen haben einen gemeinschaftlichen schmiedeeisernen Druckwindkessel von 2000 mm. Durchmesser und 7 m. Höhe. Die 4 Dampfkessel werden auf Treppenrosten mit Braunkohle geheizt und liefern Dampf von 3 Atmosphären Pressung. Sie haben 9,0 m. Länge bei 1800 mm. Durchmesser und je 2 Feuerrohre von 550 mm. Durchmesser.

Das Wasser wird durch die Stadt hindurch nach einem hinter dem städtischen Rohrnetze 5600 m. von der Stadt entfernt bei Sudenburg liegenden Hochreservoire gepumpt, soweit es nicht vorher consumirt wird. Die Sohle des Bassins liegt 41,8 m. über Null des Magdeburger Pegels und 37 m. über den niedrigsten Strassen des alten Stadttheils. Das Terrain in Sudenburg steigt nach dem Hochreservoir hin bis auf 6 m. unter Bassinsohle an. Das Bassin ist offen. Die Seitenwände haben 2,5 füssige Böschung und sind über einem 30 cm. starken Thonschlag mit zwei Flachschichten abgepflastert. Das Bassin ist in der Sohle 57,4 m. lang und 35 m. breit. Die ganze Tiefe beträgt 5,4 m., wovon 3,14 m. im Maximum vom Wasser eingenommen werden.

Das städtische Rohrnetz ist ursprünglich nach dem Verästelungssysteme ausgeführt, später jedoch an einigen Punkten zur Circulation umgeändert. Es hat 34000 m. Länge und als stärkstes Rohr ein solches von 550 mm. Durchmesser. 200 Hydranten und 64 Schieber befinden sich darin.

Die Wasserabgabe erfolgt constant, für Trink- und Brauchwasser gleichzeitig.

Die gesammte Wasserförderung pro 1875 hat betragen 5308800 kbm. oder durchschnittlich pro Tag 14544,66 kbm.; davon sind durch Wassermesser abgegeben 1546440 kbm., ferner durch die Kunstpfähle in Buckau 13862 kbm. und auf Discretion 1410690 kbm., im Ganzen also 2970992 kbm., so dass 2337808 kbm. für den Bedarf der öffentlichen Kunstpfähle in Magdeburg und Sudenburg, sowie zum Strassensprengen, Kanalspülen, Feuerlöschen etc. verblieben. Die Maximalabgabe betrug in 24 Stunden 15435 kbm. am 11. Aug. und die Minimalabgabe 13592 kbm. am 13. Januar. Es waren einschliesslich der Vorstädte 89745 Einwohner mit 19815 Haushaltungen in 1817 Wohnhäusern mit Wasserleitung versehen. Die benützten Wassermesser sind von Siemens in London und von Siemens & Halske in Berlin und es betrug deren Zahl 336. 80 Freibrunnen, 3 öffentliche Fontainen und 3 öffentliche Pissoirs sind mit der Leitung verbunden.

Bei der oben angegebenen Vertheilung des Wasserquantums ist das Quantum von auf Discretion abgegebenen Wassers durch Annahme eines Preises von 8 Mk. 10 Pf. pro 100 kbm. berechnet. Rechnet man das Wasser für öffentliche Zwecke zu 6 Mk. 50 Pf. pro 100 kbm., so stellen sich pro 1875 die Einnahmen wie folgt: Ueberhaupt wirklich vereinnahmte Wassergelder 240556 Mk. 34 Pf., an Pacht etc. 334 Mk. 10 Pf., berechnete Einnahme aus Wasser für öffentliche Zwecke 151957 Mk. 52 Pf. Summa der imaginären Einnahme 392847 Mk. 96 Pf. und Summa der wirklichen Einnahmen 240890 Mk. 44 Pf.

Für die Berechnung der Ausgaben ist festgestellt, dass die Gebäude und Rohre mit 2% und die Maschinen mit 5% amortisirt werden und dass nach Abschreibung dieser Summe vom Capitalwerthe die Kosten der im Laufe des Jahres gemachten Erweiterungen dem Capital zugeschrieben werden.

Der Capitalwerth betrug Ende 1874 1397415 Mk. 8 Pf.; zu amortisiren sind pro 1875: 2% von 1537890 Mk. 5 Pf., 5% von 289958 Mk. 71 Pf., das giebt 45255 Mk. 74 Pf., bleibt 1352159 Mk. 34 Pf.; dazu Erweiterungen pro 1875 ausgeführt 5807 Mk. 25 Pf. Capitalwerth zu verzinsen 1357966 Mk. 59 Pf.

Die Ausgaben pro 1875 stellen sich: nach der Jahresrechnung baar verausgabt 110485 Mk. 4 Pf., Miethsentschädigungen 1320 Mk., Amortisation 45255 Mk. 74 Pf., Summa der Ausgaben 157060 Mk. 78 Pf.

Verglichen mit den Einahmen berechnet sich hieraus ein Ueberschuss der wirklichen Einnahmen von 83829 Mk. 66 Pf. oder 6,17%, wobei das Wasser für öffentliche Zwecke als unentgeldlich geliefert betrachtet ist und ein Ueberschuss der imaginären Einnahmen von 235787 Mk. 18 Pf. oder 17,36% Zinsen des zu verzinsenden Capitalwerthes, wenn alles Wasser als bezahlt gerechnet wird.

Die 100 kbm. Wasser kosten incl. Unterhaltung der Kunstpfähle 4 Mk. 29 Pf. und excl. dieser Ausgabe 2 Mk. 96 Pf.

Zur Vergleichung folgt hier noch der Etat für die Jahre 1873 u. 1874.

Betriebsjahre	1873		1874	
Einnahmen:	Mk.	Pf.	Mk.	Pf.
1. In Magdeburg:				
für Privatkunstpfähle	79500	—	87000	—
nach Messern	48000	—	48000	—
2. In Buckau:				
für 6 öffentliche Kunstpfähle	918	—	918	—
für Privatkunstpfähle	2250	—	3000	—
nach Messern	24000	—	27000	—
3. Diverses	339	—	348	—
Summa	154997	—	166266	—
Ausgaben:				
1. Verwaltungs- und Aufsichtskosten	15555	—	19200	—
2. Steuern und Lasten	263	55	263	55
3. Betriebsmaterial				
Feuerungsmaterial	75000	—	75000	—
Beleuchtnng, Schmier- und Putz- material etc.	3600	—	3600	—
4. Unterhaltung der Bauwerke	6000	—	6000	—
5. Diverse Kosten	1050	—	1200	—
Summa	101468	55	105113	55

Zur Verbesserung der Wasserversorgung in Qualität und Quantität ist eine neue Maschinenanlage und eine künstliche Sandfiltration in Ausführung begriffen. Das Wasser wird an derselben Stelle der alten Anlage durch eine Leitung von 1300 mm. Durchmesser der Elbe entnommen und Filterpumpen zugeführt. Dieselben bringen es durch eine Leitung von 800 mm. Durchmesser auf die Klärbassins, von wo es den Filtern zugeleitet wird. Von diesen fliesst es durch eine Leitung von 900 mm. Durchmesser einem Reinwasserbassin zu und wird von den Druckpumpen der Stadt und dem hinter derselben liegenden Hochreservoire durch eine neue Leitung von 570 mm. Durchmesser zugeführt.

Es sind 6 von schwach dossirten Mauern eingeschlossene gleich grosse offene Ablagerungsbassins, mit einem kleinen Vorbassin verbunden, von 98 m. Länge und 18,6 m. Breite angelegt. Sie sind 4 m. tief und es beträgt die Höhe der Füllung 3,6 m. Die Bassins haben zusammen 10938 ☐ m. Oberfläche und 39372 kbm. Fassungsraum. Die Sohle derselben liegt 2,85 m. tiefer als das Hochwasser der Elbe. Entsprechend tiefer zwischen den Klärbassins und der Elbe liegen sechs Filter. Jedes hat 24 m. Breite und 54,6 m. Länge, also 1310,4 ☐ m. Oberfläche. Die ganze Filterfläche beträgt demnach 7862,4 ☐ m. Die Filter werden sämmtlich überwölbt. Die Filterschicht wird bestehen aus 90 cm. feinem Sand, 15 cm. grobem Sand, 15 cm. feinem Kies, 15 cm. grobem Kies, 30 cm. Kiesel und Steinen; 170 cm. ganze Stärke.

Das Reinwasserbassin ist 15 m. im Quadrat und fasst, 5 m. hoch mit Wasser gefüllt, 800 kbm. Es ist gleichfalls überwölbt.

Die vorhin erwähnten Pumpen sind an 2 neuen Woolf'schen Balanciermaschinen mit Schwungrädern, die unabhängig von einander arbeiten und je 280 Pferdekräfte haben, vertheilt.

Die Maschinen sind völlig symmetrisch und einander parallel aufgestellt. Auf der einen Seite jedes der 10,344 m. langen Balanciers, die von Schmiedeeisen hergestellt und in der Mitte 1,830 m. hoch sind und von denen jeder 30000 Kilo wiegt, stehen die beiden Dampfcylinder, auf der anderen in gleicher Entfernung wie der grosse Cylinder die Filterpumpen. Rechts und links von dem 452 mm. starken Drehzapfen in je ⅓ der Balancierarmlänge stehen zwei einfachwirkende Druckpumpen. Zwischen der einen Druckpumpe und der Filterpumpe ist an ⅔ der Länge des Balancierarmes die Lenkstange für die Kurbel angehängt, die ein Schwungrad von 10 m. Durchmesser und 37500 Kilo Gewicht treibt. Zwischen der Kolbenstange des grossen Dampfcylinders und der Umfassungswand ist ein Contrebalancier angebracht, welcher die Luft-

pumpe, die mit dem Condensator zusammen in einer Cysterne aufgestellt ist, die Kaltwasserpumpe und zwei Kesselspeisepumpen bewegt.
Hub und Durchmesser der verschiedenen Kolben ist wie folgt:

Hochdruckcylinder	920 mm.	Durchmesser	1,908 m.	Hub
Niederdruckcylinder . . .	1523 mm.	„	2,740 m.	„
Jede der 2 Druckpumpen .	1051 mm.	„	0,914 m.	„
Filterpumpe	647 mm.	„	2,754 m.	„
Luftpumpe (einfachwirkend) .	786 mm.	„	1,219 m.	„
Kaltwasserpumpe	452 mm.	„	0,762 m.	„
2 Speisepumpen je · . . .	126 mm.	„	0,762 m.	„

Die Dampfkolben machen in maximo pro Minute 12 Doppelhübe.
Das Volumenverhältniss beider Dampfcylinder ist 1 : 4. Die Steuerung
erfolgt durch Doppelsitzventile. Die Druckpumpen sind zwei einfach-
wirkende Pumpen, deren Kolben Metallliederung und Ringventile haben.
Die eine, tiefer als die andere stehend, dient bei dem Arbeiten der
höher stehenden als Saugrohr und die obere umgekehrt als Druck-
rohr beim Arbeiten der unteren, eine alte Construction, die schon von
Belidor in seiner Architectura hydraulica angegeben ist. Saug- und
Druckrohre haben je 610 mm. Durchmesser. Die Druckrohre beider
Maschinen vereinigen sich und gehen durch einen schmiedeeisernen
Windkessel von 12,80 m. Höhe und 1523 mm. Durchmesser. Die
Filterpumpen sind doppeltwirkende de la Hire'sche Pumpen mit massiven Kolben und Metallliederung mit je 4 Lederklappen. Die Saug-
und Druckrohre derselben haben 672 mm. Durchmesser. Jede Maschine
hat ihr eigenes Saugrohr für die Filterpumpen mit gusseisernem Saugwindkessel von 915 mm. Durchmesser und 3,05 m. Höhe und beide
zusammen ein gemeinschaftliches Standrohr von Blech von 1220 mm.
Durchmesser und 9,76 m. Höhe. Die Filterpumpen fördern ca. 5,5%
mehr als die Druckpumpen. Die Zahl der Kessel, welche Dampf von
4 Atmosphären geben, ist um 3, nämlich auf 7 vermehrt. Die neuen
Kessel sind 9,42 m. lang bei 2200 mm. Durchmesser und haben je
2 Feuerrohre von 575 mm. Durchmesser.

An Stelle des vorhandenen offenen Hochreservoirs soll ein überwölbtes von 1939 ☐ m. Fläche und 6739 kbm. Inhalt treten. Die
Leistung der neuen Anlage ist auf 19000 kbm. pro Tag festgesetzt,
die aber auf 26000 kbm. soll gesteigert werden können.

Die Anlagekosten der neuen Anlagen betragen anschlagsmässig:
Klärbassins 603000 Mk., Filterbassins 722000 Mk., Reinwasserbassin

51000 Mk., Maschinengebäude 146000 Mk., Kesselhaus 17000 Mk., 2 Maschinen 360000 Mk., 7 *) Kessel incl. Einmauerung 75000 Mk., zusammen 1974000 Mk., excl. Rohrleitung und Hochreservoir.

Mainz (Hessen-Darmstadt) mit 56000 Einwohnern wird durch 1800 im Grundwasser abgeteufte Privatbrunnen, einige artesische Brunnen und mehrere künstlich gefasste Quellen, sowie durch zwei grössere Wasserleitungen versorgt. Die eine städtische, die sogen. Römerthalleitung, bringt das Wasser mehrerer Quellen, die bei Zahlbach 3 bis 4 Kilom. in südwestlicher Richtung von der Stadt entfernt, sowie bei Weissenauerlager entspringen, vermittelst einer Gallerie gesammelt, durch eine mindestens 1,5. m. tief gelegenen Rohrleitung in die Stadt, wo dieselbe 30 Laufbrunnen speist. Sie liefert nahezu 500 kbm. pro Tag, wovon aber die Stadt ²/₃ an das Militär abgeben muss. Eine zweite Leitung, die Eigenthum des Dr. Aug. R a u t e r t ist, erhält das Wasser aus zwei in dem ·höheren Stadttheile 25 m. von einander entfernt gelegenen Brunnenschächten, die bis unter Null des Rheinpegels gesenkt sind. Das Wasser wird künstlich gehoben und einem 60 m. über Null gelegenen Reservoire auf dem Kästrich zugeführt, welches auch noch das Wasser einer anderen Quelle aufnimmt. Von hier wird es durch eine Rohrleitung weiter vertheilt und versorgt 3 Privatbrunnen und 300 Privathäuser, von denen 50 Waterclosets haben. Die Abgabe erfolgt theils auf Discretion, theils durch Wassermesser, meistens Kennedy's Kolbenmesser. Es werden täglich im Durchschnitt im Jahre nur etwa 200 kbm. Wasser verbraucht, während die Maschinen 1000 kbm. pro Tag fördern können und die Brunnen bei geeigneten Maschinen 3000 kbm. pro Tag würden liefern können.

In dem Wasser der Rautert'schen und der Römerthalleitung beträgt der Kalkgehalt circa 21 Theile in 100000 Theilen; organische Bestandtheile sind darin nur in minimaler Menge enthalten und Salpetersäure fehlt ganz.

Mannheim (Baden) mit 42000 Einwohnern wird durch Strassen- und Privatbrunnen in annähernd genügender Weise mit Wasser versorgt, wenngleich das Wasser an einzelnen Stellen durch Infiltrationen verunreinigt ist. Ein früherer Plan, für die Stadt eine allgemeine Quellwasserleitung herzustellen, der das Wasser von der Bergstrasse aus zugeführt werden sollte und wofür schon namhafte Summen verausgabt waren, scheiterte kurz nach Beginn der Ausführung an der

---

*) Die 4 alten Kessel sind gleichfalls durch neue ersetzt.

Zahlungsunfähigkeit und an sonstigen Mängeln des Unternehmers. 1872 bis 1874 wurden Versuche gemacht, am rechten Ufer des Rheins durch Abteufen von Brunnen Grundwasser zu erschliessen. Wenn auch quantitativ in genügender Menge nachgewiesen, so zeigte es sich doch qualitativ des starken Eisengehaltes wegen als unbrauchbar, da es anfänglich völlig klar in kurzer Zeit an der Luft ganz gelb wird. Das städtische Bauamt beabsichtigt in nächster Zeit neue Vorarbeiten vorzunehmen.

Marburg (Kurhessen) mit 9400 Einwohnern wird mit Quellwasser versorgt, welches durch Rohrleitungen in der einfachsten Weise der Stadt zugeführt wird.

Memmelsdorf bei Staffelstein in Oberfranken (Bayern) wird seit Ende 1875 mit einer neuen, von der deutschen Wasserwerksgesellschaft ausgeführten Wasserleitung durch zwei öffentliche Brunnen versorgt. Die Quellen sind frisch gefasst und mit einer soliden Brunnenkammer. umgeben, und es wird das Wasser durch eine 1400 m. lange eiserne Leitung durch natürlichen Druck zugeführt.

Die Stadt **Metz** (Reichslande) mit 35000 Einwohnern wird durch einen Aquaduct mit Quellwasser versorgt. Derselbe ist ursprünglich im Jahre 130 n. Chr. von den Römern hergesellt und später, 1854 restaurirt, wieder in Benützung gekommen. Er hat 22166 m. Länge und führte ursprünglich täglich 40000 kbm. Wasser zu.

In **Minden** (Westfalen) mit 18000 Einwohnern ist seit langer Zeit die Frage der Wasserversorgung in ernstlichste Ueberlegung gezogen; jedoch hat eine Ausführung des sehr geringen Communalvermögens wegen, so dringend sie auch erforderlich, nicht stattfinden können.

Moedling bei Wien mit 7000 Einwohnern wird durch 9 Auslaufbrunnen in der Stadt mit Quellwasser versorgt, welches in einer Brunnenstube gesammelt durch eine Leitung mit natürlichem Gefälle zugeführt wird.

Mühlbausen (in Thüringen) mit 22600 Einwohnern wird durch zwei Quellen mit Wasser versorgt. Die eine, die sogen. Popperoder Quelle, 2 Kilom. vor der Stadt entspringend, wird durch fast sämmtliche Strassen der Unterstadt geleitet, während die andere, die sogen. Breitstülzer Quelle, eben so weit von der Stadt entspringend, durch fast sämmtliche Strassen der Oberstadt geleitet ist.

Mülheim a. d. Ruhr (Rheinpreussen) hat 15445 Einwohner in 1664 Wohngebäuden und 3159 Haushaltungen. Die Wasserversorgungsanlage ist Eigenthum der Stadt und im December 1875 in Betrieb gesetzt. Das ursprüngliche Project ist vom Ingenieur B e t h g e und die Ausführung in Generalentreprise von J. & A. Aird erfolgt, wobei der Ingenieur Pahde die städtischen Interessen vertrat. Die Anlage ist für ein tägliches Maximalquantum von 6000 kbm. berechnet und kostet 550000 Mk. Im ersten halben Jahre waren 270 Wohnhäuser mit 400 Haushaltungen angeschlossen.

Das Wasser wird innerhalb des städtischen Gebietes, 20 m. von der Ruhr entfernt, oberhalb der Stadt durch einen Brunnen und Filterrohre entnommen, welche circa 1 m. unter dem tiefsten Wasserstande verlegt sind. Der Brunnen hat 3 m. Durchmesser und liegt mit seiner Sohle 4,50 m. unter Terrain. Die Filterrohre münden in die Seitenwände des Brunnens, welche nicht durchlässig sind, 3,50 bis 4,00 m. tief unter Terrain ein. Sie bestehen aus einer 100 m. langen Thonrohrleitung von 314 mm. Durchmesser und einer 125 m. langen Eisenrohrleitung von 520 mm. Durchmesser. Das Wasser wird von hier durch Dampfkraft 56 m. hoch in ein zweitheiliges Hochreservoir von im Ganzen 3200 kbm. Inhalt auf 600 m. Entfernung gehoben, kann aber auch direct in das Stadtrohrnetz gepumpt werden.

Es sind 2 liegende Woolf'sche Maschinen mit neben einander liegenden kleinen und grossen Cylindern von 350 resp. 670 mm. Durchmesser vorhanden, mit unter 90° gekuppelten Kurbeln und gleichem Hube, so dass der Inhalt der grossen Cylinder das Vierfache des kleinen beträgt. Die Maschinen sind doppeltwirkend, mit Schwungrad und Condensation und haben Ventilsteuerung. Sie arbeiten mit 0,55 Füllung im kleinen Cylinder und machen 20 Doppelhübe pro Minute. Der Kolbenhub beträgt 1,000 m. Jede Maschine treibt direct zwei in einer Achse liegende einfachwirkende Plungerpumpen von 290 mm. Durchmesser mit Doppelsitzventilen von Rothguss, welche 433 ☐cm. freien Querschnitt haben. Saug- und Druckrohre haben 314 mm. Durchmesser. Die Windkessel sind von Schmiedeeisen und es hat jede Maschine einen Saugwindkessel von 600 mm. Durchmesser und 2,000 m. Höhe und zwei Druckwindkessel von 800 mm. Durchmesser und 1,750 m. Höhe.

Es sind zwei Cornwall-Kessel von 9,400 m. Länge und 2200 mm. Durchmesser mit Feuerrohren von 784 mm. Durchmesser vorhanden. Jeder Kessel hat 2,82 ☐m. Rostfläche und 84 ☐m. Heizfläche. Der Dampfdruck beträgt 4,0 bis 4,4 Atmosphären und es dienen Steinkohlen als Brennmaterial.

Die beiden Abtheilungen des Hochreservoirs sind 22 m. im Quadrat und 3,50 m. hoch. Sie sind gemauert, 2 m. im Terrain versenkt und zugewölbt. Die Wasserabgabe erfolgt constant ohne Trennung von

Trink- und Brauchwasser. Das Rohrnetz ist nach dem Circulationssysteme angelegt und hat 14962 m. Länge. Das weiteste Rohr desselben hat 400 mm. Durchmesser. Der effective Druck beträgt über
dem höchsten Terrainpunkte 40 m. und es ist die Differenz zwischen
dem höchsten und dem tiefsten Punkte 20 m.

Es sind 4 Schmid'sche Wassermotoren in Benützung.

Ueber Analysen und Temperaturbeobachtungen liegen keine Mittheilungen vor.

Mülheim a. Rhein und **Deutz** (Rheinprovinz) werden durch eine
der Rheinischen Wasserwerksgesellschaft gehörige gemeinschaftliche
Anlage mit Wasser versorgt. Beide Städte haben zusammen 31800
Einwohner in 2500 Wohnhäusern und 6480 Haushaltungen. Die Anlagekosten haben 600000 Mk. für ein tägliches Abgabequantum von
8700' kbm. betragen. Der Betrieb ist am 1. Jan. 1876 eröffnet.

Das Wasser wird unterhalb Mulheim aus einem 35 m. vom Rhein
entfernten Brunnen von 5 m. Durchmesser, der nur in der Sohle
durchlässig ist, entnommen. Derselbe ist 15,5 m. tief und es liegt
seine Sohle 5,5 m. unter Null des Pegels.

Die Maschinenanlage zum Heben des Wassers ist für 4 Maschinen
eingerichtet, deren vorläufig 3 von je 24 Pferdekräften aufgestellt sind.
Sie sind liegend, doppeltwirkend, eincylindrig, nicht gekuppelt, aber mit
Schwungrad und mit Condensation versehen und arbeiten mit ¼ Füllung.
Sie haben Ventilsteuerung und machen 30 bis 40 Doppelhube pro Minute
bei 0,780 m. Hublänge. Sie haben jede eine Hebepumpe und eine
Druckpumpe. Die Druckpumpen werden direct von den Kolbenstangen
der Maschinen getrieben und sind doppeltwirkend mit je zwei Plungern
(System Girard). Sie haben 235 mm. Durchmesser, während die Dampfcylinder 470 mm. Durchmesser haben. Die Hebepumpen werden
durch Winkelhebel bewegt. Sie wirken saugend einfachwirkend und
drückend doppeltwirkend und haben Plunger und Ventilkolben (System
Kirchweger). Der Hub derselben beträgt 0,530 m., der Kolbendurchmesser 450 mm. Bei den Hebepumpen haben die Saug- und Druckventile
614 □ cm. freien Querschnitt, bei den Druckpumpen jedoch 215 □ cm.
Bei den Hebepumpen haben die Saugrohre 260 mm., die Druckrohre
200 mm., bei den Druckpumpen die Saugrohre 300 mm. und die
Druckrohre 200 mm. Durchmesser. Die Ventile sind Ringventile, System
Thometzek, und bestehen aus Eisen und Leder. Jede Hebepumpe hat
einen Saugwindkessel von 300 mm. Durchmesser und 2,6 m. Höhe.
Jede Maschine hat einen Druckwindkessel von 840 mm. Durch-

messer und 2,7 m. Länge, also horizontal. Ein gemeinschaftlicher Druckwindkessel für alle Maschinen von 8 m. Höhe und 2500 mm. Durchmesser
ist von Eisenblech. In ihm wird der Wasserdruck bis auf 50 m. Höhe
gehalten, da vorläufig noch kein Hochreservoir vorhanden ist. Zwei
Dampfkessel mit cylindrischem Oberkessel. von 10 m. Länge und
1300 mm. Durchmesser mit je 2 darunter liegenden Vorwärmern von
8,0 m. resp. 7,5 m. Länge und 840 mm. Durchmesser geben den
Dampf von 4 bis 5 Atmosphären Ueberdruck. Jeder derselben hat
2,5 ☐ m. Rostfläche und 64 ☐ m. Heizfläche. Als Heizmaterial dienen
Steinkohlen. Die Pumpstation liegt 2000 m. von Mülheim und 6000 m.
von Deutz entfernt. Das weiteste Rohr hat 400 mm. Durchmesser.
Die städtischen Rohrnetze beider Städte sind nach dem Verästelungssysteme angelegt. Die Wasserabgabe ist constant ohne Trennung von
Trink- und Brauchwasser. Im Juni 1876 waren 39 Hydranten und
52 Wasserschieber aufgestellt. 250 Haushaltungen waren angeschlossen
und 45 Wassermesser von Siemens & Halske in Berlin und H. Meinecke
in Breslau in Benützung. 10 Waterclosets, 12 Badeeinrichtungen, 7
Privatfontainen und 1 Privatpissoir waren eingerichtet.

Eine Analyse des Wassers ist von Dr. H. Grüneberg in Kalk
vorgenommen und ergiebt: 0,1340 gr. kohlensauren Kalk, 0,0122 gr.
schwefelsauren Kalk, 0,0558 gr. schwefelsaures Natron, 0,0372 gr.
Chlornatrium, also 0,2392 gr. löslichen Rückstand in 0,2420 gr. ge-
sammtem Rückstand im Liter.

München (Bayern) hat 193000 Einwohner und besitzt zur Zeit
keine einheitliche Wasserversorgung, ist aber auf das ernstlichste mit
den dazu nöthigen Vorarbeiten beschäftigt, da drei concurrirende Projecte,
welche von dem Baurath Salbach, dem Director Schmick und
dem Ingenieur Thiem aufgestellt und ausgearbeitet sind, der Prüfung
unterliegen. Augenblicklich hat München 13 grössere Pumpwerke, von
denen 7 der Stadt und 6 dem Hofe gehörige sind, welche zusammen
363 Pferdekräfte in Wasserkraft als Betriebskraft haben und 30844 kbm.
Wasser täglich in das Rohrnetz der betreffenden Eigenthümer pumpen.
Der Druck in den Leitungen beträgt 10 bis 35 m. Das Wasser
wird aus Brunnen und aus Quellgallerien gewonnen. Hochreservoire
existiren nicht und es fliesst das überflüssige Wasser in die Strassenkanäle oder wird für öffentliche Brunnen und Fontainen verwendet.

Das gesammte städtische Rohrnetz hat circa 80 Kilom. Länge
mit 274 Hydranten und 300 Schiebern. Viele Häuser haben Waterclosets und zum Spülen der Abtrittstonnen Wasserreservoire auf

dem Speicher. Oeffentliche und freilaufende Brunnen bestehen nur
wenige. 3 öffentliche Fontainen und 10 öffentliche Pissoirs sind vorhanden. In den Häusern, in welchen das Wasser durch Caliberhähne
abgegeben wird, lässt man dasselbe beständig laufen und erlangt
so, trotzdem der Boden für Wärme und Kälte so leicht empfänglich,
ein Wasser von ziemlich gleichmässiger Temperatur, sowie ausserdem
eine wirkungsvolle Spülung jedes kleinen Hauskanals.

Die städtischen Wasserwerke sind: das Pettenkofer Brunnenhaus
bei Thalkirchen, das Muffatbrunnenhaus auf der Kalkinsel, die Brunnenhäuser am Glockenbach, Katzenbach, Bruderhaus am Graben, an der
oberen Lände und in der Au. Die Hofbrunnenwerke sind das Herzog-
Max-, Karlsthor-, Jungfernthurm-, Residenz-, Hofgarten- und Pfister-
brunnenhaus. Die städtischen Brunnenhäuser geben bei normalem
Quellenstande pro Minute 17,20 kbm., die Hofbrunnenhäuser 6,06 kbm.
Der Pettenkoferbrunnen ist der bedeutendste; er liefert 9,00 kbm.
pro Minute. Das Wasser wird aus den in der Nähe von Thalkirchen zu Tage tretenden Quellen durch einen Stollen von 500 m.
Länge und einen Sammelkanal von Gusseisen von 1000 m. Länge und
645 mm. Durchmesser nach dem Brunnenhause geführt und hier durch
4 liegende doppeltwirkende Pumpen mittelst eines gemeinschaftlichen
Rohres von 583 mm. Durchmesser einem 32 m. hoch in einem Thurme
aufgestellten Auffangbehälter zugeführt, von welchem es durch ein
554 mm. weites Fallrohr wieder abfliesst und zur Stadt geleitet wird.
Die Pumpen werden durch zwei eiserne Poncelet-Räder von 5,136 m.
Durchmesser und 3,697 m. Breite, die 10,6 Umdrehungen pro Minute
machen, getrieben und haben 0,875 m. Hub bei 437 mm. Kolbendurchmesser. Die Wasserräder haben bei 1,824 m. Gefälle und 4,611 kbm.
Aufschlagwasser pro Secunde je 78,95 absolute Pferdekräfte.

Das Werk ist in der Zeit von 1864 bis 1866 von dem derzeitigen
Stadtbrunnenmeister Hugo Brandt für Rechnung der Stadt mit
einem Kostenaufwande von 937000 Mk. hergestellt. Erweiterungen in
den Jahren 1870 bis 1873, namentlich die Herstellung einer 336 m.
langen Sammelgallerie haben 35000 Mk. gekostet. Im Ganzen sind
in den letzten 10 Jahren für die städtischen Brunnenhäuser und Leitungen 1806000 Mk. verausgabt. In den Jahren 1874 und 1875
stellten sich die Einnahmen und Ausgaben dieser Anlagen wie folgt:

Betriebsjahr	1874	1875
Einnahmen Mk	90190	111926
Ausgaben Mk.		
Besoldung und Regie	9420	9490
Unterhaltung der Werke	13860	14660
dsgl der Leitungen	4960	5650
dsgl. der offentl. Brunnen	1660	2010
dsgl. der Gebaude	2780	1320
Ausserordentliches	3110	—
Im Ganzen	35790	33130

In den Ausgaben sind die Kosten für Amortisation und Verzinsung der Anlagen nicht enthalten.

Die Abgabe an Private hat 1873 pro Minute 7,05 kbm., 1874 7,34 kbm., 1875 8,43 kbm. betragen. Die Abgabe für öffentliche Zwecke war 1874 2,01 kbm. und 1875 2,15 kbm. pro Minute. Im Ganzen wurde abgegeben im Jahre 1874 4657867 kbm. und 1875 6141110 kbm.

Für die vorhin angeführten Projecte der neuen allgemeinen Wasserversorgung ist vorgeschrieben, ein Quantum von 45000 kbm. pro Tag oder 31,2 kbm. pro Minute reinen Wassers mit entsprechendem Druck im Ganzen der Stadt zuzuführen, damit einer allmählich wachsenden Bevölkerung von 300000 Seelen pro Kopf und pro Tag je 150 Liter Wasser geliefert werden können. Das Wasser soll klar und farblos sein, am Ursprungsorte 9,4 bis 10 $^\circ$ C. haben und im Jahre nur um 1,25 $^\circ$ C. schwanken. Der Abdampfrückstand soll nicht mehr als 30 Theile, worunter nicht mehr als 0,5 Theile Salpetersäure sind, in 100000 Theilen betragen und darf nur unbedeutend schwanken. Die Gesammthärte soll nicht mehr als 35,7 $^\circ$ franz. betragen. Das Wasser muss frei von organischen, faulen oder der Fäulniss fähigen Stoffen sein und darf von Gasen nur Kohlensäure, Stickstoff und Sauerstoff enthalten.

Endlich soll die Wassergewinnung und Wasserversorgung finanziell am vortheilhaftesten und technisch am rationellsten sein.

Das Salbach'sche Project empfiehlt die Benützung der Mangfall-Quellen bei Thalham, einer Station der Holzkirchen-Miesbacher Bahn im letzten Vorlande der bayerischen Alpen, ca. 40 Kilom. von München entfernt. Es sind zwei Quellgebiete, das eine bei Reisach, deren Abfluss der Kaltenbach ist, das andere bei Darchingen (Mühlthal) am linken Uferrande des Mangfalls aus der Nagelfluhe hervorstürzend, deren Ergiebigkeit 40 bis 50 kbm. pro Minute beträgt, welche durch natürliches Gefälle München zugeführt werden können, ins Auge gefasst.

Das Thiem'sche Project will durch Stollenbetrieb Grundwasser in dem viel näher gelegenen Staatswalde an der Bahnstation Deisenhofen, Linie München-Holzkirchen, alte Rosenheimer Bahn, erschliessen und durch künstliche Hebung zuführen. In zweiter Linie empfiehlt Thiem die Mangfall-Quellen, jedoch nicht durch natürliches Gefälle, sondern künstlich gehoben zugeführt.

Nach dem Schmick'schen Projecte sollen die sogen. Kesselberg-Quellen, zwischen dem Walchen- und Kochelsee beginnend bis zu Benedictbeuern sich erstreckend, gefasst und durch Betonkanäle, Stollen und Eisenrohrleitungen in einer ganzen Länge von 64,6 Kilom. durch natürliches Gefälle der Stadt zugeführt werden.

Diese allgemeine Andeutung mag bei der noch nicht erfolgten Entscheidung für ein Project genügen, da eine näher eingehende Besprechung von allen drei Projecten sich nur in umfassender Weise mit Plänen machen liesse und sehr umfangreich werden würde.

Münsterberg (Schlesien) mit 3000 Einwohnern hat seit Ende 1876 eine künstliche Wasserleitung, durch welche das in einem gemauerten Reservoire gesammelte Quellwasser mit natürlichem Drucke durch eiserne Rohre der Stadt zugeführt wird.

In **Nauheim** (Kurhessen) mit 3000 Einwohnern wird fünf öffentlichen Brunnen Wasser zugeführt, welches, aus Quellen entspringend, in einem Reservoire gesammelt und durch Rohrleitungen zugeleitet wird.

Neisse (Schlesien) mit 19811 Einwohnern besitzt ein altes städtisches Wasserwerk, dessen Leistung durch Herstellung einer neuen Anlage zu vergrössern beabsichtigt wird.

Neunkirchen (bei Trier) mit 13000 Einwohnern hat seit October 1876 eine für 3000 kbm. tägliches Maximalquantum berechnete und für Rechnung der Stadt mit einem veranschlagten Kostenaufwande von 340000 Mk. von den Civilingenieuren Hermann und Mannes in Berlin hergestellte Wasserversorgung in Gebrauch.

Das Wasser wird aus 8 Quellen gewonnen, die etwa eine Stunde von der Stadt in zwei Thälern aus dem bunten Sandstein entspringen, welche Wasser von vorzüglicher, fast chemischer Reinheit und nur Einem Härtegrade liefern. Die Quellen sind in einzelnen Brunnenstuben gefasst und werden durch eine gemeinschaftliche Leitung aus Thonröhren von 250 mm. Durchmesser einem zweitheiligen gemauerten Sammelbassin zugeführt, welches im Ganzen 600 kbm. fasst und in Mauerwerk hergestellt ist.

Von hier wird das Wasser durch ein Dampfhebewerk gehoben. Zwei horizontale Maschinen von je 24 Pferdekräften, von der Dingler'schen Fabrik in Zweibrücken geliefert, treiben direct je eine Dampfpumpe und arbeiten einzeln. Raum für eine dritte Maschine ist vorgesehen. Die Maschinen haben Meyer'sche Expansion und Condensation. Für die Dampfbereitung sind 2 Kessel mit je einem untenliegenden Siederohre vorhanden. Jeder Kessel hat 40 ☐ m. Heizfläche. Das Wasser wird durch die Pumpen auf 86 m. Höhe einem 2440 m. entfernten Hochreservoire durch eine Leitung von 250 mm. Durchmesser zugeführt. Dieses Hochreservoir hat 750 kbm. Fassungsraum und ist aus Mauerwerk hergestellt. Dasselbe dient als Consumregulator und es tritt nur das zu viel gepumpte Wasser hinein, während das zu wenig gepumpte austritt.

Der Abfallstrang hat 300 mm. Durchmesser und hat bis zum Eintritt in den Ort 1000 m. Länge. Der langgestreckten Form des Ortes wegen ist das städtische Rohrnetz nach dem Verästelungssysteme ausgeführt. Dasselbe hat 14000 m. Länge von Rohren von 300 mm. bis 70 mm. Durchmesser. Es befinden sich darin 71 Hydranten von 80 mm. lichter Weite, 50 Druckständer und 50 Wasserschieber. Eine Theilung in 2 Druckzonen war trotz der Höhendifferenz von 62 m. des Abgabegebietes nicht leicht möglich, da der entfernteste und höchste Theil nur circa 8 m. unter dem Hochreservoir liegt, während der tiefste Theil circa 70 m. tiefer als das Reservoir liegt. Man hat sich durch richtige Berechnung der Rohrdimensionen hierüber hinweggeholfen.

Einige Monate nach Vollendung der Anlage war der tägliche Consum schon auf 400—500 kbm. gestiegen. Maschinenhaus, Hochreservoir und Verwaltungsgebäude sind durch Telegraphenleitung und elektrische Wasserstandsanzeiger verbunden.

Neustadt a. d. Hardt (Rheinpfalz) mit 10230 Einwohnern hat eine städtische Quellwasserleitung mit natürlichem Gefälle. In neuerer Zeit ist dieselbe in ihrer Leistung durch Ankauf einer 15 Kilom. von der Stadt entfernt liegenden Quelle um das 2½ fache vermehrt.

Neustadt bei Magdeburg hat 24306 Einwohner in 1200 Wohngebäuden und 5886 Haushaltungen. Der kgl. Baumeister Clemens hat dort im Jahre 1859 für Rechnung der Stadt eine Wasserversorgung mit einem Anlagecapital von 350650 Mk. angelegt. Das Wasser wird der Elbe direct entnommen. Es ist aber eine andere Entnahmeart, die aus 3 Brunnen von 3 m. Durchmesser besteht, deren Sohle 5 m. unter

Terrain und 1 m. unter dem tiefsten Wasserstande der Elbe liegt und welche durch 300 m. Thonrohre von 310 mm. Durchmesser verbunden werden, in Bau begriffen.

Zwei liegende doppeltwirkende Maschinen, welche unabhängig von einander sind, haben je 75 Pferdekräfte, arbeiten mit Condensation und haben Schwungräder und Corliss-Steuerung. Die Cylinder haben 550 mm. Durchmesser; der Hub beträgt 0,940 m. und die Umdreh-zahl pro Minute 36. Jede Maschine treibt direct eine horizontale doppeltwirkende Pumpe mit Liederkolben mit Metallringen von 285 mm. Durchmesser und Doppelsitzventilen. Die Saugrohre haben 285 mm., die gemeinschaftlichen Druckrohre 310 mm. Durchmesser. Jede Maschine hat einen gusseisernen Saugwindkessel von 2,3 m. Höhe und 940 mm. resp. 1060 mm. Durchmesser, sowie je einen schmiedeeisernen Druck-windkessel von gleichen Dimensionen. Zwei Cornwall-Kessel von 7,5 m. Länge und 1880 mm. Durchmesser und mit Feuerrohren von 820 mm. Durchmesser geben Dampf von 3 Atmosphären Pressung und werden mit Braunkohlen geheizt. 1875 sind 24470 Centner im Werthe von 21862 Mk. 62 Pf. verbraucht.

Die Pumpstation liegt 300 m. von der Stadt entfernt und es wird das Wasser direct in das städtische Rohrnetz, dessen Länge 9100 m. beträgt, ohne Vorhandensein eines Reservoirs gepumpt. Der Wasser-druck beträgt über dem höchsten Terrainpunkte des Abgabegebietes 15 m. und die Höhendifferenz in diesem Gebiete selbst ist 6,9 m. Die Abgabe ist eine constante. Jm Jahre 1875 sind im Ganzen 835240 kbm. abgegeben und zwar als tägliches Maximum am 13. Aug. 3895 kbm. und als Minimum am 5. September 2316 kbm. Davon ent-fallen auf die Abgabe durch Wassermesser, deren 69, von Siemens & Halske in Berlin geliefert, vorhanden waren, 455213 kbm. 29 Bade-einrichtungen, 38 Watercloset, 6 Privatpissoirs und 23 Privatfontainen waren in Benützung. Im Ganzen wurden 3700 Personen in 148 Wohn-häusern und 740 Haushaltungen mit Wasser versorgt.

Temperaturbeobachtungen und Wasseranalysen werden nicht vor-genommen.

Nachfolgende Aufstellung giebt für die Jahre 1872 und 1873 den Etat für das Wasserwerk.

Etat pro 1872 und 1873.

Betriebsjahre	1872		1873	
Einnahmen.	Mk.	Pf	Mk.	Pf
1. Wasser aus Messern	24000	—	27000	—
dsgl. ohne Messer	6240	—	6300	—
2 Zuschuss aus der Kammereikasse	4200	—	4200	—
3. Pacht und Zinsen	873	—	960	—
Summa	35313	—	38460	—
Ausgaben.	Mk	Pf	Mk.	Pf.
1. Verzinsung von Stadtobligationen	10717	50	9075	—
2 Für Amortisation	5700	—	6000	—
3. Brennmaterial und Beleuchtung	11400	—	12600	—
4. Maschinenunterhaltung, Reparaturen	3000	—	3600	—
5. Besoldungen	942	—	1050	—
6. Löhne	1444	50	1714	50
7. Diverses	106	85	75	—
8. Insgemein	2002	15	4345	50
Summa	35313	—	38460	—

Neustadt (Oberschlesien) mit 12338 Einwohnern in 534 Wohnhäusern und 2620 Haushaltungen wird schon seit längerer Zeit künstlich mit Flusswasser versorgt, welches ohne Filtration direct aus der Prudnick in der Stadt selbst entnommen wird. Die Anlage hat 1876 eine Verbesserung durch Anlage von Dampfbetrieb erfahren. Zwei stehende einfachwirkende Pumpen von 180 mm. Durchmesser und 0,33 m. Hub mit Messingventilen sind bis zur Höhe der Druckventile direct im Wasser aufgestellt und machen, durch Räderübersetzung getrieben, 20 Doppelhübe pro Minute. Sie bringen das Wasser durch ein Rohr von 130 mm. Durchmesser, nachdem es einen gemeinschaftlichen gusseisernen Druckwindkessel von 330 mm. Durchmesser und 0,7 m. Höhe passirt hat, in ein 40 m. davon entfernt auf einem künstlichen Unterbau 18 m. hoch unter Dach aufgestelltes gusseisernes Reservoir von 3,13 m. im Quadrat und 1,55 m. Höhe, also von 13,9 kbm. Inhalt.

Zum Betrieb des Pumpwerkes dient bei Tage eine Locomobile und bei Nacht ein mittelschlägiges Wasserrad. Letzteres hat 3,8 m. Durchmesser bei 0,95 m. Breite. Bei 1,73 m. Gefälle macht dasselbe acht Umdrehungen pro Minute und leistet 5,5 Pferdekräfte. Die Locomobile hat 6 Pferdekräfte und deren Dampfkolben 250 mm. Durchmesser und 0,45 m. Hub. Das Schwungrad soll 120 Umdrehungen pro Minute machen. Der Dampfkessel ist 2,40 m. lang, hat 1000 mm. Durchmesser und Heizrohre von 40 mm. Durchmesser und 1,75 m. Länge, die im Ganzen ausziehbar sind. Die Rostfläche ist 0,36 ☐ m., die Dampfspannung 3 — 4 Atmosphären. Die tägliche Abgabe an Wasser beträgt 260 bis 280 kbm. Dieselbe erfolgt einheitlich und constant, allerdings nur für Brauchwasser, da für das Trinkwasser 16 öffentliche Brunnen mit gutem Wasser vorhanden sind. Eine Einführung des Brauchwassers in die Häuser findet nicht statt; das Wasser gelangt vielmehr an 11 offentlichen Bassins zur Vertheilung. Auch werden 2 öffentliche Fontainen davon gespeist. Die Rohrleitungen sind von Holz von 80 mm. Durchmesser.

Projecte und Anschläge für die Herstellung eines zeitgemässen Wasserwerkes liegen schon seit längerer Zeit vor und es ist dafür Quellwasser in Aussicht genommen. Zweifel an der Ergiebigkeit des in Aussicht genommenen Gebietes haben die Ausführung bis jetzt scheitern lassen.

Neustrelitz (Meklenburg) mit 9000 Einwohnern wird durch gewöhnliche Haus- und Strassenbrunnen mit Wasser versorgt. Zum Strassensprengen und für Feuerlöschzwecke, sowie für eine Fontaine im Schlossgarten ist jedoch eine künstliche Wasserleitung vorhanden.

Die Stadt **Neutitschein** erhält von einem nahegelegenen Berge Quellwasser, welches mittelst einer Rohrleitung bis auf den Hauptplatz der Stadt zugeführt wird. Das Wasser für gewerbliche Zwecke wird einem die Stadt durchfliessenden Arme der Titsch entnommen und findet namentlich für die Tuchfabriken Verwendung.

Nöschenrode (Hessen) wird seit 1869 mit kunstlich unter natürlichem Drucke zugeführtem Wasser versorgt. Die Zuleitungen bestehen aus Steingutrohren und haben 1300 m. Länge von 125, 100 und 75 mm. Durchmesser.

Nordhausen am Harz (Preuss. Sachsen) hat 24000 Einwohner in 2300 Wohngebäuden und circa 4500 Haushaltungen. Für Rechnung der Stadt wurde eine Wasserversorgung von der Actiengesellschaft N e p t u n in Berlin mit einem Kostenaufwande von 750000 Mk. gebaut und Anfangs 1874 in Betrieb gesetzt.

Das Wasser wird 15500 m. jenseits Neustadt am Hohenstein aus dem sogen. Thyra- oder langen Thale durch Kanäle und Brunnen in der Grauwacke 3 bis 10 m. entfernt von der Thyra aus einem Sammelgebiete von $\frac{1}{6}$ ☐ Meile Grösse entnommen und durch eine gusseiserne Leitung von 250 mm. Durchmesser dem unmittelbar vor dem städtischen Rohrnetze liegenden Hochreservoire zugeführt. Letzteres liegt 134 m.

tiefer als die Brunnenstube bei der Thyra und es ist die Zuleitung durch die Anlage eines Theilungsreservoirs bei dem Flecken Neustadt nochmals unterbrochen. Im Thyra-Thale sind 14 Brunnen von 2 m. Durchmesser, die 1,5 m. mit der Sohle unter dem niedrigsten Wasserstande der Thyra liegen und im Boden und in den Seitenwänden durchlässig sind, angelegt; ausserdem sind Kanäle von 0,5 ☐ m. Querschnitt und geschlitzte Thonrohre von 250 mm. Durchmesser zur Wasserfassung verwendet. Die Ergiebigkeit der Quellen betrug im November und im März bis Mai das Maximum und zwar 2200 kbm. pro 24 Stunden, während sie im August und September auf 500 kbm. hinabgesunken ist. Durch Zuzug eines neuen Quellgebietes, welches gleich anfänglich mit in Aussicht genommen war, wird die Leistung zu vergrössern beabsichtigt.

Das Hochreservoir ist 25 m. im Quadrat und hat 4,2 m. Höhe, fasst also 2625 kbm. Dasselbe ist bis zur Wasserstandshöhe im Terrain versenkt, gemauert und überwolbt. Das städtische Rohrnetz hat 16500 m. Länge und das weiteste Rohr davon 300 mm. Durchmesser. Es befinden sich darin 170 Hydranten, 60 Wasserschieber, 6 Freibrunnen und 2 öffentliche Fontainen. Der Druck in dem Rohrnetze ist für die höchsten Terrainpunkte 6 Atmosphären und es beträgt die Höhendifferenz zwischen den verschiedenen Punkten des Abgabegebietes 62 m. Das Rohrnetz ist nach dem Circulationssysteme ausgeführt. Die Wasserabgabe findet constant ohne Trennung von Trink- und Brauchwasser statt.

1874 sind im Ganzen 175000 kbm., 1875 340000 kbm. Wasser abgegeben und es fand die Minimaltagesabgabe in ersterem Jahre im September und zwar von 450 kbm., in letzterem Jahre im August und zwar von 500 kbm. statt. 1874 sind 500 Häuser mit 1000 Haushaltungen und 6000 Personen, 1875 aber 900 Häuser mit 1800 Haushaltungen und 9000 Personen mit Wasser versorgt. Im Jahre 1874 waren 110 Wassermesser, 1875 aber deren 260 vorhanden. Die Zahl der Badeeinrichtungen vermehrte sich in diesen Jahren von 12 auf 46, die der Privatfontainen von 2 auf 8, die der Wassermotoren von 2 auf 4 (von je 1 bis 2 Pferdekräften). Die Wassermesser sind von Siemens & Halske in Berlin und im letzten Jahre auch von Meinecke in Breslau bezogen.

Monatlich werden 10 mal Temperaturbeobachtungen vorgenommen. Während der grössten Wärme im Juni und Juli hat das Wasser in der Brunnenstube 11° C. und im Hochreservoir 10° C. Analysen werden nicht für erforderlich gehalten, da das Wasser fast gleich destillirtem Wasser erscheint.

Der Etat für die Anlage pro 1875 giebt nachfolgende Aufstellung im Ordinarium und im Extraordinarium.

Ordinarium. Einnahmen: 1. Aus der Installation 13500 Mk., 2. aus dem Wasserconsum 46500 Mk., Summa 60000 Mk.

Ausgaben: 1. Instandhaltung der Hauptleitungen, öffentlichen Brunnen, Brunnenstuben etc. 1050 Mk., 2. Installationsaufseher und Materialverwalter 2880 Mk., 3. Geräthe 90 Mk., 4. Gehälter, Remunerationen und Bureaukosten 10620 Mk., 5. Verzinsung und Amortisation 43125 Mk., 6. Strassensprengen und Gossenspülen 1500 Mk., 7. Insgemein 735 Mk., Summa 60000 Mk. —

Extraordinarium. Einnahmen: 1. Aus der städtischen Anleihe von 1500000 Mk. 19500 Mk., Summa 19500 Mk.

Ausgaben: 1. Vervollständigung der Hauptleitung (2730 m. 75 mm. Gussrohr, 10 Hydranten und 5 Schieber) 17545 Mk., 2. Hauptleitung nach den Kreutzen (85 m. 75 mm. Gussrohr und 1 Hydrant) 600 Mk., 3. Unvorhergesehenes 1355 Mk., Summa 19500 Mk.

Nürnberg (Bayern) hat 91019 Einwohner in 6654 Wohnhäusern und 19233 Haushaltungen. Die städtische Wasserversorgung erfolgt von einem Hochreservoire aus, welchem das Wasser durch Pumpwerke von vier verschiedenen Punkten aus zugeführt wird. Die Kosten der jetzigen Anlagen haben 1242672 Mk. betragen und sind für Rechnung der Stadt in der Hauptsache von dem Stadtbaurath S o l g e r ausgeführt. Ausser diesen Anlagen ist eine Quellwasserleitung vom sogen. „Ursprung" projectirt, bei welcher nach den angestellten Messungen auf ein Maximum von 114 Liter pro Secunde oder 9850 kbm. pro 24 Stunden (April und Mai 1876) und auf ein Minimum von 74 Liter pro Secunde oder 6450 kbm. pro 24 Stunden (October 1875) gerechnet werden kann.

Die jetzigen Pumpwerke liefern folgende Wassermengen pro 24 Stunden:

das Pumpwerk	Tullnau . . .	2615,28	kbm.
„ „	Wöhrd . . .	1076,88	„
„ „	Schwabenmühle .	461,52	„
„ „	Nägeleinswerk .	461,52	„
	zusammen also	4615,20	kbm.

oder 53,4 Liter pro Secunde.

Das Pumpwerk Nägeleinswerk entnimmt das Wasser zwei 6 m. tiefen Brunnenschächten, die 3 m. Durchmesser haben. Sie sind in cultivirtem Lande ganz durchlässig in den Seitenwänden hergestellt und liegen in der Sohle 2 m. unter dem niedrigsten Wasserstande der Pegnitz, von der sie circa 20 m. entfernt sind. Ein verticales unterschlägiges Wasserrad von 5,100 m. Durchmesser und 760 mm. Breite von ca. 5 Pferdekräften bei 0,600 m. Gefälle macht 8 bis 9 Umdrehungen pro Minute und treibt durch Räderübersetzung 2 stehende einfachwirkende Pumpen mit Liederkolben mit Lederdichtung und Messingventilen. Die Kolben haben 175 mm. Durchmesser und 0,325 m. Hub. Sie machen 8 bis 9 Doppelhübe pro Minute und haben 31,17 ☐ cm. freien Querschnitt der Ventile und 63 mm. Durchmesser der Saug- und Druckrohre.

Das Pumpwerk Schwabenmühle, welches im Jahre 1858 erbaut ist, wird gleichfalls durch Wasserkraft betrieben. Das Wasser wird aus 2 artesischen Brunnen, welche in der Keuperformation auf 60 m. Tiefe hinuntergetrieben sind und deren Sohle 57 m. tiefer als der nächste Flusslauf liegt, entnommen. 2 unterschlägige verticale Wasserräder von 5,400 m. Durchmesser und 2340 mm. Breite von je circa 12 Pferdekräften bei 0,650 m. Gefälle treiben durch Räderübersetzung 2 liegende doppeltwirkende Pumpen mit Liederkolben und Lederdichtung und gusseisernen Ringventilen mit Kautschuk. Die Kolben haben 225 mm. Durchmesser und 0,80 m. Hub und machen 3 bis 4 Hübe pro Minute. Die Ventile haben 180,4 ☐ cm. freien Querschnitt und die Saug- und Druckrohre 152 mm. Durchmesser.

Das Pumpwerk Tullnau ist 1865 erbaut. Das Wasser wird aus 6 Brunnenschächten, die 6 m. Tiefe und 3 resp. 4 m. Durchmesser haben, gewonnen. Dieselben liegen circa 250 m. von der Pegnitz entfernt in cultivirtem Lande. Ihre Sohle liegt 3 m. tiefer als der Fluss. Das Wasser wird durch Dampfkraft gehoben und es sind dafür 2 eincylindrige, liegende, doppeltwirkende Maschinen mit Schwungrad, Condensation und Expansion vorhanden, welche je 36 Pferdekräfte haben und abwechselnd arbeiten. Die Dampfkolben haben 496 mm. Durchmesser und 0,730 m. Hub. Die Maschinen arbeiten mit 1/6 Füllung, haben Excentersteuerung und Schleppschieber und machen 48 Umdrehungen pro Minute. Jede Maschine treibt 2 liegende doppeltwirkende Pumpen durch Räderübersetzung, welche 12 Doppelhübe pro Minute machen. Sie haben Liederkolben mit Lederdichtung von 291 mm. Durchmesser, welche 0,730 m. Hub haben. Die gusseisernen Ringventile mit Lederdichtung haben 288,4 ☐ cm. freien Querschnitt.

Die Saugrohre haben 190 mm., die Druckrohre 219 mm. Durchmesser. Es ist ein gusseiserner Saugwindkessel von 550 mm. Durchmesser und 1,450 m. Höhe und ein schmiedeeiserner Druckwindkessel von 745 mm. Durchmesser und 3,850 m. Höhe vorhanden. 2 Gegenstromkessel von 1100 mm. Durchmesser und 12,550 m. Länge des Hauptkessels und 790 mm. Durchmesser und 11,100 m. Länge des Sieders liefern den Dampf von 3 Atmosphären Pressung. Jeder Kessel hat 1,5 ☐ m. Rostfläche und 50 ☐ m. Heizfläche. Im Jahre werden 860000 Kilo Zwickauer Kohlen im Werthe von 20900 Mk. verbraucht. Pro Pferdekraft und Stunde sind 2,72 Kilo Kohlen erforderlich.

Das Pumpwerk W ö h r d ist 1873 erbaut und entnimmt das Wasser 3 artesischen Rrunnen von 50 m. Tiefe. 2 liegende doppeltwirkende Pumpen mit Liederkolben und gusseisernen Ringventilen, beide mit Lederdichtung, werden mittelst Räderübersetzung durch ein verticales unterschlägiges Wasserrad von 5,9 m. Durchmesser und 1850 mm. Breite von circa 12 Pferdekräften bei 0,750 m. Gefälle getrieben. Die Pumpenkolben haben 205 mm. Durchmesser und 0,525 m. Hub und machen 14 Doppelhübe pro Minute. Die Ventile haben 152,6 ☐ cm. freien Querschnitt und die Saug- und Druckrohre 125 mm. Durchmesser.

Die Brunnenschächte des Pumpwerks Tullnau liegen 400 m. von der Stadtgrenze entfernt; die übrigen Werke liegen innerhalb der Stadtmarkung.

Das Tullnau- und Schwabenmühlen-Pumpwerk liefern das Wasser direct in das Stadtrohrnetz mit 30 m. Druck. Das Pumpwerk Wöhrd liefert das Wasser in ein auf der Burg gelegenes Reservoir unter 42 m. Druck, welches von hier aus in das Rohrnetz eingeleitet die höher gelegenen Stadttheile versorgt. Das Nägeleinswerk hat einen Wasserthurm und eine eigene Leitung für einen kleinen Theil der Stadt.

Im städtischen Rohrnetze, also in der Stadt selbst, befindet sich ein in den Felsen eingehauenes Hochreservoir, welches gemauert und überwölbt ist. Es hat 28 m. Länge, 27 m. Breite und 2,6 m. Höhe und fasst 1815 kbm. Wasser. Dieses Reservoir liegt 38 m. über dem Gewinnungsorte des Wassers.

Das städtische Rohrnetz hat 25570 m. Länge und das weiteste Rohr desselben 250 mm. Durchmesser. In der inneren Stadt ist es nach dem Circulations-, in der äusseren nach dem Verästelungssysteme angelegt. 155 Hydranten, 126 Wasserschieber, 5 öffentliche Fontainen, 75 Freibrunnen und 11 öffentliche Pissoirs mit 40 Ständen, die täglich zur Spülung 35,37 kbm. Wasser consumiren, sind vorhanden. 1482 Gebäude werden mit Wasser versorgt.

Temperaturbeobachtungen finden nicht regelmässig statt. Analysen werden gleichfalls nicht regelmässig vorgenommen. Verschiedene vom Dr. Kämmerer, Professor der Chemie, ausgeführte frühere Analysen ergaben folgende Resultate:

In 1 Liter Wasser gr.	Tullnau	Schwaben-mühle	Wöhrd	Mohrenthor-graben
Fester Ruckstand bei 170° C.	0,0673	0,7724	0,1904	0,8024
Chlor	0,0047	0,1631	0,0055	0,1250
Schwefelsäure . . .	0,0081	0,0533	0,0081	0,0696

Nussdorf (Baden) hat 1100 Einwohner und liegt 357 m. über dem Meere auf einem wasserlosen Bergrücken. Die von dem Oberbaurath v. Ehmann ausgeführte Wasserversorgung ist am 25. Juli 1867 eröffnet. Die auf 77143 Mk. incl. Grunderwerb, Entschädigungen etc. veranschlagte Anlage ist bedeutend billiger in der Ausführung geworden. Zwei im Riether Thale gelegene Quellen sind einem Hauptsammler und von da dem Thale entlang durch eine 916 m. lange eiserne Leitung einem Sammelbassin von 28 kbm. Inhalt zugeführt. In der darüber befindlichen Pumpstation befindet sich eine Dampfmaschine von 10 Pferdekräften, die ein doppeltes, vertical wirkendes Pumpwerk in Bewegung setzt. Das Wasser wird von hier durch eine 1872 m. lange Leitung von 89 mm. Durchmesser in ein 120 m. über dem Wasserstande des Sammlers liegendes Hochreservoir gepumpt. Von hier führt eine circa 800 m. lange Leitung das Wasser den öffentlichen Brunnen und den Hausleitungen zu. Die Pumpen liefern pro Stunde 10 kbm. Wasser und es betragen die gesammten Betriebskosten pro kbm. circa 9 Pfennig.

Oberhausen a. d. Ruhr (Rheinpreussen) hat 15000 Einwohner und wird seit 1873 von der Oberhausener Wasserwerks-Actiengesellschaft mit Wasser versorgt. Die Anlage ist für ein tägliches Maximalquantum von 4700 kbm. berechnet und hat 360000 Mk. gekostet. Das Wasser wird 2550 m. von der Stadt entfernt aus einem Brunnen von 7,85 m. Durchmesser entnommen, welcher 65 m. von der Ruhr entfernt und auf 7,53 m. Tiefe unter Terrain abgeteuft ist. Derselbe ist in der Sohle und in den Seitenwänden bis zum höchsten Wasserstande der Ruhr durchlässig. Das Wasser wird durch 2 Dampfmaschinen von je 50 Pferdekräften direct in das Rohrnetz eingeführt, da kein Hochreservoir vorhanden ist, und hat hier einen Druck von

4 Atmosphären über dem höchsten Terrainpunkte. Die Maschinen sind liegend, eincylindrig und doppeltwirkend und arbeiten mit Schwungrad, Condensation und Expansion (mit $^1/_4$ Füllung). Sie machen 6 bis 7 Doppelhübe pro Minute und haben Schiebersteuerung. Die Kolben haben 654 mm. Durchmesser und 1,100 m. Hub. Sie treiben direct je eine doppeltwirkende Pumpe mit Ventilkolben von 366 mm. Durchmesser und mit Glockenventilen. Kolbenliederung und Ventile sind von Metall. Die Saug- und Druckrohre haben 314 mm. Durchmesser. Jede Maschine hat horizontale Saug- und Druckwindkessel. Die Saugwindkessel sind von Gusseisen und haben 900 mm. Durchmesser bei 2,800 m. Länge. Die Druckwindkessel sind von Schmiedeeisen und haben 1200 mm. Durchmesser bei 3,400 m. Länge. Zwei Dampfkessel liefern den Dampf von $3^1/_2$ Atmosphären Pressung. Sie bestehen jeder aus einem horizontalen cylindrischen Oberkessel von 1330 mm. Durchmesser und 7,846 m. Länge und zwei Siedern von 6,539 m. Länge bei 785 resp. 732 mm. Durchmesser. Jeder Kessel hat 55,7 ☐ m. Heizfläche. Als Brennmaterial dient Steinkohle und es soll der Verbrauch davon pro Pferdekraft und Stunde 1,1 Kilo betragen. Der jährliche Verbrauch an Kohlen ist 1875 490850 Kilo gewesen, die 114 Mk. pro 1000 Kilo kosten.

Das Stadtrohrnetz ist nach dem Circulationssysteme angelegt und hat 5820 m. Länge. Das weiteste Rohr hat 314 mm. Durchmesser und es sind 9 Hydranten und 26 Wasserschieber vorhanden. Die Wasserabgabe erfolgt constant und für Brauch- und Trinkwasser ungetrennt. Dieselbe hat 1875 401285 kbm. betragen und es war das tägliche Durchschnittsquantum aus dem Monatsmaximum 1170 kbm. und aus dem Monatsminimum 926 kbm. 75 Grundstücke wurden mit Wasser versorgt und es waren 9 Badeeinrichtungen, 15 Watercloses, 6 Privatfontainen und 4 Privatpissoirs vorhanden. Durch 20 Wassermesser, die von Siemens & Halske in Berlin und Fischer & Stiel in Essen geliefert sind, wurden 369285 kbm. Wasser abgegeben, während die Gesammtabgabe für technische Gewerbe 375405 kbm. betrug.

Nach einer Untersuchung von J. Bellingrodt enthält das Wasser in 100000 Theilen 37 Theile Gesammtrückstand, wovon 5,9 Theile schwefelsaurer und 5,4 Theile kohlensaurer Kalk sind.

In **Oels** (Schlesien) besteht seit langer Zeit eine alte Wasserwerksanlage. Dieselbe ist 1875 völlig umgebaut. Das Wasser wird mittelst eines Hebewerkes einem Bache entnommen und der Stadt zugeführt.

Für **Oelsnitz** (Sachsen) mit 5680 Einwohnern ist 1874 von der

Firma J. & A. Aird in Berlin für Rechnung der Stadt eine künstliche Wasserversorgung hergestellt. Die Anlage hat 39000 Mk. gekostet.

Offenbach a. Main (Hessen-Darmstadt) hat 26100 Einwohner in 1400 Wohnhäusern. Die Anlage zur Wasserversorgung ist 1873 von J. & A. Aird in Berlin für Kosten der Stadt gebaut; die weiteren Bauten nach dieser Zeit sind jedoch in eigener Regie nach dem zeitweiligen Bedarf weitergeführt. Die Anlage ist für ein Maximalquantum von 4600 kbm. pro Tag ausreichend.

Die Leitung wird durch mit natürlichem Drucke zufliessende Quellen gespeist. Die bis jetzt gefassten Quellen haben im Monat Januar ein Maximalquantum von 4600 kbm. pro Tag ergeben, während in der trockensten Jahreszeit im Jahre 1874 der Zulauf auf 2730 kbm. hinabsank. Von dem disponibelen 12 Millionen ☐ m. umfassenden Sammelgebiete, welches 3000 bis 5700 m. vom Main entfernt liegt, wurden bis jetzt circa zwei Drittel in die Quellenfassung hineingezogen. Das Sammelgebiet ruht auf einem undurchlässigen Lettengrunde, der 0,5 bis 5 m. hoch mit Humusboden und thonigem Sande bedeckt ist. Die Filtration des Wassers geschieht durch eine Kiesumschüttung der Sammelrohre, sowie durch in die Sammelrohrstränge eingeschalteten Brunnen zum Auffangen des mitgenommenen Triebsandes, der sogen. Fangbrunnen, deren 28 von je 1 m. Durchmesser ausgeführt sind. Die Quellenfassungsstränge werden von Fassungsbrunnen aufgenommen, deren 5 Stück von 1,6 m. Durchmesser ausgeführt sind. Sämmtliche Brunnen haben eine durchschnittliche Tiefe von 2 m. unter Terrain. Die Länge der Quellenfassungsstränge bis zum Reservoir beträgt 8972 m. Letzteres liegt 2225 m. von der Stadt entfernt und vor dem städtischen Rohrnetze. Es ist gemauert, in das Terrain versenkt und überwölbt. Der Fassungsraum dieses Reservoirs beträgt 2500 kbm. und es liegt der Wasserspiegel desselben 21,7 m. über dem Nullpunkt des Mainspiegels, während die Höhenlage des Strassenniveaus der Stadt zwischen 5 m. und 12 m., und in dem Haupttheile 7 m. über diesem Nullpunkte liegt. Das Hauptzuführungsrohr zur Stadt hat 400 mm. Durchmesser. Das städtische Rohrnetz ist nach gemischtem Systeme ausgeführt und hat 21000 m. Länge, 110 Hydranten, 93 Wasserschieber und 66 Freibrunnen. Die Wasserabgabe an Private findet nur durch Wassermesser statt. Bis Ende 1875 waren 470 Häuser angeschlossen und im Ganzen 525 Wassermesser aufgestellt, welche sämmtlich von Siemens & Halske in Berlin bezogen waren. Im ersten Betriebsjahre 1873 sind an Private abgegeben 50600 kbm., 1874 102500 kbm. und

1875 129000 kbm.　Ausserdem werden die·städtischen Gebäude und
natürlich auch die Freibrunnen mit Wasser versorgt, worüber keine
Controle geführt wird.

Der gesammte Monatsconsum hat, wie folgende Tabelle in kbm.
angiebt, in den verschiedenen Jahren betragen:

	1873	1874	1875	1876
Januar	—	7735	8006	10635
Februar	—	6230	7788	10899
Marz	883	7837	9741	11791
April	2032	8253	10167	10845
Mai	3505	8472	10278	15096
Juni	4929	8741	11014	14281
Juli	6060	9917	11057	16448
August	6793	9383	12877	16631
September	5752	9177	12386	11080
October	6856	9345	10853	—
November	6439	9769	10932	—
December	7387	7699	10357	—

Eine Analyse des Wassers ist vor Beginn der Arbeiten (1871)
vom Dr. Th. Petersen in Frankfurt a. M. ausgeführt; später sind
solche nicht wiederholt worden. Im Wasser des Hainbaches fanden
sich 0,126 Theile, in dem des Wildhofsbaches 0,092 Theile Gesammtrückstand in 1000 Theilen Wasser, wovon je $\frac{1}{8}$ organische Substanz
war. Als mineralische Bestandtheile werden hauptsächlich kohlensaurer
Kalk und wenig Gyps, Magnesia und Alkalisalze angegeben; ferner
Ammoniak und salpetrige Säure fast Null, Salpetersäure merklich,
doch gering in beiden Wassern und in ersterem Schwefelwasserstoff
fast Null, organische Bestandtheile nicht ganz unerheblich, in letzterem
Spur und noch etwas mehr. Das Urtheil über beide Quellen lautet,
dass das Wasser sehr arm an mineralischen Stoffen sei, also keinen
Kesselstein bilden würde. Auch die organischen Stoffe, wenn auch
merklich, sind in relativ so geringer Menge vorhanden, dass sie keine
schädliche Wirkung beim Genusse ausüben, um so mehr, wenn das
Wasser noch durch Kies filtrirt wird. Seinen recht angenehmen Geschmack verdankt das Wasser der nicht unerheblichen freien und halb-
gebundenen Kohlensäure.

Die gesammten Anlagekosten betrugen:

Betriebsjahr	Ende 1874		Ende 1875	
	Mk.	Pf.	Mk.	Pf.
a für Entschädigungen, Grunderwerb etc	61504	83	61756	83
b. für das eigentliche Wasserwerk	542005	85	586863	17
c für Wassermesser und Einführungen	62599	34	74931	01
Summa	666110	02	723551	01

Die Anlagekosten werden Ende 1876 sich um 12—14000 Mk. erhöht haben.

Die Kosten für das eigentliche Wasserwerk betragen: Quellfassung mit Sammelröhren und Brunnen 91807 Mk. 39 Pf., Reservoir 60857 Mk. 14 Pf., Ableitung des Ueberfallwassers aus dem Reservoir 11432 Mk. 58 Pf., Hauptzuleitung zur Stadt 101078 Mk. 57 Pf., Stadtrohrnetz Ende 1874 276830 Mk. 17 Pf., Stadtrohrnetz Ende 1875 321987 Mk. 49 Pf.

Die Einnahmen haben betragen im ersten Betriebsjahre 1873 19992 Mk. 20 Pf., 1874 36402 Mk. 83 Pf. und 1875 46784 Mk. 98 Pf. ohne Berechnung des Wassers für öffentliche und städtische Zwecke.

Die Unterhaltung der öffentlichen Brunnen, die Controle des Werkes und des Wasserverbrauches hat 1874 incl. Buchführung 4478 Mk. 98 Pf. gekostet. 1875 ist diese Summe auf 7866 Mk. 70 Pf. gestiegen wegen nöthiger Reinigung der Fang- und Fassungsbrunnen und wegen der Wassermesser-Reparaturen. Diese Ausgaben werden sich für die Folge auf circa 10000 Mk. stellen, von denen 4000 Mk. auf die Unterhaltung des Werkes, der Rest auf die Reparaturen der Wassermesser etc. entfallen.

Ohlau (Schlesien) mit 8500 Einwohnern besitzt seit 1856 eine künstliche Wasserversorgung. Ein Pumpwerk wird von einem Wasserrade an der Ohle, welche die Stadt durchfliesst, getrieben. Dasselbe besteht aus 3 Pumpen von 225 mm. Kolbendurchmesser und 1,4 kbm. Maximalleistung pro Minute. Um im Hochsommer einen Wassermangel zu vermeiden, ist 1874 eine zweite Anlage gemacht, die aus einer liegenden 12 pferdigen Dampfmaschine besteht und 4 Pumpen von 285 mm. Kolbendurchmesser betreibt. Die Maximalleistung beträgt pro Minute 2,5 kbm. Die technische Leitung der Anlage ist mit der der Gasanstalt verbunden.

Ohrdruft (Sachsen) hat 5627 Einwohner in 711 Wohnhäusern und 1210 Haushaltungen. Eine für Rechnung der Stadtgemeinde vom Geh. Baurath Henoch erbaute Wasserversorgung wurde im Herbst

1874 eröffnet. Dieselbe hat 150000 Mk. bei einer Maximalleistungsfahigkeit von 900 kbm. pro Tag gekostet. 300 Wohnhäuser mit 600 Haushaltungen hatten sich bis 1875 angeschlossen. Das städtische Rohrnetz hat 5000 m. Länge, 45 Hydranten, 24 Wasserschieber und als stärkstes Rohr ein solches von 200 mm. Durchmesser. Fur dasselbe ist das Circulationssystem angewendet. Der mittlere Druck in dem städtischen Rohrnetze beträgt 35 m. Die Terrainhöhen in der Stadt schwanken um circa 8 m. und es ist der effective Druck über dem höchsten Terrainpunkte 32 m. Die Wasserabgabe ist constant ohne Trennung von Trink- und Brauchwasser.

Das Wasser wird 4150 m. von der Stadt entfernt aus natürlichen Quellen im Porphyrgebirge gewonnen und durch natürlichen Druck einem hinter dem städtischen Rohrnetze liegenden Hochreservoire, welches 5780 m. von den Quellen und 1630 m. von der Stadt entfernt liegt, zugeführt. Dasselbe hat eine Grundfläche von 11,4 m. im Quadrat und es beträgt der Wasserstand darin 2,8 m., so dass dasselbe 340 kbm. fasst. Es ist gemauert und überwölbt.

Die Maximal- und Minimalergiebigkeit der Quellen ist noch nicht genau ermittelt; die Ergiebigkeit scheint aber eine annähernd constante zu sein. Specielle Analysen sind nicht vorgenommen. Die Temperatur schwankt zwischen 5 und 9° C.

Olmütz (Mähren) mit 17000 Einwohnern besitzt eine alte, künstliche Wasserversorgung, worüber nähere Mittheilungen jedoch fehlen.

Oppeln (Schlesien) mit 13000 Einwohnern hat eine alte, theils aus hölzernen, theils aus eisernen Röhren bestehende Leitung, die Quellwasser unter natürlichem Druck 5 öffentlichen Pumpenbrunnen zuführt, jedoch in den heissen Sommermonaten diese nicht genügend versorgen kann. Die Armuth der Stadtkasse verhindert aber leider eine Aenderung dieses Zustandes.

In **Osnabrück** (Hannover) mit 30000 Einwohnern besteht bislang keine künstliche Wasserversorgung. Es ist jedoch eine Commission mit der Aufsuchung eines guten und quantitativ genügenden Quell- oder Grundwassers Seitens der Stadt beauftragt.

Osterode am Harz (Hannover) hat 5501 Einwohner in 632 Wohnhäusern und 1299 Haushaltungen. Die Wasserversorgung ist vom Oberingenieur Clauss zu Braunschweig auf Kosten der Stadt gebaut und 1871 in Betrieb gesetzt. Die Anlagekosten betragen 108295 Mk.

Das Wasser wird durch natürlichen Druck zugeführt. Eine starke und zwei schwache Quellen im Kalkstein und Thonschiefer geben ein

tagliches Maximalquantum von 360 kbm. (im März und April) und
ein Minimalquantum von 150 kbm. (von October bis December). Dieses
Wasser wird durch Thonrohre zu einem circa 80 m. entfernten Reservoire geleitet, welches 2480 m. von der Stadt entfernt liegt. Ausser
dem Quellwasser kann dem Reservoire noch wildes Wasser aus einem
Gebirgsbache zugeführt werden, wovon bei Wassermangel Gebrauch
gemacht wird. Das Wasser dieses Baches, des Agenkebaches, ist eine
künstliche Ableitung des Rehhagenbaches und wird vorher in einem
oberhalb des Hochreservoirs liegenden Filter von 9 m. Länge, 5 m.
Breite und 2 m. Tiefe filtrirt. Dieses Filter ist durch Zwischenmauern
in drei gleiche Theile getheilt und oben mit Dielen zugedeckt. Diese
Abtheilungen sind mit einer 1 m. starken Kieslage mit von unten nach
oben abnehmender Korngrösse ausgefüllt und es ist stets nur eine derselben in Benützung. Den Filtern wird das Wasser durch eine 750 m.
lange Asphaltrohrleitung von 80 mm. Durchmesser aus dem Agenkebache
zugeführt. Der Zweck der Filtration ist nur das Zurückhalten grober
schwimmender Theile.

Das Hochreservoir ist ebenso wie die Filter aus Bruchsteinen in
Kalk gemauert und mit Cement geputzt. Es ist in die Erde einge-
lassen und überwölbt. Dasselbe hat 14,6 m. im Quadrat und 2,6 m.
Höhe und fasst circa 500 kbm. Wasser. Der Druck in der Leitung
beträgt für den niedrigsten Punkt der Stadt 61,24 m., für den höchsten
39,01 m. Das weiteste Rohr hat 155 mm. Durchmesser. Das städtische
Rohrnetz, welches nach dem Verästelungssysteme angelegt ist, hat
4380 m. Länge. Es befinden sich darin 49 Hydranten und 26 Schieber.
Die Zahl der Freibrunnen ist von 11 Stück im Jahre 1871 auf 8 Stück
1875 reducirt. Es ist eine öffentliche Fontaine und ein öffentliches
Pissoir vorhanden. In 345 Wohnhäuser ist das Wasser eingeführt.
An Wassermessern ohne Schmutzkasten (von Siemens & Halske in
Berlin) waren 1871 6 Stück vorhanden, deren Zahl aber auf 11 bis
1875 gestiegen ist. Die Abgabe aus diesen betrug im Jahre 1871
5411 kbm., 1872 7248 kbm., 1873 13876 kbm., 1874 12022 kbm.,
1875 18089 kbm.

Die Stadtkasse zahlt für das derselben jährlich für öffentliche
Zwecke abgegebene Wasser an die Wasserwerkskasse 2100 Mk.

Das Wasser der Quellen soll fast ganz rein sein und nur etwas
Eisen haben. Auch soll das Bachwasser von sehr guter Qualität sein.
In den Dampfkesseln soll sich kein Kesselstein, sondern nur etwas
erdiger Schlamm absetzen. Analysen sowie Temperaturbeobachtungen

wurden nicht eingesandt und werden auch nicht regelmässig vorgenommen.

In **Ostrau** (Mähren) mit 12000 Einwohnern besteht eine städtische
Wasserversorgung, durch welche die in der Nähe von Witkowitz zu-
sammengefassten Quellen der Stadt zugeführt werden. Nähere Mittheilungen liegen nicht vor.

Ottensen (Holstein) hat 12356 Einwohner in 850 Wohnhäusern
und 2893 Haushaltungen. Die Wasserversorgung erfolgt durch die
Gas- und Wasserwerksgesellschaft in Altona.

Paderborn (Westfalen) mit 12893 Einwohnern besitzt ein Wasserwerk, welches das Wasser aus dem unteren Theile der Stadt in den
höher gelegenen, welcher arm an Wasser ist, durch eine Druckpumpe
befordert. Das Wasser wird 18,6 m. hoch auf 500 m. Entfernung in
ein Hauptreservoir gepumpt und von hier vertheilt. Die Leistung des
Werkes beträgt 340 kbm. pro 24 Stunden.

Pfallendorf (Baden) besitzt eine vom Oberbaurath v. Ehmann
ausgeführte Wasserversorgung. Das Wasser wird mit Dampfkraft
künstlich gehoben. Nähere Mittheilungen fehlen.

Pforzheim (Baden) hat 24000 Einwohner in 1525 Wohngebäuden
und 4134 Haushaltungen. Für Rechnung der Stadt ist von dem Oberbaurath v. Ehmann eine Wasserversorgung mit einem gesammten Kostenaufwande von circa 1200000 Mk. erbaut und in dem Jahre 1875/76 dem
Betriebe übergeben. Durch dieselbe wird Quellwasser aus dem bunten
Sandstein mit natürlichem Druck der Stadt zugeführt. Die Arbeiten
sind von den General-Unternehmern Gebr. Benkieser in Pforzheim
ausgeführt.

Die Quellen liegen in dem 8,5 Kilom. von der Stadt entfernten
Grösselthale, welches in das Enzthal mündet. Es sind zwei Quellen,
die Jaxtquelle und die Reichstetter Quelle gefasst. Erstere ist 77,75 m.
über der Sohle des auf dem Weiherberge erbauten Hochreservoirs
durch einen 5 m. langen Stollen erschlossen und durch einen fest an
den Felsen angeschlossenen Kanal von 1,5 m. Höhe und 0,75 m. Breite
gefasst. An diesen schliessen sich zu beiden Seiten Kanäle von 13 m.
resp. 28 m. Länge, welche nach der Bergseite durchlässig, sonst aber
wasserdicht hergestellt sind, an.

Die Reichstetter Quelle liegt 400 m. von der Jaxtquelle entfernt
und entspringt 29,4 m. tiefer als diese. Zum Fassen der Quelle sind
mehrere grössere und kleinere Stollen hergestellt. Der grösste derselben ist 15 m. lang, 1,8 m. hoch und 1,0 m. breit. Zur Sammlung

der verschiedenen Quellenausbruche ist eine 24 m. lange Sammelgallerie langs des Berganbruches ausgeführt. Am oberen Ende dieser Gallerie, an der Einmündung des Hauptstollens befindet sich ein Schlammschacht zur Ablagerung des Sandes und am unteren Ende ein Sammelbehälter von 5 m. Länge, 4 m. Breite und 4 m. Höhe, welcher überwölbt ist.

Die beiden Quellenstuben sind durch eine eiserne Leitung von 230 mm. Durchmesser und 422,65 m. Länge verbunden. Vom älteren Sammler führt eine 8680 m. lange eiserne Leitung von 356 mm. Durchmesser zu dem erwähnten Reservoir auf dem Weiherberge mit einem gesammten Gefälle von 48,35 m. In derselben befinden sich zur Spülung und Entlüftung 8 Schlammkästen mit Lufthähnen und Ablassvorrichtungen, sowie 77 Streifkästen, von welchen 37 mit Lufthähnen versehen sind. Diese Kästen sind gemauert. Ausserdem sind an 2 Stellen Absperrschieber in der Leitung angebracht. Das Hochreservoir liegt 60 m. über dem Marktplatze, 35 m. über dem Bahnhofsplanum und 66 m. über der Altstädter Brücke. Dasselbe ist ganz in den Berg eingebaut und besteht aus 2 Abtheilungen von zusammen 2438 kbm. Fassungsraum. Es misst im Lichten 34,5 m. in der Länge, 25,5 m. in der Breite und hat 3 m. Wasserhöhe. Von hier führt eine Leitung von 917 m. Länge und 300 mm. Durchmesser zur Stadt.

Die Wasserabgabe erfolgt unter einheitlichem Druck, constant und ungetrennt für Trink- und Brauchwasser. Das städtische Rohrnetz hat incl. der Zuleitungen 29610 m. Länge und ist combinirt aus Circulation und Verästelung. In demselben befinden sich 124 Schieber und 330 Hydranten. Letztere liegen in gemauerten Schächten, in denen sich ausserdem die Anschlüsse der Privatleitungen für je 6 Grundstücke befinden.

Oeffentliche Fontainen und Pissoirs existiren nicht. Es sind jedoch 13 öffentliche Brunnen aufgestellt. 1876 waren 2990 Haushaltungen in 1100 Häusern mit 17300 Personen angeschlossen. Es sind in diesem Jahre 17692 kbm. Wasser durch 36 von Siemens & Halske in Berlin gelieferte Wassermesser und im Ganzen circa 473040 kbm. abgegeben. Als tägliches Maximum betrug die Abgabe im August circa 1350 kbm. und als Minimum im Januar 1877 1080 kbm. Die Abgabe für technische Gewerbe betrug 1876 im Ganzen 12850 kbm. 24 Waterclosets und 79 Badeeinrichtungen, sowie 1 Privatpissoir und 2 Wassermotoren von Wyss & Stuten in Zürich von zusammen einer Pferdekraft waren in Benützung.

Die Maximalergiebigkeit der Quellen hat im Februar 1877 9752 kbm. und die Minimalergiebigkeit im November 1876 2592 kbm. betragen.

An den heissesten Sommertagen bei 25 ° C. Lufttempeiatur betrug die Temperatur des Wassers in den Quellenstuben 8,8° C., im Hochreservoir 10° C. und in der Stadt 12,5 bis 15° C.

Die Anlagekosten stellen sich wie folgt zusammen: obere Quellenfassung 9712 Mk. 86 Pf., untere Quellenfassung 27401 Mk. 13 Pf., Verbindungsleitung zwischen den Quellen 12205 Mk. 57 Pf., Hauptzuleitung 361955 Mk. 76 Pf., Hochreservoir 119404 Mk. 57 Pf., Strassenrohrnetz 379041 Mk. 22 Pf., Flussübergänge 58486 Mk. 34 Pf., Privatzuleitungen 53451 Mk. 92 Pf., Rohrnetzerweiterungen 10883 Mk. 30 Pf., Wegeplanie 8998 Mk. 18 Pf., Grundablassdohlen 9062 Mk. 58 Pf., Diverses 1415 Mk. 55 Pf., Bauleitungskosten 23717 Mk. 73 Pf., Grunderwerb, Vorarbeiten, Wiederherstellung der Strassen etc. 199206 Mk. 27 Pf., davon ab für diverse Einnahmen 80821 Mk. 69 Pf., bleibt Gesammtanlagekosten 1194124 Mk. 29 Pf.

Der Betrieb ist am 1. Nov. 1875 eröffnet und es haben bis zum 1. Jan. 1877, also in 14 Monaten betragen: die Einnahmen 97161 Mk. 5 Pf., die Ausgaben 95905 Mk. 98 Pf., mithin der Ueberschuss 1255 Mk. 7 Pf. Durch Hinzurechnung der Ausstände für Privatleitungen und des für solche beschafften Materiales, sowie verschiedener für dauernde Betriebseinrichtungen gemachter Ausgaben vergrössert sich dieser Ueberschuss auf 10419 Mk. 35 Pf. Hierbei ist jedoch zu beachten, dass das erste Betriebsjahr nicht massgebend, da die Trennung zwischen Bau und Betrieb während dieser Zeit nicht streng durchführbar ist.

Plauen (Sachsen) hat 28750 Einwohner und 1595 Wohngebäude mit 5695 Haushaltungen. Der Stadt wird das Wasser durch zwei Quellwasserleitungen zugeführt, von denen die eine, die Messbacher Leitung, im Jahre 1865, die andere, die Syrauleitung, im Jahre 1874 hergestellt ist. Die Anlagen sind beide vom Geh. Baurath H e n o c h für Rechnung der Stadt mit einem Kostenaufwande von 620000 Mk. hergestellt und liefern zusammen 3400 kbm. Wasser pro Tag als Maximum.

Das Sammelgebiet der Messbacher Leitung hat 157 Ha. Grösse. Die Quellen, über 50 an der Zahl, befinden sich im Grauwackenschiefer und liegen 7000 m. von der Stadt entfernt. Das Wasser wird einem 4750 m. von den Quellen entfernt und 2250 m. vor der Stadt liegenden gemauerten und überwölbten Hochreservoire von 19,5 m. Länge und 18,5 m. Breite zugeführt, welches 600 kbm. Wasser fasst. Die Syrauer Leitung hat zur Speisung ein Quellgebiet von 62,41 Ha. Grösse, welches 5688 m. von der Stadt entfernt liegt. Ihre Ergiebigkeit ist in Maximo 1900 kbm., während die der Messbacher Leitung 1500 kbm.

beträgt. Im Ganzen sind 61 Brunnen von 1 bis 2,5 m Durchmesser und durchschnittlich 1,5 m. Tiefe hergestellt, sowie ferner zum Sammeln des Wassers verschiedene Längen durchlochter Thonrohre von 70 mm. bis 160 mm. lichter Weite angewendet. Für die Syrauer Leitung ist ein gleichfalls überwölbtes Hochreservoir von 20 m. im Quadrat und 1200 kbm. Fassungsraum 5088 m. von den Quellen und 600 m. von der Stadt entfernt hergestellt. Die Wasserabgabe erfolgt intermittirend, ist aber für Trink- und Brauchwasser vereinigt.

Das städtische Rohrnetz ist nach dem Verästelungssysteme hergestellt. Die beiden verschiedenen Leitungen sind stellenweise verbunden. Das weiteste Rohr hat 200 mm. Durchmesser und die ganze Leitung 18505 m. Länge. Bis zum Jahre 1874 betrug die Zahl der Hydranten 92, die der Schieber 33 und die der Freibrunnen 29. Durch die neuen Anlagen ist aber 1875 die Zahl der Hydranten auf 151, die der Schieber auf 56 und die der Freibrunnen auf 36 gewachsen. Auch ist eine öffentliche Fontaine hergestellt.

Folgende Tabelle giebt für die Jahre 1871 bis 1875 die gesammte Wasserabgabe, die Abgabe für öffentliche Zwecke, die Abgabe für gewerbliche Zwecke (letztere ausschliesslich durch Wassermesser, welche sämmtlich von Siemens & Halske in Berlin geliefert, entnommen), die Zahl der vorhandenen Wassermesser, sowie die Zahl der mit Wasserleitung versehenen Wohnhäuser und Haushaltungen:

Betriebsjahr	1871	1872	1873	1874	1875
Abgabe im Ganzen kbm.	93000	95000	100000	110000	160000
dsgl für öffentl. Zwecke kbm	4000	5000	5000	6000	6000
dsgl. durch Messer kbm	3401	4048	7281	13142	24621
Zahl der Messer	7	10	31	48	127
Zahl der Wohnhäuser	380	403	433	470	602
Zahl der Haushaltungen	636	676	761	910	1115

Es sind 12 Waterclosets, 33 Badeeinrichtungen und 25 Privatpissoirs eingerichtet.

Ueber die Qualität des Wassers, welche nicht regelmässig geprüft wird, wird bemerkt, dass das Wasser der einen Quelle 7 Theile, das der anderen 6,7 Theile Kalk und Magnesiasalze in 100000 Theilen Wasser enthält. Ausserdem findet sich in demselben schwefelsaurer Kalk und geringe Spuren Chlor und Kali, meistens als Chlorkalium. Als bleibende Härte wird 4° angegeben. Sowohl für technischen als für Trinkgebrauch wird das Wasser als sehr gut bezeichnet.

In **Pilsen** (Böhmen) mit 23000 Einwohnern ist ein Wasserwerk, als dessen Betriebskraft ein Wasserrad dient, mittelst welchem das Wasser in ein hochgelegenes Reservoir gehoben wird, vorhanden. Von diesem Reservoir aus wird das Wasser den in der Stadt vertheilten Rohrkästen zugeführt und hier entnommen.

Pirna (Sachsen) mit 10800 Einwohnern hat eine städtische Wasserleitung. Das Wasser wird durch Quellenfassung gesammelt und mit natürlichem Gefälle der Stadt zugeführt.

In **Pössneck** (Sachsen-Meiningen) mit 7000 Einwohnern wird das Wasser auf den umliegenden Bergen gesammelt und der Stadt durch Rohre zugeleitet.

Posen (Preussen) hat 60790 Einwohner incl. 6059 Mann Militär in 1381 Wohnhäusern (incl. 36 Militäranstalten) und 11847 Haushaltungen. Das Wasserwerk ist im Jahre 1865 in Betrieb gesetzt und auf Kosten der Stadt vom Oberbaurath M o o r e für 540000 Mk. für ein tägliches Maximalwasserquantum von 22000 kbm. erbaut worden.

Das Wasser wird der Warthe innerhalb der Stadt, jedoch am oberen Theile derselben, direct entnommen, durch Filterpumpen auf Sandfilter gehoben und später durch Druckpumpen dem städtischen Rohrnetze zugeführt. Hinter diesem liegt 1390 m. von der Grenze der Stadt und 3300 m. von der Pumpstation entfernt zur Ausgleichung des Consums dem gepumpten Quantum gegenüber sowie als Reserve ein Hochreservoir. Ausser dieser Flusswasserleitung ist aber noch eine allerdings unbedeutende Quellwasserleitung vorhanden, die von einem Höhenzuge bei Posen circa 25 m. über Null des Warthepegels gespeist wird.

Das Warthewasser wird ohne vorherige Klärung den beiden Filtern von zusammen 1120 ▢ m. Oberfläche, welche mit Dachpappe überdacht sind, zugeführt. Die Sohle derselben besteht aus Sammelkanälen, über welchen 314 mm. dick Kies in der Grösse von Hühnereiern, darüber 314 mm. solcher in der Grösse von Wallnüssen, darüber 314 mm. solcher in der Grösse von Haselnüssen bis Erbsen und darüber endlich eine 628 mm. dicke Sandschicht von 1 bis 2 mm. Korngrösse liegt. Eine Reinigung der Filter muss im·Sommer wöchentlich, im Winter jedoch nur in Zwischenräumen von 6 bis 8 Wochen erfolgen. Bei jeder Reinigung wird eine circa 30 mm. dicke Sandschicht abgenommen und es tritt eine Erneuerung des Sandes ein, wenn die Sandschicht nur noch circa 400 mm. stark ist. Im Sommer reinigt ein ▢ m. Filterfläche circa 60 kbm., im Winter circa 80 bis

100 kbm. Wasser, bis eine Reinigung des Filters erforderlich ist. In 24 Stunden hat man pro ☐ m. Filterfläche bis zu 12 kbm. Wasser gereinigt.

Von den Filtern fliesst das Wasser in einen Pumpenbrunnen, der als Reinwasserbassin dient. Zum Heben des Wassers sind 2 gekuppelte Hochdruckmaschinen von zusammen 80 Pferdekräften vorhanden. Sie sind liegend, doppeltwirkend, mit Schwungrad und Condensation versehen und arbeiten mit Meyer'scher Schiebersteuerung mit 0,5 bis 0,75 Füllung. Die Dampfkolben haben 497 mm. Durchmesser bei 1,255 m. Hub. Jede Maschine treibt durch Räderübersetzuug 2 Stück stehende, doppeltwirkende Pumpen mit Liederkolben mit Stahl- oder Messingringen. Die Pumpen haben Klappenventile mit Leder und Filz besetzt. Die eine derselben ist eine Hochdruckpumpe von 290 mm. Kolbendurchmesser, die andere eine Filterpumpe von 310 mm. Kolbendurchmesser. Jede hat 1,255 m. Hub. Die Ventile der Filterpumpen haben 262 mm. × 170 mm., die der Druckpumpen 262 mm. × 144 mm. Querschnitt. Die Saugrohre haben 314 mm., die Druckrohre einzeln 235 mm. und vereinigt gleichfalls 314 mm. Durchmesser. Die Filterpumpen haben einen Saugwindkessel von 3,13 m. Höhe und 940 mm. Durchmesser. Für die Druckpumpen sind zwei Saugwindkessel von 1,88 m. Höhe und ein Druckwindkessel von 3,76 m. Höhe vorhanden. Beide sind mit ersterem von gleichem Durchmesser und sie sind sämmtlich von Gusseisen. Es sind 2 Cornwall-Kessel von 6,027 m. resp. 5,021 m. Länge und 1883 mm. Durchmesser aufgestellt, deren jeder 2 Feuerrohre von 630 mm. Durchmesser hat. Ferner ist ein Röhrenkessel (System Paucksch) mit 96 Feuerrohren vorhanden. Jeder Kessel hat 1,28 ☐ m. Rostfläche und 47,08 ☐ m. Heizfläche. Die Dampfspannung beträgt 1,5 bis 2,5 Atmosphären und es findet die Heizung mit Kohlen und Coaks statt. Pro Pferdekraft und Stunde sollen 3,5 ℔ Kohlen und 0,042 Hektoliter Coaks verbraucht werden. 1874/75 sind im Ganzen 14193 Ctr. Kohlen zum Preise von 70 bis 93 Pf. pro Ctr. und 16952 Hektoliter Coaks zum Preise von 1,00 Mk. pro Hektoliter als Kesselfeuerung verbrannt.

Das Hochreservoir liegt 37,6 m. über der Wassergewinnungsstelle, ist 36,6 m. lang und 29,10 m. breit. Dasselbe fasst bis auf 3,76 m. Höhe Wasser und enthält gefüllt 3709 kbm. Es ist gemauert, überwölbt, halb im Terrain versenkt und 1 m. hoch mit Erde bedeckt.

Das städtische Rohrnetz hat 21826 m. Länge und ist nach dem Verästelungssysteme mit theilweiser Circulation angelegt. Das weiteste

Rohr hat 310 mm. Durchmesser. Die Differenz in den Höhenlagen in der Stadt beträgt circa 20 m., so dass für den höchsten Terrainpunkt noch annähernd 1,5 Atmosphären Druck vorhanden sind.

Die Wasserabgabe ist constant, muss aber wegen Mangels einer Reservemaschine ein oder zwei Mal im Jahre wegen auszuführender Maschinenreparaturen unterbrochen werden. Das Quellwasser wird durch eine getrennte Leitung zur Vertheilung gebracht. Es sind im Ganzen 278 Hydranten, 66 Wasserschieber, 13 Freibrunnen und eine öffentliche Fontaine aufgestellt. Die Zahl der im Jahre 1873/74 mit Wasser in den Häusern versorgten Personen betrug 45650. Für technische Zwecke wurden 1872/73 217000 kbm. abgegeben. Die Tabelle Seite 241 giebt eine Uebersicht der Abgabeverhältnisse von 9 Betriebsjahren. Die Maximal- und Minimalabgaben sind nicht die wirklichen Maximal- und Minimalzahlen des Betriebsjahres pro 24 Stunden, sondern die mittlere Abgabe pro 24 Stunden der Maximal- und Minimal-Monatsabgaben. Es ist in der Tabelle ferner die Zahl der Wassermesser, der Waterclosets, der Privatpissoire und der Privatfontainen angegeben. An Badeeinrichtungen sind ausser den drei grösseren Badeanstalten 132 Stück vorhanden. Die Messer sind Siemens'sche und zwar theils von Siemens & Halske in Berlin, theils von Meinecke in Breslau bezogen.

Einer früheren Mittheilung entnehme ich noch folgende Daten über den Tagesconsum von 6 Uhr Morgens bis 8 Uhr Abends und über den Nachtsconsum von 8 Uhr Abends bis 6 Uhr Morgens im Sommer und Winter in kbm.

Betriebsjahr	1866/67	1867/68	1868,69	1869/70
Tags { im Sommer im Durchschnitt kbm.	682	868	1147	1271
im Winter im Durchschnitt kbm	465	403	806	899
Nachts { im Sommer im Durchschnitt kbm.	186	310	372	403
im Winter im Durchschnitt kbm.	155	232	310	341

Temperaturbeobachtungen werden täglich angestellt. Analysen nimmt in unbestimmten Zwischenräumen der Dr. Mankiewicz in Posen vor. Eine Analyse vom 6. Octbr. 1873 ist mitgetheilt und es ergiebt sich danach in 100000 Theilen Wasser 12,10 Gesammtrückstand bei 120° C., welcher aus organischer Substanz und kohlensaurem und schwefelsaurem Kalk besteht. Die Nessler'sche Lösung zeigte

Betriebsjahr	1866/67	1867/68	1868/69	1869/70	1870/71	1871/72	1872/73	1873/74	1874/75
Abgabe im Ganzen kbm.	259770	374293	472269	558161	701334	822202	1018788	1366790	1243255
Monat der Maximalabgabe kbm.	Aug.	Mai	Mai	Juni	Juli	Aug.	Sept.	Juni	Juni
davon Durchschnitt pro Tag kbm.	1179	1553	1587	2302	2337	3537	3288	4557	5787
Monat der Minimalabgabe kbm.	Jan.	Dec.	Jan.	Jan.	Jan.	Jan.	März	März	Jan.
davon Durchschnitt pro Tag kbm.	768	373	1061	1159	1605	1565	2092	2817	2111
Abgabe für offentl. Zwecke im Ganzen kbm.	64480	107319	73222	93868	149978	149857	—	—	—
dsgl. nach Messern kbm.	11795	18609	30494	60326	44680	68702	83614	192830	—
Zahl der vorhandenen Messer	5	10	15	19	25	25	33	46	54
Zahl der versorgten Wohngebäude	108	295	384	460	498	545	610	708	760
dsgl. der Watercloset s	—	151	278	355	371	412	492	594	652
dsgl. der privaten Pissoirs	—	16	65	68	70	84	73	80	92
dsgl. der privaten Fontainen	—	14	27	30	30	30	30	29	29

keine Spur von Ammoniak. Die Salpetersäurebestimmung mit Jod ergab 0,22 Theile, die Bestimmung organischer Substanz nach Wood und Kubel ergab 6,91 Theile (1 Theil übermangansaures Kali gleich 5 Theilen organischer Substanz). Eine am 27. Oct. desselben Jahres vorgenommene Analyse ergab, nachdem frischer Filtersand aufgebracht war, 4,16 Theile organische Substanz, also eine wesentliche Verbesserung.

Potsdam (Preuss. Brandenburg) hat 44614 Einwohner in 2153 Wohngebäuden und 10400 Haushaltungen. Die Wasserversorgungs-anlagen sind von der Potsdamer Wasserwerks-Actiengesellschaft aus-geführt und am 1. Juli 1876 in Betrieb gesetzt. Der Erbauer ist der Oberingenieur und anfängliche Betriebsdirector W. H. L. Green in Berlin. Die Anlage ist vorläufig für ein Quantum von 6000 kbm. als Maximalleistung pro 24 Stunden bestimmt.

Das Wasser wird am Ufer des Jungfernsee's aus Brunnen, deren 4 fertig gestellt und 6 fernere in Bau sind, an der Havel oberhalb Potsdam entnommen und mittelst Dampfkraft auf ein 39 m. hoch ge-legenes Hochreservoir gepumpt. Es dienen dazu zwei liegende doppelt-wirkende eincylindrige Maschinen mit Schwungrädern, welche mit Kör-ting's Dampfstrahlcondensatoren und mit einer Maximaldampffüllung von $^1/_3$ arbeiten. Die Steuerungen der Maschinen, welche von Starke & Hoff-man in Hirschberg in Schlesien geliefert sind, sind nach Starke's Patent selbstregulirend. Die Pumpen, deren jede Maschine eine hat, werden direct von den Kolbenstangen der Dampfkolben bewegt. Sie sind liegend, doppeltwirkend und haben Plungerkolben und Ringventile. Die Maschinen machen 15 bis 25 Umdrehungen pro Minute und haben 523 mm. Dampfkolben- und 285 mm. Pumpenkolbendurchmesser. Der Hub für beide Kolben ist 0,941 m. Die Saug- und Druckventile haben 706 ☐cm. freie Oeffnung, sowie die Saugrohre 300 mm. und die Druckrohre 400 mm. Durchmesser. Zwei schmiedeeiserne Druckwind-kessel von 850 mm. Durchmesser und 5 m. Höhe, sowie 2 Saugwind-kessel von rechteckigem Querschnitte und 1 kbm. Inhalt sind vorhanden.

Drei Dampfkessel von 7,20 m. Länge und 1822 mm. Durchmesser mit je 2 Feuerrohren von 550 mm. Durchmesser haben 1,5 m. lange Roste, also zusammen 4,95 ☐m. Rostfläche und 150 ☐m. Heizfläche.

Das Hochbassin liegt vor dem städtischen Rohrnetze seitwärts ab und zwar 2600 m. von der Stadt und 1000 m. von der Pumpstation entfernt. Es ist 30 m. im Quadrat und 5 m. hoch und hat 4045 kbm. Fassungsraum. Es ist gemauert, überwölbt und, theils in das Terrain versenkt, mit Erde bedeckt.

Das städtische Rohrnetz ist combinirt nach dem Circulations- und dem Verästelungssysteme hergestellt. Es hat 29500 m. Länge, 45 Schieber und 240 Hydranten. Das weiteste Rohr hat 400 mm. Durchmesser. Die Gesammtlänge der Rohrleitungen betrug 1877 35000 m. von 400 mm. bis 75 mm. Durchmesser. Die Höhendifferenz des Versorgungsgebietes beträgt 25 m. und es ist für die höchste Stelle desselben noch 10 m. Druck vorhanden. Die Wasserabgabe erfolgt constant.

Ueber Analysen und Temperaturbeobachtungen sind anfänglich keine Angaben gemacht; es sind jedoch später die Resultate von Untersuchungen des Dr. Ziureck in Berlin über die Qualität vom 5. Juli 1877 vom jetzigen Director B. Conrad zur Verfügung gestellt, welche den Gehalt in Gramm an verschiedenen Substanzen in 1 Liter sowohl für das Wasserwerkswasser, als für das Havelwasser, aus der Mitte des Stromes entnommen, wie folgt angeben:

	Wasserwerk	Havel
Kohlensaurer Kalk	0,1184	0,0699
Kohlensaure Magnesia	0,0151	0,0117
Schwefelsaures Kali	0,0061	—
Schwefelsaures Natron	0,0076	—
Schwefelsaure Kalkerde	0,0641	0,0296
Chlornatrium	0,0211	0,0244
Eisenoxydul	0,0012	0,0021
Kieselsäure	0,0161	0,0040
Organische humusartige Stoffe . .	0,0210	0,0820
Stickstoff als Ammoniaksalze . . .	0,0013	0,0058
Salpetersaure Salze	Spuren	Spuren
Freie Kohlensäure	28 kbcm.	9 kbcm.

Prag (Böhmen) mit 166252 Einwohnern besitzt eine ältere Wasserleitung in beschränktem Umfange. Die Vorarbeiten für eine neue allgemeine Versorgung sind schon länger im Gange, jedoch noch nicht geschlossen, so dass nähere Mittheilungen bis zum Erscheinen des zweiten Theiles dieses Buches vorbehalten bleiben mögen.

Rastatt (Baden) mit 12206 Einwohnern besitzt eine sehr alte Wasserleitung, die sich durch sämmtliche Strassen der Stadt erstreckt. Das Wasser wird dem vom nahen Gebirge kommenden Murgflusse entnommen und ist hell und klar und selten getrübt. Es wird mittelst eines durch Wasserkraft getriebenen Pumpwerkes auf ein Hochreservoir gefördert und von hier aus in der Stadt vertheilt. Die Abgabe an Private findet nach Schätzung und nicht nach Messern statt.

Ratibor (Schlesien) hat 15000 Einwohner. Die Wasserversorgung ist von dem Geh. Baurath H e n o c h für Trink- und Brauchwasser getrennt projectirt. Bis jetzt ist erst die letztere seit 1873 von der Stadt angelegt, während die Trinkwasserleitung noch nicht zur Ausführung gelangt ist, da sich der Erwerbung des für die Aufschluss- und Leitungsarbeiten erforderlichen Terrains bisher unüberwindliche Hindernisse in den Weg gestellt haben. Diese Anlage sollte nach dem 1871 aufgestellten Projecte 61500 Mk. kosten und durch die 5000 m. von der Stadt bei dem Dorfe Brzezie 20 m. höher als das Pflaster des Ratiborer Ringes entspringenden Quellen gespeist werden. Eine Leitung von 100 mm. Durchmesser soll das Wasser zur Stadt führen und hier soll es durch Leitungen von 4000 m. Länge mit 8 Schiebern an 24 Freibrunnen vertheilt werden.

Für das Brauchwasserquantum waren 1860 kbm. täglich angenommen. Die ursprüngliche Absicht, das Wasser in der Nähe der Oder aus Grundbrunnen zu entnehmen, musste der ockrigen Beschaffenheit des Bodens wegen aufgegeben werden und das Wasser wird direct aus der Oder entnommen und durch zwei Filter gereinigt. Dieselben haben je 22 m. Seite bei quadratischer Grundfläche.

Das Pumpwerk war als aus zwei liegenden gekuppelten Maschinen mit verstellbarer Expansion bestehend projectirt. Durch Räderübersetzung sollten 4 stehende einfachwirkende Plungerpumpen betrieben werden. Für die Dampferzeugung waren drei Kessel (einer in Reserve) angenommen. Ausgeführt sind 1874 von der Görlitzer Maschinenfabrik zwei liegende Maschinen mit liegenden Luftpumpen. Die Maschinen haben 1,000 m. Hub und 445 mm. Kolbendurchmesser, und treiben mittelst Kurbeln je zwei stehende Pumpen von 260 mm. Durchmesser und 0,500 m. Hub. Von den vier Pumpen konnen beliebig zwei als Filterpumpen und zwei als Hochdruckpumpen benützt werden. Die Saugeleitungen für die Filterpumpen haben zwei Windkessel von 550 mm. Durchmesser und 1,950 m. Höhe. Ferner hat die gemeinschaftliche Druckleitung zu den Filtern einen Windkessel von gleichen Dimensionen. Endlich befindet sich in der Hochdruckleitung ein gemeinschaftlicher Druckwindkessel von 940 mm. Durchmesser und 3,180 m. Höhe. Jede Pumpe kann bei 36 Umdrehungen pro Minute 3,5 kbm. Wasser auf 40 m. Höhe fördern. Zum Betriebe der Maschinen sind 3 Röhrenkessel von 74 ☐m. Heizfläche vorhanden, die Dampf von 6 Atmosphären Ueberdruck liefern. Die beiden Maschinen sollten anfänglich je 17 Pferdekräfte haben. Jhre Leistung ist jedoch bei der Ausführung verdoppelt. Das Wasser wird einem Reservoire aus Eisenblech von 465 kbm. Inhalt, welches in einem gemauerten Thurme 20 m. über dem höchsten Punkte der Stadt aufgestellt ist, zugeführt und von hier durch im Ganzen 8000 m. lange Leitungen von 250 bis 75 mm. Durchmesser zur Vertheilung gebracht. Es sind 28 Schieber, 55 Hydranten und 20 Brunnenständer aufgestellt. Die Anlage war ursprünglich auf 259200 Mk. veranschlagt, hat jedoch durch die allgemeinen Preissteigerungen von 1871 bis 1873, sowie durch die Anlage der Filter, Vergrösserung der Maschinen etc. 426000 Mk. gekostet.

Die Stadt **Ravensburg** (Würtemberg) mit 10000 Einwöhnern wird reichlich mit gutem Quellwasser versorgt, welches durch Rohre von Holz, Thon und Eisen den vielen in der Stadt befindlichén Brunnen zugeführt wird.

Regensburg (Bayern) hat 31487 Einwohner in 1968 Wohnhäusern und 7350 Haushaltungen. Die Civilingenieure H. Gruner und Thiem haben mit einem Kostenaufwande von 1028571 Mk. für Rechnung der Stadt ein Wasserwerk erbaut, welches am 1. Oct. 1875 eröffnet ist. Der Betrieb dieses Werkes ist von der Stadt einer Privatgesellschaft „der Actien-Wasserwerks-Gesellschaft Regensburg" zur Zeit überlassen.

Das Wasser wird unmittelbar am Regenflusse und stellenweise im Flussbette selbst aus Quellen gewonnen, die im Granit, vom Dolomit überlagert, entspringen. Die Quellfassung besteht aus 7 gemauerten Schächten, welche 4 bis 6 m. unter dem mittleren Wasserstande des Regens in den Granit hinuntergeführt sind und durch einen 2 m. im Lichten weiten, 1 m. starken und 1 bis 2 m. hohen Betonmantel gegen das Eindringen fremden Wassers geschützt und mit einem Kuppelgewölbe mit Einsteigeschacht geschlossen sind. Die einzelnen Schächte sind durch eiserne Rohre so mit einander verbunden, dass einzelne Schächte ausgeschaltet werden können. Das Wasser wird einem im Maschinenhause befindlichen Sammelbrunnen entnommen, über welchem 2 stehende doppeltwirkende Dampfmaschinen mit einarmigen Balanciers, je mit Schwungrad und Condensation versehen, aufgestellt sind. Jede Maschine hat 28 Pferdekräfte und fördert 6 kbm. Wasser pro Minute. Sie machen 20 bis 26 Umdrehungen pro Minute, arbeiten mit Farcot'scher Steuerung und mit bis zu $^1/_{10}$ (?) Füllung. Die Dampfcylinder haben 900 mm. Durchmesser. Direct unter denselben stehen die Pumpen. Dieselben sind Differentialpumpen, welche einfach saugen und doppelt drücken (Kirchweger's System). Die Kolben haben 390 und 270 mm. Durch-

messer und ebenso wie die Dampfkolben 0,90 m. Hub, während
Saug- und Druckrohre 300 mm. Durchmesser haben. Die Ventile
sind von Rothguss und sogen. Hoffmann'sche Pyramidenventile. Die
Kolben haben Lederliederung. Für beide Pumpen zusammen ist ein
Druckwindkessel von gusseisernem Boden und Mantel mit schmiedeeiserner Haube vorhanden, welcher 4,50 m. Höhe und 1000 mm. Durchmesser hat. Der Dampf von 5,5 bis 6 Atmosphären Pressung wird
in 3 Cornwall-Kesseln von 8 m. Länge und 1900 mm. Durchmesser
mit je zwei Feuerrohren von 500 mm. Durchmesser erzeugt. Jeder
Kessel hat 60 ☐ m. Heizfläche. Zur Feuerung werden Zwickauer Nuss-
kohlen und böhmische Stückkohlen verwendet. Der Kohlenverbrauch
soll 2,5 Kilo pro Stunde und der Kohlenpreis 96 Pf. pro Centner
betragen.

Die Einrichtung ist so getroffen, dass die Pumpen später auch
durch die Wasserkraft des Regenflusses betrieben werden können, wofür ein Aufschlagsquantum von 6 kbm. pro Secunde mit 1 m. Gefälle
vorhanden ist. Es ist projectirt, für diese Betriebskraft 2 Turbinen
aufzustellen, die 18 Umdrehungen pro Minute machen sollen.

Das geförderte Wasser wird auf 2253 m. Entfernung durch ein
Rohr von 350 mm. Durchmesser einem Hochreservoire zugeführt, welches vor dem städtischen Rohrnetze 1245 m. von der Stadt entfernt
hergestellt ist und bei 3 m. Wasserstand in demselben circa 50 m.
über der Donau liegt. Dasselbe ist 2 m. in den Boden eingeschnitten
und in Mauerwerk hergestellt, ¹/₂ Stein stark überwölbt und 1,5 m.
hoch mit Erde überdeckt. Das Reservoir hat 47,50 m. Länge und
25,20 m. Breite, ist in der Länge durch eine nicht durchgehende Scheidewand in zwei Theile getheilt und fasst im Ganzen 3300 kbm.

Die Druckleitung zum Hochreservoir und die Leitungen von hier
kreuzen je ein Mal den Regen, einen Donauarm und die Donau in
Längen von 100 m., 80 m. und 120 m. Diese Leitungen bestehen
aus gusseisernen Flanschenrohren 3 m. lang mit Gummidichtungen,
die zu zwei oder drei Stück zusammengeschraubt in einen im Flussbette
ausgebaggerten Graben versenkt sind und durch einen Taucher verlegt
wurden.

Die Leitung vom Bassin zur Stadt hat 500 mm. Durchmesser.
Das Stadtrohrnetz hat 26000 m. Länge und ist vorwiegend nach dem
Verästelungssysteme hergestellt. Ueber dem höchsten Terrainpunkte
des Versorgungsgebietes beträgt der Druck 30 m. und es ist eine
Höhendifferenz des Terrains von 15 m. vorhanden. Die Wasserabgabe

erfolgt constant ohne Trennung von Trink- und Brauchwasser. Im Rohrnetze befinden sich 106 Schieber und 203 Hydranten. Ein halbes Jahr nach der Eröffnung des Werkes waren 25 Wassermesser, System Siemens, von Meinecke in Breslau bezogen, aufgestellt, ferner 13 Badeeinrichtungen, 58 Watercosets, 8 Privat- und 1 öffentliches Pissoir, 23 Privat- und 3 öffentliche Fontainen, von denen eine bei 33 m. Strahlhöhe 3,6 kbm. Wasser pro Minute verbraucht, vorhanden. 381 Wohnhäuser mit 800 Haushaltungen, die 12000 Personen umfassten, waren mit Wasser durch 460 Haupthähne und 1280 Auslaufhähne versorgt. 40 selbstschliessende und 6 laufende Brunnen waren in Benützung. Für öffentliche Zwecke sind vertragsmässig pro Tag 1000 kbm. zu liefern.

Die Ergiebigkeit der Quellen ist im Juli und August 1874 zu 6,78 kbm. pro Minute festgestellt.

Die Maschinen sind von S. Kuhn in Berg bei Stuttgart geliefert und die Rohre von Pont-à-Mousson bezogen.

Ueber regelmässige Temperaturbeobachtungen und Analysen liegt kein Material vor. Eine Untersuchung des Professor Braunschweiger in Regensburg vom September 1871 führte zu folgenden Resultaten: Temperatur 9,5 bis 10,5° C., Gesammtrückstand in 100000 Theilen 24,0, davon 11 Theile flüchtig und organische Stoffe, 12,5 Kalk, 0,3 Kali und 2,9 Kieselsäure.

In **Reichenau** bei Zittau (Sachsen) besteht eine Wasserleitung für die Fabrik des Herrn C. A. Preibisch. Dieselbe giebt auch Wasser an 30 bis 40 Haushaltungen des Ortes ab.

Für **Reichenbach** (Schlesien) mit 13000 Einwohnern sind 1876 die Vorarbeiten zur Herstellung einer künstlichen Wasserversorgung der Firma J. & A. Aird in Berlin übertragen.

Reichenbach i. Voigtlande (Sachsen) hat 14650 Einwohner in 1196 Wohngebäuden und 3143 Haushaltungen. Auf Kosten der Stadtgemeinde ist vom Geh. Baurath Henoch, d. Z. Bergingenieur, eine Wasserversorgung mit einem Kostenaufwande von 120000 Mk. erbaut und im December 1865 in Betrieb gesetzt Ausser dieser Anlage sind jedoch noch einige ältere städtische und Privatleitungen, sowie öffentliche und Privatbrunnen in Benützung. Die neue Leitung entnimmt das Wasser verschiedenen Quellen, welche 3000 m. von der Stadt entfernt sind, und vereinigt das Wasser derselben in einem 30 bis 300 m. von den Quellen entfernt und 2 m. tiefer liegenden Hochreservoire, welches 14 m. im Quadrat und 3 m. Höhe hat, also 580 kbm.

Wasser fasst. Dasselbe ist gemauert, im Boden versenkt und zugewölbt. Von hier fliesst das Wasser durch natürliches Gefälle der Stadt durch eine Leitung von 170 mm. Durchmesser zu. Der höchste Terrainpunkt liegt nämlich 8 m., der tiefste 49 m. tiefer als das Hochreservoir. Das städtische Rohrnetz ist nach dem Verästelungssysteme angelegt und hat 4900 m. Länge, 16 Wasserschieber und 65 Hydranten. Die Wasserabgabe erfolgt constant und für Trink- und Brauchwasser ungetrennt. Die Ergiebigkeit der Quellen pro 24 Stunden schwankt von 136 kbm. im Hochsommer bis zu 700 kbm. im Herbst und Frühjahr. 112 Grundstücke sind mit einer gleich grossen Zahl Wassermesser von Siemens & Halske in Berlin an die Leitung angeschlossen. In diesen sind 25 Privatfontainen und 60 Privatpissoir-Stände in Benützung. Ausserdem sind 29 Freibrunnen vorhanden. Circa 8000 Personen werden in den Häusern mit Wasser versorgt.

Beobachtungen über die Temperatur des Wassers, sowie Analysen desselben sind und werden nicht ausgeführt.

Für **Remscheid** (Preussen) mit 26049 Einwohnern sind die Vorarbeiten für die Gewinnung von Wasser im Gange. Das Resultat derselben wird die Frage der Möglichkeit der Wasserversorgung entscheiden.

Rendsburg (Schleswig-Holstein) mit 12000 Einwohnern besitzt seit Anfang dieses Jahrhunderts für Feuerlöschzwecke etc. zwei Wasserleitungen, die das Wasser der Obereider einigen Brunnen zuführen, aus welchen es gepumpt wird. Die Rohre sind von Holz. Ausserdem sind in neuerer Zeit einige artesische Brunnen angelegt von 9 bis 90 m. Tiefe. Aus einigen derselben tritt das Wasser 1 bis 2 m. hoch über der Erde aus. In neuerer Zeit hat der Stadtingenieur Blücher-Schönfeld ein Project ausgearbeitet, wonach das Wasser aus drei Binnenseen, die durch reichliche Quellen gespeist werden und etwa 50 Ha. Fläche haben, der Stadt aus 2000 m. Entfernung zugeführt werden soll. Der Wasserspiegel der Seen liegt 6 m. resp. 4 m. und 1 m. über dem Niveau der Stadt.

Reutlingen (Würtemberg) mit 15000 Einwohnern besitzt eine Quellwasserleitung, die jedoch bedeutend erweitert werden soll. Nach dem vorliegenden Projecte des Oberbauraths v. Ehmann, von welchem jedoch vorläufig nur der erste Theil ausgeführt werden wird, sollen in unmittelbarer Nähe der Stadt grössere Quellenfassungen mit Sickerkanälen und Hauptsammlern hergestellt, ferner eine Pumpstation mit Druckwerk und ein Hochreservoir nahe dem Quellengebiete erbaut, sowie ein ausgedehntes Strassenrohrnetz verlegt werden. Das jetzt

mit schwachem Druck zufliessende Quellwasser speist eine grössere
Zahl fliessender, sowie einige neuere Ventilbrunnen. Die Wassermenge
der Quellen ist so reichlich, dass bis jetzt der grösste Theil unbenützt
abfliesst.

Riedlingen (Würtemberg) mit 2200 Einwohnern wird durch
natürlichen Druck mit Quellwasser, welches nach der chemischen
Analyse vorzüglich ist, versorgt. Die Anlage ist vom Oberbaurath
v. Ehmann fur 85714 Mk. hergestellt. Sieben Quellen, welche
5600 m. von der Stadt entfernt an einem ziemlich wasserreichen Berge
entspringen, sind gefasst und deren gewonnene Wasser durch gusseiserne Zuleitungen und durch Sammleranlagen einem am Oestersberge
gelegenen, unterirdischen, massiv gebauten Doppelreservoire von 360 kbm.
Inhalt zugeführt. Die Länge der Leitung zur Stadt ist 2750 m., das
Nutzgefälle 34 bis 36 m. Vorläufig sind 25 Hydranten und 7 neue
öffentliche Brunnen unter Beibehaltung der sämmtlichen monumentalen
Brunnen der früheren Zeit hergestellt. Auch sind 70 Privathäuser
mit Wasser versorgt.

Ronneburg (Sachsen-Altenburg) mit 6500 Einwohnern besitzt
seit 1875 eine künstliche Wasserversorgung, die Eigenthum der Stadt
ist, über welche jedoch nähere Mittheilungen nicht vorliegen.

Rosswein (Sachsen) mit 7000 Einwohnern erhält das Wasser
durch 5 Leitungen, welche von den am anderen Ufer der Mulde südlich von der Stadt gelegenen Höhen des Hartenbergs, Baderbergs,
Goldborns und der Etzdorfer Höhe Quellwasser in reichlicher Menge
zuführen. Dies Wasser ergiesst sich in der Stadt in hölzerne Bottiche,
aus denen es geschöpft wird. Die Rohrleitungen bestehen zum grössten
Theil noch aus Holz, werden in neuerer Zeit aber durch solche von
Gusseisen ersetzt.

Rostock (Meklenburg-Schwerin) hat 34000 Einwohner in 3175
Wohnhäusern und 7305 Haushaltungen. 1867 ist daselbst vom Ingenieur Kümmel mit einem Kostenaufwande von 700000 Mk. für
Rechnung der Stadt eine für eine tägliche Abgabe von 3400 kbm.
berechnete Wasserversorgung erbaut, welche künstlich filtrirtes Flusswasser liefert.

Das Wasser wird der Warnow im oberen Theile direct entnommen,
in deren unmittelbarer Nähe 3 Filterbetten so tief angelegt sind, dass
das Wasser denselben aus dem Flusse direct zufliesst. Jedes Filter
hat 455 ☐ m. Oberfläche, die drei zusammen also 1365 ☐ m. Oberfläche
und 5460 kbm. Inhalt. Die Filterschicht besteht aus 30 cm. starker

Lage von Feldsteinen von 14 bis 20 cm. Durchmesser, 30 cm. starker Lage Kieselsteine, feinem und grobkörnigem Grandgemisch und 80 cm. Filtersand, hat also im Ganzen 1,40 m. Stärke. Die Höhe des Wasserdruckes auf die Filterfläche beträgt 2,0 bis 2,3 m. Die Sandschicht wird bei der Reinigung bis auf 8 cm. Dicke reducirt. Die Leistung der Filter wird als abhängig von der Reinheit des Wassers und damit als sehr verschieden bezeichnet. Das Wasser fliesst von den Filtern einem Pumpenbrunnen von 3 m. Durchmesser und 4 m. Tiefe zu. Ein eigentliches Reinwasserbassin ist nicht vorhanden.

Zum Heben des Wassers sind 3 Dampfmaschinen vorhanden: 2 einander gleiche, stehende und eine liegende. Die stehenden haben je 21 Pferdekräfte, die liegende 15 Pferdekräfte. Die stehenden Maschinen sind einfachwirkende Maschinen mit Kataraktsteuerung ohne Schwungrad und Balancier, die je eine darunter aufgestellte einfachwirkende Pumpe mit Plunger von 381 mm. Durchmesser und Klappenventilen betreiben. Der Hub beträgt 1,90 m. und der Durchmesser der Dampfcylinder 900 mm. Sie arbeiten mit Condensation und $^3/_4$ Füllung. Die liegende Maschine ist doppeltwirkend mit Schwungrad und macht 52 Doppelhübe pro Minute. Sie hat einen Dampfcylinder von 330 mm. und treibt direct eine doppeltwirkende liegende Pumpe von 190 mm. Durchmesser. Jede Pumpe hat einen Druckwindkessel von Eisenblech. Der Dampf zum Betriebe der Maschinen wird in 2 Cornwall-Kesseln von 7,5 m. Länge und 1500 mm. Durchmesser mit je einem Feuerrohre von 750 mm. Durchmesser erzeugt. Pro effective Pferdekraft wird der Kohlenverbrauch pro Stunde auf 4 Kilo angegeben. Der Kohlenverbrauch pro Jahr beträgt 246 Last à 1800 Kilo zum Durchschnittspreise von 36 Mk. 50 Pf.

Das Wasser wird einem 1378 m. entfernt und mitten in der Stadt liegenden Hochreservoire auf 33,52 m. Höhe zugeführt und von hier durch ein nach dem Circulationssysteme hergestelltes Rohrnetz von 22000 m. Länge vertheilt. Das Hochreservoir ist von Gusseisen und auf einem künstlichen Unterbau unter Dach aufgestellt. Es hat 19,5 m. Durchmesser und 3,65 m. Höhe. Die Höhendifferenz des Terrains des Versorgungsgebietes beträgt 16 m. Die Abgabe erfolgt constant und für Trink- und Brauchwasser gemeinschaftlich. 1875/76 sind im Ganzen 513000 kbm. Wasser und davon für technische Zwecke 242000 kbm. und für öffentliche Zwecke 222500 kbm. abgegeben. Die Wasserabgabe erreichte ihr Maximum von 2070 kbm. am 20. Juni und ihr Minimum von 1066 kbm. am 11. Februar. In dem Rohrnetze befinden sich 105·Wasserschieber und 250 Hydranten. Es werden daraus 2 öffentliche Fontainen, 42 Freibrunnen und 4 öffentliche Pissoirs gespeist. Durch 22 Wassermesser von Siemens & Halske in Berlin sind 1875/76 115226 kbm. abgegeben. 1900 Grundstücke mit 19000 Personen wurden mit Wasser versorgt und es befanden sich auf denselben 6 Waterclosets, 20 Badeeinrichtungen, 5 Pissoirs und 10 Fontainen. Wassermotoren sind nicht vorhanden.

Es liegen zwei Analysen, eine vom Prof. S c h u l z e 1868 und eine vom Dr. J. W o l f f von 1871 vor. In 100000 Theilen Wasser weist erstere 1,48 Theile Chlor, 2,54 Schwefelsäure, 5,13 Kalk und 0,58 Magnesia, letztere 0,04 Salpetersäure, 2,20 Chlor, 2,76 Schwefelsäure, 9,81 Kalk, 3,02 Magnesia, 20,7° deutsche Gesammthärte und 34,36 Gesammtrückstand bei 100° C. nach.

Rottweil (Würtemberg) mit 5600 Einwohnern besitzt seit dem 1. October 1874 eine Wasserversorgung, welche vom Oberbaurath v. E h m a n n mit einem Kostenaufwande von 214285 Mk. einschliesslich der Privatzuleitungen bis an die betreffenden Gebäude ausgeführt ist. In einiger Entfernung von der Stadt, im Brunnenthale, nahe dem Neckarflusse entspringen reiche und vorzügliche Quellen. Eine Pumpstation mit 18—20 Pferde starkem Dampfdruckwerk hebt dieses Wasser 106 m. hoch und führt es durch eine 1000 m. lange Druckleitung von 150 mm. Durchmesser einem 40 m. über der Stadt liegenden Hochreservoire zu, welches 500 kbm. Wasser zusammen in seinen beiden Abtheilungen fasst. Die Quellen geben 10 Liter pro Secunde oder 870 kbm. pro Tag. Ein 7. bis 8 stündiger Betrieb der Maschinen genügt für den jetzt nöthigen Wasserbedarf. Die Druck- und Vertheilungsrohre haben 7000 m. Länge und 200 mm. bis 76 mm. Durchmesser. Zur Zeit (1876) werden pro Tag 250 kbm. Wasser gebraucht und es sind 18 öffentliche Brunnen einschliesslich der älteren monumentalen, ferner 70 Hydranten und etwa 235 Hauswasserleitungen vorhanden.

Rudolstadt (Schwarzburg) mit 7638 Einwohnern hat eine Quellwasserleitung. Eiserne Rohre führen das Wasser mit natürlichem Gefalle der Stadt zu.

Saalfeld (Thüringen) mit 6000 Einwohnern hat eine Wasserleitung mit natürlichem Gefalle, die Eigenthum der Stadt ist und aus Quellen gespeist wird.

Saarbrücken (Preussen) mit 9132 Einwohnern (1877) besass eine alte, schon im 16. Jahrhundert vom Grafen von Saarbrücken an-

gelegte städtische Wasserleitung, welche ihre Quellen im St. Johanner
Stadtwalde, 3 Kilometer von Saarbrücken entfernt, hat und 7 Stollen
und 7 Rohren in der Stadt ein Wasserquantum von 90 bis 96 Liter
pro Minute zuführt. Im Jahre 1873 wurde für Rechnung der Stadt
nach den Plänen des Ingenieur Rothenbach aus Bern eine neue
Trinkwasserversorgung ausgeführt, die 258000 Mk. gekostet hat.

Das Quellgebiet derselben liegt zwischen der Stadt und dem Dorfe
Gersweiler im Thale des Deutschmühlenweihers aufwärts. Es erstreckt
sich bis zum Drahtzuge, dem Saarbrücker Stadtwalde, und ruht auf
buntem Sandstein, der als Unterlage eine wasserdichte Lettenschicht
hat. Das Wasser wird durch 21 Bohrlöcher von durchschnittlich
30 m. Tiefe,' aus denen das Wasser ausfliesst, und durch eben so viele
Quellen erschlossen. An den einzelnen Stellen wird es mittelst gemauerter Brunnenstuben gefasst. Aus diesen wird es durch Cementrohre von 90 mm. bis zu 240 mm. Durchmesser zusammengeleitet
und einem Sammelbassin zugeführt. Die ganze Länge der Quellenleitungen beträgt 2650 m. und das dadurch erschlossene Wasserquantum 550 bis 600 Liter pro Minute. Als Bedürfnisszahl pro Kopf
der Bevölkerung ist 30 Liter pro Tag angenommen, was bei 8000 Einwohnern 240 kbm. (7839 Einwohner waren 1874 vorhanden) aus-
machen würde, während 864 kbm. vorhanden sind.

Aus dem Sammelreservoire wird das Wasser durch ein Pumpwerk
in ein 40 m. höher und 200 mm. entfernt gelegenes Hochreservoir
gefördert und fliesst von hier durch ein Rohr von 180 mm. Durchmesser auf 1700 m. Entfernung dem städtischen Rohrnetze zu, welches
6350 m. Länge hat.

Es sind 2 Girard'sche horizontale Pumpen (doppeltwirkende Plungerpumpen) von 185 mm. Durchmesser und 0,28 m. Hub, deren jede
bei 33 Doppelhüben pro Minute 400 Liter Wasser 40 m. hoch heben
soll, vorhanden. Zum Betriebe dient eine horizontale Girard'sche
Partial-Turbine von 600 mm. mittlerem Durchmesser und 80 mm.
radialer Breite der Leitradkanäle. Dieser wird das Kraftwasser durch
ein Rohr von 440 mm. Durchmesser zugeführt. Sie macht 180 Umdrehungen pro Minute. Die Uebertragung der Bewegung findet durch
konische Räder auf eine horizontale Welle, die 124 Umdrehungen
macht, statt. Von hier wird dieselbe durch Riemen auf eine Vor-
gelegewelle, die 80 Umdrehungen macht, und von hier durch Zahnräder
auf die Kurbelwelle übertragen. Bei 5,553 m. Gefälle und 6,099 kbm.

Aufschlagswasser pro Minute lieferte eine Pumpe bei 30 Hüben 405 Liter Wasser pro Minute.

Für zunehmenden Verbrauch ist die Anlage einer Dampfmaschine vorgesehen und es würde dann 1 kbm. pro Minute zu pumpen sein. Jede Pumpe hat einen Saugwindkessel und beide zusammen einen gemeinschaftlichen Druckwindkessel. Das Hochreservoir ist zweitheilig und fasst im Ganzen 850 kbm. Wasser. Es hat 30 m. Länge im Lichten bei 4,8 m. Höhe und 10 m. Gesammtbreite.

In der Stadt befinden sich 15 öffentliche Ventilbrunnen und 102 Hydranten und es sind 246 Privatabonnenten angeschlossen. Nach einer Analyse des Herrn K r a u s e enthält das Wasser in 100000 Theilen 3,68 schwefelsauren Kalk, 0,73 Chlormagnesia, 5,59 kohlensauren Kalk, 1,01 kohlensaure Magnesia, 0,036 Eisencarbonat und 4,40 organische Substanz, also 15,446 Gesammtrückstand.

In **Saargemünd** (Reichsland) mit 8000 Einwohnern hat die Stadt auf den naheliegenden Höhen 2 grössere Quellen fassen lassen, welche eine Anzahl öffentlicher Brunnen speisen.

Saarlouis (Preussen) mit 4700 Einwohnern ohne Militär hat eine Quellwasserleitung mit laufenden öffentlichen Brunnen. Die Ergiebigkeit der Quelle beträgt 115 Liter pro Minute.

In **Sagan** (Schlesien) mit 10000 Einwohnern wird ein Theil der Stadt aus der dem Herzog zu Sagan gehörigen Wasserleitung versorgt und es liegt das Project der Herstellung einer ausgedehnteren städtischen Leitung gleichfalls in Anschluss an diese bestehende herzogliche Leitung vor.

Salzburg (Oesterreich) hat 20336 (1869) Einwohner in 936 Wohnhäusern und 4209 Haushaltungen. Am 31. October 1875 wurde eine auf Rechnung der Stadt von der Deutschen Wasserwerksgesellschaft in Frankfurt a. M. mit einem Kostenaufwande von 900000 Mk. erbaute Quellwasserversorgung dem Betriebe übergeben, deren erstes Project vom Oberingenieur J u n k e r in Wien aufgestellt ist. Das Wasser wird aus 9500 m. Entfernung von der Stadt durch eine gusseiserne Leitung aus einer Quelle „dem Fürstenbrunnen", welche aus der Kalksteinformation des Unterberges entspringt, durch natürlichen Druck einem auf dem Mönchsberge liegenden Hochreservoire zugeführt. Auf dem Kapuzinerberge befindet sich ein Gegenreservoir. Die Stadt hat das Recht, der Quelle, deren Minimalergiebigkeit 7 kbm. (December und Januar) und deren Maximalergiebigkeit 10 kbm. (Mai und Juni) pro

Minute beträgt, die sich jedoch bei Hochwasser bis auf 40 kbm. steigert, pro Minute 3,25 kbm. oder in 24 Stunden 4680 kbm. zu entnehmen.

Der Wasserspiegel liegt 176 m. über Null des Salzburger Pegels, der des Hochreservoirs auf dem Mönchsberge 80,5 m. und der desselben am Kapuzinerberge 72 m. Die Leitung bis zum Mönchsberge hat 200 mm. Durchmesser und es schwankt in ihr der Druck zwischen 8 und 13,5 Atmosphären und erhöht sich bei geschlossenem Strange bis 16,5 Atmosphären. An den 5 höchsten Punkten derselben sind Luftventile angewendet, welche nicht selbstthätig wirken, und an den 6 tiefsten Punkten befinden sich Ablassschieber.

Das Reservoir auf dem Mönchsberge besteht aus 2 Abtheilungen von je 50 m. Länge, 3,4 m. Breite und 3,2 m. Höhe mit 3 m. Wasserstand und fasst 1050 kbm. Wasser; es ist zugewölbt und 1,2 m. hoch mit Erde überdeckt. Das Reservoir am Kapuzinerberge besteht aus einer Abtheilung von 20 m. Länge, 9 m. Breite und 4 m. Höhe. Dasselbe ist tunnelartig ganz in den Felsen eingesprengt und fasst 720 kbm.

Das städtische Rohrnetz, welches soweit als möglich nach dem Circulationssysteme hergestellt ist, hat einen einheitlichen Druck und liefert constant Trink- und Nutzwasser ungetrennt. Dasselbe ist 12600 m. lang und es hat das weiteste Rohr 300 mm. Durchmesser. Im April 1876 waren 800 Haushaltungen in 230 Wohnhäusern mit 4000 Personen angeschlossen. 5 Wassermesser von Witt und von Leopolder waren für eine jährliche Abgabe von 6000 kbm. aufgestellt. 107 Waterclosets in Privathäusern, 24 Privatpissoirs, 2 Privatfontainen und 5 Badeeinrichtungen waren vorhanden. Im städtischen Rohrnetze befinden sich 52 Wasserschieber, 107 Hydranten und 4 Freibrunnen. Für öffentliche Zwecke ist ein jährliches Quantum von 150000 kbm. bestimmt. Oeffentliche Fontainen und Pissoirs werden nicht mit Wasser versorgt.

Die monatlichen Temperaturuntersuchungen ergeben für das Wasser an der Quelle 5,6° C., im Hochreservoir 6 — 7,5° C. und im städtischen Rohrnetze 7,5 — 9,5° C.

Nach der Analyse des Dr. Spängler 1868 war in 100000 Theilen Wasser der Gesammtrückstand 8,59, flüchtige organische Substanz 0,42, fixe mineralische Bestandtheile 8,17 und davon 7,06 kohlensaurer Kalk, 0,53 kohlensaure Bittererde, 0,12 kohlensaures Eisenoxydul, 0,14 Kieselsäure, 0,19 Kochsalz, 0,02 Chlorkalium und 5,20 freie Kohlensäure. Phosphorsäure und Stickstoffverbindungen waren nicht nachweisbar. Pettenkofer hat 1872 9,2 Gesammtrückstand und 3,0 organische Substanz gefunden.

Salzungen besitzt seit 1869 eine städtische Wasserleitung, die aus Steingutrohren besteht und eine gesammte Länge von 3800 m. hat.

In **Sangershausen** (Reg.-Bez. Merseburg) mit 8500 Einwohnern ist eine Wasserversorgung nach den Plänen des Oberbauraths Henoch in Bau begriffen. Es soll Quellwasser und Grundwasser zur Verwendung kommen. Dasselbe wird auf den um die Stadt gelegenen Höhen erschlossen und in zwei Hochreservoiren gesammelt, von wo es durch natürlichen Druck der Stadt zufliessen wird.

Salzwedel (Hannover) wird mit dem Wasser aus benachbarten Wasserläufen versorgt, welche seit 1862 durch unterirdisch verlegte Thonrohrleitungen in das Innere des Ortes geführt werden.

Schaffhausen (Schweiz) mit 11400 Einwohnern wird in fast allen Theilen der Stadt durch Einleitung einer grossen Quelle mit Wasser versorgt. Nähere Mittheilungeu waren nicht zu erlangen.

Schalke (Westfalen) mit 12231 Einwohnern in 905 Wohnhäusern und 2292 Haushaltungen, **Gelsenkirchen** mit 13288 Einwohnern in 1104 Wohnhäusern und 2695 Haushaltungen, **Wattenscheid** mit 13171 Einwohnern in 1120 Wohnhäusern und 2596 Haushaltungen und **Königssteele** und **Freisenbruch** mit 5713 Einwohnern in 386 Wohnhäusern und 1123 Haushaltungen werden durch eine gemeinschaftliche Anlage, die von der Actiengesellschaft für Rheinisch-Westfälische Industrie unter Leitung des Baumeisters Schülke erbaut und im Frühjahr 1873 in Betrieb gesetzt ist, mit Wasser versorgt. Diese Anlage ist im December 1873 Eigenthum der Actiengesellschaft „Gelsenkirchen-Schalker Gas- und Wasserwerke" geworden und hat nach Ausweis obiger Zahlen ein Versorgungsgebiet von im Ganzen 44403 Einwohnern in 3515 Wohnhäusern und 8706 Haushaltungen. Die gesammten Anlagekosten haben 1350000 Mk. betragen und es soll das täglich in maximo zu liefernde Wasserquantum 20000 kbm. betragen.

Das Wasser wird in unmittelbarer Nähe der Ruhr bei Königssteele durch 3 Brunnen, die in der Sohle durchlässig und mit einander durch Filterkanäle verbunden sind, entnommen. Die Sohle des Hauptbrunnens liegt 2,64 m. unter dem niedrigsten Wasserstande. Das Wasser wird von hier durch Dampfkraft durch eine 1503 m. lange Rohrleitung von 314 mm. Durchmesser in ein Hochreservoir gehoben, dessen Sohle 50,18 m. und dessen Oberkante 55,18 m. über der Ruhr liegt. Es sind 3 Dampfmaschinen vorhanden, von denen zwei je 30 Pferdekräfte haben, während die dritte eine Zwillingsmaschine von 60 Pferdekräften ist. Sämmtliche Maschinen sind liegend, doppeltwirkend, mit Schwung-

rad, Condensation und variabeler Expansion versehen und haben Corliss-Steuerung. Die Cylinderdurchmesser betragen 628 mm. und der
Kolbenhub 1,065 m., und es machen die Kolben bis 25 Doppelhübe
pro Minute. Die Maschinen treiben direct liegende, doppeltwirkende
Pumpen (System Girard) von 314 mm. Durchmesser, welche Doppelsitzventile von Rothguss haben. Die Saugrohre haben 365 mm. Durchmesser, die Druckrohre 314 mm. Durchmesser und die Saug- und
Druckventile je 270 ☐ cm. freien Querschnitt. Sämmtliche Pumpen
haben liegende Windkessel von Eisenblech. Die Saugwindkessel haben
940 mm. Durchmesser bei 2,900 m. Länge, die Druckwindkessel 1210 mm.
Durchmesser bei 2,800 m. Länge. 3 Cornwall-Kessel liefern den nöthigen
Dampf von 4 Atmosphären Ueberdruck. Sie haben 9,420 m. Länge
und 2300 mm. Durchmesser und je 2 Feuerrohre von 837 mm. Durchmesser. Jeder Kessel hat 1,57 ☐ m. Rostfläche. Als Brennmaterial
wurden im Jahre 1875/76 1439500 Kilo Steinkohlen im Preise von
1 Mk. 7 Pf. pro 100 Kilo verwandt und pro Pferdekraft 2,5 Kilo
Kohlen pro Stunde verfeuert.

Das Hochbassin fasst 6000 kbm. Wasser. Es ist aus Ziegelsteinen
gemauert und überwölbt. Von demselben aus geht ein 392 mm. starker
Rohrstrang ab, der, sich reducirend, nach den verschiedenen Abnahme-
orten verzweigt ist und eine gesammte Länge von 25229 m. hat. Die
gesammte Wasserabgabe hat vom 1. December 1873 bis 1. Juli 1874
665594 kbm., von da bis zum 1. Juli 1875 1911251 kbm. und von
da bis zum 1. Juni 1876, also in 11 Monaten 1915640 kbm. betragen.
Davon sind durch Wassermesser, deren in der ersten Hälfte 1874 148
und 1874/75 174 Stück von Siemens & Halske in Berlin aufgestellt
waren, 567577 kbm. resp. 1377638 kbm. abgegeben. In ersterer Zeit
waren 580, in letzterer 868 Wohngebäude mit Wasser versorgt. Dieselben besassen 1874/75 11 Badeeinrichtungen, 12 Watercloset und
8 Privatpissoirs. Von Wassermotoren sind 4 Kolbenmaschinen von
Albert Cremer in Hörde in Benützung. Es waren 32 Hydranten und
71 Wasserschieber vorhanden. Wie sich aus vorstehenden Zahlen ergiebt, dient die Anlage hauptsächlich gewerblichen Zwecken. Ueber
Analysen und Temperaturbeobachtungen finden sich keine officiellen
Angaben. Von mir in den Jahren 1873 und 1874 veranlasste Analysen haben in 100000 Theilen Wasser folgende Resultate ergeben:

	Maximum		Minimum		Mittel	
	Fluss-wasser	Filtrirtes Wasser	Fluss-wasser	Filtrirtes Wasser	Fluss-wasser	Filtrirtes Wasser
Gesammtrückstand bei 135° C .	20,20	22,00	10,20	17,90	15,45	20,50
Organische Substanz	4,16	2,72	2,72	1,60	3,52	2,10
Kalk und Magnesia	5,96	7,48	3,32	5,51	4,88	6,50
Chlor	3,55	3,58	2,13	2,84	2,93	3,20
Salpetersäure	0,168	0,168	kaum Spur	kaum Spur	kaum Spur	kaum Spur
Schwefelsäure	3,60	6,20	1,69	4,05	2,28	5,09
Gesammthärte franz. ⁰ . .	11,4	14,4	6,0	10,5	9,2	12,4

Schneeberg (Sachsen) hat 8100 Einwohner in 700 Wohngebäuden. Eine grössere Zahl von Grundstücken wird durch mehrere nach bergmännischen Grundsätzen gebildete Wassergewerkschaften mit dem für Wirthschafts- und Gewerbszwecke nöthigen Wasser versorgt. 1866 ist eine vom Geh. Baurath H e n o c h projectirte Quellenzuleitung, deren Leistung aus vorstehendem Grunde nur zu 500 kbm. bemessen war, auf Rechnung der Stadt mit einem Kostenaufwande von 75000 Mk. ausgeführt. Das Wasser wird durch Drainage von Wiesenparzellen gewonnen. Derzeit konnten die Arbeiten nicht ganz zum Abschluss gelangen, weil die Stadt mit den Grundstücksbesitzern sich nicht einigen konnte. Ein zwischen der Stadt und den Quellen liegender Stollen von 450 m. Länge ist als Reservoir benützt und es mündet in den Kopf desselben eine eiserne Leitung von 125 mm. Durchmesser ein, welche circa 1500 m. Länge mit 13 m. Gefälle hat. Von dem Mundorte des Stollens führt ein Rohr von 150 mm. Durchmesser nach der Stadt und verästelt sich hier mittelst eines 6000 m. langen Stadtrohrnetzes, in welchem sich zur Zeit der Eröffnung 38 Hydranten, 23 Schieber und 20 öffentliche Brunnen befanden.

Die Stadt soll in neuerer Zeit beabsichtigen, die Rechte der verschiedenen Wassergewerkschaften käuflich abzulösen, deren Quellen zu fassen, zusammenzuleiten und mittelst eiserner Leitungen in das Stadtrohrnetz einzuführen. Die Ausführung dieses Projectes ist zu 36000 Mk. veranschlagt.

Schwabach (Bayern) mit 7000 Einwohnern ist mit einer künstlichen Wasserversorgung versehen, welche von einer speciellen Gemeindeverwaltung geleitet wird. Nähere Mittheilungen fehlen.

In **Schweidnitz** (Schlesien) ist 1875 mit dem Bau eines Wasserwerkes für Rechnung der Stadt, welche dafür 84555 Mk. ausgeworfen hat, begonnen. Das Wasser wird dem Grundwasser entnommen und mittelst Dampfkraft einem auf künstlichem Unterbau aufgestellten Reservoire zugeführt werden, von wo es in der Stadt zur Vertheilung gelangen wird.

Schweinfurt (Bayern) mit 11035 Einwohnern besitzt seit 1862 eine von dem Oberbaurath M o o r e für Rechnung der Stadt hergestellte Wasserversorgungsanlage, über welche nähere Mittheilungen fehlen.

Schwelm (Westfalen) mit 7185 Einwohnern wird mit Quellwasser versorgt, welches mit natürlichem Gefälle zufliesst. Die Stadt ist in zwei Zonen getheilt, deren jede ihre besondere Versorgung hat, in welcher der Minimaldruck 3 bis 5 Atmosphären beträgt. Das Wasser für die obere Zone wird durch einen Stollenbau von circa 400 lfd. m. Länge gewonnen und in einem unterirdischen Felsenbassin von 2500 kbm. Inhalt gesammelt. Für die untere Zone ist eine Stollenanlage von 325 lfd. m. sowie ein Felsenbassin von 2000 kbm. Inhalt angelegt. Die beiden Vertheilungs-Rohrsysteme haben circa 4400 lfd. m. Länge von 225 bis 75 mm. Durchmesser und können durch 3 Hauptverschlüsse mit einander verbunden werden. Die Wasserabgabe erfolgt sowohl an Private wie durch 10 öffentliche Brunnen. Die Anlagekosten haben circa 165000 Mk. betragen.

Seesen (Braunschweig) mit 3600 Einwohnern wird seit 1872 durch eine vom Oberingenieur C l a u s s in Braunschweig angelegte Quellwasserleitung versorgt, die Eigenthum der Stadt ist. Die Anlagekosten haben 75000 Mk. betragen. Ueber die Ergiebigkeit der Quellen sind keine Messungen angestellt, da sie mehr als das Doppelte des erforderlichen Quantums liefern.

Das Wasser wird drei an der Oberfläche entspringenden Quellen in der Nähe zweier Wasserläufe, der Schildau und Grane, entnommen und durch drei Leitungen einem gemauerten überwölbten Bassin durch natürliches Gefälle zugeführt, von wo es in der Stadt zur Vertheilung gelangt. 348 Wohnhäuser mit circa 2400 Personen sind an die Wasserleitung angeschlossen. 2 öffentliche Fontainen und 43 Hydranten, sowie 2 öffentliche Pissoirs sind vorhanden. Wassermesser finden keine Verwendung. In den Privathäusern befinden sich 6 Badeeinrichtungen, 4 Waterclosets, 5 Fontainen und 2 Pissoirs.

Anfänglich gemachte Analysen haben in 100000 Theilen Wasser 4 Theile organische Substanz ergeben.

Sommerfeld (Preuss. Brandenburg) mit 10500 Einwohnern besass seit mehreren Jahrhunderten eine Wasserleitung, die aus hölzernen

Rohren bestand und 2000 m. von der Stadt entfernt und 20 m. höher als diese entspringende Quellen der Stadt zuführte. 1866 ist mit einem Aufwande von 69000 Mk. eine neue Versorgung hergestellt. Die Quellen sind an der früheren Stelle in 4 Brunnen gefasst und durch eine gusseiserne Leitung von 130 mm. Durchmesser einem dicht vor der Stadt liegenden Reservoire von 171 kbm. Fassungsraum zugeführt und von hier in der Stadt vertheilt. 22 öffentliche Druckständer und 90 Privatleitungen werden mit Wasser versorgt.

Für **Sondershausen** (Schwarzburg-Sondershausen) mit 7000 Einwohnern ist die Herstellung einer Quellwasserversorgung nach den Plänen des Geh. Bauraths Henoch für die niedere Stadt vollendet und für die obere Stadt im Bau begriffen. Ersterer wird die sogen. Scheesen Quelle, welche in einem Bassin gefasst ist, durch eine gusseiserne Leitung von 105 mm. Durchmesser zugeführt und durch ein Rohrnetz in der Stadt, sowohl durch Einleitung in die Häuser als durch öffentliche, mit Selbstverschluss versehene Brunnenständer vertheilt. In der Leitung befinden sich in circa 200 m. Entfernung Hydranten. Die Anlage ist seit Ende 1876 in Benützung.

Die zweite im Bau begriffene Leitung wird das Wasser einer westlich von der Stadt gelegenen reichhaltigen Quelle, nachdem dasselbe vorher oberhalb der Stadt einem Sammelbassin durch ein Rohr von 150 mm. Durchmesser zugeführt ist, in die oberen Theile der Stadt bringen. Beide Leitungen werden mit einander verbunden werden.

Ausserdem ist noch eine besondere Wasserleitung für das fürstliche Schloss, gleichfalls nach den Plänen des Geh. Bauraths Henoch, in Ausführung begriffen.

In **Sonneberg** (Sachsen-Meiningen) mit 7000 Einwohnern existirt seit 1875 eine auf Actien gegründete Wasserwerksgesellschaft. Die Anlage ist von der Firma J. & A. Aird ausgeführt. Näheres darüber ist nicht bekannt.

Sorau (Preuss. Brandenburg) hat 13191 Einwohner in 945 Wohnhäusern und 3038 Haushaltungen. Ein von der Continental-Actiengesellschaft für Gas- und Wasseranlagen erbautes Wasserwerk ist Eigenthum der Stadt und seit dem 1. März 1874 in Betrieb. Die Anlagekosten haben 142000 Mk. betragen.

Das Wasser wird natürlichen Quellen in Diluvial-Sandschichten entnommen, welche die zur Braunkohlenformation gehörigen Letten- und Kiesschichten schräg überlagern. Das Sammelgebiet derselben beträgt 6000 Are und, da für Sorau die jährliche Regenhöhe 0,75 m.

beträgt, so giebt das ein Jahresquantum von 450000 kbm. oder ein durchschnittliches Tagesquantum von 1250 kbm. Das Wasser wird durch zwei Brunnen erschlossen, deren einer 1 m. und der andere 3 m. Durchmesser hat. Die Brunnen sind 8 m. tief und sind in den Böden, sowie in den Seitenwänden auf 5 m. Höhe durchlässig. Das Wasser wird von hier durch Dampfkraft gehoben und einem 1100 m. davon entfernten, schmiedeeisernen Hochreservoire zugeführt, welches 50 kbm. Fassungsraum hat und auf einem künstlichen Unterbau unter Dach aufgestellt ist. Die Förderhöhe zu diesem Bassin von den Brunnen aus beträgt incl. Reibung 35 m. Dasselbe liegt 1000 m. vor der Stadt und vor dem städtischen Rohrnetze.

Eine eincylindrige liegende doppeltwirkende Dampfmaschine von 10 bis 12 Pferdekräften mit Schwungrad ohne Condensation treibt direct eine doppeltwirkende Druckpumpe. Die Maschine hat Meyer'sche Expansion und arbeitet mit ³/₄ Füllung. Der Hub beträgt 0,600 m. und die Zahl der Umdrehungen 18 bis 20. Der Dampfcylinder hat 315 mm., der Pumpencylinder 210 mm. und die Saug- und Druckrohre 150 mm. Durchmesser. Die Ventile haben Klappen von Gummi und der Kolben hat Stahlringe. Die Windkessel sind von Gusseisen und es sind vorhanden 2 Saugwindkessel von 500 mm. Durchmesser und 0,60 m. Höhe und ein Druckwindkessel von gleichem Durchmesser und 2,0 m. Höhe.

Zur Dampfbereitung ist ein Dampfkessel von 4,2 m. Länge und 1400 mm. Durchmesser mit einem Feuerrohre von 650 mm. Durchmesser angelegt, welcher 16,17 ☐ m. Heizfläche hat. Er liefert mit Braunkohlen geheizt Dampf von 5 Atmosphären Pressung. Im Jahre 1875 sind 16640 Ctr. Kohlen à 29 Pf., also für 4885 Mk. 60 Pf. verbraucht.

Die Höhendifferenz des Terrains zwischen den verschiedenen Abgabepunkten beträgt 10 m. und es variirt hier der Druck daher von 40 bis 30 m. Das städtische Rohrnetz hat bis zu den Rohren von 80 mm. Durchmesser eine Länge von 5400 m. und als weitestes Rohr ein solches von 130 mm. Durchmesser. Dasselbe ist zum grossen Theile nach dem Circulationssysteme ausgeführt. Die Wasserabgabe erfolgt constant für Trink- und Brauchwasser gemeinschaftlich. Die Anlage ist für eine tägliche Maximalabgabe von 625 kbm. hergestellt. 1875 hat dieselbe im August 502 kbm. betragen, während die tägliche Minimalabgabe sich auf 199 kbm. im Monat März belief. Die ganze Jahresabgabe war 109099 kbm., wovon 33200 kbm. durch 160

Wassermesser, die von Siemens & Halske in Berlin bezogen sind, und 7600 kbm. für öffentliche Zwecke durch 21 Druckständer à 1 kbm. pro Tag abgegeben wurden. Mit Wasser versorgt waren 162 Haushaltungen und es wurden für technische Gewerbe 10500 kbm. Wasser abgegeben. 2 öffentliche und 2 Privatfontainen sind in Benützung. Im Rohrsysteme befinden sich 15 Hydranten und 13 Wasserschieber.

Temperaturbeobachtungen und regelmässige Analysen werden nicht vorgenommen. Eine von einem dortigen Apotheker gemachte Analyse hat in 1 Liter Wasser 0,06 gr. kohlensauren und schwefelsauren Kalk und 0,04 gr. diverse unschädliche Substanzen, im Ganzen also 0,10 gr. feste Substanz ergeben.

Sprottau (Schlesien) mit 5700 Einwohnern besitzt seit Ende 1867 eine künstliche Wasserversorgung, die nach dem Projecte des Bauraths Herrn Fabian in Generalentreprise von der Firma J. & A. Aird in Berlin für Rechnung der Stadt für ein tägliches Quantum von 530 bis 620 kbm. mit einem Kostenaufwande von 85400 Mk. ausgeführt ist. Das Wasser wird 220 m. von der Stadt entfernt durch natürliche Filtration aus der Bober entnommen. Zu dem Zwecke ist ein poröses Thonrohr von 314 mm. Durchmesser und 47 m. Länge in das Flussbett 2,2 m. unter dem tiefsten Wasserstand und 1,5 bis 1,9 m. tief in das Bett versenkt. Ein eisernes Rohr führt das Wasser von hier nach der Schneidemühle, wo in einem Raume unter einem Sägegatter 2 liegende Pumpen aufgestellt sind, die mittelst Räderübersetzung von demselben Wasserrade getrieben werden. Dieselben fördern täglich 530 bis 620 kbm. Wasser 25 m. bis 31 m. hoch. Um bei dem langsamen Gange des Wasserrades bei Hochwasser noch schnell genug arbeiten zu können, kann für die Bewegung der Pumpen ein zweites Vorgelege eingerückt werden.

500 m. von der Pumpstation entfernt ist in einem 17,6 m. hohen Thurme ein 213 kbm. fassendes Reservoir aufgestellt, über welches das Steigerohr noch 9 m. hoch hinausreicht, um durch Ausschaltung des Bassins bei Feuersgefahr mit höherem Druck arbeiten zu können. Das Reservoir ist von Schmiedeeisen und hat 7,85 m. Durchmesser bei 5,0 m. Höhe. Anfänglich waren in der Stadt 4000 m. Rohre, deren stärkstes 150 mm. Durchmesser hatte, verlegt und 16 Wasserschieber, 34 Hydranten und 22 Freibrunnen aufgestellt, sowie 20 Privatleitungen angeschlossen. Ueber die spätere Entwicklung liegen keine Nachrichten vor.

In **Stade** (Hannover) mit 8000 Einwohnern wird zur Speisung der öffentlichen Brunnen mittelst einer Rohrleitung das am Schwarzenberge in Quellteichen gesammelte Quellwasser zugeführt. Um eine vollkommenere Versorgung zu erreichen, sind westlich von der Stadt in den dortigen Niederungen Bohrungen vorgenommen, die in 10—14 m. Tiefe sehr schönes Wasser in einem 1—4 m. starken Kieslager am Fusse der Haddorfer Anhöhen von Sternberg bis nach Perleberg erschlossen haben. Das Wasser soll nach dem von der Firma J. & A. Aird aufgestellten Projecte von hier auf die Höhe des Hohenwehls in ein Reservoir gehoben und der Stadt zugeführt werden. Die Anlage ist auf 240000 Mk. veranschlagt, jedoch noch nicht in Ausführung begriffen.

Stassfurt (Preuss. Sachsen) mit fast 10000 Einwohnern besitzt seit 1871 eine künstliche Wasserversorgung, welche für Rechnung der Stadt nach dem Projecte des Bauraths Salbach erbaut ist. Die Anlage war für ein tägliches Quantum von 1855 kbm. normirt, jedoch bei erhöhter Inanspruchnahme für 2474 kbm. Leistungsfähigkeit hergestellt.

Das Wasser wird circa 2200 m. oberhalb des Stadtgebietes der Bode entnommen und keiner künstlichen oder natürlichen Filtration unterworfen. Zwei liegende horizontale Dampfmaschinen mit Corliss-Steuerung treiben direct an den verlängerten Kolbenstangen je eine doppeltwirkende Pumpe, deren jede bei 28,25 m. Kolbengeschwindigkeit pro Minute in 24 Stunden das Wasserquantum von 1855 kbm. liefert. Zwei Dampfkessel von 7,37 m. Länge und 1570 mm. Durchmesser mit je einem Feuerrohre von 730 mm. Durchmesser werden auf Treppenrosten mit Braunkohle geheizt. Von den Maschinen aus gelangt das Wasser durch ein Rohr von 230 mm. Durchmesser an der Grenze der Stadt zu einem Hochreservoire, welches aus Schmiedeeisen hergestellt und auf künstlichem massivem Unterbau aufgestellt ist. Dasselbe hat 11,30 m. Durchmesser und einen höchsten Wasserstand von 4,71 m.; es fasst 436,73 kbm. Wasser. Der Unterbau ist 10,98 m. hoch und es liegt der höchste Wasserstand des Reservoirs 29,82 m. über dem niedrigsten Flusswasserstande an der Schöpfstelle und 15,69 m. über dem Terrain, auf dem der Thurm erbaut ist.

Das dem Reservoire das Wasser zuführende Rohr führt hinter demselben weiter zur Stadt, wo das Rohrsystem in den Hauptrohren nach dem Circulationssysteme mit Verästelung der Nebenstränge hergestellt ist. Die ganze Länge der ursprünglichen Leitung incl. der Zuflussleitung von den Maschinen betrug 8990 m. und es waren in der Stadt 85 Hydranten und 23 öffentliche Brunnen mit selbstthätiger Entleerung aufgestellt.

Die Kosten für den Bau ergeben sich aus folgenden Posten: 1. Maschinen- und Kesselhaus 12600 Mk., 2. Maschinen und Kessel 30570 Mk., 3. Sauge- und Zuflussleitung 45018 Mk. 57 Pf., 4. Reservoiranlage 53175 Mk. 25 Pf., 5. Flusskreuzungen 6679 Mk. 60 Pf., 6. Stadtrohrnetz 72439 Mk. 38 Pf., 7. Insgemein 2042 Mk. 20 Pf., zusammen 222525 Mk.

Ueber die Betriebsergebnisse liegen keine Mittheilungen vor.

Steele a. d. Ruhr (Rheinpreussen) hat 6486 Einwohner in 460 Wohnhäusern mit 1440 Haushaltungen. Das Wasser war den städtischen Brunnen durch den Bergbau entzogen und durch gütliche Einigung zwischen der Stadt und der betheiligten Zeche hat letztere die Anlage und den Betrieb von Maschinen zum Heben des Wassers in ein Hochreservoir zu besorgen, wofur ihr Seitens der Stadt für jeden kbm. 1,6 Pf. gezahlt wird. Anlage und Unterhaltung der Wasserentnahme, des Hochbassins und des Rohrnetzes hatte die Stadt zu bezahlen. Sie besorgt auch den Vertrieb des Wassers. Die von der Stadt im Jahre 1872 aufgewendeten Anlagekosten (excl. Maschinen- und Dampfbereitungsanlagen) haben 92700 Mk. betragen, wofür ein disponibeles Wasserquantum von 900 kbm. pro 24 Stunden erlangt ist.

Das Wasser wird aus einem 20 m. von der Ruhr entfernten Brunnen 300 m. unterhalb der Stadt entnommen, welcher 3 m. Durchmesser hat und dessen Sohle 3 m. unter Terrain und 2 m. unter dem niedrigsten Wasserstande liegt. Derselbe ist nur im Boden durchlässig. Eine liegende doppeltwirkende Maschine von 24 Pferdekräften mit Schwungrad arbeitet ohne Condensation und mit $^3/_4$ Dampffüllung. Sie hat Schiebersteuerung und macht 12—14 Umdrehungen pro Minute. Der zu ihrem Betriebe nöthige Dampf von $2^1/_2$ Atmosphären Pressung wird der Kesselanlage der vorhin erwähnten Zeche entnommen. Die Maschine treibt direct eine doppeltwirkende liegende Pumpe mit Manschettenkolben und ledernen Klappenventilen. Der Dampfkolben hat 500 mm., der Pumpenkolben 180 mm. Durchmesser; beide haben 0,940 m. Hub. Saug- und Druckrohre haben 150 mm. Durchmesser. Ein gusseiserner Druckwindkessel hat 2,1 m. Höhe und 530 mm. Durchmesser.

Das Wasser wird in ein 200 m. von der Stadt vor dem städtischen Rohrnetze gelegenes Hochreservoir gepumpt. Dasselbe ist gemauert, in den Boden halb versenkt, zugewölbt und hat 23 m. Länge und 13 m. Breite. Dasselbe fasst bei 3 m. Tiefe 900 kbm. Wasser. Das Reservoir liegt 50 m. über der Wasserentnahmestelle. Das stärkste Rohr des

städtischen Rohrnetzes, welches 2500 m. lang und nach dem Verästelungssysteme ausgeführt ist, hat 150 mm. Durchmesser. 11 Schieber
und 57 Hydranten sind in demselben enthalten. In 430 Häusern werden 1200 Haushaltungen mit 5600 Personen mit Wasser versorgt.

Die Wasserabgabe im Ganzen und für verschiedene Zwecke, sowie
die Zahl der Wassermesser, welche von Siemens & Halske in Berlin
bezogen sind, in den 3 Jahren 1873 bis 1875 giebt folgende Tabelle:

Betriebsjahr	1873	1874	1875
Abgabe im Ganzen kbm.	109484	169921	154600
Maximalabgabe pro Tag kbm.	430	490	510
Datum	3. Aug.	17. Aug.	4. Aug.
Minimalabgabe pro Tag kbm.	320	380	340
Datum	11. Decbr.	3. März	1. April
Abgabe im Ganzen f. techn. Gewerbe kbm.	54600	58500	60700
dsgl. für öffentliche Zwecke kbm.	10200	14000	11400
dsgl. nach Messern kbm.	48400	40500	32000
Zahl der benützten Messer	19	23	24

In den Häusern sind 10 Waterclosets, 15 Pissoire, 8 Badeeinrichtungen und 5 Privatfontainen eingerichtet. Auch ist ein Wassermotor
mit oscillirendem Cylinder von einer Pferdekraft in Thätigkeit.

Wöchentlich wird das Wasser auf organische Stoffe, Kalk, Ammoniak, Härte und Temperatur durch den Director des Wasserwerkes
untersucht.

Die vorhin aufgeführten Anlagekosten vertheilen sich wie folgt:
Rohrnetz 62000 Mk., Hochbassin 16000 Mk., Brunnen 3900 Mk., Hebe-
einrichtung (auf Kosten der Zeche Deimelsberg) — Mk., Druckleitung
zum Bassin 10800 Mk. Die Betriebskosten stellen sich auf: Verwaltung 1500 Mk., Amortisation 3090 Mk., Pumpenbetrieb 2750 Mk.,
Unterhaltung des Rohrnetzes 2700 Mk., Arbeitslöhne 840 Mk., Zinsen
4171 Mk. 50 Pf., Summe 15051 Mk. 50 Pf. Die Einnahmen beliefen sich
1875 auf: für Wasser nach Messern 3637 Mk., für Wohnungen 8250 Mk.,
für Gärten, Pferde, Kühe 400 Mk., für Neubauten 600 Mk., Summe
12887 Mk.

Nach anderweitigen Mittheilungen sollen wegen der mangelnden
Dichtigkeit des Hochreservoirs Unterhandlungen im Gange sein, um
die jetzige Bezugsart aufzugeben und das städtische Rohrnetz direct
an die Leitungen des Essener oder Schalker Wasserwerkes anzuhängen.

Stettin (Pommern) hat 79833 Einwohner in 2428 Wohngebäuden. Die Wasserversorgungsanlage ist auf Kosten der Stadt vom Baurath Hobrecht für ein tägliches Maximalquantum von 12400 kbm. erbaut und 1865 in Betrieb gesetzt. Die Anlagekosten haben 1312964 Mk. betragen. Zur Zeit, als Stettin noch Festung war, ist die Anlage ursprünglich nur für diesen Theil der Stadt erbaut. Die Maschinenstation liegt oberhalb der Stadt ausserhalb des sehr ausgedehnten Weichbildes derselben. Später sind 2 Vorstädte an das zur Stadt führende Hauptrohr direct angeschlossen und 3 andere werden von der inneren Stadt aus gespeist.

Das Wasser wird der Oder direct entnommen, künstlich filtrirt und mittelst Dampfmaschinen gehoben. Filterpumpen bringen das Flusswasser zuerst in ein Vorbassin von 985 ☐ m. Oberfläche und 3090 kbm. Inhalt. 3 Sandfilter haben je 739,75 ☐ m. Oberfläche und es sind die Filterschichten wie folgt zusammengesetzt: 235 mm. grosse Steine, 52 mm. Steinschlag, 78 mm. grober Kies, 130 mm. feiner Kies und 628 mm. Sand. Der Wasserdruck auf der Filterschicht beträgt durchschnittlich 628 mm. Der gesammte Fassungsraum eines jeden der Filter ist 2317,5 kbm. Ein Reinwasserbassin von 788 ☐ m. Grundfläche und 3708 kbm. Inhalt nimmt das filtrirte Wasser auf, um von hier aus durch die Druckpumpen dem Hochreservoire zugeführt zu werden. Eine Reinigung des Klärbassins findet je nach Beschaffenheit des Oderwassers statt. Durch letztere bedingt ist auch die Leistung und Dauer der Filter eine sehr verschiedene. Wenn kein Zufluss auf die Filter stattfindet und genügend freier Abfluss vorhanden ist, so lassen sie in der Stunde 628 mm. Wasserstand durch. Der Sand wird bei den Reinigungen der oberen Filterschichten bis auf 130 mm. Stärke abgenommen, bevor solcher wieder frisch aufgefüllt wird.

Für den Pumpenbetrieb sind zwei völlig gleiche gekuppelte Maschinen von zusammen 170 Pferdekräften vorhanden. Dieselben sind stehende Woolf'sche Balanciermaschinen mit Schwungrad und doppeltwirkend. Sie arbeiten mit Condensation und bei ⁹/₆ Füllung des kleinen Cylinders mit im Ganzen 7,5 facher Expansion, so dass die Volumina der kleinen und grossen Cylinder sich wie 1 : 5 verhalten. Die Maschinen arbeiten mit 17 bis 18 Doppelhüben pro Minute und haben Schiebersteuerung. Die grossen Kolben haben 890 mm. Durchmesser und 1,93 m. Hub. Jede Maschine hat, annähernd an den halben Balancierarmen auf jeder Seite aufgehängt, zwei Pumpen, eine Filterpumpe und eine Druckpumpe, deren Kolbenhub je 1,020 m. und

deren Durchmesser 601 mm. beträgt. Die Kolben bestehen aus Plunger-
und Ventilkolben, saugen also einfach- und drücken doppeltwirkend
(System Kirchweger). Die Saugventile sind Glockenventile von Gusseisen, die auf Holzsitzen schliessen. Die Druckventile sind mit Eisen
armirte Lederklappen, die auf gusseisernen Sitzflächen schliessen. Die
Kolbenliederungen bestehen aus Leder- resp. aus Metallringen. Saug-
und Druckrohre haben einzeln 314 mm. und für beide Maschinen zusammen 406 mm. Durchmesser. Die Saugventile haben 1006 ☐ cm.
und die Druckventile 714 ☐ cm. freien Querschnitt. Die Windkessel
sind von Schmiedeeisen und es ist vorhanden ein Saugwindkessel von
1300 mm. Durchmesser und 2,23 m. Höhe und ein Druckwindkessel
von 1450 mm. Durchmesser und 2,200 m. Höhe für die beiden Filterpumpen; ferner ein Saugwindkessel von 1400 mm. Durchmesser und
2,090 m. Höhe und ein Druckwindkessel von 1960 mm. Durchmesser
und 4,7 m. Höhe für die beiden Druckpumpen.

Von den 5 vorhandenen Dampfkesseln sind 2 stets in Betrieb.
Jeder Kessel besteht aus einem Oberkessel von 9,57 m. Länge und
1360 mm. Durchmesser mit je 2 Siederohren von 9,57 m. Länge und
630 mm. Durchmesser. Jedes Siederohr ist dreimal mit dem Oberkessel
verbunden. Jeder Kessel hat 2,46 ☐ m. Rostfläche und 59,1 ☐ m.
Heizfläche. Die Dampfspannung beträgt 3 bis 3¹/₂ Atmosphären. Als
Brennmaterial dienen englische Kohlen. Der jährliche Verbrauch ist
30 bis 36000 Ctr. à 1 Mk. und der Verbrauch pro Pferdekraft und
Stunde 2,5 Kilo.

Das Hochreservoir liegt vor dem städtischen Rohrnetze und ist
1883 m. von der Pumpstation und circa 3140 m. von der Stadt entfernt. Der Boden desselben liegt 51,78 m. und der höchste Wasserspiegel
in demselben 55,39 m. über dem Nullpunkte des Oderpegels. Das
Bassin selbst ist von Eisenblech, hat 32,16 m. Durchmesser und 3,77 m.
Höhe. Es steht überdacht auf einem gemauerten Unterbau.

Das städtische Rohrnetz ist, durch die localen Verhältnisse bedingt, sehr ausgedehnt. Es ist nach dem Verästelungssysteme ausgeführt, welches jedoch in einzelnen Stadttheilen nach Bedürfniss in
das Circulationssystem übergeführt wurde. Der höchste Punkt der
Stadt liegt 26,35 m., der niedrigste 2,03 m. über Null des Oderpegels,
so dass der Druck an den verschiedenen Stellen der Stadt zwischen 2 bis
5 Atmosphären beträgt. Im Rohrnetze sind 63 Schieber und 306 Hydranten vorhanden. 3 öffentliche Fontainen und 13 Freibrunnen dienen
der allgemeinen Benützung; auch sind 5 öffentliche Pissoirs mit Spülung

eingerichtet. Ferner sind 73 Privatpissoirs und 26 Privatfontainen angelegt. Die Wasserabgabe ist eine constante mit ungetrenntem Trink- und Brauchwasser.

Die gesammte Abgabe an Wasser in den Jahren 1866 bis 1875 giebt folgende Aufstellung: 1866 380878 kbm., 1867 750045 kbm., 1868 1295862 kbm., 1869 1670125 kbm., 1870 1471066 kbm., 1871 1709454 kbm., 1872 ·2082898 kbm., 1873 2297499 kbm., . 1874 2195092 kbm., 1875 1939216 kbm.

Folgende Zusammenstellung giebt Datum und Menge der täglichen Maximal- und Minimalabgabe im Jahre, ferner die Zahl der Wassermesser und das aus diesen abgegebene Wasserquantum für die Jahre 1870 bis 1875:

Betriebsjahr		1870	1871	1872	1873	1874	1875
Maximum	Datum	6. Aug.	14. Aug.	6. Oct.	26. Aug	30. Juli	3. Aug.
	kbm.	5440	6224	7348	7502	7356	6588
Minimum	Datum	11. Febr	19. Febr.	1. April	26. Dec.	25. Dec.	2. Mai
	kbm	2699	3133	3759	4467	3836	3706
Zahl der Wassermesser.		22	24	26	29	33	40
Abgegeben daraus kbm.		237154	261071	289737	355984	434643	448495

Die Wassermesser sind von Siemens & Halske in Berlin geliefert. Auf einem Speichergrundstücke sind 4 hydraulische Aufzüge von je 30 Pferdekräften mit der Wasserleitung in Verbindung.

Für die Jahre 1870 bis 1875 ergiebt sich die Zahl der mit Wasser versorgten Grundstücke, sowie die Zahl der verschiedenen Entnahme- einrichtungen aus folgender Tabelle:

Betriebsjahr	1870	1871	1872	1873	1874	1875
Grundstücke mit Wasser versorgt	971	1017	1076	1169	1231	1303
Freibrunnen	9	10	11	12	12	13
Oeffentliche Fontainen	1	1	1	2	3	3
Privatfontainen	15	18	23	24	30	26
Hauptwasserhähne	971	1017	1076	1169	1231	1303
Waterclosets	—	—	—	—	1234	1412
Oeffentliche Pissoirs	3	3	4	4	4	5
Privatpissoirs	—	—	—	—	—	73

Der durchschnittliche Tagesconsum in den einzelnen Monaten eines Jahres von 1866 bis 1871, sowie der mittlere Tagesconsum im ganzen Jahre ergiebt sich aus folgender Aufstellung:

Monat	1866	1867	1868	1869	1870	1871
Januar	442	1165	2564	3623	3568	4075
Februar	386	1231	2547	3883	3103	4087
März	445	1326	2708	4237	3291	3848
April	725	1455	2907	4489	3950	4165
Mai	847	1682	3788	4667	4140	4503
Juni	1393	2206	4313	5001	4118	4592
Juli	1445	2096	4245	5267	4224	5163
August	1302	2646	4394	5260	4584	5635
September	1365	2801	4042	5137	4291	5577
October	1541	2764	3661	4904	4468	5064
November	1371	2700	3955	4333	4446	4769
December	1219	2419	3332	4063	4048	4697
Mittel	1043	2082	3550	4576	4043	4696

Der Wasserverbrauch der verschiedenen Tagesstunden in Procenten des ganzen Tagesverbrauches in verschiedenen Jahreszeiten pro 1868 ergiebt sich aus folgender Tabelle:

	12. Januar	23. Februar	16. Juli	30. Septbr.
Morgens 6 — 7	4,55	4,07	5,41	5,45
„ 7 — 8	4,55	5,52	5,63	5,45
„ 8 — 9	5,44	6,33	6,08	5,45
„ 9 — 10	5,44	7,24	5,63	5,72
„ 10 — 11	6,14	7,24	5,63	5,45
„ 11 — 12	6,59	6,79	5,63	5,72
Mittags 12 — 1	5,44	6,79	5,18	5,72
„ 1 — 2	4,55	5,52	5,63	5,72
„ 2 — 3	4,77	4,07	5,63	5,72
„ 3 — 4	5,23	4,07	5,63	5,45
„ 4 — 5	4,55	4,07	5,63	4,90
„ 5 — 6	3,64	4,07	5,41	4,90
„ 6 — 7	3,64	3,62	4,51	4,63
„ 7 — 8	3,64	3,62	4,51	3,82
„ 8 — 9	3,64	3,17	3,15	3,54
„ 9 — 10	3,18	3,17	3,15	3,27
Abends 10 bis Morgens 6 im Ganzen	25,00	20,81	17,57	19,08
oder im stündl. Durchschnitt	3,13	2,60	2,19	2,38

Regelmässige Wasseranalysen werden nicht angestellt und es liegen mir über solche sowohl wie über Temperaturbeobachtungen keine Resultate vor.

Stolp (Pommern) mit 18096 Einwohnern besitzt seit über 100 Jahren eine Wasserleitung, die das Innere der Stadt durch öffentliche Brunnen, circa 20 an der Zahl, mit gutem Quellwasser versorgt. Die Quelle entspringt circa 1000 m. von der Stadt entfernt in einer Höhe von 10 m. über der Stadt. Die Vorstädte haben Grundbrunnen mit theilweise mangelhaftem Wasser.

Stralsund (Pommern) mit 27796 Einwohnern hat das dringende Bedürfniss nach einer besseren Wasserversorgung. Das Project ist schon seit Jahren fertig; aber mangelnde Geldmittel verhindern die Ausführung. Das Wasser wird jetzt durch eine hölzerne Rohrleitung den Häusern zugeführt.

Das diese Leitung speisende Pumpwerk wurde anfänglich durch einen Pferdegöpel getrieben und ist vor einigen Jahren durch Aufstellung einer kleinen Dampfmaschine nebst Pumpe verstärkt. Das Wasser wird aus dem Knieperteiche entnommen, der durch einen Mühlengraben aus dem 8 Kilom. entfernten Bergwallsee versorgt wird. Nach einer 1876 im Mai von Th. Schorer angestellten Analyse enthält das Wasser in 100000 Theilen 24 Gesammtrückstand, keine Salpeter-, Schwefel- oder salpetrige Säure, 8,52 Chlor und kein Ammoniak. Es hat 14,5° gesammte Härte (deutsche) und gebraucht 3,16 Kaliumpermanganat.

Strassburg (Elsass) hat innerhalb der Wälle 73281 und ausserhalb derselben 20976, im Ganzen also 94257 Einwohner. Von der Firma Gruner & Thiem liegt ein Project zur Wasserversorgung vor, welches zu 3130000 Mk. veranschlagt ist und für die ersten Betriebsjahre 18000 kbm. Wasser pro Tag in Aussicht nimmt, welches unter Berücksichtigung der Entwicklungsfähigkeit der Anlage auf das Doppelte zu steigern ist. Es wird beabsichtigt, Grundwasser, circa 1400 m. vom Rhein entfernt, durch zwei Brunnen von je 3 m. Durchmesser und 12 m. Tiefe zu erschliessen. Die Sohle derselben soll 7 m. unter dem niedrigsten Wasserstande des nächsten Flusslaufes liegen. Die unteren 5 m. der Seitenwände sollen durchlässig hergestellt werden. Das Wasser wird durch zwei liegende, doppeltwirkende Pumpen (System Girard) mit Klappenventilen und Lederdichtung gehoben werden, welche 20 Doppelhübe pro Minute machen sollen. Die Plunger sind zu 500 mm. Durchmesser und 0,900 m. Hub projectirt. Die Saug- und Druckrohre haben 450 mm. Durchmesser. Jedes Pumpenpaar soll direct von einer horizontalen Jonval - Turbine von 79 effectiven Pferdekräften getrieben werden, welche 4 m. mittleren Durchmesser bei 480 mm. Schaufellänge und 250 mm. Radhöhe hat. Für beide Turbinen ist ein Aufschlagsquantum von 6 kbm. pro Secunde und 1,800 m. Gefälle vorhanden. Um für vielleicht 5 Tage im Jahre bei mangelndem Aufschlagswasser zur Aushülfe zu dienen, soll eine Reservedampfmaschine mit Field'schen Kesseln von gleicher Leistung wie eine Turbine aufgestellt werden, deren Constructionsverhältnisse einer solchen vorübergehenden Benützung anzupassen sind. Für die Pumpen soll ein gemeinschaftlicher Druckwindkessel von 2000 mm. Durchmesser und 6,500 m. Höhe und für jedes Pumpenpaar ein Saugwindkessel von 1000 mm. Durchmesser und 2,000 m. Höhe aufgestellt werden. Die Pumpstation ist 3370 m. von der Stadt entfernt projectirt. Ein Hochreservoir wird hinter dem städtischen Rohrnetze auf der entgegengesetzten Seite der Stadt und innerhalb derselben 5970 m. von der Pumpstation entfernt hergestellt werden. Dasselbe wird aus einem Blechbassin von 1800 kbm. nutzbarem Inhalt bestehen, das auf einem massiven Unterbau unter Dach aufgestellt ist. Dasselbe wird 22,4 m. Durchmesser erhalten und am Rande 3,0 m. Seitenhöhe haben, während der Boden nach unten mit 6 m. Pfeilhöhe gewölbt freitragend ohne andere Unterstützung, als die am Rande construirt werden soll. Bei gefülltem Bassin steht der Wasserstand in diesem 37 m. über dem höchsten Punkte der Stadt. Die Höhendifferenzen des städtischen Terrains betragen 6,0 m. Das städtische Rohrnetz wird 45000 m. Rohre bis incl. 100 mm. Durchmesser enthalten und das weiteste Rohr 600 mm. Durchmesser haben. Es wird nach dem Verästelungssysteme mit verbundenen Endstrecken ausgeführt werden. Die Wasserabgabe wird constant und einheitlich für Trink- und Brauchwasser sein.

Die Temperatur des Wassers an der Gewinnungsstelle ist in 12 m. Tiefe constant 11,8° C. Eine Analyse des Dr. E. Baumann von im October 1874 geschöpftem Wasser ergab folgendes Resultat:

In 1000 kbcm. fanden sich feste Bestandtheile 0,2584 gr., und in diesen als hauptsächlich in Betracht kommend: Chlor 0,0082 gr., Schwefelsäure 0,0110 gr., Kalk 0,0965 gr., Kieselsäure Null und Magnesia 0,0264 gr. In 100000 Theilen sind 0,9 Theile Salpetersäure enthalten. Salpetrige Säure und Ammoniak fanden sich als sehr geringe Spuren. 0,15 Theile Kaliumpermanganat sind für 100000 Theile Wasser zur Oxidation der organischen Substanz nöthig.

In **Straubing** (Bayern) mit 11672 Einwohnern wird das Wasser zur Speisung von 6 öffentlichen laufenden Brunnen und 3 Privatbrunnen durch Fassen einer 2 Kilom. von der Stadt entspringenden Quelle gewonnen. Dasselbe wird durch eine in einem gemauerten Kanale liegende offene Rinne herbeigeleitet und mittelst eines durch ein Wasserrad getriebenen Pumpwerkes in ein hochgelegenes Reservoir geschafft, von wo es den verschiedenen Brunnen zufliesst.

Stuttgart (Würtemberg) hat 107575 Einwohner in 4333 Haupt- und 4590 Nebengebäuden. Die Wasserversorgung erfolgt getrennt für Trinkwasser und für Brauchwasser. Erstere wird aus dem Nesenbach- thale durch in der Keuper- und schwarzen Juraformation entspringende Quellen von 1500 kbm. mittlerer Ergiebigkeit pro Tag gespeist. Die Maximalleistung derselben pro Tag beträgt 2200 kbm. im April und die Minimalleistung 1400 kbm. im August. Das Brauchwasser wird für die niederen Stadttheile durch die N e c k a r w a s s e r l e i t u n g und für die höheren Stadttheile durch die sogen. S e e w a s s e r l e i t u n g geliefert. Erstere entnimmt das Wasser in der Regel aus einem von dem Neckar gespeisten Kanale, aussergewöhnlicher Weise aber auch aus dem Neckar selbst. Dasselbe wird künstlich filtrirt und mit Wasserkraft, für welche in Reserve Dampfkraft vorhanden ist, gepumpt. Das disponibele Quantum beträgt 4200 kbm. pro 24 Stunden. Das Seewasser endlich wird als Oberflächenwasser in 5 künstlich angelegten Seen, dem Pfaffen-, Nauen-, Bären-, Katzenbach- und Steinbachsee mit zusammen 750000 kbm. Inhalt und 2600 Are Oberfläche, deren Sammelgebiet 200000 Are beträgt, gesammelt, künstlich filtrirt und ebenso wie das Quellwasser durch natürlichen Druck namentlich den höher gelegenen Stadttheilen als Brauchwasser in einem täglichen Quantum von 3200 kbm. zugeführt. Die Neckarwasserleitung ist im Jahre 1861 vom Baurath M o o r e erbaut, die beiden anderen, in ihrer Entstehung älteren Datums, sind 1874 vom Oberbaurath v. E h m a n n vervollkommnet. Die Anlagekosten haben 2500000 Mk. betragen und es sind die Anlagen in gemeinschaftlichem Besitze von Staat und Stadt.

Die Filteranlagen für das Flusswasser bestehen aus 3 Filtern von zusammen 790 ☐ m. Fläche, die für das Seewasser aus 5 Filtern von zusammen 950 ☐ m. Fläche. Sie sind sämmtlich offen und bestehen aus 6 Schichten von verschiedenen Sorten grobem Flusskies und feinem, quarzhaltigen Flusssande in einer gesammten Stärke von 1,75 m. Der Wasserdruck auf der oberen Filterschicht beträgt circa 1,4 m. Eine Reinigung der Filter ist alle 14 Tage bis 6 Wochen erforderlich und es wird die obere Sandschicht bis auf 450 mm. Dicke entfernt, ehe sie wieder durch frische Anfüllung ersetzt wird. Die Ergiebigkeit pro ☐ m. Filterfläche beträgt pro Tag in Maximo 4 kbm.

Das Seewasser wird durch eine 4120 m. lange gusseiserne Leitung, welche durch den Christofstollen führt, den Filterbetten und von hier einem zweitheiligen Hochreservoire zugeführt, welches am sog. Hasenberge und 44 m. unter den dieselben speisenden Seen liegt. Das Hochreservoir fasst 2200 kbm. Wasser und ist unterirdisch in natürlichem Terrain angelegt. Es besteht aus massivem Mauerwerk mit Beton-Ummantelungen, ist überwölbt und mit Erdböschungen und Culturen versehen. Das Reservoir für die Quellwasserleitungen, deren Länge zusammen 38000 m. beträgt, fasst 500 kbm. Das Reservoir für das Flusswasser, welches ebenso wie die Filter für dasselbe 55 m. hoch über dem Pumpwerke liegt, fasst 2400 kbm. und ist von letzterem circa 4800 m. entfernt. Letztere Reservoire sind ebenso wie das für das Seewasser hergestellt und liegen vor dem Stadtrohrnetze 1000 bis 2000 m. von der Stadt entfernt.

Zum Heben des Flusswassers dient eine Jonval-Turbine von 55 bis 60 Pferdekräften, deren Aufschlagsquantum pro Secunde 3,4 kbm. mit einem Gefälle von 1,85 bis 2 m. beträgt. Dieselbe treibt durch Räderübersetzung eine Kurbelwelle, die 16 Touren pro Minute macht und 3 liegende doppeltwirkende Pumpen mit Liederkolben mit Lederdichtung und Klappenventilen von Metall mit Leder- und Kautschukdichtung betreibt. Dieselben haben 230 mm. Kolbendurchmesser und 0,89 m. Hub. Ausserdem ist eine eincylindrige Balanciermaschine von 70 Pferdekräften, mit Condensation und Expansion arbeitend (in der Regel mit 1/8 Füllung), vorhanden, die ein Schwungrad hat und doppeltwirkend ist. Sie hat Schiebersteuerung und macht 18 Umdrehungen pro Minute. Vom Balancier aus werden 2 stehende, einfachwirkende Plungerpumpen von 450 mm. Durchmesser und 0,670 m. Hub getrieben. Saug- und Druckrohre haben 305 mm. Durchmesser. Die Balanciersäule der Dampfmaschine bildet den Druckwindkessel für diese Pumpen, während die durch Wasserkraft bewegten einen solchen aus Schmiedeeisen von 1150 mm. Durchmesser und 4,2 m. Höhe besitzen. Saugwindkessel sind nicht vorhanden. 2 Dampfkessel, von denen einer als Reserve dient, haben 9,4 m. Länge und 1450 mm. Durchmesser, sowie je 2 Sieder von 600 mm. Durchmesser. Jeder Kessel hat 1,92 ☐ m. Rostfläche und 66 ☐ m. Heizfläche. Sie geben Dampf von 6 Atmosphären Ueberdruck und es verbrauchen die Maschinen pro Pferdekraft pro Stunde 2 Kilo gute Steinkohle. Der Jahresverbrauch an Brennmaterial beträgt bis 3000 Ctr. Kohlen.

Die Wasserabgabe ist eine constante und erfolgt für die Nutzwasserleitungen in 3 verschiedenen Druckzonen je nach der Höhenlage der Stadt, während die Quellwasserleitung, abgesehen von einzelnen kleinen Quellenleitungen, einen einheitlichen Druck hat. Der Maximaldruck im Stadtrohrnetze beträgt 7 Atmosphären und die Höhendifferenz für die verschiedenen Zonen der Nutzwasserversorgung 45 m. Die Länge des städtischen Rohrnetzes ist circa 60000 m. und es hat das weiteste Rohr 305 mm. Durchmesser. Das Rohrnetz ist aus dem Circulations- und dem Verästelungssysteme combinirt.

Im Jahre 1875/76 betrug die gesammte Wasserabgabe circa 3000000 kbm. und es waren 1200 Wohngebäude angeschlossen. An Wassermessern waren 101 vorhanden, welche fast ausschliesslich von Siemens & Halske in Berlin und versuchsweise auch von einigen anderen norddeutschen Lieferanten bezogen waren. An Hydranten sind circa 750 Stück, an Wasserschiebern 180 Stück, an öffentlichen Fontainen 6 Stück und an öffentlichen Pissoirs 11 Stück vorhanden. Ausserdem sind 30 Privatfontainen, 2 grössere Badeanstalten und 2 Wassermotoren nach Züricher System in Benützung. Letztere werden nur ausnahmsweise zugelassen und es wird auch die Anlage von Waterclosets bis zur Durchführung der Kanalisation nicht gern gesehen.

Die Temperaturen des Fluss- und des Seewassers variiren an den Entnahmestellen und im städtischen Rohrnetze um circa 4° C. In der Stadt betragen die Temperaturen des Quellwassers durchschnittlich 11 bis 12,5° C., und die des Flusswassers 15 bis 22° C.

Das Seewasser ist wegen der Menge der gelösten organischen Substanzen als Trinkwasser nicht zu empfehlen, jedoch der grossen Weichheit wegen für hauswirthschaftliche und gewerbliche Zwecke sehr brauchbar. Wasseranalysen werden von amtlich angestellten Chemikern mehrere Male im Jahre und oft häufiger je nach Bedürfniss auf den Gehalt an Kalken, Ammoniak und organischen Substanzen ausgeführt.

Die Nothwendigkeit und Dringlichkeit der Beschaffung weiterer Wasserquantitäten, namentlich von gutem und reichlichem Trinkwasser, sind in letzterer Zeit Gegenstand unablässiger Sorge und es sind viele Vorarbeiten dafür im Gange. Ein umfassendes Project für eine neue Trinkwasserversorgung ist in neuerer Zeit vom Oberbaurath v. Ehmann aufgestellt, dessen Ausführung jedoch noch nicht unmittelbar in Aussicht steht, da sie von anderen administrativen Fragen und deren Lösung abhängig ist. Wenn diese neue Versorgung vollends ausgeführt und sämmtliche anderen Werke in Betrieb sind, so wird Stuttgart bei einer angenommenen Bevölkerungszahl von 150000 Einwohnern über eine tägliche Wasserversorgung pro Kopf der Bevölkerung von 176 bis 188 Liter zu verfügen haben.

Sudenburg (bei Magdeburg) wird vom Magdeburger Wasserwerke mit Wasser versorgt.

In **Sulzbach** (bei Saarbrücken) ist eine Wasserleitung in Ausführung begriffen, die aus 3800 lfd. m. Rohren von 125 mm. Durchmesser und 750 lfd. m. von 100 und 80 mm. Durchmesser bestehen wird.

Teplitz (Böhmen) mit 15000 Einwohnern hat 2 Wasserleitungen. Die eine gehört dem Fürsten Elary-Aldringen und versorgt das Schloss und die fürstlichen Gebäude. Die andere gehört der Stadt und versorgt die öffentlichen Brunnen.

Tetrow (Meklenburg) mit 5100 Einwohnern ist seit einer Reihe von Jahren mit einer künstlichen Wasserversorgung versehen.

Thorn (Preussen) mit 21123 Einwohnern hat eine von Copernicus angelegte Wasserleitung, deren hölzerne Rohre 1827 durch eiserne ersetzt sind. Dieselbe speist 8 öffentliche Brunnen. Nähere Mittheilungen fehlen.

Thun (Schweiz) mit 5500 Einwohnern wird seit 1869 durch eine künstliche Zuleitung mit Wasser versorgt, die mit einem Kostenaufwande von 240000 Mk. hergestellt ist. Das Wasser wird aus natürlichen Quellen, die in der Nähe des Flusses Aare entspringen, durch Drainage erschlossen und von einem Sammelbassin aus der Stadt durch natürlichen Druck zugeführt. Der Leitungsdruck beträgt über dem höchsten Terrainpunkte des Versorgungsgebietes 50 m. Die Versorgung ist eine constante, für Brauch- und Trinkwasser ungetrennte. Es sind 23 laufende Freibrunnen aufgestellt. Die Maximalergiebigkeit der Quellen pro 24 Stunden beträgt 4000 kbm., die Minimalergiebigkeit 2500 kbm.

Die Stadt **Tilsit** (Preussen) mit 20000 Einwohnern wird durch gewöhnliche Hausbrunnen, durch den Memelstrom und aus dem Mühlenteiche, welcher von dem Tilselflüsschen durchströmmt wird, ohne jede künstliche Anlagen mit Wasser versorgt und es liegt kein Project zur Aenderung dieses Zustandes vor.

Torgau (Preussen) mit 10300 Einwohnern hat eine dem Militärfiscus gehörige alte, meistens aus hölzernen Rohren bestehende Leitung, mittelst welcher das Wasser eines 7 Kilom. von der Stadt entfernt gefassten Quellgebietes der Stadt zugeführt wird.

Trient (Südtirol) mit 15000 Einwohnern besitzt seit 1862 eine Quellwasserleitung. Das Wasser der Quellen der umliegenden Berge ist gefasst und in einem Reservoire gesammelt, von wo es durch gebohrte steinerne Rohre der Stadt mit natürlichem Druck zugeführt wird und in derselben an Brunnenständern frei ausläuft.

In **Triest** (Oesterreich) mit 109000 Einwohnern existirt seit 1856 einevom Oberingenieur Junker für eine Privatgesellschaft, Aurisina mit Namen, erbaute Wasserversorgung. Diese Gesellschaft hat später die Wassergewinnung und Förderung an die Südeisenbahn-Gesellschaft verkauft und besitzt nur noch das städtische Rohrnetz, für welches sie das Wasser zum Preise von 25 Mk. 32 Pf. pro 100 kbm. von der Eisenbahn kauft und zu 74 Mk. 16 Pf. an die Privaten und zu 54 Mk. 12 Pf. an die Gemeinde wieder verkauft. Die Leistungsfähigkeit der Anlage beläuft sich auf eine tägliche Wassermenge von 1300 bis 1500 kbm. und es entfällt davon wegen anderweitigen Verbrauches nur so viel auf die Privaten, dass pro Tag pro Kopf sich 8 Liter im Durchschnitt ergeben.

Das Wasser entspringt aus Spaltenquellen des Berges Karst und wird mittelst Maschinenkraft auf einen auf dem Karst errichteten Wasserthurm gepumpt, von wo es, zum Bahnhofe geführt, in das städtische Rohrnetz gelangt. Die Gesellschaft Aurisina vertheilte 1876 9% Dividende.

Die unzureichende Versorgung und der hohe Wasserpreis haben zu einer Reihe von Projecten geführt, deren neuestes, vom Geh. Oberbaurath E. Wiebe ausgearbeitet, jetzt zur Berathung vorliegt. Dasselbe beabsichtigt die Gewinnung der Recca für diesen Zweck und es sind bereits 360000 Mk. für Acquirirung der durch die demnächstige Ausführung in Mitleidenschaft zu ziehenden Mühlen gezahlt, so dass das Project Aussicht auf Effectuirung hat.

Nach dem am 27. März 1877 erstatteten Berichte der Aurisina pro 1876 hat der gesammte Wasserconsum 276412 kbm. betragen und es haben sich die Einnahmen für Wasser und Wassermiethe etc. wie folgt gestellt: für den Magistrat 63168 Mk. 96 Pf., für industrielle Etablissements 41738 Mk. 78 Pf., für öffentliche Anlagen 4000 Mk. 32 Pf., für den Militärfiscus 3145 Mk. 66 Pf., für Private 37797 Mk. 30 Pf., für Schiffe 6811 Mk. 32 Pf., für Detailverkauf 828 Mk. 50 Pf., für Löschhydranten und Fuhren 4978 Mk., für Diverses 3809 Mk. 24 Pf., Summa 166278 Mk. 8 Pf.

Die Ausgaben belaufen sich auf: an die Eisenbahn für Wasser 90642 Mk. 78 Pf., Büreaupersonal 8400 Mk., Miethe für Büreau etc. 1040 Mk., Steuern 6512 Mk. 24 Pf., Messerreparaturen und Unterhaltung der Leitungen 4217 Mk. 86 Pf., Drucksachen, Stempel etc.

1652 Mk. 88 Pf., Zinsen zum Amortisations- und Reservefond 1219 Mk.
36 Pf., Diverses 2530 Mk. 60 Pf., Summa 116216 Mk. 32 Pf., so dass
ein Ueberschuss von 50061 Mk. 76 Pf. bleibt, welcher durch das Saldo
von 1875 und den Uebertrag auf 1877 auf 50796 Mk. 84 Pf. festgestellt ist. Vorab wird davon 1% für Amortisation und 5% Dividende
(zusammen 27060 Mk.) des Anlagecapitals gezahlt und von dem Reste
(23736 Mk. 84 Pf.) erhalten die Direction 12%, die Beamten 2%, der
Reservefond 10% und die Actionäre 76%.

Unter den Activa's der Gesellschaft befinden sich: Wasserleitungen
384120 Mk. 76 Pf., Wassermesser 25099 Mk. 64 Pf., Lagermaterial
30059 Mk. 6 Pf., Mobiliar 582 Mk. 80 Pf., und unter den Passiva's
als eingezahltes Actiencapital 451000 Mk., als Saldo des Amortisations-
fonds 10516 Mk. 44 Pf. und als Reservefond 21851 Mk. 88 Pf.

Diese Zahlen zeigen, dass die Gesellschaft wohl den ersten Platz
einnimmt, wenn es sich darum handelt, hohen Gewinn bei geringer
Mühewaltung aus einer Wasserversorgung zu ziehen.

Troppau (Oestr. Schlesien) hat 18000 Einwohner in 1034 Wohnhäusern und 4000 Haushaltungen. Die Wasserversorgung ist für Rechnung der Stadt nach den Plänen der Oberingenieure E. Labitzky
und Glyn von den Unternehmern J. & A. Aird in Berlin mit einem
Kostenaufwande von 510000 Mk. ausgeführt und für ein Maximalquantum von 3000 kbm. pro 24 Stunden berechnet. Die Inbetriebsetzung hat 1875 stattgefunden.

Das Wasser wird aus dem Oppaflusse direct entnommen. Vor
dem Einlass ist ein kleiner Schlammfänger mit Drahtnetz angebracht.
Drei offenen künstlichen Filtern von je 320 ☐ m. Oberfläche wird das
Wasser durch zwei stehende Hebepumpen zugeführt. Die Filter selbst
bestehen aus 4 Schichten von je 395 mm. Dicke von grobem Kies,
feinem Kies, grobem Flusssand und feinem Flussand. Der Wasserdruck
über der oberen Filterschicht beträgt 635 mm. Es liefern die Filter
4,7 kbm. Wasser pro ☐ m. Oberfläche in 24 Stunden. Ein kleiner
Sammelbrunnen von 34 kbm. Inhalt, welcher überwölbt ist, dient für
das filtrirte Wasser zur Entnahme desselben durch die Druckpumpen.
Diese werden ebenso wie die Hebepumpen durch Dampfkraft getrieben.
Zwei liegende, gekuppelte, doppeltwirkende und eincylindrige Maschinen
mit Schwungrad, Condensation und Expansion von zusammen 60 Pferdekräften haben Corliss-Steuerung, die während des Ganges mit der Hand
verstellbar ist. Die Maschinen machen 12 bis 25 Umdrehungen pro
Minute und haben Dampfkolben von 487 mm. Durchmesser und 1,027 m.

Hub. Jede Maschine treibt direct eine doppeltwirkende liegende Druckpumpe mit Liederkolben und Lederdichtung mit Selbstspannern und
Doppelsitzventilen von Messing. Die Kolben haben 283 mm. Durchmesser, die Ventile 660 □ cm. freien Querschnitt und die Saug- und
Druckrohre 263 mm. Durchmesser. Die Druckwindkessel sind von
Schmiedeeisen doppelt genietet und liegen horizontal. Jede Pumpe hat
einen Saugwindkessel von 630 mm. Durchmesser und 2,00 m. Länge und
einen Druckwindkessel von 940 mm. Durchmesser und 2,53 m. Länge.
Zwei Dampfkessel (System Dupuis) haben einen liegenden Hauptkessel
von 1100 mm. Durchmesser und 4,900 m. Länge, dann einen stehenden
Theil von 2,000 m. Höhe und 1650 mm. Durchmesser, der 72 Siederohre
von 79 mm. Durchmesser enthält. Jeder Kessel hat 1,2 □ m. Rostfläche
und 54 □ m. Heizfläche und liefert Dampf von 4 Atmosphären Spannung.
Der Kohlenverbrauch soll pro Pferdekraft und Stunde 2,0 Kilo betragen.

1800 m. von der Pumpstation und 1050 m. von der Stadt entfernt befindet sich 38 m. über der Wasserentnahmestelle ein gemauertes
überwölbtes Hochbassin von 3000 kbm. Inhalt, welches 1 m. tief in
das Terrain versenkt ist.

Der durchschnittliche Druck in dem Stadtrohrnetze, welches nach
dem Verästelungssysteme angelegt ist, beträgt 30 m. Die Länge dieses
Netzes ist 10000 m. und es hat das weiteste Rohr 300 mm. Durchmesser. 50 Hydranten, 42 Wasserschieber und 30 Freibrunnen sind
angelegt und 2 öffentliche Fontainen sind in Ausführung begriffen.
160 Häuser sind mit Wasser versorgt. 40 Watercloset, 4 Badeeinrichtungen, 36 Privatpissoirs und 1 Privatfontaine sind vorhanden.
25 aufgestellte Wassermesser nach dem System Siemens sind von
Meinecke in Breslau geliefert.

Für **Tübingen** (Würtemberg) mit 10000 Einwohnern wird nach
den Plänen des Oberbauraths v. Ehmann mit der Ausführung einer
Quellwasserversorgung im Frühjahr 1877 begonnen werden. Die Kosten
sind auf 300000 bis 350000 Mk. veranschlagt und werden von der Stadt
bezahlt, während der Staat für seine Gebäude und Anstalten für einen
täglichen Consum von 180 bis 200 kbm. jährlich 9000 bis 10000 Mk.
Wassergeld entrichten und die Hälfte der Kosten der sämmtlichen
Vorarbeiten, sowie einen Theil der Bauleitungskosten tragen wird.

Das Wasser soll aus einer Filtergallerie ähnlich wie in Esslingen entnommen und durch eine 40- bis 50pferdige Maschine einem auf dem Oster-
berge 80 bis 100 m. höher gelegenen Reservoire zugeführt werden. Das
Wasser soll in der Stadt solchen Druck haben, dass es bis zu den Höhen

des Schlosses Hohen-Tübingen gelangt. Die Anlage wird so ausgeführt, dass sie für eine demnächstige Bevölkerungszahl von 20000 Köpfen bei einer Abgabe von 120 bis 130 Liter pro Kopf genügen kann.

Ueberlingen (am Bodensee) wird mit Quellwasser, welches mit natürlichem Druck zugeführt wird, versorgt. Die Anlage ist von dem Bauinspector E h m a n n ausgeführt und Ende 1876 in Betrieb gekommen. Die Quellen sind im Nellenbache und im Heiligenbrunnen gefasst. Ein Reservoir enthält 500 kbm. Wasser. Pro Kopf der Bevölkerung sind täglich 125 Liter Wasser disponibel.

Ulm (Würtemberg) hat 30200 Einwohner in 2200 Wohnhäusern und 5600 Haushaltungen. Die vom Oberbaurath v. E h m a n n für Rechnung der Stadtgemeinde Ulm mit einem Kostenaufwande von 1030000 Mk. hergestellte Wasserversorgung ist im October 1874 eröffnet. Sie ist für ein tägliches Versorgungsquantum von 3525 kbm. angelegt.

In dem Weiherbachthale circa 900 m. von dem Blaubach und circa 7800 m. von der Stadt entfernt sind Quellen aus dem Jura erschlossen, deren Maximalergiebigkeit 8000 kbm. und deren Minimalergiebigkeit 6000 kbm. pro 24 Stunden beträgt. Eine gusseiserne Leitung von 355 mm. Durchmesser fuhrt das Wasser mit natürlichem Gefälle zu einem Sammelreservoire, welches unterirdisch angelegt ist. An dieses Reservoir schliesst das städtische Rohrnetz an. Es hat das Wasser über dem höchsten Terrainpunkte des Versorgungsgebietes noch 18,8 m. natürlichen Druck. Um jedoch bei Feuersgefahr und aus sonstigen Gründen zeitweise einen höheren Druck erlangen zu konnen, ist ein mit Dampfkraft betriebenes Pumpwerk neben diesem Reservoire angeordnet, durch welches das Wasser in ein 630 m. davon entferntes Hochreservoir auf 37 m. Höhe zu heben ist. Dieses Reservoir ist 917 m. von der Stadt entfernt und mit dem städtischen Rohrnetze verbunden. Es ist gemauert, in einen Bergabhang eingebaut und überwölbt. Drei Abtheilungen desselben, deren jede 22 m. lang und 13,5 breit ist und einen Wasserstand von 3,1 m. hat, können in beliebiger Combination benützt werden Sie fassen zusammen 2469 kbm. Wasser.

Die Dampfmaschine von 36 Pferdekräften ist eine doppeltwirkende Woolf'sche Balanciermaschine mit Schwungrad, Condensation und Schiebersteuerung. Das Volumenverhältniss beider Cylinder ist 1 : 4,2 und es wirkt der Dampf im kleinen Cylinder gleichfalls mit Expansion. Die Maschine macht 28 bis 30 Doppelhübe pro Minute und hat für den grossen Dampfkolben 600 mm. Durchmesser und 1,20 m. Hub. Am Balancier sind zwei doppeltwirkende Druckpumpen mit Lieder-

kolben mit Lederliederung und Ringventilen von Gusseisen angebracht.
Sie haben 276 mm. Durchmesser und 0,480 m. Hub für die Kolben.
Der freie Querschnitt der Saug- und Druckventile beträgt 500 ☐ cm.
bei 230 mm. Durchmesser der Saugrohre und 305 mm. Durchmesser der
Druckrohre. Der gusseiserne Druckwindkessel von 2,0 m. Höhe und
850 mm. mittlerem Durchmesser trägt gleichzeitig den Balancier. Der
Saugwindkessel hat 0,85 m. Höhe und 280 mm. Durchmesser.

Die beiden Dampfkessel, deren einer als Reserve dient, sind
Cylinderkessel mit 2 unterhalb und direct im Feuer liegenden Siedern
und je einem zur Seite liegenden Vorwärmer. Die Cylinderkessel haben
6,90 m. Länge bei 1110 mm. Durchmesser, die Siederohre 8,55 m.
Länge bei 630 mm. Durchmesser und die Vorwärmer 6,90 m. Länge
bei 630 mm. Durchmesser. Jeder Kessel hat 1,3 ☐ m. Rostfläche und
59 ☐ m. Heizfläche. Die Dampfspannung beträgt 5,5 Atmosphären.
Als Brennmaterial dient Steinkohle, zeitweise in Verbindung mit Torf,
und es ist der Verbrauch pro Pferdekraft im Durchschnitt 2,75 Kilo
Steinkohlen pro Stunde.

Das Stadtrohrnetz hat 12000 m. Länge und das weiteste Rohr
305 mm. Durchmesser. Die Höhendifferenzen des städtischen Terrains
betragen 7 m. Das Rohrnetz ist nach dem Verästelungssysteme ausgeführt und steht unter einheitlichem Drucke, der jedoch, wie vorhin
angegeben, Hoch- oder Niederdruck sein kann. Die Wasserabgabe
findet constant und ungetrennt für Trink- und Brauchwasser statt. Im
Stadtrohrnetze sind 53 Wasserschieber und 247 Hydranten angebracht;
auch befinden sich darin 16 Freibrunnen und 10 öffentliche Fontainen.
1875 waren 26000 Personen in 1850 Häusern und 5000 Haushaltungen
an die Wasserleitung angeschlossen. 17 Waterclosets, 50 Privatpissoirs,
10 Badeeinrichtungen und 20 Privatfontainen waren vorhanden. Ein
öffentliches Pissoir war mit Wasserspülung versehen. Die angewendeten
Wassermesser sind von Siemens & Halske in Berlin. Für technische
Gewerbe sind 1875 im Durchschnitt 1200 kbm. und für öffentliche
Zwecke 300 kbm. Wasser pro Tag abgegeben.

Wasseranalysen werden monatlich einmal vom Dr. C. Wacker in
Ulm vorgenommen. Die Temperatur des Wassers im Rohrnetze wird
wöchentlich einmal, bei strenger Kälte oder grosser Hitze jedoch täglich, bestimmt. Nachfolgende Tabelle giebt das Resultat der monatlichen Analysen pro 1875 in 100000 Theilen Wasser:

Ulm.

Wasseranalysen vom Jahre 1875.

Datum	3. Jan.	2. Febr.	1 März	1. April	2. Mai	1. Juni	1. Juli	2. Aug.	3. Sept.	1. Oct.	1. Nov.	1. Dec.
Abdampfrückstand	23,4	23,6	23,8	23,2	23,5	23,8	23,9	24,0	24,2	23,9	23,7	23,5
Organische Substanz	0,29	0,30	0,32	0,30	0,35	0,37	0,39	0,38	0,35	0,37	0,30	0,33
Salpetersäure	—	—	—	—	—	Spuren	Spuren	Spuren	Spuren	—	—	—
Chlor	—	Spuren	Spuren	—	—	0,12	0,10	—	—	—	—	Spuren
Schwefelsäure	0,13	0,10	0,11	0,12	0,12	0,11	0,13	0,15	0,16	0,13	0,14	0,12
Kohlensäure	3,07	3,29	3,15	3,00	3,01	2,85	3,36	3,25	3,17	3,08	3,19	3,16
Kalk	13,9	13,7	12,8	11,9	11,2	9,7	12,5	13,8	13,9	11,9	12,7	11,6
Härtegrade	14	14	13	12,5	12	10	13	14	14	12	13	12
Temperatur 0 Cels.	6	5	6	5	7	8,5	11,7	13,5	12	11	10	6
Farbe des Verdampfungs-rückstandes	—	grau	grau	grau	—	—	grau-braun	grau-braun	braun-lich	grau	grau	grau

Unna (Westfalen) hat 6000 Einwohner in 1000 Wohnhäusern. Eine künstliche Wasserversorgung ist für Rechnung der Stadt nach dem Project des technischen Dirigenten des Wasserwerks in Jserlohn L. Disselhoff im Bau begriffen. Die Anlage ist für eine tägliche Abgabe von 1000 kbm. berechnet und mit Ausnahme des städtischen Rohrnetzes auf circa 54000 Mk. veranschlagt.

Circa 2000 m. von der Stadt entfernt werden verschiedene, in der Kreideformation entspringende Quellen erschlossen und gefasst und mit natürlichem Gefälle auf 1500 m. Entfernung mit einem Gefälle von 2 m. einem im Terrain versenkten, gemauerten und überwölbten Hochbehälter zugeführt, welcher 500 m. von der Stadt entfernt vor dem städtischen Rohrnetze liegt und 534 kbm. Fassungsraum hat.

Die Wasserabgabe soll von hier constant und ohne Trennung von Trink- und Brauchwasser, jedoch in 2 verschiedenen Druckzonen geschehen. Das weiteste Rohr des städtischen Rohrnetzes, welches nach dem Circulationssysteme hergestellt werden wird, erhält 200 mm. Durchmesser. Die Höhendifferenz des Versorgungsgebietes beträgt 25 m. und es wird der effective Druck in den Leitungen an den verschiedenen Punkten 5 bis 30 m. betragen.

Das Wasser hat an den Quellen eine Temperatur von 9° C. und ist schwach kalkhaltig. Die Quellen liefern das oben angegebene Quantum von 1000 kbm. bei ihrer Minimalergiebigkeit im September und October, während die Maximalergiebigkeit im December bis März bedeutend grösser ist.

Vaihingen (Würtemberg) mit 3200 Einwohnern besitzt eine vom Oberbaurath v. Ehmann mit einem Kostenaufwande von 111428 Mk. erbaute Quellwasserleitung. Das Wasser wird 2000 m. von der Stadt entfernt gefasst und unter natürlichem Gefälle durch eine eiserne Leitung von 125 mm. Durchmesser einer 1000 m. von der Stadt entfernten Pumpstation zugeführt, wo es in ein Sammelbassin geleitet wird. Eine 10pferdige Dampfmaschine mit zwei doppeltwirkenden Pumpwerken fördern dasselbe 43 m. hoch in ein unterirdisches Doppelreservoir von 323 kbm. Inhalt, welches 860 m. von der Stadt entfernt liegt. Das mittlere Nutzgefälle zur Stadt beträgt 54 bis 57 m. 44 Hydranten, 14 öffentliche Ventilbrunnen und 134 Privatwasserleitungen sind angelegt, so dass für sämmtliche Stadttheile und eine grosse Zahl von Wohngebäuden eine reichliche Versorgung mit frischem und reinem Quellwasser vorhanden ist.

Vivis im Canton Waadt der Schweiz mit 7540 Einwohnern in 504 Wohngebäuden hat eine gemeinschaftliche Wasserversorgung mit den Orten Consier, Montreux und Latour, welche in den Jahren 1868 bis 1869 von einer Privatgesellschaft durch den Ingenieur Achard in Genf erbaut ist. Das ganze Versorgungsgebiet umfasst 15640 Einwohner in 1640 Wohnhäusern. Die gesammten Anlagekosten haben bis Ende des Jahres 1875 560000 Mk. betragen. Circa 600 Wohngebäude waren bis dahin der Leitung angeschlossen.

Das Wasser wird der „Source des Avants", die im Thale des Montreux'schen Baches 630 m. über dem Meeresspiegel 13000 m. von Vivis entfernt entspringt, entnommen und durch natürlichen Druck zugeführt. Die Speisung der Quelle erfolgt durch das Regen- und Schneewasser aus dem oberen Jurakalk. Die Minimalergiebigkeit der Quelle ist 5 bis 6 kbm. pro Minute, die Maximalergiebigkeit 10 bis 12 kbm. Bei dem Dorfe Chernox befindet sich eine Wasserkammer 250 m. über dem Meeresspiegel, von welcher zwei Leitungen, die eine nach Montreux, die andere nach Vivis abzweigen. Die Vivis'sche Leitung mündet bei dem Dorfe Berndt in ein Reservoir, welches 140 m. über dem Seespiegel liegt und 307 kbm. fasst. Dieses Reservoir ist gemauert, halb in das Terrain versenkt und zugewölbt. Die Rohrleitungen sind theils von Cement, theils von Gusseisen. Das stärkste Rohr hat 250 mm. Durchmesser.

Die Wasserabgabe erfolgt constant und für Trink- und Brauchwasser ungetrennt. Die Abgabe hat pro Minute betragen in dem Jahre 1870 0,73 kbm., 1871 0,85 kbm., 1872 0,99 kbm., 1873 1,125 kbm., 1874 1,325 kbm. und 1875 1,485 kbm. Für technische Gewerbe sind im Ganzen im Jahre 1873 50000 kbm. und 1874 66000 kbm. abgegeben. Für öffentliche Zwecke sind verbraucht pro Minute 1871 0,185 kbm., 1872 0,250 kbm., 1873 0,270 kbm., 1874 0,350 kbm. und 1875 0,365 kbm.

Analysen sind nur im Anfange von den Professoren Schmetzler und Bischoff in Lausanne gemacht, jedoch mir nicht mitgetheilt. Die Temperatur der Quelle ist fast constant 7,5° C. In der Stadt und im Rohrnetz werden von Zeit zu Zeit Temperaturbeobachtungen vorgenommen, die bei dem laufenden Wasser im Sommer nicht mehr als 10° C. und im Winter nicht weniger als 7° C. ergeben.

Waldenburg (Schlesien) mit 11000 Einwohnern wird künstlich mit Wasser versorgt, indem der Stadt Quellen zugeführt werden. Nähere Mittheilungen über die Art der Versorgung liegen nicht vor.

Waltershausen (Coburg - Gotha) mit 5000 Einwohnern hat eine alte städtische Wasserleitung, über welche weitere Mittheilungen fehlen.

Wattenscheid (Westfalen) wird von dem Schalker Wasserwerke mit Wasser versorgt.

In **Weimar** (Sachsen - Weimar - Eisenach) mit 17522 Einwohnern werden sämmtliche städtische und eine Anzahl fiskalischer Brunnen durch Quellen gespeist, die 500 bis 1000 m. von der Stadt entfernt gefasst werden. Das Wasser wird bis zur Stadt in Thonrohren, in der Stadt selbst aber in eisernen Rohren geleitet. Im älteren Theile der Stadt sind öffentliche Laufbrunnen, im neueren, höher gelegenen Theile sind Pumpenbrunnen vorhanden.

Schon vor längerer Zeit hat die Stadt im Ilmthale 7000 m. von der Stadt entfernt eine Quelle erworben, deren Wasser, in die Nähe der Stadt geleitet, hier mittelst durch Wasserkraft zu treibende Pumpen in ein auf dem Kasernenberge zu erbauendes Reservoir gehoben werden sollte, um, unter Druck der Stadt zugeführt, sowohl für Feuerlöschzwecke als für Hausleitungen Verwendung zu finden. Ein anderes Project der Civilingenieure Hermann und Mannes in Berlin, das Wasser direct an der Quelle durch Dampfkraft auf eine benachbarte Höhe zu heben und von hier- der Stadt zuzuführen, ist später billigend begutachtet, harrt jedoch noch der Ausführung wegen zu geringer Betheiligung der Einwohnerschaft.

Inzwischen haben die Gemeindebehörden einige neue Quellen der Stadt zugeführt, mittelst welcher der nördliche und nordöstliche Theil laufende Brunnen erhalten hat.

Vier die Stadt jetzt mit Wasser versorgende Quellen sollen nach Analysen des Professors Reichardt in 100000 Theilen im Durchschnitt 45,4 Gesammtrückstand, 0,38 Salpetersäure, 1,95 Schwefelsäure, eine Spur Chlor, 12,5 Kalk, 6,9 Magnesia enthalten; ferner 39,6° deutsche Härte haben und 0,245 Kaliumpermanganat verbrauchen.

In **Weissenfels** (Preuss. Sachsen) mit 16900 Einwohnern besteht für die städtischen Zwecke ein durch Wasserkraft betriebenes Pumpwerk, mittelst welchem das Wasser aus einer Quelle gehoben wird und zur Vertheilung gelangt.

Werdau (Sachsen) mit 12000 Einwohnern wird in der einen Hälfte der Stadt durch eine eiserne Leitung mit Wasser versehen, welches jedoch nur für Wirthschaftszwecke und zwar ohne Anschluss an die Häuser Verwendung findet. Die Vorarbeiten zur Herstellung einer allgemeinen Trinkwasserleitung sind im Gange.

Werningerode (Preussen) hat mit der Vorstadt Nöschenrode 8668 Einwohner und wird seit 1866 mit künstlich zugeführtem Quellwasser versorgt. Verschiedene Quellen werden in drei Bassins, die am Ausflusse mit Klärern versehen siyd, nämlich im Bollhasenthale, im Zwölfmorgen-Thale und am Salzberge aus dem Zillerbache gesammelt und durch Leitungen von 150 mm., 125 mm. und 100 mm. Durchmesser der Stadt zugeführt. In der Stadt wird dieses Wasser durch Ableitungen von 75 mm., 62 mm. und 50 mm. Durchmesser z. Z. mittelst 30 öffentlicher Ständer und 300 privater Ausflüsse vertheilt. Die Quellen liegen 31 m. bis 11 m. über dem tiefsten Ausflusse der Leitungen und es beträgt der Druck an dem höchstgelegenen Ausflusse noch 11 m. Die Leitungen haben im Ganzen eine Länge von 15300 m. und bestehen ausschliesslich aus Steingutrohren.

Ausser dieser Leitung bestehen noch seit 1717 zwei Schlosswasserleitungen, die gleichfalls Quellwasser zuführen und zwar die eine von dem 10000 m. entfernten Eierberge und die andere von dem 3400 m. entfernten Siebenborn. Die früheren Holzrohre dieser Leitungen sind später durch Thonrohre ersetzt. Endlich existirt noch eine Quellenleitung von Thonrohren vom Salzberge für das Gymnasium und zwei solche von kleinerem Durchmesser aus Hölzrohren fur einige Privathäuser.

Die 1873 vorgenommenen Untersuchungen der verschiedenen Wässer durch Wockowitz haben folgendes Resultat ergeben:

In 100000 Theilen	Ge-sammt-Rück-stand	Kalium-perman-ganat	Salpeter-säure	Chlor	Schwe-felsäure	Kalk	Magnesia	Ges Härte deutsch Grade
a. Städtische Leitungen:								
1. Zillerbach	17,0	0,68	0,63	2,13	2,14	4,45	0,95	11,25
2. Zwölfmorgenthal	23,8	0,30	0,48	1,01	1,39	10,64	0,87	19,6
3. Bollhasenthal	12,2	0,94	0,14	0,97	1,26	2,83	0,64	6,5
4. Zillerbach	31,2	0,78	0,28	2,84	2,20	10,92		19,5
b. Schlossleitungen:								
1. Rothenberg	11,06	0,42	0,31	0,82	1,13	2,13	1,2	7,9
2. Siebenbornen	23,0	0,13	0,22	1,52	2,04	8,82	1,23	18
c. Gymnasiumsleitung	24,6	Spur	0,11	1,31	0,95	10,32	1,02	19,6

Ammoniak und salpetrige Säure fand sich in allen Wässern Null, mit Ausnahme von a. 4. Zillerbach, wo Spur angegeben ist.

Wien hat (1875) ausschliesslich der Vororte 673865 Einwohner in
11807 Wohngebäuden. Die Zahl der Einwohner in den unmittelbar
mit Wien in Zusammenhang stehenden Vororten beträgt ferner über
200000.

Früher ·fand die Wasserversorgung hauptsächlich durch Schöpf-
und Hausbrunnen, sowie durch 18 kleine Quellwasserleitungen statt.

1861 waren 10000 Schöpfbrunnen vorhanden, deren Wasser in
qualitativer Beziehung jedoch bei einer grossen Zahl als ungenügend
festgestellt war. Von den Quellwasserleitungen dienten 6 öffentlichen
und 12 privaten Zwecken.

Von den ersteren ist die älteste, die Hernalser Wasserleitung,
1526 auf Anordnung des Kaisers Ferdinand I. der Stadt zu bauen auf-
erlegt und 1565 in Benützung gekommen. Das Wasser wurde in der
Thaleinsattlung der Als zwischen Hernals und Dornbach gesammelt, durch
hölzerne Rohre bis zum Stadtwall geleitet und von hier in Bleirohren
zum Brunnentempel am Hohenmarkt geführt. Im Laufe der Zeit wurden
verschiedene andere Quellen hinzugeführt, so auch 1732 eine Hauptquelle des Alsbaches. 1861 bestanden noch 11 Ausläufe dieser Leitung.

In der Mitte des 17. Jahrhunderts entstand die Leitung am
Hungerbrunnen, die 1735 erweitert wurde. Sie erhielt das Wasser
von der Laurenzergasse am Fusse des Wienerberges und führte dasselbe durch eiserne Rohre nach dem Neuen Markt und dem Kapuziner-
Kloster.

Das Esterhazy'sche Schöpfwerk und die Mariahilfer
Wasserleitung, deren letztere früher aus Quellen auf der Strecke
vom Linienwalle bis auf die Schmelz gespeist ist, welche aber später
ungenügend wurden, ist seit 1809 mit ersterer vereinigt, die aus einem
Grundbrunnen mittelst zweier, durch Pferdegöpel getriebener Pumpen
das Wasser entnimmt. Sie gehörte anfänglich zu ein Drittel, später
zur Hälfte und seit 1867 ganz der Stadt.

Die Baron Dietrich'sche Wasserleitung und die Matz-
leinsdorfer Leitung ist 1838 vollendet und führt das Wasser
aus einem Brunnen am Linienwalle durch gusseiserne Rohre nach dem
Pfarrhofe von Matzleinsdorf.

Die Albertini'sche Wasserleitung ist 1804 mit einem
Kostenaufwande von 800000 Mk. vollendet. Sie führt das Wasser der
Urquelle auf der hohen Wand im Halterthale hinter Hütteldorf mit
drei anderen Quellen zusammen und nimmt, nachdem das Wasser ein
Klärbassin passirt hat, drei fernere Quellen aus der Ottakringer Wal-

dung auf. Das Wasser wird gemeinschaftlich einer Brunnenstube bei Hütteldorf zugeführt. Von hier gelangt es durch zwei Leitungen nach dem Wasserthurme auf der Penzinger Anhöhe und weiter nach Schottenfeld und in die Josefstadt, sowie in die Stiftgasse und die Gumpendorferstrasse. 11 Bassins und Ausläufe bringen das Wasser zur Vertheilung.

Der Karoly'schen Wasserleitung wird schon 1716 erwähnt. Sie erhält das Wasser aus einer Brunnenstube neben der Karolygasse, welcher es durch Saugkanäle zugeführt wird.

Von den Privatleitungen mögen nur die Hofwasserleitungen erwähnt werden, und zwar zuerst die Siebenbrünner Leitung, welche aus einer Brunnenstube auf der Siebenbrünnerwiese in Matzleinsdorf gespeist wird und das Theresianeum, die Hofburg etc. versorgte.

Die Schottenfelder Leitung führt das Wasser aus der Nähe der Altenlerchfelderkirche zum Kaisergarten, Volksgarten und zur Staatskanzlei. Die Ottakringer Leitung führt das Wasser von dem Fusse des Galizienberges nach einem Reservoire in der Löwelstrasse. Eine zweite, auch Ottakringer Leitung genannt, führt von einer Brunnenstube im Dorfe Ottakring neben dem Schottenhofe nach dem Reservoire der Cavalleriekaserne. Die Dornbacher Leitung entspringt bei Bieglerhütte am Fusse des Galizienberges und versorgt die Hofstallgebäude und das allgemeine Krankenhaus. Die Leitung zum ungarischen Gardehofe empfängt das Wasser aus 4 Brunnenstuben in Ottakring auf der Krebswiese. Die Belvedere-Leitung entspringt am Laaerberge und führt zum Belvedere und zum Schwarzenberg'schen Garten.

Die Leistung dieser und der sämmtlichen anderen Leitungen schwankte 1861 in den verschiedenen Jahreszeiten zwischen 1450 und 1740 kbm., ergab jedoch einige Jahre später während der Minimalzeit bedeutend geringere Mengen. Die chemische und mikroskopische Untersuchung zeigte, dass das Wasser aus den Quellenleitungen zum Trinken benützt als ein gutes zu bezeichnen ist. Ueber die Herstellungskosten der Leitungen fehlen Nachweise. Die Unterhaltungskosten der öffentlichen Leitungen stellten sich pro Jahr auf 26000 bis 28000 Mk.

Ausser diesen Quellwasserleitungen existirten noch verschiedene Schöpfwerke zur Beschaffung von Brauchwasser für specielle Zwecke. Die Wasserleitung für das Schlachthaus St. Mark entnimmt aus einem 20 m. tiefen Brunnen mittelst einer durch eine 8 pferdige

Dampfmaschine getriebenen Pumpe das Wasser und fördert es in ein Reservoir. Die tägliche Leistung beträgt 175 kbm.

Die Stadtpark-Wasserleitung ist ähnlich eingerichtet und wird durch eine 5 pferdige Dampfmaschine getrieben. Sie liefert täglich 700 kbm. für den Stadtpark, den Kinderpark, die Markthallen etc.

Die Ringstrassen-Wasserleitung ist 1866 von der Stadt hergestellt und sollte provisorisch vor Vollendung der späteren Hochquellenleitung deren Rohrstränge in der Ringstrasse benützen. Die Leitung hatte 6400 m. Länge von 380 mm. Durchmesser und es befanden sich daran 69 Auslaufständer. Zwei Locomobilen von zusammen 24 Pferdekräften trieben Pumpen, die das Wasser unfiltrirt aus dem Donaukanal entnahmen. Die Anlage hat 308000 Mk. gekostet und lieferte 1740 kbm. Wasser pro Tag.

Endlich existirten und existiren wahrscheinlich noch 66 Schöpfbrunnen für öffentliche Zwecke, aus welchen für das Strassensprengen das Wasser durch Menschenkraft geschöpft wurde.

Im Jahre 1835 legte Kaiser Ferdinand I. den Grund zu der späteren „Kaiser Ferdinands-Leitung", indem er das ihm dargebrachte Krönungsgeschenk als Beitrag für diesen Zweck aussetzte. Diese Leitung ist 1841 der Benützung übergeben, ging 1843 in Besitz der Stadt über und ist jetzt noch zeitweise in Betrieb.

Das Wasser wird am Ufer des Donaukanals durch Saug- und Filterkanäle von im Ganzen 700 m. Länge erschlossen. Die Sohle derselben liegt 5 m. unter Null und es wird das Wasser durch Dampfkraft circa 47 m. hoch gehoben. Die erste Maschinenanlage bestand aus 2 Watt'schen Niederdruckmaschinen von je 60 Pferdekräften mit einer Leistungsfähigkeit von je 5800 kbm. pro Tag. 1859 wurde ferner eine Woolf'sche Hochdruckmaschine von 100 Pferdekräften und 11800 kbm. täglicher Leistung in Betrieb gesetzt und 1869 die alten Niederdruckmaschinen durch 2 Hochdruckmaschinen nach Woolf'schem System von je 60 Pferdekräften mit 6 Dampfkesseln ersetzt. Zur Vertheilung des Wassers waren 3 Hochreservoire von 145, 348 und 1044 kbm. Fassungsraum und ein Rohrnetz von 93100 m. Länge, dessen stärkstes Rohr 364 mm. Durchmesser hatte, vorhanden und es fand täglich eine Wasserabgabe von im Ganzen 10160 kbm. statt und zwar von 5916 kbm. durch 264 öffentliche Brunnen, von 474 kbm. durch 51 Ausläufe in städtischen Anstalten und Gebäuden und von 3770 kbm. durch 831 Ausläufe in Privat- oder sonstigen öffentlichen Gebäuden. Ausser diesen 1146 Ausläufen waren 57 Hydranten vorhanden. Nach den von einer Ministerialcommission vorgenommenen Untersuchungen betrug der Gesammtrückstand in 100000 Theilen dieses Wassers 26,25 Theile und es enthielt dasselbe keine Spur von Ammoniak. Die Härte betrug 8,74 deutsche Grade und die Temperatur stieg im Sommer bis zu 21° C. Die gesammten Anlagekosten dieses Werkes haben sich Ende 1871 auf 4917148 Mk. belaufen, wovon 2444450 Mk. auf Grunderwerb, Gebäude, Maschinen und Saugkanäle und 2472698 Mk. auf Reservoire, Rohrleitungen und Auslaufbrunnen entfallen.

Aus den vorstehend angeführten Leitungen wurden die im Nachfolgenden aufgeführten, theils monumental ausgestatteten Fontainen ausser den gewöhnlichen eisernen Auslaufbrunnen versorgt, nämlich:

1) Die Fontaine am Neuen Markt, 1739 eröffnet. In der Mitte des grossen Beckens erhebt sich ein Piedestal mit der Statue der Vorsicht und 5 Genien mit Fischen; am Rande des Beckens ruhen die allegorischen Figuren der Flüsse Traun, Enns, Ybbs und March. 1873 sind die ursprünglich in Bleicomposition ausgeführten Figuren durch solche aus Bronze ersetzt.

2) Die Fontaine am Hohenmarkt, 1732 ausgeführt. Sie ist mit einem Monumente, bestehend aus Figuren und Marmorbecken geschmückt.

3) Am Franciskanerplatze, 1798 errichtet. Sie ist mit einer Mosesstatue verziert.

4) Am Hof, 1732 errichtet und 1812 mit Figuren geschmückt.

5) Am Graben mit zwei Bildsäulen, St. Josef und St. Leopold darstellend.

6) Auf der Freiung, 1846 eröffnet. Aus einem Becken von Mauthausener Granit ragt ein Steinconglomerat hervor, auf der eine Säule, die die Statue der Austria trägt, steht. Die Donau, die Weichsel, die Elbe und der Po erscheinen in allegorischen Figuren an den Füssen der Säule.

7) Auf der Brandstätte, 1865 errichtet. Sie besteht aus einem Becken und einer Gruppe aus Bronzeguss, das Gänsemädchen vorstellend.

8) An der Augustinerbastei-Rampe, 1870 errichtet. Die Mittelgruppe stellt Danubius und die Stadt Wien dar, denen sich in Nischen die Gestalten der Nebenflüsse Save, March, Salza, Mur, Drave, Theiss, Enns, Traun und Inn anschliessen.

9) Im Stadtpark mit der Statue des Donauweibchens geschmückt.

10. Im Hofe des Rathhauses, 1739 errichtet. Sie ist mit Andromeda und Perseus, in Bleicomposition ausgeführt, verziert.

11. Im Palais Montenuovo in der Strauchgasse, 1853 aufgestellt. Der heilige Georg auf sich bäumendem Rosse dient als Schmuck derselben.

12. Im neuen Bankgebäude auf der Freiung. Motive aus der Sage des Donauweibchens dienen als Decoration.

13. Zwei ornamentale Becken am Universitätsplatze.

14. Ein Bassin am Fischhofe.

15. Vor der Paulaner-Kirche auf der Wieden, eröffnet 1846. Sie ist mit der Statue eines Schutzengels verziert.

16. Am Margarethenplatze, eröffnet 1836. Die Bildsäule der heiligen Margarethe als Drachenbesiegerin dient als Schmuck.

17. Im Hofe der Josefs-Akademie mit der Bildsäule der Hygiea.

18. In der Alsastrasse mit der Statue der Wachsamkeit.

Das Verlangen nach einer den ausgedehnteren Bedürfnissen entsprechenden allgemeinen Wasserversorgung führte 1861 zu einem von der Stadt ausgeschriebenen allgemeinen Concurs zur Erreichung geeigneter Projecte für eine Wasserversorgung der Stadt Wien. Von den eingelaufenen 15 Projecten traten zwei in den Vordergrund. Das eine wollte künstlich filtrirtes Donauwasser zur Vertheilung bringen; das andere wollte in den Geröllsfeldern am Fusse der Ausläufer der Alpen die entspringenden Quellen, 40 Kilom. von Wien entfernt, auffangen und durch einen gemauerten Kanal täglich 85000 bis 116000 kbm. Wasser der Stadt zuführen.

Nach vielen Untersuchungen ging aus der Gemeindeverwaltung 1864 das sog. Dreiquellenproject hervor, nach welchem dem Kaiserbrunnen, der Altaquelle und der Stixenstein-Quelle durch einen Aquaduct von 80 Kilom. Länge der Stadt täglich 116000 kbm. Wasser zugeführt werden sollten. Trotz vieler gegentheiliger Behauptungen in Betreff der Zulänglichkeit der Wassermengen wurde, nachdem der trockene Sommer 1865 die Altaquelle zeitweise ganz zum Versiegen gebracht hatte, beschlossen, die Herleitung der beiden anderen Quellen auszuführen und nach mannigfachen technischen Abänderungen der Bau am 21. April 1870 begonnen und die Leitung am 24. October 1873 eröffnet. Die Anlagekosten haben im Ganzen 44000000 Mk. betragen und es soll das Werk für eine Maximalleistung von 141500 kbm. genügen. Die Ergiebigkeit der Quellen wird als Maximum auf 169800 kbm. pro Tag im Juli und als Minimum auf 25470 kbm. im Februar (circa 8 Tage) angegeben. Das Wasser des Kaiserbrunnen wird in

einem Wasserschlosse aus den verschiedenen. Quellen frei austretend
gesammelt. Es ist das ein in den Felsen eingesprengtes, in den Seiten
und oben gemauertes Reservoire, dessen Sohle auf gleicher Höhe mit dem
mittleren Wasserspiegel der Schwarza liegt und welches bei 5,6 m. Wasserhöhe 567 kbm. Wasser fasst. Ein Ueberfall führt das Wasser ab, welches
nicht in den mit einem Schützen versehenen Kanal eintreten soll.
Die Stixensteiner Quelle wird durch ein Wasserschloss von 280 kbm.
Fassungsraum, welches gleichfalls in den Felsen eingesprengt ist, beim
Austritt aus den Nischen der Seitenwände gesammelt. Durch eine
von der Sieding aus betriebene Turbine wird mittelst Pumpwerkes
ein Theil des hier erschlossenen Wassers, nämlich 1276 kbm. täglich,
dem Schlosse Stixenstein zugeführt, während das übrige Quantum dem
Aquaducte zufliesst.

Die Länge des ganzen Aquaductes von den Quellen am Kaiserbrunnen
bis zu dem Vertheilungsreservoire am Rosenhügel beträgt 88,7 Kilom.
und von der Stixensteinquelle bis zu diesem Reservoire 71,7 Kilom.
Das Wasser vom Kaiserbrunn erleidet einen Druckverlust von 271,1 m.,
das von der Stixenstein-Quelle einen solchen von 203,1 m. bis zum
Rosenhügel-Reservoire. Von diesem Gefälle werden bei ersterem 83,4 m.,
bei letzteren 64,2 m. durch Absätze in den Leitungen ausgeglichen
und es kommt demnach in Summa auf die Leitungsstrecken selbst 187,7 m.
resp. 138,9 m. Gefälle. Der Aquaduct vom Kaiserbrunnen bis Ternitz ist
22,9 Kilom., der von Stixenstein bis Ternitz 5,9 Kilom. lang. Hier
vereinigen sich beide und führen in einer Länge von 65,8 Kilom. zum
Reservoire am Rosenhügel. Die Neigung der ersteren Strecke schwankt
zwischen 1:212 und 1:318, die der anderen zwischen 1:96 und 1:251
und die der gemeinschaftlichen Strecke zwischen 1:185 und 1:2300.

Sechszehnmal werden Felsen und Bergrücken durch Stollen durch-
brochen in einer gesammten Länge von 8369 m. Davon entfallen
2845 m. auf den Stollen zwischen Kaiserbrunn und Hirschwang, 665 m.
auf den Stollen bei Vöslau, 400 m. auf den bei Pottschach, 500 m.
auf den bei Mödling und 190 m., 300 m., 280 m. und 250 m. auf
die bei Stuppach, Stixenstein, Fischau, Brunn und Baden, während
der Rest sich auf die übrigen vertheilt. Der Hauptstollen vom Kaiserbrunnen bis Hirschwang hat 1,9 m. lichte Breite und gleiche Höhe.
Die freien Querschnitte der übrigen Stollen sind den Gefällverhält-
nissen entsprechend verschieden. Wo sie in dem Felsen ausgebrochen
sind, sind sie in der Sohle und in den Seitenwänden in entsprechender
Höhe 52 mm. dick mit Putz von Portlandcement versehen. In

lockerem Terrain sind die Stollen am Boden, in den Seitenwänden und in der Decke aus Quadern 31 cm. stark oder aus Ziegeln 46 cm. stark hergestellt. Bei besserem Terrain ist die Ausmauerung in der Sohle unterlassen.

An 6 verschiedenen Stellen finden bedeutendere Thalübersetzungen in einer Gesammtlänge von fast 2300 m. in Form von auf Bogenstellungen gelagerter gemauerter Aquaducte statt, und zwar:

1. bei Loebersdorf 285 m. lang auf 20 Pfeilern und in durchschnittlich 3,8 m. Höhe,

2. bei Baden 665 m. lang auf 41 Pfeilern, deren höchster 22,8 m. misst,

3. bei Mödling 190 m. lang auf 7 Pfeilern von 23 m. Höhe,

4. bei Liesing 665 m. lang auf 43 Pfeilern,

5. bei Mauer, in einer Curve gebaut, 285 m. laug auf 13 Pfeilern von 15 m. Höhe und

6. bei Speising 190 m. lang auf 7 Pfeilern von 9,5 m. Höhe.

Beispielsweise mag erwähnt werden, dass der ad 2) genannte Baden-Aquaduct aus 5 Bogenstellungén à 9,5 m. Spannweite, aus 14 à 11,4 m. Spannweite, aus 8 à 13,3 m. Spannweite, aus 6 à 15,2 m. Spannweite, aus 7 à 13,74 m. Spannweite, aus 1 à 15,2 m. Spannweite und aus 2 à 13,74 m. Spannweite besteht.

Ferner waren verschiedene Durchlässe und Stützmauern herzustellen. Die ganze Länge der Stollen, Brücken, Thalübersetzungen, Stützmauern und Durchlässe beträgt 15120 m., während die des currenten Wasserleitungskanals ohne die Kunstbauten 79500 m. beträgt. Derselbe ist im Boden und in den Seitenwänden 62 cm. stark und mit einem 31 cm. starken Gewölbe theils aus Quadern, theils aus Ziegelsteinen geschlossen. Der Gewölbemittelpunkt liegt mindestens 1,9 m. unter Terrain, resp. unter einer in dieser Höhe hergestellten Erdanschüttung.

Der Kanal vom Kaiserbrunnen bis Ternitz ist je nach dem verschiedenen Gefälle 78 cm. bis 93 cm. im Lichten weit und 116 cm. bis 140 cm. hoch, der von Stixenstein bis Ternitz 62 bis 93 cm. weit und 140 cm. hoch und endlich der von Ternitz bis zum Rosenhügel 108 bis 155 cm. weit und 163 bis 202 cm. hoch. In den ersteren beiden Strecken befinden sich in 48 m., in der letzteren in 475 m. Entfernung durch Steinplatten geschlossene Einsteigeschächte. Ausserdem sind in je 1900 m. Entfernung mit eisernen Thüren geschlossene Aichthürmchen angebracht.

Das sämmtliche Wasser fliesst in das Reservoir am Rosenhügel aus.

19 *

Dasselbe besteht aus zwei gleich grossen Abtheilungen von im Gauzen 2320 kbm. Inhalt bei 3,72 m. Wasserstand und aus einem Einlaufbecken. Das Reservoir ist gemauert, überwölbt und mit Erde bedeckt. Von hier werden drei fernere Reservoire von ähnlicher Construction durch zwei Rohrleitungen von 960 mm. Durchmesser gespeist und zwar das auf der Schmelz von 7600 kbm., das am Wienerberge von 5000 kbm. und das am Laaerberge von 11500 kbm. Fassungsraum, so dass der gesammte Reservoirraum 26420 kbm. beträgt. Sämmtliche Reservoire befinden sich vor dem Stadtrohrnetze.

Die Vertheilung des Wassers in der Stadt erfolgt in zwei Zonen, deren jede über dem höchsten Punkte des Strassenpflasters des betreffenden Districtes 28,4 m. effectiven Druck hat. Die Höhendifferenz der verschiedenen Terrainpunkte der resp. Abgabegebiete beträgt 47,4 m. Bei dem Stadtrohrnetze haben 4 Gruppen der Hauptrohrstränge Circulation; alle übrigen sind nach dem Verästelungssysteme angelegt. Das ganze Rohrnetz hat 273200 m. Länge und das weiteste Rohr desselben 960 mm. Durchmesser. Die beiden 960 mm. im Durchmesser haltenden Rohre haben 7586 m. resp. 7965 m. Länge. Eine Leitung von 960 mm. Durchmesser kreuzt den Wienfluss und zwei Leitungen von 390 mm. und eine Leitung von 260 mm. den Donaukanal. In dem städtischen Rohrnetze befinden sich 1056 Wasserschieber und 400 Hydranten. Aus demselben wird ein Hochstrahlbrunnen und 4 kleinere Fontainen, sowie 296 Brunnen mit 320 Ausläufen und 60 öffentliche Bassins gespeist, von welchen ein Theil schon vorhin als aus den früheren Leitungen versorgt erwähnt ist. Der Hochstrahlbrunnen vor dem Schwarzenberg-Palais verbraucht pro Stunde 880 kbm. Wasser und besteht aus einem hohlen Mittelstrahle von 32 m. Höhe und 220 mm. Durchmesser, aus vier Seitenstrahlen von 18 m. Höhe und 13 mm. Durchmesser und am Rande des Bassins aus 300 Strahlen von 7,5 m. Höhe und 4 mm. Durchmesser, die sich glockenförmig nach Innen ergiessen. 120 öffentliche Pissoirs haben Wasserspülung.

Für Strassensprengen sind 1875 täglich 5800 kbm., für öffentliche Gärten 2320 kbm., für Brunnen und Bassins 10440 kbm. und für Industriezwecke 2553 kbm. abgegeben. Die tägliche Abgabe in diesem Jahre betrug im Ganzen 30500 kbm., wovon 1120 kbm. auf die Vororte entfallen. Es waren 4674 Häuser mit 227139 Personen mit Wasser versorgt. Durch 3000 Wassermesser sind täglich 15580 kbm. abgegeben. Die Messer sind von der Firma Leopolder, Streiff-Becker & Comp. in Wien nach dem Systeme „Leopolder“ und nach dem Systeme „Faller“

von der Firma Anton Spamer & Emil Faller in Wien geliefert. Eine
Verwendung des Wassers für Wassermotoren findet nicht statt und
soll überhaupt nur ausnahmsweise gestattet werden. Die Versorgung
soll eine constante, Brauch- und Trinkwasser ungetrennt gebende sein.

Ueber die Temperatur des Wassers wird angegeben, dass als
Durchschnittsresultat der Beobachtungen zu betrachten ist: an den
Quellen constant 5° C., in den Reservoiren im Winter 7° bis 8°, in
den Leitungen im Winter 8° bis 9° und im Sommer 9° bis 10°.

Regelmässige Analysen des Wassers werden nicht vorgenommen.
Nach einer Analyse des Professors der Chemie Dr. Redtenbacher
vom December 1865 waren in 100000 Theilen des Wassers des Kaiserbrunnen 14 Theile und der Stixenstein - Quelle 24 Theile Gesammtrückstand; von ersteren waren 0,42, von letzteren 0,60 Theile organischen Ursprungs. Die Härte des ersteren Wassers beträgt 7,3, die
des letzteren 12—13 deutsche Grade.

Die in dem Berichte der Wasserversorgungscommission vom Jahre
1864 gegebenen Analysen beider Quellen lauten wie folgt für 100000
Theile Wasser:

	Kaiserbrunn	Stixenstein	Grosse Hollen-thalquelle 1872
Ammoniak	0	0	0
Kali	0,06 ⎫	0,43	0,80
Natron	0,21 ⎭		
Kalk	6,09	10,49	5,83
Magnesia	0,88	1,72	0,71
Eisenoxyd . . .	Spuren	Spuren	Spuren
Kieselerde . . .	0,18	0,25	0,29
Schwefelsaure . . .	0,60	1,87	0,26
Chlor	0,09	0,20	0,06
Organische Substanz . .	0,42	0,60	nicht nachgewiesen
Trockenrückstand . .	13,87	24,52	12,82
Glührückstand . .	13,45	—	—
Hartegrade (deutsch) .	7,3	12,89	6,8

Die vorstehend mitverzeichnete Analyse der grossen Höllenthal-
quelle ist vom Professor Dr. Schneider 1872 ausgeführt und hier in
Rücksicht auf die in neuester Zeit in Aussicht stehende Benützung
derselben für die Wasserversorgung mitgetheilt.

Der Bau der ganzen Wasserversorgung ist von dem Bauunter-
nehmer Gabrielli in Generalentreprise ausgeführt. Die technische
Oberleitung und Projectirung war Seitens der Stadt in 2 Oberingenieur-

Abtheilungen: die Zuführung bis zum Bassin am Rosenhügel und die Reservoire und Rohrleitungen in der Stadt getheilt. Die erste Abtheilung war dem Civilingenieur Karl Junker und die zweite Abtheilung anfänglich dem Stadtbauamts-Ingenieur Karl Gabriel, nach dessen 1868 erfolgtem Tode dem Ingenieur Otto Wertheim und nach dessen Abgange in Folge der in Fachkreisen bekannten Frage wegen der Wandstärken der Rohre im August 1871 dem Oberingenieur des Stadtbauamts Karl Mihatsch übertragen.

Die nachfolgende Zusammenstellung giebt die für die im Vorstehenden geschilderten Arbeiten an die Generalunternehmung gezahlten Einheitspreise für Erdarbeiten, Mauerarbeiten und für Diverses, in den verschiedenen Positionen getrennt, in Mark. Die Preise für Mauerwerk umfassen die Lieferung von Kalk und Cement nicht mit, enthalten aber sämmtliche Kosten für Gerüste, provisorische Wegeanlagen, Brücken etc. In Bezug auf alles Uebrige ist in den Einheitspreisen die Lieferung und Aufstellung der sämmtlichen Materialien an Ort und Stelle fix und fertig enthalten.

Lieferungsarbeiten	Mk.
I. Erdarbeiten.	
1. Ausschachtung pro kbm. Boden der Rohrgräben in der Stadt und den Vorstadten incl. Absteifen, Ausbauen, Einfriedigen, Erleuchten etc.	0,65
2. Verfullen dsgl.	0,12 — 0,14
3. Ausschachtungen von Seiteneinschnitten pro kbm. incl. Zufüllen, Stampfen und Herstellung der Dossirung	0,94 — 1,00
4. Ausschachtungen für die Hauptaquaductleitungen incl. Ausbauen, Zufullen, Stampfen, Planiren incl. der Erdtransporte bis auf 190 m. Entfernung pro kbm. in	
a) leichtem Boden, Sand etc.	1,35 — 1,59
b) schwererem Boden, Thon und Kies	2,03 — 2,50
c) Felsen, wo Sprengen mit Pulver nöthig	2,94 — 3,51
d) quelligem Boden einschliesslich der Spundwände und des Pumpens	3,20 — 3,83
e) dsgl., wenn constantes Pumpen mit Dampfbetrieb erforderlich	5,42 — 6,11
5. Ausschachtungen in Tunneln pro m ohne Rücksicht auf das Material einschliesslich des Ausbaues, der Ventilation, der Sprengmaterialien etc.	35,38 — 36,70
6. Erdtransporte über 180 m. pro m. pro kbm. extra	0,13
7 Tagelohn im Falle unvorhergesehener Arbeiten zum Pumpen	2,29

Lieferungsarbeiten	Mk.
II Mauerwerk excl. Kalk und Cement incl. Geruste.	
8. Bruchstein-Mauerwerk in Fundamenten, Mauern etc. pro kbm	9,59 — 11,07
9. Zusatz für äussere Flachen pro ☐ m.	7,51 — 7,73
10. Concret in Fundamenten pro kbm.	9,84 — 10,73
11. Trockenmauerwerk aus Bruchstein pro kbm	8,14 — 8,45
12. Bruchstein-Mauerwerk in Gewolben pro kbm	16,94 — 17,63
13. Ziegelstein-Mauerwerk in Fundamenten und Pfeilern pro kbm.	18,98
14. dsgl. in Bogen bis 11 m Spannweite pro kbm.	21,70 — 23,06
15. dsgl. über 11 m. Spannweite pro kbm.	35,26
16. Quaderverblendungen in fortlaufenden Flachen pro kbm.	73,80 — 80,15
17. dsgl in Ecken, Gesimsen, Treppen pro kbm.	116,87 — 132,40
18 Asphaltiren 46 cm. dick pro ☐ m.	5,63 — 6,26
19. desgl. 23 cm. dick pro ☐ m.	3,75
III. Diverses.	
20. Putz von Portlandcement im Innern der Kanale, dreimal abgerieben pro ☐ m.	2,33
21. Rostpfahle 25 cm. ☐ eingerammt pro m.	2,53
22. Spundpfahle eingerammt pro m.	1,64
23 5 cm. dicke Bohlen pro ☐ m.	2,93
24. Schmiedearbeit pro %o Kilo	62,05
25 Hydraulischer Kalk pro %o Kilo	4,53
26. Portlandcement pro %o Kilo.	10,26

Der Verbrauch an hydraulischem Kalk und an Cement ergiebt sich aus folgender Tabelle, in welcher die Quantitäten nach den verschiedenen Anlieferungspunkten getrennt in Kilo aufgeführt sind, woraus ein Rückschluss auf die Vertheilung für die einzelnen Bauobjecte der ganzen Strecke der Leitung zu machen ist.

Lieferstation	Hydraulischer Kalk Kilo	Portlandcement Kilo
Bayerbach	7389285	2120205
Gloggnitz	4398276	1293372
Ternitz	8924493	2772745
Fischau	5368502	1586004
Matzendorf	3071527	55371
Loebersdorf	5563101	2953987
Liesing	10623347	2316422
Total	45338535	12588104

Nach einem im October 1875 von den Herren A. Aird, D. Fölsch und R. Grimburg abgegebenen Gutachten ist die Leistung der Quellen bedeutend hinter dem erwarteten Resultate zurückgeblieben. Das 1864 von der Wasserwerkscommission als zuzuführen erforderlich festgestellte Quantum sollte 92800 kbm. betragen, von welchem Quantum stets, also auch in der kältesten Jahreszeit 63800 kbm. nöthig wären. Die Quellenmessungen vor deren Fassungen hatten vor 1864 folgende Resultate ergeben: bei dem Kaiserbrunnen 43500 kbm. als Maximum und 28768 resp. 37700 kbm. (unter Hinzurechnung der kleinen Wasserfäden) als Minimum und bei der Stixenstein-Quelle 36770 resp. 32640 kbm. Vom 1. October 1873 bis 12. October 1875, also in 742 Tagen haben beide Quellen zusammen gegeben:

```
während 445 Tagen oder 0,6 der Zeit täglich weniger als 92800 kbm. pro Tag
   „    300   „     „   0,4  „   „    „         „      „   63800  „    „   „
   „    219   „     „   0,3  „   „    „         „      „   43500  „    „   „
   „    132   „     „   0,2  „   „    „         „      „   34800  „    „   „
   „     60   „     „   0,08 „   „    „         „      „   29000  „    „   „
```

Unter 92800 kbm. fiel das Quantum nicht nur im Herbst und Frühjahr, sondern selbst im Hochsommer, und unter 63800 kbm. im März, October und November. Der geringste Zufluss von 26100 kbm. trat im Februar und März 1874 und dann wieder im März 1875 auf. Davon entfielen 20300 kbm. auf den Kaiserbrunnen und 5800 kbm. auf die Stixenstein-Quelle.

In dem Anfangs 1877 an den Gemeinderath erstatteten Bericht der Wasserversorgungscommission wird über die Ergiebigkeit der Quellen angegeben, dass dieselbe betrug:

Betriebsjahr	1874	1875	1876
	Tage	Tage	Tage
weniger als 29000 kbm. pro Tag . .	53	22	80
„ „ 58000 „ „ „ . .	114	68	126
„ „ 87000 „ „ „ .	27	125	67
87000 bis 145000 „ „ „ .	176	149	154
über 145000 „ „ „ .	—	—	19

Im Durchschnitt zeigt sich, dass während eines halben Jahres pro Tag weniger als 58000 kbm. und während eines halben Jahres über 87000 kbm. vorhanden sind. Vom October bis März überstieg die Menge nur an wenigen Tagen 58000 kbm.; im Sommer fiel das Minimum nur an 8 Tagen unter 58000 kbm. Es wird Seitens der Wasserversorgungs-commission der Antrag gestellt, da es sich jedenfalls als Bedürfniss herausgestellt hat, das Quantum zu vermehren, die Höllenthalquellen (Fuchsgassquelle), deren Analyse vorhin mitgetheilt wurde, zu acqueriren und der Kaiser-Franz-Josephs-Hochquellen-Wasserleitung durch Einleiten der Quellen in das Kaiserbrunnen-Wasserschloss zuzuführen, sowie ferner die Nassquelle und die Quelle im Reissthale zu erwerben und die Zuleitung der Altaquelle in Aussicht zu nehmen. Die Grösse der für die Zuführung der Fuchsgassquelle nöthigen Ausgaben wird auf 1060000 Mk. angegeben.

Ausserdem soll die Absicht vorliegen, einen grossen Theil der Brauchwasserversorgung, namentlich das Wasser für öffentliche Zwecke der Hochquellenleitung abzunehmen und der Kaiser-Ferdinands-Leitung, durch entsprechende Vergrösserungen leistungsfähiger gemacht, zu übertragen, mithin diese dauernd neben der Hochquellenleitung, für welche sie bisher nur als Nothaushelf gedient, in Betrieb zu stellen und zu halten.

Wiesbaden (Nassau) hat 42694 Einwohner in 2150 Wohnhäusern mit 9250 Haushaltungen. Die Stadtgemeinde hat mit einem Kostenaufwande von 1350000 Mk. von dem Stadtbaumeister F a c h und dem Ingenieur W i n t e r eine Wasserversorgung erbauen lassen und 1870 und 1871 in Betrieb genommen. Das Wasser wird theils natürlichen Quellen entnommen, theils durch Schaffen eines künstlichen tieferen Ablaufes von Gebirgsgrundwasser erschlossen. Die Gebirgsformation besteht aus unterdevonischen Schichten. Ueber die Maxima und Minima der disponibelen Wassermengen sind keine Angaben gemacht, da die Wassergewinnungsarbeiten noch nicht vollendet sind und diese Zahlen sowohl in den einzelnen Jahren schwanken, als auch nicht in den gleichen Monaten eines jeden Jahres ähnlich eintreten.

Das Wasser wird durch natürliches Gefälle zwei Hochreservoiren, welche 3000 m. von dem Gewinnungspunkte und 1100 m. von der Stadt entfernt vor dem städtischen Rohrnetze liegen, zugeführt. Diese liegen bei ganz gefülltem Reservoire 4,4 m. unter dem Gewinnungspunkte des Wassers und 25 m. über dem höchsten Punkte des Versorgungsgebietes. Die tiefsten Punkte der Stadt liegen circa 60 m. tiefer als die höchsten, so dass in diesen ein Druck bis zu 85 m. stattfindet. Die Reservoire sind gemauert, zugewölbt und im Terrain versenkt. Ihr Fassungsraum beträgt im Ganzen 3000 kbm. Jedes Reservoir besteht aus zwei Theilen von 39 m. Länge und 4,5 m. Breite bei 4,3 m. mittlerer Höhe. Die Wasserabgabe erfolgt constant ohne Trennung von Trink- und Brauchwasser. Das städtische Rohrnetz ist nach dem Circulationssysteme

angelegt und es hat das weiteste Rohr desselben 350 mm. Durchmesser.
Das ganze Rohrnetz hat 38000 m. Länge. Die Zahl der Hydranten
ist seit 1871 allmählich von 337 auf 415 im Jahre 1875, die der
Wasserschieber von 342 auf 410 gestiegen. Die Wasserabgabe hat
1874 im Ganzen 756700 kbm. und 1875 788000 kbm. betragen. Die
tägliche Maximalabgabe fand 1873 statt am 27. Juli und betrug 3900 kbm.
und 1875 am 2. Juni und betrug 3000 kbm. Als tägliche Minimalabgabe fand man 1732 kbm. am 10. Februar 1873, 1500 kbm. am
13. December 1874 und 1518 kbm. am 12. December 1875.

Die Zahl der mit Wasser versorgten Personen, Häuser und Haushaltungen, das für technische und für öffentliche Zwecke abgegebene
Wasserquantum und die Zahl der vorhandenen Wassermesser, sowie
das aus denselben abgegebene Wasserquantum giebt folgende Tabelle
für die Jahre 1871 bis 1875, wobei bemerkt wird, dass die Zahl der
Wassermesser für das Ende des Betriebsjahres angegeben ist und dass
in dem Jahre 1874 die grösste Zahl der hinzugekommenen Wassermesser in die zweite Hälfte fällt.

Betriebsjahr	1871	1872	1873	1874	1875
Personen mit Wasser versorgt	28000	31500	35000	37500	40000
Wohnhäuser dsgl. .	1445	1595	1783	1930	2030
Haushaltungen dsgl. .	6000	6700	7500	8300	8700
für technische Gewerbe kbm.	2100	4250	38000	34000	50000
für öffentliche Zwecke kbm.	108000	110000	112000	114000	116000
Wassermesser Zahl .	130	300	420	1000	1644
daraus Abgabe kbm. .	—	66000	150000	250000	440000

Die Wassermesser sind von Summer in Manchester (System Kennedy), Stumpf in Mainz (System Frost), J. J. Tylor in London und
Siemens & Halske in Berlin geliefert. Nach Zahl und Dimension vertheilen sich die verschiedenen Messer nach den verschiedenen Lieferanten wie folgt:

Lieferant	$3/8''$	$1/2''$	$3/4''$	$1''$	$1\frac{1}{2}''$	$2''$	$4''$	Im Ganzen
Kennedy . . .	42	53	7	8	—	—	—	110
Frost . . .	21	3	—	—	—	—	—	24
Siemens . .	11	258	886	36	5	3	1	1200
Tylor . . .	—	152	158	—	—	—	—	310
	74	466	1051	44	5	3	1	1644

Ueber die durch Stillestehen der Messer im Jahre 1875 nöthig gewordenen Reparaturen giebt folgende Tabelle nach den verschiedenen Monaten und den verschiedenen Lieferanten Aufschluss.

Lieferant	Januar	Februar	März	April	Mai	Juni	Juli	August	September	October	November	December	Total	Aufgestellt gewesen	%
Kennedy . .	4	2	3	3	6	3	9	4	3	5	4	4	50	110	45
Frost . . .	—	—	—	—	—	—	1	1	—	—	—	—	2	24	8
Siemens . .	13	9	9	9	6	9	10	9	15	18	10	11	128	1200	11
Tylor . .	—	—	—	—	—	1	2	2	3	2	4	2	16	310	5
Summa	17	11	12	12	12	13	21	16	22	25	18	17	196	1644	—

Als Grund dieser Störungen wird angegeben:

Art der Beschädigung	Kennedy	Frost	Siemens	Tylor	Total
	Stück	Stück	Stück	Stück	
Kolbenring entzwei .	10 = 9 %	—	—	—	10
Steuerung zu schwer gegangen . . .	40 = 36 %	2 = 8 %	—	—	42
Rost im Wasser .	—	—	68 = 6 %	—	68
Zinn zwischen Flügel und Büchse . .	—	—	60 = 5 %	16 = 5 %	76
Im Ganzen	50 = 45 %	2 = 8 %	128 = 11 %	16 = 5 %	196

Ausserdem sind noch an 135 Messern oder 8% kleine Reparaturen vorgekommen, und ferner 30 Stück durch den Frost beschädigt.

Es sind 14 Freibrunnen sowie 10 öffentliche Pissoirs mit Spülung und eine öffentliche Fontaine eingerichtet. Im Jahre 1876 waren auf den Privatgrundstücken vorhanden 1523 Waterclosets, 262 Badeeinrichtungen, 87 Privatpissoirs, 132 Privatfontainen und es existirten 1874 im Ganzen an Küchen-, Hof- und sonstigen Zapfhähnen 5503 Stück. Auch waren 3 Wassermotoren, System Kieffer, von je 1½ bis 2 Pferdekräften in Thätigkeit.

Regelmässige Analysen werden nicht vorgenommen. Auch finden keine regelmässige Temperaturbeobachtungen statt. Die Temperatur des Quellwassers beträgt 10,6° und im Jahre 1872 monatlich vorgenommene Temperaturbeobachtungen des Wassers in dem Rohrnetze haben folgende Resultate ergeben:

2. Januar	8,1° C.	1. Mai	10,0° C.	1. September	12,5° C.
1. Februar	7,5° C.	1. Juni	10,9° C.	1. October	11,9° C.
1. März	7,8° C.	1. Juli	11,4° C.	1. November	11,2° C.
1. April	9,2° C.	1. August	12,8° C.	1. December	10,9° C.

Die von den vier Quellen von dem Professor Geh. Hofrath Dr. Fresenius gemachten Analysen ergeben für 100000 Theile Wasser folgendes Resultat:

	Nr. 1	Nr. 2	Nr. 3	Nr. 4
Schwefelsaure . . .	0,130	0,034	0,144	0,182
Chlor	0,355	0,319	0,338	0,378
Kieselsäure . . .	0,590	0,390	0,570	0,740
Kohlensäure . .	0,740	0,792	0,715	0,845
Kalk . . .	0,478	0,305	0,461	0,741
Magnesia	0,396	0,274	0,393	0,330
Natron	0,683	0,626	0,590	0,764
Salpetersaure . . .	Spuren	Spuren	Spuren	Spuren
Summa	3,372	2,740	3,211	3,980
Ab für Sauerstoff entsprechend dem Chlor . .	0,080	0,072	0,076	0,085
Summa der fixen Bestandtheile	3,292	2,668	3,135	3,895

Eine Analyse des gesammten Wassers ergab 1871 in 100000 Theilen folgendes Resultat: schwefelsaures Kali 0,24, Chlorkalium 0,03, Chlornatrium 0,67, salpetersaures Natron 0,13, salpetersaurer Kalk 0,06, kohlensaurer Kalk 1,16, kohlensaure Magnesia 1,07, Kieselsäure 0,81; ferner organische Substanz ausgedrückt in dem zu ihrer Oxydation nöthigen Sauerstoff 0,07 Theile.

Die Anlagekosten des Werkes vertheilen sich wie folgt: Wassergewinnung 390000 Mk., Wasserzuleitung 108000 Mk., Reservoire 81000 Mk., Rohrnetz 546000 Mk., Privatleitungen 84000 Mk., Wassermesser 102000 Mk. und Entschädigungen etc. 39000 Mk.

Die Betriebskosten betragen: für Verzinsung rund 70000 Mk., für Amortisation 22000 Mk., für Unterhaltung 10000 Mk., für Repa-

raturen 4000 Mk. und an Gehälter 12000 Mk., im Ganzen also
118000 Mk. Die Einnahmen belaufen sich für Wasserabgabe nach
Messern auf 105000 Mk., für Abgabe auf Discretion auf 15000 Mk.,
für öffentliche Zwecke auf 2000 Mk., im Ganzen also auf 122000 Mk.

Die Rohre sind von Gebr. Böcking auf der Halbergerhütte bei
Saarbrücken, die Schieber von Gebr. Benckiser in Pforzheim und die
Hydranten von dem Gasapparat- und Gusswerk in Mainz geliefert..

Um **Wilhelmshafen** (Preussen) mit 10200 Einwohnern mit Wasser
zu versorgen, sind verschiedene Projecte aufgetaucht. Durch artesische
Brunnen im Orte selbst Wasser zu erschliessen, ist verschiedentlich
versucht, ohne solches von gewünschter Qualität zu erlangen. Ein
artesischer Brunnen mit einem durch eine Gasmaschine getriebenen
Pumpwerke ist für die Marine-Verwaltung in Betrieb. Die künstliche
Umwandlung des Seewassers zu einem guten Trinkwasser, welche
gleichfalls versucht ist, erwies sich als zu kostspielig und es wird jetzt
das Project der Herleitung des Wassers aus weiterer Entfernung, welche
Anlage auf 900000 Mk. veranschlagt ist, zur Ausführung gelangen,
wenn die dagegen erhobenen militärischen Bedenken der Möglichkeit
der Abschneidung dieser Zuleitung durch feindliche Truppen nieder-
geschlagen sein werden.

Winnenden (Würtemberg) mit 3600 Einwohnern hat eine Quellwasserleitung mit natürlichem Gefälle, welche mit einem Kostenaufwande
von 51428 Mk. vom Oberbaurath von E h m a n n ausgeführt ist. Die
früheren Quellenzuleitungen sind zum Theil benützt und das Wasser ist
einem 4000 m. von der Stadt entfernten, unterirdischen Hochreservoire
zugeführt, welches aus zwei Kammern besteht und im Ganzen 350 kbm.
Fassungsraum hat. Aus diesem werden 120 — 130 Hausleitungen, ferner
eine bedeutende Zahl von Hydranten und mehrere öffentliche Brunnen
gespeist.

Winterthur im Canton Zürich in der Schweiz hat 13000 Einwohner in 1670 Wohngebäuden einschliesslich der Oekonomiegebäude.
An Stelle der alten Quellwasserleitungen, die von 72 auf der Südseite
und 30 auf der Nordseite der Stadt liegenden Quellen gespeist wurden,
ist 1872 eine neue Leitung in Betrieb gesetzt, die von der Stadt in
Regie erbaut ist. Einschliesslich der alten Brunnenleitungen betragen
die gesämmten Anlagekosten 785600 Mk. und es ist dafür ein disponibles
Maximalwasserquantum von circa 4600 kbm. pro 24 Stunden erlangt.
Das Wasser wird einer Quelle, der Buchenrainquelle, entnommen, die,
in der Molasse am Rande des Tössflusses entspringend, 9930 m. von

der Stadt und 522,2 m. über dem Meere gefasst ist und mit natürlichem
Gefälle zugeleitet wird. 8500 m. von der Quelle sind an einem Bergabhange 2 Hochreservoire hergestellt, welche jedes 1650 kbm., zusammen also 3300 kbm. Inhalt haben. Der Wasserstand in denselben
beträgt 3 m. und das Gefälle der Zuleitung bis dahin 22,6 m. Da
nun der Höhenunterschied zwischen den Quellen und den höheren Stadttheilen 75,2 m. beträgt, so bleibt, wenn man noch 46 m. als erforderliches Gefälle für die Ableitung zur Stadt rechnet, 48 m. Druckhöhe in
der Stadt übrig. Die Leitung zu den Hochreservoiren besteht auf eine
Länge von 2800 m. aus Cementrohren von 450 mm. Durchmesser und auf
eine Länge von 5750 m. aus gusseisernen Rohren von 310 mm. Durchmesser. Erstere Leitung hat keinen Druck auszuhalten. Die Reservoire
sind aus Backsteinen mit Cementmörtel hergestellt. überwölbt und 1,8 m.
hoch mit Erde zugedeckt. Sie liegen vor dem städtischen Rohrnetze
und zwar 660 m. von der Stadt entfernt. Die Länge des städtischen
Rohrnetzes, welches nach dem Circulationssysteme ausgeführt ist, beträgt 21300 m. bis incl. der Rohre von 100 mm. Durchmesser. Die
Wasserabgabe findet constant und für Trink- und Brauchwasser ungetrennt statt. Die Stadt hat ausserdem eine Concession zur Entnahme
von Flusswasser aus dem Töss zum Betriebe von Motoren, wovon aber
bis jetzt kein Gebrauch gemacht ist.

Ueber das gesammte Abgabequantum und über die Maximal- und
Minimalabgabe pro Tag liegen keine Daten vor.

Für die Jahre 1872 bis 1875 giebt folgende Tabelle verschiedene
auf Ausdehnung und Art der Benützung, sowie auf den Consum be-
zügliche Daten:

Betriebsjahr	1872	1873	1874	1875
Haushaltungen mit Wasser versorgt	860	1080	1220	1400
Zahl der vorhandenen Haupthähne	400	480	550	640
dsgl. der Wassermesser	16	20	25	29
daraus abgegeben kbm.	33600	80500	104700	117100
Zahl der Hydranten	232	247	259	268
dsgl. der Wasserschieber	82	85	92	97
dsgl. der Freibrunnen	39	43	47	49
dsgl. der öffentlichen Fontainen	2	4	4	5
dsgl. der öffentlichen Pissoirs	7	7	7	7
dsgl. der Waterclosets und Privatpissoirs	120	135	154	172
dsgl. der Badeeinrichtungen	12	14	18	22
dsgl. der Wassermotoren	6	12	14	17

Die Motoren sind meistens von Schmid in Zürich geliefert. Es darf kein Motor von mehr als einer Pferdekraft aufgestellt werden und es verpflichtet sich die Stadt überhaupt nur, im Ganzen für 18 solcher Wasser zu liefern.

Die Wassermesser sind von Siemens & Halske in Berlin.

Temperaturbeobachtungen und Analysen werden seit der Inbetrieb-setzung nicht mehr vorgenommen. Nach einer Analyse des Assistenten am chemischen Laboratorium in Zürich R. Sulzer hatte das Wasser 11,3° C. Temperatur, 24,4° Gesammthärte, 11,3° bleibende Härte (deutsche Grade) und enthält in 100000 Theilen 33,9 Theile Kohlen-säure und 2,3 Theile organische Substanz.

Wismar (Meklenburg) mit 14000 Einwohnern wird durch eine künstliche Wasserleitung versorgt, die das Wasser von dem 4 Kilom. entfernten Orte Metelsdorf herbeiführt. Die Anlage ist Eigenthum der Stadt.

Witten (Westfalen) hat 18278 Einwohner in 1181 Wohnhäusern und 3586 Haushaltungen. 1867 ist für Rechnung der Stadt eine Wasserwerksanlage vom Ingenieur Kümmel, jetzt in Altona, mit einem Kostenaufwande von 540000 Mk. für eine Maximal-Tagesleistung von 4000 kbm. hergestellt.

Das Wasser wird mittelst einer Pumpstation am Fusse des Ardey Gebirges in unmittelbarer Nähe der Stadt aus der Ruhr durch ein 300 m. langes Saugrohr entnommen und 80 m. hoch auf eine Entfernung von 512 m. auf eine Bergkuppe am Fusse des Helenen-thurms gepumpt, wo es durch künstliche Sandfilter gereinigt wird.

In der Pumpstation befinden sich 2 liegende, doppeltwirkende Maschinen von je 25 Pferdekräften mit Schwungradern, ohne Con-densation, mit Schiebersteuerung und Meyer'scher Expansion. Sie machen 25 Doppelhübe pro Minute. und arbeiten mit $^3/_8$ Fullung. Die Dampfkolben haben 562 mm. Durchmesser und 0,785 m. Hub. Jede Maschine treibt direct eine doppeltwirkende Pumpe mit Liederkolben von 222 mm. Durchmesser. Die Kolben haben Lederliederung und die Ventile, welche 220 ☐ cm. freien Querschnitt haben, sind Rothguss - Doppelsitz-ventile. Die Saugerohre haben 262 mm., die Druckrohre 236 mm. Durch-messer. Jede Pumpe liefert in Maximo 2000 kbm. pro Tag. Beide Pumpen zusammen haben einen Saugwindkessel von 2,50 m. Höhe und 1100 mm. Durchmesser und jede einen Druckwindkessel von 3,76 m. Höhe und 940 mm. Durchmesser. Die Windkessel sind von Schmiedeeisen.

Die ursprünglich angelegten 2 Cornwall-Kessel sind später um einen Bouilleur-Kessel vermehrt. Erstere sind 6,28 m. lang und haben je ein Feuerrohr von 837 mm. Durchmesser, während der Hauptkessel 1570 mm. Durchmesser hat. Jeder Kessel hat 1,30 □ m. Rostfläche und 31,5 □ m. Heizfläche. Der dritte Kessel ist 11,3 m. lang und hat 1500 mm. Durchmesser und 2 Bouilleurs von 9,50 m. Länge und 706 mm. Durchmesser. Derselbe hat 2,50 □ m. Rostfläche und 70 □ m. Heizfläche. Der Maximaldampfdruck ist 5 Atmosphären und der Kohlenverbrauch beträgt (Steinkohlen, Gruss) 4,74 Kilo pro Pferdekraft pro Stunde. 1876 sind 23740 Ctr. zum Preise von 8772 Mk. 50 Pf. incl. Anfuhr verbraucht.

Das Druckrohr von 236 mm. Durchmesser führt das Wasser 2 Filterbetten von je 200 □ m. Oberfläche zu. Dieselben sind offen und 2,8 m. tief. Die Höhe der Filterschicht beträgt 1,47 m., wovon 0,85 m. aus scharfem Sande bestehen. Von den Filtern gelangt das Wasser in ein überwölbtes Reinwasserbassin von 17,50 m. im Quadrat Grundfläche und 3,5 m. Tiefe, welches 1000 kbm. Inhalt hat. Es ist die Einrichtung getroffen, die Filter einzeln und zusammen ausschalten zu können, so dass das Wasser auch ohne die Filter passirt zu haben, geliefert werden kann. Von hier beginnt in nächster Nähe der Consum. Das weiteste Rohr hat 400 mm. Durchmesser und das ganze Rohrnetz 24960 m. Länge. Das Rohrnetz ist so weit als thunlich nach dem Circulationssysteme angelegt und steht unter einheitlichem Drucke, der für die tiefsten Abgabestellen 60 m. beträgt. Die Abgabe erfolgt constant und für Trink- und Brauchwasser ungetrennt.

Die Wasserabgabe für die letzten 7 Jahre ergiebt sich aus folgender Aufstellung, ebenso wie die Zahl der vorhandenen Wassermesser, welche sämmtlich von Siemens & Halske in Berlin geliefert sind, und ferner auch das durch dieselben abgegebene Wasserquantum.

Jahr	Gesammt-abgabe	Abgabe durch Messer	Zahl der Messer
1870	533545	—	—
1871	670272	512455	68
1872	821254	663343	87
1873	874066	?	100
1874	919784	698966	110
1875	872167	528647	117
1876	823537	466868	127

Es sind 103 Hydrauten, 84 Wasserschieber und 2 Freibrunnen vorhanden.

1872 betrugen die Betriebskosten excl. Zinsen etc. 23425 Mk. oder 3 Pf. pro kbm.

Seit einigen Jahren wird auch die Nachbarstadt Annen mit Wasser von Witten aus versorgt.

Der Durchschnitt, sowie das Maximum und Minimum aus 4 Analysen sowohl für das Ruhrwasser an der Entnahmestelle, als für das filtrirte Wasser, welche von mir veranlasst sind, sind in folgenden Resultaten für 100000 Theile Wasser wiedergegeben.

	Maximum		Minimum		Mittel	
	Fluss-Wasser	Filtrirtes Wasser	Fluss-Wasser	Filtrirtes Wasser	Fluss-Wasser	Filtrirtes Wasser
Gesammtruckstand bei 135° C.	16,02	15,12	8,90	9,50	13,55	13,05
Organ Substanz	4,48	3,49	3,36	2,24	3,91	2,82
Kalk und Magnesia	5,48	5,51	3,32	3,38	4,46	4,33
Chlor	3,27	3,37	2,06	2,06	2,66	2,72
Salpetersäure	0,17	0,169	kaum	Spur	kaum	Spur
Schwefelsäure	2,80	2,80	0,96	0,98	1,75	1,73
Gesammthärte frz.°	11,4	11,6	6,0	6,1	9,0	9,2
Temperatur	18,5	17,0	7,5	6,5	—	—

In **Wittenberg** bestehen 4 Quellwasserleitungen, die je Eigenthum einer Anzahl von Hausbesitzern sind, nämlich: das alte Jungfernwasser, das neue Jungfernwasser, das Schlosswasser und das Rhodische Wasser. Die früheren Holzrohrleitungen sind durch Thonrohre und Eisenrohre ersetzt. Die die Leitungen speisenden Quellen liegen in geringer Höhe in der Nähe der Stadt.

Würzburg (Bayern) hat 45000 Einwohner in 3214 Wohnhäusern und 10266 Haushaltungen. 1856 ist die Wasserversorgung, welche von der Stadtgemeinde in Regie mit einem Kostenaufwande von 695777 Mk. erbaut ist, in Betrieb gesetzt. Die Maximalleistung der Anlage beträgt 5500 kbm. in 24 Stunden.

Das Wasser wird Quellen im Wellen- und Muschelkalk entnommen und künstlich gehoben. Die tägliche Minimalergiebigkeit dieser Quellen beträgt 5894 kbm. im August und September und die Maximalergiebigkeit 10080 kbm. im Monat Mai.

Ein kleiner Theil des Wassers wird durch Wasserkraft, der grösste

Theil durch Dampfkraft mittelst dreier Maschinenanlagen gehoben. Für ersteren Zweck ist ein rückenschlägiges verticales Zellenrad von 2,1 m. Durchmesser und 820 mm. Breite mit einem disponibelen Gefälle von 2,48 m. und einem Aufschlagsquantum von 0,223 kbm. pro Secunde vorhanden. Das Rad macht 7 bis 8 Umdrehungen pro Minute und treibt durch Gestänge 2 liegende einfachwirkende Plungerpumpen, deren Hubzahlen mit den Umdrehzahlen des Rades übereinstimmen. Die Pumpen haben 175 mm. Plungerdurchmesser und 0,73 m. Hub. Die Saugventile haben 50 ☐ cm. freien Querschnitt und die Saugrohre 80 mm. Durchmesser.

. Von den 3 vorhandenen Dampfmaschinenanlagen haben die beiden älteren je 24 Pferdekräfte, die neuere aber 50 Pferdekräfte. Sämmtliche Maschinen sind eincylindrig, doppeltwirkend und mit Schwungrad und Condensation versehen. Sie arbeiten mit Expansion. Die älteren Maschinen haben Schiebersteuerung, die neuere Ventilsteuerung. Eine der älteren Maschinen ist stehend, die andere derselben und die neue hingegen liegend. Erstere hat 400 mm. Cylinderdurchmesser, 1,02 m. Hub und macht 40 Umdrehungen pro Minute; die zweite hat 496 mm. Cylinderdurchmesser, 0,73 m. Hub und macht 48 Umdrehungen; die grosse endlich hat 600 mm. Cylinderdurchmesser, 1,00 m. Hub und macht 20 Umdrehungen pro Minute. Die beiden älteren Maschinen treiben je 2 doppeltwirkende Pumpen mit Liederkolben, die bei der stehenden Maschine stehend und bei der liegenden Maschine liegend sind. Bei beiden werden sie durch Räderübersetzungen bewegt. Die neue Maschine jedoch hat eine doppeltwirkende liegende Pumpe mit Liederkolben, die direct von der Kolbenstange der Dampfmaschine aus getrieben wird. Die Kolben der stehenden Pumpen haben Metallliederringe und doppelsitzige Glockenventile. Die Kolben selbst haben 400 mm. Durchmesser, 0,73 m. Hub und machen 10 Doppelhübe pro Minute. Die Saugventile haben 414 ☐ cm. freien Querschnitt und die Saugrohre 240 mm. Durchmesser. Bei den liegenden Pumpen haben die Kolben bei beiden Maschinen Lederdichtung. Bei der grossen Maschine sind mehrsitzige Ringventile, bei den kleinen jedoch einfache Klappenventile angewendet. Die kleinen Pumpen haben 350 mm. Durchmesser, 0,73 m. Hub und machen 12 Doppelhübe pro Minute. Die Saugventile haben 314 ☐ cm. freien Querschnitt und die Saugrohre 200 mm. Durchmesser. Die Pumpe der grossen Maschine hat 400 mm. Kolbendurchmesser, 1,00 m. Hub und macht wie die Dampfmaschine 20 Doppelhübe pro Minute. Die Saugventile haben 1260 ☐ cm. freien Querschnitt und die Saugrohre

400 mm. Durchmesser. Jedes der kleinen Pumpwerke hat einen schmiedeeisernen Druckwindkessel von 800 mm. Durchmesser und 4 m. Höhe. Das neue Pumpwerk hat ebenfalls einen solchen von 1000 mm. Durchmesser, der liegend angeordnet ist und 2,5 m. Länge hat.

Der Dampf zum Maschinenbetriebe, welcher 4 bis 4½ Atmosphären Pressung hat, wird in 3 Kesseln mit Ruhrkohlen erzeugt. Die beiden Kessel der älteren Anlage sind Cylinderkessel von 6,5 m. Länge und 1500 mm. Durchmesser mit je einem Feuerrohre von 730 mm. Durchmesser. Jeder derselben hat 0,8 ☐ m. Rostfläche und 35 ☐ m. Heizfläche. Der Kessel der neuen Anlage ist ein Cylinderkessel mit 2 Unterkesseln. Ersterer hat 10,15 m. Länge und 1300 mm. Durchmesser, letztere haben 8,85 m. Länge und 870 mm. Durchmesser. Die Rostfläche beträgt 2 ☐ m., die Heizfläche 75 ☐ m. Die stehende Maschine gebraucht 3,5 Kilo Kohlen, die alte liegende Maschine hingegen 2,4 Kilo pro Pferdekraft pro Stunde. Der Kohlenverbrauch beläuft sich im Jahre auf 5034 Kilo und der Preis pro 100 Kilo Kohlen beträgt 1 Mk. 14 Pf.

Die Quellen, welche das Wasser liefern, liegen 204 m. von der Stadt entfernt und es befindet sich die Maschinenanlage in der Stadt selbst. Da ein grösseres Hochreservoir nicht vorhanden und anzulegen ist, so arbeiten die Pumpen direct in das Rohrnetz der Stadt. In einem Wasserthurme neben der Pumpstation ist 30 m. hoch über dem Gewinnungspunkte des Wassers ein Blechbassin von 17 kbm. Inhalt aufgestellt und überdacht. Dasselbe dient als Regulator für den schwankenden Consum.

Trink- und Brauchwasser werden ungetrennt und constant zugeführt. Die höchsten Terrainpunkte haben circa noch 2 m. Druck und liegen 35 m. höher als die tiefsten. Das städtische Rohrnetz ist nach dem Circulationssysteme angelegt und hat 21048 m. Länge. Zwei Hauptrohre von 355 mm. resp. 300 mm. Durchmesser gehen parallel von der Pumpstation aus. Die Zahl der Hydranten und Wasserschieber betrug 1870 215 resp. 90 und 1875 224 resp. 96. 36 Freibrunnen sind vorhanden und es ist die Zahl der öffentlichen Pissoirs mit Spülung von 10 im Jahre 1870 auf 14 im Jahre 1875 vermehrt. Wassermesser werden nicht angewendet; statt derselben sind Regulirhähne in Benützung.

Die Wasserabgabe im Ganzen und im Tagesmaximum sowie die Zahl der mit Wasser versorgten Wohngebäude in verschiedenen Jahren giebt folgende Tabelle:

Betriebsjahr	1870	1871	1872	1873	1874	1875
Abgabe im Ganzen kbm.	1277135	1329330	1370210	1445400	1554170	1629360
Maximum pro Tag kbm .	3499	3642	3754	3960	4258	4464
Zahl der Wohnhäuser mit Wasserleitungen . .	958	980	1015	1072	1200	1230

Regelmässige Analysen werden nicht gemacht, sondern es wird nur bei besonderen Veranlassungen als Epidemieen etc. das Wasser untersucht.

Die Temperatur des Wassers schwankt an den Quellen zwischen 11 und 12° C. An den äussersten Enden der Leitungen steigt sie im Sommer auf 16° und fällt im Winter auf 6°.

Nach einer im Jahre 1835 vom Prof. Ossan gemachten Analyse fanden sich in 560 gr. Wasser 6,6445 gr. feste Bestandtheile, von denen 0,6776 salzsaure Kalk- und Talkerde, 0,7988 kohlensaures Natron, 2,7980 schwefelsaurer Kalk, 1,1970 kohlensaurer Kalk, 0,7343 kohlensaure Talkerde, 0,5170 hygroskopische Feuchtigkeit und Krystallisationswasser der Salze waren. Eine Analyse des Prof. Wislicenus vom 31. Juli 1873 ergab in 1 Liter Wasser 0,00325 gr. Salpetersäure, 0,00001 gr. salpetrige Säure, 0,00065 Ammoniak und 0,00316 übermangansaures Kali zur Zerstörung der organischen Substanzen.

Zeitz (Preuss. Sachsen) mit 16500 Einwohnern wird durch sechs Quellwasserleitungen versorgt, welche der Stadt das Wasser durch hölzerne Rohre zuführen. Innerhalb der Stadt sind eiserne Rohre und Thonrohre verwendet, durch welche das Wasser sich in 17 öffentliche Bottiche ergiesst. Ausserdem besteht noch ein öffentlicher Pumpenbrunnen. Das Wasser ist fast immer von guter Qualität und in genügender Menge vorhanden, so dass eine Aenderung des jetzigen Zustandes nicht beabsichtigt wird.

Zittau (Sachsen) hat 20248 Einwohner in 1298 Wohnhäusern und 4535 Haushaltungen. Die Wasserversorgung ist nach den Plänen des Stadtbaudirectors Trummler für Rechnung der Stadt von J. & A. Aird in Berlin erbaut und 1863 in Betrieb gesetzt. Die Anlagekosten haben 414003 Mk. betragen. Das Wasser wird Quellen entnommen, die im Sandsteingebirge am Gebirgshange des Mühlsteinberges, früher „Goldbachquelle" und später „König-Johannes-Quelle" genannt, entspringen. Dieselben haben ein Sammelgebiet von circa 2000 □ m. und es wird das Wasser durch natürlichen Druck der Stadt zugeführt. Die Ergiebigkeit der Quellen ist fast völlig regelmässig und beträgt

591 kbm. in 24 Stunden.   Die Entfernung der Quellen von der Stadt
beträgt 5485 m.   Das Wasser wird durch die Stadt geleitet und einem
an einer Seite derselben liegenden Hochreservoire zugeführt, welches
7817 m. von den Quellen entfernt liegt.   Dasselbe besteht aus einem
gusseisernen polygonförmigen Bassin von 17 m. Durchmesser und
3,5 m. Höhe und hat 740 kbm. Fassungsraum bei 3,35 m. Wasserhöhe in
demselben.   Es ist auf einem 14 m. hohen Unterbaue aufgestellt und
mit einem eisernen Dache überdeckt.   Das städtische Rohrnetz ist nach
dem Circulationssysteme angelegt mit Ausnahme einzelner, nach den
Vorstädten ausgelegter Zweigleitungen.   Der Leitungsdruck beträgt über
den höchsten Terrainpunkten der Stadt 15 m. und über den niedrigsten 45 m.   Die Länge des städtischen Rohrnetzes ist 5000 m. und
es sind darin 47 Hydranten aufgestellt.   In dem Stadtrohrnetze befinden sich 61 und am Zuleitungsrohre 20 Wasserschieber.   Das
stärkste Rohr hat 150 mm. Durchmesser.   Als Freibrunnen sind
46 Ständer und ferner 5 Entnahmestellen mit Schwimmkugelhähnen mit
kleinen Bassins und Pumpen eingerichtet.   Die Wasserabgabe ist eine
constante, wenn nicht der durch den starken Verbrauch im Sommer
eintretende Wassermangel zu einer zeitweisen Unterbrechung zwingt.
Das ist auch wohl der Grund, wesshalb die vorhandenen 11 Stück
öffentlichen Fontainen nicht im Gange sind.   Circa 500 Grundstücke
sind an die Leitung angeschlossen und es werden circa ²/₃ der Bewohner mit Wasser versorgt.   45 Waterclosets, 68 Badeeinrichtungen
und 6 Privatpissoirs sind in Benützung.   Für öffentliche Zwecke wird
sehr wenig und für gewerbliche Zwecke circa ¹/₄ des ganzen Quantums
abgegeben.   Wassermesser sind erst seit ganz kurzer Zeit in Anwendung gebracht und zwar 4 Stück von Siemens & Halske in Berlin.

Regelmässige Analysen des Wassers werden nicht vorgenommen,
wohl aber werden täglich Temperaturen gemessen.   Das Wasser an den
Quellen hat Jahr aus Jahr ein 8,8° C.   Im Hochreservoir steigt die
Temperatur im Sommer auf 12,5° C. und sinkt im Winter auf 5° C.
In den Privatleitungen erreicht sie stellenweise eine Höhe von 16,2° C.

Ausser dieser Anlage dient ferner eine zweite ältere für die Versorgung eines geringen Theiles der Stadt.   Diese wird aus einem weitver-
zweigten Quellgebiete versorgt und es ist das Wasser zum grössten Theil
Drainagewasser aus cultivirtem Lande.   Die Wassermenge ist daher sehr
wechselnd und fällt bis auf 150 kbm. pro 24 Stunden.   Ein neben dem
Hochreservoire in der Erde liegendes zweites Reservoir nimmt den Ueberschuss dieser Leitung auf und es kann mit diesem während der Nacht

bei Wassermangel der Hauptzuleitung das städtische Rohrnetz von diesem Reservoire aus, allerdings unter geringerem Drucke, gespeist werden.

Zur Vermehrung des Wasserquantums wird jetzt jedoch nach den Plänen des Baudirectors Rudorf die Zuleitung neuer Quellen, des s. g. „Weissenbachs", zur Stadt ausgeführt. Dieselben liegen circa 1060 m. von den jetzigen Hauptquellen entfernt und ergeben nach einjähriger Beobachtung 1555 kbm. pro 24 Stunden, also nahezu dreimal so viel, als die jetzigen.

Eine Analyse dieser Quelle und der Goldbachquelle von W. Stein in Dresden im Jahre 1876 resp. 1860 ausgeführt gab folgende Resultate:

1. Goldbachquelle: In 7680 Gran: 0,2625 Gesammtrückstand, 0,0336 organische Stoffe, 0,0286 Kieselerde, 0,1002 Schwefelsäure, 0,0257 Chlor, 0,0260 Kalk, 0,0013 Eisenoxyd, 0,0047 Magnesia, 0,0437 Natron.

2. Quellen des Weissenbachs: In 100000 Theilen: 3,25 unorganische, 0,35 organische Bestandtheile, 0,60 Kieselerde, 0,98 schwefelsaures Natron, 0,43 Chlornatrium, 0,39 kohlensaure Magnesia, 0,84 kohlensaurer Kalk, 0,26 schwefelsaurer Kalk, Spur Eisen.

Zürich (Schweiz) mit 21200 Einwohnern in der eigentlichen Stadt, wozu noch 16350 Einwohner für die Vorstädte kommen, besitzt eine getrennte Wasserversorgung für Trinkwasser und Brauchwasser. Die Ausführung der Anlagen ist für Rechnung der Stadt im Herbst 1868 dem städtischen Ingenieur A. Bürkli-Ziegler nach dessen Projecten übertragen. Die dem Projecte zu Grunde gelegte Wassermenge pro Tag betrug 10000 kbm. für eine angenommene Bevölkerung von 53000 Personen, von welchen 23500 auf die Innenstadt und 29500 auf die Aussengemeinden Riesbach, Hirslanden, Hottingen, Fluntern, Oberstrass, Aussersihl, Enge und Wiedikon entfallen. Als Consum ist 190 Liter pro Kopf angenommen, wovon 67 Liter für den Hausverbrauch, 37 Liter für Fabrikwasser, 60 Liter für Fontainen und 27 Liter für Strassensprengen gerechnet sind. Der ursprüngliche Anschlag für die Anlage belief sich auf 1600000 Mk.

Die früher zur Speisung der laufenden Brunnen benützten 5 Quellen versorgen die Trinkwasserleitung und zwar die Albisrieder Leitung die kleine Stadt und die Leitung der Quelle beim Wylhof, die Hirslander, Hottinger und Fulterner Leitung die grosse Stadt. Da das Wasser von dreien dieser Quellen zeitweise stark getrübt ist, so wird dasselbe künstlich durch Sand filtrirt. Das hierzu benützte Filter hat

182 □ m. Oberfläche und ist überwölbt. Die Filterschicht hat 1,35 m. Stärke und giebt pro Tag pro □ m. Fläche 3,3 kbm. Wasser. Es werden pro □ m. bis zur Reinigung der Filter 1400 kbm. in 14 Monaten filtrirt. Die Reinigung geschah anfänglich in gewöhnlicher Weise durch Abnehmen einer 5 bis 10 cm. starken Sandschicht. Sie kostete: an Arbeitslöhnen 86 Mk., an Material 24 Mk., an Wasser 8 Mk., zusammen 118 Mk. oder 4,8 Pf. pro kbm. filtrirtes Wasser und nahm 5 Tage in Anspruch. Jetzt wird mit gutem Erfolge die Reinigung dadurch ausgeführt, dass Brauchwasser unter Druck unter die Filterschicht geleitet wird, während man die Oberfläche des Sandes aufkratzt und umrührt. Die Reinigung nimmt einen Tag in Anspruch und kostet: an Arbeitslohn 36 Mk., an Material 4 Mk., an Wasser 24 Mk., zusammen 64 Mk. oder 2,4 Pf. pro kbm. filtrirtes Wasser.

Die Ergiebigkeit aller Quellen schwankt zwischen 635 Liter und 2295 Liter pro Minute, wovon 1417 Liter resp. 279 Liter der grossen und 480 Liter resp. 202 Liter der kleinen Stadt zugeführt werden. In der grossen Stadt sind 59 öffentliche Brunnen mit je 3,7 Liter bis 17 Liter und 35 Privatbrunnen mit je 1,6 Liter bis 12 Liter Auslauf pro Minute und in der kleinen Stadt 40 öffentliche Brunnen mit 4,5 Liter bis 10,5 Liter und 9 Privatbrunnen mit 3 Liter bis 7 Liter Auslauf pro Minute. Die öffentlichen Brunnen stehen in circa 100 m. Entfernung und fliessen constant. Die Zuleitungen haben 17770 m. und die Vertheilungsleitungen 11020 m. Länge. Die Rohrdurchmesser betragen 150 mm. bis 40 mm. und es ist an den ungünstigsten Auslaufstellen noch ein Druck von 6 m. vorhanden.

Das Brauchwasser wird aus der Limmat durch eine Combination von künstlicher und natürlicher Filtration entnommen und zwei Hochreservoiren, welche hinter dem städtischen Rohrnetze in verschiedenen Höhen liegen, durch Pumpen zugeführt, soweit es nicht vorher auf dem Wege dahin Verwendung findet. Die Filter liegen im Limmatbette oberhalb der Münsterbrücke und haben 63 m. Länge. Die beiden bis jetzt ausgeführten haben 9 m. Breite und somit 1134 □ m. Oberfläche, zwei ferner projectirte sollen jedoch 13,5 m. Breite erhalten. Eine Ausbaggerung im Flussbette ist seitlich durch Bohlenwände geschlossen, welche nach aussen mit Sand angefüllt sind. In den Hohlraum, welcher in der Mitte der Sohle der Länge nach 30 cm. tiefer als am Rande ist, sind folgende Materialien schichtenweise eingebracht:

Fusswegkies . . . . 15 cm.   dicke Schicht
Gartenkies . . . .   15 cm.   „   „
Steinschlag . . . .   15 bis 45 cm. „   „
Strassenkies (40 mm. Maschenweite) 15 cm. „   „
Gartenkies (14 mm. desgl.) 15 cm.   „   „
Fusswegkies (7 mm. desgl.)   15 cm.   „   „
Grober Sand (3 ½ mm. desgl.) 30 cm.   „   „
Feiner Sand (1,7 mm. desgl.) 90 cm.   „   „

Die obere Schicht schliesst mit dem Flussbette ab und liegt 2,4 m. unter dem niedrigsten Wasserstande. Die Bodengeschwindigkeit des Wassers im Flussbette beträgt 0,2 bis 0,7 m., so dass dadurch eine Selbstreinigung der Filteroberfläche selbstthätig stattfindet. Es ist pro ☐ m. Filterfläche pro 24 Stunden die Reinigung von 3,5 kbm. mit der Möglichkeit der Steigerung auf 7,5 kbm. Wasser angenommen.

Das filtrirte Wasser wird durch im Flussbette selbst verlegte Betonrohre von 600 mm. Durchmesser nach der 560 m. vom Filter entfernten Pumpstation am Mühlensteg geleitet.

Hier befindet sich ein durch Wasserkraft und ein durch Dampfkraft betriebenes Pumpwerk, jedes derselben aus zwei horizontalen gekuppelten Plungerkolben-Paaren (System Girard) bestehend, von denen je eine Pumpe für den Hochdruck und die andere für den Niederdruck bestimmt ist.

Die absolute Wasserkraft beträgt 64 Pferde bei 0,7 m. Gefälle und 6,245 kbm. Aufschlagswasser pro Secunde und es dient als Motor ein eisernes Kropfrad von 6 m. Durchmesser und 3,9 m. Breite mit 36 Schaufeln. Dasselbe macht 4 Umdrehungen pro Minute. Die Bewegung wird durch Zahnräder anf die 12 Umdrehungen machende Pumpenachse, von der aus die beiden Pumpen mittelst Lenkstangen bewegt werden, übertragen. Die Pumpe für den Hochdruck hat zwei Plunger von 170 mm., die für den Niederdruck zwei solche von 290 mm. Durchmesser. Der Hub derselben beträgt 0,60 m. Die Ventile sind Tellerventile, welche durch aussen angebrachte Federn geschlossen werden. Als Dichtung dient Sohlleder.

Zwei horizontale, doppeltwirkende Dampfmaschinen von zusammen 70 Pferdekräften Nutzeffect sind gekuppelt und haben ein gemeinschaftliches Schwungrad. Sie arbeiten mit Condensation und mit Expansion, die von ⅓ bis 1/12 mittelst zweier Schieber verstellbar ist. Die Kolben haben 430 mm. Durchmesser und 0,915 m. Hub. Die Maschinen machen normal 40 Umdrehungen pro Minute und treiben durch Räderübersetzung eine Achse, an der die Pumpen durch Krummzapfen angeschlossen sind. Diese Achse machte 18 Umdrehungen pro Minute. Die beiden Pumpen sind genau gleich der grösseren der beiden Wasserradpumpen.

Die grossen Pumpen geben bei einer Kurbelumdrehung theoretisch 77,5 Liter und die eine kleine 26,5 Liter Wasser. Jedes Pumpenpaar hat einen gemeinschaftlichen Saugwindkessel von 0,194 resp. 0,094 kbm. Inhalt und jede Pumpe einen besonderen Druckwindkessel von 0,932 kbm. (3 Stück) resp. 0,356 kbm. Inhalt.

Zum Betriebe der Dampfmaschinen dienen 2 Kessel, für 5 Atmosphären Dampfspannung bestimmt. Sie haben 2,70 m. Länge, 1690 mm. äusseren und 790 mm. Feuerrohrdurchmesser und je 36 Siederohre von 100 mm. Durchmesser. Die gesammte Heizfläche beträgt 41,50 ☐ m. pro Kessel.

Die Maschinenkraft ist 1873 durch Aufstellung einer Balancier-Dampfmaschine von 65 Pferdekräften mit 2 Pumpen auf der Platzpromenade vergrössert, und 1875 ist hier eine zweite Maschine mit Corliss-Steuerung von 60 Pferdekräften ebenfalls mit 2 Pumpen hinzugekommen.

Diese beiden letzteren Maschinen, welchen das filtrirte Wasser vom oberen Mühlsteg aus zugeleitet wird, werden demnächst als Reserve bei niederem Wasserstande der Limmat in Benützung bleiben, während die erste Pumpstation aufgegeben wird und durch eine Turbinenanlage mit Pumpen auf dem Kräuel, wo die Stadt eine Wasserkraft von 800 Pferdekräften erstanden hat, ersetzt werden wird.

Die Hochbassins für bie beiden Druckzonen liegen über dem mittleren Seespiegel (408 m. über dem Meere) bei dem höchsten Wasserstande von 4,5 m. in den Bassins 44,25 m. resp. 88,5 m. hoch. Der Verbrauch an Wasser ist für die niedere Zone auf circa 70% des gesammten Quantums angenommen, hat jedoch 1873 und 1874 82 resp. 82,4% betragen. Die Reservoire sind gemauert und überwölbt. Das untere Reservoir ist auf einem Platze neben dem Polytechnikum ausgeführt und fasst 2400 kbm. Das obere Reservoir fasst 1930 kbm. Eine wesentliche Vergrösserung dieser Reservoiranlagen ist bereits im ersten Projecte vorgesehen, aber die Ausführung noch nicht für nöthig befunden, da sich ein Reservoirinhalt von 32% des mittleren Tagesverbrauches als genügend erwiesen hat.

Bei der ersten Anlage hatte das Rohrnetz eine Länge von 27670 m. in Durchmessern von 450 mm. bis 100 mm. mit 138 Schiebern und 380 Feuerhähnen. 1875 waren 720 Wassermesser von 724 aufgestellten in Gebrauch, von welchen 532 Stück von Guest & Chrimes in Rotherham und 188 Stück von Siemens & Halske in Berlin bezogen wurden. Die Zahl der benützten Messer betrug im Jahre 1874 688, von welchen 89 Stück in dem Jahre reparirt werden mussten, während 1875 diese Zahl 64 betrug. Die Reparaturkosten derselben betrugen im Ganzen 918 Mk. oder pro Stück 13 Mark im Jahre 1874 und im Ganzen 925 Mk. 96 Pf. oder pro Stück 14 Mk. 46 Pf. im Jahre 1875.

Der Grösse nach und nach den Lieferanten gesondert stellen sich die vorhandenen und reparirten Messer wie folgt zusammen:

Dimension	Guest & Chrimes		Siemens & Halske	
	vorhanden	reparirt	vorhanden	reparirt
10 mm.	45	8	30	2
12,5 „	200	20	72	3
19 „	50	3	49	3
25 „	116	9	25	1
31 „	97	10	10	5
grossere	24	—	2	—
	532	50	188	14

Eigenthümlich ist in Zürich die sehr ausgedehnte Anwendung der Wassermotoren für kleine Gewerbe. Diese Wassermotoren werden nicht nach Wassermessern, sondern durch Tourenzähler, welche nach 2 Systemen in Anwendung sind, auf ihren Consum verrechnet. Von Schäffer & Budenberg in Magdeburg sind Ende 1875 65 und von Deschiens 60 Stück solcher Zähler in Benützung gewesen. Erstere kosten excl. Aufstellung (11 Mk.) 59 Mk. 52 Pf., letztere 66 Mk. 66 Pf. Die Zahl der Wassermotoren betrug 1873 41 Stück, 1874 69 Stück und 1875 116 Stück. Von diesen 116 Stück sind 19 in Buchdruckereien, 17 für Holzbearbeitung, 10 für Bauplätze zu Aufzügen, 8 für Schlosser, je 7 für Textilindustrie und Lithographieen, 6 für Messerschmiede, 5 für Aufzüge, je 4 für Sodawasserfabriken, Schlachtereien, Spezereihandlungen, Holzsägen und physikalische Kabinets und Laboratorien, 3 für Nähmaschinen, je 2 für Goldarbeiter, Ventilatorbetrieb und Zahn-

ärzte, endlich je 1 für Klempner, Bierbrauer, Orgeln, Conditor, Liniir-
anstalt und landwirthschaftliche Zwecke in Benützung. Sie repräsentiren
im Ganzen 120 Pferdekräfte gegen 71,5 im Jahre 1874, und zwar:

Leistung	1874	1875
unter ¹/₂ Pferdekraft.	11	16
von ¹/₂ bis 1 Pferdekraft	21	39
„ 1 „ 1¹/₂ „	20	18
„ 1¹/₂ „ 2 „	12	32
über 2 Pferdekräfte .	5	8
hydraulische Aufzüge	—	3

In den Jahren 1874 und 1875 sind von denselben, 58 resp. 92
Stück Kolbenmaschinen nach dem System Schmid, 6 resp. 14 desgl.
nach Wyss & Studer und 2 resp. 4 desgl. nach Meier & Landolt gewesen. Die Zahl der Tangentialräder von Escher, Wyss & Comp. hat
von 1874 auf 1875 von 2 auf 5 zugenommen. Eine Girard-Turbine
von Socin und Wick war 1874 in Benützung.

Der gesammte Wasserverbrauch in den Jahren 1873, 1874 und
1875 ergiebt sich aus folgender Tabelle, die auch die für die verschiedenen Verbrauchszwecke verwendeten Wassermengen, die Verbrauchs-
zunahme gegen das vorhergehende Jahr, die täglichen Verbrauchs-
mengen und die Zahl der versorgten Personen angiebt.

Verbrauchstabelle.

Betriebsjahr	1873		1874		1875	
	im Ganzen	%	im Ganzen	%	im Ganzen	%
Gesammtverbrauch kbm.	1874517	100,0	2468070	100,0	2810762	100,0
davon zum Hausgebrauch						
nach Messern . . „	131276	—	157426	—	173841	—
auf Discretion . . „	560041	—	908644	—	966159	—
und zusammen . „	691317	36,9	1066070	43,2	1144000	40,6
zu gewerblichen Zwecken „	422000	22,5	510000	20,6	580000	20,6
zum Betriebe von Motoren „	272200	14,5	392000	15,9	585000	20,8
für öffentliche Zwecke „	489000	26,1	500000	20,3	505762	18,0
Zunahme gegen das Vor-						
jahr im Ganzen . „	—	—	594000	31,7	342692	13,9
davon zum Hausgebrauch „	—	—	375000	54,2	73930	6,9
für gewerbliche Zwecke „	—	—	88000	20,8	70000	13,7
für Motoren . . „	—	—	120000	44,1	193000	49,2
für öffentliche Zwecke „	—	—	11000	2,2	5762	1,2

Verbrauchstabelle (Fortsetzung).

Betriebsjahr	1873		1874		1875	
	im Ganzen	%	im Ganzen	%	im Ganzen	%
Durchschn. pr. Tag i. Ganz. kbm	5430	—	7231	—	7705	—
Maximum pro Tag . „	—	—	10500	280	11084	267
Zahl der Abonnenten . .	1521	—	1878	—	2154	—
Angeschlossene Kopfzahl der Bevolkerung . . .	24600	—	30300	—	34550	—
Durchschnitt pro Kopf pro Tag im Jahre Liter *) .	—	—	180	—	160	—
dsgl. am starksten Verbrauchstage . . .	—	—	310	—	250	—
dsgl. Tagesdurchschnitt der starksten Verbrauchswoche	—	—	260	—	220	—

Der Wasserverbrauch in den einzelnen Tagesstunden stellt sich im Durchschnitt der beobachteten Tage, sowie an dem Tage des grössten Verbrauches im Jahre für die Jahre 1874 und 1875 in Procenten des ganzen Tagesverbrauches wie folgende Tabelle zeigt:

Stundenconsum.

Tagesstunde	Durchschnitt der beobachteten Tage		Tage des grossten Verbrauches	
	1874	1875	1874	1875
Morgens 6 — 7	5,03	4,66	4,41	5,14
„ 7 — 8	5,89	6,09	5,39	6,40
„ 8 — 9	6,38	6,39	6,13	6,40
„ 9 — 10	5,80	5,64	5,58	5,50
„ 10 — 11	6,50	6,57	6,18	6,13
„ 11 — 12	6,23	6,44	5,62	6,47
Mittags 12 — 1	3,87	3,53	4,10	4,63
„ 1 — 2	5,75	5,50	5,80	5,33
„ 2 — 3	6,59	6,97	6,59	6,56
„ 3 — 4	6,36	6,84	6,88	6,98
„ 4 — 5	5,70	5,82	5,69	6,20
Abends 5 — 6	6,02	6,62	6,30	6,40
„ 6 — 7	5,39	5,39	5,90	4,52
„ 7 — 8	3,48	3,46	3,81	2,97
„ 8 — 9	2,67	2,94	3,19	2,62
„ 9 — 10	2,29	2,59	2,69	2,35
„ 10 — 11	1,75	2,04	2,00	1,62
„ 11 — 12	1,59	1,91	1,79	1,20

*) excl. Motorenbetrieb.

Stundenconsum (Fortsetzung)

Tagesstunde	Durchschnitt der beobachteten Tage		Tage des grossten Verbrauches	
	1874	1875	1874	1875
Mitternacht 12 — 1	1,50	1,13	1,48	0,49
„ 1 — 2	1,58	1,40	1,51	2,89
„ 2 — 3	1,84	1,75	1,77	3,07
„ 3 — 4	2,00	1,67	1,91	1,54
„ 4 — 5	2,55	1,88	2,37	1,81
Morgens 5 — 6	3,25	2,83	3,47	2,80

Im Jahre 1874 war der Verbrauch von 6 Uhr Morgens bis 7 Uhr Abends durchschnittlich an den Wochentagen 75,5%, an den Tagen des stärksten Gebrauches 74% und an den Sonntagen 67,5% des ganzen Tagesverbrauches. Der grösste stündliche Verbrauch betrug 1874 7,1% des ganzen Verbrauches an dem betreffenden Tage und das 2,8 fache des jährlichen Durchschnitts des stündlichen Verbrauchs. 1875 stellen sich diese beiden Zahlen auf 7,85% und das 2,67 fache. Den durchschnittlichen Tagesverbrauch in einer Woche gleich 1 gesetzt ist 1874 für die verschiedenen Wochentage als verbrauchtes Wasser beobachtet:

Sonntag 0,57, Montag 1,04, Dienstag 1,11, Mittwoch 1,08, Donnerstag 1,08, Freitag 1,05, Samstag 1,06.

Einen Nachweis über die Einnahmen für Wasser im Ganzen und pro kbm., sowie die Zunahme der Einnahmen gegen das vorhergehende Jahr giebt für die Jahre 1873, 1874 und 1875 folgende Aufstellung:

Betriebsjahr	1873	1874	1875
Gesammte Einnahme Mk.	111964,48	139781,28	166435,44
Einnahme pro kbm. Pf.	5,97	5,66	5,92
Zunahme im Ganzen Mk.	—	27816,56	26830,40
dsgl in % des Geldes	—	24,8	19,2
dsgl. in % der Förderung	—	31,7	13,9

Der Kohlenverbrauch der Dampfmaschinen stellt sich pro kbm. Wasser und pro Pferdekraft pro Stunde unter Annahme von 95% Nutzeffect wie folgt:

Betriebsjahr	1873	1874	1875
Kohlenverbrauch Kilo incl. Schlacken			
(10,2%) pro kbm. gehobenes Wasser	0,6	0,60	0,572
dsgl. pro Pferd	3,20	2,98	2,67
Kohlenverbrauch Kilo excl. Schlacken			
(10,2%) pro kbm. gehobenes Wasser	—	0,54	0,515
dsgl. pro Pferd	—	2,67	2,40

Im Jahre 1875 vertheilte sich der Brutto-Kohlenbedarf für die drei verschiedenen Maschinen wie folgt: am oberen Mühlenstege 2,6 Kilo, Balancier-Maschine 2,9 Kilo, Corliss-Maschine 1,8 Kilo.

Der Kohlenpreis betrug pro 100 Kilo 1874 franco Wasserwerk 3 Mk. 84 Pf. und 1875 3 Mk. 35 Pf.

Die Betriebskosten der Pumpenanlagen in Mark haben sich in den Jahren 1874 und 1875 wie folgt gestellt:

Betriebsjahr	1874		1875	
	im Ganzen Mk.	in %	im Ganzen Mk.	in %
Löhne	7636,98	12,4	9921,18	11,6
Schmier-, Putz- u. Beleuchtungsmaterial	5701,26	9,2	8966,94	10,4
Brennmaterial	39386,60	63,8	46216,94	53,9
Reparaturen	8936,26	14,6	20584,97	24,1
Total	61661,10	100,0	85689,93	100,0

Diese Ausgaben vertheilen sich auf den kbm. wirklich gefördertes Wasser, sowie auf die effectiv geleistete Pferdekraft im Ganzen und nach den verschiedenen Motoren in Pfennigen wie folgt:

Förderkosten in Pf.	1873	1874	1875
pro kbm. im Ganzen	—	2,34	3,04
durch Dampfkraft	2,88	3,40	3,22
davon Brennmaterial . . .	2,32	2,26	2,06
davon Reparaturen . . .	0,08	0,47	0,38
durch Wasserkraft . . .	—	0,25	2,39
davon Reparaturen . . .	—	0,08	2,10
pro effect. Pferdekraft im Ganzen	—	11,89	14,30
durch Dampfkraft	15,90	16,82	15,01
davon Brennmaterial . . .	12,08	11,12	9,66
davon Reparaturen . . .	0,48	2,33	1,76
durch Wasserkraft . . .	—	1,29	11,53
davon Reparaturen	—	0,38	10,12

Die Steigerung der Reparaturkosten im letzten Jahre ist durch einen. Bruch der Wasserradachse, sowie durch Zerspringen eines Windkessels hervorgerufen.

Im Jahre 1875 haben die gesammten Ausgaben die in folgender Zusammenstellung angegebene Höhe erreicht.

- Betriebsrechnung.	Mk.	Pf.
Gewöhnlicher Aufsichts- und Verwaltungsdienst. . .	18854	90
Unterhaltung und Besorgung des öffentlichen Leitungsnetzes:		
1. Trinkwasserleitung . . . . .)	2538	23
2. Brauchwasserleitung: Filter . . Mk. 345. 12		
Pumpen u. Maschinen „ 85689. 96		
	86035	08
3. Reservoire	351	33
4. Leitungsnetz, Hydranten, Fontainen . . .	979	33
5. Anstrich der Brunnen und Fontainen . . .	284	—
6. Zuleitungen: Wassermesserreparaturen . . .	1178	76
Zuleitungen zu den Messern . . .	858	35
Privatarbeiten	6636	34
Verzinsung des Anlagecapitals (4 ³/₄ %) etc. . . .	129176	29
Unterhalt von Liegenschaften etc. . . .	6043	74
Gesammtausgaben	252937	43

Zwickau (Sachsen) hat 31424 Einwohner in 1522 Wohnhäusern und 6462 Haushaltungen. Eine ältere Brauchwasserleitung entnimmt das Wasser einem Flusse und führt es durch von Wasserrädern getriebene Pumpen der Stadt zu, wo es aus 8 Freibrunnen ausfliesst. Zwei unterschlägige verticale Wasserräder von 4,500 m. Durchmesser und 3,500 m. Breite, welche zugleich Mahlgänge treiben, treiben zwei stehende, einfachwirkende Pumpen von 200 mm. Durchmesser und 0,33 m. Hub durch Gestänge und Kunstkreuz.

In den Jahren 1874 und 1875 ist eine Trinkwasserversorgung von dem dortigen Stadtbauamte unter Zuziehung der Ingenieure Gruner und Thiem mit einem Kostenaufwande von 400000 Mk. (ausser Grunderwerb) ausgeführt und dem Betriebe übergeben. Dieselbe führt der Stadt zwei verschiedene Quellen mit natürlichem Drucke zu, von denen die eine in einer Kiesschicht und die andere aus Grünsteinschiefer entspringt. Zur Gewinnung des Wassers sind verschiedene Brunnen von 2 bis 5 m. Durchmesser mit Filterkanälen angelegt. Die Brunnen liegen mit ihrer Sohle 3 bis 6 m. unter Terrain und 2 m. unter dem niedrigsten Wasserstande. Sie sind in der Sohle und in den Seitenwänden durchlässig. Die Quellen liegen 5830 m. resp. 2290 m. von der Stadt entfernt und es wird das Wasser derselben zwei Reservoiren zugeführt, die vor dem Rohrnetze liegen und 2290 m. resp. 400 m. von der Stadt und 3540 m. resp. 1890 m. von den Quellen entfernt sind. Dieselben sind beide in Mauerwerk hergestellt, in den Boden versenkt und überwölbt. Sie fassen bei dem höchstem Wasserstande von 3,00 m. resp. 2,6 m. 300 resp. 400 kbm. Wasser.

Die Wasserabgabe erfolgt nach den 3 verschiedenen Bezugspunkten in 3 verschiedenen Zonen. Der Druck in denselben beträgt für die höchsten Punkte des betreffenden Terrains 15 m. bis 4 m. und die Höhendifferenz des Abgabegebietes ist 30 m. Die Vertheilungsleitungen sind natürlich für Trink- und Nutzwasser getrennt. Ersteres wird durch 85 Druckständer, letzteres durch 8 laufende Brunnen abgegeben. Es sind 18 Hydranten und 32 Wasserschieber vorhanden und ein einziger Wassermesser in Benützung. Die beiden Vertheilungsleitungen der Quellen haben zusammen 5287 m. Länge und es hat das weiteste Rohr 250 mm. Durchmesser.

Das Wasser ist seiner Zeit vom Dr. Trommsdorf in Erfurt analysirt. Regelmässige Analysen und Temperaturbeobachtungen werden jedoch nicht angestellt.

Alphabetisches Verzeichniss.

	Seite			Seite			Seite
Aachen	1	Bielefeld	48	Danzig	89
Aalen	2	Blankenburg	50	Darmstadt	91
Aarau	3	Blankenese	51	Degerloch	92
Rauhe Alp	4	Blaubeuren	51	Dessau	93
Alfeld	9	Bochum	51	Deutz	94
Altenburg	9	Bockenem	53	Dippoldswalde	94
Altona	11	Bockenheim	54	Dorstfeld	95
Annaberg	18	Bonn	54	Dortmund	95
Annen	18	Braunschweig	57	Dresden	98
Ansbach	19	Bremen	65	Düren	109
Apenrade	19	Bremerhafen	68	Düsseldorf	109
Apolda	19	Brieg	69	Duisburg	113
Arnstadt	20	Breslau	72		
Aschaffenburg	20	Brünn	75	Eimbeck	116
Aschersleben	21	Buckau	77	Eisenach	118
Auerbach	22	Budweis	78	Eisleben	118
Augsburg	22	Burgdorf	78	Elberfeld	119
				Elbing	120
Backnang	27	Calm	78	Emden	121
Baden	27	Cannstadt	78	Ems	121
Bamberg	27	Celle	78	Erfurt	121
Barmen	28	Charlottenburg	78	Ermsleben	123
Barop	29	Chemnitz	79	Essen	123
Basel	29	Cleve	81	Esslingen	133
Bautzen	30	Coblenz	81	Ettlingen	133
Berlin	30	Coburg	81	Eupen	133
Westend-Berlin	41	Coln	82		
Bern	43	Cóslin	86	Frankfurt a. M	134
Bernburg	44	Colberg	86	Frankfurt a. d O	138
Beuthen	47	Crefeld	87	Freiburg (Baden)	140
Biel	48	Crossen	89	Freiburg (Sachsen)	141

	Seite		Seite		Seite
Freiburg (Schweiz)	142	Itzehoe	178	Nauheim	218
Fulda	143	Jauer	178	Neisse	218
		Jena	178	Neunkirchen	218
Geislingen	143	St Johann	178	Neustadt (Pfalz)	219
Gelsenkirchen	143			Neustadt (Magdeburg)	219
Genf	143	Kaiserslautern	179	Neustadt (Oberschl)	221
Gera	143	Karlsruhe	179	Neustrelitz	222
Giengen	144	Kassel	182	Neutitschein	222
Glatz	145	Kempten	185	Noschenrode	222
Glauchau	145	Kiel	185	Nordhausen	222
Glogau	147	Kissingen	187	Nurnberg	224
Gmünd	147	Kitzingen	187	Nussdorf	227
Gorlitz	148	Klagenfurt	188		
Gottingen	149	Kunigsberg	189	Oberhausen	227
Goslar	150	Komotau	191	Oels	228
Gotha	151	Konstanz	191	Oelsnitz	228
Graudenz	152	Krems	191	Offenbach	229
Graz	152	Kunzelsau	192	Ohlau	231
Greiz	154			Ohrdruft	231
Grimma	154	Lahr	192	Olmütz	232
Grossenhain	154	Laibach	192	Oppeln	232
Grossorner	154	Langenberg	192	Osnabruck	232
Grunberg	154	Lauban	192	Osterode	232
Guben	155	Lauterbach	193	Ostrau	234
Günzburg	156	Leipzig	193	Ottensen	234
Güstrow	156	Leisnig	197		
		Leopoldshall	197	Paderborn	234
Halberstadt	156	Liegnitz	197	Pfallendorf	234
Halle	157	Liesthal	198	Pforzheim	234
Hamburg	161	Linz	198	Plauen	236
Hamm	167	Loschwitz	198	Pilsen	238
Hanau	167	Ludwigsburg	198	Pirna	238
Hannover	167	Lubeck	199	Pössneck	238
Hattingen	171	Lüben	201	Posen	238
Haynau	171	Lüneburg	202	Potsdam	242
Heidelberg	171	Luxemburg	203	Prag	243
Heilbronn	172	Luzern	204		
Hermerdingen	174	Magdeburg	205	Rastatt	243
Hersfeld	174	Mainz	211	Ratibor	244
Hildesheim	174	Mannheim	211	Ravensburg	245
Hirschberg	175	Marburg	212	Regensburg	245
Hoerde	175	Memmelsdorf	212	Reichenau	247
Hohenhalslach	176	Metz	212	Reichenbach (Schlesien)	247
Pr. Holland	176	Minden	212	Reichenbach (Sachsen)	247
Homburg	176	Modling	212	Remscheid	248
		Mühlhausen (Thüringen)	212	Rendsburg	248
Ingolstadt	177	Mülheim a. d. Ruhr	212	Reutlingen	248
Innsbruck	177	Mulheim a. Rhein	214	Riedlingen	249
Ischl	177	München	215	Ronneburg	249
Iserlohn	177	Münsterberg	218	Rosswein	249

	Seite			Seite			Seite
Rostock . . .	249	Stade . . .	262	Vahingen . .	281
Rottweil . .	251	Stassfurt . .	262	Vivis . . .	282
Rudolstadt .	251	Steele . .	263		
		Stettin . .	265	Waldenburg . .	282
Saalfeld . .	251	Stolp . .	269	Waltershausen .	283
Saarbrücken .	251	Stralsund . .	269	Wattenscheid .	283
Saargemünde	253	Strassburg . .	269	Weimar .	283
Saarlouis . .	253	Straubing .	270	Weissenfels	283
Sagan . .	253	Stuttgart . .	271	Werdau . .	283
Salzburg .	253	Sudenburg . .	274	Werningerode	284
Salzungen .	255	Sulzbach . .	274	Wien . .	285
Sangershausen .	255			Wiesbaden .	297
Salzwedel . .	255	Teplitz . .	274	Wilhelmshafen .	301
Schaffhausen .	255	Teterow .	274	Wimmenden	301
Schalke .	255	Thorn . .	274	Winterthur .	301
Schneeberg .	257	Thun . .	274	Wismar .	303
Schwabach .	257	Tilsit . .	274	Witten .	303
Schweidnitz .	257	Torgau .	274	Wittenberg .	305
Schweinfurt .	258	Trient .	275	Würzburg .	305
Schwelm .	258	Triest . .	275		
Seesen . .	258	Troppau .	276	Zeitz . .	308
Sommerfeld .	258	Tübingen . .	277	Zittau .	308
Sondershausen .	259			Zürich .	310
Sonneberg . .	259	Ueberlingen .	278	Zwickau . .	319
Sorau . .	259	Ulm . . .	278		
Sprottau . .	261	Unna . . .	281		

Die Eisengiesserei

Verdienst-Medaille 1870   *Kunst-Ausstellung München*

von

Gebrüder Decker & Co. in Cannstatt

liefert

Bau- & Ornamentenguss jeder Art.

Unsere **Eisengiesserei**

liefert Stucke bis zu 25000 Kilo Einzelgewicht und **aufrechtstehend** Stucke bis zu 10 m Lange oder Hohe, und besitzt ein reichhaltiges **Modell-Lager.**

Musterbuch I. über Bau- und Ornamentenguss
Musterbuch II. über Gas- und Wasserleitungs-Gegenstände
Modellverzeichniss I. über Maschinenguss

offeriren das Exemplar zum Preise von je M. 5. —, welche wir zuruckerstatten, wenn von uns in Jahresfrist Bezüge im Betrage von mindestens je M. 200. — gemacht werden.

— 3 —

Berliner Actien-Gesellschaft

für Centralheizungs-, Wasser- und Gas-Anlagen

(vormals Schaeffer & Walcker)

BERLIN, Lindenstrasse 19.

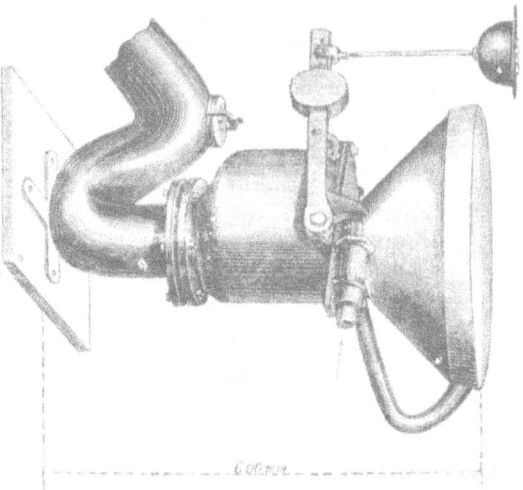

Fabrikation

sämmtlicher Gegenstände

für

Wasser- & Gas-Leitung.

Prima Qualität.

Hähne, Ventile, Sauger etc.

Badeeinrichtungen, Toiletten, Closets etc.

Messing-Fittings,

Kronleuchter, Candelaber, Ampeln etc.
in Bronce, Zink und Schmiedeeisen.

Gasöfen und Kocher.

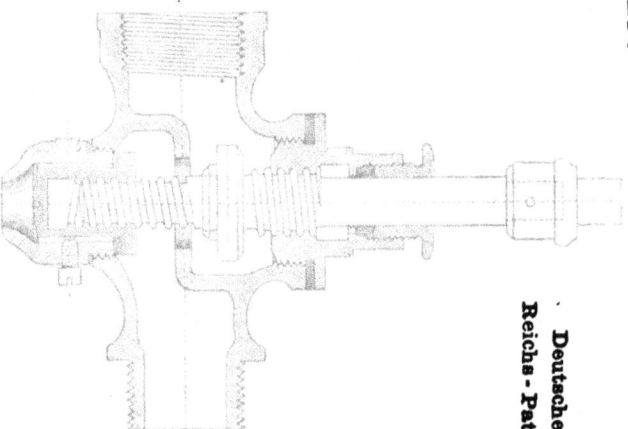

Closet I. Cl.

mit langsam schliessendem Hahn
complet nach Zeichnung **Mk. 38 netto.**
Packung für Ausserhalb Mk. 3.

**Deutsches
Reichs-Patent.**

**Patent-Niederschraub-Haupthahn
mit selbstthätiger Entleerung
für Blei- und Eisenrohr**

— 4 —

Wm. Knaust

in Wien II, Miesbachgasse 15

liefert als Specialität

Pumpen und Wasserleitungs-Artikel.

Closetventile, selbstschliessend ohne Stoss, welche Closet-Reservoirs entbehrlich machen.

Wiener Sparventil, neu verbesserte Construction mit Regulirhahn. Bestes Mittel gegen Wasserverschwendung (für Wandausläufe).

Auslaufständer mit Schachtrohr und Auslaufventil ohne Stoss, selbstthätig schliessend mit Selbstentleerung des Auslaufrohres, keine Schachtmauerung nöthig, als Strassen-, Hof- und Garten-Laufbrunnen.

Hydranten mit Selbstentleerung, Strassenkästen, Standrohr mit Absperrventil für zwei Schläuche.

Conische Durchgangshähne mit Rothgusswirbel nach neuem rationellem Typus von $1/4''$ bis $4''$ engl. Durchmesser in den gangbarsten Variationen, als Flanschenhähne, Zapf- und Schnabelhähne, Gas-Gewind- und Muffenhähne etc., dann Vollweghähne, Dreiweghähne etc.

L. Kessler & Sohn

in Bernburg a. d. Saale

empfehlen ihre anerkannt vorzüglichen Fabrikate, als:

Walzblei, Walzzinn, Zinnrohr, Zinnrohr mit Bleimantel, Bleirohr (verzinnt u. geschwefelt), pneumat. Rohr, Bleihähne, Ventile etc.,

sowie

alle fertigen Apparate von Zinn und Blei.

Maegdesprunger Eisenwerke.

Maegdesprung a. Harz.

Lieferung von Gas- und Wasserschiebern

nach den von dem Verein angenommenen Normal-Dimensionen. Dichter Guss, saubere Arbeit und zuverlässig erprobt. Von den kleineren Dimensionen stets Lagervorrath. *Preiscourante auf Wunsch.* Ausserdem empfehlen unsere rühmlichst bekannte Giesserei zur Anfertigung jeder Art Lehm- und Sandguss, Reinigungskasten, Ofenarmatur, Apparate, Laternenguss, Candelaber und Wandarme, und stehen billigst berechnete Preise jederzeit zur Verfügung.

Görlitzer
Maschinenbau-Anstalt
und Eisengiesserei
in Görlitz.

Specialfabrik für Dampfmaschinen und Dampfkessel.

Lieferte unter anderen die Dampfmaschinen-, Pumpen- und Dampfkessel-Anlagen der städtischen Wasserwerke zu **Ratibor, Brieg, Görlitz** etc.

Illustrirte Preiscourante auf directe Anfragen gratis.

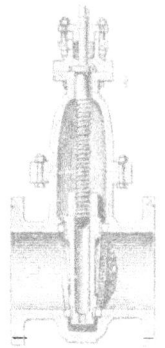

Rudolph Böcking & Cie.
Halbergerhütte bei Saarbrücken,
Post- und Eisenbahnstation Brebach.

Eisengiesserei liefert:

1. **Muffenröhren** für **Gas-**, **Wasser-** und **Canalisations-Leitungen, stehend** geformt und in getrockneten Formen mit der **Muffe nach unten** gegossen, von 25 mm bis 1000 mm Durchmesser, bis zu 4 m Baulänge, roh und asphaltirt, unter Garantie auf verlangten Druck gepresst.

2. **Flanschröhren,** fertig bearbeitet und geprüft, · von 25 mm bis 1000 mm Durchmesser, ebenfalls stehend gegossen.

3. **Façonröhren** aller Art, fertig montirt.

4. Sämmtliche **Canalisations-Gegenstände,** bearbeitet und asphaltirt, besonders nach Frankfurter und Düsseldorfer Normalien; G e r u c h v e r s c h l ü s s e aller Art etc.

5. **Säulen** und **Baugussgegenstände** nach reicher Modellauswahl und mit allen gewünschten Ornamentirungen; S ä u l e n m i t h y d r a u l i s c h e r Presse, auf **Belastung probirt.**

6. **Handelsgusswaaren,** als Poterie, Oefen etc.

7. **Caloriferes** zu **Central-Luftheizung** nach dem System Heckmann & Zehender in Mainz, neuester Construction, Flanschenverbindung mit **unverbrennlicher Polster-Dichtung.** Glühendwerden einzelner Theile und Entweichung der Verbrennungsgase in die zu erwärmenden Räume absolut unmöglich.

Zeichnungen, Prospecte & Preiscourante
stehen jeder Zeit zur Disposition.

Schmiedeeiserne Waaren
und zwar Rohrhaken, Rohrschappeln und Rohrbänder zur Befestigung der Gas- und Wasserleitungen, Steigschlüssel, Hahnenschlüssel mit Quergriff und sonstige Hahnenschlüssel, Laternen und Laternenstützen, auch verzinnte Klöbchen für Telegraphenanlagen etc. etc. empfiehlt in anerkannt ausgezeichnet guter und schöner Waare unter billigster Berechnung
Paul Sauer, Fabrikant in Oberreifenberg bei Frankfurt a/M.

Commissions- und Agentur-Bureau
speciell für Pumpen- und Wasserleitungs-Artikel, Wassermesser
und für Fachverwandtes des In- und Auslandes
von
Paul Stumpf
Mainz	Ingenieur.	**Genf**
Grosse Bleiche 41.		Rue de l'Entrepôt 9.

H. BREUER & Co., Maschinenfabrik, Frankfurt a./M.

Ovalschieber.

Verlag von R. OLDENBOURG in MÜNCHEN.

Journal für Gasbeleuchtung
und
Wasserversorgung.

Organ des Vereines von Gas- und Wasserfachmännern Deutschlands mit seinen Zweigvereinen

von

Dr. N. H. Schilling,   **Dr. H. Bunte,**

Director der Gasbeleuchtungs-Gesellschaft in München.   Privatdocent d. Chemie a. k. Polytechnikum i. München.

Obiges Journal, welches allen ökonomischen und technischen Interessen der Gas- und Wasserfach-Industrie als Organ dient, ist das einzige in Deutschland, welches diese Zwecke speciell verfolgt.

Indem die Verlagshandlung zum Abonnement auf dasselbe einladet, bemerkt sie gleichzeitig, dass jede Buchhandlung und jede Postanstalt in den Stand gesetzt ist, dasselbe zu dem nachstehend näher bezeichneten Preise zu liefern. Auf die für die Jahrgänge 1858—1873 bestehende, unten angezeigte Preisermässigung wird besonders aufmerksam gemacht.

Inserate, welche bei der grossen Verbreitung des Journals von guter Wirkung sind, bitte ich an mich direct einzusenden; hinsichtlich ihrer Berechnung verweise ich ebenfalls auf untenstehende Angaben.

Abonnement.
Erscheint monatlich zweimal. Jährlich 18 Mark. Halbjährlich 9 Mark. Das Abonnement kann stattfinden bei allen Buchhandlungen und Postämtern Deutschlands und des Auslandes.

Inseratpreise.
Die gespaltene Petitzeile oder deren Raum 30 Pfg. Weniger als fünf ganze Zeilen werden mit 3 Mark berechnet. Wiederholte Aufnahmen zahlen die Hälfte.

Inseraten-Abonnement.
Anzeigen, welche 24 mal in ununterbrochener Reihenfolge aufzunehmen sind, werden nur mit 20 Pfennig, solche, die 12 mal oder in jeder zweiten Nummer aufgenommen werden, mit 25 Pfennig die durchlaufende Zeile berechnet.

Beilagen bei vorheriger Einsendung eines Probe-Exemplars nach Uebereinkunft.

Preisermässigung der früheren Jahrgänge
des
Journal für Gasbeleuchtung
und
Wasserversorgung.

Die Wasserversorgung ist vom Jahre 1870 ab ins Journal aufgenommen.

Complete Exemplare der 16 Jahrgänge (1858—1873) inclusive General-Register zu Jahrgang 1858—1873 werden bis auf Weiteres zum ermässigten Preise von

=== 105 Mark ===

abgelassen.

Die Jahrgänge 1874—1877 werden bei Abnahme obiger Sammlung ebenfalls zu einem ermässigten Preise geliefert.

Einzelne Jahrgänge, soweit vorräthig, werden nur zum vollen Preise abgegeben; die Jahrgänge 1860, 1861, 1870, 1873, 1874, 1876 zurückgekauft.

=== Preis für den Jahrgang 1878: 18 Mark. ===

General-Register

zu Jahrgang 1858 bis einschliesslich Jahrgang 1873 von

Dr. N. H. Schilling's

Journal für Gasbeleuchtung und verwandte Beleuchtungsarten

sowie für

Wasserversorgung.

Organ des Vereines von Gas- und Wasserfachmännern Deutschlands

mit seinen Zweigvereinen, und des Vereines für Mineralöl-Industrie.

Bearbeitet von

L. Diehl,

Betriebsinspector der Gasanstalt München.

Lexikon-8. 243 Seiten. Preis 6 Mark.

Das Register, dessen Bearbeitung eine wahrhaft mühselige Sorgfalt erforderte, enthält ein genaues Sach-, Namen- und Orts-Register über alle Gegenstände, welche im Journale zur Aufnahme und Besprechung gelangt sind, — es enthält den genauen Nachweis über alle seit einer Reihe von 16 Jahren gemachten Erfindungen und Versuche auf dem Gebiete des **Beleuchtungs-** und seit 3 Jahren auch des **Wasserversorgungs-Wesens.** — Das Register ist somit nicht nur ein Nachschlage-buch für jene, welche im Besitze sämmtlicher Jahrgänge des Journals sind, sondern auch von hohem praktischen Werthe für diejenigen, welche nur über einzelne Bände desselben verfügen.

Dr. N. H. Schilling's

Statistische Mittheilungen über die Gasanstalten

Deutschlands, Oesterreichs und der Schweiz, sowie einige Gasanstalten anderer Länder.

Bearbeitet von

L. Diehl,

Betriebsinspector der Gasanstalt München.

Dritte, stark vermehrte Auflage. 1877. Lex.-8. 655 Seiten

Preis für die Abnehmer des Gasjournals: 9 Mark.

Ladenpreis für die Nichtabnehmer des Gasjournals: 12 Mark.

Die Bedeutung einer ausführlichen Statistik der Gasindustrie für diese selbst und für alle Gebiete der Technik, welche zu derselben in Beziehung stehen, bedarf keiner Auseinandersetzung. Schilling's „Statistische Mittheilungen" enthalten in seltener Vollständigkeit alle auf Entstehung, Anlage, Betrieb etc. befindlichen Angaben, wie sie in dieser Ausführlichkeit nur in der Gasindustrie möglich sind; denn für keinen anderen Industriezweig sind so ausgedehnte Angaben über Betrieb und technische Einrichtungen der einzelnen Etablissements vorhanden, oder auch nur erreichbar.

Handbuch der Steinkohlengas-Beleuchtung

von

Dr. N. H. Schilling,

Director der Gasbeleuchtungsgesellschaft in München

Dritte umgearbeitete und vermehrte Auflage ist unter der Presse.

Hülfstafeln für barometrische Höhenmessungen

berechnet und herausgegeben von

Ludwig Neumeyer,

Hauptmann und Sections-Chef im topographischen Bureau des kgl. bayer. Generalstabes.

1877. Lexikon-8. 194 Seiten. Preis: 4 Mark 50 Pf.

Verlag von R. OLDENBOURG in MÜNCHEN.

Die Naturkräfte.

Eine naturwissenschaftliche Volksbibliothek.

Jeder Band kostet broschirt 3 Mark.
„　　„　　„　gebunden 4　„
„　　„　wird einzeln verkauft.

Verzeichniss der bisher erschienenen Bände.

I. Band. **Die Lehre vom Schall.** Gemeinfassliche Darstellung der Akustik von *R. Radau.* 18 Bogen Text mit 108 Holzschnitten. Zweite Auflage.

II. Band. **Licht und Farbe.** Eine gemeinfassliche Darstellung der Optik von *Prof. Dr. Fr Jos Pisko* in Wien (Doppelband.) 35 Bog. Text mit 148 Holzschn. 2. Aufl.

III. Band **Die Wärme.** Nach dem Französischen des *Prof. Cazin* in Paris deutsch bearbeitet und herausgegeben durch *Prof. Dr. Phil Carl* in München. 19 Bog. Text mit 92 Holzschnitten und 1 Farbendrucktafel. Zweite Auflage

IV. Band. **Das Wasser.** Von *Prof. Dr Pfaff* in Erlangen 21 Bogen Text mit 57 meist grosseren Holzschnitten

V. Band. **Himmel und Erde.** Eine gemeinfassliche Beschreibung des Weltalls von *Prof. Dr. Zech* in Stuttgart 19 Bog Text mit 45 Holzschn. und 5 Tafeln. 2 Aufl

VI. Band. **Die elektrischen Naturkräfte.** Der Magnetismus, die Elektricität, der galvanische Strom Mit ihren hauptsachlichsten Anwendungen, gemeinfasslich dargestellt von *Prof Dr Ph. Carl* in München. 20 Bog. Text mit 114 Holzschn.

VII. Band. **Die vulkanischen Erscheinungen.** Von *Prof. Dr. Friedr. Pfaff* in Erlangen. 21 Bogen Text mit 37 Holzschnitten.

VIII. u. IX. Band. **Aus der Urzeit.** Bilder aus der Schöpfungsgeschichte von *Prof. Dr. Zittel* in München. 2 Theile 39 Bogen Text mit 183 Holzschnitten. Zweite vermehrte und verbesserte Auflage.

X. Band. **Wind und Wetter.** Eine gemeinfassliche Darstellung der Meteorologie von *Prof. Dr. Lommel* in Erlangen. 25 Bogen Text mit 66 Holzschnitten.

XI. Band. **Die Vorgeschichte des europäischen Menschen.** Von *Dr Fr. Ratzel* 19 Bogen Text mit 92 Holzschnitten

XII. Band. **Bau und Leben der Pflanzen.** Von *Dr G. W Thomé* in Coln. 21 Bogen Text mit 70 Holzschnitten.

XIII. Band. **Die Mechanik des menschlichen Körpers.** Von *Prof. Dr. Kollmann* in München. 20 Bogen Text mit 60 Holzschnitten.

XIV. Band **Das Mikroskop und seine Anwendung.** Von *Prof Dr. Fr. Merkel* in Rostock. 20 Bogen Text mit 132 Holzschnitten.

XV. Band. **Das Spektrum und die Spektralanalyse.** Von *Dr. P. Zech,* Professor der Physik am Polytechnikum in Stuttgart. 15 Bogen Text mit 33 Holzschnitten und 1 Tafel

XVI. Band. **Darwinismus und Thierproduktion.** Von *Prof. Dr. C. E. R Hartmann* 19 Bogen Text mit 46 Holzschnitten.

XVII Band. **Fels und Erdboden.** Von *Hofrath, Prof. Dr. Ferdinand Senft.* 26 Bogen Text mit 17 Holzschnitten.

XVIII. Band. **Gesundheitslehre des menschlichen Körpers.** Von *Dr. P. Niemeyer* in Leipzig 19 Bogen Text mit 31 Holzschnitten.

XIX. Band. **Die Ernährung des Menschen.** Von *Dr. Johannes Ranke* in München. 26 Bogen Text und eine Photographie von *J v Liebig.*

XX. Band. **Die Naturkräfte in ihrer Anwendung auf die Landwirthschaft.** Von *Dr v Hamm,* Ministerialrath in Wien. 22 Bogen Text mit 64 Holzschn.

XXI. Band. **Organismus der Insekten.** Von *Prof. Dr. V. Graber* in Czernowitz. 26 Bogen Text mit 200 Holzschnitten.

XXII Band. (Doppelband) **Leben der Insekten.** Von *Prof. Dr. V. Graber* in Czernowitz. I Halfte. 17 Bogen Text mit 86 Holzschnitten.

XXIII. Band. **Die Gesetzmässigkeit im Gesellschaftsleben.** Von *Ministerialrath, Prof. Dr G Mayr* in München 23 Bog. Text mit 21 Holzschn. u. 1 Kartogr

XXIV Band. **Die Naturkräfte in den Alpen.** Von *Prof. Dr. Fr. Pfaff* in Erlangen. 19 Bogen Text mit 68 Holzschnitten.

XXV. Band. **Die Erhaltung der Energie.** Von *Dr. G. Krebs* in Frankfurt a. M. 14 Bogen Text mit 65 Holzschnitten